生态水文学概论

王根绪　张志强　李小雁 等　著

科 学 出 版 社
北　京

内 容 简 介

本书在广泛结合国内外最新研究进展和成果的基础上，系统总结从叶片到流域尺度的生态水文学主要理论进展及前沿发展方向；从学科体系角度，分别阐述陆地植被生态水文、水域生态水文、环境生态水文、城市生态水文以及流域生态水文等主要领域的基本内容、理论方法及其实践应用，较全面地展现生态水文学理论框架及知识体系。

本书可供高等院校和科研院所水文学、生态学、地理学、环境科学及农林科学等领域的教学与科研人员参考，也可作为相关学科本科生和研究生的教科书与参考用书。

图书在版编目(CIP)数据

生态水文学概论／王根绪等著．—北京：科学出版社，2020.11
ISBN 978-7-03-066167-8

Ⅰ.①生…　Ⅱ.①王…　Ⅲ.①生态学-水文学-概论　Ⅳ.①P33

中国版本图书馆 CIP 数据核字（2020）第 176606 号

责任编辑：周　杰　王勤勤／责任校对：樊雅琼
责任印制：赵　博／封面设计：无极书装

科学出版社 出版
北京东黄城根北街 16 号
邮政编码：100717
http://www.sciencep.com
涿州市般润文化传播有限公司印刷
科学出版社发行　各地新华书店经销
*
2020 年 11 月第　一　版　开本：787×1092　1/16
2024 年 8 月第四次印刷　印张：24 1/4
字数：570 000

定价：298.00 元

（如有印装质量问题，我社负责调换）

《生态水文学概论》
著 者 名 单

学术指导 夏 军

主　　笔 王根绪 张志强 李小雁 章光新

徐宪立 孙 阁 谢永宏

主要作者 （按姓氏拼音排序）

安瑞冬 班 璇 蔡庆华 曹文旭

陈立欣 陈月庆 邓 云 何志斌

胡兆永 黄永梅 李 肖 李峰平

李思悦 邱国玉 宋春林 孙向阳

王 佩 吴秀臣 吴一平 鄢春华

杨 达 张教林 张守红 章孙逊

赵进勇 邹振东

序

生态水文学是一门国际地学和生态学的前沿及发展比较快的热点学科。自20世纪90年代初生态水文学以独立学科面貌在全球范围内开始兴起，经过近30年的发展，生态水文学日益成为连接自然科学、人文科学以及人类社会可持续发展的桥梁，为变化环境下区域生态安全、环境安全和流域可持续管理提供了科学依据与理论支撑。科学前沿的创新进展，结合社会生产和学科自身发展的需要，是推动学科发展的动力，这就需要从理论、方法到应用又从应用到理论的不断转化，在转化中不断提升理论认知水平和系统性，从而推动学科发展。

围绕我国生态文明建设新的需求，2018年我领衔组织撰写了《地球科学学科前沿丛书・生态水文学》。此书从战略高度分析、研究及布局我国生态水文学的重点领域和发展目标，引导生态水文学学科的发展方向，明确我国生态水文学学科发展需求和战略地位，制订我国生态水文学学科发展规划与中长期战略布局。生态水文学作为一门新兴交叉学科，其学科体系、理论与方法有待进一步完善。一方面需要不断完善和确立生态水文学学科理论知识体系、学科方向及实践应用领域；另一方面也需要编写高质量的生态水文学课程教材，加快生态水文学人才培养。因此，总结现阶段生态水文学研究进展，集成已有理论、方法和实践应用成果，编撰具有一定学科体系的教材，具有十分重要的学科发展战略意义。

在国家生态文明建设的需求与学科交叉融合不断发展的背景下，中国生态学学会生态水文专业委员会尝试从学科体系角度编撰具有教材性质的生态水文学专著。经过近两年的努力，这本《生态水文学概论》终于呈现在广大读者面前，在践行上述生态水文学发展战略方面取得了初步成就。

这本书较为系统地融合了国内外众多学者关于生态水文学主要理论、核心概念及发展前沿的论述，展现了作为生态学和水文学交叉学科的生态水文学理论框架及核心知识体系，深入浅出地讨论了生态水文学实践应用成效和未来广阔的发展前景。与国内外已出版的同领域著作相比，该书有三方面的特色：一是融合了现阶段从植物叶片到流域尺度的生态水文学理论认知和跨尺度知识体系，充分体现了生态水文学作为一门完整性学科的基本特点，内容的系统性和理论的深入性较为突出；二是涵盖了生态水文学现阶段几乎所有的应用实践领域进展及其形成的方法论，包括生态安全方面的陆地植被生态、水域生态和滨海生态领域，环境安全方面的陆表环境（土地退化与荒漠化、水土流失、地质灾害）、水环境与城市化环境，以及流域可持续管理等，全面介绍了生态水文学在支撑人类社会可持续发展方面取得的知识体系和解决问题的生态水文学方案；三是对现阶段不同尺度的主要生态水文学研究方法和相对应用广泛的数值模型等进行了较为详细的介绍，为生态水文学领域的研究者提供了十分有用的研究思路和方法。因而，我相信该书的出版对进一步推动我国生态水文学学科的发展和人才培养将发挥重要作用。

当然，生态水文学作为一门新兴交叉学科，其知识体系、核心理论架构与方法论等仍处于不断发展的过程中，可以预见生态水文学知识体系发展方兴未艾，新概念和新理论日新月异。因此，我希望本书的作者和读者们携手共进，以该书为起点，秉承“精益求精、止于至善”理念，为推动我国生态水文学学科发展、促进生态文明建设和实现美丽中国建设目标而继续不懈努力。

中国科学院院士

2020 年 10 月 17 日

前　　言

20 世纪以来对于水文学、生态学、地理学和环境科学等领域影响最大的事件之一，就是生态水文学的兴起和迅猛发展。这一水文学和生态学交叉的新型边缘学科，孕育于全球变化下人类经济社会发展面临的一系列环境、淡水和生物资源安全的迫切需求，发展于现代多学科交叉和多种技术方法的进步与深度融合。在不足 20 年的时间内，形成了较为系统的概念、理论、方法与应用范式，已成为一门相对独立的学科体系。生态水文学不仅对水文学、生态学内涵与理论范式等产生了日益广泛而深刻的影响，而且不断向其他学科领域交叉渗透，其学科内涵不断拓展、应用领域和影响日益扩大，其触角在更加广泛的地球系统科学和人文科学领域延伸。

在 20 世纪 90 年代中叶，联合国教育、科学及文化组织（United Nations Educational Scientific and Cultural Organization，UNESCO）国际水文计划（International Hydrological Programme，IHP）制定的第五阶段（UNESCO-IHP-V）（1996 ~ 2001 年）行动计划中，首次明确生态水文学研究为水文学主要任务之一，生态水文学的发展迎来了高速发展时期。从事水文学、生态学和地理学的科学家，从不同视角阐释生态水文学的概念、内涵与理论范式，提出不同领域实践应用范例等，促进了生态水文学的形成与发展。然而，在这样“繁华欣荣”的背景下，迫切需要整合已有主要进展，尽可能凝练统一的学科理论体系架构，形成相对共识的学科内涵与理论范式，以推动生态水文学学科体系建设。正是在这样的学科发展需求推动下，2012 年中国生态学学会成立了生态水文专业委员会，推动了生态水文学学术交流和学科发展。2018 年在夏军院士牵头组织下，国内从事生态水文学研究的不同领域 50 余名科学家合作完成了基于我国生态水文学前沿进展的专著《地球科学学科前沿丛书 · 生态水文学》，系统总结了现阶段我国科学家在生态水文学领域取得的进展，并提出了不同领域面临的前沿挑战和未来发展方向。针对生态水文学学科发展的人才培养需求，生态水文专业委员会积极倡导编写《生态水文学概论》，尝试从学科体系角度归纳生态水文学概念、理论、方法和实践应用的初步框架。这一倡议受到中国生态学学会的高度重视，并于 2018 年设立了生态水文学学科发展项目，资助生态水文专业委员会编写本书。为此，生态水文专业委员会组成了编写小组，经过多次研讨确定提纲，然后分工编写，经过近两年的努力，最终撰写完成本书。

全书分为 8 章，第 1 章生态水文学概述，由王根绪、徐宪立编写完成，介绍了生态水文学产生的背景、发展历程，阐释了其概念内涵、外延以及学科特点等。第 2 章生态水文学基本原理，由王根绪、徐宪立、胡兆永等编写完成，总结了生态水文学现阶段主要的理论体系。第 3 章生态水文学研究方法，由李小雁、黄永梅、吴秀臣、王佩、王根绪、吴一平等编写完成，对国际上现阶段生态水文学主要研究方法进行了较为系统的归纳总结。第4章陆地植被生态水文，由李小雁、张志强、王根绪、陈立欣、杨达、张教林、李肖、曹文旭等编写完成，汇集了以森林植被为主导的陆地植被生态水文学领域的主要理论和方法进展。第5章水域生态水文过程，由谢永宏、班璇、蔡庆华、章光新、李峰平等编写完成，重点阐述了陆地淡水水域生态水文学的理论、方法和实践应用领域的进展，并简要介绍了滨海及海岸带生态系统与水文过程研究的一些理论认识。第6章环境生态水文，由张志强、何志斌、徐宪立、王根绪、李思悦、宋春林、李肖、曹文旭等编写完成，重点介绍了土地退化、水土流失、喀斯特石漠化、山地灾害以及水环境污染等主要环境领域的生态水文学研究进展。第7章城市生态水文，由张志强、张守红、邱国玉、陈立欣、鄢春华、章孙逊、邹振东等编写完成，主要介绍了城市生态水文的基本特征以及雨洪、热岛效应和绿地管理等方面涉及的生态水文学理论和实践进展。第8章流域生态水文过程与管理，由孙阁、赵进勇、邓云、安瑞冬、章光新、陈月庆等编写完成，主要阐述了流域生态水文过程、流域生态水文多要素耦合模拟与调控以及流域综合管理方面的理论与实践应用进展。全书由王根绪、张志强、李小雁和徐宪立负责统稿，王根绪负责审定。

本书编写团队的部分成员参与了夏军院士领衔完成的《地球科学学科前沿丛书·生态水文学》，本书的总体框架得益于夏军院士的学术思想。在本书编写过程中，始终得到夏军院士的具体指导。在内容上，本书基于生态水文学学科发展的脉络，较系统地总结了不同尺度上生态水文学理论内涵；同时，从更加宏观和综合性的角度总结了生态水文学在陆地、水域两大生态体系，以及在陆地环境与流域管理等人类社会发展面临的主要环境问题的理论体系和实践应用。因此，可以认为本书是对《地球科学学科前沿丛书·生态水文学》一书在理论体系、方法论和实践应用等领域的全面与系统拓展。

新型交叉学科领域的理论探索，是基础研究中最具挑战性的方面，总是存在较多的不确定性和不可预见性。尽管本书各章节作者尽可能追踪国际上对于生态水文学领域研究的前沿进展，并尽量着眼于学科的理论体系和方法论，相对系统地总结和凝练现阶段生态水文学各分支领域的主要理论认识。但客观地说，由于我们编写团队成员自身学识水平及对国际前沿领域掌握程度有限，特别是生态水文学已经渗透到资源环境和经济社会发展的各个领域，本书涉及的每个方面，均可能存在不足，期待相关领域的科学家和广大读者给予批评与指导，期望在再版时予以修正。

本书的编写和出版得到中国生态学学会的大力支持，也得到国家自然科学基金重大项目（41790431）、中国科学院战略性先导科技专项（XDA23090200）以及中国科学院前沿科学重点研究计划项目（QYZDJ-SSW-DQC006）等的共同资助，在此一并表示感谢。同时，也感谢对本书的编写和出版给予大力支持、关心和帮助的所有师长、同仁和朋友。

王根绪
2020年7月于成都

目　　录

第1章 生态水文学概述

1.1 产生的背景与意义

1.1.1 人类社会可持续发展的需求

工业革命以来，人类赖以生存的地球正面临着来自因人类活动的强烈影响所带来的前所未有的急剧变化，如全球气候变暖、能源短缺、粮食与水资源安全、环境（水体、土壤和大气）污染、大气氮沉降、酸雨、富营养化（蓝藻）、冰川融化与海平面升高、河流断流、土地退化与荒漠化、沼泽湿地面积减少、森林退缩与资源枯竭、生物多样性消失、生态系统服务功能下降、极端气候与自然灾害频发等。社会进步和人类福祉取决于各种类型生态系统提供的服务功能，而人类活动和全球气候变化对生态系统服务功能造成前所未有的深刻影响，其中最为重要的是生态系统淡水循环功能变化及其由此引起的沼泽湿地退缩、淡水资源减少以及土地荒漠化等，严重威胁着人类社会的粮食安全、水安全和环境安全。

1. 水资源安全

资源获取、土地利用方式变化和管理等人类活动对陆地表面的影响十分深刻，如果除去环境条件极端恶劣而不适宜人类开发的区域，地球上几乎所有陆地表面均已受到不同程度的人类活动直接影响。土地利用变化及其造成的生境丧失是导致物种灭绝和生物多样性减少的主要驱动力。同时，土地利用变化及其造成的生境丧失也导致陆地生物地球化学循环的改变，如大气气体浓度、水土流失和营养物质流失等，而生物地球化学循环过程的改变不仅反馈影响其所依存的生态系统，而且还通过大气和水文过程影响其他物质循环。因此，人类活动正在导致大多数生态系统控制因子的全球性变化，包括气候、土壤和水资源、干扰体系和生物功能群。在全球或区域尺度上，人类活动导致的地球环境变化的各个方面是交互影响的，这种交互影响不可避免地导致不可预测的生态系统功能丧失，直接影响生态系统为人类提供的服务，包括淡水循环与水资源服务功能。

地球上淡水只占2.53%，其中大约有68.7%和30.06%的淡水分别被储藏在冰川及地下，可以利用的地表水仅占0.3%，主要蕴藏在湖泊、沼泽中，河水储藏不及0.01%。储存于土壤和生物系统中可供陆生生物利用的水分仅占0.053%，因此，陆地上维系生态系统生命循环的淡水资源极其有限，任何对淡水资源配置的扰动，对生态系统来说可能都会形成严重的水分胁迫。但是，陆地上降水量中大约1/3来自海洋，其他2/3来自陆地水分的蒸发和循环，而陆地上蒸发过程是由水分的可利用性和植被的蒸腾速率决定的，因此，陆地生态系统对陆地水循环过程和淡水资源的再生与空间分配起着十分关键的作用。全球水循环的基本路径如图 1-1（a）所示，大气降水到达地面后转化为地下水、土壤水和地表径流，地下径流和地表径流最终又回到海洋，由此形成淡水的动态循环。水循环是地球上最重要的物质循环之一，它实现了地球系统水量、能量和生物地球化学物质的迁移与转换，构成了全球性的连续有序的动态大系统。水循环联系着海陆两大系统，一方面陆地径流向海洋源源不断地输送泥沙、有机物和盐类；另一方面通过地表太阳辐射的吸收与传输，缓解不同纬度间热量收支不平衡的矛盾，对于气候的调节具有重要意义。同时，水循环造成侵蚀、搬运、堆积等外力作用，不断塑造地表形态，从而深刻地影响着地球表层结构的形成、演化和发展。在这个水循环系统中，陆地水循环是关键组成部分，水量平衡的主要关系如下：假定全年陆地降水量为 100，则陆地蒸散发量为 61，陆地下渗量为 1，地表径流量为 38，海洋降水量为 385，海面蒸发量为 424，从海洋到陆地的大气环流挟水量为 39。可以看出，陆地的多年平均天然径流率为 0.38［图 1-1（b）］，陆地蒸散发是驱动陆地水循环的主要动力，植被蒸腾是其主要构成要素。

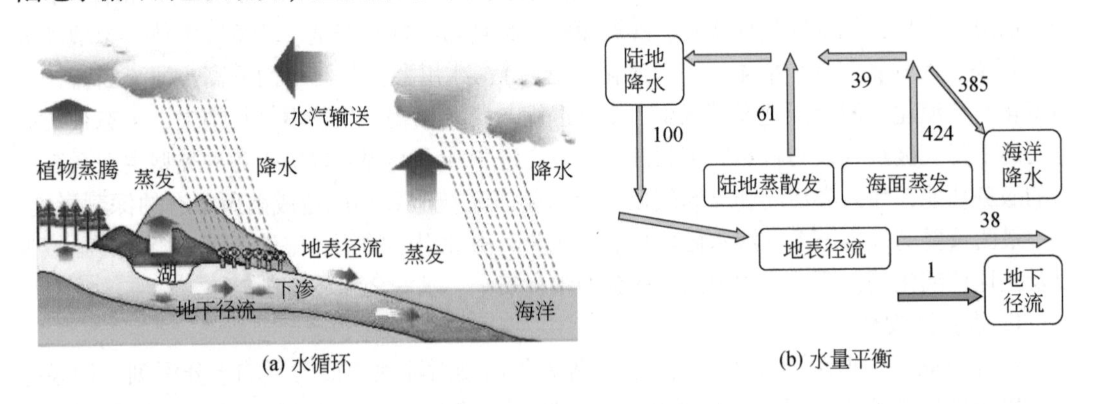

图 1-1　水循环过程与全球水量平衡

气候变化和人类活动对陆地水循环的影响主要通过以下两个途径：一是全球持续变暖，改变了陆地的蒸发和降水时空格局与动态。伴随气温升高，有些地区的降水量同步增加（如美国、巴西等地），而有些地区的降水量则呈现持续递减（如日本、泰国和埃塞俄比亚等地），同时极端降水事件发生频率增大。气候变化对生态系统多方面产生深刻影响，进一步加强对水循环过程的反馈。二是通过土地利用变化改变水循环过程，如土地利用变化改变近地面能量平衡、水分平衡和下垫面性质等，这些变化均显著影响水循环过程（如蒸发、水汽运移、入渗等）。土地利用/植被覆盖变化，通过影响环流和改变地表能量平衡状态等，对区域甚至全球的降水和气温等产生较大影响，并导致全球环流或区域天气系统发生较大变化（高学杰等，2007）。上述作用的直接结果是陆地水循环加剧，水资源时空分布的不均匀性及其与水资源需求的矛盾更加突出。

全球范围内水污染呈不断加剧态势，进一步威胁水安全。土地利用与覆盖变化的直接结果是改变了生态空间分布格局，这种变化被认为是导致陆地生态系统营养物质大量流入水体，从而产生水体富营养化的主要因素。如图 1-2 所示，在自然状态下，覆盖度较好的森林流域，具有良好的植被层次结构、较为稳定的高生物量，土壤侵蚀率很小，陆地生态系统的养分循环是近似闭合的，只有少量营养物质进入河流水系；同时，天然河道具有较大的弯曲和复杂多样的水流形态，且具有较高的天然自净能力。但当森林或草地转为耕地时，作物产出可挟带除去40%左右的养分物质，使整个养分循环呈不闭合系统，在施肥条件下，有大量养分随水分迁移进入河流。同时，土地利用变化不可避免加大土壤侵蚀速率，导致出现较为严重的非点源污染。近 30 年来，世界范围内大量河流下游、湖泊和水库均产生不断加剧的水体富营养化污染问题，绝大部分的成因与流域土地利用变化导致的大规模非点源污染、村镇点源污染等有关。我国长江口营养盐入海通量和污染物排海量大幅增加，以致长江口及邻近海域成为我国沿海劣质水分布面积最大、富营养化多发的区域；长江口水质标准不到Ⅳ级，由于水质恶化，沿海赤潮频发。

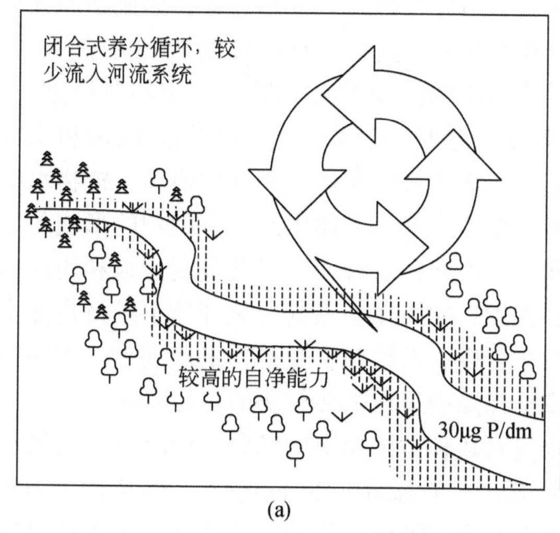

(a)

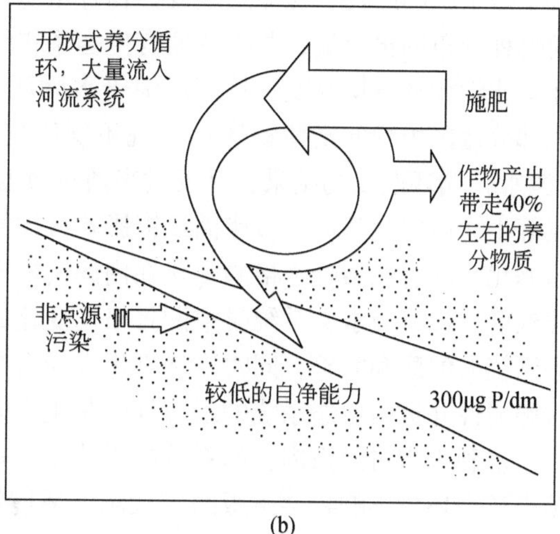

(b)

图 1-2 不同土地利用下的养分循环

（a）自然状态下原有森林和草地覆盖的流域具有闭合式养分循环；

（b）农田流域具有开放式养分循环，大量养分流入河道（Maybeck，1998）

在全球变化与人类经济社会活动不断加强的背景下，如何维护淡水资源供给的水量和水质安全成为人类社会发展面临的主要环境问题，“清洁饮水”被联合国确定为 2030 年可持续发展目标之一。无论是水资源时空分布格局变化还是水资源供需矛盾、水环境污染（面源污染与富营养化），其本质均是生态与水文相互关联问题，如何在流域、区域甚至全球尺度上，理解陆地生态系统碳、氮循环与水循环相互作用而驱动陆地表面的物质循环和能量过程变化，是解决上述环境问题以及应对全球变化最为关键的基础理论挑战。在区域甚至全球尺度上，由于高强度人类活动影响，大量河流水体富营养化，促使河流下游和海岸带生态系统持续退化等，是广泛关注的重大环境问题之一。

2. 生态安全

一般地，生态安全是指人与自然这一整体免受不利因素危害的存在状态及其保障条件，并使得系统的脆弱性不断得到改善。这一概念包含两方面的含义，一是在外界不利因素的作用下，人与自然不受损伤、侵害或威胁，自然生态系统能够保持健康和完整，人类在生产、生活与健康等方面不受生态破坏与环境污染等影响；二是通过对脆弱性环境的不断改善，营造人与自然和谐并处于健康与有活力的客观保障条件。生态安全威胁是指生态退化和资源短缺对区域或国家持续经济发展的环境基础构成威胁，从而使特定区域或国家的环境和自然资源对本区域或国家经济持续发展的环境支撑力不足，如水土流失、荒漠化导致耕地减少，湖泊退化、水资源供需矛盾激化，森林减少、草原退化导致生物多样性锐减等，以及由此产生的各种纠纷和社会不稳定因素。

随着气候变化和土地利用变化，大量生物物种濒危或消失。即便没有出现物种多样性显著减少的区域，也不可避免存在以下几种威胁生态安全的现象：①外来物种的大量入侵，在占据本底生物物种生态位的同时，挤占其他资源，从而迫使本地物种退化或消失。②生态系统的结构、功能的改变。物种生境丧失，迫使物种在地域间迁移，形成不同区域间物种分布的再分配，并改变原有生态系统结构与功能。这种变化将直接导致原有的生物地球化学循环格局改变，从而反馈于水循环和气候过程。③物候期改变，生物节律重塑。大部分地区植物的繁殖物候均出现不同程度提前，生长季延长。这种变化是能量和水分（能水）循环改变的结果，又反过来通过改变能水循环总量及其季节分配格局、植物水碳氮等生物地球化学循环节律而反馈影响区域能水循环过程。上述生态安全问题的形成与不断恶化，既有包括降水格局变化在内的气候变化的因素，也有人类活动改变土地利用间接导致区域或流域水文系统时空配置格局变化的作用。如何在剧烈的变化环境下维持自然生态系统的健康和完整，同时准确判识人与自然复合生态系统对变化环境的脆弱性，不断改善脆弱性并提高生态系统的适应性，是生态安全保障中迫切需要解决的核心问题。

水利工程对河道内生态系统的影响是一个具有较长关注历史的问题。1978 年，美国大坝委员会环境影响分会出版的《大坝的环境效应》一书总结了 20 世纪 40 ~70 年代大坝对流域内鱼类、藻类、水生生物、水生植物和下游水质等方面的影响，认为河流水库建设影响大量河流物种的分布格局（Ward and Stanford，1983），如洪水历时和洪峰量的减少引起产卵区的面积缩小；水库的径流调节使得河流水流特性（如流速、水位、泥沙以及养分负荷等）发生较大变化，将显著地影响或限制生物体继续生存在河流中的能力［图 1-3（a)］。河流的渠道化和裁弯取直工程彻底改变了河流蜿蜒型的基本形态，急流、缓流相间的格局消失，而横断面上的几何规则化，也改变了深潭、浅滩交错的形态，生境的异质性降低，水域生态系统的结构与功能随之发生变化，特别是生物群落多样性将随之降低，导致流域淡水生态系统退化。河流水生生态系统和河岸带陆地生态系统具有十分密切的相互关系，河岸带或河道内的植被群落结构与功能变化直接导致水生动物（如鱼类）的生物量和多样性发生显著变化，形成系统关联密切的连锁反应［图 1-3（b)］。

河流水利工程以及上游水资源的大规模利用导致的水文情势变化，是河口湿地生态系统发生显著退化的主要根源。目前，世界上处于危险状态的河口湿地有 40 多个，其中因河流泥沙沉积不断减少导致湿地萎缩和淡水生态系统严重退化的河口湿地占比达到 68%，另有 12% 的河口湿地遭受海平面上升形成的日趋严重的海水入侵威胁。仅美国，就有大约 45% 的河口湿地处于不断萎缩变化之中；我国 20 世纪 80 年代以前入海泥沙的总量近

20 亿 t，至 20 世纪末降至不足 10 亿 t，河口三角洲海岸岸滩在新的动力泥沙环境条件下发生新的冲淤演变调整，过去淤涨型河口海岸大都出现淤涨速度减缓或转化成平衡型甚至侵蚀后退型，湿地面积大幅度减少。

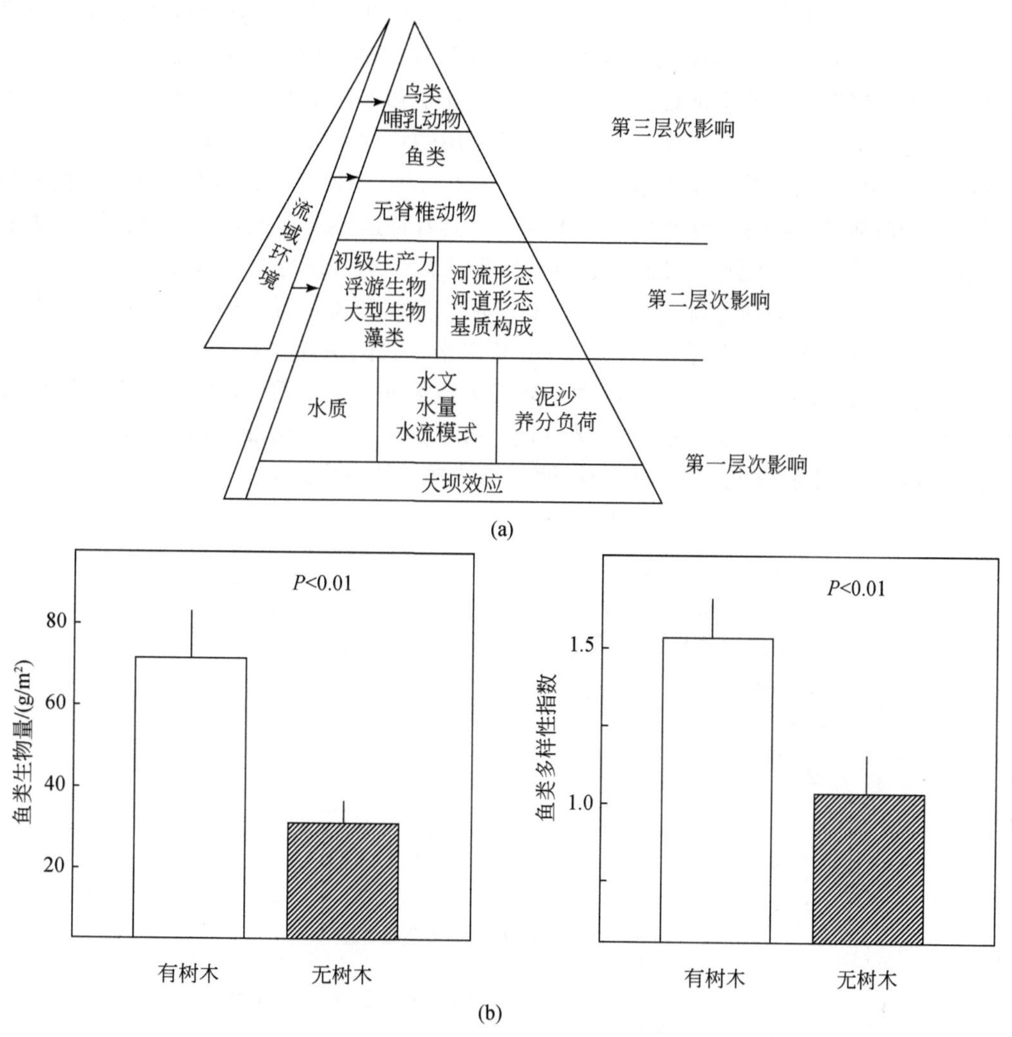

图 1-3 河流水环境变化对河流水生生态系统的影响（a）（毛战坡等，2005）以及水生动植物的相依性（b）（UNEP-IETC，2003）

3. 土地荒漠化

荒漠化是由于气候变化和人类不合理的经济活动等因素，使干旱、半干旱和具有干旱灾害的半湿润地区的土地发生了退化。荒漠化是当今世界最严重的环境与社会经济问题，据《联合国防治荒漠化公约》，全球荒漠化的土地占到整个地球陆地面积的将近 1/4。我国是土地荒漠化最为严重的国家之一，在 2000 年前，我国北方沙漠化土地一直处于加速发展的态势，到 2000 年我国北方沙漠化土地达到 38.57 万 km^2（王涛等，2006），但 2000 ~ 2004 年，我国沙漠化土地出现了不断逆转的趋势，这一期间全国荒漠化土地相比

2000 年减少了大约 0.76 万 km^2；在 2004～2009 年，减少了 0.25 万 km^2；在 2010～2014 年，减少了 1.21 万 km^2。监测显示，我国土地荒漠化、沙漠化整体得到初步遏制，荒漠化、沙漠化土地持续减少。

在我国土地荒漠化中，人类活动的作用也越来越显著，其中不适宜的农垦和不合理的水资源利用等因素的贡献率在 34% 以上，尤其在干旱内陆流域，发生在流域下游、绿洲与荒漠过渡带、绿洲内部的土地荒漠化大都与土地开垦和水资源不合理利用密切相关。在农牧交错带的土地荒漠化中，人类不合理的土地利用的贡献率可能超过 45%，单纯由风力作用的沙丘前移所形成的沙漠化土地仅占 5.5%（王涛等，2006）。如图 1-4 所示，我国西北干旱区内陆流域在 20 世纪 70 年代以后出现一个具有普遍性的重大环境问题，即伴随中上游发展，分配下游的径流量持续减少，导致下游天然生态系统持续大幅度退化、土地沙漠化发展迅速。无论是河西走廊三大流域（石羊河、黑河和疏勒河）还是新疆的塔里木河流域，土地荒漠化的发展情景是相似的。2000 年以来，我国在北方大规模实施了防护林生态工程建设；2000～2004 年，先后在河西走廊三大流域和塔里木河流域实施生态下游调水工程；同时，2003 年以来，我国西北大部分地区降水量出现持续增加的趋势。这些因素共同导致了 2000 年以来我国北方荒漠化土地面积持续递减的发展态势。

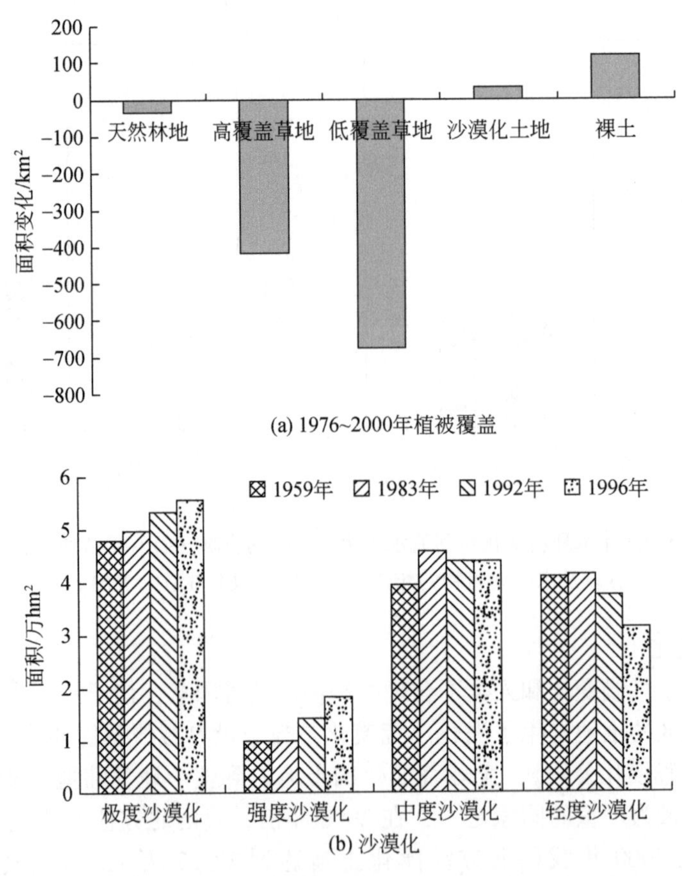

图 1-4　黑河流域下游植被覆盖和塔里木河下游土地沙漠化面积变化

综上所述，全球范围内最为严重的环境和发展问题（水污染、生物多样性减少和土地荒漠化等）实质都与生态退化及水过程变化密切相关，是生态过程及水过程的某种平衡和协调状态改变后向另一种平衡和协调状态转换的外在反映。这种平衡和协调状态的变化既存在于河流-湖泊水系统的水生态与水的界面之间，也存在于陆地生态-土壤界面和陆地生态-水域界面之间。如何从机理上认识陆地生态-水域界面相互作用关系，揭示不同尺度上生态-水域界面之间的物质与能量的交换和传输规律，据此寻求控制水污染、保护淡水生态系统、遏制土地荒漠化等的有效途径，以便促进人与自然的和谐，保障全球范围内人类社会可持续发展，已成为生态学、环境学、水文学、可持续发展等众多学科领域共同关注的核心科学问题。

1.1.2 水文学和生态学学科发展的需求

1. 水文循环的生物圈作用与模拟——现代水文学发展的关键领域

传统上，水文科学对于陆地生态的认识主要集中在两个方面：陆地植被的蒸散发和降水的森林植被再分配。随着对土壤-植被-大气系统水分交换和传输过程的深入理解，人们认识到陆地生态与水循环之间可能存在十分复杂的能水交互影响。植被不仅仅是简单的水分再分配和蒸散发，而是通过影响地表能量物质循环，对气候系统具有反馈作用，并对区域水循环具有一系列连锁作用，并由此可能对整个地球系统和大气系统产生较大影响。为了进一步辨识地表植被在水循环中的作用，1994 年后，国际地圈-生物圈计划（International Geosphere-Biosphere Program，IGBP）开始了它的核心项目“水文循环的生物圈方面”，即 BAHC（Biospheric Aspects of Hydrological Cycle）计划的实施。BAHC 计划确定的核心研究任务是探究生物圈对水循环的控制及其对气候和环境的重要性，并深入理解生物圈特性的改变对地表、地下的水文的影响与作用本质。一方面，随着 BAHC 计划研究的深入，科学家认识到土壤-植被-大气连续体（soil-plant-atmosphere continuum，SPAC）系统对能量和水汽通量的作用直接影响全球尺度的水循环过程。另一方面，随着全球变化研究的不断深入，人们逐渐发现陆面-植被-水-大气系统中的相互作用与反馈遥相关，不仅决定流域、区域能水平衡，而且与全球气候系统密切关联，是全球气候变化中不可忽略的重要影响因素。考虑到陆面-大气相互作用通过两条错综复杂的途径发生：生物物理过程以及生物地球化学过程；动量、辐射能量和感热代表生物物理传输，而二氧化碳和许多微量气体则与发生在植物或土壤表面的生物地球化学活动相关。因此，要系统厘清生物圈-水圈的相互作用及其对大气圈的反馈，就需要破解以下关键理论问题：生物与水在陆地、大气之间的物理过程、化学过程、生物过程是如何耦合作用并进行动量、能量和物质的传输与转变？这一作用过程在多大程度上并如何控制全球和区域尺度的水循环？由此，水文学基础理论的发展迎来了又一次巨大革命，即需要与生态学开展学科交叉与融合。

事实上，经过多年的探索，水文学家已经认识到准确认知水文循环过程的关键是要深入理解水循环生物作用机理，一切基于物理机制的水文模型面临的最大挑战在于对生态水循环过程的定量刻画。陆地生态系统参与水循环过程的核心问题在于两方面：一是纵向的水分交换，以蒸散发为关键环节，尚未在基于植物水分机理的蒸散发准确量化与模拟方面取得突破，这是水文学与陆面过程研究前沿领域最具挑战性的难点之一；二是横向的产汇流过程，包括生态系统参与下的土壤水分运动、地下水径流与地表坡面产流以及流域汇流过程等，其形成过程的复杂性和高度的时空变异性，始终是流域水文分析、精确预报与模拟的不确定性根源和理论瓶颈。迄今为止，水文模型发展中遇到的两大难题，即植被过程参数化和尺度效应，始终未能取得突破性进展。水文模型成功应用于流域水文过程模拟的关键是其结构能否刻画流域水文过程的物理实体、参数系统能否代表水循环关键环节以及其结果是否可靠等。陆地植被及其密切相关的土壤性质的空间高度异质性，不仅使自身的水循环过程的空间分异性较大，而且是导致降水-径流过程乃至流域产汇流过程存在变异性的主要驱动因素之一。因此，水文模型中，生态水文过程的定量模拟或准确参数化是决定水循环模拟过程真实性与可靠性的关键环节。由于陆地生态系统与大气间复杂的物质及能量交换不仅仅是简单的单一物质循环，碳、氮和水在陆-气间存在复杂的耦合作用关系，而且这种关系在很大程度上决定了水循环的基本规律和演变趋势。明确区域水循环和其他反馈与耦合因素（如植被和碳氮循环）的相互作用机制，改进水文模型对水循环过程驱动机制的精确描述，是未来水文模型发展的优先方向。

2. 面向地球系统科学的生态学研究——生态学发展的新目标

适应和减缓全球气候及环境变化的影响是地球系统科学研究的焦点。21 世纪，生态学研究强调了全球变化和人类活动对生态系统及其服务的影响，更加重视高强度人类活动及全球环境快速变化双重驱动下的生态系统变化机制、调控和管理的理论与技术的探索（于贵瑞等，2009）。因而，当代生态学研究要求从全球的整体性、系统性出发，并将自然、经济和人文的相互作用关系统筹起来，研究区域或全球生态系统的整体行为、演化规律、不同系统间的相互作用以及应对变化环境的调控与管理途径，从而促进生态学服务于地球系统科学发展的需要，这是生态学发展的新目标和研究思路的新变化。新时期生态学研究的上述变化，就必然要求将生态系统中的物理、化学和生物过程相结合，将生态学与人文科学相结合，开展多尺度、多过程和多学科的综合集成研究。其中，生态系统碳、氮、水耦合循环及其与水资源安全、碳平衡管理的关系，响应与适应气候变化的生物多样性保护、生态功能稳定与提升途径等，是当代生态学研究的热点领域。

水是一切生命体赖以生存和繁衍的基础，植物的水碳交换是生理活动的最基本及最重要的过程，一方面，水分改变将直接影响碳交换；另一方面，温度或其他因素引起的碳交换改变必将导致植物水循环发生变化。植物体内碳-水间的生化反应，叶片和冠层尺度气孔对光合-蒸腾的共同控制和优化调控作用，生态系统对碳、水循环的同向驱动机制，共同构成了碳-水耦合的基本作用机制（Anderson-Teixeira et al.，2011）。在流域或区域尺度上，可以利用碳/水通量间的比值关系，通过蒸散量的分布来估算大区域上碳同化生产力的分布，反之，对于陆面蒸散发过程可以通过碳同化生产力来量化，其优点在于既能反映不同生态系统水分通量的时空动态，也能客观揭示不同气候环境下蒸散发的变化（Heimann and Reichstein，2008）。但在过去较长的时间，群落和生态系统尺度上对于土壤-植被-大气间的水循环及碳交换过程的研究相互独立，传统的生态系统水循环及碳循环过程模拟研究也通常是从各自不同学科角度独立展开（赵风华和于贵瑞，2008）。20 世纪 90 年代中期以来，叶片尺度和冠层尺度的大量研究证明了降水、土壤水分对碳吸收的影响作用，涡度相关技术获取的资料证明了水循环对群落尺度蒸腾和碳同化的影响作用，并成功用于区域尺度的影响评价（Anderson and Goulden，2011）。这些研究的一个最显著进展就是认识陆地生态系统的碳循环及水循环通过土壤-植被-大气系统的一系列能量转化、物质循环和水分传输过程紧密地耦合在一起，制约着土壤和植被与大气系统之间的碳-水交换通量及两者间的平衡关系，同时，受到水分条件（包括土壤水分）的空间高度异质性影响，碳-水耦合关系与作用强度在不同区域的不同生态系统间存在差异（Luo et al.，2008）。因此，无论是从植物群落、生态系统还是从区域尺度来看，植被或生态系统生产力与碳循环及水文过程有着十分密切的耦合关系，要解决生态学上的能量、物质形成与循环过程等方面的问题面临的诸多前沿挑战，需要立足于生态水文学理论与方法，以实现突破。

基于稳定同位素（δ^2H、δ^{18}O 和 δ^{13}C）和水分利用效率来揭示水、碳在 SPAC 中的转换过程及其变化，是现阶段最具活力和发展前景的领域，并成为认识群落、生态系统物质与能量循环过程的新途径（Michelot et al.，2011）。有研究表明，在群落尺度上，将降水、土壤水、地下水等不同水源利用和物种功能响应指示相结合，可深入认识给定物种群落个体间对气候变化的适应性。生态系统碳排放的复杂性是由于其具有很多来源，如树干 CO_2 通量、根际和非根际土壤微生物贡献、凋落物分解、土壤有机碳分解等。但每一个环节的共性之处在于与水分动态的密切关联性（Gamnitzer et al.，2011），如何准确划分和区别不同来源的贡献及其随环境变化的响应，是现阶段生态系统碳汇功能形成与维持机制研究所关注的核心问题之一，同样取决于生态水文学理论的发展。实际上，这些需求既是生态水文学产生与发展的源泉，也是驱动生态学发展的重要方向。

1.1.3 生态与水文交互学科的产生

从 1.1.1 节有关环境问题产生的水过程根源和生态过程扰动的恢复角度寻求解决扰动的自然生态过程对水文、水环境和水资源的影响，可能是在全球变化和不断加强的人类活动影响下实现水资源合理利用以及水环境可持续保护的关键。随着我们在流域尺度上对水生和陆生生物区系功能进一步理解的基础上，系统掌握生态过程与水文过程之间的相互作用和反馈机制，探索生态-水的各种界面关系的调控，是保障流域水安全和生态安全的有效途径。总体而言，地球上一切表生过程所产生的区域性、全球性人类环境问题均与水和生态的相互作用相关。同时，从 1.1.2 节可以了解到，水文科学自身面临的一些学科发展瓶颈，也需要在水和生态的作用机理中寻求解决途径；而生态学新的发展机遇和挑战也在于将关键生态过程与水循环紧密关联，并通过面向地球系统科学的多过程与多学科集成，促进其与人文科学的交叉而更好地服务于人类社会发展。

因此，水文学家在寻求一种环境友好、经济可行和用水高效的淡水资源可持续利用方式的实践中逐渐将生态学的一些理论和方法应用于水文学问题研究，从而形成了水文学与生态学的交叉，生态学家则从全球变化背景下探索生物多样性持续维持、生物生产力不断提升以满足人类社会发展需要的实践中，逐渐将水文学的一些理论和方法应用到生态学领域，促进了生态学与水文学的交叉。将生态学与水文学相结合，立足于解决生态-水相互作用关系的交叉学科——生态水文学就在这种背景下产生了。继在20世纪80年代后期人们在湿地研究领域广泛开展生态-水相互作用关系的研究后，1992年在都柏林（Dublin）召开的联合国水和环境国际会议上，正式提出生态水文学的概念，并对这一概念赋予在保持生物多样性、保证水资源的数量和质量的前提下，提供一个环境健康、经济可行和社会可接受的水资源持续管理方式的学科目标（Zalewski et al., 1997）。1994年后，举世瞩目的IGBP开始了它的核心项目“水文循环的生物圈方面”，即BAHC计划，从全球范围内开展生态水文过程为专门对象的系统探索，取得的一系列重要成果奠定了生态水文学的一些基本理论和方法体系。此后，经过10余年在全球范围的持续发展，生态水文学逐渐形成并得以迅速发展。

1.2 生态水文学的概念及其与其他学科的关系

1.2.1 生态水文学概念和范畴

生态水文学是研究有关生物圈与水文圈之间的相互作用关系以及由此产生的水文、生态以及环境问题的一门新兴学科。生态水文学是生态学和水文学交叉的次一级学科，研究分析水文过程对生态系统分布格局、结构和功能的影响及生物过程对水文循环要素的作用（Zalewski, 2003）。

对于生态水文学概念的理解，迄今为止仍有不同见解，如Hatton等（1997）给出的生态水文学定义，是指在一系列环境条件下来探讨诸如干旱地区、湿地、森林、河流和湖泊等对象中的生态与水文相互作用过程的科学；Baird和Wilby（1999）则指出生态水文学是生态学的水文方面，是研究植物如何影响水文过程及水文过程如何影响植物分布和生长的水文学与生态学之间的交叉学科，所研究的对象不仅仅局限于湿地生态系统，还应该包括其他生态系统，如干旱地区的生态系统、森林和疏林生态系统、江河生态系统、湖泊生态系统和水生生态系统等。从全球角度来看，由于海洋生态系统已知的类型和分布与陆地生态系统截然不同，海洋水文动态无疑对海洋生态系统具有巨大影响，但是海洋生态-水文间的相互关系以及海洋生态系统对全球水循环的影响，人类了解很少，因此，也有研究者认为，生态水文学侧重于研究陆地表层系统生态格局与生态过程变化的水文学机理，揭示陆生环境和水生环境植物与水的相互作用关系，解释与水循环过程相关的生态环境变化的原因与调控机理（Rodriguez-Iturbe, 2000）。

生态水文学在其诞生之初，就有生态水文学（eco-hydrology）与水文生态学（hydro-ecology）之争。简单而言，生态水文学的主题是水文学，内涵以生态学方法研究水文学问题为核心，而水文生态学则相反，以水文学视角或水文学的一些理论来研究生态学规律。一般认为，生态水文学侧重于水文学，研究生态过程如何影响水文过程，以及为了维持或重塑特定的生态系统格局与过程，对水文过程的反馈约束、控制或再造等；水文生态学则侧重于生态学，研究水文情势（格局）变化如何影响生态过程与格局，更多以湿地、河湖等区域为对象，以及干旱区水文情势（水分格局）如何重塑生态格局与过程。目前，人们逐渐把这两方面结合起来，共同以生态-水文的耦合作用关系与机理为基础，统一在生物圈与水文圈相互作用的范畴中，这一争论逐渐取得共识，并将两者统一在生态水文学这一概念下。

现阶段仍然缺乏对生态水文学范式和结构的统一认定，其理论范畴认为需要关注下列五个方面（Hannah et al.，2007；Wood et al.，2007）：①重视生态-水文相互作用的双向机制和反馈机制；②强化对基础过程的理解，避免简单建立没有因果关系的函数（或者统计学上）关系；③在学科领域方面涵盖全部（自然或者受人类影响的）水、陆生生物及其生境，乃至动植物群落和整个生态系统，关注水、碳循环这两个关键过程对植物个体、群落乃至生态系统的影响研究；④加强水与生态交互作用过程的时空尺度研究，包括水文学和生态学的尺度，但要比水文学和生态学更强调对尺度问题的研究；⑤完善跨学科的技术方法研究，进一步集成与发展基于水文学、生态学、植物学等学科的理论与方法体系。

1.2.2 生态水文学与其他学科的关系

近 10 多年来，生态水文学研究特点发生了较大变化，表现为：对于生态水文学来说，不仅在以流域为基本单元的基础上开展了大量的研究，也从大尺度（全球尺度）和小尺度（微生物）的级别分别研究了水文系统与生态系统的耦合以及探寻生物个体的水质代谢过程。同时，对于生态水文过程的机理也进行了更加深入的分析。对于研究范围来说，从最开始局限于水生生态系统，到逐渐转向陆地生态系统，特别是近几年对脆弱地区，如干旱地区、高山地区等，生态水文学专家都给予了极大的关注。在研究尺度上，生态水文学越来越重视全球变化下的生态水文整合研究。对于研究对象来说，生态水文学逐渐从蓝水（blue water）研究转向探索性的绿水（green water）研究，生态需水量的计算越来越受到人们的重视。对于水资源的研究来说，则逐渐开始强调水的资源属性，即强调人类活动的影响，包括土地利用和植被覆盖对生态水文过程的影响等。因此，生态水文学是生态学、水文学和环境科学学科发展需要而诞生的新型交叉学科，为这些学科发展发挥着日益增强的支撑作用；同时，生态水文学不断汲取其他相关学科的理论与方法，不断充实生态水文学自身的内涵与范畴，向日趋完善的独立学科发展。

1. 生态水文学与生态学其他分支学科的关系

生态学是生态水文学的母学科之一，目前在学科体系中，虽然尚未把生态水文学纳入生态学的二级学科范畴，但承接了大部分二级学科应有的关联与作用。首先，生态水文学根植于生态学，以解决与水有关的生态学问题为核心内容，无疑将继承所有相关的生态学原理、范式、方法和模式等。其次，作为生态学的分支学科，生态水文学与生态学其他分支学科，如植物生态学、生态系统生态学、景观生态学、修复生态学和可持续生态学等，也存在十分密切的关联性。植物生态学是生态水文学依赖的主要学科之一，大部分生态水文学研究内容所针对的对象是植物生态学范畴。生态系统生态学和景观生态学为生态水文学提供了两种不同的生态学研究尺度。

实际上，从生态学的多个子学科体系的发展来看，生态水文学在大部分生态学的分支学科体系中发挥着重要作用，如生态系统生态学中的湿地生态系统生态学，生态学中重要的分支学科水生生态学与湖泊生态学等是生态水文学诞生的学科基础，但生态水文学在不同尺度上生态-水之间相互作用关系方面的理论发展，反过来已成为推动这些学科发展的重要驱动力。特别是在陆地-水域界面物质与能量传输、变化环境的水生生态系统响应与湖沼生态健康维持等生态水文学理论方面，对于推动这些学科发展起到了重要作用。在生态工程学领域，近年来日趋活跃的污水处理和资源化生态工程、林农综合经营生态工程、城镇发展生态工程与城市生态工程、海岸带防护与海滩生态工程以及荒漠化防治生态工程等，无一例外都是生态水文学中重要物质（污染物、生源要素、泥沙等）和能量转换理论技术体系的实践应用，同时，生态工程学的发展也不断丰富着生态水文学在生态水力学、生态水环境学等分支学科的理论内涵。在恢复生态学领域，一个普遍性的生态退化过程负反馈理论是：变化环境（自然因素或人为活动）延缓植被覆盖表土结皮损失—降低水分渗透并增加径流—降低土壤可供植物生长的水分和土壤养分—减少植物生产—减少土壤有机物输入—降低土壤肥力和土壤微生物活性—土壤结构退化—增强土壤侵蚀和水土流失—进一步加剧生态系统退化，由此可以看出，生态-水文间的互馈作用关系贯穿始终。因此，在恢复和保存生物多样性、维持或提高生态系统生产力与自然资本，关键在于构建适宜于稳定生态功能组群的非生物环境条件，这是生态水文学最具优势的领域。

2. 生态水文学与水文学其他学科的关系

与生态学类似，水文学也是生态水文学的母学科之一，生态水文学承接水文学次级学科的学科内涵及其与其他分支学科的关联性。水文学的其他分支学科中，河流水文学与生态水文学的关系主要表现在三方面：一是河流水文情势（或水动力过程）与水生生物的相互关系；二是河流水资源利用（包括水能资源利用）对河岸带和下游陆地生态系统的影响，这一问题也是流域水资源合理配置与调度、流域科学管理领域关注的重点；三是河流水环境（泥沙含量、水温等）、营养物（或污染物）与水生生态系统的关系。湖泊水文学与沼泽水文学则是生态水文学早期产生的主要依托学科，可看作生态水文学的“摇篮”。地下水文学与生态水文学的关系主要体现在植被-地下水之间的物质交换，早在2003～2005年，就有研究者（如俄罗斯水文地质学家V. N. Ostrovski）提出生态水文地质学的概念，认为生态水文地质学研究的目的是控制地下水圈的体制以防止发生一些不可逆转的对生态环境不利的影响，一方面要预防人类活动对生态环境产生不利的影响，另一方面要科学地预测人类活动对生态环境所产生的影响。其中，区域水文地质条件及其变化与植被生态格局的关系、潜水含水层中地下水各种物理化学过程的生态效应、陆生生态系统分布与地下水系统之间的相互作用及反馈机理等，是生态水文地质学主要关注的内容。水文气象学为生态水文学提供流域、区域尺度水文气象边界场以及气候驱动，同时，生态水文学有关的区域能水过程的研究可反馈于水文气象学。

3. 生态水文学与其他学科的关系

学科交叉不仅是学科自身发展的动力，也是解决一系列人类社会发展难题的关键。基于生态学和水文学两大学科交叉的新型学科，生态水文学的形成与发展既体现了在解决人类社会发展面临的环境问题时，不同学科交叉的重要性，也充分显示了地球系统科学发展中不同圈层学科交叉的必要性。如图 1-5 所示，水文学和生态学自身的发展已经与其他学科，如地质学、环境科学、大气科学等深度交叉。首先，水文学的发展已经突破地理科学范畴，日益成为联结岩石圈、水圈、生物圈和大气圈的关键纽带，在不断吸纳地理科学和地质学新理论与新方法（如遥感与地理信息系统等）的基础上，与植物学、动物学和生态学的深度结合，将生物圈的水运动与水圈和岩石圈的水过程耦合起来，从而构筑地球系统完整的水循环路径；同时，其研究尺度从传统的坡面和集水流域单元向植物叶片甚至细胞和区域乃至全球尺度扩展，从而使水文学既能服务于全球变化研究，也能服务于生物个体的水分逆境演化研究。其次，以生物和环境（特别是非生物环境）间相互作用关系为研究主题的生态学，与土壤学和环境科学具有天然的紧密联系。近年来，伴随全球变化和可持续发展研究不断深入，生态学与地理学、地质学、大气科学的交叉日渐广泛和深入，并通过与地理科学和大气科学新技术及新方法的结合，生态学研究尺度也逐渐向国家、区域乃至全球尺度扩展。生态学与水利工程领域相关学科（如工程力学、水力学、流体力学、岩土力学、工程水文学、河流动力学）的一些学科（如水力学、河流动力学和工程水文学）的交叉已经有较长历史，产生过生态水文学相关的一些早期发展思想，如生态水力学、流域生态水文学以及大坝生态学等。近 10 年来，岩土力学和流体力学与生态学开始交叉，探索岩土体物理力学性质变化与稳定性的生态因素、空气动力学和水体流动中植物或生物作用等的机理及数值模拟方法。

21 世纪初期以来，伴随全球变化研究不断深入，以全球性、统一性的整体观、系统观和多时空尺度理念，来研究地球系统的整体行为的地球系统科学，逐渐深入人心，得到广泛支持和快速发展。地球系统科学将传统的地球科学的各分支，如气象学、海洋学、地理学、地质学、生态学等，与人文和社会科学等实现大跨度交叉渗透，使人类能更好地认识自身赖以生存的环境，更有效地防止和控制可能突发的灾害对人类所造成的损害，真正实现高质量可持续发展。因此，在地球系统科学发展的推动下，未来生态学和水文学的发展必然要进一步加强与人文和社会科学的深入交叉及融合。事实上，社会水文学在近年来已经取得较大发展，从水资源在社会系统和生态系统之间的分配、水资源利用格局对社会系统和生态系统的影响两个角度，来探索流域尺度社会-生态系统应对水文与水资源变化的耦合协同演化过程（尉永平和张志强，2017）。生态水文学作为独立学科发展，一方面将比生态学和水文学更加体现地球系统科学发展理念，强调与其他学科的交叉和渗透，另一方面无疑将全面继承生态学与水文学发展中和其他学科的交叉，图 1-5 体现了生态水文学与其他学科相交叉和渗透的基本格局。

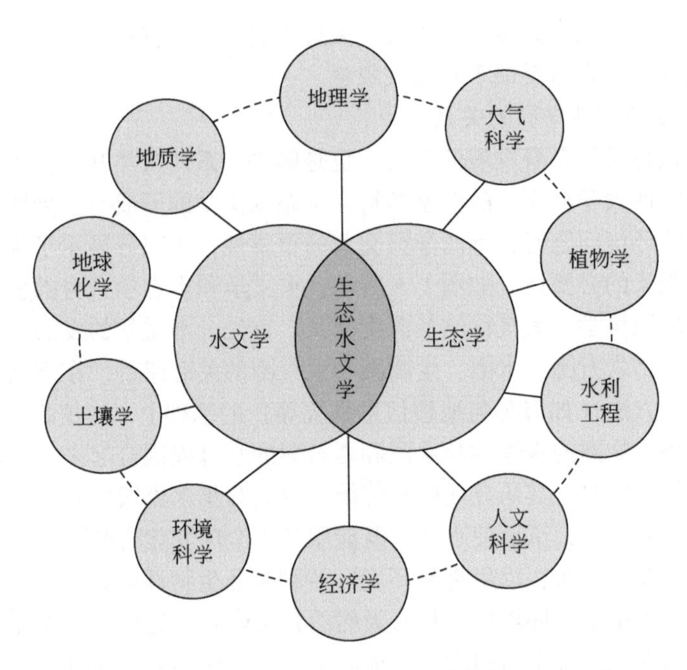

图 1-5　生态水文学相关学科系统及其与其他学科的关系

1.3　生态水文学的研究历程与发展趋势

1.3.1　国际生态水文学的发展历史

追溯生态水文学的发展历史，可以发现最早出现在 20 世纪 60 年代后期，由国际水文科学协会（International Association of Hydrological Sciences，IAHS）提出的国际水文十年计划（1965～1974 年）中，水文研究就已经开始考虑来自生态环境及其他交叉学科的影响，这可能是最早的有关水文-生态关联的代表性工作。1970 年，Hynes 出版的 *The Ecology of Running Water* 中就初步对水文过程和生态过程的结合展开过研究与讨论，认为生态系统对水文过程有较大影响，这本著作可以认为是最早明确提出水文过程的生态作用论述的文献。但真正意义上称得上生态水文概念提出，并赋予明确科学内涵的是在 80 年代，从那时起，生态水文学的发展经历了 4 个重要的发展阶段。

1. 1990 年以前的萌芽阶段

尽管植物学领域关于植物呼吸与光合作用过程中水碳耦合关联性以及植物蒸腾水分的植物生理生态学认识已有很久历史，但从上述有关生态水文学现有定义的内涵角度而言，真正意义上生态水文学领域早期的典型研究问题则是针对湿地生态系统——湿地、沼泽、泥炭地和水生生态系统等，研究水生生态系统对水文情势变化的响应，是生态学家很早关注生态过程与水文过程相互关系的领域。在 20 世纪 60～70 年代，国际上开展了大量有关湿地植被与水文动态关系的研究，确认了水分运动特征对湿地环境和湿地植被组成的重要影响（Ingram，1967；Heinselman，1970）。这些方面的研究在 20 世纪 70 年代逐渐成为湿地生态学领域最为活跃的方向，且一直持续到现在，建立了多种尺度上的多种侧面的湿地生态系统对水文变化的响应机制。在大致相同时期，也有少部分科学家注意到了陆地植物与水的相互关系，Penman（1963）针对农作物的水分行为（如水分供给与植物蒸散发及其产量的关系），提出了在群落和生态系统上关于植物与水相互关系的一些认识。

1971 年联合国教育、科学及文化组织（United Nations Educational Scientific and Cultural Organization，UNESCO；简称联合国教科文组织）科学部门发起了人与生物圈计划（Man and Biosphere Programme，MAB 计划），是着重对人和环境关系进行生态学研究的一项多学科的综合研究计划，其中水生生态系统被当作该计划的一个重要组成部分。该计划于 1986 年在法国图卢兹召开了第一阶段总结评估会议，在该会议上提出了陆地生态系统和水生生态系统之间的过渡带这一问题，首次较为明确地阐述了河流、湖泊以及其他湿地等水生生态系统与陆生生态系统间的水文纽带作用及其共同受土地利用变化的影响。1978 年美国大坝委员会环境影响分会出版的《大坝的环境效应》(*Environmental Effects of Large Dams*) 一书总结了 20 世纪 40 ~ 70 年代大坝对流域内鱼类、藻类、水生生物、植物和下游水质等方面的影响的研究结果，成为这一领域具有划时代影响的研究报道，并据此诞生了大坝生态学（Collier et al.，1996）。此后，在 20 世纪 80 年代，水文学家和生态学家大都集中于研究湿地或河流水生植物的水文响应与反馈影响，此期间提出诸多生态-水文关系的概念，如河流系统的生态连续体与不连续体问题（Ward and Stanford，1983），基于河流植被的水力学影响以及河流水生生物对水动力过程变化响应等研究，提出了生态水力学概念，以及通过确定鱼类生长繁殖和产量与河流流量之间的关系，提出了河流最小环境（或生物）流量概念等（Bovee，1986）。同时，提出了许多有关河流最小生态水量和适宜河流流速等方面的计算方法，如具有代表性的河道内流量增加法（instream flow incremental methodology，IFIM）等，就被广泛用于评估河流流量变化对鲑鱼栖息地的影响（Covich，1993）。在这些研究基础上，Ingram（1987）在对泥炭湿地中的生态水文过程进行分析时，第一次提出了"Ecohydrology"一词，并很快被大量生态学家所采纳，用来描述湿地研究中涉及的生态水文学问题，认为生态水文学旨在更好地了解水文因素如何决定湿地生态系统的自然发育。因此，这期间，尽管提出的生态水文学概念仅限于湿地、河流水生生态问题方面，较少涉及其他陆地生态系统，但完成了生态水文学的萌芽阶段。

2. 1990 ~ 2000 年的学科系统建立阶段

在 20 世纪 80 年代后期提出以湿地生态系统为对象的"Ecohydrology"概念后，进入 90 年代，很多植物学家和生态学家开始认识到生态水文学可以应用到更加广泛的领域，在解释众多植物水分关系方面具有独到理念，也有部分生态学家着手开始广泛意义上的生态水文学思考。Hatton 等应用 Eagleson 提出的土壤-植被-大气水分平衡理论，在 1997 年提出了在广泛意义上描述植物与水分相互关系的生态水文学概念。此后，生态水文学得以在全世界范围内受到大量水文学家、生态学家、植物学家以及环境学家的关注，有关生态水文学的研究如雨后春笋在世界各地广泛开展，并推动生态水文学理论得以迅速发展。90

年代以来，生态水文学在国际上迅速发展并逐渐成为相对独立的学科，如1996年9月在法国召开的“小流域生态水文学过程”研讨会，独立的以生态水文过程为这次全球性学术会议的主题。同样在1996年，联合国教科文组织国际水文计划第五阶段（UNESCO-IHP-V）（1996～2001年）正式启动，以“脆弱环境中的水文水资源开发”为研究方向，把生态水文学列为该计划的核心内容，目标旨在从流域观点、从河流系统与自然社会经济的联系中，理解水文过程中生物和物理过程的整体性。1997年，国际水文计划出版了专集《生态水文学-水生资源可持续利用的新范例》，该文集指出生态水文学主要是为了研究水循环过程、机制与生物、非生物之间的相互关系（UNESCO，2000）。1998年5月，在波兰召开的UNESCO-IHP-V工作组会议和会后出版的论文集，对生态水文过程的研究现状进行了全面总结，并指出了未来生态水文过程研究的重点领域，认为河流生态系统是受水文过程控制的“超有机体”（IHP，1998）。

20世纪90年代，生态水文学研究热潮迅速蔓延到全球许多国家和地区，并促使水文科学家对已有森林水文学和干旱区生态-水文关系研究开展系统总结，在这些基础上，1999年英国自然地理学家Baird博士和德比大学自然地理学家Wilby博士编著了著名的生态水文学专著：*Eco-hydrology*：*Plants and Water in Terrestrial and Aquatic Environments*，首次较为系统地阐释了生态水文学的基本概念、范畴与研究内容等，指出生态水文学是生态学的水文方面，是研究植物如何影响水文过程及水文过程如何影响植物分布与生长的水文学和生态学之间的交叉学科，所研究的对象不仅仅局限于湿地生态系统，还应该包括其他生态系统，如干旱地区的生态系统、森林和疏林生态系统、江河生态系统、湖泊生态系统和水生生态系统等。该专著后由中国科学院寒区旱区环境与工程研究所程国栋院士组织，赵文智和王根绪两位研究员进行了编译出版，大力推动了我国生态水文学的发展。

3. 21世纪前十年的全面发展阶段

2001年以后，生态水文学进入了全面高速发展阶段。一方面，生态学家和水文学家从不同角度着手对生态水文学理论体系的构建，如Eagleson（2002）编著的*Ecohydrology*：*Darwinian Expression of Vegetation Form and Function*，基于植被冠层能量平衡、植被生产力的环境控制要素与最优性规律以及植被-土壤系统的水量平衡，从叶片和冠层尺度上的生物物理机制入手，分析植被水分循环的关键大尺度机理。该著作2008年由清华大学杨大文和丛振涛译为中文。2003年在波兰举办的UNESCO MAB/IHP有关“生态水文学：从理论到实践”的联合讲习班，从理论和应用方面对生态水文学的发展进行了讨论，推动了水文学界对生态水文学理论体系的进一步发展（UNEP-IETC，2003）。英国拉夫堡大学生态水文学家Paul J. Wood教授等将来自美国、英国、法国、德国、加拿大以及澳大利亚等12个国家的46名从事生态水文学研究的科学家组织在一起，于2008年编著出版了*Hydroecology and Ecohydrology*：*Past*，*Present and Future*，对过去有关生态水文学研究的理论进展进行了较为系统的综述，其显著的特点：一是包括了所有依赖水的生物，如植物和动物；二是涵盖了陆地、滨水（水-陆交错带）和水生生境等的生态-水作用过程；三是强调了古水文和古生态关联的研究。该著作在2009年由王浩等译为中文出版。另一个代表性的生态水文学理论著作，就是英国莱斯特大学的生态学家Harper教授和UNESCO欧洲区域生态研究中心的生态水文学家 Zalewski 等在 2008 年编著出版的 *Ecohydrology: Processes, Models and Case Studies, an Approach to the Sustainable Management of Water Resources*，不仅提出了生态水文学的另一种内涵表达，即将某个流域生物群落和水文学的制衡关系定量化与模型化，两者相互修正、相互促进，从而减缓人类活动对生物群落和水文过程的影响，最终保护、提高和恢复流域水生态系统的承载力，实现可持续利用；而且从流域尺度提出了通过流域系统的生态-经济-社会的协调以实现高效、可持续管理的基本思想。以上代表性论说从多个方面进一步完善了生态水文学的基本理论框架和内涵，促进了生态水文学学科体系的全面发展。

另一方面，生态水文学的全面发展还体现在国际上相关研究机构的蓬勃发展，如 2000 年合并而成的英国沃林福德生态与水文学研究中心；2001 年由 Zalewski 为特邀主编创办了生态水文学国际学术期刊 *Ecohydrology & Hydrobiology*；2004 年成立的英国生态与水文研究中心（Centre for Ecology and Hydrology）；2005 年成立的 UNESCO 欧洲生态水文学中心（European Regional Centre for Ecohydrology under UNESCO）；2008 年的 UNESCO 海滨生态水文学中心等，均对生态水文学的发展起到了巨大的推进作用。2008 年直接以生态水文学为名的国际学术期刊 *Ecohydrology* 创办，给全球广大生态水文学研究者提供了分享生态水文学相关最新研究成果的平台，该刊物的成功创办，标志着生态水文学作为独立学科发展到了一个新的阶段。

4. 2010 年以来的快速拓展与不断完善阶段

为进一步促进生态水文学学科的发展和完善，2008 年开始，UNESCO 在连续的两个 5 年阶段计划中将生态水文学作为一个独立的主题进行研究，且将重点落在可持续和流域协调管理上，即第七阶段（UNESCO-IHP-Ⅶ）（2008 ~ 2013 年）的主题 3 设定为“面向可持续的生态水文学”和第八阶段（UNESCO-IHP-Ⅷ）（2014 ~ 2021 年）的主题 5 设定为“生态水文学——面向可持续世界的协调管理”。代表了生态水文学在不断完善其学科体系方面的一个十分重要的拓展领域——面向人类社会可持续发展的生态水文学理论和流域水资源协调管理模式。

当前的生态水文学理论体系的快速拓展，还体现在以下两方面：①以植物微观生物物理为基础，从微观的植物光合作用下 CO_2、水分和能量的交换过程出发，探索植物-土壤、植物-大气以及植物冠层内部不同界面的水热平衡规律。尽管以植物体内的碳水生化反应过程、植物的光合作用与水分蒸腾关系以及植物的水分利用效率等为主要对象的碳水耦合关系研究可以追溯到 20 世纪 70 年代，但传统的生态系统水循环和碳循环过程与模型研究通常是从各自不同的学科角度独立展开的。进入 21 世纪以来，特别是 2010 年以后，伴随涡度相关技术、全球陆地生态系统观测网络体系的发展和其他一些先进的观测试验手段的进步，大量不同尺度的协同研究进一步明确了陆地生态系统的碳循环和水循环通过土壤-植物-大气系统的一系列能量转化、物质循环及水分传输过程紧密地耦合在一起，制约着土壤和植物与大气系统之间的碳-水交换通量及两者间的平衡关系（Michelot et al., 2011）；同时，受到水分条件（包括土壤水分）的空间高度异质性，碳-水耦合关系与作用强度在不同区域的不同生态系统间存在差异（Anderson-Teixeira et al., 2011）。另外，最新的研究进展揭示出，植被水分关系的复杂性不仅体现在生态系统或地区的差异上，也体现在水分和植物的双向耦合机制上，如 C4 植物可以在干燥的大气和土壤条件下，降低蒸腾以保护水力结构系统（Osborne and Sack，2012）。基于稳定同位素（δ^2H、δ^{18}O 和 δ^{13}C）和水分利用效率揭示水碳在 SPAC 中的转换过程及其变化，成为认识群落、生态系统尺度水碳耦合循环过程的新途径，得以进一步丰富生态水文耦合关系的理论体系。②得益于全球陆地生态系统观测网络体系的发展和遥感技术在生态水文领域应用技术的进步，大尺度生态水文规律的认识成为可能，并日渐成为目前十分活跃的生态水文学发展领域。围绕大范围人为活动导致的土地利用和土地覆盖变化的生态水文效应、全球气候变化引起的大尺度植被生产力形成和蒸散发过程的改变，以及区域尺度生态水文关键要素的遥感反演和时空规律等热点问题，相关研究取得了卓有成效的进展，特别是在较大区域乃至全球尺度植被覆盖变化主导陆面蒸散发的动态变化与径流影响评估（Creed et al.，2014），为准确认知全球变化对水资源安全的影响提供了重要理论依据。

从现阶段生态水文学发展的热点领域出发，可以看出生态水文学作为独立学科在稳定高速发展，未来应该重点在以下几方面的理论与学科方法取得较大进展：①流域高效、可持续综合管理的生态水文学基础；②全球变化对区域或全球尺度水资源形成与时空分配格局影响的准确评估与预判；③变化环境下生物多样性维持与生态服务提升的生态水文学理论和方法；④保障“清洁饮水安全”、维护“可持续城市和社区”的生态水文学创新理论与技术体系；⑤应对气候变化的区域及全球碳管理中生态水文学的作用与行动举措。

1.3.2 中国生态水文学的发展

我国生态水文学研究起步较晚，但在多个领域为生态水文学理论体系和方法论发展做出了巨大贡献，主要体现在以下几方面。

1）SPAC 系统能水传输理论的发展。以恒定流模型为基础，阐述 SPAC 系统中水流的各项阻力并给出计算公式，也比较系统地探讨了土壤-植被的水容问题（邵明安和 Simmonds，1992）；SPAC 水分传输的力能关系，修正并完善了 SPAC 水流通量与水势关系假设，建立了横向比较精度更高的作物根系吸水模式以及农田蒸腾与蒸发分摊计算模式（康绍忠等，1994）。考虑到地下水参与 SPAC 系统水交换的事实，提出了在 SPAC 系统界面中包括土壤水-地下水界面，并探讨了从界面上控制水分迁移转换的途径，进一步发展为地下水-土壤-植被-大气连续体系统的概念，并提出了“五水循环”概念（刘昌明，1999）。在土壤冻融过程作用的寒区 SPAC 系统能水循环方面，提出了描述冷生土壤水分动态对冻融过程的响应参数系统，发展了新一代寒区植被-冷生土壤水热耦合模式。

2）陆面蒸散发理论与模拟方法的拓展。陆面蒸散发是生态水文学领域最为重要的方向，我国科学家提出的傅抱璞公式是从蒸发机理出发，通过量纲分析和微分数学的方法推导所得出的（傅抱璞，1981），不仅使得 Budyko 水热耦合假设理论框架从真正意义上有了数学物理意义，推动了 Budyko 陆面蒸发理论的发展，而且成为现阶段最为重要的蒸散发定量模拟模式。基于傅抱璞公式，国内科学家发展了针对不同气候条件下和不同植被覆盖下的陆面蒸散发有效估算方法以及干湿度评估模型（Yang et al., 2009；Xu et al., 2013）。有研究者基于 Budyko 水热耦合假设理论框架，发现在非湿润流域中（P/PET<1.0，P、PET 分别为降水量和潜在蒸散发）或者滞蓄能力较低的流域中（$m < 2.0$，m 与森林覆盖显著相关），植被变化会导致更加明显的水文响应（Zhou et al., 2015）。这些创新进展对指导不同地区生态治理、植被恢复有着十分重要的意义。针对气候变化及下垫面环境（土地利用与覆盖变化等）下我国典型区域和流域蒸散发响应与径流效应的研究也得到迅猛发展，提出了多种针对不同区域和下垫面条件的蒸散发估算方法，如引进冰水相变能量平衡的青藏高原蒸散发模拟方法，实现了青藏高原不同冻土-生态类型区蒸散发过程的准确模拟（Wang G et al., 2020）；通过区域植被覆盖指数分解植被和土壤因素的净辐射组分，从而实现对全国尺度的植被覆盖变化的水文效应（蒸散发变化及其产水影响）的准确评估（Liu et al., 2016）。

3）流域生态-水文-经济协同管理与生态清洁小流域建设。2010 年国家自然科学基金委员会“黑河流域生态—水文过程集成研究”重大研究计划（简称黑河计划）立项。黑河计划以我国西北内陆河流域——黑河流域为研究对象，从流域整体出发，探讨我国干旱区内陆河流域生态-水-经济的相互联系。黑河计划的核心科学问题包括干旱环境下植物水分利用效率及其对水分胁迫的适应机制、地表-地下水相互作用机理及其生态水文效应、不同尺度生态-水文过程机理与尺度转换方法、气候变化和人类活动影响下流域生态-水文过程的响应机制以及流域综合观测试验、数据、模拟技术与方法集成（程国栋等，2014）。黑河流域的生态-水文-经济协调集成研究成为国际上流域生态水文学发展的典型范例。海河流域是我国区域经济社会发展进程中水系统演变最为剧烈的流域之一，2002 年实施《海河流域水资源综合规划》和《海河流域生态环境恢复水资源保障规划》以来，按照“以流域为整体，河系为单元，山区重点保护，平原重点修复”的方针，建立山区以水土保持和水源涵养为主体、平原以修复河流湿地生态功能和改善地下水环境为核心、滨海以维护河口生态为重点的生态修复格局，保护饮用水水源地，恢复水体生态功能。同时，开展严格的流域水系统综合治理和流域生态-经济-社会-水资源一体化综合管理，经过 10 余年发展，基本形成了流域水环境、水生态日益改善，流域人水和谐生态文明发展水平稳步提升的良好局面（郭书英，2010）。

随着我国经济社会快速发展，江河湖泊水体污染和富营养化问题日益突出，流域水环境质量不断恶化，以水土资源治理为核心的小流域综合治理已难以适应人们对生态环境的新要求。在传统水土流失防治基础上，需要增加流域水源与水质保护、面源污染控制、人居环境改善等目标。为此，水利部于 2006 年提出建设生态清洁小流域的新思路，并在 2013 年颁布中华人民共和国水利行业标准：《生态清洁小流域建设技术导则》（SL 534—2013）。生态清洁小流域建设把小流域作为一个完整的“社会-经济-环境”复合生态系统，结合流域地形地貌特点、土地利用方式和水土流失的不同形式，以及面源污染物来源及其迁移特征，以水源保护为中心，以流域内水资源、土地资源、生物资源承载力为基础，以调整人为活动为重点，坚持生态优先的原则，“山水田林路”统一规划，“拦蓄灌排节”综合治理，人工治理与自然修复相结合，治沙与治污相结合，建立生态环境良性循环的流域生态系统。2006年以来，在全国开展了大规模生态清洁小流域建设示范工程，提出了“生态修复区、生态治理区、生态保护区”的“三道防线”治理模式，以及“生态修复、综合治理、生态农业、生态保护”四功能区建设理念，取得了明显的流域生态效益、经济效益和社会效益（李建华等，2012）。

4）生态工程的水文效应与权衡。在黄土高原地区，国内很多学者探索了生态恢复（退耕还林还草）等对径流、泥沙、土壤水分变化、水文循环等过程的影响，从区域尺度上明确了植被措施在黄河输沙变化中的贡献，定量评估了黄土高原植被恢复增加的碳固持和流域产水量之间存在的权衡关系，提出了黄河水沙管理需要从黄土高原小流域综合治理转向全流域整体协调，为保障黄土高原植被恢复政策制定提供了重要科学依据（Wang et al.，2015；Feng et al.，2016）。与此相反，在塔里木河和黑河流域等干旱内陆河流域实施的生态输水工程，同样是流域生态工程，但是针对的是流域下游生态保护与重建的水文过程调控问题，针对这一典型的生态水文学问题，我国科学家分析计算了流域生态红线和生态敏感区保护范围内的天然植被生态需水量；明确了塔里木河下游生态输水的植被恢复响应范围有限，仅仅在两岸1000m和800m左右，且就塔里木河流域水资源管理、生态水权、生态补偿机制和体制创新等方面针对性地提出了相应的建议与对策措施（陈亚宁，2015）。

5）水利工程的生态修复与保护。我国在这方面的工作尽管滞后于发达国家，但在围绕大型水利工程的生态保护与修复方面，立足国情和生产实践，20世纪90年代以来，先后开展了针对水生生态系统保护、河道生态修复等方面的探索。在水电开发生态环境保护方面，重点研究了鱼类洄游通道，建立了生态鱼道、升鱼机、集鱼放流等技术；研究了一系列的生态流量确定方法，提出了最小生态流量、适宜生态流量、生态流量过程等（Li Y et al.，2015），建立了面向水温需求的分层取水技术、面向下游生态流量保障和库内水华控制（Wang et al.，2013）的生态调度技术；针对重要鱼类，研究了人工增殖放流、替代生境构造等生态补偿措施。水库消落带生态修复及生态调度等方面获得了一些理论研究和技术成果（Tang et al.，2016）。类似的大型生态水利工程还有黄河小浪底枢纽的水-沙联合调度，解决黄河三角洲生态水文问题等。

6）生态水文模型的发展。生态水文模型应该包含生态系统模型和水文模型两大类型。在生态系统模型方面，我国自主研发并具有较大影响的模型不多，具有代表性的少数模型有CEVSA（土壤-植被-大气系统碳交换模型）（Cao and Woodward，1998）、耦合SVAT和植物生长模块的AVIM2模型（Ji and Hu，1989）等。我国关于生态水文模型的研究起步虽然较晚，但也取得了卓有成效的成绩。早期如新安江模型，近期如Crop-S模型（罗毅等，2001）、VIP模型、DTVGM（分布式时变增益水文模型）（Xia，2002）等。如今，新安江模型不仅在国内广泛使用，在国际上也得到广泛认可和关注，其相关的应用和研究成果已被编入国内外（如美国、意大利等）许多生态水文专业的教科书。VIP模型和新安江模型都逐渐发展成分布式生态水文模型（Luo et al.，2008）。

1.4 生态水文学主要研究内容与学科特点

1.4.1 生态水文学的主要研究内容

一般地，一个独立学科的研究内容应该包括理论、方法和应用三方面。对于生态水文学而言，其理论方面的主要研究内容可以分为以下四个领域（图 1-6）：陆-气耦合与生态水文过程、生物因素对水文过程的重塑与调控（即水文循环中的生物作用）、水文过程（或流域水文情势）对生态系统的影响、水-生态-社会耦合与流域水管理。方法研究是针对生态水文学研究的方法论，包括不同尺度调查、观测及试验技术与方法，模拟技术与测试分析技术方法，各类数值模拟方法等。生态水文学是人类社会可持续发展面临的一系列挑战性资源和环境问题而产生的，因此其研究广泛涉及人类社会发展面临的主要环境、资源与生态问题等诸多领域，包括联合国 2030 年可持续发展目标中提出的大部分目标涉及的领域，都不同程度与生态水文学的应用有关联。

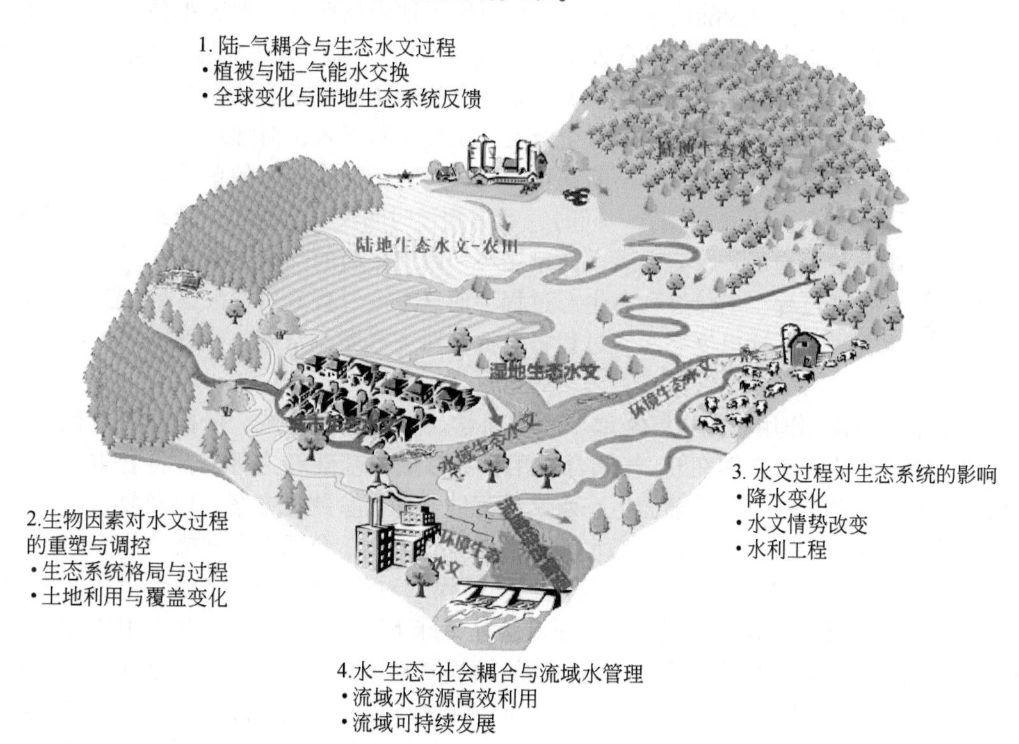

图 1-6　生态水文学的主要理论研究和应用研究领域

1. 陆-气耦合与生态水文过程

陆面与大气及其他圈层之间进行的各种尺度的相互作用，包括动量、能量、多种物质成分（水汽及碳氮等）的交换等，就是陆–气相互作用。陆–气相互作用主要通过陆面过程和大气边界层传输来实现。它不仅是地球陆面与大气物质和能量交换的主要途径，也是地球系统能量调整和转化的重要方式，全球气候演变及其空间格局的变化在很大程度上通过陆–气相互作用来实现，重大天气过程的形成和发展也与陆–气相互作用密切相关。因此，深入研究陆地上各种下垫面与大气之间相互作用的物理、化学和生物过程，不断改进和发展高精度陆面过程模式，是全球变化和全球气候系统研究最重要的前沿领域。

陆地表面的形状和结构比较复杂，植被、裸地、土壤水分、冰雪覆盖、陆面水域、建设用地等都是形成局地气候的重要因子，气候的基本状况又影响着地表环境（如植被类型、土壤湿润程度、冰雪分布）。陆面过程是指控制地表与大气间热量、水分和动量交换的那些过程，如土地利用与覆盖变化、植被分布格局与结构变化等，既包含各种时空尺度的自然变化，也包含人类活动的影响。这些变化通过改变地表反照率、土壤湿度、地表粗糙度以及植被气孔阻抗等作用于气候系统。另外，土壤的热容量远大于空气，土壤的热状况及其变化将会对大气的陆面下边界起重要的作用，且土壤温度的变化可以直接影响地气之间的感热通量及辐射通量，从而对气候变化起到反馈作用。毫无疑问，上述过程均与生态水文过程密切关联，因为陆面生态水文过程决定了地表反照率、地表粗糙度、土壤水分和土壤温度的时空变化。在陆面过程发展的早期阶段，就系统地把生物–地球物理反馈机制（主要是地表反照率和地表能量平衡）、陆面的水文过程和能量过程相互作用关系等作为陆面物理过程的基础。近年来，随着全球变化研究不断深入，对陆地生物圈的水碳耦合循环及其全球气候影响方面的理解不断深化，陆面过程研究将原有的单纯物理过程与生物圈的生化过程（光合作用）相耦合。同时，考虑到长时间尺度上生态系统结构、组成成分以及生态系统演替等均显著改变水碳、能量循环，因此，新的陆面过程模式进一步耦合三个关键过程：物理过程、生化过程和生态过程，而这三个过程就是将大气–生态–水文耦合起来的生态水文过程，这里生态水文过程将发挥其对大气圈、水圈、土壤圈和生物圈的桥梁作用。

由于陆–气相互作用研究始终是地球系统科学研究的重要领域，依据陆面过程未来研究的热点方向，生态水文学在陆–气耦合作用相关领域的基础理论研究，将着重于以下几方面：一是改善和发展有效的陆面生态水文过程的非均匀参数化方案，以及复杂陆面状况下的植被边界层理论；二是改善生态水循环的参数化方案，合理考虑和描述陆面“四水转化”关系及其对陆面过程的影响；三是加强陆面模式对生物碳–氮–水循环过程、生物通量的描述及生物反馈机制的模拟；四是深入研究特殊下垫面的陆–气相互作用研究（如积雪、苔原冻土、干旱和半干旱区等），改进陆面模式对不同下垫面陆面过程的模拟能力。总之，探索陆–气耦合作用中的生态水文过程、机理与数值表达，是生态水文学的核心理论研究内容之一。这些生态水文学显式的理论与方法具有广泛的应用领域，如气候变化对陆地生态系统、水循环与水资源的影响评估和未来变化预估，区域土地利用与覆盖变化以及大型区域水利工程建设等对气候的反馈影响评估等。

2. 水文循环中的生物作用

这是 20 世纪 90 年代 IGBP 的 BAHC 计划的核心主题。水文学家早就开始关注生态系统对水分的消耗以及植被系统蒸散发作用对水文循环过程的影响，如森林和草地植被如何影响流域产汇流以及区域生态系统碳排放如何与水分结合影响区域降水过程等问题（Hornbeck et al.，1993）。现阶段，陆地生态系统与水文过程相互作用研究内容主要是以不同的时空尺度来了解和认识植被变化与水分运动的作用关系，以及与之相伴随的生物地球化学循环、能量转换（Likens and Bormann，1995）。由于森林生态系统对流域、区域乃至全球尺度水文循环过程的显著影响，森林水文学一直是水文科学领域的重要分支领域，也是生态系统水循环作用领域研究最早也最为深入的学科。过去，森林水文生态作用研究强调树木如何影响地表水运输以及如何通过蒸散作用影响土壤水分状况，自 20 世纪 70 年代以来，研究内容从森林覆盖对河川流量的影响研究，发展到森林生态系统与水文过程的相互作用机理及其对大尺度干扰的响应过程。未来一段时间，传统的森林水文学的理论和方法将向与流域水循环过程有关的所有陆地生态系统扩展，基于生物学机理的植物-水分关系与流域水循环和水文过程进行耦合，探索不同生态系统在流域和区域尺度水文过程中的不同作用及其时空异质性。

经过 20 多年的发展，水文循环与变化的生物圈作用，主要有三方面的研究方向（图 1-7）：①不同尺度生态-水相互作用关系，包括碳氮等生物地球化学循环和能量循环过程、生物个体的水分行为规律与机制、群落尺度的水分分配与利用策略等；②生态系统格局与过程对区域/流域水文过程的影响，包括区域/流域陆地生态系统水分利用效率、生产力与产水的权衡关系，河流、湖泊以及其他水域水生生态系统结构与分布格局变化对水文过程的影响，生态系统结构与格局变化的流域水环境效应等；③土地利用与覆盖变化的水文过程影响，近年来生态水文过程研究的一个突出热点就是围绕土地利用与覆被变化，分析流域水文过程的响应过程，包括生态系统对湿地或河流系统营养物质、沉积物和污染物质的迁移影响，土地利用与覆盖变化下的土壤侵蚀与流域输沙过程等。

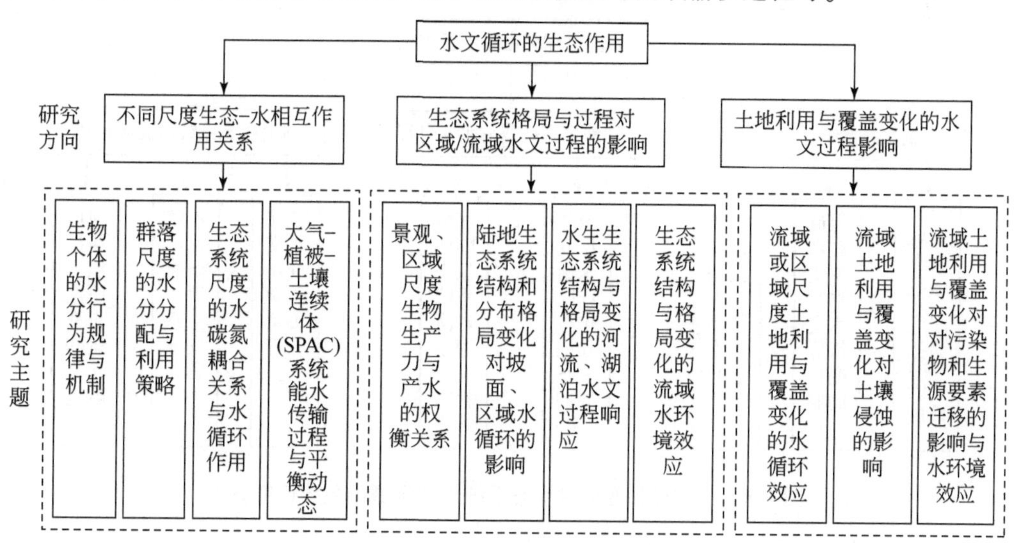

图 1-7　水文循环与变化的生物圈作用领域的主要研究方向

3. 水文过程对生态系统的影响

这是生态水文学最早的核心科学问题，也是现代水文学和水资源管理中对于生态水文学重要的需求所在。过去水文过程变化的生态响应问题研究主要集中在两个方面：一是传统的也是最为重要的湿地生态学范畴；二是陆地河流生态系统范畴和河流管理领域。研究水生生态系统对水文情势变化的响应，是生态学家很早关注生态过程与水文过程相互关系的领域，建立了多种尺度上的多种侧面的湿地生态系统对水文变化的响应机制。由于湿地作为“地球之肺”的巨大生态功能和对全球变化的敏感反应，湿地生态水文学的研究仍然是现阶段生态学家关注的焦点领域，研究尺度从微观的个体、群落、生态系统到相对宏观的景观尺度，研究问题由最初的生态结构与种类变化发展到生物多样性、生态功能以及包含生物地球化学和水分在内的多种物质与能量传输变化。

为了全面系统揭示人类活动影响下的水文、气候与生态过程之间的相互关系，以清晰地理解生态水文学的内涵，在美国国家科学基金会支持下，借助全球长期生态观测研究网络（LTER），一个专门的基于流域尺度的生态水文过程观测研究，在全球不同生态系统类型的6个具有60年生态过程与水文过程研究的典型流域和另外6个非代表性地点展开，包括针叶林、落叶林、混交林、热带雨林、北极冻原、南极干河谷、非洲大草原等主要生态体系，核心目标之一就是要揭示水文过程，包括类型、速率、时间以及不同时间的水文过程发生的空间特征如何影响生态过程①。类似的观测研究工作也在过去20多年间借助中国生态系统研究网络（Chinese Ecosystem Research Network，CERN），针对草地、森林以及农田等生态系统的水分响应规律，开展了较为系统的观测研究。这些研究计划的实施以及取得的大量研究进展，使得生态水文过程研究进入了一个全球性的立足于多种生态类型系统观测的新局面。如图1-8所示，水文过程变化对生态系统的影响（或生态响应）同样在三个方向发展，包括水生生态系统与水文过程、陆地生态系统与水文过程以及河流生态系统与流域管理等。

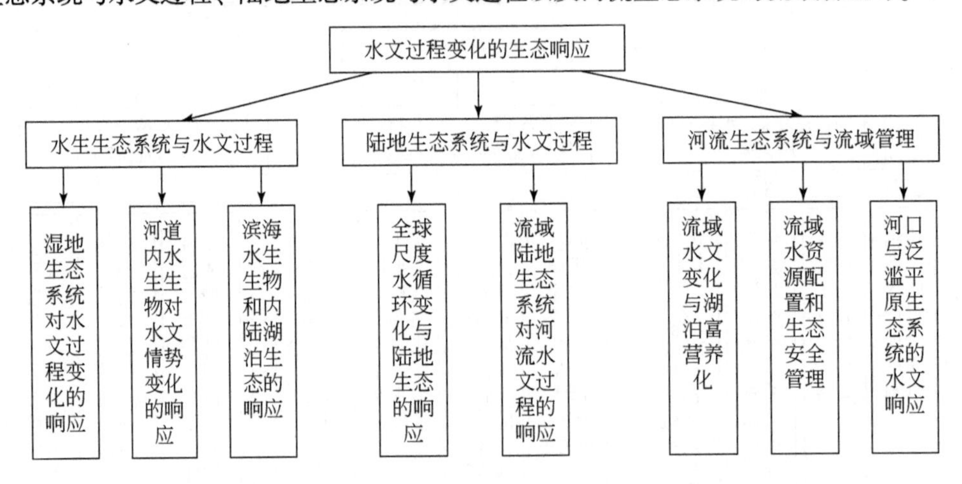

图1-8　水文过程变化对生态系统影响领域的主要研究方向

① LTER Network. 2001. Ecological Hydrology-Intersite comparison of long-term streamflow records from forested basins in Oregon, New Hampshire, North Carolina, and Puerto Rico. http：//lternet. edu/documents/Newsletters.

气候变化对陆地生态系统的影响中，降水格局（降水量、降水时间与极端降水事件等）对生态系统组成、格局、过程与功能的影响是关键。物种丰富度与降水量和土壤水分呈显著正相关关系，也证实了在水资源限制的生态系统，群落物种组成与多样性对降水的年际变异更为敏感。河流水文情势决定了河流可输运泥沙的类型和数量，也决定了河道沉积物的侵蚀或堆积程度，控制着泥沙、有机物以及水化学组分在水体中的通量，进一步控制着河流、河岸带以及河口湿地生态系统的生物类型、丰富程度以及生物量生产力。在气候变化或人类活动（如修建水库等）的影响下，河流水文情势或水流特性（如流速、水位、水温等）可能发生较大变化，将显著影响或限制生物体在河流中的生存能力。河流水利工程导致的水文情势以及水化学性质变化，是河口湿地生态系统发生显著退化的主要根源。干旱内陆流域中上游水资源利用对下游水文过程的剧烈改变，导致下游出现区域性生态环境退化、土地沙漠化进一步加剧（王根绪等，2005）。事实上，不仅仅是河流生态系统对人类社会的影响产生了巨大变化，地球上的整个陆地淡水生态系统都不同程度面临着人类社会对水资源的过度占用而造成的生存威胁，因此，全球变化和人类活动共同作用下水文过程变化及其水资源的时空再分配对全球淡水生态系统的影响，以及人类由此从淡水生态系统中丧失的生态服务功能及其未来变化趋势，将是生态学家和水文学家共同关注的核心科学问题之一。

4. 水–生态–社会耦合与流域水管理

流域水循环与水文过程在水量和水质两方面受生态系统过程及其服务、人类社会发展的深刻影响；反过来，流域水文过程是生态系统格局与服务、人类社会发展状态的主导因素。随着人类社会可持续发展对生态安全的需求不断加强，如何构建流域水–生态–经济社会耦合与协调发展模式，成为流域管理的基础。基于生态系统和水文过程互馈关系，通过流域尺度上生物和水文参数的综合与协同调节，可实现流域淡水资源的可持续利用，并可成为提高流域水量和水质的重要举措。一方面，在人类活动急剧发展和全球变化驱动下，不同生态水文单元内或流域尺度上的水资源系统不同程度处于急剧变化状态，只有基于对流域内生态过程和水文过程耦合机制的客观理解，采用一种综合的科学方式进行流域水资源的保护和管理，才能从根本上解决水资源的脆弱性和水资源管理的局限性。另一方面，对于流域水资源保护而言，单纯降低人类社会能源消耗和削减污染物排放，可能仅仅是实现该目标的一个方面，只有将生态过程与水文过程相结合，寻求增强流域自身对外界胁迫的缓冲或消解能力的途径，才可能获得流域持久的水安全保障。认识流域生态系统功能，特别是其服务功能的实现，取决于生态系统的水文效应或者是生态系统的水功能是否得以体现；而流域淡水资源的形成与可持续利用，也取决于流域内生态系统的健康和稳定。流域生态水文调控强调系统性（山水林田湖草）、完整性（生态系统）和连续性（河流），目标是流域生态水文系统与经济社会系统协调、健康可持续，终极目标是达到人与自然和谐。

1.4.2 生态水文学的学科体系与特点

1. 生态水文学现有的学科体系框架

生态水文学学科体系框架取决于水文学和生态学两大交叉学科体系的架构，现阶段依照两大学科体系及其交叉渗透后对生态水文学形成与发展的影响，可以分为以下几方面。

（1）基于水文学的生态水文学学科架构

从水文学涉及的物理过程、化学过程以及地理学特征等角度来看，生态水文学可以分为生态水文物理、生态水文化学、生态水文地理（包括生态水文气象与气候学）等结构；从湖沼水文学和河流水文学角度来看，衍生出传统的生态水文学学科，如湖沼生态水文学和流域生态学等。

（2）基于生态学的生态水文学学科架构

现阶段生态水文学生态载体以植物为主，尚极少涉及动物，但有些文献中已经提出了动物生态水文学的概念（Wood et al.，2007）；植物生态水文学是应用较为广泛的生态水文学次级学科。依据生态学二级学科分类，生态水文学学科体系还可以分为以生态系统为主要研究对象的生态系统生态水文学，也存在群落和个体生态水文学；在区域和全球尺度上，对应有区域生态水文学、全球生态水文学。但是在景观尺度上，水文过程更多依赖于坡面水文学理论基础。现阶段以生态系统类型为基础的生态水文学次级学科发展迅速，逐渐成为学科体系的主体架构，包括森林生态水文、草地生态水文、湿地生态水文、农田生态水文以及城市生态水文等。

（3）基于其他学科交叉的学科架构

生态学与水文地质学交叉形成的生态水文地质学也是生态水文学重要的分支领域，土壤生态学与土壤水文学交叉形成的土壤生态水文学，水域生态学与水文学渗透和交叉形成的水域生态水文学，水力学与生态学交叉形成的生态水力学等。

2. 生态水文学主要学科特点

（1）系统综合的研究思想与方法

上百年河流综合治理所获得的最重要经验是必须将河流作为一个完整的生态系统来看待，并需要将水文科学、水利科学和生态科学在理论与应用两方面融合，用统一的整体流域思想和方法实现流域的科学管理。从这一典型范例就可窥视生态水文学突出系统性和综合性的研究思想与方法这一固有特性。首先，生态水文学需要分析岩石圈、水圈、大气圈、生物圈和人类社会等圈层之间的相互作用关系，从而系统理解水圈和生物圈的行为规律及其形成机制，因此是一门典型的充分体现地球系统科学思想的学科；其次，如 1.2.2 节所述，生态水文学是多学科广泛交叉渗透而得以形成与发展的学科，用系统的、多要素相互联系、相互作用的观点去研究、认识不同尺度上的水文和生态过程，以及由此引起的环境与发展问题。因此所有生态水文学理论和方法始终贯穿了系统性、整体性和综合与集成的思想。

（2）以生态格局–过程和水文均衡–循环在多尺度上的融合为核心

生态水文学的思想主线主要强调在生态系统尺度上，围绕生态格局–过程–功能各环节的水循环与水文驱动和反馈关系，并将微观尺度（叶片、个体及群落）的机理与宏观区域甚至全球尺度的生态水文过程相结合，所有理论、方法和应用基本都是围绕这一主线展开的。格局是指时空分布与动态，既包括生态系统结构与组成及其时空变化，也包括生物要素和非生物要素间空间配置关系及其变化。过程包括不同尺度上物理的、化学的和生物的，以及格局变化过程等，这些过程不仅是生态影响水文的关键环节，也是水文反作用于生态的主要表现。从更加广义角度来看，这里的过程蕴含了生物圈重要的营养物和能量转移过程、大气圈–生物圈和岩石圈关键的生物地球化学循环过程及能量循环过程等。功能是应用领域的关键，包括与人类社会发展密切关联的各类生态服务以及环境安全和水安全等。生态系统服务是人类从生态系统获得的各种惠益，包括供给服务、调解服务、文化服务和支持服务等，生物多样性除了自身内在的生态价值外，为所有生态系统服务的形成提供了基础。在不同尺度上，生态格局–过程–功能与水循环和水文过程的耦合，既揭示水这一关键因素的驱动作用，又明晰其反馈效应。土地利用与覆盖变化是典型的生态格局变化，其水文影响及反馈研究是生态水文学历史较长的研究领域。

（3）更加关注流域尺度的调控与管理

生态学、水文学以及其他大部分相关学科的研究不再拘泥于现象、规律与机理的研究，而是着重于人为参与下的调控与管理。尽管生态水文学比传统生态学和水文学研究关注更大的空间范围，如跨气候分带的区域乃至全球尺度等，但对于流域尺度的调控与管理研究是生态水文学最为关注的核心范围。在流域尺度上，与人类社会可持续发展相关联的调控和管理目标最为明确，也容易依据目标确定适宜的生态系统结构，并综合协调多种生态系统服务。流域管理经历了过去单纯的水资源利用的水量管理，现阶段基本上注重流域生态环境保护、水环境安全保障的综合水资源管理，比较成功的案例有澳大利亚墨累–达令河流域（Murray-Darling Basin）的全流域综合管理体系（尉永平和张志强，2017），我国干旱区的黑河流域也逐渐成为国际上实现流域综合管理的典范流域之一。在这种背景下，流域生态系统管理日益增强，流域生态系统管理就是要实现流域生态系统能流、物流良性循环，自然资源（包括流域水资源、土地资源、矿产资源和生物资源等）可持续利用，以达到流域生态–经济–社会协调发展（魏晓华和孙阁，2009）。

（4）以人类社会可持续发展为目标，强调与人文科学的交叉渗透

作为独立的新兴交叉学科，生态水文学尽管需要加强理论和方法体系建设，但其应用领域的发展是最为突出的，学科应用推动学科理论体系发展是其显著特色。相对于生态学和水文学，生态水文学更加直面人类社会发展的环境、资源与生态安全问题。一方面人类活动深刻影响着生态格局与过程、水文循环路径与水文过程；另一方面生态水文学学科主要任务及其对应的理论体系是以人类活动引起的环境、生态和水安全问题为主

导的。事实上，人类自身已经成为生态水文学的重要组分之一，纯粹自然的生态水文过程、规律已在客观世界中几乎不存在。因此，作为地球系统科学的组分，生态水文学与人文社会科学的交叉与渗透是其必然的发展途径，既是其理论发展的需要，也是其应用领域拓展的基础。然而，如何将人文社会科学更加有效地整合到生态水文学学科体系之中，仍然是 21 世纪生态水文学发展的挑战之一。

第 2 章　生态水文学基本原理

一个独立学科体系应该包括理论、方法和应用三方面，其中学科的基本理论体系是学科的核心及其存在和发展的基础。生态水文学基本理论体系尚处在不断发展和完善之中，本章简要介绍目前已建立起来的理论范式，包括以其母学科——生态学和水文学为基础衍生的原理及两者耦合关系基础上发展的理论两部分。

2.1　生态水文学理论基础

2.1.1　植物的水分代谢与水分传输机理

1. 水分在植物生命活动中的作用

水是一切生命的基础，地球上一切的生态系统，其生存繁衍和空间分布均受水分的制约，植物的一切正常生命活动，只有在细胞含有足够的水分条件下才能进行。

（1）水是植物细胞的重要组成成分

水是植物体的重要组成成分，一般植物含水量占鲜重的75%～90%，水生植物含水量可达95%；树干、休眠芽约占40%；风干种子约占10%。细胞中的水分可分为两类，一类是与细胞组分紧密结合而不能自由移动、不易蒸发散失的水，称为束缚水（bound water）；另一类是与细胞组分之间吸附力较弱，可以自由移动的水，称为自由水（free water）。自由水可以直接参与各种代谢活动，因此，当自由水与束缚水的比值升高时，细胞原生质呈溶胶状态，植物代谢旺盛，生长较快，抗逆性弱；反之，细胞原生质呈凝胶状态，代谢活动低，生长缓慢；如果植物严重失水，可导致细胞原生质破坏而死亡。

（2）水是植物代谢过程的原料

水是光合作用的原料，在呼吸作用及许多有机物质的合成和分解过程中都有水分子参与。没有水，这些重要的生化过程都不能进行。

（3）水是各种生理生化反应和物质运输的介质

水分子具有极性，是自然界中能溶解物质最多的良好溶剂。植物体内的各种生理生化过程，如矿质元素的吸收、运输、气体交换，光合产物的合成、转化和运输以及信号物质的传导等都需要水作为介质。

（4）水能保持细胞的紧张度，使植物保持固定的姿态

植物细胞含有大量的水分，可产生静水压，以维持细胞的紧张度，使枝叶挺立，花朵

开放，根系得以伸展，从而有利于植物捕获光能、交换气体、传粉受精以及对水肥的吸收。

(5) 水具有重要的植物体温调节作用

因水有较高的汽化热和比热，植物通过蒸腾作用散热，调节体温，可避免植物在强光高温下或寒冷低温中，体温变化过大灼伤或冻伤；水温变化幅度小，当水稻育秧遇到寒潮时，可以灌水护秧；当高温干旱时，可以灌水调节植物周围的温度和湿度，改善田间小气候；此外可以以水调肥，用灌水来促进肥料的释放和利用。

2. 植物的水分代谢机理

植物的水分代谢包括植物对水分的吸收、运转、利用和散失的过程。这一过程能否顺利进行，直接关系到植物能否正常生长。

(1) 植物细胞对水分的吸收

植物细胞对水分的吸收主要有吸胀作用和渗透作用两种方式。吸胀作用是无液泡的细胞吸水方式；而有液泡的细胞则是通过渗透作用来吸水的。渗透性吸水是植物细胞吸水的主要方式。细胞无论通过何种形式吸水，其根本原因都是水的自由能差，即水势差引起的。植物细胞含有大量溶质，其溶质势因植物种类而不同。如表 2-1 所示，一般陆生植物叶片的溶质势是-2 ~ -1MPa，旱生植物叶片的溶质势可以低到-10MPa。溶质势主要受细胞液浓度的影响，因此，凡是影响细胞液浓度的外界条件，都可以引起溶质势的变化，如干旱时，细胞液浓度升高，溶质势降低。典型的细胞水势由三个组分组成，它们的关系如下：

$$\psi_w = \psi_s + \psi_P + \psi_m \tag{2-1}$$

式中，ψ_s 表示溶质势；ψ_P 表示压力势；ψ_m 表示衬质势。

溶质势表示溶液中水分潜在的渗透能力的大小，因此，溶质势又可称为渗透势，溶质势越小，其吸水能力就越大，反之越小。原生质体吸水膨胀对细胞壁产生的压力称为膨压 (turgor pressure)，细胞壁受到膨压作用的同时产生一种与膨压大小相等、方向相反的壁压，即压力势。压力势一般为正值，会提高细胞内水的自由能而提高水势，同时能限制外来水分的进入。草本植物叶肉细胞的压力势，在温暖天气的午后为 0.3 ~ 0.5MPa，晚上则达 1.5MPa。衬质势是指细胞中的亲水物质（如蛋白质、淀粉粒、纤维素等衬质）对自由水的束缚而引起水势的降低值，衬质具有吸附水分子而使水的自由能降低的作用，因此衬质势为负值（曾文广和蒋德安，2000；潘瑞炽，2001）。

表 2-1　常见植物叶片的渗透势　　（单位：MPa）

常见作物种	渗透势	常见植物种	渗透势
小麦	-1.1 ~ -0.9	白皮松	-2.5 ~ -2.0
玉米	-1.4 ~ -1.0	杨树	-2.1
高粱	-1.8 ~ -1.2	常绿针叶林	-3.1 ~ -1.6

续表

常见作物种	渗透势	常见植物种	渗透势
糜子	-1.0 ~ -0.5	落叶林和灌木	-2.5 ~ -1.4
棉花	-1.3	高山草本	-1.7 ~ -0.7
		湿润林间草本	-1.4 ~ -0.6

吸胀吸水（imbibing absorption of water）是指依赖于低衬质势而引起的吸水。对于无液泡的分生组织和干燥种子来说，衬质势是细胞水势的主要成分。亲水胶体吸引水分子的力量称为吸胀力，细胞吸胀力的大小，取决于衬质势的高低。干燥种子衬质势常低于-10MPa，有的甚至达到-100MPa，所以吸胀吸水很容易发生。由于吸胀过程与细胞的代谢活动没有直接关系，又把吸胀吸水称为非代谢性吸水。

（2）植物根系对水分的吸收

植物根系吸水的部位主要在根的尖端，从根尖开始向上约 10mm 的范围内，包括根冠、根毛区、伸长区和分生区，其中以根毛区的吸水能力最强。植物根部的吸水动力的不同可分为两类，即主动吸水和被动吸水。①由植物根系生理活动而引起的吸水过程称为主动吸水，它与地上部分的活动无关。根的主动吸水主要反映在根压上。根压是指由于植物根系生理活动，根部吸收水分并使液流从根部上升的压力。大多数植物的根压为 0.1 ~ 0.2MPa，有些木本植物可达 0.6 ~ 0.7MPa。②植物根系以蒸腾拉力为动力的吸水过程称为被动吸水。蒸腾拉力是指因叶片蒸腾作用而产生的使导管中水分上升的力量。在一般情况下，土壤溶液的水势很高，很容易被植物吸收，并输送到数米甚至数百米高的枝叶中。

（3）植物细胞间水分的运转

植物细胞间的水分运转取决于细胞间的水势梯度，水分总是从高水势细胞流向低水势细胞。当多个细胞连在一起时，如果一端的细胞水势较高，依次逐渐降低，则形成一个水势梯度，水便从水势高的一端移向水势低的一端，如叶片由于不断蒸腾而散失水分，常保持较低水势；根部细胞因不断吸水，水势较高，植物体的水分总是沿着水势梯度从根输送至叶。

（4）植物体内水分的散失——蒸腾作用

植物从土壤中吸收的水分用作植物组成成分的不到 1%，绝大部分通过蒸腾作用散失到环境中。植物通过蒸腾作用产生蒸腾拉力，加强根系的水分吸收；蒸腾作用导致植物体内水分流动，促进植物体内的物质运输；水分由液体转化为气体散失到空气当中，同时带走大量的热量，维持叶面温度的恒定，同时，由于蒸腾，气孔张开，可进行气体交换，有利于光合原料二氧化碳的进入和呼吸作用对氧的吸收等活动。植物以叶面蒸腾为主，叶片蒸腾作用有角质蒸腾和气孔蒸腾两种方式。这两种蒸腾方式在蒸腾中所占的比例，与植物种类、生长环境、叶片年龄有关。其中气孔蒸腾是中生和旱生植物蒸腾作用的主要方式。

气孔是蒸腾过程中水蒸气从体内排到体外的主要出口，也是光合作用吸收二氧化碳的主要入口，它是植物体与外界气体交换的大门。气孔蒸腾分两步进行，第一步是水分在叶肉细胞壁表面进行蒸发，水汽扩散到细胞间隙、气室中；第二步这些水汽从细胞间隙、气室通过气孔扩散到周围大气中去。气孔蒸腾遵循小孔扩散原理，并受气孔运动规律控制，使得面积不到叶片面积1%的气孔散失的水量却占整个蒸腾作用的90%以上（曾文广和蒋德安，2000；潘瑞炽，2001）。

蒸腾作用的强弱是植物水分代谢状态的一个重要生理指标。常用的蒸腾作用指标有以下几种：①蒸腾速率，又称为蒸腾强度，是最常用的指标，指植物在单位时间内，单位叶面积通过蒸腾作用散失的水量，单位一般用 $g/(m^2 \cdot h)$ 表示。大多数植物的蒸腾强度白天为 $15 \sim 25g/(m^2 \cdot h)$，夜晚在 $20g/(m^2 \cdot h)$ 以下。②蒸腾效率，也可以是植物水分利用效率，指植物每蒸腾1kg水所形成的干物质（g/kg），一般野生植物的蒸腾效率为1～8g/kg，大部分作物的蒸腾效率为2～10g/kg，蒸腾效率越大的植物，表明合成干物质越多，植物利用水分越经济。③蒸腾系数，又称植物需水量，指植物制造1g干物质所消耗水分的克数，它是蒸腾效率的倒数。大多数植物蒸腾系数在100～500g，蒸腾系数越小，说明植物对水分的利用效率越高。

3. 植物体内的水分运动

陆生植物根系从土壤中吸收的水分，必须运到茎、叶和其他器官，供植物各种代谢的需要或者蒸腾到体外。植物体内水分运输主要靠木质部的导管、管胞等输导组织，其运输途径是：土壤水分→根毛→根的皮层→根的中柱鞘→根、茎、叶的导管和管胞→叶肉细胞→叶肉细胞间隙→气孔下腔→气孔→空气［图2-1（a）］。水在植物体内运输的动力有两种，即下部的根压和上层的蒸腾拉力。

（1）根压作用

由于植物根系生理活动，根部吸收水分并使液流从根部上升的压力，称为根压。不同植物的根压大小不同，大多数植物的根压不超过0.2MPa。一般认为，根内皮层以外的细胞，供氧较内皮层以内细胞充足，因此内皮层以外的细胞呼吸较强，能不断吸收无机盐离子，并使之向内转移至导管内，使导管内溶液的水势降低，水分便由导管周围的细胞进入导管，周围细胞因失水，水势降低，依次向土壤吸水，这样形成了一个水势梯度。水分便沿着水势差，不断地由土壤经过根毛、皮层而进入导管，但因为水分经过共质体（所有细胞的原生质体，各个活细胞以胞间连丝相互连成一体）的阻力很大，所以实际上，水分主要是由土壤经过根毛和皮层部分质外体的自由空间，包括细胞壁、细胞隙和导管等无生命部分（质外体所占据的空间称自由空间），通过内皮层时由于有凯氏带的阻挡，水分必须通过内皮层的细胞质而进入中柱导管［图2-1（b）］。一株植物有众多的根系，水分从千万条根系汇集来到中柱导管内，就形成了强大的根压，根压使水沿着茎的木质部导管向上流动。由根压所引起的吸水与根系的代谢活动密切相关，根系吸水与呼吸活动有关，它需要能量供应，要消耗从呼吸中获得的能量。因此，根系吸水过程也称为主动吸水。

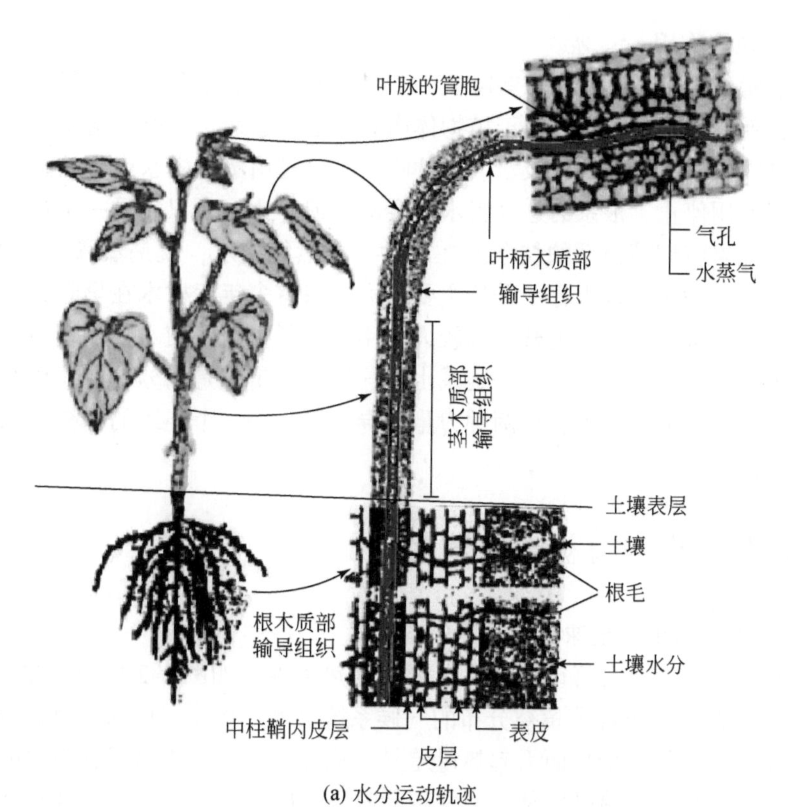

(a) 水分运动轨迹

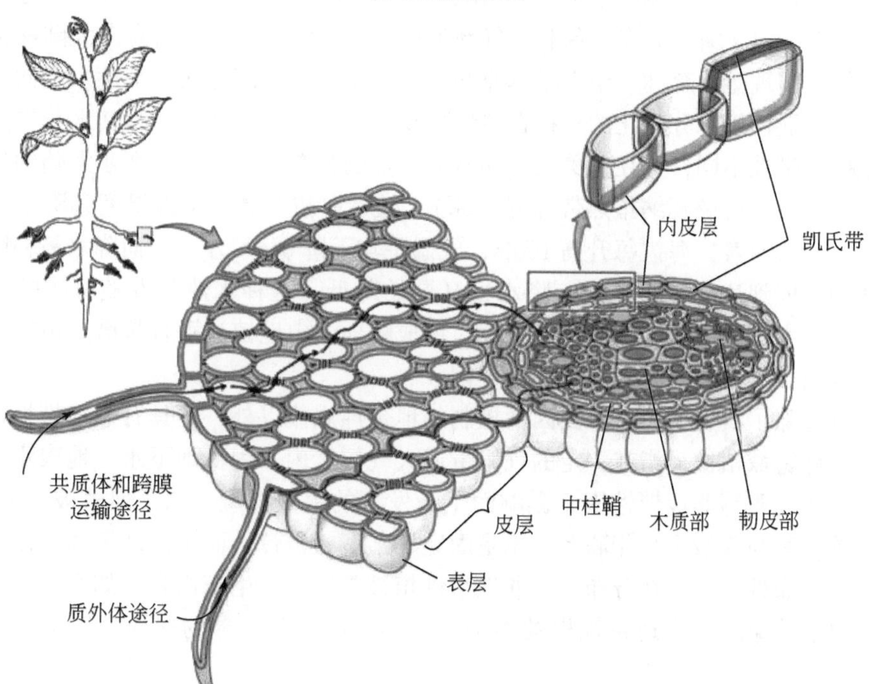

(b) 生理结构

图 2-1 植物体内水分运动轨迹以及根系吸水的生理结构（Taize and Zeiger，2006）

（2）蒸腾拉力作用

当叶片蒸腾失水后，叶细胞水势降低，于是从叶脉导管中吸水，同时叶脉导管因失水水势也下降，就向茎导管吸水，由于植物体内导管互相连通，如此传递下去，这种吸水力量最后传递到根，根便从土壤中吸水。这种吸水完全是由蒸腾失水产生的蒸腾拉力所引起的。一旦蒸腾作用停止，根系的这种吸水就会减慢或停止，所以它是一个被动的过程，称为被动吸水。如果将切掉根系的枝条插在水中，仍然能吸水，就是蒸腾拉力吸水的结果。在一般情况下，蒸腾拉力是水分上升的主要动力。只有多年生树木在早春芽还未展开，蒸腾较弱的情况下，根压对水分上升才起较大作用。蒸腾拉力要使水分在茎内上升，导管的水分必须形成一个连续的水柱。这种维系水柱连续的力量就是水分子之间相互吸引的内聚力和水分子与导管壁的吸附力，这两种力量使导管内形成一个连续的水柱，以保证植物体内水分的正常运转。

2.1.2 水分因素与植被群落演替

1. 水分与能量约束的全球植物群系分布格局

决定陆地生态系统分布规律的主要因素是水热条件。如图 2-2 所示，早在 20 世纪 60 年代，Holdridge 就给出了经典植被分布的气候系统类型，揭示了地球上植物分布与气候的关系。因太阳辐射随纬度变化而引起热量差异，从赤道到两极便出现有规律的一系列生态系统类型的更替，依次为热带雨林、常绿阔叶林、落叶阔叶林、北方针叶林和冻原，即所谓纬向地带性。由于海陆分布格局和大气环流的影响，水分梯度由沿海向大陆深部逐渐降低，于是依次出现湿润森林、半干旱草原和干旱荒漠，即所谓经向地带性。经向地带性是在局部大陆上受控于水分变化的一种自然地理现象，在不同大陆上，因其水分空间分布的差异，这种地带性不同，如在北美大陆和欧亚大陆的分布就与在澳大利亚大陆的经向分布大不相同（图 2-2 中萨瓦纳指热带稀树草原）。随着海拔升高，山地温度和降水发生有规律的变化，一般而言，海拔每升高 100m，气温平均下降 0.6℃左右，而降水最初随海拔的增加而增加，但到达一定界线后，降水量又开始降低。这种水热条件随海拔的规律性变化，引起自然生态系统有规律的垂直更替，形成陆地上山地植被垂直带谱，植被垂直带谱大致能反映植被类型随纬度变化的水平带谱。

植被分布除了具有上述由水热因素控制的地带性规律以外，还具有非地带性。非地带性植被，又称隐域植被，指在一定的气候带或大气候区内，因受地下水、地表水、地貌部位或地表组成物质等非地带性因素影响而生长发育的植被类型，如草甸植被、沼泽植被、水生植被等。其与隐域生境相联系，不是固定于某一植被带，而是出现于两个以上的植被带里，具有广布性特征。在分布上，非地带性植被常受某一生态因素，如水分、基质等的制约，呈斑点或条状嵌入地带性植被类型中，其中以水分主导的非地带性植被分布较为广泛。

热量对于纬向和山地垂直地带性植被分布起到决定性作用，但是水分不仅导致纬向地带性植被带谱具有经向变异规律，而且改变了热量带谱的植被类型与结构。水分在大部分

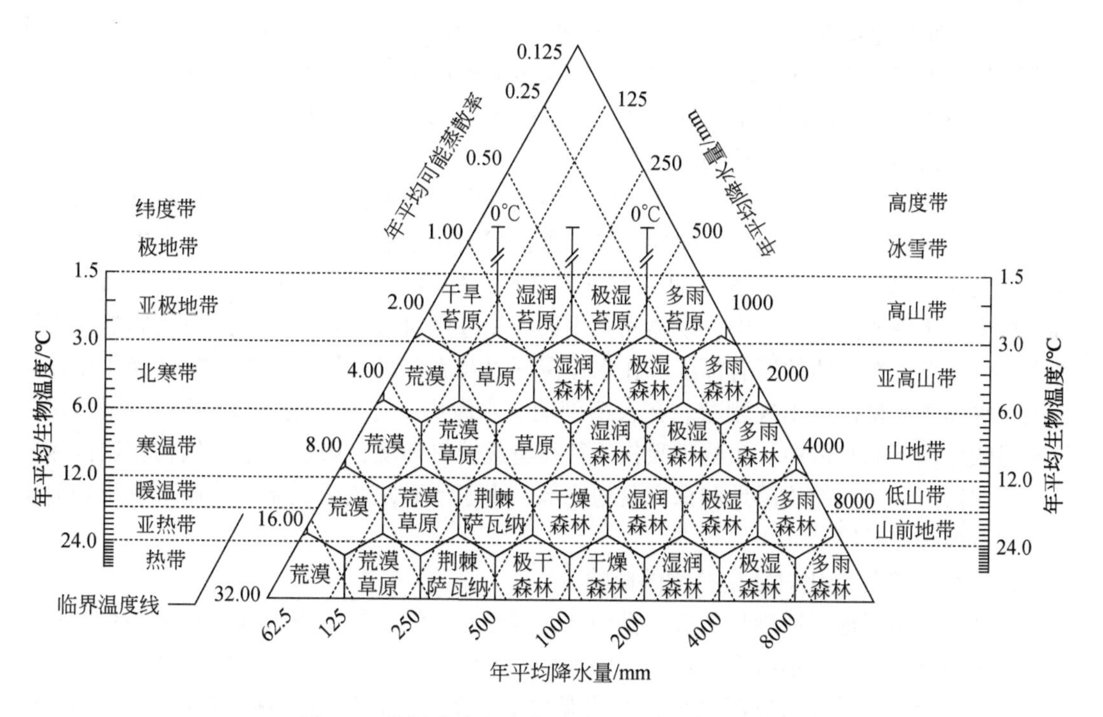

图 2-2 植被分布与水分关系（Holdridge，1967）

地区是非地带性植被形成与分布的关键因子，如干旱区在荒漠生境带谱中，内陆河岸及其湿润带、湖泊周边、泉水溢出带以及地下水浅埋地带，高大乔灌木和湿生草甸植被大量分布，其植物种大都具有地域独特性，是局地生物多样性的关键成因。

2. 水环境梯度与植被类型及其群落结构

植物类型、群落结构及分布格局与水分条件有十分密切的关系。依据植物对水分的依赖程度，可以把植物分为以下几种生态类型：①水生植物，完全依赖于充分水分条件下得以生存的植物，自身具有发达的通气系统和很强的自动调节渗透压的能力，包括沉水植物（整株植物沉没在水下）、浮水植物（叶片漂浮水面、气孔分布于叶片上面）和挺水植物（植物体大部分挺出水面）等。②陆生植物，包括湿生、中生和旱生植物三种类型。湿生植物对水的依赖性仅次于水生植物，一般生长在土壤水分处于饱和或接近饱和的环境中。中生植物适合于生长在水分条件适中的环境中，不能过湿也不能过干，介于湿生和旱生植物之间，是种类最多、分布最广和数量最大的陆生植物类型。旱生植物能忍受较长时间的干旱和较低的水分环境，又可分为少浆液植物和多浆液植物两类，前者叶面积很小但根系发达，原生质渗透压很高但含水量极少，如刺叶石竹、骆驼刺等；后者体内有发达的储水组织，多数种类叶片退化为绿色茎秆代行光合作用，如仙人掌、猴面包树等。

（1）水环境变化对水生植物的影响

水生植物生活的主要环境介质就是水，介质的物理和化学性质，如水温、水密度、黏滞性、浊度以及水化学物质浓度等对水生植物就具有十分重要的影响，甚至水的动力条件，如水流速度、水位、水湍流特性等也有十分重要的作用。无论是沉水植物还是浮水植物，均需要减缓生物在水体中的下沉速度和下沉压力，较高的水密度和黏滞性就十分重要；同时，水密度和黏滞性越高，往往体现水体中矿物质和有机养分含量就越大，也有利于水生植物生长。浊度影响水的透光性，水中杂质对水生植物具有一定的机械冲击，也可以因附着植物体表面而增大植物抗下沉压力等。

水生植物在呼吸过程中同样需要氧气，因此水中溶解氧含量是水生植物最重要的限制因素之一。一般而言，随水深度增加，氧气含量减少；静水中的含氧量比流水中少。水生植物的光合作用是水体中溶解氧的一个重要来源，但其主要分布在水体表层有阳光的区域。在流动缓慢或静水状态中，动物和微生物耗氧过程对水体含氧量造成较大影响，且这种影响可以发生在水体的所有深度，在水体深层以及底部沉积层中，微生物呼吸作用逐渐加强，水体含氧量由此出现剧减。在大型湖泊、水库中，存在较为显著的温度垂直分层，位于温跃层以下的水体中，生物呼吸作用往往造成缺氧环境，限制了水生植物在这区域的分布。在低温、污浊的沼泽地和深海盆地底部，由于严重缺氧或低温，限制了有机物分解而形成石油和泥炭层。

（2）水分条件变化对陆生植物的影响

水文条件是湿地得以维持的决定性因子，湿地水文情势制约着湿地土壤诸多生物化学特征，从而影响湿地生物区系的类型、湿地生态系统结构和功能等。海滨湿地位于陆地生态系统和海洋生态系统的过渡地带，海滨湿地水盐条件，控制着土壤的性状和发育方向，影响着植被的生长和更替，决定着海滨湿地生态演替趋向。湿地水分和盐度条件是控制海滨区域植被类型分异的主要影响因子，其中芦苇滩土壤水分阈值<40. 1%，盐度阈值<0. 67%；碱蓬滩土壤水分阈值为 38. 2% ~46. 4%，盐度阈值为 0. 47% ~1. 29%；米草滩土壤水分阈值>43. 2%，盐度阈值>1. 1%。

干旱胁迫主要体现在植物细胞缺水导致的生理反应，缺水导致细胞体积变小、细胞液浓度增加和原生质逐渐脱水，从而抑制细胞维持正常生存和功能。归纳干旱胁迫的影响，随干旱程度的演变规律可以简单总结如下（戈峰，2005）：①初步缺水，膨压降低、生长缓慢、蛋白质代谢受阻、硝酸还原酶抑制；②中度缺水，脱落酸（根中）形成、叶中脱落酸启动，气孔关闭、衰老加速；③严重干旱（出现萎蔫），细胞收缩、细胞内溶质和离子浓度增加、光合作用次级反应受阻（线粒体呼吸受阻、叶绿体破坏、核膜扩张、多糖分解）。上述过程起初完全都是可逆的，如当膨压开始降低时，渗透压调节开始启动，促进水的渗透流入量，这就有助于维持细胞体积，延迟叶肉细胞及气孔保护细胞膨压的损失，就这意味着气孔保持开放时间较长、增加碳同化时间。

对于大部分陆生植物而言，水太多比干旱对植物的胁迫更大。这是因为对于陆生植物生长而言，既需要充足的水分供给，又需要不断与环境进行气体交换，气体交换主要发生在根系与土壤的孔隙之间，根必须在有氧的环境下才能正常进行有氧呼吸。长时间淹水会使植物生长受到抑制，但这种反应与季节、淹水持续时间、水流和树种有关。如果淹水时间超过生长季节的一半，大多数树木通常就会死亡；静水比富含氧气的流水对淹水植物的损害更大。生长在洪泛平原或低洼地带的树木，对于季节性短时间的洪水泛滥有较强的耐受性。经常遭受洪涝灾害影响或土壤淹水时间较长的植物，往往产生一些适应性进化机制，如有些植物进化出气室和通气组织，氧气通过通气组织从地上枝叶或茎输送到根部，有些植物在茎的地下部分生长出不定根来取代原生根，在有氧的表层土壤中呈水平分布且进行有氧呼吸。

3. 水要素作用的群落演替过程

水分条件改变是促使植物群落演替的主要驱动因素，大部分陆地植物群落演替均与水分条件改变有关。通常由水分条件变化驱动的植被演替称为异发演替，是指由生态系统外部力量所引发的演替过程，水分变化是异发演替最重要也最常见的驱动力，如溪流流量减少导致沼泽水位下降，水生植物演变为湿生植物群落，进一步变干就会有适应于中生或旱生条件的植物出现，因此，在很多湖泊或沼泽湿地均存在沿水分梯度的植物分带现象。通常把这种湿地因水分条件变化而发生的演替系列称为水生演替。湖泊或河流水生演替过程一般可以分为五个阶段（尚玉昌，2001）：裸地阶段、沉水植物阶段、浮叶根生植物阶段（浮水植物）、挺水植物和沼泽植物阶段以及森林植物（顶级植物群落）阶段。在挺水植物和沼泽植物阶段，湖泊或河流生态系统就已经存在明显的水陆过渡带，在距离水面以上较高的部位，演进了湿生草本植物群落。湖泊或河流水生演替过程是由湖泊或河流岸边一定范围逐渐向水体中央水面逐渐推进的过程，在一些具有较长存在历史的湖泊或大型河流岸边不同距离范围内，可以看到同一演替系列中不同阶段的植被群落类型。植物群落演替中的物种取代机制包括促进作用、忍耐作用以及抑制作用三种理论，水分作用下的物种取代往往是忍耐作用发挥主导作用，如上述湖泊水生演替过程，就是后来者更加适应较为干旱的土壤水分条件。

2.1.3 生态系统水文循环的基本概念

1. 生态系统水分循环的基本结构

广义的生态水文循环就是指水在生物圈层中的运动过程，是地球水循环的重要组成部分，包括水通过降水和入渗从大气圈或岩石圈进入生物圈、通过热力学和生物作用在生物圈的输送、通过蒸腾和生物分解等水分散失返回大气圈或岩石圈等环节。狭义的生态水文循环可以从植被个体、群落、生态系统以及流域尺度上有不同的理解。从植物个体角度来看，水是一切生命机体的组成物质，也是生命代谢活动所必需的物质，可以理解为植被完成其生命代谢过程中，从外界（空气或土壤）获取水分、机体内水分传输、向外界散失的循环过程。在植物个体水平上，回顾 2.1.1 节内容，如图 2-3（a）所示，在水势差主导下，植物一方面从周围环境吸收水分，以保证生命活动的需要；另一方面不断向环境散失水分，以维持体内外的水分循环、气体交换以及适宜的体温。植物对水分的吸收、运输、利用和散失的过程，称为植物的水分代谢，是植物生理的重要过程之一。从植被群落角度来看，除了与个体一致的水循环规律以外，由于群落的水分通量不是简单的个体之和，水分循环的过程有其不同于个体的特点和平衡态，如群落的截留、蒸腾等均异于个体行为。

如 2.1.2 节所述，植物的水分代谢是植物水循环的主要驱动因素，不同类型的植物，具有显著不同的水分代谢机理，形成不同的水分循环过程。同样，群落组成、结构不同，具有不同的水分循环规律和水分利用状况。实际上，生态水文循环的理解尺度还可以是更加微观的分子尺度，就是植物生理生态学上有关水分在大气–植物机体内部–大气间循环运动的过程（图2-3），通常关于植物水分胁迫机理的研究就是以微观细胞生态学机制为基础的。植被的生长周期和随环境的演替特性等也对水循环产生显著影响，如乔木植物的早期幼苗阶段，其水循环规律可能类似于草本；在幼树阶段，则有可能与灌木相似，但是随着树龄增长，其水分行为发生不同变化，这是不同阶段的光合、生物量以及代谢水平等诸多因素共同作用的结果。植物水分循环不仅仅存在不同生长阶段的差异，而且也存在于相同生长阶段的不同季节，这是因为不同季节，植物水分传输的动力机制有所不同，如对于落叶乔木来说，在早春芽还未展开，蒸腾较弱的情况下，根压对水分在植物体内运动起较大作用，但是在夏秋季生长旺盛期，蒸腾拉力作用对水分运动起着决定作用。

生态系统水文循环最为主要的外部表现形式是生态系统对降水的再分配和蒸散发。大气降水在降落地表过程中，首先要经过陆地生态系统的再分配，包括植被冠层截留、植物茎秆截留、植被冠层水分吸收、植被水分蒸散发等。进入地表土壤的降水还受植被根系的吸附，再进入植被机体，通过叶片散失返回大气。植被对降水的截留在陆地水循环中具有重要影响，是陆地生态系统对降水再分配的主要过程。在流域尺度上，狭义的生态水循环可以理解为由流域内地表生态系统所控制的降水截留、蒸腾、下渗以及储存等，对流域的降水径流过程、产流机制和水文情势等具有重要作用。流域内不同的气候、土壤等条件形成不同的生态系统类型与结构，因此就具有不同的水循环过程，这是流域水循环存在高度空间异质性的重要原因。

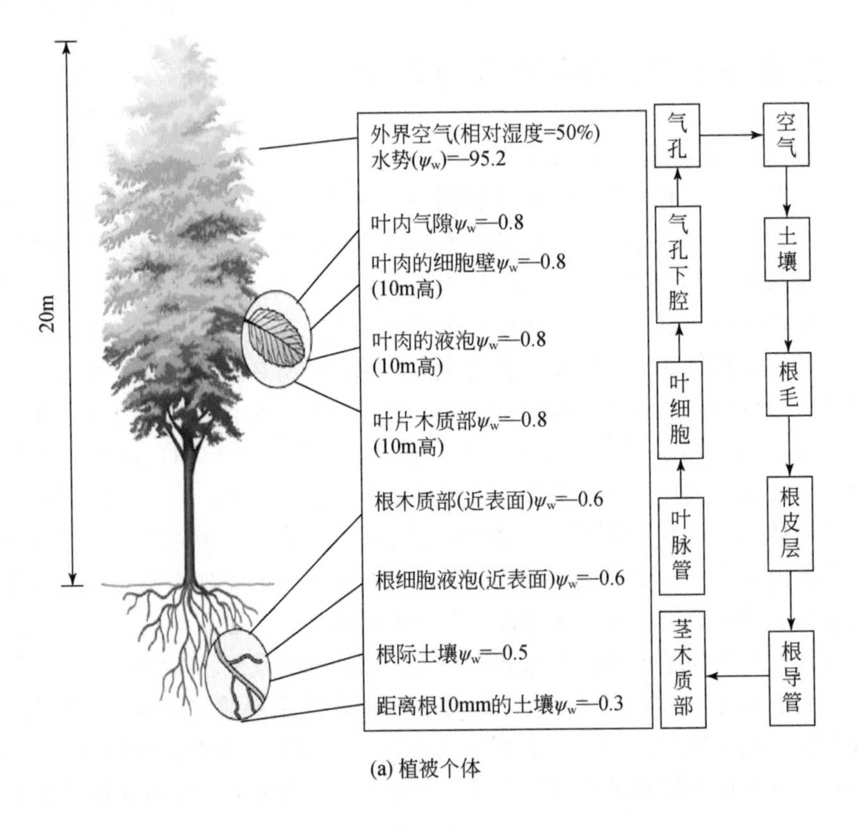

(a) 植被个体

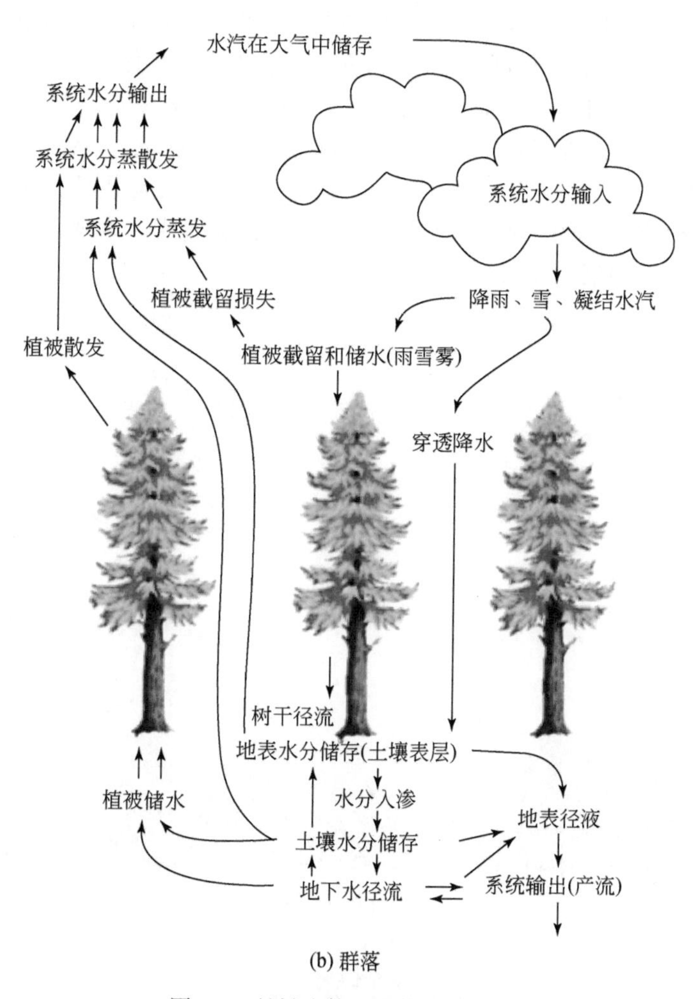

(b) 群落

图 2-3　植被个体和群落的水循环

2. 根系对土壤水分的再调节

上述已经阐明，植物根系的主要功能是吸收养分和水分供植物体利用，根土系统是 SPAC 系统中的十分重要的物质传输和交换子系统。根土间存在着内在优化协调的动态机制，以最大限度地为 SPAC 过程提供水分和养分，这一过程主要受根土系统的水力过程和植物的蒸腾水力提升力控制。然而，根系不仅仅单向地从土壤中吸收水分，大量研究结果表明，在一定的根土环境条件下，根系也可以向土壤释放水分。干旱区田间观测表明，在低蒸腾条件下，由于植物根系不同部位所处的土壤存在条件差异，处于土壤湿润区的根系可以吸收水分并运输到土壤干燥区，受根土间水势梯度影响，根系将传输过来的一部分水分释放到干燥的土壤里，Richards 和 Caldwell（1987）在总结前人研究的基础上将这一现象定义为根系的水力提升（hydraulic lift）。

随后的研究实例表明，野外或田间具有水力提升的植物分布于地中海气候区、干旱区及寒温带区、热带季节性干旱区、亚热带以及热带雨林区，具有水力提升的植物种类远远超过人们的预期。现在的研究证实，这一根系调水过程可以将根系在湿润区吸收的水分传输到任何方向的干燥土层，不局限于白天和夜间的蒸腾梯度变化的影响，也不完全局限于下层土壤水分由根系提升向上迁移，存在表层土壤水分由根系导入下层干旱土壤的情形（图 2-4）。因此，也有人将其表述为水分再分配（Burgess et al.，1998）。近年来对具有水力提升的植物种类和分布区域方面的研究又有了更多的发现与进展，越来越多的证据表明，水力提升是植物具有的一种普遍的土壤水吸收利用模式，该现象的发生有其内在机理，并受一定条件的约束（Neumann and Cardon，2012）。

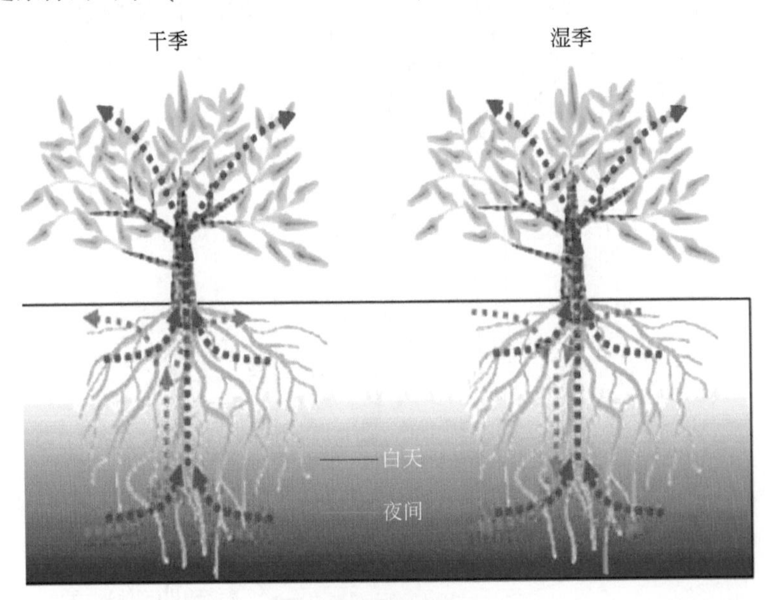

(a) 白天和夜间

湿润
湿润
干旱

(b) 干旱和湿润

图 2-4　土壤水分的植被再分配过程（Meinzer，2003；Amenu and Kumar，2008）

2.2 最优调控理论

2.2.1 植物气孔导度概述

植物通过控制叶片气孔的开合调节光合速率和蒸腾速率以适应环境的变化。光合–气孔导度–蒸腾的内在耦合关系使得植物的碳同化以及水分传输规律成为陆地生态系统生态水文研究的核心内容。气孔导度是植被响应环境变化的敏感性指标，受单一环境因子或多个环境因子的综合影响。表 2-2 列出了影响气孔导度的几个主要环境因子。

表 2-2　气孔导度对环境因子的响应

环境因子	气孔导度的响应	生理机制
空气温度	在一定范围内，气孔导度随空气温度升高而增大；超过阈值后，气孔导度会受到高温的抑制而减小	高温加速植物蒸腾，使得保卫细胞失水，造成气孔关闭
空气相对湿度	气孔导度随空气相对湿度升高而增大；但空气相对湿度过高时，气孔导度出现一定程度的波动甚至下降	空气相对湿度过高，饱和水汽压差较小，造成气孔导度变小甚至关闭
光合有效辐射	在光合有效辐射较低时，气孔导度随光强的增强而增大；超过阈值后则随光强增加而减小	强光照使得气温升高，植物蒸腾速率加快，造成植物水分亏缺，叶片水势下降，使得气孔导度下降
CO_2浓度	CO_2浓度较低时，气孔导度随 CO_2浓度升高而升高；到达阈值后，在一定时期内保持稳定；当 CO_2浓度过高时，则会抑制气孔导度	在适应生存的环境后，植物能通过自身的调控机制，控制气孔的开合，维持 CO_2的吸收与水分耗散的平衡
土壤含水量	气孔导度随土壤含水量升高而增大；过高的土壤含水量可能会使气孔导度降低	土壤含水量一方面影响土壤–叶片水势差，改变植物蒸腾速率；另一方面影响水分供给，改变植物细胞膨压，进而影响气孔导度

气孔导度决定了陆地生态系统植物的水碳循环过程，因此准确定量及模拟气孔导度是预测植被生存和生长如何响应全球变化的关键。最初的气孔导度模型仅考虑气孔导度和环境因子及植物生理因子的统计关系。经过发展，后来的优化模型引入了具有生物学意义的参数，提高了气孔导度模拟的精确度。目前使用最广泛的是 Jarvis 模型（Jarvis，1976）、BWB 模型（Ball-Woodrow-Berry model）(Ball et al.，1987）和 BBL 模型（Ball-Berry-Leuning model）(Leuning，1995）。其中 BBL 模型实质仍是 BWB 模型，只是 Leuning（1995）对 BWB 模型进行了改进。Jarvis 模型是经验模型，而 BWB 模型和 BBL 模型是具有生物学机

制的半经验模型。以上模型虽已广泛用于模拟不同尺度的气孔导度，但这些模型的模拟能力会随研究对象、研究区域及环境因子的改变而表现出一定的差异（吴大千等，2007）。表 2-3 给出了这三种经典气孔导度模型的具体介绍。

表 2-3 三种经典气孔导度模型的具体介绍

模型名称	模型表达式	参数意义	基础假设	优点	缺点
Jarvis 模型	$g_s = f(\mathrm{PAR}) \times f(T_l) \times f(D) \times f(C_a) \times f(\varphi)$	PAR 为光合有效辐射；T_l为叶片温度；D 为饱和水汽压差；C_a 为大气 CO_2浓度；φ 为保卫细胞与表皮细胞间的水势差	各环境因子相互独立作用于气孔	形式简单，可与多个环境因子建立多元非线性回归关系	忽略环境因子间相互影响；参数没有明确的生物学意义，受区域及植被类型影响较大，可移植性较差
BWB 模型	$g_s = g_0 + a \times \frac{A_{net} \times H_r}{C_s}$	A_{net}为净光合速率；H_r 为叶面空气相对湿度；C_s 为叶面 CO_2浓度；g_0和 a 为待定参数	气孔导度和光合速率线性相关；叶片表层 CO_2 浓度和空气湿度维持恒定	形式简单，所需样本量较小；模型参数具有生物学意义，能够描述气孔导度与光合作用的互馈关系	不能反映多环境因子条件对气孔导度的影响；需要引进其他模型来描述气孔导度的光响应曲线，并用于计算最大气孔导度与对应饱和光强
BBL 模型	$g_s = g_0 + \frac{a A_{net}}{(C_s - \Gamma)\left(1 + \frac{D}{D_0}\right)}$	Γ 为 CO_2 补偿点；a 和 D_0 为待定参数；其他参数同 BWB 模型			

除了以上三种经典模型外，研究人员还从不同的角度出发提出了一些新的气孔导度模型。例如，Yu 等（1998）将总同化率引入 BWB 模型，修正了原始模型的部分参数并优化了模型结构，提升了模拟效果；Medlyn 等（2011）提出了一个基于最优气孔调控理论（optimization theory of stomatal regulation）的气孔导度模型，使得半经验模型和半机理模型形式上得到了统一，同时也能很好地解释不同环境条件下的气孔行为。

2.2.2 最优气孔调控理论及模型

CO_2同化量决定了植物生长量，而蒸腾耗水和气孔的开合模式则会影响碳同化速率，因此需要寻求光合–气孔导度–蒸腾耦合关系的最优化。在漫长的进化过程中，植物已演化出适应水分亏缺的结构和机制，以达到对水分利用的最优化。当叶片与空气间的水汽压差较大以及光照强度较低时，植物光合作用能力相对较弱，此时光合作用与蒸腾作用间存在相互竞争与妥协的关系，而最利于植物进行生产的状态是转换水分消耗的方式，直到碳同化量达到最大。基于此，Cowan 和 Farquhar（1977）根据气孔调节水分利用最优的概念，提出了最优气孔调控理论。最优气孔调控理论认为气孔的最优化行为就是在某一时间段内，固定最多碳的同时消耗最少的水。也就是说，对于一定的蒸腾耗水，最大化光合碳累积（A）；或者说，对于一定的碳累积，最小化蒸腾耗水（E），即最大化 $A-E/\lambda$ 或者最小化 $E-\lambda A$（图 2-5）（Cowan and Farquhar，1977）。最优气孔调控理论可为气孔导度模型所借鉴，以研究气孔行为对不同环境因子或生物因子的响应。

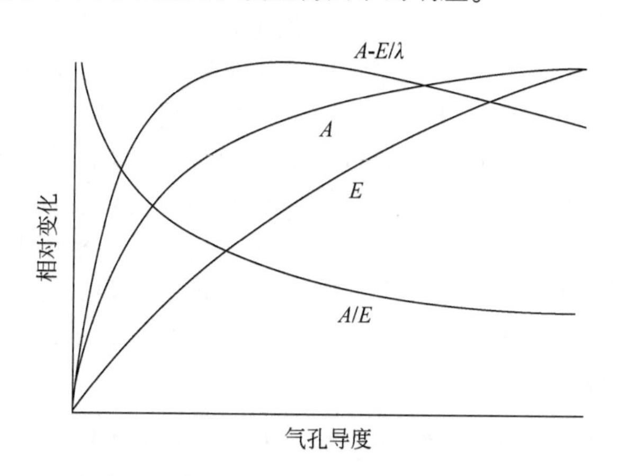

图 2-5　气孔导度与碳累积（A）和蒸腾（E）相对变化的关系（Cowan and Farquhar，1977）

此外，Cowan 和 Farquhar（1977）还推导出实现水分利用最优化的气孔行为调节方式。如果将蒸腾速率和光合速率写成环境变量与气孔导度 g_s 的函数关系［式（2-2）和式（2-3）］，那么气孔对水分利用最优的调节，就是一定时间内的总蒸腾量 $\bar{E}$ 一定时，通过调节气孔导度 g_s 的变化，使总碳累积量 $\bar{A}$ 达到最大值（Cowan and Farquhar，1977），即

$$\bar{E}=\int_0^T E\mathrm{d}t=\int_0^T f_1(I,\ H_a,\ T_a,\ g_s)\mathrm{d}t \tag{2-2}$$

$$\bar{A}=\int_0^T A\mathrm{d}t=\int_0^T f_2(I,\ C_a,\ H_a,\ T_a,\ g_s)\mathrm{d}t=\text{maximum} \tag{2-3}$$

式中，T、I、H_a、C_a 和 T_a 分别表示时间、光强、空气湿度、空气二氧化碳浓度和空气温度。

要使 $\bar{A}$ 达到最大，则需

$$\frac{(\partial E/\partial g_s)_{I,\ H_a,\ T_a,\ g_s}}{(\partial A/\partial g_s)_{I,\ C_a,\ H_a,\ T_a,\ g_s}}=\lambda \tag{2-4}$$

式中，$\partial E/\partial g_s$ 和 $\partial A/\partial g_s$ 分别表示蒸腾速率和光合速率对气孔导度的敏感性；λ 为碳同化的边际水分消耗，是 ∂E 和 ∂A 的比值。要达到水分利用最优的气孔调控，就要求气孔导度随着环境因子变化而改变，使式（2-4）在一定时间内成立。

（1）Cowan 和 Farquhar 隐函数

利用已有的光合作用模型和蒸腾作用模型，可求得蒸腾速率和光合速率关于环境变量及气孔导度 g_s 的函数［式（2-2）和式（2-3）中的 f_1 和 f_2）］。分别求 f_1 和 f_2 对 g_s 的偏微商，可得到 $\partial E/\partial g_s$ 和 $\partial A/\partial g_s$ 与环境变量和气孔导度之间的函数关系 f'_1 和 f'_2。将 f'_1 和 f'_2 代入式

(2-4) 即可得到含有参数 λ 的 g_s 与环境变量间的隐函数。虽然无法获取 g_s 与环境变量的显式函数关系，但是仍可利用该隐函数模拟环境因子对 g_s 的影响，进而获得最优水分利用时的气孔调控行为。

(2) Katul 模型

Katul 等（2009）基于三个假设（气孔在优化状态下，光合作用受 *Rubisco* 活性限制，并忽略边界层阻力和呼吸作用），简化了选用的基础模型［基于 Fick 定律的光合作用模型和蒸腾作用模型及 Farquhar 等（1980）提出的生化模型］；同时，结合经典的气孔导度模型（BWB 模型或 BBL 模型），解决推导过程中出现的方程不闭合问题，推导出了最优气孔导度的非线性优化模型［式（2-5）］和线性优化模型［式（2-6）］。虽然 Katul 模型给出了最优气孔导度的显式函数，但它也存在缺陷：一方面，该模型需结合其他气孔导度模型才能计算 λ 值，还是无法由环境因子直接求得最优气孔导度；另一方面，无论是非线性模型还是线性模型，成立的假设条件太多，且模型中未引入指示光强和水分状况的环境参数，从物理意义上来说不太合理。

$$g_{sop} = \frac{-a_1(a_2 - C_a + 2C_p)}{(a_2 + C_a)} + \frac{\sqrt{aD\lambda a_1^2(C_a - C_p)(a_2 + C_p)(a_2 + C_a - 2aD\lambda)^2(a_2 + C_a - aD\lambda)}}{aD\lambda(a_2 + C_a)^2(a_2 + C_a - aD\lambda)}$$
$$= f_4(T_1, T_a, C_a, \lambda) \tag{2-5}$$

$$g_{sop} = \left(\frac{a_1}{a_2 + sC_a}\right)\left[-1 + \left(\frac{C_a}{a\lambda D}\right)^{\frac{1}{2}}\right] \tag{2-6}$$

(3) Medlyn 模型

Arneth 等（2002）结合最优气孔调控理论与 Farquhar-von Caemmerer 光合模型（Farquhar et al., 1980），根据 *Rubisco* 活性限制或 *RuBP* 再生限制光合作用，分别得到最优胞间 CO_2 浓度的表达式。Medlyn 等（2013）对气孔在优化状态下光合作用受 *Rubisco* 活性限制还是 *RuBP* 再生限制进行了讨论，认为气孔在优化状态下光合作用受 *RuBP* 再生限制，否定了 Katul 模型中的假设（气孔在优化状态下，光合作用受 *Rubisco* 活性限制）。Medlyn 等（2011）将 Arneth 等（2002）提出的 *RuBP* 再生限制光合作用下的最优胞间 CO_2 浓度表达式进行求解，将结果简化成在形式上类似 BBL 模型的表达式［式（2-7）和式（2-8）］。与经典的半经验模型相比，Medlyn 模型对气孔导度的模拟更加准确，更重要的是模型中的参数 g_1 与边际水分利用效率具有一定的比例关系，赋予了该参数生物学意义，使模型可以用来描述植物的水分利用策略。Medlyn 模型的提出另一个重要意义就是统一了基于最优气孔调控理论的气孔导度模型与经典的半经验半机理气孔导度模型的形式。

$$g_s = 1.6\left(1 + \frac{g_1}{\sqrt{D}}\right)\frac{A_{net}}{C_a} + g_0 \tag{2-7}$$

$$g_1 = \sqrt{3\Gamma\lambda/1.6} \tag{2-8}$$

式中，g_s 为最优气孔导度；A_{net} 为净光合速率；C_a 为大气 CO_2 浓度；D 为饱和水汽压差；Γ 为 CO_2 补偿点；g_0 和 λ 为待定参数。

从最早的 Cowan 和 Farquhar 的理论提出到后来发展的 Katul 模型和 Medlyn 模型可看出，水分利用最优时的气孔调控都与 λ 相关。植物本身的生长性状、发育阶段和生长状况

等都会影响 λ。此外，植物生境条件也会影响 λ 的变化，如土壤水分状况的差异影响碳同化速率、蒸腾速率、气孔导度和胞间 CO_2浓度，造成不同地区植物水分利用的差异，从而表现出不同的 λ（Cowan，1982）。目前的研究认为，在较短时间（如一天）内 λ 保持不变，而在更长的时间尺度上 λ 并不是恒定不变的（Vico et al.，2013）。但是由于影响 λ 的因素较为复杂，现有的研究仍未能确定不同环境条件下 λ 值，还需进一步明确 λ 与环境因子的定量关系及生物学意义。

2.2.3 最优气孔调控理论的应用

最优气孔调控理论的提出为模拟不同植被在不同环境下的气孔导度提供了新思路，帮助研究人员从新的角度分析植物耗水特征，研究植物如何提高水分利用效率。Ji 等（2017）在 Medlyn 等（2011）的机理模型基础上引入水分胁迫因子，耦合叶片气孔导度、光合作用及蒸腾作用等生物化学过程，建立了显式最优气孔–光合–蒸腾耦合模型，从而量化了复杂环境条件下的最优气孔导度理论值。

此外，也可将基于最优气孔调控理论的机理模型与冠层或区域尺度相关模型耦合，应用到更大空间尺度的水碳循环模拟研究。Kala 等（2014）和 de Kauwe 等（2015）分别将气孔导度机理模型（Medlyn 模型）耦合到陆地表面模型 CABLE（Community Atmosphere Biosphere Land Exchange）和 ACCESS（Australian Community Climate and Earth Systems Simulator）中，用以模拟不同区域的蒸腾和能量通量。但是，由于 λ 在长时间尺度和大空间尺度上的可变性，模拟的结果会存在很大的不确定性。与气孔导度经验模型相比，de Kauwe 等（2015）对常绿针叶林、苔原和 C_4 草原年模拟的蒸腾量减少 30%；Kala 等（2014）的模拟结果显示在北半球的夏季，温带森林蒸散发每天减少 0.5～1.0mm，导致每天最高和最低气温升高 1℃，极端高温更是升高 1.5℃。由此可见，我们对 λ 变化规律的理解还十分有限，所以即便耦合了含有生物学意义的机理模型，更大尺度的水碳通量的模拟仍存在不确定性。因此，一方面需要探索植被本身差异（如生长状况、发育阶段和植物形状等）以及不同环境条件（如土壤水分状况、CO_2浓度和光照等）下的气孔调控行为，从机理上建立水分利用最优时气孔导度与环境因子和生理因子的定量表达式；另一方面需要加强气孔导度机理模型和植被模型、陆地表面模型及地球系统模型耦合，这对于理解陆地生态系统对全球变化的响应和适应机制，以及预测未来全球变化背景下植物和大气间的水碳交换都有重要意义。

2.2.4 Eagleson 冠层导度最优性理论模式

依据 Penman-Monteith 公式，对于干燥植被且不存在土壤水分干旱胁迫的假定条件下，可以定义冠层导度 g_c 如下：

$$g_c = \frac{\Delta + \gamma_0}{\Delta + \gamma_0\left(1 + \frac{r_c}{r_a}\right)} \tag{2-9}$$

式中，r_c、r_a 分别为冠层阻抗和空气动力阻抗；γ_0 为地表湿度计常数；Δ 为饱和水汽压-气温关系曲线的斜率。其中阻抗比 r_c/r_a 取决于气孔阻抗、植被冠层结构和冠层覆盖度等。假定多层圆柱形冠层组成均匀闭合冠层，在考虑最优冠层光合作用和气孔完全张开时，引入单位冠层叶片面积水平投影的有气孔叶片面积比率 n_s 表征多层冠层的对应扩散路径，可以得到均匀圆柱形冠层的阻抗比与冠层群叶面积指数 L_t 的关系表达式（Eagleson，2002）：

$$n_s \frac{r_c}{r_a} = \frac{[(1-m)/m](\gamma L_t)}{(L_t - 1)\left[1 - \exp\left(-\frac{1-m}{m}\gamma L_t\right)\right]\left[0.557 + \ln(L_t - 1) + \frac{1}{2}(L_t - 1)^{-1}\right]} \tag{2-10}$$

对于封闭冠层覆盖度 $C=1$ 的阔叶树种，在具备光学最优性条件，即 $k=\beta$ 的情况下，冠层群叶面积指数 L_t 与多层植被冠层阻抗比间的关系如图 2-6（a）所示（Eagleson，2002）。可以看出，在 $4 \leqslant L_t \leqslant 6$ 的范围内，多层植被冠层阻抗比 $n_s \frac{r_c}{r_a}$ 的值最小。对应式（2-10），当阻抗最小时，恒温条件下实现冠层导度最大化，同时，在给定的温度下实现最大的蒸散发水汽通量。Eagleson（2002）基于水均衡原理，给出了冠层最大蒸腾水汽通量的计算方法：

$$E_{vmax} = Cg'_c = \frac{V_e}{T_b E_{ps}} \tag{2-11}$$

式中，C 为植被冠层覆盖度；g'_c 为冠层潜在导度，指植被冠层气孔完全张开的情况下，促使冠层蒸腾 E_v 达到最大潜在蒸腾量 E_{vp}，即 $g'_c = E_{vp}/E_{ps}$；E_{ps} 为土壤潜在蒸发量；V_e 定义为在平均降水间隔时间长度内单位地表面积上与大气可交换的土壤水分体积含量；T_b 为植被冠层蒸腾所需要的平均降水间隔时间长度。假定土壤储水量可充分满足 V_e，维持给定物种在平均降水间隔时间内的无胁迫蒸腾，可以获得不同限制因素下的冠层最优状态［图 2-6（b）］。

植被冠层覆盖度 C 和冠层潜在导度 g'_c 是两个十分重要的冠层状态参数，当自然界实际植被冠层覆盖度介于 0～1.0 时，两者之间存在如下关系：

$$g'_c = \frac{1 + \frac{\Delta}{\gamma_0}}{1 + \Delta/\gamma_0 + (1 - C)\left(\frac{r_c}{r_a}\right)_{C \to 0} + C\left(\frac{r_c}{r_a}\right)_{C=1}} \tag{2-12}$$

正如 Eagleson（2002）指出的那样，式（2-12）将植被冠层的状态参数（覆盖度、冠层阻抗、冠层导度）与土壤水分状态、气候因素决定的生长温度等连接在一起，能从机理上阐述冠层阻抗的内部优化与冠层生产力权衡的外部优化相连接。结合式（2-11）和式（2-12），就可以得到图 2-6（b）所示的冠层覆盖度 C 与冠层潜在导度 g'_c 之间的关系曲线，从中可以确定，受水分限制时，最优的冠层状态配置参数是两个函数曲线在 $C<1.0$ 的交汇点；而受光能限制时，冠层最优的配置状态是 $C=1.0$，且满足 $g'_c \leqslant \frac{V_e}{T_b E_{ps}}$。

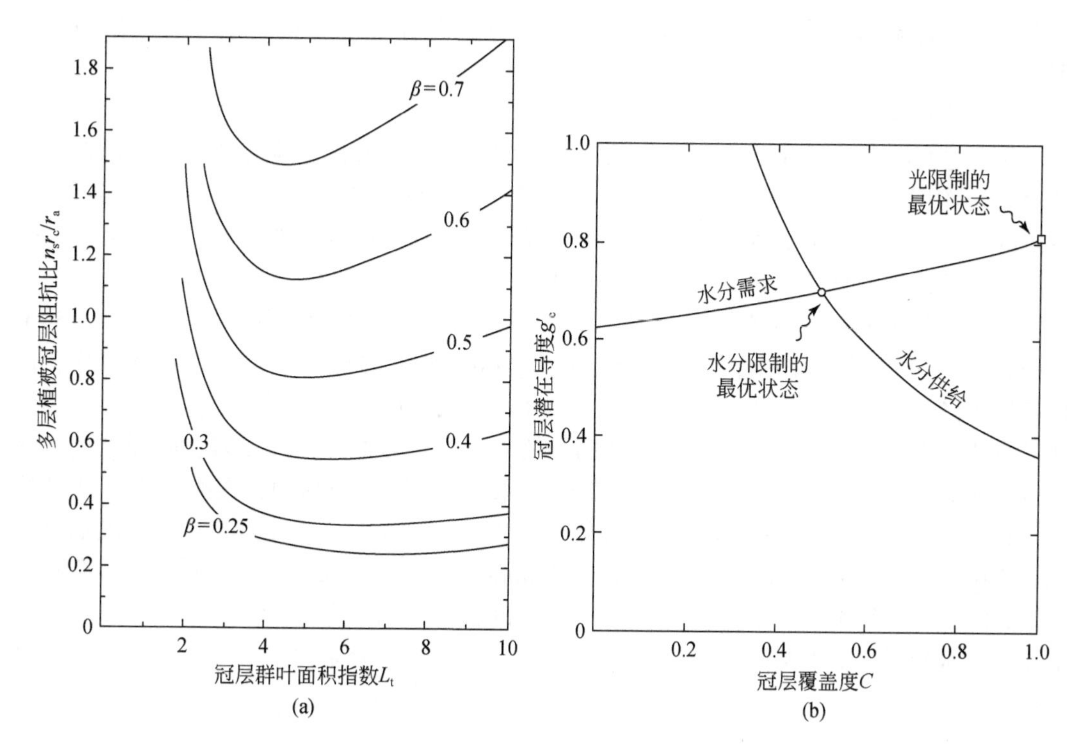

图 2-6　多层植被冠层阻抗比与冠层群叶面积指数关系以及冠层覆盖度和冠层潜在导度间的关系（Eagleson，2002）

（a）不同叶倾角存在不同的最低值；（b）最优冠层特征

2. 2. 5　气候最优性理论

图 2-2 中明确了自然水热条件决定了陆地生态系统的空间分布格局，受温度控制呈现纬向地带性和海拔垂直梯带性，受水分条件制约形成经向地带性等。同时，水分不仅导致纬向地带性植被带谱具有经向变异规律，而且改变了热量带谱的植被类型与结构。因此，从自然生态演替角度来看，一个区域的生态系统在自然演替中，总是适应于对应的生物气候条件而形成当地气候条件决定的稳定或顶级生态类型，经过自然选择后的稳定或顶级生态系统在生态水文过程中自然也遵守其最优性原则。

定义单位叶面积饱和光合速率 P_m 为在最优叶片温度下单位时间内单位叶面积上所吸收的最大二氧化碳，同时，保证叶片气孔全部张开的饱和光照强度用 I_m表示，定义植物叶片碳同化能力为 $\varepsilon=P_m/I_m$，与物种无关，可以确定植物叶片同化速率的生化极限值。由此引申而来，给定区域气候条件下冠层高度的实际光照强度或太阳辐射为 I_0，则 $P_m=\varepsilon I_0$ 称为特定区域气候上的同化潜力。一般，制约光合作用强度的主要外部因素有气候因子（温度、水分、光照、二氧化碳）以及土壤矿物质和养分供给水平等。气候条件是决定植物地理分布格局的先决条件，从而决定一个特定气候条件下顶级植物群落类型与结构。这里不考虑土壤矿物质和养分水平的影响，从气候因素的作用来分析植物生态的气候最优性理论。

（1）温度条件

光合过程中的暗反应是由酶催化的化学反应，而温度直接影响酶的活性，因此，温度对光合作用的影响较大。植物光合速率是环境温度的函数，但是在供水充分条件下，特定的光强下，植物的最大光合速率并不是随温度增加的单调递增函数，而是存在一个最佳的环境温度，即 $T_0 = T_m$ 时，取得最大值 P_m。超过这一最佳的环境温度，植物光合速率就会受到抑制。一般植物可在 10～35℃下正常地进行光合作用，其中以 25～30℃最适宜，在 35℃以上时光合作用就开始下降，40～50℃时即完全停止。在低温中，酶促反应下降，限制了光合作用的进行。光合作用在高温时降低的原因，一方面是高温破坏叶绿体和细胞质的结构，并使叶绿体的酶钝化；另一方面是在高温时，呼吸速率大于光合速率，因此，虽然真正光合作用增大，但因呼吸作用的牵制，表观光合作用便降低。正因如此，温度控制了植被的纬向分布，在某一纬度上，适合分布这一纬度温度下光合作用最大的植物。在图 2-2 的基础上，Whittaker（1975）提出了一个简易的以年平均温度为纵坐标、年平均降水量为横坐标的世界植被（群系）分布示意图［图 2-7（a）］，对应某一水分区段上不同温度的植被分布格局，意味着水分条件不受限制下的植被演替规律。

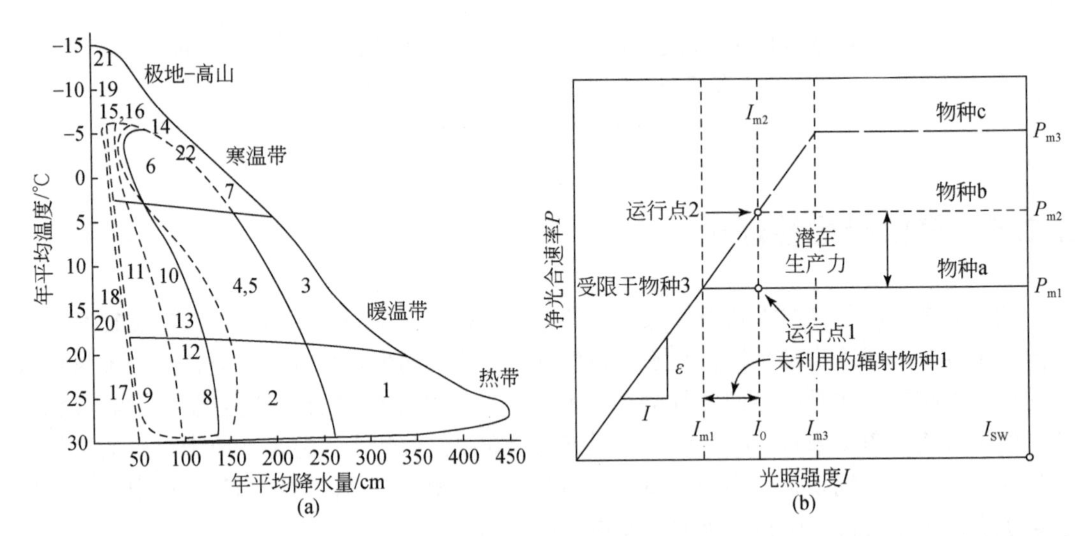

图 2-7　植被气候分类关系（a）与光能制约下的植被气候演替过程（b）（Eagleson，2002）

（a）中的数字分别代表：1. 热带雨林，2. 热带季雨林，3. 温带雨林，4. 温带常绿林，5. 温带落叶林，6. 泰加林，7. 高山矮曲林，8. 热带阔叶疏林，9. 有刺灌丛，10. 温带疏林，11. 温带灌木林，12. 萨瓦纳，13. 温带草原，14. 高山灌丛，15. 高山草地，16. 苔原，17. 暖半荒漠，18. 寒半荒漠，19. 极地-高山半荒漠，20. 荒漠，21. 极地-高山荒漠，22. 寒温带沼泽（Whittaker，1975）

假定水分不受限制，由于大部分自然情况下，冠层温度 T_1 与环境温度 T_0 间的差异较小，可以近似认为：$T_1 \approx T_0$。假定环境温度 T_0 会选择一个这一温度下的优势植物物种，从

而有 $T_m \approx T_0$，在这些理想状态下，物种演化理论支持下的物种 a 光合能力曲线为图 2-7（b）中的实线，其饱和光强为 I_{m1}。如果这时的自然光强 $I_0>I_{m1}$，物种 a 为优势的生态系统就在其最佳点 1 处运行。但这一系统内就有未被利用的光能资源，这些多余的光能资源对于物种 a 而言是非生产性的。对于该环境资源的生物量生产潜力而言，物种 a 不是这一环境的最优状态类群，在进化压力下生态系统将向温度 T_0 下饱和光强能充分利用自然光强资源的方向演替，形成新的物种 b，使其 $I_0=I_{m2}$，从而就有了环境温度 T_0 和自然光强 I_0 下适宜的生产力可以达到最大的物种 b。这里再探讨一下另一物种 c，同样有 $T_m \approx T_0$，但其 $I_{m3}>I_0$，对于物种 c 而言，存在光照不足，处于胁迫状态，因而也是非可持续的最优状态，最终物种 c 仍然要被更具适应能力的物种 b 所取代。因此，在充分供水条件下，适宜于环境气候温度 T_0 的物种应该满足最优状态条件：$T_0 \approx T_1 = T_m$，且 $I_0=I_m$。如果对于某一植物物种存在 $I_0>I_m$，则是非顶级群落类型，该区域生态水文过程处于“物种限制”状态（Eagleson，2002）。

（2）水分条件

水分是光合作用的原料之一，缺乏时可使光合速率下降。水分在植物体内的功能是多方面的，植物叶片要在含水量较高的条件下才能生存，而光合作用所需的水分只是植物所吸收水分的一小部分（1%以下），因此，水分缺乏主要是间接的影响光合作用下降。具体来说，缺水使气孔关闭，影响二氧化碳进入叶内；缺水使叶片淀粉水解加强，糖类堆积，光合产物输出缓慢，这些都会使光合速率下降。试验证明，由于土壤干旱，处于永久萎蔫的某一植物，如果缺水使其光合速率比原来正常时下降87%，再灌以水，虽然叶片可能在数小时后可恢复膨胀状态，但其表观光合速率在几天后仍可能未恢复正常（Eagleson，2002）。由此可见，叶片缺水过甚，会严重损害光合进程。

如果其他条件不受限制，随光照强度 I 增加，土壤水分非线性递减，与光照强度之间存在近似的非线性关系。随着光照强度 I 继续增加，土壤水分降低到一个临界值，在水分胁迫下，叶片气孔开始关闭，光合速率和蒸腾速率随之开始降低，这一临界土壤水分对应的辐射点称为凋萎光强或水分临界光强 I_{sw}。当光照强度超过临界光强时，叶片光合作用受水分控制，光合与蒸腾速率呈逐渐降低过程，直至气孔完全关闭。在光照不受限制的情况下，$I_0=I \leqslant I_{sw}$ 时，气孔完全开放，且有多余水分保证冠层覆盖度完全覆盖，由此可以得出生产力最优的气候条件是：$I_m \leqslant I_0 \leqslant I_{sw}$。当 $I_0>I_{sw}$ 时，植被将有两种调控对策：一是在维持冠层覆盖度不变的情况下关闭气孔，降低水分利用速率；二是如果水分胁迫状态继续，植被只有减小冠层覆盖度以维持正常的光合作用，才会出现植被群落结构的改变。

2.3 植物水力调控理论

2.3.1 植物水力特征的最优性原理

自然界有很多因素会成为不同植物（如常绿和落叶植物）在水分利用策略上的驱动

因素，但越来越多的证据表明，对于不同乔木的不同水分利用策略，可能与它们在木质部长距离水分运输的结构和功能（水力结构）的差异有关。植物的水力结构描述了植物不同部位木质部水分传导之间的关系，是影响植物的水分关系、叶片气体交换、植物空间分布以及最大生长高度等的主要因素。植物导水率是指植物枝条运输水分的能力，其大小与植物导管或管胞直径的四次方成正比，木质部栓塞化是指当植物木质部导管内的负压降低到一定程度时，气泡通过导管侧壁上的纹孔进入导管，进而阻塞水分在导管中流动的现象。植物木质部抗栓塞化能力与导管侧壁上纹孔总面积、纹孔数目以及纹孔膜的结构有关，导管上纹孔总面积越小，纹孔数目越少，纹孔膜上的孔径越小，越不容易发生栓塞化。

水分传导效率和抗栓塞化能力是树木水力特征的两个重要指标，其中水分传导效率一般多用边材比导率和叶比导率来表示；当树木受到环境胁迫时，树木木质部易栓塞化，如在强烈的蒸腾、土壤干旱、低温下植物体内的水发生冻融交替等，均会引起植物运输组织的管道发生气穴化栓塞。一般用导水率丧失 50% 时的木质部水势（P_{50}）来表征不同植物的抗栓塞化能力（Cruiziat et al.，2002）。树木枝条导水效率和抗栓塞化能力间存在一定的平衡关系，自然选择一般会使枝条获得更大的导水效率，能够在消耗最少能量的同时传导更多的水分，即树木的导水效率和抗栓塞化能力呈负相关关系。但是，近年来，有些研究并未发现两者间存在的平衡关系（Gleason et al.，2016）。特别是在针叶树种中，管胞复杂的几何结构弱化了导水效率和抗栓塞化能力间的关系。但同时，不可否认部分针叶树种枝条导水效率和抗栓塞化能力间仍然存在着明显的平衡关系。因此，包括针叶树种在内，系统理解树木枝条导水效率和抗栓塞化能力间的平衡关系及其随环境条件的变异规律，仍然是目前最具挑战性的难题之一。

一般地，树木随着树高的增加，需要更多的木质部水力导管，以维持沿着不断增加的水力路径将吸收根连接到呼吸叶，同时，树木需要维持正碳平衡。因此，树木增长将导致碳成本显著增加，以维持一个高效和安全的木质部运输系统，从而维持叶片蒸腾和碳同化，这些增加的成本主要来源于以下几方面的影响：一是体型增加对维持活组织和建造新生物量所涉及的碳成本的影响；二是路径长度增加对总水力阻力的影响（即木质部效率）；三是增加的重力势使木质部水势下降要满足等于-0.01MPa/m 的条件（Prendin et al.，2018）。因而，如图 2-8（a）所示，随树高增加，水力导度的安全裕度减小、P_{50}值增大。近年来，有研究认为，没有物种能够进化木质部结构既具有较高导水率，又具有很强的抗栓塞形成能力（Gleason et al.，2016），这表明木质部改造不太可能同时提高水分运输的效率性和安全性，但有可能优先考虑其中之一。因而，木质部水分运输的效率性和安全性之间存在一种权衡关系。如图 2-8（b）所示，木本植物木质部理论水力导度和 P_{50}值之间存在十分显著的线性权关系，较高的水力导度对应较低的 P_{50}值。Niu 等（2017）研究了长白山阔叶红松林越冬时的水力特征，表明木质部导水率、对冻融造成的木质部功能损伤的抵抗力、对干旱诱导栓塞的抵抗力存在复杂的权衡关系。

一般来说，植物木质部的安全性主要体现在可以有效避免栓塞而中断水柱以及通过细胞壁加固避免低水势时充水导管内爆，安全的木质部的主要特征就是具有高的水力导度。

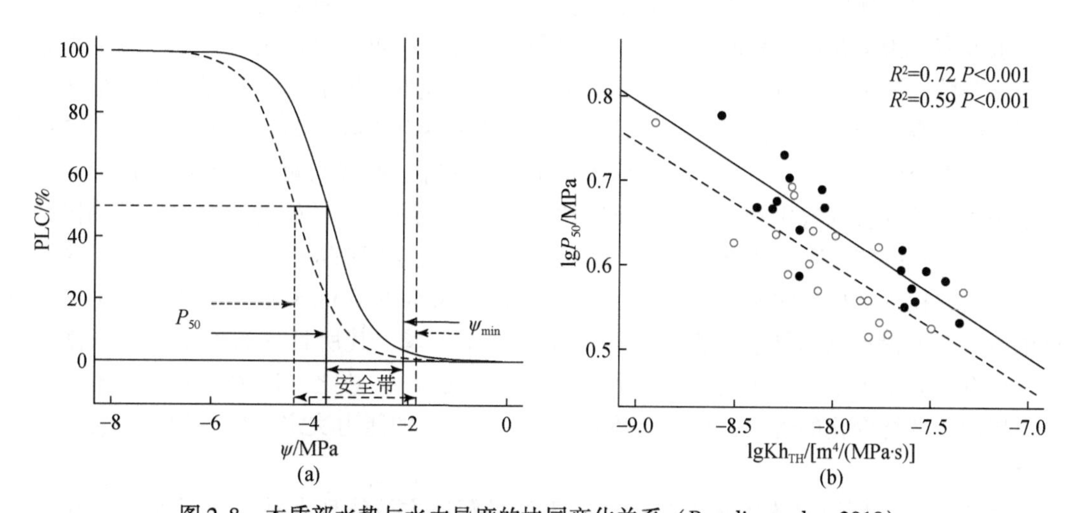

图 2-8　木质部水势与水力导度的协同变化关系（Prendin et al.，2018）

（a）叶片最小水势 ψ_{min}、木质部水势 ψ 与水力导度损失率 PLC（%）的关系；实线是 24 ~ 37m 高树、虚线是 2 ~ 10m 矮树。（b）理论水力传导度（Kh_{TH}）与导水率丧失 50% 时的木质部水势（P_{50}）的关系；实线代表云杉纯林、虚线代表落叶松与云杉混交林

有研究表明，木质部导管的直径（d）随着距茎/枝顶端的距离的增加而增加，具有幂函数变化关系，这一关系与物种、年龄、大小和环境无关，具有普适性（Anfodillo et al.，2013）。从理论上讲，这种导管的轴向配置关系将使树木高度对水力总阻力（R_H）的影响最小化，将大部分 R_H 限制在距茎/枝顶端很短的距离内。由此，即使 R_H 仍然随着路径长度（树高）的增加而略有增加，但可以认为 R_H 几乎独立于树的总高度而保持相对稳定，这个相对稳定的轴向通道扩展模式被认为是允许高大植物进化的一个关键特性（Petit et al.，2010；Anfodillo et al.，2013）。同时，这样的轴向配置还被认为可能是一个最佳解决方案，因为它们最小化了木质部导管壁结构所需的总碳量，并优化了系统作为更小且可能更安全的导管（更强的抗栓塞化能力）集中在茎尖，那里张力最高。正是由于枝干顶端管道对整个木质部运输系统的效率和安全性非常重要，且这个区域的调整对木质部生物质生产的总碳平衡影响最小，植物在应对生长条件发生变化时，大部分水力导度的有效调整会发生在顶端区域（Adams et al.，2017）。

树木的水力特征往往与抗胁迫能力联系起来，一般干旱地区树种的抗栓塞化能力比湿润地区更强，针叶树种的抗栓塞化能力比阔叶树种更强。常绿植物具有较小的导管、较低的水分传导效率，但具有较高的木质部抗栓塞化能力。常绿植物的叶片相对于落叶植物具有较低的膨压丧失点渗透势以及较高的细胞壁弹性模数，因此能够忍受更低的叶片水势。为了适应变化的环境，树木会调整资源分配，改变它们的水力结构，表现出最优的导水效率或抗栓塞化能力。在干旱环境下，树木会将更多的资源分配到能够抵抗水分胁迫的结构，通过改变水力结构，如减小传导组织的直径、在边材中增加传导组织的数量等，改变导水效率，避免严重的栓塞甚至死亡。同时，树木也可能会改变自身的一些生长性状，如加快树木的径向生长，从而增大边材面积，减少对叶片和纵向生长的投入，进而减少水分的散失。在湿润环境下，树木则倾向于消耗更少的能量而传导更多的水分，即表现出更高的导水效率。为了获得更高的导水效率，枝条的传导组织可能会增大，一方面减少水分传输的黏滞性；另一方面增加水分传导率。干旱使树木表现出增加其木质部水力安全的适应特征，如更窄的导管直径，更少的导管密度以及更低的理论导水率。受干旱影响的植物个体具有更细小叶片，以及更负的黎明前或正午叶片水势。寒区冻融循环事件可诱导木本植物枝条木质部导管气穴化栓塞，造成不同树种丧失 14.5% ~98.7% 的导水率。不同树种对冻融循环的抵抗能力存在差异，环孔材树种最为脆弱，冬季丧失 63.3% ~98.7% 的导水率；散孔材树种抵抗冻融循环能力较强，冬季丧失 14.54% ~38.89% 的导水率。木质部具有根压或茎的树种夏季导水率丧失百分比明显低于冬季，其所具有的根压或茎压修复机制，可有效修复冬季产生的气穴化栓塞（牛存洋，2017）。总之，树木水力特征的变化反映了树木对环境变化的适应，树木调整和优化水力结构的能力决定了树木的生存、生长和发展。

有研究认为环境对树木水力学特性的表型可塑性主要体现在枝条比导率、叶片比导率、叶片面积与边材面积比以及相邻管胞壁厚度与纹孔口直径大小之间，而非管胞平均直径和管胞密度等特征。在北方寒冷地区，越冬过程中冻融循环诱导的气穴化能否修复直接影响着第二年春季树木的生长。随着树木胸径的增加，枝条末端叶面积减少，造成树木整株水平光合能力减弱。有些针叶树种，随树木胸径的增加，枝条的木材密度增加，进而导致枝条的水分传导能力下降；为了使单位叶片的水分供应保持不变，树木通过减少单位边材面积所对应的叶片面积来补偿。这种与树木胸径大小相关的水力结构特征的补偿性调整虽然在一定程度上保持了个体的水分平衡，但是减少单位边材面积所对应的叶片面积使得整株植物通过叶片进行光合作用获得的碳减少。综上所述，不同环境条件下，不同植物的水分生理特征存在不同的适应性重塑机制，如不同生长阶段和不同林分密度下，植物可通过调整其水力结构功能特征，权衡水分运输的有效性和安全性，维持体内水分供需的动态平衡。因此，植物水力特征对环境变化响应与适应的调节机制研究为我们从机理上揭示树木地理分布以及适宜的生态水文学机制提供了新途径。

2.3.2 基于植物水力调控机制的等水特性理论

植物等水特性理论兴起于 20 世纪 30 年代，植物水力系统对水分胁迫的响应决定着树木死亡方式（Sperry et al.，2016），并影响着植物与边界层大气之间的气体交换。为了更好地理解植物面临极端水分胁迫情况时所导致的干旱死亡机制，掌握不同种类植物面临不同程度水分胁迫时的生理应对策略（Hochberg et al.，2018），基于植物叶片水势和蒸腾日变化规律的等水特性概念就被提出来，定义等水植物（isohydric plant）指在日内尺度上叶片水势变化较小［图 2-9（a）］，而非等水植物（anisohydric plant）叶片水势日变化波动较大［图 2-9（a）］。基于这一认识，进一步将土壤水分胁迫程度与植物水势季节变化相联系，提出了基于植物水力调控机制的等水特性理论，该理论框架在后来的植物干旱响应评价领域得到了广泛推广（Hochberg et al.，2018）。具体而言，等水植物能够不受黎明前土壤水势（ψ_{soil}）变化影响，在季节尺度上随着土壤水分胁迫的加剧，等水植物能够维持相对稳定的叶片水势［图 2-9（b）］；而随着土壤脱湿变干和土壤水势下降，非等水植物的叶片水势在季节尺度上逐步下降［图 2-9（b）］。

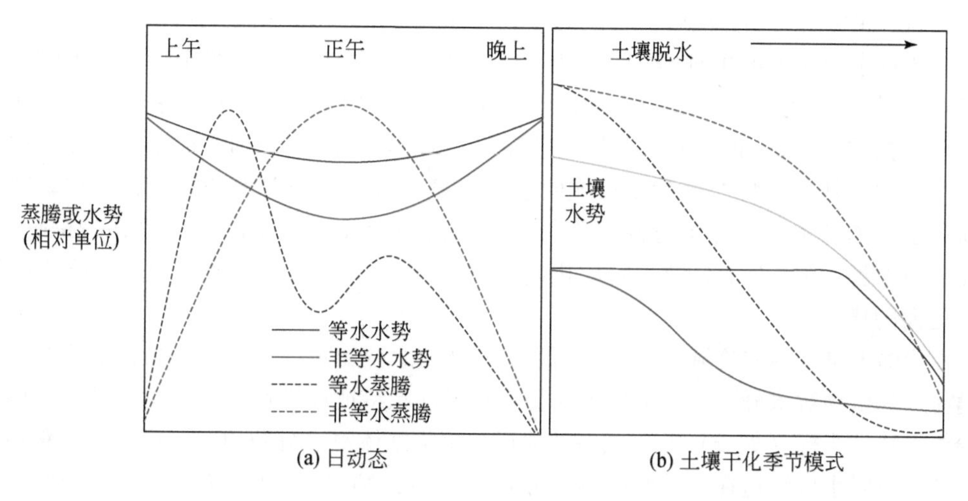

图 2-9　等水/非等水植物概念（Hochberg et al.，2018）

植物等水特性与其干旱死亡机制存在密切关联。等水植物自身具有较强的气孔调节能力，当所面临的水分胁迫程度逐渐加剧时，其能够通过关闭气孔维持相对稳定的叶片水势，进而达到阻止叶片水势过低而导致植物木质部导管出现栓塞化或气穴化的现象，然而如果长期遭受非致命的土壤水分胁迫影响，叶片气孔关闭将影响等水植物的正常光合作用和生长，其更易死于因碳同化作用受限而引起的碳饥荒（carbon starvation）现象；而当非等水植物的叶片气孔对自身水势变化的调节作用相对较弱，短期内面临较强水分胁迫影响时，非等水植物的叶片水势往往随之降低，通过维持足够的水势梯度来保证有效的光合和生长，然而叶片水势的剧烈波动导致非等水植物的水力系统面临较大风险，当叶片水势低于某临界值时（如水力导度损失 50% 时的叶片水势，即 P_{50}），非等水植物更易死于木质部栓塞化而导致的水力功能故障（McDowell et al.，2008）。

为了基于等水特性理论定量分析植物干旱响应机制，相关研究提出了一系列植物等水特性量化指标，如季节内最负正午水势、正午水势季节变化范围，以及等水特性指标 σ 等。其中，Martínez-Vilalta 等（2014）提出了目前普遍使用的指标 σ，该指标假定植物水力系统存在一个稳态，该稳态下叶片黎明前水势近似等于土壤水势，在此基础上，可以通过分析植物叶片正午水势（ψ_{md}）和黎明前水势（ψ_{pd}）回归线斜率的季节变化规律，来量化叶片水势对土壤水分胁迫的敏感性差异（Hochberg et al.，2018）。该等水特性指标的计算方法为

$$\sigma = \frac{\Delta\psi_{md}}{\Delta\psi_{pd}} \tag{2-13}$$

式中，当 σ 等于 0 时，是严格的等水植物；当 σ 接近于 1 时，是严格的非等水植物；当 σ

大于于 1 时，是绝对的非等水植物（Martínez-Vilalta et al.，2014）。

然而，在进一步利用不同等水特性指标分析 102 种植物的等水特性行为时发现，主流的三种等水特性指标在评价植物干旱响应方式时，仍存在着明显的不一致性，这说明植物等水特性的量化指标的可行性，以及如何基于等水特性理论更加合理地描述植物干旱响应生理机制，相关研究仍然面临着较大的挑战（Martínez-Vilalta et al.，2014）。

植物对水分胁迫的生理响应方式存在着明显的时空变异性，即便是同种植物，它们的等水/非等水行为也存在着很大的时空变异性。同种植物的等水特性会因其所在的空间地理位置的差异（如气候类型和土壤属性）而截然不同，如同种植物在坡面和坡谷地段生长时，其等水特性行为就存在明显的差异；另外，随着水分胁迫程度在季节内的不断加剧，同种植物的等水特性在生长季不同阶段存在着显著的差异（Hochberg et al.，2018）。因此，植物对水分胁迫响应机制的时空变异性为定量刻画植物干旱响应机制带来了更大的挑战。

在我国干旱区内陆流域下游荒漠河岸林植物对水分胁迫的生理响应机制研究中，发现荒漠河岸林植物对水分胁迫的响应方式受到自身性状特征和环境状况变化的共同影响，简化的等水特性指标（如 σ）并不能完整地反映植物整体对水分胁迫的响应方式，荒漠河岸林植被冠层对水分胁迫存在特殊的响应方式（白岩，2020）。从荒漠河岸林植物叶片水势季节变化规律来看，植被冠层的等水特性并非静态不变的，会随着环境状况变化而变化，植物水力性状和环境状况共同决定荒漠河岸林植物的干旱应对策略。因此，有研究者提出将植物等水特性进一步划分为绝对等水、可能等水、绝对非等水和可能非等水四种行为，且四种等水特性行为并非静态不变的，而是会随着未来大气和土壤水分胁迫状况变化而动态变化（白岩，2020）。尽管经典的植物等水特性理论还存在着一定的缺陷，然而经过后人不断的修正和改进，未来更加全面的等水特性理论在评价植被对干旱响应特征，以及用来分析植物对水分的利用策略等方面仍具有着重要的应用前景。

2.3.3 植物水分利用策略与根系水力再分配理论

土壤是连接降水入渗、地下径流、土壤蒸发以及植物蒸腾等生态水文过程的中间桥梁。过去很长时期内，人们往往认为降水入渗后和土壤水完全混合，进而被植物利用或形成径流。然而，基于各水体 δD 和 δ^{18}O 的研究表明，降水入渗后的土壤水分可区分为能被植物吸收利用的束缚水和能自由移动形成径流的自由水，这一现象称为生态水文分离（Brooks et al.，2010）。生态水文分离现象又分为两类，当束缚水和自由水完全不存在交掺混合时，则称它们完全分离（McDonnell，2014）；若存在部分混合，则称它们存在连接性（Geris et al.，2015）。传统土壤生态水文过程观测及模型研究降水入渗、径流形成、溶质运移以及植物蒸腾和土壤蒸发等过程时，通常以降水和土壤水完全混合为前提假设，生态水文分离现象的提出改变了人们对降水与土壤水混合过程及其应用的传统理解。

土壤水包括土壤束缚水和土壤自由水。其中，土壤束缚水是指存留在土壤小孔隙中，不能自由移动的水，包括处于凋萎系数之下，不能被物质吸收利用的无效水，以及介于凋萎系数和田间持水量之间能被植物吸收的有效水。土壤自由水是指处于田间持水量之外存于土壤大孔隙中，可自由移动形成径流的水分。过去把水分从土壤表层汇集到河流这一过程称为平动流，它假设降水入渗后会取代土壤原有的水分，使原有的水分进入深层土壤并最终汇入河流。在这一前提下，不同深度的土壤水均匀混合，土壤中被植物吸收的水分和最终形成径流的水分同源。然而，近年来大量基于水同位素的研究结果发现，被植物利用的水分为土壤所持有的紧束缚水，这一部分水并不参与平动流，不会和自由水发生混合而最终形成径流，这就是生态水文分离现象（图 2-10）。同时，同位素结果还进一步发现土壤自由水与降水 δD 和 $\delta^{18}O$ 接近，而与土壤束缚水不同，证明土壤束缚水和土壤自由水是两个独立的水库（Brooks et al.，2010）。

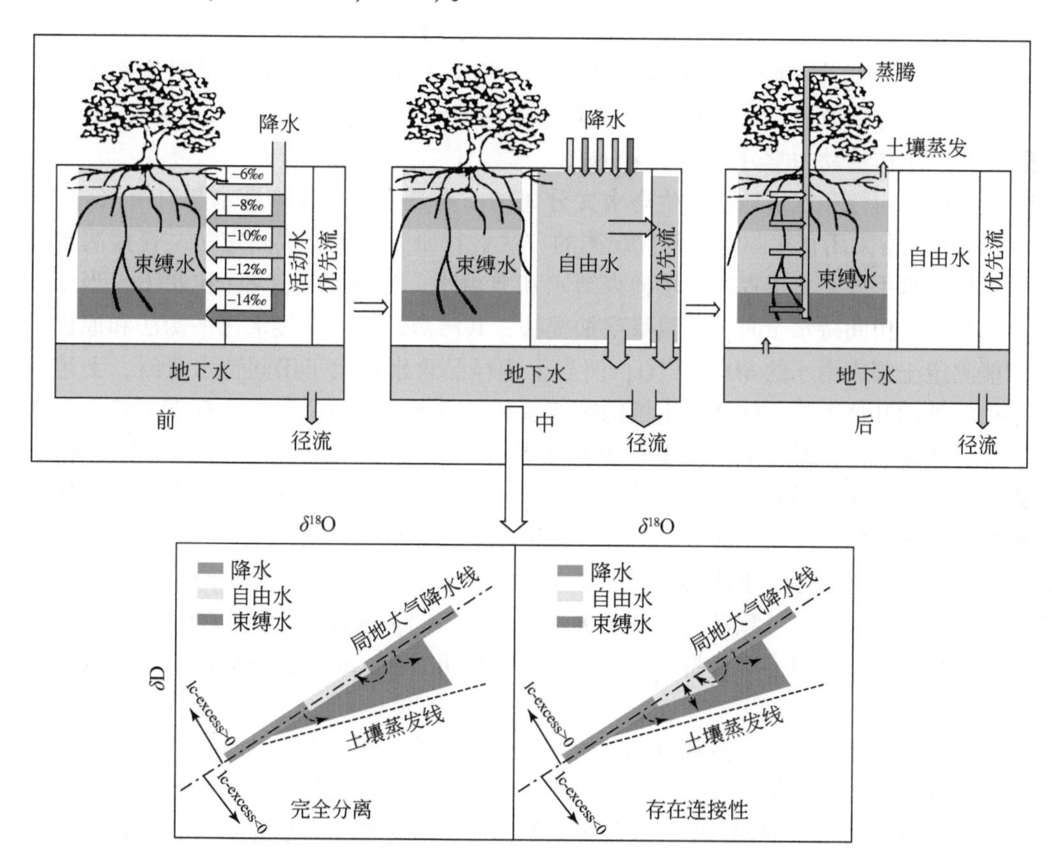

图 2-10　生态水文分离现象及不同形态的同位素表达

（Brooks et al.，2010；Geris et al.，2015）

近年来，有研究者将土壤水分完全分离的现象定义为两个水世界假说（McDonnell 2014），认为被植物利用的水和形成径流的水来自不同土壤水库。然而有越来越多的研究证据表明，植物茎水和土壤水以及雨水相似，显著不同于径流；土壤自由水 δD 和 $\delta^{18}O$ 与降水并不完全相似，土壤束缚水和土壤自由水存在部分交换（图 2-10）（Geris et al.,

2015)，说明两个水世界假说在许多场合并不成立。同时，有研究发现，在一些山区森林生态系统中，存在旱季完全分离而在湿季连接的现象（Geris et al.，2017）；也有研究发现，当土壤含水量较低时，存在生态水文完全分离，而当土壤含水量较高时，存在混合现象，表明利用 δD-$\delta^{18}O$ 关系来判别生态水文分离具有不确定性（Zhao et al.，2018）。

通过分析大气降水线、束缚水以及土壤水的 δD-$\delta^{18}O$ 关系之间存在的差异，可定性研究降水入渗过程中的生态水文分离现象。当土壤自由水 δD 和 $\delta^{18}O$ 与降水相似而异于土壤束缚水时，说明存在完全分离现象；而当土壤自由水不完全与降水相似，同时受到束缚水影响时，则说明土壤束缚水与土壤自由水产生混合，即两个水库之间存在连接性（图 2-10）。另外，还可以通过降水残差法（lc-excess）定量分析各水库 δD-$\delta^{18}O$ 之间关系的差异情况（Landwehr and Coplen，2006）：

$$\text{lc-excess} = \delta D - a \times \delta^{18}O - b \tag{2-14}$$

式中，a、b 为局地大气降水线的斜率和截距。当 lc-excess 为负值时，说明该水体发生了动力学非平衡分馏效应，其 δD-$\delta^{18}O$ 关系偏离局地大气降水线，同时 lc-excess 绝对值越大，说明该水体的动力学分馏程度越明显。

现阶段，定性和定量地研究生态水文分离的前提是准确获取束缚水与自由水的 δD 和 $\delta^{18}O$。目前常常采用直接测定和替代观测的方法进行研究：①直接测定法。直接测定是指通过现代技术手段，直接提取土壤的束缚水和自由水，分别测定其 δD 和 $\delta^{18}O$。当土壤样品含水量小于田间持水量时，低温真空抽提法、共沸蒸馏法、直接水汽平衡法和原位平衡法均能测定土壤束缚水的 δD 和 $\delta^{18}O$；而当土壤样品含水量大于田间持水量时，上述除原位平衡法外的其他方法均能测定土壤的束缚水和自由水，而原位平衡法仅能测定土壤自由水。②替代观测法。基于采样难度和成本的考虑，有时也用替代观测法获取各水体的 δD 和 $\delta^{18}O$。例如，采用植物茎秆水代替土壤束缚水，用溪水代替土壤自由水等。然而这一方法也存在显著的缺陷。当土壤中同时存在自由水和束缚水时，植物是否只吸收束缚水仍存疑；当植物根系吸收地下水和溪水时，显然也不能用茎秆水代替土壤束缚水。某些植物在吸水时存在分馏效应，导致茎秆水与土壤水同位素不同，这也对替代观测法的可靠性带来影响。总体而言，可以准确辨析生态水文分离的分析方法，仍然是现阶段最具挑战性的难题之一。

近年来，关于生态水文分离机制的研究主要集中在径流小区（坡面尺度）、小流域尺度上，植被类型、气候类型以及土壤条件等对生态水文分离的影响尚不明确。除了上述准确获取束缚水与自由水的 δD 和 $\delta^{18}O$ 的方法缺陷外，当土壤水分含量高时，利用常规手段获取的土壤水难以直接代表束缚水，这必将导致后续研究的不确定性。就植物吸水来说，植物吸水是通过水势梯度来进行的，而植物更倾向于使用束缚水这一现象与我们的常规认识相反，有必要进行更多关于植物根系的吸水机制研究，这将提高我们对生态-水文关系的理解。

在 2.1.3 节已述及，早在 20 世纪 70～80 年代，人们就发现根系与土壤间存在双向水分交换，并提出了根系的水分再分配（HR）理论。自 Ryel 等（2002）建立首个定量描述 HR 的数值模型以来，国际上陆续发展了大量从不同角度定量模拟 HR 过程的模型，大多数模型使用 Richards 方程描述水在非饱和土壤中的运动，并用“源/汇”概念来描述植物根系水的吸收或释放。依据模型结构上的差异，目前 HR 模型可划分为 4 种类型：①土层连接模型，以 Ryel 等（2002）提出的模型或其改进型模型为主，描述从所有其他层进入研究土层的净水运动量。②大根模型，是在土层连接模型基础上，耦合沿根系放射水流运动方程，其中沿根系及根系内部水流被视为一束平行的、具有相同压力梯度的层流管道驱动水流（Amenu and Kumar，2008）。③土壤大尺度和根系小尺度融合模型，将沿土层垂向运动的大尺度土壤水分运动方程（在米尺度上一维垂直流的 Richards 方程）和径向上沿单个细根的水流运动方程（在毫米尺度下沿细根径向流的 Richards 方程）相结合（Siqueira et al.，2008）。④动态根系剖面模型，就是考虑根系在满足冠层水分需求的同时最小化根系碳成本的优化过程中，促使根系不断生长或死亡，即根系发生不断周转，而根系剖面动态变化速率受制于最大日根系周转率。据此，在上述模型基础上，进一步考虑根系剖面随土壤水分分布而变化的基本规律，将根系剖面动态变化模型与上述模型相耦合，构建动态根系剖面模型（Schymanski et al.，2008）。这些模型在不断提高 HR 模拟精度方面取得了进展，但仍然面临诸多挑战，如将 HR 模型模拟结果纳入大尺度过程模型（如流域水文模型、陆面过程模式等），并提高这些过程模型对一些变量（如植被蒸腾）的模拟精度；植被夜间蒸腾和植被地上部分较高的水容能力对干燥土壤水分的争夺、植被季节性落叶产生的冠层叶面积指数（leaf area index，LAI）变化对 HR 的影响等因素在 HR 模拟中的定量描述等（Neumann and Cardon，2012）。

2.4 土壤-植被-大气水热耦合理论

SPAC 即土壤-植被-大气连续体。水分经土壤到达植物根系，被根系吸收，通过细胞传输，进入植物茎，由植物木质部分到达叶片，再由叶片气孔扩散到大气层，最后参与大气的湍流变换，形成一个统一的、动态的、互相反馈的连续系统，即 SPAC 系统。水势理论的提出是 SPAC 系统理论萌发的基石。在长期有关土壤-植被-大气的水分运移系统的研究基础上，澳大利亚土壤水文学家 Philip（1966）提出了较为完整的 SPAC 系统理论：水在 SPAC 系统中的运动过程就像链环一样互相衔接，而且还可以用统一的能量单位“水势”来定量衡量整个系统中各环节能量水平的变化。SPAC 系统理论的核心是将土壤、植被和大气作为一个连续的、系统的、动态的整体进行考虑，以整体的眼光对待土壤、植被和大气三大要素之间的相互关系，并统一了能量概念。一方面，气候中的光热和水分条件决定着植被的生长；另一方面，植被的生长又会通过冠层蒸腾、冠层截留、冠层蒸发等水文过程伴随着能量再分配过程（如净辐射在显热和潜热之间的分配），进而影响流域的水循环和区域的小气候。因此，SPAC 系统理论是生态水文学中有关大气、植被、土壤三者间的能水耦合关系理论，是将大气圈、生物圈和土壤圈耦合于一体的关键理论之一。土壤-植被-大气系统物质能量传输转化过程对水资源的利用、作物产量的形成和环境的变化等均有重要影响，已广泛应用到土壤化学、植物学、水文地质、环境生态、水文水资源等领域的研究中。

2.4.1 SPAC 水热耦合传输过程

SPAC 系统理论认为，水分运移的一般方向是：水分先由土壤到达植物根系，进入根系后，通过细胞传输，进入植物茎，由植物木质部到达叶片，再由叶片气孔扩散到空气，最后参与大气的湍流交换，从而形成一个统一的、动态的、互相反馈的连续系统［图 2-3（a)］。水势梯度是水分在 SPAC 系统中运动的驱动力，水分运移速率与水势梯度成正比，而与水流阻力成反比。SPCA 系统中各部位的水流阻力和水势并非恒定不变的，如叶片气孔的开闭，必将导致气孔-大气间扩散阻力的改变。因此，严格意义上来讲，SPAC 系统中的水流是非稳态流。假定 SPAC 系统中水流是连续稳定流（忽略植株体内储水量的变化），其水流通量 q 可以用欧姆定律来描述（康绍忠，1993）：

$$q = \frac{\varphi_s - \varphi_r}{R_{sr}} = \frac{\varphi_r - \varphi_l}{R_{rl}} = \frac{\varphi_l - \varphi_a}{R_{la}} \tag{2-15}$$

式中，φ_s、φ_r、φ_l、φ_a分别为土水势、根水势、叶水势和大气水势；R_{sr}、R_{rl}和 R_{la}分别是通过土壤到达根表皮、通过根部到达叶片以及通过气孔扩散到空气中的水流阻力。一般情况下，植株根系周边土水势一般为-1.0～0MPa，叶水势一般为-2.0～-0.2MPa（严重水分胁迫可达-3.0MPa，某些耐旱植物可达-5.0MPa），大气湿度在 48%～98% 时水势为-100～-10MPa。由此可见，SPAC 系统中水分传输阻力主要体现在叶-气阻力 R_{la}上。

一般地，SPAC 系统分为三个层次：位于参考高度处的大气层为第一层次；被简化为一个层面的位于动量传输交汇处的植物冠层为第二层次；第三层次就是土壤层，顶部为土壤表面，底部位于地下水位处（依据不同实际问题，底部还可设置在土壤深部某一层或基岩、风化层等处）。依据微气象学中植被冠层水热扩散的理论及土壤水动力学中土壤水热迁移的基本方程，可以建立以下 SPAC 系统水热阐述模型（吴擎龙等，1996）。

$$R_n = R_v + R_s, \qquad R_v = C_v + \lambda E_v, \qquad R_s = C_s + G + \lambda E_s \tag{2-16}$$

式中，R_n 为冠层顶净辐射；R_v 为植物群丛截获的净辐射；R_s 为到达土壤表面的净辐射；C_v 为群丛显热消耗；λE_v 为群丛蒸腾潜热消耗；C_s 为土壤显热消耗；λE_s 为土壤蒸发潜热消耗；G 为土壤表面热通量。SPAC 系统中的能量方程为

$$\lambda E = \lambda E_v + \lambda E_s, \qquad C = C_v + C_s \tag{2-17}$$

$$\lambda E = \frac{\rho c_p}{\gamma}(e_b - e_a)/r_a, \qquad C = \frac{\rho c_p (T_b - T_a)}{r_a} \tag{2-18}$$

式中，λE、C 分别为 SPAC 系统总潜热及总显热；ρc_p为空气的体积比热容；γ 为湿度计常数；e_b、T_b 分别为冠层水汽压及冠层空气温度；e_a、T_a 分别为参考高度处空气水汽压及空气温度；r_a 为水分及热量传输的空气动力学阻力。

1. 大气-植被冠层能量传输与能量平衡

（1）冠层潜热和感热通量

对于一维定常流动，潜热和感热通量模型如下：

$$LE = \frac{\rho c_p}{\gamma_E} \frac{e(z_2) - e(z_1)}{r_E(z_1, z_2)} \tag{2-19}$$

$$H = \rho c_p \frac{T_a(z_2) - T_a(z_1)}{r_H(z_2, z_1)}$$

式中，c_p 为空气定压比热；$e(z)$ 为 z 处的饱和水汽压；$T_a(z)$ 为 z 处的气温；γ_E 为热力学干湿表常数。依据相似性假设，一般有 $r_m = r_E = r_H$。

（2）冠层能量平衡方程

1）在忽略冠层光合作用耗能的情况下，冠层热量组分的平衡方程（康绍忠，1993）：

$$R_n(1 - e^{-k\mathrm{LAI}}) - \mathrm{LAI}(\rho c_p(T_l - T_a)/r_{m,a}) - \mathrm{LAI}\left(\frac{\rho c_p}{\gamma}\right)\left(\frac{(e_s - e_a) + \Delta(T_l - T_a)}{r_{m,l} - r_{m,a}}\right) = 0 \tag{2-20}$$

式中，LAI 为叶面积指数；k 为冠层消光系数；T_l、T_a 分别为叶温和气温；e_s、e_a 分别为空气饱和水汽压和实际水汽压；Δ 为饱和水汽压-温度曲线上的斜率；$r_{m,l}$、$r_{m,a}$分别为叶面气孔阻力和冠层周围空气的水汽扩散阻力。

2）冠层能量传输连续方程：

$$\frac{\partial}{\partial z}\left(\rho c_p k_e \frac{\partial T}{\partial z}\right) + H_l = \rho c_p \frac{\partial T}{\partial t} \tag{2-21}$$

式中，k_e 为冠层内热量传输系数（m^2/s）；H_l 为植被（叶）层的热量传导通量（W/m^3）；z 为从冠层顶部垂直向下的距离（m）；t 为时间（s）。

2. 土壤水分与热量传输过程

单位土壤体的热量平衡的基本方程遵守能量守恒。对于各向同性且均质土壤，土壤的热导率 k 是常数，有

$$\frac{\partial C_v T}{\partial t} = k\left(\frac{\partial^2 T}{\partial x^2} + \frac{\partial^2 T}{\partial y^2} + \frac{\partial^2 T}{\partial z^2}\right) \tag{2-22}$$

对于垂直一维情况，则有

若 C_v 不为常数，$\frac{\partial C_v T}{\partial t} = k\frac{\partial^2 T}{\partial z^2}$；若 C_v 为常数，$\frac{\partial T}{\partial t} = D_h \frac{\partial^2 T}{\partial z^2}$。

土壤水运动分为饱和水流和非饱和水流，两者的差别主要体现在：一是驱动力不同，非饱和土壤水流运动的主要驱动力是基质势和重力势，饱和土壤水流运动受压力势和重力势梯度控制；二是导水率不同，非饱和土壤导水率远远低于饱和土壤导水率，当土壤质地一定时，饱和导水率一般为一常数，而非饱和导水率随含水量、温度和水势不同而变化。对于饱和水流情形，一般采用地下水运动方程来描述，这里仅针对生态水文学中关联密切的非饱和土壤水问题，阐述非饱和土壤水分平衡方程。对于各向异性非均质土壤：

$$\frac{\partial \theta}{\partial t} = \frac{\partial}{\partial x}\left[K_x(\theta, x, y, z)\frac{\partial \psi}{\partial x}\right] + \frac{\partial}{\partial y}\left[K_y(\theta, x, y, z)\frac{\partial \psi}{\partial y}\right] + \frac{\partial}{\partial z}\left[K_z(\theta, x, y, z)\frac{\partial \psi}{\partial z}\right] \tag{2-23}$$

对于各向同性均质土壤，取垂直坐标向下为正，且 $\psi = \psi_m - Z$，则有

$$\frac{\partial \theta}{\partial t} = \frac{\partial}{\partial x}\left[K(\theta)\frac{\partial \psi_m}{\partial x}\right] + \frac{\partial}{\partial y}\left[K(\theta)\frac{\partial \psi_m}{\partial y}\right] + \frac{\partial}{\partial z}\left[K(\theta)\frac{\partial \psi_m}{\partial z}\right] - \frac{\partial K(\theta)}{\partial Z} \tag{2-24}$$

式（2-23）就是常用的土壤水分运动方程。其中，K 为土壤导水率，单位为 cm/s 或

m/d。K 值一方面取决于孔隙介质的基模特性，另一方面与水的一些物理性质，如黏度和体积质量等有关。ψ 为土壤水势，单位有 J/kg、J/m、J/N；ψ_m 为土壤基质势。

土壤水热传输过程是 SPAC 水热传输的主要过程，对于一维水热迁移，向下为正，土壤含水量 θ 及温度 T_s 分别满足以下水热基本方程（吴擎龙等，1996）：

$$\frac{\partial \theta}{\partial t} = \frac{\partial}{\partial z}\left(D_w \frac{\partial \theta}{\partial z}\right) - \frac{\partial k_w}{\partial z} - S_w \tag{2-25}$$

$$C_v \frac{\partial T_s}{\partial t} = \frac{\partial}{\partial z}\left(k_h \frac{\partial T_s}{\partial z}\right) \tag{2-26}$$

式中，D_w 为土壤水扩散率；k_w 为导水率，相当于式（2-23）中的 K；S_w 为根系吸水强度；C_v 为土壤体积热容量；k_h 为土壤热传导率，相当于式（2-22）中的 k。

3. 水热耦合传输过程模型

式（2-22）~式（2-25）的 SPAC 系统水热耦合传输模型求解过程相对比较复杂，其中冠层水热输移方程求解蒸腾蒸发时，需要知道土壤的水热状况，而依据土壤水热迁移方程求解土壤含水量及温度分布时，又必须知道蒸腾蒸发的量值。因此，植被-土壤的蒸腾、蒸发与土壤水热状况处于互为关联、彼此耦合的状态。对于土壤水热耦合理论模型的研究较多，形成了针对不同土壤温度条件下的土壤水分运移解析模型。自然界大部分条件下土壤水、热运动具有密切的相互作用和相互影响，大多数情况下，土壤温度对土壤水平衡和土壤水力学性质具有一定影响；尤其是存在土壤冻结过程时，土壤热量平衡状态对土壤水分运动具有十分重要的影响，并可能是最主要的驱动力。因此，把土壤水分和土壤温度的运动与变化进行耦合分析，建立耦合数值模型才能有效地模拟土壤水分和土壤温度的分布变化过程。土壤水通量 q_θ 由液态水运动通量 q_l 和气态水运动以及相变影响的通量 q_v 两部分组成，则考虑热量作用的土壤水分控制方程为：

$$\frac{\partial \theta}{\partial t} = \frac{\partial}{\partial z}\left[(D_{l\theta} + D_{V\theta})\frac{\partial \theta}{\partial z}\right] + \frac{\partial}{\partial z}\left[(D_{VT} + D_{lT})\frac{\partial T}{\partial z}\right] - \frac{\partial K}{\partial z} \tag{2-27}$$

式中，$-(D_{l\theta}+D_{V\theta})\dfrac{\partial \theta}{\partial z}-K=q_l$；$-(D_{VT}+D_{lT})\dfrac{\partial T}{\partial z}=q_v$；$D_{l\theta}$、$D_{V\theta}$ 分别为受土壤水分影响的液态水和气态水扩散率；D_{VT}、$D_{V\theta}$ 分别为由温度和含水量决定的土壤水汽扩散率。实际应用中，由于 D_{lT} 项远远小于其他项，一般可以忽略，因此式（2-27）存在如下简化形式：

$$\frac{\partial \theta}{\partial t} = \frac{\partial}{\partial z}\left[(D_{l\theta} + D_{V\theta})\frac{\partial \theta}{\partial z}\right] + \frac{\partial}{\partial z}\left(D_{VT}\frac{\partial T}{\partial z}\right) - \frac{\partial K}{\partial z} \tag{2-28}$$

同样，由上述土壤温度一般方程，可以获得由土壤水分为驱动因素的土壤温度变化控制方程：

$$\frac{\partial C_v T}{\partial t} = \frac{\partial}{\partial z}\left(k + \rho_w L D_{VT}\frac{\partial T}{\partial z}\right) + \frac{\partial}{\partial z}\left(\rho_w L D_{V\theta}\frac{\partial \theta}{\partial z}\right) \tag{2-29}$$

式（2-27）和式（2-28）的上边界条件：

$$-\left(k + \rho_w L D_{VT}\frac{\partial T}{\partial z}\right) - \rho_w L D_{V\theta}\frac{\partial \theta}{\partial z} = R_n - H - \mathrm{LE} \tag{2-30}$$

$$-(D_{l\theta}+D_{V\theta})\frac{\partial\theta}{\partial z}-(D_{VT}+D_{lT})\frac{\partial T}{\partial z}+K=I(t)-E(t) \tag{2-31}$$

下边界条件：

$$\frac{\partial T}{\partial z}=0,\qquad \frac{\partial\theta}{\partial z}=0$$

式中，$I(t)$、$E(t)$ 分别为土壤水分入渗量和蒸发量；C_v、C_w 分别为土壤和液态水比热；k 为土壤导热系数；ρ_w 为水密度；L 为蒸发潜热。

由于植被对辐射的吸收和对降水的截留及蒸发作用，对土壤的水分和热量传输过程无疑具有重要影响，将式（2-26）和式（2-31）联合应用，可以实现完全的土壤-植被-大气水热耦合过程的模拟。但如何将植被冠层的温湿度耦合过程与土壤水热耦合过程相结合，通过地上植被-土壤界面的水热传输机理，建立完全耦合模型，尚有待进一步发展和完善。

2.4.2 SPAC 系统多元物质循环耦合过程与模拟

SPAC 系统最初是以水分传输为连续体主要过程来考虑的，后来发展为水热二元耦合传输过程。进入 21 世纪以来，很多学者进一步探索了 SPAC 中的其他物质传输过程，特别是养分和盐分与水分的耦合传输过程，这是生态系统物质循环中十分重要的组成部分。SPAC 系统多元物质耦合过程模型方面的一些突出进展大都在新近发展起来的一些生态模型中有所考虑，也被纳入一些新近发展起来的陆面过程模式中。因此，相关系统性的模式进展可以参考相关生态模型或陆面过程模式来了解。

（1）SPAC 水热传输过程与光合作用和 CO_2 通量间的耦合模型

耦合模型的基本原理是气孔调节、叶片蒸腾、光合作用之间以及它们的行为与环境因子之间都存在十分复杂的相互作用关系，从叶片尺度的光合作用-CO_2 通量耦合模型基础上，发展到植被冠层尺度的光合作用-CO_2 通量耦合模型。在假定气孔导度是叶面相对湿度（HL）、CO_2 浓度（Π_s）和光合速率（P_n）的函数基础上，Ball 等（1987）提出了一个半经验的 Ball-Berry 气孔模型，后来经过 Leuning 等修正，发展了考虑水汽压差以及水分亏缺对植物光合作用影响的气孔导度模型（罗毅等，2001）：

$$g_s=f(\theta)\Omega\frac{P_n}{(\Pi_s-\Gamma)(1+\mathrm{VPD}/\mathrm{VPD}_0)}+g_0 \tag{2-32}$$

式中，Γ 为 CO_2 补偿点；VPD 为空气饱和水汽压差；$f(\theta)$ 为水分亏缺对作物光合作用的影响系数。将净光合速率在冠层上积分，得出冠层净光合速率 P_{cn}：

$$P_{cn}=\int_0^{\mathrm{LAI}}P_n(L)\,\mathrm{d}L \tag{2-33}$$

式中，L 为冠层叶面积指数。在计算 CO_2 通量的过程时，需要考虑从测定 CO_2 浓度高度到冠层气孔下腔过程中的各项阻力，包括空气动力学阻力，冠层边界层空气动力学阻力和冠层阻力，由此获得 CO_2 通量计算公式（罗毅等，2001）：

$$F_c=\frac{\Pi_s-\Pi_i}{g_{sc}^{-1}+r_{sa}+r_{aal}} \tag{2-34}$$

其中，叶肉细胞间隙 CO_2 浓度 Π_i和冠层气孔导度 g_{sc}分别由下式计算：

$$\Pi_i = \Pi_s - \frac{P_n}{g_s},\ g_{sc} = \int_0^{LAI} g_s(L)\mathrm{d}L$$

式中，r_{aa1}为 CO_2 源汇面所在位置距 Π_s测量高度间的空气动力学阻力。

（2）SPAC 水分传输与氮迁移过程的耦合

这里以分析土壤中氮迁移问题为例，来给出 SPAC 系统的多种物质耦合传输问题的分析原理。考虑到在众多不同的氮素形态中，只有 NH_4^+-N 和 NO_3^--N 才能被植物直接吸收利用，同时，氮素的淋失主要以 NO_3^--N 的形式进行。在对植物/作物生长条件下田间一维饱和–非饱和土壤中水氮迁移转化耦合模拟模型及氮素平衡模型进行研究中，以 NH_4^+-N 和 NO_3^--N 为描述对象，建立基本耦合模式，其基本原理是在 SPAC 一维饱和–非饱和土壤水分传输模型基础上，耦合氮素迁移转化的数值模拟模型（王季震等，2002）。

一维饱和–非饱和土壤中 NH_4^+-N 运移与转化的基本方程为

$$\frac{\partial(\theta \cdot C_1)}{\partial t} = \frac{\partial}{\partial z}\left(\theta \cdot D \cdot \frac{\partial C_1}{\partial z}\right) - \frac{\partial(q \cdot C_1)}{\partial z} - \rho \cdot \frac{\partial S_N}{\partial t} + S_a(z,\ t) \tag{2-35}$$

式中，C_1为土壤溶液中的 NH_4^+-N 浓度（μg/cm³）；D 为水动力弥散系数（cm²/min）；ρ 为土壤干容重（g/cm³）；q 为土壤水分达西流速（cm/min）；S_N为单位质量土壤吸附的离子量（μg/g）；S_a（z，t）为 NH_4^+-N 运移方程中的源汇项，由下式计算：

$$S_a(z,\ t) = \rho K_{min}(z)\theta C_{orn} - K_1(z)\theta C_1 - K_2(z)\theta C_1 - K_3 S_w(z,\ t)C_1 \tag{2-36}$$

式中，K_{min}为土壤有机氮矿化速率常数；θ 为土壤含水量；C_{orn}为土壤有机氮含量（μg/g）；K_1(z) 为 NH_4^+-N 挥发速率常数；K_2(z) 为 NH_4^+-N 硝化速率常数；K_3为作物根系对 NH_4^+-N 和 NO_3^--N 的吸收系数（无量纲），是作物生育期和根长的函数。

一维饱和–非饱和土壤中 NO_3^--N 运移转化的基本方程为

$$\frac{\partial(\theta \cdot C_2)}{\partial t} = \frac{\partial}{\partial z}\left(\theta \cdot D \cdot \frac{\partial C_2}{\partial z}\right) - \frac{\partial(q \cdot C_2)}{\partial z} + S_x(z,\ t) \tag{2-37}$$

式中，C_2为土壤溶液中的 NO_3^--N 浓度（μg/cm³）；S_x（z，t）为 NO_3^--N 运移方程中的源汇项，由下式计算：

$$S_x(z,\ t) = K_2(z)\theta C_2 - K_3 S_w(z,\ t)C_2 - K_4(z)\theta C_2$$

式中，K_4(z) 为 NO_3^--N 的反硝化速率常数。联合式（2-27）、式（2-28）、式（2-35）和式（2-37），即可求解 SPAC 系统中水热与氮素耦合作用下的氮迁移转化通量。

2.5 生态系统能水耦合平衡理论

从全球陆面平均能水循环过程来看，58% ~65% 的降水通过蒸散发重返大气，消耗的能量占净辐射的 51% ~58%，这表明蒸散发是水量平衡和能量平衡中最重要的组成项。因此，蒸散发很大程度上决定了全球和区域的水量平衡，从而决定了水资源量的多少及时空分布。同时蒸散发还深刻影响着地面能量平衡，这将很大程度上影响区域气候的变化，进而影响地表形态的演变，以及水文–生态–大气这个复杂巨系统的演进。

水和能量（热）是生命最基本的要素，也是生态系统中最为活跃、影响最为广泛的因素，地球上所有的生命活动都要受到水热条件的制约。在地球生态系统中，水既是物质循环的组成部分，也是其他生源物质流转的媒介。在能量的驱动下，水在生物与生物、生物与环境、环境与环境之间不断流转，维持着生态系统存立、演替和发展。

水热耦合关系体现在生态水文过程的各个环节。例如，某地区的水分储量、水汽输送以及水的相变，取决于当地的热力条件；而一个地区的水分分布的变化，又会调节和改变地区的热状况；又如，在土壤水分传输过程中，在非等温条件下，土壤温度的分布和变化通过影响水的理化性质而影响基质势、溶质势以及土壤水动力学参数，从而引起土壤水的运动；而土壤水分运动过程又反过来影响土壤热传导参数，从而影响土壤温度。更为直观的水热耦合过程，体现在植被与水、辐射的关系上。在植被蒸腾和光合作用中，水和热（光）均直接参与；而植被冠层的能量吸收、反射、遮阴等改变当地微气候条件（如冠层阻力、蒸腾导致叶片与大气界面的水汽压差变化、冠层下方能量传输等），进而影响水热传输过程（图2-11）。

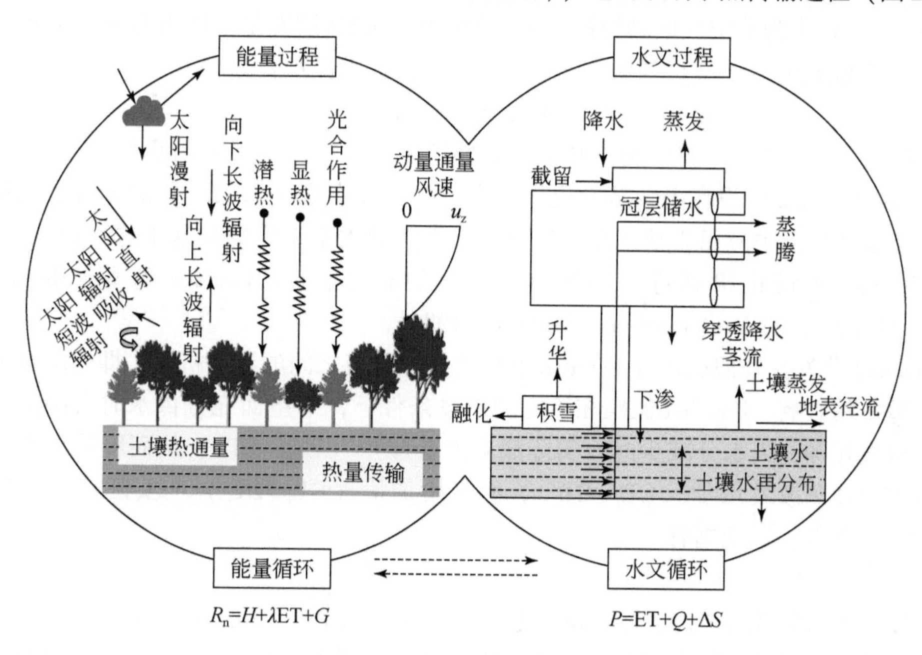

图2-11 陆面–大气系统水分及能量耦合平衡主要过程（Bonan，2002）

生态系统中水热耦合主要体现在三个方面——水量平衡、能量平衡以及水热传输和能量交换过程。其中，水热传输和能量交换过程决定了水热平衡中各个分量的数量及关系。一般情况下，生态系统水分平衡可以表示为

$$P=\mathrm{ET}+Q+\Delta S \tag{2-38}$$

式中，P为降水（mm）；ET为蒸散发（mm），包括地面蒸发和植物蒸腾过程；Q为径流（mm）；ΔS为储水量变化（mm）。

能量平衡可以表示为

$$R_n=\lambda \mathrm{ET}+H+G \tag{2-39}$$

式中，R_n 为净辐射；λET 为潜热通量［汽化潜热 $\lambda=2501-2.361T$（℃），20℃时 λ 约为 2.45 MJ/kg］，即蒸散发吸收的热量；H 为感热通量，是由辐射导致气温升高而交换的热量；G 为土壤热通量，是由辐射导致土壤温度变化而产生的热量交换。当然，用于植被光合作用和生物量增加的能量也属于能量平衡中的一部分，然而该部分在辐射总量中所占份额较小，常常可忽略不计。式（2-38）和式（2-39）显示，ET（蒸散发）是联系水分平衡和能量平衡的关键纽带，是生态水文学关注的焦点之一。

生态系统中蒸散发涉及土-气界面、土-根界面、叶-气界面上水分和能量传输及交换过程，蒸散发量受到可供蒸发的水量、可供蒸发的能量（汽化潜热）、近地面的湍流条件(大气湍流扩散能力)、植被类型及生长状况等诸多因素的影响。这些因素在 Penman 蒸发模型、Shuttleworth-Wallace 双源蒸发模型中均有充分体现。对于蒸散发而言，学界有两个形式对立的假设——Penman 蒸发正比假设（proportional hypothesis）（Penman，1948）和 Bouchet 蒸发互补假设（complementary hypothesis）（Bouchet，1963）。Penman 假设将潜在蒸散发（ET_0）作为给定气候和植被条件下的最大可能蒸散发量，认为非充分供水条件下生态系统实际蒸散发（ET）与潜在蒸散发呈一定的比例关系：

$$ET=K_c\times f(\theta)\times ET_0 \tag{2-40}$$

式中，K_c为作物系数；$f(\theta)$ 为下垫面水分胁迫因子，与植物可利用水分有关；ET_0为潜在蒸散发。Penman 假设在揭示蒸发机理、小尺度（如农田生态系统）的蒸散发模拟、分布式生态水文模型中应用非常广泛，生态水文学领域大量工作都是基于这一假设进行的。后期 Penman 假设也得到进一步发展，经典的有 Penman-Monteith 模型、Shuttleworth-Wallace 双源模型（Shuttleworth and Wallace，1985）。

Bouchet 蒸发互补假设认为 Penman 假设忽视了陆气之间的互馈机制，即实际蒸散发对潜在蒸散发的影响。Bouchet 假定在给定的能量条件下，下垫面充分供水时实际蒸散发与潜在蒸散发相等；当水分减少时，实际蒸散发会减少（ET_w-ET），从而释放出更多的能量，导致潜在蒸散发增加（ET_0-ET_w），而其增加值（ET_0-ET_w）与实际蒸散发减少值（ET_w-ET）相等。如此则有

$$2ET_w=ET+ET_0 \tag{2-41}$$

式中，ET_w为充分供水时的蒸发量。基于 Bouchet 假设，业已发展出 AA（Advection-Aridity）模型、CARE 模型（Morton，1983）以及 GG 模型（Granger and Gray，1989）等，用于较大尺度（如流域）的蒸发估算。

在多年尺度上，流域蒸散发涉及三个相关量：实际蒸散发量 ET，反映可利用水量的降水量 P，以及反映可利用能量的潜在蒸散发量 ET_0。这三个量可以用以 P、ET_0和 ET 为坐标的三维状态空间中的点（P，ET_0，ET）来表示。对于稳定的流域蒸散发关系而言，这三个量的关系可以由流域的水热耦合关系给出。苏联著名气候学家 Budyko（1974）在进行全球水量和能量平衡分析时，发现陆面长期平均蒸散发量主要由大气对陆面的水分供给（降水量）和蒸发能力（净辐射量或潜在蒸散发量）之间的平衡决定。在年或多年尺度上，用降水量代表陆面蒸散发的水分供应条件，用潜在蒸散发代表蒸散发的能量供应条件，于是对陆面蒸散发限定了如下边界条件。

在极端干燥条件下，全部降水都将转化为蒸散发量：

$$当 \frac{ET_0}{P} \to \infty 时, \frac{ET}{P} \to 1 \tag{2-42}$$

在极端湿润条件下，可用于蒸散发的能量（潜在蒸散发）都将转化为潜热：

$$当 \frac{ET_0}{P} \to 0 时, \frac{ET}{ET_0} \to 1 \tag{2-43}$$

并提出了满足此边界条件的水热耦合平衡方程的一般形式：

$$\frac{ET}{P} = f\left(\frac{ET_0}{P}\right) \tag{2-44}$$

Budyko 认为 f 是一个普适函数，是一个满足如上边界条件并独立于水量平衡和能量平衡的水热耦合平衡方程，这就是著名的 Budyko 假设。傅抱璞（1981）根据流域水文气象的物理意义提出了一组 Budyko 假设的微分形式，并通过量纲分析和数学推导，得出了 Budyko 假设的一个解析表达式：

$$\frac{ET}{P} = 1 + \frac{ET_0}{P} - \left[1 + \left(\frac{ET_0}{P}\right)^{\omega}\right]^{1/\omega} \tag{2-45}$$

式中，ω 为互补系数。基于 Budyko 假设的后续发展研究一直在延续，继傅抱璞之后，有学者相继提出了不同的能水关系表达式，如 Yang 等（2009）提出的改进型：

$$ET = \frac{ET_0 P}{(P^n + ET_0^n)^{1/n}} \tag{2-46}$$

式中，n 与 ω 为类似的互补系数，是下垫面性质的体现，也称为流域特征参数。描述流域多年平均水热耦合平衡关系的关系式有很多，表 2-4 中给出了部分具有代表性的公式，表中大部分公式的解空间并不等价于多年平均水热耦合平衡的状态空间（ET_0/P，ET/P）。其中多数公式（如 Budyko、Ol'dekop 和 Pike 的公式）计算结果，都只是二维空间中的一条曲线［图 2-12（a）］，不能反映不同下垫面特性对流域水热耦合平衡关系的影响，也不能反映由于下垫面条件变化带来的水热耦合平衡关系的变化。还有一部分公式，如 Zhang 等（2001）提出的经验公式所给出的解空间不等价于水热耦合平衡关系的状态空间，当 $\omega=2$ 时，公式给出的点（0.40，0.42）不在状态空间内，超越了水热耦合平衡的边界（Yang et al.，2009）。

表 2-4 基于能水平衡的代表性蒸散发估算公式

公式	参数	引自文献
$ET=ET_0 \tanh(P/ET_0)$	无	Ol'dekop（1911）
$ET=P/[1+(P/ET_0)^2]^{0.5}$	无	Pike（1964）
$ET=\{P[1-\exp(-ET_0/P)] \cdot ET_0 \tanh(P/ET_0)\}^{0.5}$	无	Budyko（1974）
$ET=P/[1+(P/ET_0)^a]^{1/a}$	a	Mezentsev（1955）、Choudhury（1999）
$ET=1+(ET_0/P)-[1+(ET_0/P)^{\omega}]^{1/\omega}$	ω	傅抱璞（1981）
$ET=P[1+w(ET_0/P)]/[1+w(ET_0/P)+P/ET_0]$	ω	Zhang 等（2001）
$ET=ET_0P/(P^n+ET_0{}^n)^{1/n}$	n	Yang 等（2009）

式（2-45）和式（2-46）具有很好的等价性，两个公式中的下垫面性质参数之间也具有很好的线性关系：$\omega=n+0.72$（Yang et al.，2009），不同的 n、ω 值，可以获取不同气候条件或下垫面性质（流域特征）耦合主导的水分通量动态［图 2-12（b）和图 2-12（c）］。现阶段，基于上述公式及其拓展形式，国内外开展了大量不同性质流域的陆面蒸散发或针对某一特定生态类型分布区的水分分配问题的研究，推动陆面生态系统的能水耦合关系及其时空分异规律的认识不断取得进展。通常可以明确指示出流域水分分配（ET/P）与干燥度（ET_0/P）随流域性质或下垫面性质参数 n 或 ω 变化，如对于干旱区（$ET_0/P>1$），降水的变化以转化为蒸散发为主，n 越大，ET 对 P 的变化越敏感。而对于湿润区（$ET_0/P<1$），降水的变化以转化为径流为主；随着 n 的增大，ET 对 P 变化的敏感性可能增强，也可能减弱，这是因为 ET 对 P 变化的敏感性在 $ET_0/P=1$ 处最强，n 越大，随着 ET_0/P 的减小，敏感性衰减越快。

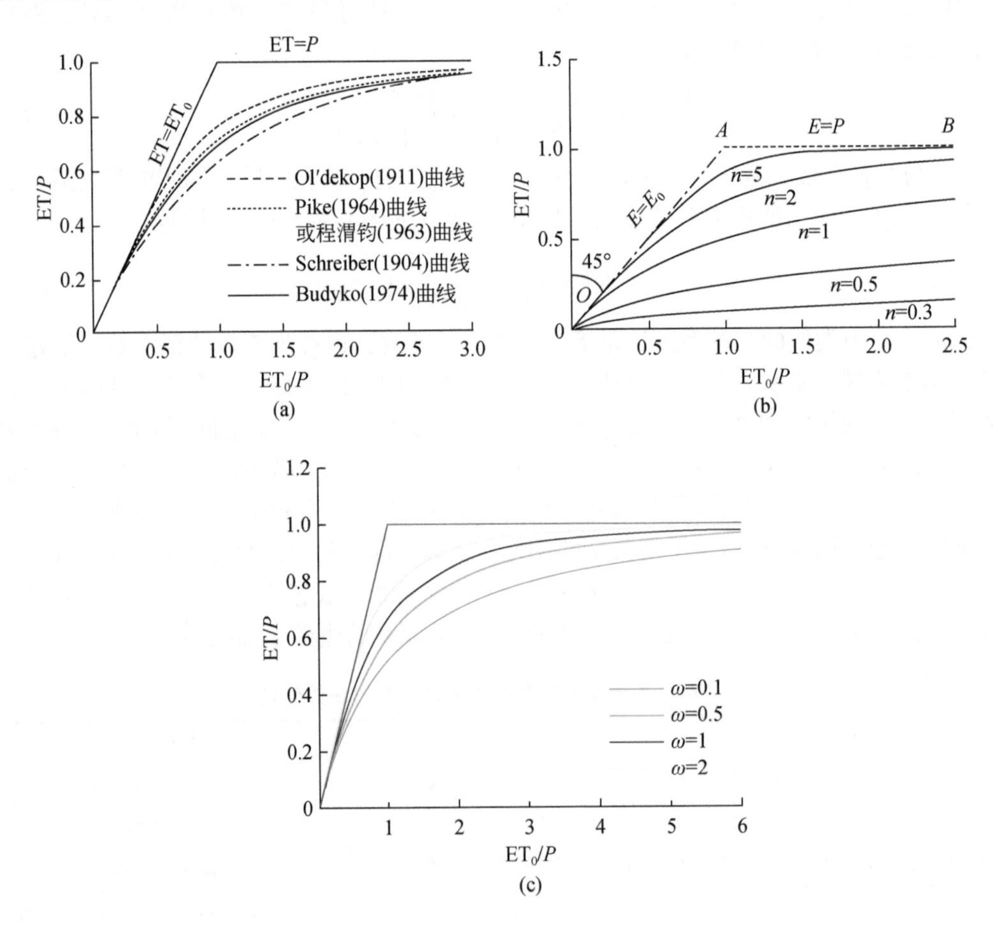

图 2-12　能水平衡关系随气候和下垫面条件的变化

基于 Budyko 原理的生态系统能水平衡模式仍然处于不断发展中，Zhou 等（2015）提出了另一个较为简单的能水平衡关系：$ET=kET_0P/(kET_0+P)$，k 是由下垫面条件决定的参数，取值为（0，1）。除了不断提出新的关系表达式外，也有研究者尝试依据不同下垫面条件改进其能量组分的表达方式，如 Wang G 等（2020）针对青藏高原多年冻土下垫面性质，提出了包含冰水相变能量平衡方程 $Q'_{ne}=(R_n-G-Q_{ice})/\rho\gamma$（$\rho$ 为水密度；γ 为干湿球常数），取代原来基于 Budyko 互补原理模式中的能量表达，并取得了很好的实际蒸散发模拟效果。

2.6 生态系统的碳氮水耦合循环理论

陆地生态系统的水循环和碳循环是两大关键生态过程，决定着生态系统结构和功能的稳定与健康，也控制着主要的生态系统服务。同时，对生态系统碳-水耦合循环过程的认识，也是准确理解生物圈-大气圈-水圈等多圈层相互作用的有效途径。氮素是生态系统生产力形成与变化的重要制约因素，通过制约生态系统光合作用能力而直接控制着生态系统水循环和碳循环过程，因此，生态系统的水循环、碳循环和氮交换与代谢三个过程具有十分密切的相互依赖及相互制约关系。

2.6.1 生态系统碳氮水耦合循环的生物生理学机制

（1）碳-水耦合循环的生物学机制

植物通过光合作用进行碳交换和蒸腾（水交换），而光合作用受植物叶片的气孔行为控制，氮代谢通过控制气孔行为和碳同化合成过程决定光合作用能力，形成了生态系统碳-氮-水耦合循环的内在生理生态学基础（赵风华和于贵瑞，2008）。

1）碳-水生化反应，如图 2-13 所示，植物的光合作用就是通过叶绿体，利用光能，把二氧化碳和水转化成储存着能量的有机物，并且释放出氧的过程。植物通过光合作用将 CO_2 和 H_2O 按照 1∶1 的摩尔比例化合为 CH_2O。植物的呼吸作用可以看作光合作用的“逆反应”，并不改变在整个生化反应中碳-水间 1∶1 的摩尔比例关系。虽然生化耦合的水量不多，但是耦合的碳量却是生态系统初级生产力的全部。生化耦合是整个陆地生态系统碳-水耦合的根本动力来源和碳-水耦合机制的生物化学基础。

2）气孔作用，植物的光合和蒸腾过程同时受到气孔调控，基本原理符合 Fick 定律，光合速率（An）和蒸腾速率（Tr）分别用 $An=\Delta C\cdot g$ 和 $Tr=\Delta W\cdot g'$ 计算，其中，ΔC 和 ΔW 分别是叶片内外的 CO_2 和水汽浓度差；g 和 g' 分别是叶片对水汽和 CO_2 的导度。气孔作为 CO_2 和水汽进出叶片的共同通道，它的开闭运动控制着 g 和 g' 的变化，对光合速率 An 和蒸腾速率 Tr 具有趋向一致的调控作用。此外，光合速率 An 和蒸腾速率 Tr 之间还存在着密切的生理性影响与反馈作用。一般地，An 升高加大了对 CO_2 的消耗，气孔内的 CO_2 浓度（C_i）就会降低，C_i 的降低会促进气孔开放，g 增大将提高 Tr；而 Tr 升高到一定程度后会使叶水势（ψ）降低，引起气孔闭合，从而导致 g 减小，促使 An 下降。由此，在光合速率 An 和蒸腾速率 Tr 间形成十分紧密的互馈作用关系，其中气孔活动起着关键性的作用。大量已有研究表明，气孔作用似乎具有某种优化调控机制，可使植物在适当的水分

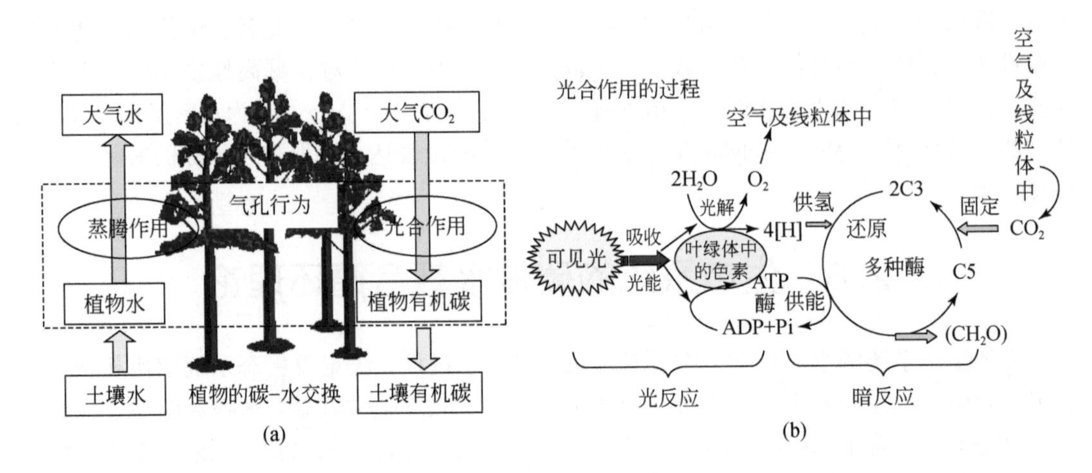

图 2-13　植物叶片气孔行为主导下的碳-水耦合循环过程（a）与光合作用（b）

“损失”水平上获得最大量的 CO_2同化，但其作用的机理尚不完全清楚。总之，气孔对光合-蒸腾过程的共同调控作用和气孔的优化调控机制是陆地生态系统碳-水耦合机制的生物物理学基础。

3）植被冠层的水碳通量的一致性原理。大量研究结果表明，植物的碳交换与水交换过程具有显著的同步性或一致性规律，表现为冠层碳、水通量之间具有明显的线性正相关关系，一致的日变化特征及季节变化特征；同时，季节内累积碳同化量与累积蒸散量具有稳定的线性关系等（Steduto and Albrizio，2005）。这些现象的产生有其必然的驱动机制，首先，驱动冠层碳同化过程的冠层截获光合有效辐射与驱动生态系统蒸散的太阳辐射有较为稳定的比例关系，因此生态系统碳、水通量都表现出与太阳辐射相似的正相关关系。其次，叶片作为光合-蒸腾的共同发生器官，受叶片生育进程和物候控制的叶片光合和蒸腾就具有一致的季节变化特征。在冠层上，碳、水通量都受到叶面积大小的限制，与叶面积指数具有较好的相关性，因此两者的累积通量表现出与叶面积一致的季节变化特征。最后，冠层碳、水通量对主要的环境影响因子，如风速、气温以及土壤水分条件等，具有相似的响应特征。气温过低或过高都能引起叶片气孔的闭合，使冠层碳、水交换受阻。良好的土壤水分条件不仅能增加冠层水汽通量，还能促进光合作用，增加冠层的碳吸收。

综上所述，植物体内碳-水间的生化反应，叶片和冠层尺度气孔对光合-蒸腾的共同控制和优化调控作用，生态系统对碳、水循环的同向驱动机制，共同构成了碳-水耦合的基本作用机制。在较大的空间尺度上，陆地植被生产力与蒸散量具有较好的相关性，如在大陆尺度上，生态系统的年总初级生产力与蒸散量之间具有显著的线性正相关关系，在同一植被类型内，年总碳同化生产力与蒸散量的比值趋于一个稳定的数值。据此，在流域或区域尺度上，可以利用碳-水通量间的比值关系，通过蒸散量的分布来估算大区域上碳同化生产力的分布（Beer et al.，2007），反之，对于山地复杂的陆面蒸散发过程可以通过碳同化生产力来量化。

（2）陆地生态系统碳氮水循环的相互作用

陆地生态系统中的氮主要通过影响植物的光合作用、有机碳的分解、同化产物在植物器官中的分配以及生态系统等影响碳循环过程。

首先，植物叶片中，一半以上的氮分布在光合结构中，因此，光合作用受到氮有效性的强烈影响。叶片光合能力的一个关键因素——最大羧化速率（V_{max}）与叶片的氮含量有很强的相关关系，叶片氮能够作为一个可供选择的方案用来描述 V_{max}，因此，植物的光合作用与氮的供应状况和叶片氮含量密切相关（Croft et al.，2017）。在植物光合作用过程中，碳、氮代谢存在耦联作用，决定光反应过程中形成碳水化合物或蛋白质等不同的产物，生态系统氮循环的变化必将对碳循环产生强烈的影响。从理论上，根据叶片氮含量与最大光合能力的相互关系来看，增加叶片氮含量会使单位叶质量的碳收益呈比例增加，但是大量研究结果表明，这种正效应存在一定的阈值，过量的氮沉降反而导致植物体内的营养失衡，降低光合速率，这可能是因为氮同化能力增强，与碳同化竞争ATP 和 NADPH，也可能是向碳同化提供碳架构成能力变小（Bauer et al.，2004；Ågren and Kattge，2017）。

其次，光合碳代谢与 NO_2^-同化都发生在叶绿体内，两者都消耗来自碳同化和光合及电子传递链的有机碳与能量，据估计，光合作用能量的25%用于硝酸盐还原。无机氮素被吸收还原后，在植物体内经运输、合成、转化及再循环等各种生理活动过程后，与蛋白质代谢共同决定着植物的生长过程及其生产力。氮是生物化学反应酶、细胞复制和大分子蛋白质的重要组成元素，有机物质的形成需要一定数量的氮（项文化等，2006）。光合器官中的氮素又依赖于植物根系对氮素的吸收和氮素向叶片的运输，这些过程都需要植物的光合作用提供能量。在某些代谢过程中，一些关键化学组分包含碳架和氮源两个共同作用，如氮合成要依靠无结构碳水化合物来提供和转运氮源，其中，硝酸还原酶（NR）、谷氨酸脱氢酶（TUV）、磷酸蔗糖合成酶（PNP）和烯醇丙酮酸磷酸羧化酶（PEPCase）等在碳、氮耦合代谢调节过程中扮演着重要角色。又如，核酮糖二磷酸羧化酶（*Rubisco*）是植物光合作用过程中固定 CO_2 的关键酶，植物叶片中的 *Rubisco* 占可溶性蛋白质含量的 30% ~ 50%，因此，氮素营养的变化势必显著影响 *Rubisco* 含量的变化（Nakaji et al.，2001；项文化等，2006）。伴随环境变化，植物对叶绿素、*Rubisco* 等光合作用成分的氮分配可根据环境条件进行优化，但作用机理以及是否存优化功能的有效阈限和边界条件等尚待进一步探索（Greaver et al.，2016；Croft et al.，2017）。

再次，已知土壤水分的有效性制约植物光合作用，而通过水分运移与土壤水分介导的氮循环也形成了十分密切的水-氮关系，如土壤干旱会抑制硝化作用，导致氮素在土壤中积累；在土壤潮湿条件下，氮矿化一般会增加。因此，干旱后一旦发生降水，通常会产生硝化脉冲，产生硝酸盐和随后的硝酸盐浸出（Greaver et al.，2016）。一般而言，温度倾向于强化生态系统中氮的微生物和非微生物转化过程（如矿化、反硝化、分解和硝化作用等），而水分有效性可调节生物动力学温度响应程度，直到这个过程达到温度和水分共同作用的最佳状态；但我们始终不清楚降水和蒸发如何共同影响土壤微生物过程，从而改变生态系统的氮供应。未来的研究应该集中在水的相对可用性如何放大或减弱对温度的反应。另外，需要确定氮增加时自养生物反应从激发光合作用/生长转变为酸化的负作用时的氮阈值，并辨析在何种情况下氮不会改变生长（Greaver et al.，2016）。由此，归纳以上诸方面相互作用，生态系统的碳氮水相互作用关系如图 2-14（a）所示。

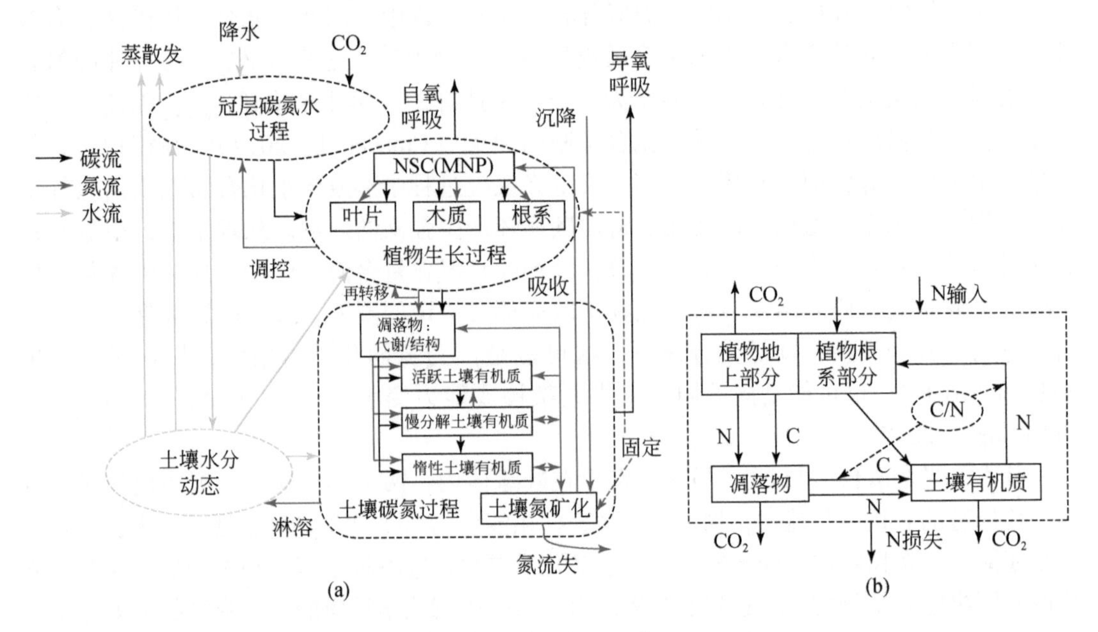

图 2-14　生态系统的碳氮水耦合关系与相互作用过程（Du et al.，2018）

最后，在土壤氮供应能力方面，凋落物和土壤有机质分解除受土壤状况与气候条件影响外，还受凋落物底物质量（如碳氮比、木质素和纤维素含量等）影响，因此，土壤的碳氮比在很大程度上影响其分解速率［图 2-14（b）］。原因是微生物对有机质正常分解的碳氮比约为 25∶1，碳氮比高的有机物分解矿化较困难或速度很慢。如果碳氮比过高，微生物的分解作用就慢，而且要消耗土壤中的有效态氮素。因此，碳氮比较低时，分解速度加快，能释放更多的氮素供植物吸收利用；反之，氮矿化的速率降低，氮的释放量减少。因此，植物地上部分对碳氮固定或吸收差异可改变植物组织器官的碳氮比，也影响凋落物和归还细根等底物的生物化学特性，从而对土壤有机质和凋落物的矿化分解速度产生影响。根呼吸及木质部呼吸均同其氮素含量呈正相关关系，但 CO_2 浓度升高降低植物的呼吸速率，而叶片氮素含量增加提高植物的呼吸速率，碳氮之间的耦合作用影响植物光合和呼吸的比例，进一步影响净初级生产力（Burton et al.，2002）。

2.6.2　生态系统碳氮水耦合循环的生物地理与生物化学机制

区域尺度的水资源和氮素等营养物质的供给能力作为植物光合作用物质生产与固碳功能的环境条件，直接决定着生态系统生产力的空间格局及其季节和年际变化（于贵瑞等，2013）。一般而言，气候条件是决定生态系统生产力空间格局的关键因子，土壤氮素含量则是转化生态系统的气候生产潜力为现实生产力的一个限制因素。在氮素较为贫乏的特定区域，降水量、土壤水分和有效氮素供给状态是控制生态系统生产力季节变化和年际变异的主要环境因素（Lebauer and Treseder，2008），这就形成了生态系统碳氮水耦合关系的区域尺度空间变异性。陆地生态系统的碳过程对水资源和氮等养分的需求与区域水氮资源供给能力之间平衡关系，在不同区域存在显著的空间差异性，这种差异性对生态系统碳循环的空间分异性的影响既取决于生态系统适应气候和土壤营养状况演化过程，也不同程度受到人类活动的影响，包括日益增强的大气氮沉降作用。这些自然的和人为的影响因素所形成的水氮供应能力与碳过程的资源需求间的动态平衡关系，是制约陆地生态系统碳-氮-水循环耦合关系空间格局形成与变化的生物地理学机制（于贵瑞等，2013）。

Sterner 和 Elser（2002）提出了生物机体所具有的生源要素化学计量关系的内稳定性、资源要素需求系数的稳定性以及资源要素利用效率的保守性等特征。也就说生态系统的固碳过程对氮、磷以及水分等资源要素利用效率也具有相当程度的保守性，具体体现在：不同类型植物或不同区域的典型生态系统生产单位质量物质（或固定单位质量的碳）的水分、氮和磷等营养元素的需求量相对稳定，生态系统的水分利用效率（water use efficiency，WUE）和氮利用效率（nitrogen use efficiency，NUE）等都表现出相对的稳定性。这种碳氮水耦合关系的内稳定机制，是构成不同气候区域、不同生态系统存在一致性水碳和碳氮关系定量指标的内在机制，为开展区域或更大尺度生态系统物质循环及其对变化环境的响应提供了基础。其中水分利用效率和氮利用效率就是广泛应用的两个碳氮水耦合指标，将不同区域气候因素作用的水分供给水平与生态系统需求结合起来，提供了大尺度研究生态系统水碳耦合关系和碳氮耦合关系空间地理格局的定量刻画的途径。

基于 C、N、P 等元素的比率来研究有生物机体的特性或行为与生态系统过程间的相互关系，是近年来发展起来的生物化学计量学方法。植物叶片的 N、P 浓度和 N : P 与植物起源、进化阶段和生物群区等密切相关，不同分类起源、不同区域、不同生物群区的植物叶片 N : P，可以用 2/3 指数进行尺度推演（Reich et al.，2010）。区域和全球尺度植被叶片、根系、土壤和凋落物的 C : N : P 化学计量特征的研究表明，生态系统不同组分的 C : N : P 化学计量关系具有较强的内稳性（Han et al.，2011）。化学计量内稳性是指生物在面对外界变化时保持自身化学组成相对稳定的能力，其反映了生物对周围环境变化做出的生理和生化响应与适应；化学计量内稳性是维持生态系统结构、功能和稳定性的重要机制，内稳性高的物种具有较高的优势度和生物量稳定性，内稳性高的生态系统则具有较高的生产力和稳定性。实际上，有机体元素的动态平衡是指有机体中元素组成与它们周围环境、可利用的资源和养分元素供应保持相对稳定的一种状态，动态平衡是生态化学计量学存在的理论基础（Sterner and Elser，2002）。对于生物计量关系的内稳定性，常采用内稳性指数（homeostasis，H）来评价，其生物生态化学计量内稳性模型为

$$y = cx^{\frac{1}{H}} \longrightarrow \lg y = \lg c + \frac{1}{H}\lg x \longrightarrow H = \frac{\lg x}{\lg y - \lg c} \tag{2-47}$$

式中，x 为环境中营养物质的供应量；y 为有机体中的元素含量。x 和 y 为浓度百分比或元

素含量的配比，如 P%、N%或 N：P 等。内稳性模型很好地揭示了植物自身 N、P 浓度和 N：P 与环境中的 N、P 浓度和 N：P 的关系。Persson 等（2010）将 $1/H$ 划分为四个类型：0～0.25 为内稳态型；0.25～0.5 为弱内稳态型；0.5～0.75 为弱敏感型；>0.75 为敏感型。但在维管植物内稳性的研究中，一些学者直接测算 H 值来表征内稳性的大小（Yu et al.，2011）。植物元素组成的稳定性主要受其基本的生理过程调节，如养分的吸收、同化、利用等。由于不同生长阶段对养分的需求不同，植物的内稳性指数随着生长阶段变化而具有较大的变化。内稳性指数不仅可以反映植物的稳定性特征以及对环境的适应策略，同时优势种的内稳性强度也是反映生态系统稳定性以及生产力的重要参数。内稳性较强的植物，养分利用方式较为保守，在贫瘠的环境中也能维持机体的缓慢生长；而内稳性较弱的植物，适应性更强（Persson et al，2010）。因此，内稳性强的植物可能更适应稳定的环境，而内稳性较低的植物在多变的环境中更有优势。

2.6.3 生态系统水分利用效率

水分利用效率是碳-水耦合关系的数量表征。在不同尺度上，水分利用效率的具体定义不同，反映的碳-水耦合特征也不同。在叶片尺度上，水分利用效率定义为单位水量通过叶片蒸腾散失时光合作用所形成的有机物量，是植物消耗水分形成干物质的基本效率。有三种表达方式，即内部水分利用效率（WUE_i）、瞬时水分利用效率（WUE_T）和长期水分利用效率（WUE_L），后两者又被统称为蒸腾效率。内部水分利用效率定义为叶片净 CO_2 吸收率（P_n）与适合于水汽压的气孔导度（g_s）之比，是蒸腾效率的一个决定因素，$WUE_i = P_n/g_s$。内部水分利用效率受环境因子干扰较少，可更严谨的量化叶片气孔对碳水交换速率的控制作用。瞬时水分利用效率可由净 CO_2 同化速率（A）和蒸腾速率（T）表征，$WUE_T = A/T$，通常情况下，瞬时水分利用效率依照光合速率与蒸腾速率的比值，一般采用下式计算：

$$WUE_T = 0.625(C_a - C_i)/\Delta W = 0.625C_a(1 - \alpha)/\Delta W \tag{2-48}$$

式中，C_a 和 C_i 分别为叶片周围和气孔内的 CO_2 浓度；ΔW 为叶片内外的水汽浓度差；$\alpha = C_i/C_a$。许多研究认为，在正常的光合-蒸腾进程中，植物有将 α 保持为一稳定值的倾向。因此，式（2-48）可以进一步改写为

$$WUE_T = kC_a/\Delta W \tag{2-49}$$

式中，$k = 1 - \alpha$。由式（2-49）可以推断：①在稳定的 C_a 和 ΔW 条件下，WUE_T 将保持恒定；②C_a 的升高有利于 WUE_T 的提高，而 ΔW 则与 WUE_T 呈负相关关系。

植物在光合作用过程中，因同位素扩散效应和光合酶系统对同位素的分馏作用，植物体内的 $\delta^{13}C$ 明显低于空气中的 $\delta^{13}C$。$\delta^{13}C$ 不仅可以精确地反映植物的水分状况，而且可以综合反映植物的生理意义，是目前植物叶片长期水分利用效率研究的最佳方法。$\Delta^{13}C$ 是指植物干物质中稳定性碳同位素比率（$^{13}C/^{12}C$）相对于大气中用于植物光合作用 $^{13}C/^{12}C$ 的度量，也称为碳同位素的分辨度（Farquhar et al.，1989）：

$$\Delta^{13}C = \delta^{13}C_a - \delta^{13}C_p = a + (b - a) \cdot \frac{c_i}{c_a} \tag{2-50}$$

式中，$\Delta^{13}C$ 为碳同位素的分辨力；$\delta^{13}C_a$ 和 $\delta^{13}C_p$ 分别为大气及植物组织中的碳同位素比率；c_a 和 c_i 分别为大气及植物细胞间的 CO_2 浓度；a 和 b 分别为 CO_2 扩散和羧化过程中的同位素分馏。结合式（2-48）和式（2-50），就可以获得利用 $\Delta^{13}C$ 来计算植物长时间尺度的水分利用效率：

$$WUE = C_a\left[1 - \left(\frac{\Delta^{13}C - a}{b - a}\right)\right]/1.6\Delta W \tag{2-51}$$

但是，这一方法存在缺陷，一是基因型和环境因子（如水分亏缺和有效辐射）之间的交互作用对 $\delta^{13}C$ 的影响在某些情况下比较显著，不能予以忽略，因此对它的作用机理还应该做进一步了解；二是叶片中 $\delta^{13}C$ 的增加在 Farquhar 等（1989）提出的模型中解释为 c_i 的减小，可能是气孔导度的减小（P_{nmax} 恒定）或者光合能力增加（g_1 恒定）的结果或者两者均有，这就限制了这一方法的有效利用途径；三是碳同位素组成测定技术要求较高，成本高，严重限制了碳同位素判别方法在 WUE 研究中的应用。为此，相关学者提出 $\delta^{13}C$ 的一些替代指标，如植物体灰分含量、比叶面积（specific leaf area，SLA）、氮含量等，这些指标均与 $\delta^{13}C$ 和 WUE 存在一定的相关关系，均有可能替代 $\delta^{13}C$ 指示植物的水分利用状况。

在植物个体的植株尺度上，WUE 为植物个体全株干物质总量与耗水总量之比，其中耗水量可用植物个体总蒸腾量表示。植物个体的 WUE 由光合作用与蒸腾作用决定，凡影响植物这两个生理过程的因素都会影响植物的 WUE。一般而言，植物的比叶面积、叶片气孔导度、叶片含氮量、根系分布等生理特征会直接影响其光合与蒸腾，而大气 CO_2 浓度、温度、降水、光照等气象因子会间接影响植物的光合与蒸腾，进而引起 WUE 变化。群体水平 WUE 是指植物群体 CO_2 通量和植物蒸腾的水汽通量之比，可以借助冠层尺度的水分利用效率计算方法，即基于冠层光合生产力（GPP）与冠层蒸腾（E_c）的冠层光合水分利用效率（WUE_c）：

$$WUE_c = GPP/E_c = k'C_a/\Delta W \tag{2-52}$$

式中，k' 是一个与冠层的光合能力有关的常数，类似于式（2-49）中的 k。对于自然状况下的某一植被冠层而言，k' 和 C_a 可以认为是基本稳定的，因此，WUE_c 就成为一个主要由 ΔW 控制的函数。ΔW 反映的是大气对冠层蒸腾的“拉力”。冠层蒸腾“拉力”还可以用水汽压饱和差（VPD）来表征。在实际观测中，WUE_c 与 VPD 表现出负相关关系（赵风华和于贵瑞，2008）。

在生态系统尺度上，生态系统 WUE 通常定义为整个生态系统消耗单位质量水分所固定的 CO_2 或生产的干物质。生态系统干物质的量最常用的表达有两种，总初级生产力（gross primary productivity，GPP）和净初级生产力（net primary productivity，NPP），因此存在使用 GPP 或 NPP 两种方式计算 WUE。利用 GPP 作为生态系统干物质量，生态系统 WUE 可以表示为 GPP 与 ET 的比值；同样，利用 NPP 作为生态系统干物质量，生态系统 WUE 可以表示为 NPP 与 ET 的比值。GPP 计算得到的 WUE 表示消耗单位水分所生产的总干物质量，NPP 计算得到的 WUE 表示除去自身呼吸消耗后，消耗单位水分所固定的总干物质量，两种方式得到的 WUE 均可表示植物消耗水分形成干物质的基本效率，两者具有相近的变化趋势，对气象要素的响应具有一致性。近年来，国际上出现了多种在生态系统尺度上计算 WUE 的新方法，最具有代表性的是基于生态系统 GPP、LAI 等参量的估算方法和基于土壤田间持水量 θ 与植物投影盖度 FPC 的估算方法。Beer 等（2007）提出的生态系统尺度上水分利用效率的计算公式为

$$\mathrm{WUE}_i^* = \frac{\mathrm{GPP}\cdot\mathrm{VPD}}{\mathrm{ET}} = \frac{c_a^* - c_i^*}{1.6} \text{和} \mathrm{WUE}_i^* = 25.4\theta + 25\mathrm{FPC} \tag{2-53}$$

式中，VPD 为水汽压差；ET 为生态系统蒸散发；$c_a^* - c_i^*$ 为大气和冠层权重的平均 CO_2 浓度差。FPC 可以通过植被 LAI 获得，$\mathrm{FPC}=1-\exp(-k\mathrm{LAI})$，$k$ 为 Lambert-Beer 常数（落叶阔叶林为0.7，常绿针叶林为0.5，草地为0.4）。由此，可以利用上述获得的 GPP 和 ET，或者借助植被 LAI 与监测的土壤田间持水量等参数，可以近似估算生态系统的 WUE。

生态系统 WUE 不仅受系统内部植被的调控，同时也受外界环境条件的影响。一般地，温度、CO_2、水分、干旱、太阳辐射等均是影响生态系统 WUE 的关键气候因子。温度对 WUE 影响存在临界值，温度过高或过低对植物 WUE 均不利。当温度低于临界值时，WUE 随温度的升高而增大；当温度高于临界值时，WUE 与温度则呈现负相关关系，这可能是由于温度同时作用于植物的光合作用和蒸腾作用，进而影响植物的 WUE（杜晓铮等，2018）。大气 CO_2浓度对 WUE 作用主要表现为促进作用，主要源于两方面：一方面，CO_2对光合作用的直接影响，CO_2浓度升高会直接提高植物光合作用的速率，进而导致 WUE 提高；另一方面，CO_2浓度升高会致使植物气孔导度降低，气孔缩小，耗散水分减少，致使蒸散速率降低，从而导致 WUE 提高。可供植被利用的水分（包括大气湿度、降水、土壤含水量等）是影响生态系统 WUE 的重要因素，通常，降水量适当升高有利于植被 WUE 提高，但降水量过高会导致植被 WUE 减小；土壤蒸发量与降水之间存在一定的时间滞后性，降水期间土壤蒸发较小，而较低的土壤蒸发导致 WUE 在降水时值呈现出较高水平。干旱对陆地生态系统的碳水循环有较大影响，但目前没有基于机理的系统认识，仅认识到不同气候条件下生态系统的 WUE 对干旱的响应不同。在全球尺度上分析探究 WUE 与湿润度指数之间的关系，结果表明，在全球 82% 的干旱区，两者呈现负相关关系；在全球 77% 的半干旱/半湿润地区，两者呈现正相关关系；而在湿润地区的大部分地区，两者呈现正相关关系，但也有小部分地区呈现负相关关系（Yang et al., 2016）。辐射对 WUE 的影响可能存在类似于“光饱和点”的光强临界值，有研究表明，在太阳辐射低于 242.2W/m^{2}的地区，WUE 随着太阳辐射的增加呈现增加的趋势，并在 242.2W/m^{2}时到达最大值，超过临界值后，WUE 呈现下降的趋势（Xue et al., 2015）。事实上，上述各因子总是协同综合影响，共同使陆地生态系统的 WUE 发生变化，但目前这方面的研究尚缺乏显著进展。

2.7 流域水系统理论与生态水文管理

前述基于能量和物质交换与能水平衡等多个视角，从细胞、叶片、单个植株以及群落等不同尺度，阐释生态水文学微观生物物理、生物化学以及生物生理等机理。作为应用性十分突出的交叉学科，基于上述微观机制的生态水文学理论如何应用到流域、区域乃至全

球尺度，解决人类社会发展的生态和水资源管理方面的科学问题，无疑是生态水文学最为重要的发展方向。本节对目前宏观尺度流域水资源保护与流域综合管理方面的生态水文学理论进展进行简略归纳。

2.7.1 流域水系统与流域保护

以水循环为纽带的三大过程（水循环物理过程、水质水生态过程和人类经济过程）耦合起来的流域水系统研究，是认识和解决水与生态、水与环境、水与社会的重要手段。2004 年地球系统科学联盟（Earth System Science Partnership，ESSP）推动成立了以“人类活动如何影响以水循环为纽带联系的三大过程的作用与反馈”为核心议题的“全球水系统计划”。此后，IAHS 正式发布并启动了 2013 ~ 2022 年国际水文十年计划，以“处于变化中的水文科学与社会系统”为主题，将水文系统视为自然环境与人类社会之间的复合体，认为流域水文过程、流域结构、流域内社会和生态系统之间的相互作用与反馈是流域基本的功能所在；流域水文过程决定了生态、环境和人类之间的关系，并制约着流域社会和生态环境状态。流域水文变化是自然变化和人为效应叠加的结果，理解它们之间的相互作用是破解流域水文系统反馈影响的重要基础。现阶段需要探索水文系统和相互关联系统的共同演化（包括社会）过程及其形成机制，并发展适当的定量描述方法和模型，以便准确预测水系统变化及其反馈影响（Montanari et al.，2013）。此后，伴随全球对水和环境可持续性的日益关注，推动了河流修复实践和科学的发展及加速，进一步提出将自然因素和人类活动的共同影响及其引起的流域物理过程（径流、泥沙、水温与水动力条件等）、生物与生物地球化学过程紧密耦合为统一系统来分析。因此，以流域为基本单元，建立流域水系统综合模拟科学平台，通过水系统调控，形成良性水循环，成为未来水文科学发展的主要领域（Wohl et al.，2015）。

流域水系统理论认为流域水资源、水环境、水生态与水灾害变化存在密切耦合关系，变化环境下流域产生的一系列重大约束性问题都是水系统要素间耦合作用的结果。通过构建基于径流-泥沙-污染物-水生态耦合机制的流域水系统模型，定量表征流域水系统物理化学变化与生物过程，是准确识别流域水资源问题及其影响的有效途径。只有在准确识别流域水系统的耦合和解耦过程与机制基础上，建立流域水系统多要素、多过程耦合的定量数值模拟平台，才能有效评判流域水安全状态和未来演变趋势（夏军等，2018）。

以流域水生生态系统完全维护为例，如图 2-15 所示，流域水文情势、栖息底质条件、水质动态、植被和河床与岸线地貌条件等诸多要素相互作用与相互制约，共同影响水生生态系统的结构及功能稳定性。伴随气候变化、土地利用与覆盖变化以及流域经济社会发展等因素的持续进行，流域水文情势（水位、流速和流量等）将持续变化，河流泥沙输移通量、养分与盐分及其他化学物质的负荷与迁移通量也不断变化，河流其他生境条件（如水温和光照等）也随之发生改变，这一切关联要素变化的耦合作用必然导致水生生态系统栖息环境、食物链以及各种生活习性与节律要求的生境系统等的变化。为了稳定维持水生态学的物种多样性、生态功能与生态福祉供给，需要明确水生生物多样性与生境要素之间相互关系，掌握流域内各类水生生态系统稳定维持的水位需求、鱼类产卵育幼的流速流量需求、关键水生生物栖息地的空间结构和面积需求等；根据影响因素的威胁强度和栖息地（物种或群落）的敏感性、栖息地退化指数和质量指数，准确识别生境要素与水生生物的累积分布曲线及其拐点，确定水生生物多样性和生态功能维持的生境阈值，关键是编绘流域生态系统的响应曲线（图 2-15）。在这些基础上，进一步确定流域生态调度关键参数，并明确河流连通性与湿地/岸线水生植被保护、鱼类关键栖息地底质维护与营造等方面的管控路径。

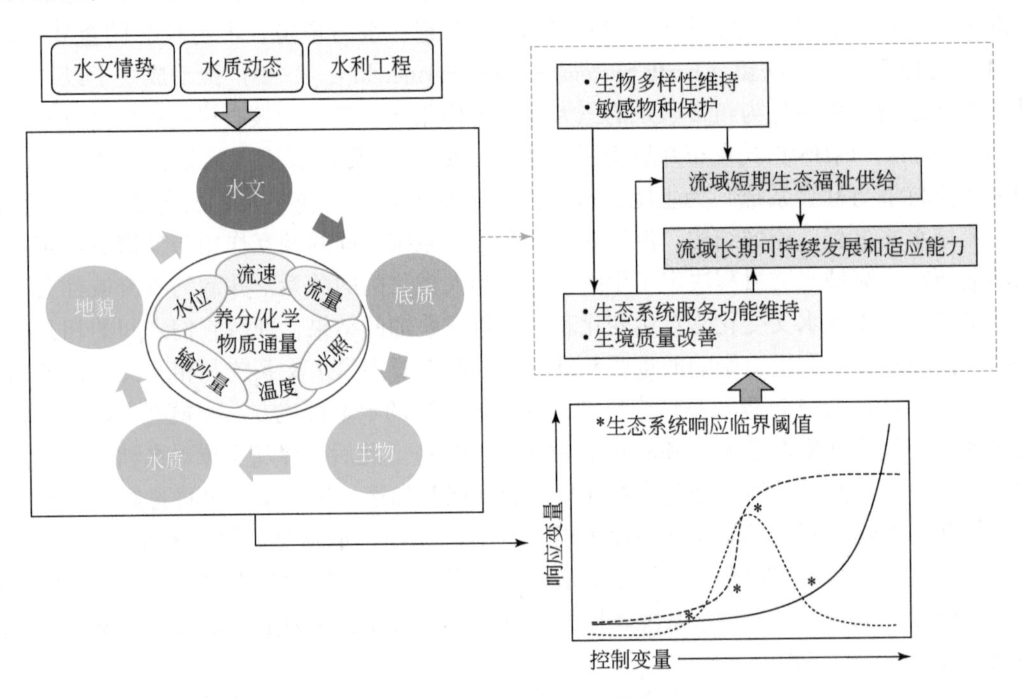

图 2-15　基于流域生态安全的水系统要素耦合关系及其影响

基于上述流域水系统理论，在河流保护实践中，最为典型的实施较为广泛的工作就是流域修复，也是流域综合治理的关键任务。河流修复（恢复）可以被理解为涉及改善流域水系统结构或形式、功能（如水文功能、养分吸收与释放）、河流廊道的多样性和动态等方面的干预，其目标是在区域环境下，尽可能保持最自然化和最具生态活力的状态（Palmer et al.，2010；Wohl et al.，2015）。Wohl 等（2015）河流修复需要明确三个方面的问题：一是明确河流修复的基本理念（或概念框架）与目标；二是处理好科学与社会的交融；三是解决河流修复的科学认识挑战。在河流修复目标界定方面，现阶段可以分为两大类型，即河流连通性和河道形态修复与流域生态功能恢复。

河流水流连通性一直被认为是河流生态系统的主要变量，因为它与泥沙动力学一起，直接影响河道的形态，从而影响河道内的生物群落和生态过程。曾经有一个未经过充分验证的假设：一旦河道能够很好地解决流域主导的水流情势和沉积物通量，那么物种组合、初级生产、分解、营养处理和其他生态过程将会恢复。基于这一认识，Rosgen（1998）提出了自然河道修复方法（NCD），该方法使用河道分类和基于表单的模板方法来确定设计应该寻求什么样的形态配置以确保稳定性。该方法将恢复一条河流的化学、物理和生物功能，这条河流具有自我调节能力，并显示出一条稳定的河道（Rosgen，2013），但该方法并没有解决化学或生物过程。后来，提出了基于过程的河道修复方法，强调在特定的流域和景观背景下，根据当地的流量、泥沙以及河道形态的动态变化过程来寻求河道的修复路径（DeVries et al.，2012）。河流的生态功能恢复包含河流水文地貌过程和生态过程的恢复两部分，是近年来河流保护致力发展的方向。河流生态功能恢复包括关键生态结构和关键生态过程恢复，需要明确流域生态系统主要的胁迫压力源，并掌握如何消减和控制这些压力源的胁迫作用（Palmer et al.，2014）。例如，减少雨水或农业径流到河流和恢复河岸植被是治理河流富营养化污染的主要措施，需要系统了解河岸带植被-土壤系统的生物地球化学过程和渗透特性、与地表水的潜流交换率、与洪泛区的水力连接性等（Wohl et al.，2015）。在河流生态功能修复研究中，河流生态系统的压力响应曲线具有十分重要的作用，生态系统响应曲线说明了特定物理或生物变量（如水温）对控制变量（如流量或河岸底纹）变化的响应。响应曲线在确定何时何地恢复可能对河流生态或水质产生显著的有益影响，以及在何种情况下恢复不会产生显著的有益影响方面也具有重要的支撑作用。

2.7.2 水-生态-社会耦合与流域水管理

人类对流域水资源开发利用程度的不断增强使河流自然流态甚至河道形态等受到严重扰动或重塑，并对水环境产生扰动，从而对河流自然生态系统形成极具破坏性影响。长期以来，通过认知和理解水资源利用配置模式对河流生态环境的影响方式与程度，采取科学合理的调控对策以实现河流生态健康的维持，一直是水文学家和流域管理者努力探索的方向。流域水循环和水文过程在量与质两方面，受生态系统过程及其服务、人类社会发展的深刻影响；反过来，流域水文过程是生态系统格局与服务、人类社会发展状态的主导因素。随着人类社会可持续发展对生态安全的需求不断加强，如何构建流域水-生态-经济社会耦合与协调发展模式，成为流域管理的基础。基于生态系统和水文过程互馈关系，通过流域尺度上生物和水文参数的综合与协同调节，可实现流域淡水资源的可持续利用，并可成为提高流域水量和水质的重要举措。进入 21 世纪以来，单一的社会经济用水的配置已拓展到流域社会经济系统和流域生态环境系统两大体系（Montanari et al.，2013）。澳大利亚墨累-达令河流域水资源综合管理强调通过生态和社会的协调来实现用水效率、环境可持续的均衡，我国黑河流域通过加强水-生态-经济-社会的耦合关系，为内陆流域可持续管理创造了样板（程国栋等，2014）。现代水资源系统分析以多目标优化理论、大系统分析理论等为主要代表，近 10 年来，博弈理论和帕累托最优理论逐渐成为流域水资源多目标协同多利益主体优化配置与管理决策支持方法。然而，如何在保障基本生态系统服务及生物多样性的同时平衡人类和环境的水需求，仍然是流域水资源利用与保护管理研究的核心。

如图 2-16 所示，现代流域水资源保护与综合管理是以水系统全面优化，并解析流域内社会、经济和生态环境等利益主体间协调机制为基础，通过梳理各区域社会、经济、自然（生态环境）的用水主体及其结构组成，识别现有结构组成下各用水主体对水资源的水量需求特征与水质需求特征。通过明确各用水主体的用水模式、约束条件与用水主体之间利益权衡关系，将流域水资源、水环境、水生态及水灾害等水系统问题的变化趋势与流域经济社会发展规划相结合，采用博弈论、复杂系统分析法等理论与方法，分析变化环境下的流域水资源生态承载力动态变化特征，探索用水主体间水资源分配协调机制。通过确定流域内各区域之间及区域内各利益主体之间的多重目标，建立各利益主体之间水资源公平配置模型和公平配置系数指标体系，实现将水资源最优配置的用水结构转化为流域水资源优化配置约束，并建立流域水资源合理配置决策支持系统的目标。通过集成区域水资源高效利用与保护优化配置的区域用水结构及水资源适配方案决策系统、流域水库群多目标优化调度决策系统、流域水环境综合防治与管理系统，以及流域水生生态系统保护和管理系统等，建立流域水资源多目标协同多利益主体优化配置与管理决策支持系统，服务于流域可持续发展的综合管理目标。

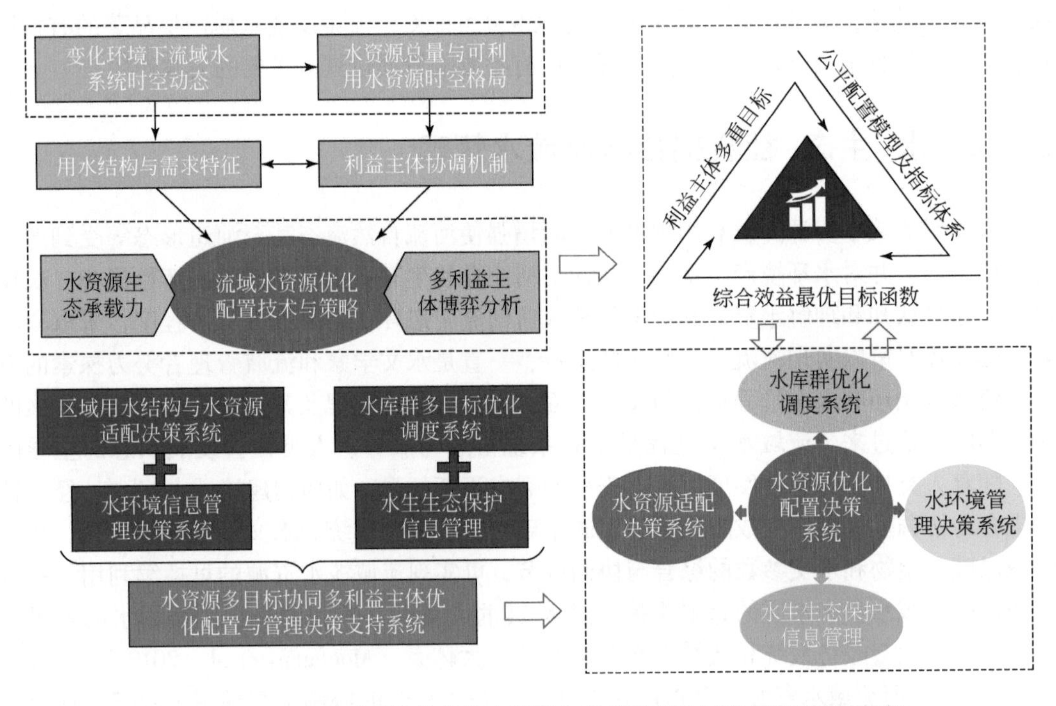

图 2-16　基于流域水系统优化的水资源合理利用保护与综合管理理论框架

第3章 生态水文学研究方法

3.1 概 述

生态水文学研究经常在植物个体、生态系统和区域尺度开展，关注不同尺度的生态过程和水文过程及其耦合作用。个体尺度上，植物生长和水分关系密切，水分是植物生理生态过程的重要影响因子，进而控制着植物生长。当受到水分胁迫时，叶片的气孔活动、光合作用、蒸腾作用等生理生态过程及叶片扩展和根系的生长都会做出响应。生态系统尺度上，植物群落结构和特征调控蒸散过程与生态系统水分利用效率。景观尺度上，水文过程控制植物群落结构和分布格局。水循环长期影响群落物种组成，进一步引起植物群落的演替和生态系统的演变。反过来，植物群落结构及区域分布格局也会调控不同尺度的水文过程，进而影响区域的水资源。

个体尺度生理生态参数的测定是生态过程的重要观测内容。水分是植物生长发育的主要限制因素之一，水分通过影响植物叶片气体交换过程，影响植物的生长速率、生产力等。光合作用由光物理、光化学和生物化学等一系列相互联系相互制约的复杂过程组成。净光合速率是表征单位时间单位面积干物质的积累量，是衡量植物生产力水平的可靠指标之一；而气孔导度控制 CO_2和水汽的进出，是植物对外界环境最初最直接的响应。群落与生态系统尺度生态参数观测包括冠层导度、结构特征、生物量及其分配等，是对群落与生态系统水分条件的最好反映和刻画。景观与区域尺度生态参数观测，主要基于野外实验观测数据和遥感数据，获取具有空间异质性分布格局的净初级生产力、叶面积指数和植被高度等关键的功能属性，为区域尺度的生态水文特征分析和模型模拟提供必要的参数。

水文过程观测通常关注不同尺度的降水再分配过程、土壤水分运动和产汇流过程。植被降水再分配过程包括冠层截留、树干茎流、穿透雨形成过程，目前对于不同气候条件下不同生态系统的降水再分配过程已有大量的野外实验观测研究。随着土壤水分测量技术的发展，已经可以实时监测土壤水分和土壤水势，目前世界多个站点的土壤水分数据监测已联合起来，成立了全球数据库，实现了数据共享，大大促进了多时空尺度的土壤水分运动研究。产汇流是生态水文学的重要水文参数和关注指标，从点、小区、坡面、流域到区域的多尺度产汇流过程的观测和模型模拟是生态水文学的重要研究内容，一直受到广泛的关注。

多尺度的碳水耦合过程研究主要关注叶片-群落-生态系统-景观-区域-全球尺度的碳水过程（Beringer et al.，2015）。随着对多尺度碳水耦合过程机制的科学认识，越来越多的碳水过程模型开始进行碳水耦合过程模拟。多尺度碳水耦合模型主要在叶片、生态系统和区域三个尺度开展。叶片尺度的碳水耦合模型是基于光合-气孔-蒸腾耦合机理构建的，目前多是以 Jarvis 模型、Farquhar 光合作用模型和 Ball 等的气孔导度-光合作用机理模型为基础发展起来的（刘宁等，2012），目前急需气孔导度-光合作用的机理模型来更好地刻画植物叶片尺度的碳水耦合过程。而如今得到较广泛应用的模拟碳水耦合过程的生态系统模型（如 GDAY、BEPS、CENTURY、TECO）、陆面过程模型（如 CABLE、CLM4、EALCO、O-CN）和植被动态模型（如 LPJ-GUESS、SDGVM）都是基于叶片尺度的光合-气孔-蒸腾耦合机理构建的（de Kauwe et al.，2013）。目前不同植物类群的气孔行为差异（Lin Y S et al.，2015）、气孔导度至冠层导度的尺度上推、冠层截留和土壤水分胁迫对蒸腾作用与光合作用的耦合影响、氮循环的耦合效应的生物学机理认识还有待提高，以期能够更精确地模拟地球表层多尺度的碳水耦合过程。

3.2 生态过程观测

3.2.1 个体尺度生理生态参数观测

植物水分生理生态特征是水分条件最直接的反映。植物的叶片水势、气孔导度、光合速率、蒸腾速率等基本生理生态特征的改变，可在一定程度上反映植物水分条件和生态适应特性。

1. 植物气体交换过程和植物水势的测量

植物通过叶片与大气进行气体交换，进行光合作用、蒸腾作用和呼吸作用。环境因素（如温度、土壤水分供应等）不仅在宏观上可以影响植物的分布、植被的结构和生产力，也在微观上对植物的生理过程（如气孔活动、光合作用等）起作用。对此人类已经有了很多的科学认识（Battaglia and Sands，1997）。气孔是植物叶片内外 CO_2 和水分进出的主要通道，植物通过气孔调节影响两大生理生态过程——光合作用和蒸腾作用，并进一步影响水分和光照的利用及其利用效率（Motzo et al.，2013）。大量的实验研究表明，植物叶片气孔对环境因子，如光合有效辐射、温度、饱和水汽压差、土壤或植物的水分状况等十分敏感。气孔导度与空气相对湿度、光强、土壤含水量等显著正相关，与温度呈单峰型曲线，而气孔导度与空气相对湿度的关系尚存在争议，Medlyn 等（2011）的研究发现气孔导度与空气相对湿度呈负相关，也有研究发现两者相关性并不显著；另外，在水分胁迫条件下，一些植物的气孔导度表现出“阈值”反应，即气孔的开闭状态取决于水势或者空气相对湿度的临界水平，低于临界水平时，气孔关闭。这些研究结果之间的差异主要是由植物自身特性以及所处环境的差异造成的。

（1）气体交换过程的测量

随着红外气体分析技术的发展，叶片的气孔交换过程已可直接测量。在测量时应该选择生长季内晴朗无风的天气，每个样地标记三个中等大小、生长健康的植物个体。选择完全展开的成熟叶片，利用便携式光合仪和气孔导度计测量气体交换参数，每次测量三个重复。在测量气孔导度的同时，可以测量净光合速率、蒸腾速率及相关的环境因子。可测量气孔导度的日变化过程及对光合有效辐射、CO_2浓度等主要影响因子的响应曲线。

（2）植物水势的测量

植物黎明前叶水势可以作为表征土壤水势的指标，也可以用于判断植物水分的亏缺程度，一般来说，植物黎明前叶水势与吸水根系所在深度的土壤水势相当，黎明前叶水势越高，表明土壤水分状况相对较好，植物受干旱胁迫程度越低。在短期内无降水影响的干旱区土壤中，浅层土壤水势较低，随着深度的增加，土壤水势逐渐增大，因此深根系植物相对于浅根系植物具有较高的黎明前叶水势。正午水势可以反映高温下植物水分状况和水分亏缺的最大值。对于不同植物的叶水势日变化，大量研究发现，多数植物黎明前叶水势较高，随着蒸腾强度的增大，叶水势呈下降趋势，到午后 15：00 左右达到最低点，而后随着光照减弱，植物光合作用、蒸腾作用减弱，叶片水分散失速率减弱，叶水势随之回升，到夜间达到最大。

2. 植物水分生态功能属性的测量

植物属性与生态系统功能的密切关系已得到广泛认识，植物属性可用来解释植物个体、种群、群落和生态系统的生态功能（Violle et al.，2014）。例如，基于全球植物属性数据，研究发现在更干旱、更炎热和太阳辐射更强烈的地区，植物的比叶重和叶片氮含量更高（Wright et al.，2005），而随着干旱和寒冷程度增加，森林将更多的生物量分配给根系（Reich et al.，2014）。在中国东北部温带草原样带上，由东向西随着干旱程度的增加，中国东北部温带草原样带不同功能群植物的形态、生理和解剖属性有不同的变化规律，灌木和多年生禾草的属性对干旱的响应最大，而多年生杂类草次之，木本植物和一年生草本植物仅通过调节生理属性来响应干旱的变化（Guo et al.，2017）。沿着乞力马扎罗山的海拔梯度，气温和降水对群落平均属性以及属性多样性的影响大于土壤因子，在降水量较大的样地，植物群落有更高的比叶面积、叶片氮含量、冠层高度，同时有更低的叶片干物质含量（Schellenberger-Costa et al.，2017）。

植物属性的生态学意义各有不同，目前最常用到的植物属性包括比叶面积（specific leaf area，SLA）、叶片干物质含量（leaf dry matter content，LDMC）、叶片氮含量、种子重量、植株高度（vegetation height，VH）和茎密度等（Levine，2016）。比叶面积是叶面积与对应叶片干重的比值，能够反映植物获取资源的能力，比叶面积较低的植物能更好地适应资源贫瘠和干旱的环境，而比叶面积较高的植物保持体内营养物质的能力较强（Cornelissen et al. ，2003）。叶片干物质含量是叶片干重与饱和鲜重的比值，能够反映植物生态行为的差异及获取资源的能力，特别是当叶面积不易准确测量时，叶片干物质含量是比比叶面积更有意义的指标。植株高度可反映植物多方面的适应和平衡能力，在光资源为限制因子的生境里，植株高大的植物可以获取更多的光照，在群落中具有更强的竞争能力。

功能属性的测量，对每个样地中常见的物种进行采样，这些物种单位面积的地上生物量应占群落总生物量的 90% 以上，在分析物种个体属性的同时可以较为准确地计算群落水平的属性。在每个样地中，每个物种选取健康的、完整的成熟个体 10 株（丛），迅速放入黑暗的容器内储藏，保证容器湿润且内部温度<5℃，回到室内将植株放入水中，在5℃的黑暗环境中储藏超过6h（Cornelissen et al.，2003）。在水分达到饱和后，每株（丛）植株选择完全伸展的、无病虫害的叶片2～4枚，用吸水纸迅速粘去叶片表面的水分，在千分之一电子天平上称量饱和鲜重；然后用叶面积仪测量叶面积；最后将叶片放入烘箱，在65℃条件下烘干至恒重，测量叶片干重。比叶面积和叶片干物质含量分别用以下公式计算：

$$\text{SLA}=\text{叶片面积}\ (\text{cm}^2)\ /\text{叶片干重}\ (\text{g}) \tag{3-1}$$

$$\text{LDMC}=\text{叶片干重}\ (\text{mg})\ /\text{叶片饱和鲜重}\ (\text{g}) \tag{3-2}$$

对每个物种在每个样地中选取没有遮挡的、长势良好的成熟植株10株（丛），首先对植物高度进行测量，即植株最上面叶片到地面的直线距离，单位为cm（Cornelissen et al.，2003）。然后按照长势，在10～20cm范围内用铁锹挖取目标植物，尽量保证根系完整性以及与地上部分的连接性，去除目标植物根上的泥土及死根。将植物装入塑封袋尽快带回实验室，查取分蘖数，然后将植株分为根、茎、叶、生殖部分，在65℃条件下烘干至恒重，测量植株各构件部分的生物量。计算植株的根冠比（root biomass over shoot biomass，R/S）和茎叶比（stem biomass over leaf biomass，S/L）。

种子质量的测量，每个样地选取已经结实的植物个体10株，每株测量10～30粒种子的重量。

3.2.2 群落与生态系统尺度生态参数观测

1. 群落结构特征参数的测量

对一个群落进行全部的调查是不可能实现的，通过合理的取样，调查其中有代表性的片断–样地，进行统计学分析，得出整个群落的性质和数量特征，被认为是可行的。在野外进行植物群落学研究时，为了获得准确的定性和定量数据，进而对整个群落特征作出判断，必须进行取样调查。首先，选定一定面积的地段，即样地（样地能代表群落的基本特征，如种类组成、群落结构、层片、外貌以及数量特征等）；然后，通过一定的样地调查和描述，在样地内取样，对群落特征进行观测。对同一群落的调查，所选的样地应尽量保持其土壤类型、坡地、坡向和坡位等环境因子的一致性。

植物群落调查以优势种确定群落类型，尽量选择受人类活动干扰较小的开阔地设置样地，每个样地内设置距离50m左右的三个重复大样方。大样方调查面积为10m×10m，每个样方分割成四个5m×5m的样格，以位于东南方向的样格编号为1，顺时针方向依次编号2、3、4。对于优势种为乔木和灌木的群落，在大样方内部的四角设置1m×1m的草本样方；对于优势种为草本的群落，则分别在大样方的四角和中心设置1m×1m的草本样方（方精云等，2009）。草本群落结构和特征的调查，对于每个10m×10m大样方内的5个草本样方，调查物种组成、群落盖度、分种高度、分种盖度、分种多度等级。森林群落的调查，在10m×10m大样方中进行每木调查，测量乔木层的物种、胸径、基径、枝下高、树高和冠幅。灌丛群落的调查，对于每个5m×5m样格内的所有灌丛，分种测量和记录每一丛的平均高度、冠幅、平均基径；对草本层进行相应的样方调查。

草本层盖度的测量：采用目测法估测群落地上部分垂直投影面积占样地面积的百分比，即样方总盖度；同样的方法估测样方内每个物种的分种盖度。

物种高度的测量：对样方内的某物种随机选取三株，用钢卷尺测量其自然高度，计算平均值为该物种高度。

物种多度的测量：按照样方内物种总个数，分为6个等级，分别为Cop3、Cop2、Cop1、Sp、Sol和Un，相对地，多度分别为80株、60株、40株、10株、5株和1株。采用目测法对样方内所有物种多度进行估测。

2. 群落物种多样性的测量

生物多样性是人类生存和发展的基础，但近年来由于人类活动以及全球变化的双重影响，全球生物多样性丧失问题十分严重。有研究指出，全球生物多样性正以史无前例的速度下降（Sala et al.，2000），当前的物种灭绝速率甚至是化石记录时期的1000～10 000倍（Singh，2002）。生物多样性是指一个区域内所有生命形态的丰富程度，包括生物与环境构成的综合体中的所有生命形态、生态系统以及生态系统过程。一般来说，生物多样性包括遗传多样性、物种多样性、生态系统多样性，近年来，景观多样性被国内一些学者列为生物多样性的第四个层次（马克平，1993；傅伯杰和陈利顶，1996）。其中物种被认为是最直接和最适合研究生物多样性的生命层次，也是研究最为活跃的层次，物种多样性常常从群落水平上进行研究，也称群落多样性。传统的植物群落样方调查和定位研究仍是生物多样性监测的基础，3S技术（何诚等，2012）的应用正逐步深入，Pereira等（2013）倡导确立基本多样性变量以推动全球生物多样性联合监测。

根据研究目的的不同，可将物种多样性划分为α、β、γ多样性。α多样性用来描述群落内多样性，常用到的有物种丰富度指数、物种多样性指数和均匀度指数。物种丰富度指数是对群落内所有实际总物种数的度量，实践中多采用一定面积样地中的实际物种数来表示；物种多样性指数中使用较多、效果较好的有Simpson指数和Shannon-Wiener指数。Simpson指数实际是对多样性的反面，即集中性的度量，其表达式有多种形式，目前应用较多的是$D=1-\sum p_i^2$；Shannon-Wiener指数表达式为$H=-\sum p_i \log p_i$。这两个公式中$p_i=N_i/n$，表示第i个种的相对多度，其中N_i为第i个物种的个数，n为样地的总个数。物种多样性指数越高，表示群落的多样性程度越高。均匀度是群落物种多样性研究中十分重要的概念，对于一个确定的群落，当所有种的所有个体完全均匀分布时，群落具有最大的多样性。目前应用较多的是Pielou均匀度指数，Pielou将其定义为群落实测多样性与最大多样性的比值，其中的实测多样性指数可以由Simpson指数和Shannon-Wiener指数求得，因此也有不同的表达形式。均匀度的生态学意义是表征物种在一定的群落中均匀分布的程度，均匀度越高，表示物种的集中性越弱，多样性越高。上述多样性指数从不同的角度表征群落的组成和结构，但各有联系。物种多样性指数与均匀度指数呈正相关。在确定的群落中，物种多样性指数、物种丰富度指数一般表现出一致的变化趋势，均匀度指数与这两者则没有明显的关系。

3. 群落功能属性的测量

随着研究的深入，研究者越来越认识到仅仅关注叶片和物种水平植物属性的变化是不够的。在功能群水平上，相同功能群植物存在相似的属性集合，可能会使这些植物对干扰的响应一致。在群落水平上，由于物种间以及功能群间植物属性集合存在分异性，植物属性的生态位互补效应可能会对干扰（如草地利用）的影响起到缓冲的效应（Schumacher and Roscher，2009）。在群落水平上对属性进行分析更能反映植物属性与生态系统功能间的关系，结合群落结构数据，可以将物种水平的植物功能属性向群落水平进行推算。在生态水文学研究中最常用到的群落功能属性有冠层导度和叶面积指数，是进行生态系统、流域和区域生态水文过程分析与模拟的必要参数。

叶面积指数：叶片是植物接收光能、进行水气交换的最主要器官，是进行光合作用、蒸腾作用的主要场所，植物的某些叶片性状与植物的生长对策及对资源环境的利用能力等密切相关，可以用于反映植物对环境改变适应所形成的生存对策。叶面积的大小对植物光能利用、干物质积累、收获量及经济效益等都有显著影响。叶面积指数表征单位土地面积上覆盖的叶片面积，反映单位面积植物捕获光资源的潜在最大面积，是群落生长分析和植物群体结构的重要参数。

叶面积指数（LAI）的测量，在样地内首先测量分种生物量，收割时将每个种按茎叶分开，测量每个物种的比叶面积（SLA），再根据每个物种的 SLA 和所在样方内叶片总干重，计算每个物种在群落中的 LAI，最后求和，就可获得群落的叶面积指数。叶面积指数也可以用专门仪器进行测量。

冠层导度：冠层导度可通过尺度转换，利用气孔导度与叶面积指数来计算（Running and Coughlan，1988；于强等，1999）。冠层导度（g_v）的计算常采用如下公式（Olioso et al.，1996）：

$$g_v = g_s \mathrm{LAI}/(0.5\mathrm{LAI} + 1) \tag{3-3}$$

由于不同物种的气孔导度对环境因子的响应不同，通过这种尺度转换，可反映不同植物群落冠层的蒸腾量对环境因子的不同响应。

4. 群落生物量的测量

群落生物量是反映群落尺度水分条件的重要参数，生物量包括总生物量、地上生物量、地下生物量及生物量分配。植物群落生物量分配是植物将同化产物在不同功能器官进行再分配所形成的格局。生物量分配格局是生态系统碳循环的重要特征，也是群落对水分条件的外在响应。根冠比表征植物同化产物在地上和地下部分的分配格局。植物在受到外界环境胁迫时，根、茎、叶的生长受到一定影响（Chaves et al.，2002），生物量在各器官和组织中的分配也会发生改变，同化物优先分配到最能缓解环境胁迫的部位。当营养物质和水分受限时，生物量优先分配到根系；当光合有效辐射受限时，生物量将优先分配到叶片。在干旱半干旱区，植物根系的生长受土壤水分的影响较大，但土壤水分对根系的影响较为复杂，Wilcox 等（2004）研究了美国莫哈韦沙漠（Mojave Desert）四种灌木细根根系与土壤水分之间的对应关系，其中，豚草属（*Ambrosia*）和麻黄属（*Ephedra*）的根系与土壤水分之间表现出线性正相关关系，团香木属（*Larrea*）表现出负相关关系，而枸杞属

(*Lycium*) 的根系与土壤水分之间没有明显的相关性。干旱半干旱区植物根系与土壤水分之间的相关关系较为复杂，受植物竞争力、土壤水分状况等的影响明显，土壤水分能够限制植物根系的生长，竞争能力强的物种可以通过延长根系、增加根系表面积等方法增加自身对土壤水分的竞争；同时根系对某一层土壤水分的吸收利用，又能引起该层土壤水分的降低。

地上生物量的测量以收获法为主。森林群落乔木层的生物量，在进行群落样方调查的基础上，选取三个标准木，测量标准木的生物量及其茎叶的分配，再结合乔木层的结构参数计算群落的地上生物量及其分配比例。灌丛的生物量测定，首先对样方内的每一丛灌丛进行高度、冠幅、基径的测量，然后采集标准株（或标准丛）地上部分，烘干称重，根据不同灌木的形状差异，计算得到灌丛的地上生物量及其分配比例。草地的地上生物量采用收获法测定，在样方内分种将植物齐地面剪下，并分离茎、叶和生殖器官，迅速称鲜重，然后放入烘箱105℃杀青30min，调至65℃烘干至恒重，称烘干重。

植物根系具有重要的生理和生态作用，大量的研究证实，根系的支持作用是由大根完成的，而吸收作用则是由细根完成的。尽管直径较大的根在根系生物量中占有较大比例，但植物生长所需要的92%的矿质营养和75%的水分是由细根吸收的。细根的划分应主要根据其吸收功能来进行判断。生长于不同环境中的根系，即使是同一直径的根，其木质化、褐化程度也有所不同，因此其吸收功能就存在着较大的差异。此外，在对细根进行研究的过程中，区别死根与活根也是非常重要的。通常用于表示根系生长和分形的参数包括根数、根重、根表面积、根体积、根直径、根长和根尖数等。最常用的根系测量方法有挖掘法、根钻法和微根区管法。

1）挖掘法：若暴露植株的整个根系，必须移去它周围的土壤，通常的办法是小心挖除根系周围的土壤，然后对露出的根系进行绘图和摄影，并计算根量。这就是传统的挖掘法，也称脉络法，是目前常用的古老方法。挖掘前，第一步选择植株，测定地上部生物量选择的标准木株数较多，但由于测定地下部根系的工作量较大和繁重，可在地上部生物量测定的标准木中精选少数标准木加以测定。应选同类群中生长发育正常者。选好后测定地上部有关因子，然后固定植株顶部。第二步开沟，沟与植株距离要足够远，以保证横向根不致受损，又要考虑工作量。一般草本植物以20～80cm为宜，但高大乔木的横向根伸离树干达10m或更远，如不清楚待挖根系水平伸展的大概范围，可以从树干开始小心清除表土，以弄清横向根系的水平伸展范围。沟宽1m左右，以便工作，沟深应超过最深根系20～30cm。第三步掘露根系，仔细清除壕沟靠植株一侧的土壤，但不要损害根系，应从表土开始逐渐向下延伸。根周围土块应尽量沿根部平行的方向取出，直至露出根尖，为了除土方便又不损伤根系，可在前一天晚先浇湿土壤，以利第二天挖掘，此外还有可用水压、气压等方法清除土壤。第四步绘图摄影，绘图主要是为了了解根系的形态学特征。不同径级的根系可用不同颜色的铅笔标明，对于需要特写的根系形态可现场拍摄。第五步为根量测定，待其他工作全部完成后，就可进行根量测定。测定根的长度和中央直径，105℃烘箱中烘至恒重，求出各径级根的干重。挖掘法是应用最广的根系调查研究方法，对根系形态、体积、重量、分布状况均可直接调查，还可应用此法研究根系竞争和嫁接。在多石土壤、山地，挖掘法是进行根系研究的唯一有效方法，适用于乔、灌木的根系测定和研究，但工作量相当大，为减轻工作量，可用水平挖掘法或扇形挖掘法，同时挖掘法难于准确测定细根量。

2）根钻法：在各种取样技术中，根钻法是测定一定容积土壤中根量的最好方法，可用手钻或机械钻进行取样，通过冲洗得到根量。此法可与挖掘法同时应用，以便测出准确的细根量。根钻法的缺点是通常比较适合对细根（<2mm）的研究，对整个根系统，根的分枝格局和粗根生物量的研究则并不那么有效，因为粗根在土壤中的分布更不均匀，分布深度可能较深，而对整个根系统和根分枝格局，根钻法更是无能为力。另外取样的频率和取样的重复数都会影响最后的统计结果。根钻法中最主要的工具是根钻，钻的钻头部分直径从几厘米到十几厘米不等，但10cm以上的钻用得比较少，主要是考虑到如果样品量太大会影响运输和处理的时间。不过，钻的直径如果太小会影响结果的精确性。因此，钻的直径的选择取决于细根分布的异质性和取样的数量。除了钻以外，根钻法还需要一些其他辅助工具，如放置土芯的塑料袋。如果要区分土壤不同层次的根的生物量，则还要保持土芯完好无损，避免碎裂；如样品不能立即处理，应将土芯冰冻保存；在对细根进行分门别类时，还需要毛刷、解剖镜、解剖镊子等；在样品处理的整个过程中还需戴上乳胶手套，以防止对根的污染。根钻法中另一个需要确定的是取样的频率和每次取样的个数。具体时间间隔的确定要根据所研究树种的根的生长特性。取样的个数应在可能的情况下，尽量给予较多的重复。原则上应避免在取样间隔中产生根的周转。但即使这样，很多对细根周转的研究还是一种很保守的估计。

3）微根区管法：微根区管法对根的分枝、根的伸长速率、根的长度和死亡进行长时间定量监测，更重要的是能对根的分解进行观察，这是其他方法很难做到的。（细）根的周转不仅是土壤中能量输入的一个途径，而且与土壤其他过程相关，如植物对环境的适应、营养的获取、植物的竞争、植物与土壤生物的相互作用，以及土壤的结构、土壤发育等。微根区管法需要使用诸如摄像机和计算机等比较现代化的仪器，同时还需要一根透明的观察管（通常长度为2m，但具体长度要根据土层的厚度确定，直径为5cm左右），简明装置如图3-1所示。将观察管总长度80%的部分与地表面成45°角埋入土壤中。当需要取样时，管中放入摄像机探头，在摄像过程中，可设计为沿观察管每隔1.2cm采集一张大小

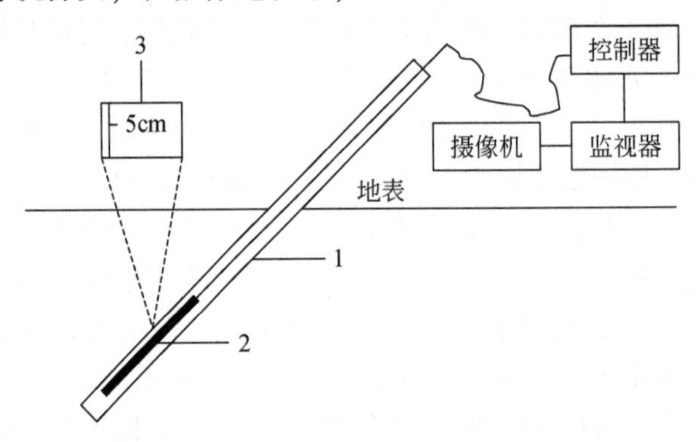

图3-1　微根区管系统

1. 透明的微根区管，2. 摄像机探头，3. 所成图像范围

为 1. 2cm×1. 8cm 的图像。取样可以每月一次，也可或长或短。在完成摄像（影）以后，即可用专业软件对图像进行分析，测得根的特征数据，如根的生物量、根的长度、根的死亡和分解。

3. 2. 3 景观与区域尺度生态参数观测

1. 遥感技术在景观与区域尺度生态观测的应用

遥感即“遥远的感知”，是 20 世纪 60 年代发展起来对地观测的综合性技术。它是指应用探测仪器，在远离目标和非接触目标物体条件下探测目标地物，获取其反射、辐射或散射的电磁波信息，并对其进行处理与分析，以参数化或区分相应物体特征的一门科学技术。广义上可理解为在不直接接触的情况下，对目标或自然现象进行远距离探测和感知的一种技术。遥感技术的主要过程包括发射接收、分析处理及解译识别等。在距离目标物几米至几千千米的距离之外，借助汽车、飞机和卫星等载体，使用光学、电子学或电子光学等探测仪器，发射电磁波及接收目标反射、辐射和散射信号，以影像胶带或数字磁带形式进行记录，然后将信息传递到地面接收站，并结合已知物体的波谱特征进行分析处理，从而达到参数化或识别相应物体特征的目的（图 3-2）。依据其载体类型，遥感技术可分为地面遥感（人工遥感及汽车遥感等）、航空遥感（飞机遥感、热气球遥感及无人机遥感等）和航天遥感（卫星遥感）等类别。

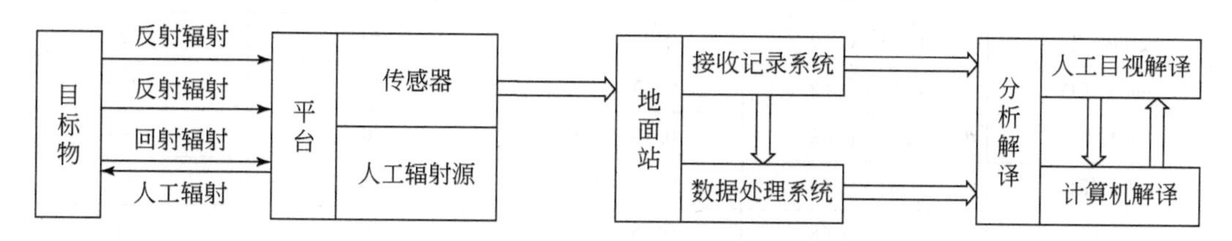

图 3-2 遥感过程和技术系统

植物的反射光谱曲线具有显著的特征。不同的植物以及同一种植物的不同生长发育阶段，正常生长的植物或由于受病虫害的侵扰或患有缺素症的植物，其反射光谱曲线的形态和特征均不相同。此外，灌溉和施肥等条件以及地下深部富集元素的不同也会引起植物反射光谱曲线的变化。因此，近年来随着遥感技术及计算机软件和硬件的发展与完善，植被光学遥感的应用越加广泛和深入，遥感技术在大尺度区域植被结构信息提取（植被三维图像提取）和分类（绘制区域植被类型及土地利用类型图）、植被生长监测（植被年际和季节生长变化、植被物候监测）、植被生理（植被光合作用、呼吸作用等过程监测）和水文特征（土壤水分变化、植被水分传导及生态系统蒸散观测）监测及植被产量估算（生态系统总生产力、净光合生产力估算）等领域得到了充分的应用和发展。为景观及区域等大尺度生态参数的获取和分析提供了强大而有力的平台。

目前，已有的卫星遥感数据集较多，主要的卫星传感器包括 NOAA-AVHRR、SPOT、SPOT VGT、MODIS、Landsat TM 和 EIM+、ASIER、SPOT4 和 5、KONOS 及 Quick Bird 等。

不同传感器波段波长存在较大的差别，表3-1列出目前植被监测常用传感器在近红外和红波段的波长范围以及空间与时间分辨率等特征，其中前三种资料空间分辨率较低，但重复周期都可达到1d；而后七种空间分辨率较高。目前广泛应用的数据产品包括：①表征生态系统划分及植被类型，植被土地利用类型及土地覆盖动态等。②表征植被生长，归一化植被指数（GIMMIS NDVI、MODIS NDVI及SPOT NDVI）、环境植被指数（MODIS EVI）及植被叶面积指数等。③表征植被生理生态特征，植被光能利用率及植被光合有效辐射等。④表征生态系统气候及水分过程，生态系统地表温度、土壤水分含量、陆地水分储量及地表蒸散等。⑤表征植被产量，生态系统总生产力和生态系统净生产力等。虽然遥感技术的发展及大量遥感产品的出现为景观和区域等大尺度的研究提供了全面而可靠的方法，但是同样存在较多的缺陷。一方面由于缺乏长时间及大范围的实测数据，目前各遥感数据产品在不同时空尺度的验证仍然较为缺乏，各数据精度无法得到可靠的保障；另一方面遥感数据精细化代表着数据量的增加，对数据分析优化方法及其工具提出了更高的要求，如何获取并充分利用准确而适当分辨率的遥感数据将是目前面临的一大难题。

表3-1　植被监测常用传感器的几何和光谱特征

传感器	红外波段 R/μm	近红外波段 NR/μm	空间分辨率/m	时间分辨率/d
AVHRR	0.58～0.68	0.725～1.10	100	1
SPOT VGT	0.61～0.68	0.78～0.89	1000	1
MODIS	0.62～0.67	0.841～0.876	250	1
Landsat TM	0.63～0.69	0.76～0.90	30	16
Landsat EIM+	0.61～0.68	0.77～0.90	30	16
SPOT4	0.61～0.68	0.78～0.89	20	1～4
ASTER	0.63～0.69	0.78～0.86	15	1～4
SPOT5	0.61～0.68	0.78～0.89	10	16
KONOS	0.64～0.72	0.77～0.88	4	2/9
Quick Bird	0.60～0.69	0.76～0.90	2/44	1～6

2. Meta分析在景观与区域尺度生态参数分析的应用

Meta分析又称整合分析，属于系统综述中使用的一种统计方法。其以综合研究结果为目的，通过查阅文献和收集与某一特定问题相关的多个独立研究，并对这些研究的结果进行整合，从中分析总结其共通规律、特定差异及其差异归因的统计分析方法。Meta分析通过提出特定而具体的研究问题，利用各种途径尽可能地收集已发表和未发表的期刊、学位论文及著作等文献，同时依据研究目的和标准对文献进行质量控制与筛选，从中获取用于Meta分析的数据信息并进行分类整理，此后选择适当的模型计算数据的效应值（各个独立研究的效应大小），从而依据总体和独立效应值及其置信区间对数据共通规律及其异质性进行分析和探讨，得出结论和解释结果。总结来说，Meta分析主要包括提出问题和假设、收集和评价数据、分析数据及得出结论四个过程（图3-3）。

植物和生态系统及其对气候环境响应的研究体现出多时空尺度的特征。全球范围内不

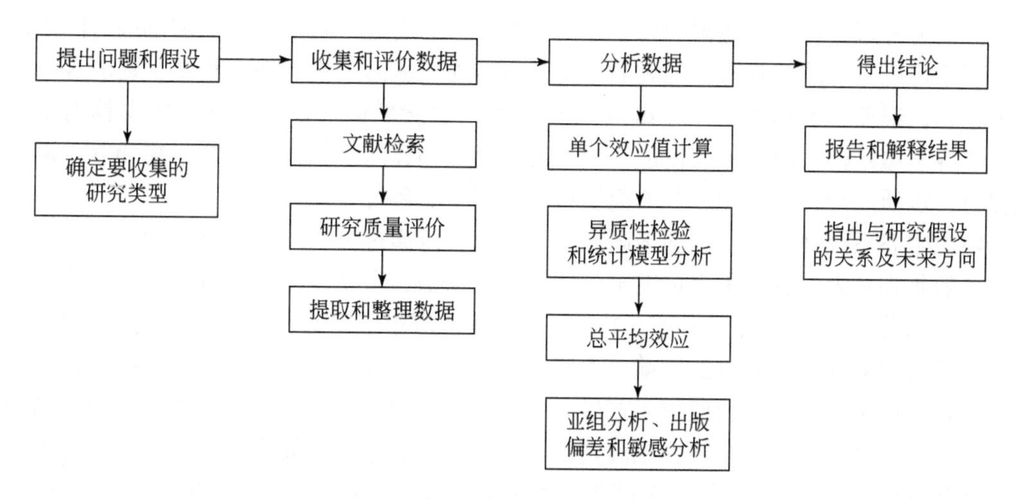

图 3-3　Meta 分析的基本步骤

同区域的生态学者通过不同的实验手段和研究方法，在植物个体、植物群落及生态系统等不同空间尺度，针对日变化、季节变化、年际变化乃至千万年等时间尺度已开展了大量的研究。然而由于不同植被生长差异及不同生态系统本身的复杂性和空间异质性，不同的独立研究均呈现出其小尺度研究的独立特点。在大尺度景观与区域的研究中，Meta 分析数据综合的特点得到了充分的认可和发展，广泛应用于区域大尺度生态系统功能结构变化、植被生长变化、植被生理生态过程及其对环境因子响应和植被生长对全球变化的响应等生态学研究。相较于遥感分析而言，Meta 分析建立在大量的实验数据基础之上，其结果的精确性及结论的可靠性更高，但是由于对原始文献数据依赖性过强，Meta 分析仍然存在以下两点不足：①当原始文献数据出现错误、缺失或者原始文献数据呈非正态分布时，Meta 分析结果将受到严重影响；②Meta 分析需要建立在大量的文献基础之上，收集资料的不全面、研究方向文献的缺乏等直接影响 Meta 分析的进行和结果。

3.3　水文过程观测

植被和水文过程在多时间（分秒、小时、日、月及年际尺度）和空间（点、坡面、流域及全球）尺度相互影响、相互作用。水分的可利用量和植物的生理生态活动息息相关，控制植被的物质（碳、氮）循环与功能（光合、生产力等），同时，植被通过冠层截留、蒸腾等作用直接或间接调控生态系统的水热平衡。植被对水文过程的影响和调控成为生态水文观测研究的主要内容，主要表现在植被对降水再分配，以及水分在土壤中的下渗、产流与传输过程，以及在点、坡面及流域产汇流方面。

3.3.1　植被降水再分配过程

降水进入陆地生态系统，首先受到植被冠层的影响，对降水进行截留再分配，将大气降水分配为林冠截留、穿透雨和树干茎流三部分，最终进入到土壤。植被冠层对降水的再分配现象可以显著改变降水在地表的空间分布格局，从而影响入渗、径流、蒸散等一系列水文过程，继而影响陆地生态系统的水文循环和水量平衡。该过程具有减少林内土壤蒸发，改善土壤结构，减少地表侵蚀，调节河川径流和林内小气候等功能，在涵养水源、水土保持、水质改善、消洪减灾等方面发挥着重要生态环境效益。

陆地生态系统林冠截留、穿透雨和树干茎流可以通过野外观测实验来测量。穿透雨的收集一般是在林内设置若干个标准雨量桶或者集水槽，自动观测降水过程中穿透雨的变化趋势和空间分布特征（吴文强等，2013）。在实际操作中，为得到精度较高的观测结果，减少空间差异对穿透雨结果的影响，可选择增加测量容器个数或增加承接容器面积实现。例如，在林内选择林木生长健康，冠层分布相对均匀的位置，在林冠投影范围内以其中一株林木为基准样木，沿等高线在距离基准样木 1m 处布置一个翻斗式雨量桶，垂直等高线在距离基准样木 2m 处再布设一个翻斗式雨量桶。设定雨量桶采集器的数据记录时间间隔为 15min 记录一次。结合林内气象站雨量桶收集的降水数据，共有三个雨量桶观测穿透雨数据。树干茎流的测定则是选取若干具有代表性的树种（混交林）和树龄（纯林）进行。一般根据树种的基径大小进行分级，然后在每个径级内选择若干个体进行测定。对于具有明显主干，且主干较粗的乔木和灌木而言，常用的方法是在植物树干接近根部的位置安装用聚乙烯管、金属箔片等材料制成的导水槽，呈螺旋状环绕于树干下部，并用硅胶固定和密封。然后用导管连通截水槽最底端，使降水过程中产生的茎干流能自动汇集到地面上的集水器或自计式雨量计中，以实现动态观测。然而，对于干旱半干旱地区的荒漠灌木而言，由于降水量小，灌木分布往往呈斑块状稀疏地分布，降水再分配的研究一般只针对个体尺度进行。实际操作中，对于具有多分枝结构的灌木而言，可以使用 Serrato 和 Diaz 的方法测定树干茎流，即采用有机玻璃制作的容器，规格为 60cm×60cm×10cm，底部中心留有圆孔。同时使用全自动气象仪器设备测定大气降水、空气温湿度、太阳辐射、风速和风向。也可以采用平均标准木法，结合灌丛的枝条总数对灌丛个体水平的茎干流做出估计，也可参照乔木的方法按基径大小进行分级，然后在每个茎级内分别选定标准枝测定，最后采用加权平均的方法获得。

目前对林冠截留的测定方法主要有实地观测法与模型模拟法。实地观测法利用测得的林外降水、穿透雨和树干流，根据水量平衡原理，应用公式 $I=P-T-F$ 来计算林冠截留量。式中，I 为林冠截留量；P 为降水量；T 为穿透雨量；F 为茎流量。其中，林外降水测定：在集水区外空旷地，安装一个虹吸式雨量计，要求器口水平，用于连续测定林外降水。模型主要有经验、半经验半机理以及理论模型三种，它们是通过对林冠截留的各种影响因子与林冠截留量的关系推导而出的。经验模型主要以数量统计及概率论为手段，基于实测数据构建线性函数、对数函数或指数函数等其他简单函数方程式。半经验半机理模型是建立在林冠截留理论分析的基础上，依托经验模型中的一部分实测数据得到的影响因子，并添加一些假设和对经验模型进行部分简化而构建的模型。半经验半机理模型参数来自实测地的观测数值，具有一定的经验性，同时模型的基本形式是理论的，虽然模型并没有彻底地摆脱经验模型的缺陷，但其实用性非常高。利用较为成熟的半经验半机理模型主要有

Rutter 模型和 Gash 模型，Rutter 模型主要是通过大量具有物理意义的参数来推导冠层数量平衡过程，该模型的应用限制性较大；Gash 模型是 Gash 在 Rutter 模型的基础上，引入一些简单的经验公式，对 Rutter 模型进行简化后形成的，但由于未考虑森林密度这一影响因子，模型在模拟开阔的森林区域时，常出现高估林冠截留量的现象。1995 年，Gash 引入冠层覆盖度（C）这一参数对原模型进行了改进，形成了 Gash 模型。理论模型是在较多的假设条件下，在理想的基础上根据林冠对降水的分配规律及光线传播模型，依托相关数理方法建立起来的模型。林冠截留受很多因素的影响，如林分郁闭度、密度、当日风向、风速、湿度等，然而这些因素对降水的影响，目前还没有定性的研究。在实际过程中，蒸散占有相当大的比例，湿润林灌的蒸发率要远远大于干燥林灌，许多研究者只考虑降水量和截留量、穿透雨和树干流量直接的关系，忽略了在此阶段的蒸散，树干茎流在截留中占的比例不大，因此常被大部分研究者忽略。

3.3.2 土壤水文过程

土壤以其复杂的架构（从土壤孔隙到景观尺度）影响和控制水文过程以及相关的生物地球化学循环与生态功能（李小雁，2012）。土壤水文过程观测是对土壤水文性质，即影响土壤下渗、产流、蒸散等各个水文过程的土壤物理和化学性质的各种土壤水文参数在不同时空尺度的差异性研究，特别是定量化研究观测，可以辨识不同尺度上影响水文过程的主要土壤水文性质因子，分析土壤水文异质性对流域水文过程的影响机制，更为准确地描述和模拟水文过程。土壤水文过程的观测对水文循环、土地退化与生态恢复、养分循环、土壤污染运移、农业水肥优化具有重要意义。

多尺度土壤水分动态的获取是土壤水文过程研究的基础（李小雁，2011）。如何快速获取土壤水分动态及其准确性等信息成为土壤水文研究和现实中指导农业生产实践的关键。目前传统的土壤水分监测方法有多种，最原始的称重法虽然很准确，但工作量大，难以大面积开展。Vereecken 等（2016）将土壤水分监测方法分为接触测量和非接触测量。接触测量要求在测量过程中和土壤直接接触，主要包括电容法、时域反射法、电阻法、热脉冲法、光纤传感器法、中子仪法、称重法。这些方法可以用来进行一定时空密度下的点测量，用来反映农田尺度的土壤水分时空变化，也可以监测垂直剖面的水分变化。非接触测量的方法主要以遥感的方法为代表，目前遥感手段主要包括被动微波辐射计、合成孔径雷达、微波散射计和热红外的方法。在流域尺度，土壤水分探测的方法主要有三种：被动遥感、主动遥感和重力势，而重力势探测仅适用于非常大的尺度（600 ~ 1000km）。目前，随着地球物理探测技术的发展，诸多探测技术（如工业 CT 扫描技术、大地电导仪、宇宙射线中子仪法观测技术、探地雷达技术等）层出不穷，借助以上技术使得快速探测样点或者有限范围的土壤水分成为可能（Vereecken et al.，2016）。

土壤作为自然生态系统中的主要“水库”，存储了植被所需要的水分。土壤的储水量取决于土壤架构（soil architecture），从微观尺度到宏观尺度，土壤的组织形式，强调不同尺度固体成分、孔隙空间以及两者界面之间的相互连接，包含了孔隙度、土壤的厚度以及土壤质地（颗粒的表面积）等方面（Lin H et al., 2015）。以往多采用土壤取样、研磨等手段开展土壤架构的研究，但是这种传统方法破坏了土壤的原有结构，改变了土壤原生结构及其水流传输特征。基于 CT 扫描土壤微结构，建立三维的土壤架构，可以清晰地辨识土壤大孔隙结构特征，开展基于三维度架构最小阻抗水流路径研究成为土壤水文过程研究的前沿。一般用土壤水分特征参数（如田间持水量、萎蔫系数）描述土壤的水文属性。在地下水位较深的情况下，降水或灌溉水等地面水进入土壤，借助毛管力保持在上层土壤毛管孔隙中的水分称为毛管悬着水，当土壤毛管悬着水达到最多时的含水量称为田间持水量。田间持水量长期以来被认为是土壤所能稳定保持的最高土壤含水量，也是对作物有效的、最高的土壤水含量，且被认为是一个常数，常用来作为灌溉上限和计算灌水定额的指标，对农业生产及抗旱有着指导意义。常用的田间持水量测定方法有田间测定法和室内测定法。田间测定法所得结果可靠，但工作量大，测定时间长，特别是盐碱地区，由于土壤渗透性能很差，田间测定更加困难；室内测定法较田间测定法简便易行，易于广泛采用，其测定数值也较为可靠。在土壤中膜状水还未被全部消耗时，植物就会呈现萎蔫状态，当植物吸收不到水分而使细胞失去膨压，发生永久萎蔫时的土壤含水量百分数，称为萎蔫系数或称为凋萎湿度。确定土壤的萎蔫系数有直接法和间接法。直接法就是在实验室中用生物方法测定；间接法是先测出土壤的吸湿系数，再乘以 1.5（或 2）。直接法精度不容易控制，而且耗时较多。间接法需要测定土壤的吸湿系数，在实验室测定吸湿系数时需要高精密的试验仪器（精度为 0.0001g 的电子天平）。

土壤中水分随着土壤水势梯度传输流动。土壤水在各种力（如吸附力、毛管力、重力等）的作用下，与同温度、高度、大气压等条件的纯自由水相比（即以自由水作为参照标准，假定其势值为零），其自由能必然不同，这个自由能的差用势能即土壤水势。引起土壤水势变化的原因或动力不同，包括若干分势，如基质势、压力势、溶质势、重力势。一般而言，土壤中的重力势和基质势为主导动力。土壤水势测定常见方法有张力计法，具体做法为：将充满水的张力计（陶土头处于饱和状态）放置在土壤中，在土壤基质势的作用下，水分通过陶土头进入土壤。若土壤水基质势与张力计内的压力势相等，则水分停止运动。该方法安装及观测较为简便容易，并且成本较低，易于大面积应用。土壤水势还可以用露点水势仪换算测定。土壤水流传输速率大小不仅取决于土壤水势梯度，还与土壤导水率具有密切的关系。土壤饱和导水率测定的方法很多，室内有定水头渗透仪法、变水头渗透仪法等；田间现场测定的众多方法中比较好的是双环法，双环法一般只用于测定表土层的入渗能力，但此法耗水量大，实际操作费力且烦琐。同时，不同的测定方法往往获得不太一致的结果，因为这个参数对取样大小及很多土壤物理水文特征很敏感。此外，很多测定饱和导水率的方法并不是适合所有的土壤类型。

3.3.3 多尺度产汇流过程

径流是自然水文循环过程中非常重要的一个环节，径流的产生和发展过程是水文学研究的重要内容。降水和径流的关系是解析水文过程的关键问题。产流受到气候，以及下垫面的植被、土壤和地形等因素的影响。径流的产生和形成是流域尺度上的综合问题，需要综合考虑其他水文过程，如降水、入渗、饱和及非饱和土壤中的水流运动等。研究径流的产生和发展过程，人为的可以把整个过程概化为产流和汇流两个阶段。产流（流域蓄渗）指降水经植物（树冠）截留、下渗和填洼等，形成地表和地下径流的过程。产生的径流可以分为三种形式：地表径流（坡面流，overland flow）、壤中流（interflow/unsaturated flow）和地下径流（groundwater flow）。汇流则是指降落在流域上的雨水，从流域各处向流域出口断面汇集的过程（芮孝芳，2004）。产流在多尺度上产生，在点尺度常用土壤下渗模型，如 Green-Ampt、Horton、Philip 等来解析点尺度产流过程。传统工程水文学中采用流量过程线分割法来划分流量。现实中，对采用坡面径流小区观测场观测产流量，也可设计多层产流观测，观测地表径流以及壤中流。结合降水过程的分析，可解析降水-产流的关系。

现代水文学自 20 世纪 70 年代将示踪法引入径流划分中，它通过测定径流中化学物质的组成或水中的同位素成分（称为示踪标志，tracer）来分析流域产流的来源和机理。示踪法假设一场降水径流由两部分组成：前期降水形成的基流（地下径流，base flow），称为旧水（old water），本次降水形成的地面径流（quick flow），称为新水（new water）。流域或坡面尺度植被与产流的相互作用，通过流域产流对比试验来展开。通过选择两个较为类似（气候、土壤及地形等）的流域，设计植被或土地利用变化对产流的影响（Brown et al.，2005）。也有很多研究采用 Budyko 框架来解析植被和产流之间的关系，以及在气候变化框架下，开展植被对产流的调控和响应机理分析（Zhang et al.，2018）。

3.4 耦合过程观测

多尺度的碳水耦合过程研究主要关注叶片-群落-生态系统-景观-区域-全球尺度的碳水过程（Beringer et al.，2015）。碳水耦合过程的实验观测常在叶片-大气、土壤-根系、陆地表层-大气界面开展（Herbst et al.，2015；Cleverly et al.，2016）。随着遥感技术、涡动观测技术的发展，陆表-大气界面的碳水耦合过程成为目前碳水过程研究的热点。

3.4.1 大气植被冠层界面耦合过程

叶片尺度的碳水耦合过程一直是碳水耦合研究的前沿，研究表明，能量限制和水分限制共同影响着植物的光合作用，且在植物叶片生长过程中限制因素可能会发生改变（Pantin et al.，2012）。在青藏高原高寒草甸、高寒草原和高寒荒漠等不同生态系统中，能量和水分如何调控植物的碳水过程还有待进一步探索。同时，叶片尺度的光合作用机制常常与生态系统尺度的碳水过程不完全一致，随着尺度上移，叶面积指数和土壤水分会起到一定的调控作用（Paschalis et al.，2017）。目前越来越多的研究开始关注气孔调控、植物物候、植物功能属性和环境因素对植物碳水过程的综合影响（Paschalis et al.，2017）。植物叶片与大气之间存在气体交换，进行光合作用、蒸腾作用和呼吸作用。植物光合作用是植物将光能转化为化学能的固碳过程，蒸腾作用是植物在水势梯度的作用下，从土壤吸收的水分通过叶片气孔等散失的过程，对应着植物水分的消耗，两者以植物气孔导度紧密相连。生态学中关于植物气体交换特征的研究非常多，人们对此已经有了科学认识，植物通过气孔调节对于环境变化做出快速反应，日尺度上，光合作用的“午休”现象比较普遍，而对于蒸腾作用，植物应对水分亏缺的调控方式主要有两种，一种是高蒸腾植物通过气孔的部分关闭，降低蒸腾速率调节体内水分运输，此类植物表现出双峰型的蒸腾速率和气孔导度日变化规律；另一种则是低蒸腾植物，没有蒸腾“午休”现象，蒸腾速率和气孔导度较低且为单峰型（孙守家等，2014）。

影响植物气体交换的因素和机理十分复杂。光照、温度、CO_2浓度等的变化都会直接引起植物光合速率的变化，而水分亏缺对于光合作用的影响主要是间接的（Gummuluru et al.，1998），在水分胁迫条件下，由于气孔限制，净光合速率降低，随着土壤水分胁迫的加剧，转变为非气孔限制，净光合速率呈线性降低，叶片气孔导度呈指数下降。植物用于光合作用的水分不及蒸腾失水的1%，因此水分对于蒸腾速率的影响更大，当土壤水分不足时，水分成为控制蒸腾作用的主要因子。在干旱地区，除土壤水分外，饱和水汽压差也是影响植物叶片气体交换特征的重要因素，Kolb 等（1997）在美国西南河岸林地区的研究发现，相对于土壤含水量，限制植物光合速率和蒸腾速率的一个更重要的因素是叶片的高温及较低的空气湿度所导致的叶片与空气之间的水汽压差。也有研究发现，净光合速率随饱和水汽压差的增加而迅速下降，而在原本出现双峰型日变化特征的旱季，增加空气湿度可以人为造成单峰型曲线。

叶片尺度的碳水耦合过程的测定：叶片尺度的气孔行为、碳固定与水分蒸腾的测定与分析可以反映植物在微观尺度的碳水耦合过程。主要观测指标包括气体交换过程和叶水势，每个生长季（6～9 月）的月初晴天进行野外测定，气体交换过程使用便携式光合仪进行测定，主要测定指标包括植物叶片的瞬间净光合速率、气孔导度、蒸腾速率、胞间CO_2浓度等，同时测定主要环境因子（气温、总辐射、净辐射、相对湿度、大气压和土壤热通量等）。同时用露点水势仪测定主要植物的黎明和正午叶水势。

植物的生态功能属性也是植物碳水过程在个体尺度权衡的表现，包括植物的比叶面积、叶比重、根茎叶分配比例、细根生物量垂直分布等，可用 3.2.1 节方法进行测定。

生态系统尺度的碳水耦合过程测定：建立典型景观单元碳水过程观测场，水文过程监测内容包括降水量及降水过程（自计式雨量计）、树干茎流（自制茎流收集器）、穿透雨（PVC 管容器）、不同深度土壤水分含量（水分观测系统）、根系层下部水分渗流量及过程（Drain Gauge 渗漏计）、地表径流量（径流小区）、蒸散（涡度相关法）和地下水位（水位计），以上各水文要素进行逐日同步实时监测。碳交换过程监测内容包括净生态系统碳交换（涡动相关）、土壤呼吸（土壤碳通量自动测量系统）、地上净初级生产力、凋落物质量与数量、凋落物分解、土壤微生物的测定。

3.4.2 植被–土壤界面耦合过程

植被–土壤界面是 SPAC 系统中物质（水、碳以及营养物质）传输发生的主要路径。植物根系主要代表了植被–土壤界面层，诸多生态水文过程，如植物吸水与蒸腾过程，土壤蒸发与呼吸过程，都受到该界面的影响与控制。

植物的根系代表了植被和土壤的交互界面，提供了外部环境水分和营养物质与植物间的传输路径。土壤中围绕根系存在的表层称为根际层，常常存在较大的水分和营养梯度。根系存在粗根与毛细根（直径小于2mm）。毛细根是植物与外部环境水分、营养物质水分和营养物质传输的主要路径。粗根主要形成植物自身体内的主要物质传输路径。水流从水势较高的土壤，通过根系，克服重重阻抗，进入水势较低的植物体内。极端环境下也会发生"逆流"现象。可以利用土壤水势、植物茎秆水势、土壤水分测量来估算植物吸水量。一般情况下，认为植物吸水量等于其蒸腾量。但是现实中，常常观测到的是蒸散，该通量包括土壤蒸发（E）和植被蒸腾（T），土壤蒸发和植被蒸腾受不同的生物物理过程控制，对其在生态系统中的相对贡献的定量研究，以及准确预测生态系统功能对气候变化的响应至关重要。准确的量化分割蒸散，确定蒸腾比（T/ET）变得十分重要。在常见的蒸散观测方法中（如涡度相关法、波文比法）很难分离植被蒸散和土壤蒸发，对其组分观测的方法（如植物液流计、小蒸渗仪），由于下垫面异质性，特别是干旱区植被的斑块状分布，不能很好地代表其所在大尺度生态系统。目前可以用植物茎秆液流计（热脉冲法、热平衡法、热扩散法和激光热脉冲法）直接观测植被蒸腾，但是该方法在测量单株或者几株植物蒸腾时可以获得较好的效果，但它不是直接测量整个群落蒸散的方法，往往在进行尺度扩展时导致误差产生；该方法无法获取土壤蒸发部分，在实际测量时会造成研究地区蒸散量偏低。同时，利用蒸渗仪所测量的结果仅代表小面积的土壤和植被的蒸散量，只有在仪器内外的土壤质地以及植被类型完全相同时，其监测结果才可以扩展到大尺度上；相对而言，同位素方法和数值模拟的方法（Penman-Monteith 大叶模型、Shuttleworth-Wallace 双源模型，以及多源混杂模型）具有较好的空间同质性，在很大程度上克服了上述方法的缺陷。同位素作为自然界的主要示踪剂，常用来分离生态系统尺度上的蒸散通量（Wang et al.，2015）。土壤水分蒸发由于土壤库容巨大，水分循环较慢，而植物库由于大量的蒸散，水分更新很快，两者截然不同的水文物理过程，导致蒸发和蒸散以后的水蒸气同位素比率差异显著，为分离蒸散提供了很好的理论基础。蒸散的分离常用蒸腾比（T/ET）来表示，可用下式估算：

$$T/\mathrm{ET} = \frac{\delta_{\mathrm{ET}} - \delta_E}{\delta_T - \delta_E} \tag{3-4}$$

式中，δ 为国际标准化后的同位素成分（δ^{18}O 或 δD）；下标 ET、E 和 T 代表蒸散量、土壤蒸发、植物蒸腾。

全球气候变化背景下，植物水分来源在内的植物水分利用策略一定程度上决定了植被对降水格局变化的响应程度。以往根据不同生活型植物同一指标的季节性变化差异，可以区分不同植物水分来源的差异。根据不同生活型植物树干液流季节性变化的差异分析植物水分来源，是目前普遍采用的方法。在土层浅薄地区，还可以根据树干液流与土壤含水量变化的相关性，以及由树干液流推算出的蒸腾耗水量与土壤有效水减少量的关系等分析植物水分来源。但是，由于植物体水分指标的变化受多种环境因子及植物水分利用方式的影响，且相对敏感，该方法不宜于精确分析植物水分来源。水稳定同位素（δO^{18}或δD）作为自然示踪剂广泛应用于水文循环、地球化学循环及气候变化等科学研究中（Dongmann et al.，1974；Farquhar and Cernusak，2005；Wang et al.，2012）。陆地生态系统的植物叶片水同位素值较茎（或根系）较高的现象，称为叶水同位素富集。而植物茎（或根系）水由于未发生同位素分馏，普遍认为与其水源（如土壤水或地下水等潜在水源）具有相同的同位素比率，常被用来示踪植物水分利用来源（Ehleringer and Dawson 1992）。可用同位素质谱仪测定环境中可能的水分来源（如降水、土壤水、径流、地下水等）和植物水分（根系水、茎水或木质液）的氢同位素组成，然后通过对比和模型计算得到植物利用的不同来源水分所占的比例。当植物利用的是某一种水分来源时，通过将植物水分的δD与各种水源的δD进行对比，即可得知植物利用的水分来源。如果通过δD数据的对比确定植物利用的是某两（多）种水源时，可以用简单的双（多）源线性混合模型确定每一种来源所占比例。

水力提升作用能够改善植物根系及相邻植物根系土壤水分环境条件，促进植物水分利用、养分吸收，有助于缓解干旱区植物水分胁迫，对提高植物群落的稳定性具有重要作用。植物根系提水作用的测定方法是这一研究领域的重要研究内容，主要测定方法有：①土壤水分法，即测定植物根系周围土壤水分含量或水势的变化。该方法基本原理主要是采用“分根系统”，主要方法有上下盆测定法、分层根箱法，其关键在于测定土壤水分变化，该方法与自然状况下的“上干下湿”差异较大，所以很难从中得到可信的结论。②氢同位素示踪法，主要是采用同位素示踪原理，多对观测植物特定根系区施以重水，并进行示踪测定其自身和相邻植物根系、土壤中的同位素含量比例，从而定量计算水力提升量。③根系茎流法，该方法是在植物的部分根系上安装测定茎流的探头，计算根系液流速度，进而计算出一定时间内的总液流量，但根系液流与茎秆液流存在差异，根系液流具有双向流动的特性，应适当增加对照探头。根系茎流法测定技术先进，测定精度高，但实验仪器设备成本高。随着技术手段的不断发展，水力提升作用的测定方法日益完善，测定过程将更加方便快捷，结果将更加精确。植物根系提水作用的测定目前正逐步由室内转向大田，由人工控制条件逐步向田间自然条件测定发展。

土壤呼吸的精确测定也成为研究生态系统碳循环和地球温暖化的关键问题之一。土壤呼吸的测定方法大致分为两类：一类是微气象学法，如涡度相关法，此法要求下垫面气流保持一定的稳定性，受地表附近的地形和植被构造的显著影响，而且此法还要受到成本和技术的限制，在实际应用中有一定局限性。另一类是气室测定法，按其测定原理分两种类型，一种是封闭型气室法，另一种是开放型气室法。其中封闭型气室法又可进一步分为静态气室法（静态碱液吸收法、静态密闭气室法）和动态气室法（动态密闭气室法、自动开闭气室法）。静态碱液吸收法操作简单，不需要复杂的仪器设备，也可多点测定，便于在较大的时空尺度上开展研究，但精度不理想，普遍认为当土壤呼吸率低时，测定结果高于真实值；若土壤呼吸率处于很高水平，则测定结果会低于真实值。因此对于此法测定的数据需进行校正。静态密闭气室法操作简便，可连续监测，但取样间隔不可过短，需要补充同体积空气，仪器设备成本比较高。动态密闭气室法将气室和红外 CO_2分析仪连成闭合型流路，以美国 LI-COR 的相关仪器最为著名，能够比较准确测定 CO_2真实值，但是空气流通速率和气室内外的差别对测定造成负面影响；设备较昂贵，同时必须有电力供应，这使它在野外使用受一定限制。开放型气室法中以通气法最具代表性，通气法在一定期间内可以连续测定，但是在测定期间，气室内的气压常高于外界，导致土壤中 CO_2的释放受到一定的限制，使测定值略低于实际值。受流量控制的影响，有时也出现气室内的气压低于外界气压的情况，导致在通常大气压下释放不出的 CO_2得以释放，使测定结果偏高。这个问题受气室和气泵之间距离的影响，在仪器设置时应予以注意。综上可以看出，测定土壤呼吸的方法多种多样，而且不同的测定方法所测结果可比性差，难以获得时间和空间上准确的数据，因此提高测定土壤呼吸的准确性，制定统一的测定方法和测定标准是需要解决的迫切问题。目前，区分土壤根系呼吸和微生物分析的方法与技术还处于探索性研究阶段，很多干扰因素尚无法克服，不同方法间的数据结果也存在很大的差异。同位素法理论上比较合理，但分析难度和较大的开支很大程度上限制了此法的广泛应用，这些问题都迫切需要更好的解决办法。

3.4.3 多尺度水分利用效率

水分利用效率是指植物消耗单位质量水分所固定的 CO_2（或生产的干物质）的量。水分利用效率不仅可反映生态系统碳、水循环及其相互的关系，也可作为揭示陆地植被生态系统对全球变化响应和适应对策的重要手段（Keenan et al., 2013）。最初的水分利用效率研究多限于植物的叶片生理水平或个体水平，但随着全球变化所引发的一些环境问题日益突出，水分利用效率引起了较大的关注，已逐步在更大空间尺度上开展水分利用效率研究，如群落或生态系统尺度、区域尺度乃至全球尺度。

（1）叶片尺度的水分利用效率

植物通过叶片气孔调节平衡 CO_2吸收和水分耗散之间的关系，而叶片水分利用效率能够很好地量化这一关系。在植物个体尺度上，水分利用效率是指蒸腾消耗单位质量的水分所能生产的干物质量。瞬时水分利用效率是植物节水能力的指标，表征植物本身对水分的利用能力，也是描述植物在不同生境中水分适应策略的重要参数。瞬时水分利用效率是净光合速率与蒸腾速率的比值，用于表示叶片水平的水分利用效率。在叶片与植物个体尺度上，植物水分利用效率的观测方法有两种，即气体交换法和稳定碳同位素法。气体交换法是采用便携式红外气体分析仪测定单叶瞬时 CO_2和 H_2O 的交换通量来计算水分利用效率，其优点在于操作简单方便、快捷，但只能代表某特定时间内植物部分叶片的行为，受不同时刻微环境影响较大，且与长期整体测定结果之间的关系无法解释；稳定碳同位素法是采用植物 $\delta^{13}C$ 作为评估植物水分利用效率的间接指示值，测定结果更为准确且不受取样时间和空间的限制，是目前国际公认的判定植物长期水分利用效率的最佳方法，但该方法仅局限于单一环境因子变量时使用。在气体交换过程测定的基础上，可计算瞬时水分利用效率：

$$\mathrm{WUEi} = P_n / T_r \tag{3-5}$$

式中，WUEi 为瞬时水分利用效率；P_n 为净光合速率；T_r 为蒸腾速率。

叶片尺度上，瞬时内在水分利用效率（intrinsic water use efficiency，iWUE）表达为光合速率 P_n 与气孔导度 g_s之比，由于直接考虑了气孔的影响，比光合速率与蒸腾速率之比更能描述植物叶片的生理过程。

对于 C3 植物，水分胁迫影响植物气孔导度，从而影响叶片胞间 CO_2分压和大气 CO_2分压的差异，碳同化过程中，这种分压差异和光合羧化酶对碳同位素存在分馏效应，进而影响叶片 $\delta^{13}C$ 值，因此叶片的 $\delta^{13}C$ 值是一个综合了植物长期光合特性以及生理生化特征的指标，能指示植物的长期水分利用效率。基于 $\delta^{13}C$ 的植物长期水分利用效率 WUE_l可以通过下式计算：

$$\mathrm{WUE}_l = \frac{P_n}{T_r} = \frac{P_a\left[1 - \dfrac{\delta^{13}C_a - \delta^{13}C_p - a}{b - a}\right]}{1.6\Delta W} \tag{3-6}$$

式中，P_n 为净光合速率；T_r 为蒸腾速率；P_a 为大气 CO_2浓度；$\delta^{13}C_a$、$\delta^{13}C_p$ 为大气、植物叶片碳同位素比率；a 为 CO_2扩散引起的碳同位素分差，一般为固定值 4.4‰；b 为羧化过程中的同位素分馏系数，一般为 27‰；ΔW 为叶片内外水汽压差。

不同生活型、不同植物种类之间的叶片 $\delta^{13}C$ 范围存在显著差异，一般地，植物的 $\delta^{13}C$ 值越小，其水分利用效率越低。在干旱条件下，植物通过提高水分利用效率适应环境已经成为普遍规律，以往的诸多研究证明，植物叶片 $\delta^{13}C$ 与环境水分可利用程度、降水量、土壤含水量等呈负相关（Wei J et al.，2015），但也有研究发现，在干旱环境中（$P/E<1$），叶片 $\delta^{13}C$ 与多年平均降水呈负相关，而在水分条件较好的环境中则没有显著相关关系（Warren et al.，2001；Song et al.，2008）。

（2）群落或生态系统尺度的水分利用效率

在群落或生态系统尺度上，水分利用效率可采用生物量调查法和涡度相关法测量（张良侠等，2014）。生物量调查法是通过测定植物群落中所有植物地上、地下生物量在一定时间间隔期间内的增长量，以估算生态系统的净初级生产力；并通过水分平衡法或蒸渗仪法估算群落蒸散量，两者的比值即群落水平上的水分利用效率。但是，该传统方法精度较低、需要耗费大量劳动力和时间，且很难在多时空尺度上研究水分利用效率的变异性。而涡度相关法是随着微气象学理论的进步而发展起来的一种方法。涡度相关技术可以对生态系统气体交换进行连续自动测定，可以通过时空积分获得长期的水分利用效率，也可以捕捉生态系统气体交换特征的时空变化特征。该方法使不同时间尺度上（日、季节及年际尺度等）分析生态系统水分利用效率的变异特征得以实现。同时，该方法是对生态系统整体行为的测定，克服了对个体测定所带来的误差。但是，涡度相关法只能测定通量塔所在生态系统中某一个点的碳通量和水汽通量。

（3）区域或全球尺度水分利用效率

在区域乃至全球尺度上揭示陆地碳水循环相互作用关系及其变化趋势是深刻理解和准确预测气候变化对生态系统影响的重要基础。在区域尺度上，水分利用效率的观测数据主要采用融入遥感数据的模型计算所得（邢会敏等，2016）。其中，遥感数据用于提供大尺度上地表能量分配、植被生长和水分状况等。估算生产力（GPP、NPP、NEE）和蒸散（ET）的模型既可以是能同时估算出两者的生态系统过程模型（Tian et al.，2011），如 Dynamic Land Ecosystem Model（DLEM）、Integrated Biosphere Simulator（IBIS）Model、Vegetation Interface Processes（VIP）Model、Vegetation Integrative Simulator for Trace Gases（VISIT）、Atmosphere-Vegetation Interaction Model-Global Ocean-Atmosphere-Land System Model（AVIM-GOALS）等（胡中民等，2009）；也可以是非生态系统过程模型的区域生产力模型与区域 ET 模型，由两个模型分别计算出生产力和蒸散量，由两者的比值计算出区域尺度上的水分利用效率。

在全球气候变化背景下，CO_2浓度升高、气候变暖、紫外辐射和臭氧浓度增加、氮沉降等现象均成为影响植物水分利用效率的关键因素。目前，全球变化下水分利用效率的研究，主要是针对植物水分的适应，而且大多数研究集中在干旱、半干旱以及荒漠地区。这些地区降水较少，且降水有明显的干湿季，植物必须选择相应的水分利用策略，才能在这种严重的水分胁迫下生存。由于同一物种水分利用效率对不同气候因子变化的响应不同，采取沿不同环境梯度以及人工控制特定环境因子试验能更准确地了解植物抗性及其生存策略。Yang 等（2007）发现，沿中国东北样带自东向西，降水量、年均温度和土壤水分降低，羊草的水分利用效率有明显增强趋势，这是羊草长期适应各地环境、气孔数量逐渐增多的原因。Correia 等（2008）研究了葡萄牙 7 个区域的法国海岸松（*Pinus pinaster*）的水分利用效率，发现在中度水分胁迫下水分利用效率最高。然而，对同种植物移栽到不同气候区域后，对气候变化的响应研究较少。

此外，由于受测定方法的限制，目前大多数有关水分利用效率的研究多集中于叶片和植物个体尺度上，对同一尺度上水分利用效率内部和不同尺度水分利用效率之间，以及与环境的相互关系等研究还很薄弱。目前有关于水分利用效率的研究仍存在以下几点问题：①研究工作局限于单一因子单个植株或植被，不同植物具有不同的水分利用策略，未考虑不同环境条件下植物的生理活动，在 CO_2浓度升高、气候变暖等复杂的全球变化下，显得极为单薄。②生态系统水分利用效率的研究受到单一技术手段限制，基本都在单一尺度和层次上进行，对气候因子的响应，以及不同生态系统水分利用效率间的比较研究较少，生态系统各过程之间的耦合关系极为薄弱。③未能在不同尺度间建立完善的水分利用效率联系机制，应将个体水平的水分利用效率上推到生态系统水平层面，建立不同尺度之间的联系，这对预测未来全球变化可能造成的影响极为重要。因此，为应对和预测全球变化对陆地植被水分利用效率的影响，应多综合利用先进科技手段，如引进双同位素标定法（$\delta^{13}C$ 与 $\delta^{18}O$）和树干液流测定技术［Granier 热扩散探针法（thermal design power，TDP）］提高水分利用效率测定水平；在试验基础上，建立植物叶片、冠层与生态系统不同尺度水分利用效率联系机制模型，了解和预测植物水分利用效率对全球变化的反馈与适应。

3.5 稳定同位素分析方法及应用

稳定同位素是一种天然示踪剂，可以揭示生态系统中生物与非生物间的物质交换。其中，氢氧同位素（$^{18}O/^{16}O$、D/H）、碳同位素（$^{13}C/^{12}C$）和氮同位素（$^{15}N/^{14}N$）被广泛用于研究生态系统水循环、碳循环和氮循环之间的物质相互作用。

3.5.1 氢氧同位素在生态水文学的应用

氢氧同位素作为水的“DNA”，所保留的环境信息能作为我们研究水循环的有效手段。在水循环进程中，各水体由于经历了不同的水文过程，由不同的氢氧同位素组成，基于同位素质量守恒定律，可以分析水体的来源及运移途径等。例如，大气降水的同位素组成用于分析降水的水汽来源，土壤水的同位素组成可用来研究水分的运移和混合过程，而植物体内的水分同位素信息则可以帮助我们判断植物的水分来源。因此，水循环中各环节的氢氧同位素组成能反映各水体间的相互作用，有助于我们充分认识水循环的进程。

（1）大气降水

大气降水是生态系统水循环的根本来源，是进一步研究区域同位素水文过程的必要前提。天然降水中 $\delta^{18}O$ 和 δD 之间的关系为大气降水线，即全球大气降水线（GMWL）：$\delta D=8\delta^{18}O+10$。然而，由于自然蒸发过程中存在动力学分馏且区域水汽来源存在差异，局地大气降水线（LMWL）往往偏离 GMWL。降水同位素的区域差异必然会导致土壤水、地下水和径流中水体同位素组成的空间差异。

（2）土壤水分运移

土壤中水体的氢氧同位素组成可标记水分在土壤中的运移过程，揭示水文过程信息，如入渗、蒸发等。通过对比不同水体以及不同深度土壤水的同位素组成，可以研究降水的入渗以及土壤水的运移情况。土壤水分的补给方式不同，会使土壤剖面上同位素组成不同，因此通过对比降水、土壤水和地下水的同位素组成，可以确定土壤水运动机制以及土壤水、地下水等的补给方式。

另外，基于同位素手段，采用正弦函数模型还可以计算土壤水的滞留时间（Kabeya et al., 2007）。降水和土壤水中 $\delta^{18}O$、δD 盈余具有与正弦曲线及余弦曲线相似的季节变化趋势，通过拟合并比较曲线的振幅和相（时间），可推求土壤水的滞留时间。

$$\tau = c^{-1}\sqrt{f^{-2}-1} \tag{3-7}$$

式中，τ 为滞留时间；f 为阻尼系数，$f=Bn/An$，An 和 Bn 分别为土壤水和大气降水（或穿透雨）同位素拟合曲线的振幅；c 为角频率。

（3）植物水分利用来源

对于植物而言，其木质部水的氢氧同位素组成来源于植物利用的环境水。植物根系从周围环境潜在水源（如降水、土壤水或地下水）吸水并运输至茎干，不改变其吸收水源的同位素特征。因此，植物茎干的同位素组成可以反映植物水源的同位素状况，通过分析植物茎干与各水源的同位素组成，可以确定植物利用的水分来源、各水源利用比例及植物水分利用的过程（Jespersen et al.，2018）。植物内部的 $\delta^{18}O$ 和 δD 值是其各潜在水源的混合值，其潜在水源可能是降水、地下水、径流等，这些潜在水源进入土壤中随之被植物吸收。

通过测定植物木质部水以及潜在水源的氢氧稳定同位素值，并通过质量守恒定律即可判断植物对各水源的相对利用比例。常采用的计算模型有 IsoSource 模型、贝叶斯定理的同位素混合模型等（Moore and Semmens，2008；曾欢欢等，2018）。除了可以区分植物水源比例以外，这些方法还可以应用于确定径流、地下水、土壤水的水源比例。

近年来，在技术层面的发展较为迅速，样品水分分析过程已出现了“去抽提化”的发展趋势（汤显辉等，2020），如“直接水汽平衡”“直接 CO_2 平衡”等新方法相继发展起来。此类方法将土壤或植物样品置于特定温度的封闭系统中，经过一定时间使系统内的水汽或 CO_2 与样品水达到同位素平衡，进而通过测量平衡后水汽或 CO_2 的 δ 值反推样品水的 δ 值。另外，利用可透气且强疏水性的多微孔聚丙烯管材的取样方法，可以实现原位非破坏性取样，长期监测土壤水同位素的动态变化，该方法也可以拓展到植物水的原位非破坏性取样和同位素动态监测。一种利用全氟磺酸薄膜（nafion membranes）的采样方法，可用于不同基质水体（如有机物、污染物等）的同位素精确测量，这些技术的发展有利于深入研究植物水和土壤水的动态变化以及提高植物水分来源的判定精度（Beyer et al.，2020）。

（4）蒸散发分割

基于同位素质量守恒定理可知，生态系统中蒸散发氢氧同位素的含量是植物蒸腾同位素含量和土壤蒸发同位素含量之和。应用二元混合模型可量化植物蒸腾与土壤蒸发对生态系统蒸散发的贡献（Wei Z W et al.，2015）：

$$T/\mathrm{ET} = \frac{\delta_{\mathrm{ET}} - \delta_E}{\delta_T - \delta_E} \tag{3-8}$$

式中，E、T 和 ET 分别为蒸腾、蒸发和蒸散发量（mm）；δ_E、δ_T 和 δ_{ET} 分别为蒸发水汽、蒸腾水汽和蒸散发混合水汽的同位素组成。

近年来，研究人员借助激光测量技术在 δET、δE 及 δT 测量方面开发了一系列新方法（汤显辉等，2020），如通过两层或多层梯度廓线技术测量大气水汽轻重同位素组分的梯度计算轻重同位素的比值，最后得到在线原位监测的 δET，并进一步和涡度相关法相结合，在线原位监测更大尺度的植被冠层 δET 的方法等。近年来，通过连续测量植物叶片水和茎秆水的 δD 值、$\delta^{18}O$ 值以及含水量变化来计算 δT 的方法逐渐发展起来，该方法把植物蒸腾通量看作进（茎秆水通量）和出（叶片含水量）叶片水随时间变化的总和，通过同位素质量守恒可以求得 δT。而土壤蒸发的 δE 可通过测量土壤蒸发前缘水的 δ 值、大气水汽 δ 值和空气相对湿度来模拟估算（Hu et al.，2014）。

（5）径流分割

径流和降水是水循环的重要组成部分。利用氢氧稳定同位素手段，可以判断径流的水分来源以及各组成的组成比例，从而揭示降水对径流的补给效应以及流域产流机制。Sklash 等（1976）提出可将径流成分按三种方式进行分类，包括按时间源、地理源和径流机制。其中，前两种可基于氢氧同位素手段，利用同位素质量守恒和水量守恒定理将各组分进行分离。基于同位素流量过程线分割（IHS）方法，可区分降水事件对径流的补给，计算事前水和事件水的比例。随着研究的深入，进一步区分地下水和土壤水对径流的贡献，三水源混合模型和多水源混合模型也被应用到径流分割。

3.5.2 碳稳定同位素应用

碳同位素（$^{13}C/^{12}C$）对陆地生态系统碳元素的迁移和转化具有良好的指示作用，是研究生态系统碳循环的重要手段，常用于植物-土壤碳循环和植物水分利用效率等方面研究。

（1）土壤有机碳来源

植物和土壤是生态系统中的重要碳库。土壤中的有机碳主要来源于高等植物，而土壤有机碳分解过程碳同位素的分馏较小，所以土壤有机碳中 $\delta^{13}C$ 可作为各来源的混合体，能够反映有机碳来源植被 $\delta^{13}C$ 的基本特征，$\delta^{13}C$ 常用于研究不同植被对土壤碳的贡献率。根据质量守恒方程计算可得出：

$$C_3(\%) = \frac{\delta^{13}C_{SOM} - \delta^{13}C_{C4}}{\delta^{13}C_{C3} - \delta^{13}C_{C4}} \times 100\% \tag{3-9}$$

$$C_4(\%) = 1 - C_3(\%)$$

式中，$\delta^{13}C_{C3}$和$\delta^{13}C_{C4}$为某一时间 C3 和 C4 植物的$\delta^{13}C$ 值；C_3（%）和C_4（%）为 C3 和 C4 植物生物量比例。

（2）土壤呼吸拆分

土壤无机碳主要由土壤中 CO_2的 $\delta^{13}C$ 组成，土壤中 CO_2主要来源于土壤呼吸。土壤无机碳同位素还可以用于土壤呼吸拆分。土壤呼吸由根源呼吸和土壤微生物呼吸组成。其中，土壤微生物呼吸中的有机质来源于土壤中旧的有机质，而根源呼吸的有机质来源于土壤中新种植被体内的有机质，通过对比两者^{13}C 的丰度，根据质量守恒可算出根源呼吸和土壤微生物呼吸在总土壤呼吸中的比例。

（3）生态系统水分利用效率

水分利用效率的定义为

$$\mathrm{WUE} = \frac{A}{E} = \frac{C_a - C_i}{1.6\Delta W} \tag{3-10}$$

式中，A 和 E 分别为光合速率和蒸腾速率；ΔW 为叶片与空气的水蒸气浓度梯度；1.6 为由气孔对水蒸气的传导性转为对 CO_2传导性的转换因子。

近年来，大量的研究利用稳定碳同位素组成（$\delta^{13}C$）间接指示植物叶片的 WUE，探讨植物 WUE 变化的生理生态机制，揭示不同植物水分利用策略及植物 WUE（$\delta^{13}C$）的空间差异与水分有效性的关系、植物 WUE（$\delta^{13}C$）沿不同降水梯度样带或不同土壤水分状况区域的变化趋势、不同海拔 $\delta^{13}C$ 的变化趋势、不同生活型植物 $\delta^{13}C$ 对季节或年均降水量的响应关系以及生态系统植被 WUE 等（Hu et al.，2010；Yang et al.，2010）。

3.5.3 氮稳定同位素应用

陆地生态系统氮循环主要分为三个环节，包括氮的输入（生物固氮）、转化（硝化、分解）和输出（反硝化、气体挥发）。生态系统中氮素主要通过氨挥发、淋溶和反硝化作用等形式损失，而通过生物固氮和施氮肥等形式补充，以此维系氮素的动态平衡。生态系统氮循环过程中会引起氮同位素分馏，因此氮同位素 $\delta^{15}N$ 能提供生态系统氮循环信息。$\delta^{15}N$ 被广泛应用于生物固氮、有机氮矿化程度评估和 NO_3^-/N_2O 来源研究。

（1）生物固氮

生物固氮是氮素从分子形式 N_2 进入生态系统的主要途径之一，此过程中氮同位素分馏作用较弱。^{15}N 自然丰度法是以非固氮植物为参考，利用非固氮植物从土壤中吸收的 ^{15}N 丰度高于固氮植物的原理，根据两者之间 ^{15}N 自然丰度法的差异估算固氮植物的生物固氮（Pauferro et al.，2010）。

（2）大气氮沉降来源

氮沉降指大气中氮元素以 NH_x 和 NO_x 的形式降落到陆地与水体的过程。植物叶片 $\delta^{15}N$ 能反映环境氮沉降的程度以及形态。苔藓没有维管组织，没有真正意义的根，无法从土壤中吸收氮素，其营养物质主要来源于大气的干湿沉降，且苔藓靠整个表面吸收营养，无法对营养物质进行再分配。因此，苔藓 $\delta^{15}N$ 值被普遍认为是指示大气氮沉降的可靠手段。不同氮源 $\delta^{15}N$ 具有不同的数值区间，一般来说，氨态氮中 $\delta^{15}N$ 相对偏负，而硝态氮中 $\delta^{15}N$ 相对偏正。通过分析不同地区苔藓 $\delta^{15}N$ 的含量，可以定性揭示地区大气氮沉降的来源。

（3）N_2O 来源

硝化作用和反硝化作用是土壤氮素损失的重要途径，其产生的温室气体（N_2O）进一步导致气候变暖，同时加剧全球尺度的氮沉降。N_2O 主要是在厌氧条件下由反硝化作用产生。而在富氧条件下，在硝化作用将 NH_4^+ 转化为 NO_3^- 过程中，其中间产物 NO_2^- 也可能被还原为 N_2O。利用同位素手段，可利用 N_2O 的 $\delta^{15}N$ 和 $\delta^{18}O$ 同位素组成差异来判断 N_2O 的来源。在硝化作用中，N_2O 的 N 和 O 主要来源于土壤中的 NH_4^+，O 来源于土壤以及土壤水中的 O；而反硝化作用中，N_2O 中的 N 和 O 均来源于 NO_3^-。所以，根据氮氧同位素组成可以区分 N_2O 的排放途径。

（4）土壤氮矿化率

氮素在转化和输出过程中会发生氮同位素分馏，其中矿化作用对 $\delta^{15}N$ 的含量起到主要作用。^{15}N 同位素稀释法可用于测定土壤的总矿化率。它的基本原理是用 ^{15}N 标记土壤氨态氮，使其 ^{15}N 高于自然丰度。当土壤有机物被矿化时，会以自然丰度释放出氨态氮，此时土壤中氨态氮的 ^{15}N 丰度会降低，通过测定土壤中 ^{15}N 丰度的变化和氨态氮含量的变化，利用不同的分析方程或 FLUAZ 模型，就可以计算出氮总矿化率。

3.6 遥感技术在生态水文中的应用

在过去的50年里，遥感技术已经成为了解地球系统和生态水文过程强有力的手段与方法。遥感技术为观测较大空间尺度水文状态及变量、植被动态监测等提供了可能。例如，从热红外数据中可以提取地表温度，从被动式微波数据中可以提取地表土壤水分，基于可见光和微波数据评估积雪状况，利用可见光和近红外数据估计景观尺度水体质量，使用激光雷达提取地表粗糙度信息，利用红外波段生产植被指数等。遥感技术日益成为生态水文科学研究的重要方法与手段。

3.6.1 遥感技术对水文过程的观测

卫星遥感是一个通过传感器，测定卫星与地面之间电磁辐射（如热红外和微波）传播，从而推断地表参数的过程。自20世纪中期以来，遥感技术已成为了解地球和大气过程不可或缺的技术手段。它能够更为经济有效地提供长时间尺度、高时空分辨率的区域乃至全球范围数据。由于地面观测的种种局限，遥感技术被越来越多地应用于水文过程状态量及通量的观测中，其中包括地表温度、近地表层土壤水分、积雪和雪水当量，陆地储水量（TWS），以及水汽通量估算等，还有湿地、水库等地表水体的识别和变化监测。

1. 地表水文水资源状态量与通量的监测

（1）地表温度

地表温度是大气、陆表和地下能量交互结果的状态量，并在很大程度上受地表辐射系数的影响。在遥感地表温度定量估算中，通常区分温度和辐射系数对观测辐射率的影响。因此，基于卫星遥感的辐射计主要直接测定地面辐射到达卫星传感器的“亮温”，而后对“亮温”进行大气衰减的校正来计算地表温度。其中地表温度与卫星传感器测定“亮温”的关系通常用辐射平衡（Price，1983）来表示：

$$L_{\mathrm{SEN}}^{j} = L_{\mathrm{SURF}}^{j}\tau^{j} + L_{\mathrm{ATM}\uparrow}^{j} \tag{3-11}$$

式中，L为辐射计接收的来自第j个波段通道辐射；L_{SEN}^{j}为传感器上的辐射；L_{SURF}^{j}为地表辐射；$L_{ATM\uparrow}^{j}$为上行的大气辐射；τ^{j}为大气传递率。上行的大气辐射和大气传递率可以使用大气辐射传递编码计算。地表辐射一般使用式（3-12）进行计算（Berk et al.，1998）：

$$L_{\mathrm{SURF}}^{j} = \varepsilon^{j} L_{\mathrm{BB}}(\lambda^{j},\ T_{s}) + (1-\varepsilon^{j}) L_{\mathrm{ATM}\downarrow}^{j} \tag{3-12}$$

式中，ε^{j}为地表发射系数；$L_{\mathrm{BB}}(\lambda^{j},\ T_{s})$为黑体辐射的普朗克方程；$\lambda^{j}$为第$j$个波段通道辐射的中心波长；$L_{\mathrm{ATM}\downarrow}^{j}$为下行的大气辐射。

（2）土壤含水量

近地表层土壤水分的遥感测算受益于水的介电常数远大于干燥矿物或者土壤，这导致地表水和土壤发射的微波频率产生较大差异。一般情况下土壤微波发射率为0.95左右，水的微波发射率约为0.4，从而当干土和水混合时，其微波发射率介于这两个极值之间。

因而提供了一种通过在微波频率下观察土壤的发射率来遥感土壤水分含量的机制。自 20 世纪 70 年代初以来，已有研究对微波遥感土壤水分进行了广泛的研究，结果发现，确实有可能测定约 0.25 个波长厚度土壤表层含水量，即使用 21cm 波长测定 0 ~ 5cm 土层的含水量（Wigneron et al.，1998）。一般来说，波长越长，能够测定的土壤水分深度越大，而噪声因素如植被和地表粗糙度的影响越小。发射率的变化范围预计从干燥土壤的 0.95 到光滑湿润土壤的 0.6 以下。

（3）积雪

积雪的物理特性决定了它的微波特性，从地下发出的微波辐射被雪层内的雪粒散射到许多不同的方向，导致在雪表面顶部的微波辐射小于地面辐射。因而，影响雪被微波辐射的特性包括雪被深度或雪水当量、液态水含量、密度、颗粒大小和形状、温度和分层以及雪被的状态和土地覆盖情况。微波辐射对地面积雪的敏感性使得利用被动微波遥感技术监测积雪覆盖、雪深度、雪水当量和雪状态（干/湿）的信息成为可能。由于雪被内散射体的数量与厚度和密度成正比，雪水当量与所观察区域的“亮温”相关，表现为雪被深度越大，观测到的“亮温”越低。因而雪被深度或雪水当量通常利用经验公式或者辐射传输理论得到。目前可利用电磁波谱的近红外（VNIR）区域监测雪被的卫星遥感平台较多。由于地球资源卫星（Landsat）和 SPOT 卫星观测频率的缺陷，美国国家海洋和大气管理局（National Oceanic and Atmospheric Administration，NOAA）高分辨率气象卫星传感器（NOAA-AVHRR）被广泛用于积雪覆盖的数据生成，该卫星在 0.58 ~ 0.68lm 红色波段的分辨率约为 1km，覆盖频率为每 24h 两次（日间一次和夜间一次）。但是，NOAA-AVHRR 数据的主要问题是，1km 的分辨率可能不足以在小盆地上绘制雪被覆盖图。因此，更高分辨率积雪覆盖数据是使用美国国家航空航天局（National Aeronautics and Space Administration，NASA）EOS 卫星的中分辨率成像光谱仪（MODIS），该数据空间分辨率可达 250m。

（4）陆地储水量

陆地储水量（TWS）分布在地球表面和地表以下，是陆地水文循环的重要组成部分。然而传统方法很难做到在区域或全球范围内监测 TWS。近年来，随着 2002 年 3 月 GRACE 双卫星的发射，越来越多的研究可以准确地估算 TWS，大大提供了对地球储水量变动的认知。

（5）蒸散发

遥感方法由于其能够获知大范围地表特征信息，为估算地表蒸散发提供了可能，并得到了快速的发展。基于能量平衡方程，蒸散发被认为是净辐射分配为土壤热通量，显热之后的余项。基于遥感陆地表层温度（LST）产品，诸多研究通过遥感技术构建的地表温度-植被指数特征空间法，基于双源模型的能量平衡框架，区分和估算了植物蒸腾与土壤蒸发。另外，基于温度梯度（dual-temperature-difference，DTD）方法广泛开展了对蒸散发的估算（Norman et al.，2000）。该方法通过引入参考温度概念，基于三温模型消除了植被与土壤表面阻抗难以精确界定的问题，该模型由于其较少的参数输入（辐射及温度），简单、无阻抗等特点，对于应用遥感技术估算蒸散发具有较强的优势（Qiu et al.，2006）。

（6）湿地及水库

遥感技术应用于湿地监测，关注内容有湿地分类、生境或生物多样性、生物量估算、水质、红树林和海平面上升等。主要的湿地监测分类技术是基于模拟遥感图像的目视解译分类，它可以充分利用判读人员的知识和经验，结合其他非遥感数据资源进行综合分析和逻辑推理，灵活性强，尤其对地物空间关系处理较好，因此解译精度一般高于计算机分类精度。由于受遥感影像数据源的分辨率、获取难度、影像效果等条件制约，尤其是智能化提取方法尚不能满足湿地监测精度的要求，大部分应用技术研究仍主要依靠传统目视解译结合野外实地调查的方法。同时，得益于机器学习算法的发展，通过各种机器学习方法建立的单分类器及多分类器越来越多地被应用于湿地的识别、湿地范围的变化及其分类。

2. 极端水文事件的监测

在对极端水文事件的监测中，主要体现为卫星遥感对洪水及干旱的识别上。

（1）洪水

对洪水的识别通常存在三种途径，即依赖光学传感器的识别、依赖微波传感器的识别和依赖被动微波的识别（Chawla et al.，2020）。在光学上，遥感进行洪水监测的原理主要依赖于水相对于其他地表覆盖类型在可见光和热电磁辐射光谱中具有较低的反射率。通常，光学遥感信号包括蓝色（0.45～0.52μm）、绿光（0.50～0.57μm）、红光（0.61～0.70μm）、近红外（0.7～0.9μm）和中红外（1.5～3μm）波段。在过去的研究中，提出多种通过对旱涝地区的划分来评估洪水的范围指数，其中包括利用反射系数信息、频带比及多指标的组合等（Ma et al.，2019）。其中 TCW（tasseled cap wetness index）是世界上最早的水分指数，它是由陆地卫星（如 Landsat）提供的六个波段反射率信息组合而成。设置 0 的阈值来识别水体。而另外一种基于绿色和近红外光谱差及绿色与近红外光谱之和的比值计算的归一化水体指数（NDWI）是应用最广泛的水分指数之一（McFeeters，1996）。然而，NDWI 在城市区域应用存在缺陷。因此，部分研究中利用短红外波段替代了近红外，从而增强了建筑区域水体的识别。但同样存在局限，即该方法无法圈定积雪区域的水体。总体上光学传感器虽然更便于应用，但其受大气影响较为严重，如云层覆盖及大气中颗粒浓度等。

主动微波传感器向地球表面发射其电磁辐射信号（以微波频率），并测量散射信号（后向散射系数形式），能够获取包含地球表面的纹理、形状及其介电特性的信息。主动式微波（雷达）传感器可以穿透云层，且衰减较小，还可以提供不依赖太阳光照的信息，能够精确获取 10m 到数百米分辨率地表信息，是监测宽度小于 1km 的河流的洪水的重要手段。大量的合成孔径雷达的微波卫星被应用于洪水的监测。而由于一般主动微波卫星监测的空间分辨率在 1～100m，时间分辨率在 11～46 天，为了进一步提高主动微波对洪水监测的空间和时间分辨率，发展出了多卫星集合体（卫星星座）协同工作。例如，Sentinel-1 协同两颗卫星同时开展监测将全球重访时间减少到 6 天，而 2016 年发射的 Sentinel-2 后续任务将重访时间进一步缩短至 5 天。此外，COSMO-SkyMed 协同 4 颗卫星，能够提供低至 2h 重访时间的高分辨率图像。被动微波辐射计以“亮温”的形式捕捉地球表面自然发出的电磁辐射。由于陆地和水体的热惯性与发射率的差异，卫星在水面上记录的“亮温”

较低。这种“亮温”对比通常用于探测洪水泛滥地区。因为微波发射的能量较低，“亮温”的测量只能在几十千米范围内进行。因此，只有在面积大于 1000km^2 的大型流域情况下，才有可能评估洪水范围（Grimaldi et al.，2016），格单元中流量和水体范围的变化。此外，微波信号由于大气超过 X 波段频率而有明显的衰减（Karthikeyan et al.，2017），在反演过程中也应该考虑这些衰减。

（2）干旱

遥感上对干旱的刻画更多的是对计算遥感指数相应参数进行监测。例如，帕尔默（Palmer）干旱严重指数（PDSI）是一种气象干旱指数，它基于水量平衡方程的供需概念来度量水分供给的偏离。基于遥感观测的降水、温度和土壤含水量数据，计算获取的区域乃至全球尺度的 PDSI 干旱指数产品可服务于干旱灾害应对。同样，标准化降水指数（SPI）是另一种可以表征气象干旱的常用指数，利用多源加权集合降水（MSWEP）遥感数据，从而得到长时间大范围的 SPI。同样基于遥感观测数据，生产了诸多针对农业干旱和水文干旱产品应用于干旱监测。例如，典型农业干旱指数，包括作物水分指数（CMI）、农业干旱指数（DTx）、标准化土壤水分指数（SSI）、土壤含水率（SMI）、土壤水分亏缺指数等，均可利用遥感观测得到的降水、温度、土壤含水量参数计算得到。而水文干旱指数，包括帕尔默水文干旱指数（PHDI）、地表径流指数（SRI）、储水量亏缺指数（TSDI）、地下水干旱指数（GGDI）则可利用遥感观测得到的降水、温度、土壤水分及陆地储水量（TSW）等参数计算得到。值得一提的是，自 2002 年地球重力卫星发射后，利用重力卫星质量差值的计算能够得到陆地储水量的变化及其陆地储水量。通过遥感数据的测算可以获得干旱特征的不同成分，如持续时间、严重程度、区域和频率等。区域干旱分析可以生成时空干旱信息，对改善区域尺度的水资源管理起着重要作用。

3. 水质监测

水质监测是水资源保护与可持续发展的必然要求。遥感技术不仅可以应用于大尺度水量的监测，也可以广泛地应用于大面积水质监测。由于清洁水面和污染水体光谱的反照率差异，很多研究建立了水体光谱和水体污染物之间线性或非线性的关系，进而推导出水体的污染程度。因此基于水体光谱信息，可广泛地监测水体的水质及受污染程度。例如，利用遥感技术可监测水体中的总悬浮物（TSS）、水体透明度和有色溶解性有机物（CDOM）等水质参数，基于水体中叶绿体 a（Chl-a）的光谱信息特征可以指示和判断水体的富营养化程度（Chawla et al.，2020）。

3.6.2 遥感技术对生态过程的观测

1. 植被生态参数估算与监测

（1）植被参数估算

遥感技术在陆地生态系统植被结构和功能中的不断应用，使得大区域、全球尺度的植被参数信息的获取成为可能。表征陆地生态系统植被状态量的指标主要包括植被总初级生产力（gross primary productivity，GPP）、归一化植被指数（normalized differential vegetation index，NDVI)、植被高度（Vegetation height)、植被光学厚度（vegetation optical depth，VOD)、植被净初级生产力（net primary productivity，NPP）和植被净生态系统生产力等。

基于遥感数据的 GPP 过程模型是估算大尺度空间 GPP 较为准确的方法，也使得长时间序列、大尺度的碳循环研究成为可能。

归一化植被指数（normalized difference vegetation index，NDVI）是应用最为广泛的植被指数模型。Colwell 在 1974 年发现了植被反射的红光谱和近红外光谱差与地面植被叶面积总量之间的关系。为消除太阳辐射、大气条件、土壤背景、植被冠层的结构和组成等因素对植被生物物理参数定量化的影响，提出归一化差建立植被指数的方法，通过红光谱（X_{red}）和近红外光谱（X_{nir}）的和差之比得到植被指数（杨运航等，2020）。

$$\mathrm{NDVI} = \frac{X_{nir} - X_{red}}{X_{nir} + X_{red}} \tag{3-13}$$

植被高度（vegetation height）可以作为地上部分生物量的代表，对于陆地生态系统碳估算具有重要作用。传统的人工测量方法，一方面会扰动一些脆弱生态系统；另一方面常常受到时间和规模上的制约。遥感技术代替人工测量，能够在短时间内生产跨越大空间范围的连续结果，具有明显优势。将遥感技术所获得的植被高度数据与地面人工测量结果进行比较，可以预测出真实的植被高度（DiGiacomo et al.，2020）。

植被光学厚度（vegetation optical depth，VOD）是表征地表植被的重要参数，由于地表植被层对地表上行微波辐射存在衰减作用，常用于水循环模型中辅助计算地表植被层的影响，对大尺度的土壤水分变化监测以及建立全球的水循环模型意义重大（赵天杰，2018）。

植被净初级生产力（net primary productivity，NPP）估算，国际上最普遍的方法为光能利用率模型，光能利用效率（CASA）模型主要通过遥感的方法利用植被指数确定光合有效辐射分量，并通过光能利用率获取 NPP。此外，还包括 Biome-BGC 模型、TEM 模型、SiB3 模型等过程模型。

（2）生物多样性监测

遥感技术在生物多样性监测中的应用实现了从点到面的监测，使得大尺度的生物多样性信息获取成为可能。基于遥感技术的生物多样性监测方法包括直接与间接两种途径，直接法多是基于遥感诊断特征直接识别物种或群落类型，而间接法则是通过遥感数据衍生的与生物多样性密切相关的指标（如景观指数、遥感指数、光谱变异指数等），并结合野外采样，构建模型来预测物种分布以及多样性格局（李爱农等，2018）。

（3）植物生理生态属性监测

近年来，遥感技术在植物生理生态属性监测方面得到了长足的发展。生态系统各组分元素含量是表征生态系统特征的重要指标。高分遥感数据可以提供有关植物体中组织结构和化学成分方面的信息。对于一些植物体内的大量元素，特别是含量较高的氮素和磷水平的遥感监测也越来越普遍。通过和激光雷达数据的结合，高分遥感可以反演环境要素，包括土壤 pH、氮含量、叶绿素含量、水分含量、植物体内色素含量、氮含量和磷含量等（Homolová et al.，2013）。对植物各种元素含量的遥感监测一般是通过经验模型或生理机制模型，但这些生理机制模型目前都不大成熟，精度尚不如经验模型，因此经验模型依旧是比较普遍的方法。

2. 植被物候监测

在过去的几十年中，遥感技术的出现极大地扩展了传统植物物候观测的范围。卫星遥感数据通过监测时间序列中植被绿度指数，如归一化植被指数（NDVI）和增强植被指数（EVI），来提取物候事件（Liu et al.，2018），已广泛应用于景观尺度植被物候研究。以NDVI或EVI提取的物候为例，从卫星数据到物候事件的转换通常包括以下三个步骤：①提高NDVI或EVI数据集的质量；②使一个或多个函数适合季节性NDVI或EVI模式；③使用预定的阈值或拐点来确定生长季节的开始和结束日期。但是，多种因素会降低卫星反演的植物物候事件估计的准确性，如不良的观测条件（如云、雪和冰），BRDF（双向反射分布函数）效应，传感器的位移以及粗糙的时空分辨率。例如，卫星数据的空间分辨率（范围从30 m到几千米）可能会使物候日期的提取在混合植被类型中具有挑战性，因为混合植被类型中同时出现了不同物候期。相似地，在落叶林中，绿化通常首先发生在地面上，这意味着通过遥感方法确定的春季绿化日期可能反映了草本和灌木的绿化日期，而不是树木绿化日期（Fu et al.，2015）。

从卫星绿度指数的季节性变化中提取植物物候是一种常见的做法，而对于常绿植被（如热带和北方常绿森林）而言，这种变化很小。近年来，遥感监测的太阳诱导叶绿素荧光（SIF）数据已成为研究总初级生产力季节变化的有效工具。SIF与光合作用直接相关，并且对云和大气散射不敏感，因此SIF还提供了另一种方法来提取常绿亚热带和热带森林的物候事件（Bertani et al.，2017）。但是，目前可用的SIF数据的时空分辨率仍然非常粗糙，在未来的任务中需要改进以更好地使用SIF表示物候事件。

除了卫星监测的植被绿度指数和SIF之外，近地表遥感在过去十年中也蓬勃发展，并且其使用商用网络相机重复进行的高频图像采集（每0.5～1h一次），因此对物候研究很有效。这些基于相机的物候观测网络已在美国、日本和欧洲建立，中国目前正在建设中。这些相机大多数都位于碳通量测量现场，用于在景观或物种水平上提取植物物候数据（Tang et al.，2016）。值得注意的是，在实地现场使用这些相机之前，需要先对它们进行分光辐射的校准。使用原位物候相机时，观察几何形状（包括天顶角和方位角）以及传感器视场在各个站点之间必须保持恒定。还需要对获得的照片进行校准，以最大限度地减小BRDF效应和入射辐射的变化。来自物候相机的大多数照片仅提供数字（DN）值，而不提供反射率，基于DN值提取物候事件需要在图像处理期间格外注意（Wingate et al.，2015）。物候相机的上述局限性可以通过使用带有分光辐射计的无人机来克服，它可以提供从植被水平到景观尺度变化的多光谱或高光谱图像，从而在野外观测与卫星监测之间建立直接的空间联系（Klosterman et al.，2018）。

卫星提取的植物物候学指标通常集中在生长期的开始（SOS）和结束（EOS），并由基于卫星的植被指数确定。与地面观测一致，基于卫星的研究揭示了过去30年来SOS逐渐提前，并且在不同的研究区域，时期和方法上都有不同程度的提前。尽管卫星观测显示出1980年以来SOS提前的趋势，但与此相反，一些基于卫星的研究表明，2000年以来，

SOS 的发展趋势可能已经减速甚至逆转。例如，Jeong 等（2011）发现，北半球的平均 SOS 在 1982 ~ 1999 年提前了 5.2 天，但在 2000 ~ 2008 年仅提前了 0.2 天。总体而言，在 1982 ~ 2011 年，北半球的 SOS 以每十年 2.1 天的速度提前 [图 3-4（a）]。在空间上，SOS 在大约 75% 的北半球地区提前，其中约 44% 具有显著性 [图 3-4（a）中的点区域]。同时，在某些地区的同一时期也发现了延迟的 SOS，主要是在北美西部，自 1980 年后期以来，春季温度已明显下降（Cohen et al.，2012）。

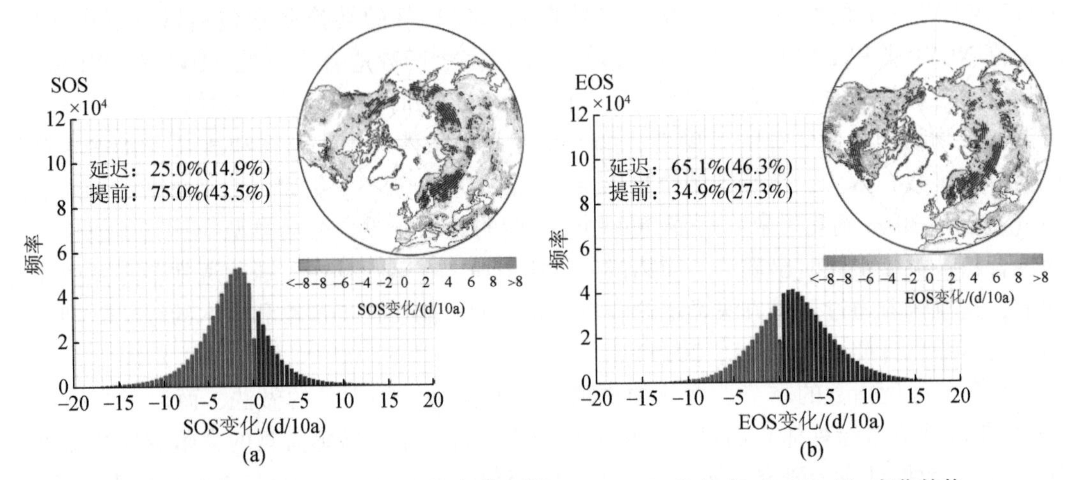

图 3-4　1982 ~ 2011 年卫星监测生长期开始（SOS，a）和结束（EOS，b）变化趋势

子图中的点表示 SOS/EOS 有显著变化（Piao et al.，2019）

利用卫星数据，研究指出过去几十年来 EOS 延迟的趋势。在区域范围内，北美地区、欧亚大陆等，遥感监测观察到 EOS 趋势的延迟速度为 1.2 ~ 6.1d/10a（Zhu et al.，2012）。Jeong 等（2011）发现 2000 ~ 2008 年整个北半球十年的 EOS 延迟趋势为 2.2d/10a。EOS 变化趋势的空间格局比 SOS 的差异更大，只有约 65% 的北半球区域表现出 EOS 延迟的趋势（在 46% 的区域中，如东北欧洲、北美东北部显著）[图 3-4（b）]。在约 35% 的北半球区域发现 EOS 提前，主要发生在西伯利亚和干旱/半干旱地区 [图 3-4（b）]。

在升温停滞期间（即 2000 年以来），全球大多数地区普遍观察到气候变暖速率的放缓（Kosaka and Xie，2013），这使北半球 SOS 提前趋势停滞或逆转（Wang et al.，2015）。但是，现在判断这种减弱的 SOS 趋势是短期变化还是将持续到几十年还为时过早，这将需要通过卫星观测进行连续监测和分析。

3. 极端干扰对植被影响的监测

森林火灾，是最典型的极端干扰之一，也是全球干扰和永久性风险中量化最好的一种。火灾每年占森林生态系统退化干扰的 12% 左右（Anderegg et al.，2020）。遥感技术已被广泛用于绘制和量化森林火灾范围（从局部到全球范围），以及评估火前敏感性、火灾影响和火后恢复等问题，这为科学地决策管理森林提供了科学支撑。从 20 世纪 90 年代后期到现在，多个卫星数据集已经绘制了全球范围内中等或高空间分辨率的火灾燃烧面积的地图（Anderegg et al.，2020）。不少学者报道了不同数据源不同方法对于火灾评估的差异，如 Berner 等（2012）研究分析 MODIS 卫星地图生成的火烧面积图的性能，发现 MODIS 监测的烧毁面积低估了该地区烧毁面积的 40%。而使用高分辨率和中分辨率的卫星地图联合绘制的树木阴影与森林结构的实地测量密切相关。Tan 等（2016）利用 Landsat5 TM 影像，结合实地调查的综合火烧指数（CBI），分析评价了 NDVI、归一化火烧指数（NBR）、差分归一化植被指数（ΔNDVI）和差分归一化火烧指数（ΔNBR）4 种遥感指数对林火烈度评估的适应性。Chen 等（2019）以两期火烧迹地中分辨率 Landsat ETM+影像（30 m）为基础数据，比较多端元光谱混合分析（MESMA）和 NDVI 获得的植被盖度，以高分辨率（2 m）WorldView-2 影像为验证数据，对两种方法计算的植被盖度精度进行了比较。总体而言，不同遥感数据源的火灾分析精度存在较大差异，多元数据融合利用是有效发展途径。

在全球范围内，干旱是一个主要和广泛存在的持久性风险。从多种数据来源可以获得关于干旱风险的大量历史数据（Anderegg et al.，2020）。早期提出了一种基于 AVHRR 的植被状况指数（VCI），并且验证发现 VCI 具有很好地检测干旱的能力，可以测量干旱发生的时间、强度、持续时间以及对植被的影响（Kogan，1995）。后来，Brown 等（2008）提出了一种监测植被干旱胁迫的新方法——植被干旱响应指数（VegDRI）。VegDRI 将传统的基于气候的干旱指标和源自卫星的植被指数指标与其他生物物理信息结合起来，制作了一张 1km 长的干旱状况图，并且通过实例发现 VegDRI 可以改进大面积干旱监测的效用。

4. 植被死亡与动态监测

随着遥感技术的飞速发展，借助遥感数据或图像监测和研究植被动态的方法应运而生。遥感监测手段具有高时相、空间尺度大、节约成本等优势，基于遥感的植被生理生态功能监测手段也在陆面过程模型模拟、地球辐射收支平衡估算、全球和区域生态功能评价等方面发挥了更加重要的作用

基于遥感的植被动态或死亡监测主要包括植被覆盖度的反演和植被指数的运用。植被指数是表征植被生长状况的参数，目前已通过红外波段和红光波段的匹配组合计算出几十种指数，但其中应用最广泛的依然是 NDVI。当前应用比较广泛的全球长时间序列植被指数卫星产品有：NOAA 提供的 GIMMS NDVI 数据集（空间分辨率 8km，时间分辨率 15 天）；法国国家空间研究中心提供的 SPOT NDVI 数据集（空间分辨率 1km，时间分辨率 10 天）；NASA 提供的 MODIS NDVI 数据集（空间分辨率 250m，时间分辨率 16 天）。NDVI 已经广泛应用于研究植被分布和生产力及其动态的时空变化趋势，监测生境退化，分析干旱或高温等气候灾害带来的生态影响（Piao et al.，2011）。

总体来说，国内外研究均表明北半球的植被从 20 世纪 80 年代开始出现了增长，特别是中高纬度地区增速较为剧烈，可能是受到全球气候变暖的作用，同时北半球植被变化也存在着阶段性和区域性的差异。

遥感在监测树木生长衰退和死亡及评估生态系统碳排放等方面也发挥着作用（Huang et al.，2019）。除 NDVI 外，遥感还可以反演出冠层水分、叶面积指数等指标用于指示树木生长情况。通过反演冠层叶面积指数和树木个体大小，可以分析干旱对森林冠层衰退的影

响（Polley et al.，2018），并表明遥感在监测干旱引起的树木死亡或冠层衰退方面具有重要意义。尽管遥感数据的分辨率限制了对植被生长或死亡的生理生态过程研究，但对监测区域或全球尺度的树木状态仍具有重要意义，遥感也已成为监测树木生长、衰退或死亡等动态的关键手段之一。

3.7 生态水文模型与模拟

3.7.1 叶片尺度气孔导度模型

气孔是大多数陆生植物进行气体交换的主要通道，对于土壤-植被-大气这一连续体来说，气孔能够调节蒸腾引起的水分运移，进而影响土壤水分的亏缺情况。同时，气孔的开度受细胞膨压的影响，在环境发生变化时，气孔会迅速地做出响应，这对于植物优化 CO_2 的吸收及水分的散失具有重要意义。模型是研究气孔与环境因子、生物因子关系的有力工具，叶片是生态学研究的基本单元之一，在叶片尺度建立气孔导度模型，一方面可以解释植物响应环境变化的机理，另一方面可以为研究冠层尺度、生态系统尺度乃至区域尺度的碳、水循环提供基础。与实验测定相比，气孔导度模型可以对植物的生理生态学过程进行机理描述，从而在实验验证的基础上，能够分析不同水分条件下植物气孔导度变化和蒸腾作用变化的特点（Infante et al.，1999）。

气孔导度模型可分为机理模型和经验（半经验）模型两类。机理模型主要用于研究生理过程对单因子的生理响应，其优点是理论性强、机理性明确，缺点是参数复杂，不易获得，过程太细，不实用。经验（半经验）模型则常常用于描述气孔对多环境因子和生理因子的响应，比较有代表性的有 Jarvis 经验模型（Olioso et al.，1996；Infante et al.，1999）和 Ball 等提出的 Ball-Berry 半经验模型（于强等，1999），以上这些模型都有广泛的应用。其中 Ball-Berry 半经验模型必须与光合作用模型、水汽和 CO_2 的传输模型以及热量平衡模型结合才能求解，比较复杂，应用起来也比较难（Yu et al.，2001）。而 Jarvis 经验模型在植物蒸腾的模拟中有着广泛的应用，它有不同的变形，能够研究气孔导度对不同环境因子的响应（Olioso et al.，1996；Infante et al.，1999；Mielke et al.，2000）。近年来，随着气孔导度模型的发展，开始出现基于植物蒸腾过程生理意义和物理意义的半经验模型，它们的公式相对简单，通过土壤水分测定和植物叶片尺度的气孔导度、蒸腾作用的测定就可进行参数拟合，并可以通过模型分析不同植物对环境因子的响应机制，进而了解不同植物的抗旱性和适宜生境。这种模型也有利于从叶片尺度气孔导度到群落尺度冠层导度的转换（Gao et al.，2002）。

（1）Olioso 气孔导度模型

Olioso 修正的 Jarvis 阶乘型模型（Olioso et al.，1996），模拟气孔导度（g_s）对光合有效辐射（Par）、相对饱和水汽压差（dvp）（绝对饱和水汽压差与大气压的比值）、土壤水分和叶片水势（ψ_1）的响应过程：

$$g_s = g_{min} + (g_{max} - g_{min}) \cdot g_s(\text{Par}) \cdot g_s(\psi_1) \cdot g_s(\text{dvp}) \tag{3-14}$$

其中，

$$g_s(\text{Par}) = 1 - \exp(-\text{Par}/K_{par}) \tag{3-15}$$

$$g_s(\psi_1) = [1 + (\psi_1/\psi_g)^{K_f}]^{-1} \tag{3-16}$$

$$g_s(\text{dvp}) = 1 - K_D \cdot \text{dvp} \tag{3-17}$$

式中，g_{min}、g_{max}、K_{par}、K_f、ψ_g和K_D为经验参数。

（2）Gao 气孔导度模型

高琼等提出的气孔导度模型（Gao et al.，2002）主要考虑光合有效辐射、饱和水汽压差和土壤水势对蒸腾速率的影响。该模型基于植物生理生态学假设提出：土壤和植物叶片之间的水势梯度驱动着其间水分的流动，且叶肉细胞水势（ψ_1）和保卫细胞水势（ψ_g）相同，于是从土壤到单位叶面积的水分流动速率（T'_r）可表示为

$$T'_r = (\psi_s - \psi_g) g_z \tag{3-18}$$

式中，g_z为土壤到叶的导度。

蒸腾作用受水汽压差驱动。蒸腾速率由相对水汽压差（dvp）和气孔导度（g_s）决定，即

$$T_r = g_s \text{dvp}$$

气孔导度由保卫细胞膨压（p_g）和保卫细胞弹性模数（β）决定。

$$g_s = p_g/\beta \tag{3-19}$$

而保卫细胞水势（ψ_g）为渗透势（π_g）和膨压（P_g）之和。

$$\psi_g = \pi_g + P_g \tag{3-20}$$

以上两式联立有

$$g_s = \frac{k_\psi(\psi_s - \pi_g)}{1 + k_{\beta g}\text{dvp}} \tag{3-21}$$

其中，$k_\psi = 1/\beta$ 描述保卫细胞结构的弹性柔顺度；$k_{\beta g} = 1/(\beta \cdot g_z)$ 表明气孔导度对水汽压差的敏感性。

光合有效辐射的增加会导致保卫细胞中钾离子浓度的增大，从而使保卫细胞渗透压下降，辅助细胞的渗透压增高：

$$\pi_g = \pi_o - \alpha \text{Par} \tag{3-22}$$

式中，π_o 为黑暗中的渗透势，与植物的耐旱性有关；α 为常数系数［kPa/(μ mol · m^2 · s)］，描述渗透压对 Par 的敏感性。

这样结合气孔导度对土壤水势的影响，给出了气孔导度的计算公式：

$$g_s = \frac{g_{om} + k_\psi \psi_s + k_{\alpha\beta}\text{Par}}{1 + k_{\beta g}\text{dvp}} \tag{3-23}$$

其中，$k_{\alpha\beta} = \alpha/\beta$ 表明气孔导度对 Par 的敏感性；$g_{om} = -k_\psi \pi_o$ 是在饱和土壤含水量下，黑暗中可能的最大气孔导度。

总体上说，气孔导度随 Par 和土壤水势的增加而线性增加，随饱和水汽压差的增加而下降。说明 $k_{\alpha\beta}$越大，保卫细胞的渗透压对 Par 越敏感。当 Par 增加时，渗透压会急剧下

降，保卫细胞的膨压急剧增加，从而使气孔的开度和导度会有明显的增加。反之，$k_{\alpha\beta}$越小，说明保卫细胞的结构较刚硬，所以随着膨压的增加，气孔的开度和导度的增加会较小。$k_{\beta g}$越大，说明保卫细胞结构越柔顺，越容易变形。随着保卫细胞膨压的下降，气孔的开度和导度下降得更快。$k_{\beta g}$越小，说明植物吸水时，从土壤到叶片的导度越大，即从土壤到保卫细胞的水分供应的效率越高，那么当饱和水汽压差增大时，保卫细胞的膨压和气孔导度降低得越少。

3.7.2 冠层及群落尺度冠层导度模型

对现实植被的冠层结构、群落结构及动态的精细刻画，是群落和生态系统尺度的主要任务之一。水流在 SPAC 传输过程中，如何代表和刻画植被对水文过程的调控，是生态水文模型一直以来探索和面临的挑战。从单一方面考虑简化的大叶冠层，到群落复杂结构和多尺度水文过程相互影响与反馈的模拟，对这一问题的探索也代表了人们对生态水文过程认知的逐渐深入。

（1）大叶模型

大叶模型是将冠层视为一个叶片，由此将单叶上的生理生态学过程拓展到整个群落冠层。基于这样的简化过程，叶片尺度上的模型可以直接应用至冠层。大叶模型将基于物理过程的物质传输模型与基于生物化学过程的光合作用模型结合，探寻出模型简化与机理完整性之间的平衡，从而定量地模拟了植被冠层与大气之间的物质与能量的交换过程，同时可以预测环境变化对冠层尺度各个过程的影响，如著名的 Penman-Monteith 公式，基于大叶模型代表陆地生态系统，成为诸多水文模型中最为经典的估算蒸散发的方法（Zhang K et al.，2016）。

（2）植被冠层水平衡模型

针对植被冠层能量和水分传输的模型研究已有大量相关进展，如冠层辐射传输模型，代表性的模型有 SUITS 模型以及 SAIL 模型等。在冠层水均衡模型方面，Eagleson（2002）提出了一个描述植物生长期内平均冠层水量平衡的统计动力学模型，该模型基于 SPAC 水交换理论，用三个状态变量来描述，即根系层土壤水分含量变化、冠层覆盖度和导度变化，由此建立的生长季水量模型如下：

$$1-\mathrm{e}^{-G-2\sigma^{\frac{3}{2}}}-\frac{\overline{h}_0}{m_{\mathrm{h}}}+\frac{\Delta S}{m_{\mathrm{v}}m_{\mathrm{h}}}=\frac{m_{\mathrm{tb}}E_{\mathrm{ps}}}{m_{\mathrm{h}}}[(1-M)\beta_{\mathrm{s}}+Mk_{\mathrm{v}}^{*}\beta_{\mathrm{v}}]+\frac{m_{\tau}K_{(1)}}{P_{\tau}}s_0^{c}-\frac{m_{\tau}K_{(1)}}{P_{\tau}}\left(1+\frac{3/2}{mc-1}\right)\left(\frac{\varphi(1)}{z_{\mathrm{w}}}\right)^{mc} \tag{3-24}$$

其中，$G=\omega K_{(1)}\left(\frac{1+s_0^{c}}{2}-\frac{\omega}{K_{(1)}}\right)$

上述过程描述了地下水位较深、不考虑地下水直接参与大气–植被–土壤水交换情形下，通过地下水毛细管上升和渗漏补给等参与上层土柱水平衡动态时，植被生长季大气–植被–土壤水的均衡关系。上述模型中变量的含义见表 3-2。

表 3-2　冠层水均衡模式中变量定义及其量纲汇总

分类	变量	含义描述	量纲
大气	m_h	平均暴雨深度	mm 或 cm
	m_v	每月或每季独立的暴雨次数	
	m_{tb}	平均暴雨间歇时间	d 或 h
	m_τ	平均生长季长度	d 或 h
	T	生长季平均气温	无量纲
	E_{ps}	湿润单一表面的潜在蒸散发速率	cm/d 或 cm/a
	P_τ	生长季平均降水量	mm 或 cm
土壤性质	$K_{(1)}$	土壤有效饱和导水率	cm^2/s
	φ (1)	土壤饱和基质势（吸力）	cm
	$\bar{h}_0$	地表平均持留降水量深度	mm 或 cm
	ω	地下水向根系土壤毛管上升率	mm/h
	s_0^c	根系层土壤临界含水量时空均值	无量纲
	m、c	土壤孔隙分布指数和透水指数	无量纲
	ΔS	土壤水分储量的变化量	mm 或 cm
植被参数	k_v^*	潜在冠层导度，$k_v^*=E_v/E_{ps}$	无量纲
	β_v	冠层蒸腾效率	无量纲
	β_s	裸露土壤蒸发效率	无量纲
	M	冠层覆盖率	

基于上式求解，并考虑冠层蒸腾所需要的平均降水间隙时间长度 m'_{tb} 以及裸土蒸发所需要的平均雨间长度 m''_{tb} 都要比整个雨间长度要小，这是因为一部分时间用来蒸发地表蓄持的降水量。这些间隙时间由下式计算：

$$m'_{tb}=m_{tb}-\frac{\eta_0\beta L_t h_0/2}{E_{ps}},\qquad m''_{tb}=m_{tb}-\frac{h_0}{E_{ps}} \tag{3-25}$$

式中，β 为动量衰减系数=叶片表面与水平方向夹角的余弦值；η_0 为气孔（即吸收）叶面积与投影叶面积比值；L_t 为群叶面积指数，指单位面积上所有群叶上侧面积之和。

将这些公式代入上述水均衡方程中，可以得到冠层水分通量的估计模型：

$$Mk_v^*\beta_v=\frac{m_h}{m'_{tb}E_{ps}}\Bigg[1-\underbrace{\frac{\bar{h}_0}{m_h}+\frac{\Delta S}{m_v\,m_h}}_{\text{I}}-\underbrace{\frac{m''_{tb}E_{ps}}{m_h}(1-M)\,\beta_s}_{\text{II}}-\underbrace{e^{-G-2\sigma\frac{3}{2}}}_{\text{III}}$$
$$-\underbrace{\frac{m_\tau K_{(1)}}{P_\tau}s_0^c}_{\text{IV}}+\underbrace{\frac{m_\tau K_{(1)}}{P_\tau}\left(1+\frac{3/2}{mc-1}\right)\left(\frac{\varphi(1)}{z_w}\right)^{mc}}_{\text{V}}\Bigg] \tag{3-26}$$

式（3-26）的左端就是冠层的水分通量。右端Ⅰ是地表持水量的时空均值和季节性气候中高出多年平均土壤水储量；Ⅱ是裸土蒸发量；Ⅲ是地表径流，其中 σ 是毛细水入渗系数；Ⅳ是深层渗漏补给；Ⅴ是毛细上升水量。

（3）双源模型

双源模型是Penman-Monteith模型的进一步延伸，分别刻画植被和土壤的水文过程以及两者之间的作用关系，不仅能够更好地估算蒸散总量，也有能力区分土壤蒸发和植物蒸腾的不同过程。Shuttleworth和Wallace（1985）提出了适用于稀疏植被覆盖条件下的蒸散模型，认为源自地表的水热通量首先在冠层高度与源自冠层的水热通量相互混合，进而与上方大气相互作用，因此该模型又被称为层状模型或耦合型模型。双源模型对于模拟蒸散具有不可忽视的优势，因此也得到了广泛的应用。同时为了更好地模拟不同的生态系统，不同学者积极推动对双源模型的改进，如Massman（1992）在双源模型的基础上，引入了土壤波文比这个参数，建立能分开土壤蒸发和冠层蒸腾的蒸散模型。Guan和Wilson（2009）在上述模型的基础上，考虑了自然条件下更加复杂的植被分布状况，进一步提出了混合型的双源蒸散模型。因此，在估算蒸散量，特别是需要分别评价土壤蒸发与植被蒸腾等各组分时，双源模型及更加复杂的多源模型往往较大叶模型具有更大的应用潜力。

3.7.3 生态系统生态水文模型

自然界的水文过程与陆生植被生态过程紧密相关，但传统水文模型或生态模型则孤立模拟水文或生态过程（徐宗学和赵捷，2016）。而生态水文模型则具备定量描述生态系统内部植被、土壤、气候等因素与水文过程相互作用的功能，并随着关键技术，如RS、GIS、并行计算技术、物联网与云平台技术的发展，能很好地适应生态水文发展的需求（韩其飞等，2014）。

Biome-BGC模型是典型的生态水文过程模型，因具有模拟现实植被在生态系统尺度上对气候变化响应的优势而被广泛应用（孙燕瓷等，2017）。Biome-BGC模型是由美国国家大气研究中心（National Center for Atmospheric Research，NCAR）和蒙大拿大学数字陆地动态模拟研究组共同发展的。它利用气象数据、生理生态参数、站点数据作为输入参数来模拟每日的生物地球化学循环和水文过程，模型输出包括初级生产力（GPP）、净初级生产力（NPP）、净生态系统生产力（NEP）、叶面积指数（LAI）、蒸散总量（ET）等。该模型充分考虑了气候变化、大气氮沉降、土壤及植被生理生态特征等多种影响因素，基本原理是物质与能量达到守恒状态，进入生态系统中的物质和能量与离开生态系统的进行相减，相差的部分即在生态系统中进行累积。生态系统中的物质和能量通过植被的生理生态过程进一步分配至不同的库中，各个库之间由通量连接在一起。Biome-BGC模型将植被分为7类：落叶阔叶林、常绿阔叶林、常绿针叶林、灌木林、落叶针叶林、C3草本植物和C4草本植物。由于其源代码公开，易于编译改进与移植，并且详细设置了植物主要生理生态的循环模式和计算方法，目前被广泛应用到不同生态系统的C、N、水循环的研究。就生态系统类型而言，该模型应用范围包括森林生态系统、C3和C4草地生态系统、湿地生态系统以及农业生态系统（Knight et al.，1985；McLeod and Running，1988；Nemani and Running，1989；Running，1994；Korol et al.，1999）。就研究内容而言，广泛涉及了森林区域的碳动态、水通量和热通量、气候变化背景下森林生态系统的响应以及基于森林生态系统下的参数敏感性分析等。

除 Biome-BGC 模型外，双源模型也是常见的生态水文模型，特别是在模拟蒸散上，具有较好的模拟效果。“双源”指的是土壤与植被两个不同的蒸散涌源。双源模型不仅能够更好地估算蒸散总量，也有能力区分蒸发和蒸腾的不同过程。因此，在当需要精确估算蒸散量，特别是需要分别评价土壤蒸发与植被蒸腾时（如研究 SPAC 水热传输时），双源模型往往较经验模型和“单源”的 PM 模型具有更大的应用潜力。常见的双源模型多为层状模型，将生态系统通量视为植被层及其下土壤层加和而成（Shuttleworth and Wallace, 1985）。Lhomme 等（1994）则认为当植被盖度较低或植被呈斑块状分布时，源自地表与源自冠层的水热通量相互独立，分别与上方大气作用，因此类模型又被称为块状模型或非耦合型模型。Guan 和 Wilson（2009）在上述两类模型的基础上，考虑了自然条件下更加复杂的植被分布状况，进一步提出了混合型的双源蒸散模型。有研究针对三种估算潜在蒸散的双源模型（层状模型、块状模型、混合型模型）进行了比较，认为混合型模型较层状模型和块状模型具有更好的模拟效果，能够适用于更广的下垫面植被覆盖状况。

双源模型对于模拟蒸散具有不可忽视的优势，因此也得到了广泛的应用。一些学者用不同地区、不同冠层类型的资料对双源模型进行了验证，如 LaFleur 和 Rouse（1990）用亚北极地湿地的资料验证模型，发现模型模拟结果很好。Stannard（1993）用双源模型计算了半干旱草地野生灌木的蒸散，认为双源模型的结果比大叶模型有明显改善。同时为了更好地模拟不同的生态系统，不同学者积极推动对双源模型的改进，如 Kustas（1990）、Massman（1992）在双源模型的基础上，引入了土壤波文比这个参数，建立了能分开土壤蒸发和冠层蒸腾的蒸散模型。

3.7.4 流域尺度水文模型

流域生态水文模型是全球变化下流域生态水文响应研究的重要工具，通过定量刻画植被与水文过程的相互作用及全球变化对流域生态水文过程演变的影响机制，为流域水资源管理和生态恢复提供科学支撑，是生态水文研究的前沿和热点。目前，国内外对流域生态水文模型已开展了一定深度的研究，并取得了一些阶段性成果。基于植被与水文过程相互作用规律，流域生态水文模型一方面要充分描述植被与水文过程相互作用和互为反馈机制，另一方面要精确刻画流域的空间异质性。

按照模型中对流域植被与水文过程相互作用的描述，将现有模型归为两大类（表 3-3）：①在水文模型中考虑植被的影响，但不模拟植被的动态变化，为单向耦合模型；②将植被生态模型嵌入到水文模型中，实现植被生态-水文交互作用模拟，为双向耦合模型。

1. 单向耦合模型

此类模型主要从水文模拟的角度出发，显式地引入植被层，在降水-径流过程模拟中详细描述植被的冠层截留、降水拦截、入渗、蒸散等生物物理过程，使模型对水文过程的模拟更符合实际，主要模型有分布式水文-土壤-植被模型（distributed hydrology soil vegetation model，DHSVM）（Wigmosta et al.，1994）、SHE 模型（Abbott et al.，1986）、VIC 模型（Liang et al.，1994）。但此类模型仅考虑植被对水文过程的单向影响，不考虑水文过程对植被生理、生化过程及植被动态生长的影响，因此不能描述植被的动态变化（如叶面积指数的季节性增长）对水文过程的影响。

2. 双向耦合模型

随着生态水文研究的不断深入，学者逐渐认识到植被的生长发育及其季节性变化会对水文过程产生重要影响，流域生态水文双向耦合模型开始出现。双向耦合模型的植被与水文过程的耦合体现在植被为水文模型提供动态变化的叶面积指数、根系深度、枯枝落叶层厚度等，水文模拟为生态过程模拟提供土壤含水量的动态变化等。根据模型对植被-水文过程相互作用机制描述的复杂程度，双向耦合模型又可分为概念性模型、半物理过程模型、物理过程模型三大类。

（1）概念性模型

概念性模型主要是在水文模型的基础上，耦合参数模型（或光能利用率模型）或者经验性的作物生长模型建立起来的，主要代表性模型有 SWAT（soil and water assessment tool）模型、SWIM 模型、EcoHAT 模型等。其特点是：①采用简单的、经验性的关系计算植被动态生长，大多通过先计算潜在生长，再引入水分胁迫、养分元素胁迫等来计算实际生产，如光能利用率模型。②对于蒸散的计算，先计算潜在蒸发再折算实际蒸发。③此类模型对流域空间异质性的表达，大多呈空间半分布式，各个子单元之间相互独立。此类模型对植物生长和植被-水文相互作用关系的描述缺乏机理性（Kiniry et al.，2008），植被与水文过程之间只存在松散的耦合关系，大大限制了环境变化引起的流域生理生态响应的模拟能力。

SWAT 模型是概念性生态水文模型的典型代表，包括水文模块、土壤侵蚀模块以及污染负荷模块。其中水文模块是其最基础的子模块，在水文模块模拟过程中，SWAT 模型将流域划分成多个子流域，再根据不同的土壤类型、土地利用类型和坡度类型将研究区划分为水文响应单元。水文响应单元是 SWAT 模型中最小的水文计算单元。它的计算过程如下：首先在每个水文响应单元上计算产流量，该产流再汇流至相应的子流域，进而从各个子流域汇流至流域总出口（朱仟，2017）。Tian 等（2016）运用 SWAT 模型量化了“退耕还林还草”生态工程措施对祁连山水分平衡的影响，发现退耕还林还草可以提高出水量和土壤含水量，降低地表径流量和地表蒸散量。刘畅（2018）利用 SWAT 模型模拟了湖南津市毛里湖白衣庵溪流域内不同土地生态规划的水文变化情况，并根据不同降水频率年的降水量分析了随着人工湿地系统逐渐建设的生态需水量。由于模型结构复杂、参数量大，SWAT 模型的模拟结果存在较大的不确定性，限制了模拟结果的可信度和实用性，是目前 SWAT 模型应用的难点所在（杨凯杰和吕昌河，2018）。

（2）半物理过程模型

半物理过程模型相对于概念性模型来说，对植被动态生长过程和植被-水文相互作用的描述机理性更强。例如，对光合作用过程的描述，采用半经验半机理模型，如碳同化模型；对植被冠层蒸散过程的模拟，采用 Penman-Monteith 方法，引入冠层导度直接植被的实际蒸腾量。模型在空间划分上，通常是将流域离散成全分布式的空间单元，详细刻画流域的空间异质性。之所以定义为半物理过程模型，是因为模型对光合作用过程的简化，不能刻画水文过程对植被生化过程的影响。TOPOG 模型是此类模型的典型代表。模型根据日光合同化速率是最大同化速率与植被生长指数的函数来计算植物生长过程。对于蒸腾作用，TOPOG 模型采用 Penman-Monteith 公式结合冠层气孔导度来计算实际蒸腾量，其中对于冠层气孔导度采用的是 Ball 和 Leuning 文献修正的光合-气孔导度耦合模型。模型在空间上根据等高线和分水岭将流域划分为大量的山坡单元，并确定流域的汇水路径。模型汇流采用理查德方程实现逐单元水流演算，计算量非常大，因此只适合于小流域的应用。

（3）物理过程模型

此类模型的主要特点是采用植被生理生态机理过程模型来描述植被的光合作用等生理过程，将植被的生化过程与水文过程耦合在一起，一方面能够刻画水文过程，尤其是土壤水对于植被生化过程的影响；另一方面能够模拟植被的动态生长，如 LAI 的季节动态变化对水文过程的影响。早期，Band 等（1993）在流域分布式水文模型 TOPMODEL 的基础上耦合森林碳循环模型 Forest-BGC，建立了分布式生态水文模型 RHESSys，用以模拟森林流域侧向径流过程对土壤水空间分布的影响以及土壤水的空间分布差异对森林冠层的蒸散以及光合作用的影响。随着研究的不断深入，该模型进一步改进，采用 Biome-BGC 模型来模拟多种植被类型的碳循环过程和 Century 模型模拟生态系统的氮循环过程（Mackay and Band，1997）。此后，物理过程模型逐渐涌现，如 VIP 模型、BEPS-TerrainLab 模型（Chen et al.，2005）等（表 3-3）。

表 3-3 常见的流域生态水文模型及其应用

分类	定义	子分类	特点	代表性模型	年份	开发国家	模型特征
单向耦合模型	仅考虑植被对水文过程的单向影响，不考虑水文过程对植被生理、生化过程及植被动态生长的影响，不能描述植被的动态变化对水文过程的影响	—	—	DHSVM 模型	1994	美国	基于流域数字高程模型对蒸散、雪盖、土壤水和径流等水文过程进行动态描述
				SHE 模型	1986	丹麦、法国、英国	考虑了截留、下渗、土壤蓄水量、蒸散、地表径流、壤中流、地下径流、融雪径流等水文过程，适用于多种资料条件
				VIC 模型	1994	美国	主要考虑了土壤-植被-大气之间的物理交换过程，以此来反映土壤、植被、大气之间的水热状态变化和水热传输，并允许不同种类的植被同时存在

续表

分类	定义	子分类	特点	代表性模型	年份	开发国家	模型特征
双向耦合模型	植被生态模型嵌入到水文模型中，实现植被生态-水文交互作用模拟	概念性模型	采用简单的、经验性的关系计算植被动态生长	SWAT 模型	1998	美国	模拟复杂大流域中多种不同的水文物理过程，包括水、沙、化学物质的输移与转化过程
				SWIM 模型	1998	德国	模拟大流域长时期内的产水、产沙、水土流失、营养物质运移、非点源污染的影响
				EcoHAT 模型	2009	中国	在水分循环过程加入营养元素迁移转化过程，综合考虑生态系统中植被生长与土壤水分、营养元素的相互影响
双向耦合模型	植被生态模型嵌入到水文模型中，实现植被生态-水文交互作用模拟	半物理过程模型	对于光合作用等过程的描述继续采用半经验半机理方式	TOPOG 模型	1993	澳大利亚	同时考虑了林冠截持、植物蒸腾、土壤蒸发、入渗、地表径流、壤中流、植物生长等生态水文过程，是基于热带森林小流域研究而开发的生态水文模型
		物理过程模型	采用植被生理生态机理过程模型来描述植被的光合作用等生理过程	RHESSys	2004	加拿大	模拟森林流域侧向径流过程对土壤水空间分布的影响以及土壤水的空间分布差异对森林冠层的蒸散以及光合作用的影响
				VIP 模型	2004	中国	基于地球生物物理-化学过程、集合遥感地理信息系统的生态、水文动力学模式，已经在大田/斑块尺度、流域和区域尺度上进行了系统的验证和模拟分析
				tRIBS-VEGIE 模型	2008	美国	能够模拟植被-水文系统中的生物物理过程、水文过程、生物化学过程及对它们进行预报

3.7.5 陆面模型

从大尺度乃至全球尺度研究水文循环成文水文科学面临的重要挑战，也成为大气环流模式的研究重点之一。陆面水循环过程是全球气候系统的重要分量，是全球能量与水循环试验（GEWEX）、“水文循环的生物圈方面”（BAHC）等诸多国际计划的核心研究内容。地球系统由大气圈、水圈、岩石圈、生物圈和冰雪圈等子系统构成，各个子系统之间既相对独立又相互依赖。陆面过程是指发生在地-气之间动量、热量和水分交换的物理过程，包括地面上的热力交换、水文循环和生物循环，地表面与大气间的能量和物质交换以及地面以下土壤中的热传导和水分交换过程等，它们可以对大气环流和气候产生一定的影响（牛国跃等，1997；穆宏强等，2000；孙菽芬，2002；杨兴国等，2003）。从严格的意义上讲，它应该包括陆面上发生的所有的物理、化学、生物和水文等过程，以及这些过程与大气过程的相互作用。同时它包括全球系统五大圈（大气圈、岩石圈、生物圈、水圈和人类圈）的几乎所有圈层。在大气与陆地下垫面界面上，由于大气条件及太阳辐射的强迫，陆气界面之间不断地与大气进行动量、能量和物质的交换。土壤-植被-大气之间物质、能量的输送及地-气相互作用过程对边界层的发展非常重要。

（1）土壤水模型

土壤水分不仅在水循环中扮演着重要角色，而且影响从几小时到多年尺度的气候变化。土壤水通过蓄水能力把降水分为蒸发和径流，影响水量平衡各项分配；同时通过反射率和蒸发影响太阳辐射转化为潜热和感热，进而影响能量平衡各项分配。根据土壤的分层，陆面模式对土壤水传输以及计算基本可分为三类：水桶型单层模式、强迫-恢复型两层模式（VIC 模式采用此方案）和扩散型多层模式［BATS（biosphere-atmosphere transfer schemes）、SSiB 等模式采用此方案］（苏凤阁和郝振纯，2001；曹丽娟和刘晶淼，2005）。扩散型多层模式较详细地考虑了植被根的分布，更加深入地考虑了深层水的向上扩散，因此能更加真实和详细地描述土壤内部的传输过程。

（2）蒸散模型

蒸发过程是水分循环中的主要组成部分，同时控制着热量交换。目前陆面模式对可能蒸发的计算主要有三种方法：①空气动力学方法，主要根据空气的紊动扩散理论来探讨可能蒸发，其要点是梯度的存在导致了水汽交换。BATS、SSiB、BUCKET 等模型采用了此方法。②Penman-Monteith 方法，Penman 结合热量平衡和空气动力学途径提出了确定可能蒸发的方法，1965 年 Monteith 在 Penman 公式中引入了气孔阻抗（或表面阻抗），使得方程的应用扩展到有植被覆盖的表面。VIC 模型采用了此方法。③Priestly-Taylor 方法，是 Penman-Monteith 公式的简化，Biome2 模型采用了此方法。

（3）陆气能量交换

陆面参数化方案的主要目的是通过近地表的大气强迫（降水、气温、风速、辐射等），给出陆面能量收支和水量平衡的现实描述，有效地估计到达地面的辐射及感热和潜热。大气与陆面相互影响的主要途径是它们之间动量、水汽和能量的交换，而这种交换量的大小取决于下垫面土壤的结构、特征、初始状况以及是否有植被与植被类型等。陆面过程模式中关于地表感热和潜热通量的计算方案存在差异，主要包括以下几种：Priestly-Taylor 方法、Penman-Monteith 联立方程法、曳力系数法和阻尼法等。

（4）植被动态模型

植被覆盖面在全球陆面中占有较大的比例，植被的作用不仅影响着大气环流和气候，而且植被分布状态的改变还能够引起重要的气候变化。近年来，发展和完善陆面过程模式的关键是对土壤水分与植被影响的参数化处理。20 世纪 80 年代以来，GCM 中陆面参数化的一大进展是显式地引入了植被的作用，本质上它们都属于计算土壤-植被-大气间传输方案（soil vegetation atmospheric transfer schemes，SVATS），其中应用最为广泛、最具代表性的两个陆面参数化模式是：Dickison 建立的 BATS 和 Sellers 建立的 SiB（simple biosphere model）模式。

（5）径流模拟

径流量模拟的精度直接影响着土壤湿度，而土壤湿度在不同的时间尺度上影响着蒸发以及区域气候的水分和能量收支平衡，径流在模式中的真实描述至关重要。以 CLM 为代表的陆面模型采用次网格设计，在土壤湿度、水热通量等方面模拟效果较好。然而，在产汇流过程机制方面，陆面模型大多采用一维单柱结构设计，产汇流过程的模拟精度明显差于流域水文模型。由于陆面模式大多采用一维单柱结构设计，模拟产流过程大多是流域整体对降水的响应，未能反映土壤水分侧向运动及河流与地下水的相互作用，并且模拟的径流大多不再参与随后的垂向水量平衡计算。为了更加真实的对陆面水文过程进行描述，需要寻求合理的大尺度水文模型，考虑将其同气候模式进行耦合，来弥补原气候模式中对径流计算的不足。基于以上考虑，许多科研工作者在这方面做了大量工作。例如，Habets 等（1999）将陆面模式 ISBA（interactions between soil，biosphere and atmosphere）与一个大尺度水文模型耦合，更新了模式的产汇流方案，结果表明，耦合模型在模拟日径流方面有所改善。Zeng 等（2003）将水文模型 VXM（combination of the VIC and Xinanjiang models）关于产流计算的算法代替陆面模型 BATS 的径流部分，改善了 BATS 对下渗、产流过程的模拟。

陆面模型目前在水文循环模拟方面存在的不足主要体现在以下三点：

1）地下水动态。地下水动态在水文循环研究中具有极其重要的作用，近年来得到广泛关注（Leung et al.，2011；Niu et al.，2005）。①地下水直接影响土壤水分，是干旱诊断及陆气相互作用的一个重要控制因子。②地下水为生态系统蒸散提供了重要的来源，特别是在干旱胁迫条件下地下水对蒸散更为重要。③陆面过程中地下水过程刻画的改进为研究气候变化对地下水动态的影响提供了可能，同时为深入探讨气候变化的适应策略提供了支撑。有研究人员基于一个非限定的地下蓄水储水层来模拟地下水动态，结果显示能显著提高水循环各组成部分（包括径流、地下水、蒸散、土壤水分及陆地水分存量）的模拟效果（Cai et al.，2014）。

2）根系动态分布对生态水文过程模拟的影响。根系是植被获取水分和养分的主要途径，它通过植被冠层和大气间的水分及能量交换将土壤与大气联系起来，因此对陆面过程模式中根系的准确刻画，是地球系统模式中生态过程、水文过程和气候模拟的重要前提。而大多数陆面过程模式目前采用的是静态根系分布，只与植被类型有关，忽略了生根策略对环境的响应（Warren et al.，2015）。

3）人-地系统耦合。人-地系统耦合是未来地球系统模式发展的重要方向之一。目前，已有大量的研究尝试在陆面过程模型中耦合人类社会-经济-管理系统。例如，在 CLM 框架内耦合农业系统的灌溉、施肥及收割等人为管理活动（Drewniak et al.，2013）。基于 ORCHIDEE 模型框架，有研究人员实现了农业系统的完全耦合，充分考虑了农作物的种植日期，施肥等人为管理措施。此外，有研究人员将社会经济活动驱动的水资源管理模型（MOSART-WM）与一个地球系统模型耦合（SCLM），模拟了美国中西部地区过去水资源供应及流量管理（Voisin et al.，2013）。

第4章　陆地植被生态水文

陆地植被生态水文是指陆地植被生态系统与水文循环交互作用，即植被生态系统如何影响水文过程，而水文过程又反过来如何约束植被的生长和分布。在植被生态系统如何影响水文过程方面，现阶段主要从植被-土壤系统的水分再分配与水分传输、植被对水分的利用等角度进行探究，本章中将系统介绍这些方面的理论和方法进展。在水文过程变化对植被生态的影响方面，从个体、群落到生态系统尺度上植被对水分的胁迫响应是长期关注的生态学问题，流域尺度则关注流域水文变化对岸线带和下游地区生态系统的影响。前者的一些理论进展将在本章中将予以陈述，后者将归于流域生态水文与可持续管理中。

4.1　生态系统的降水再分配过程

4.1.1　降水的植被截留

（1）森林植被截留

林冠是大气降水进入陆地生态系统的第一个植被层，林冠对降水实施截留和蒸腾，产生第一次对降水的再分配。研究表明，在茂密的森林中，林冠对次降水的截留量可达到年降水量的15%~45%（马雪华，1993）。林冠的降水截留量与年降水量以及年内降水的次数有关，林冠截留的降水将消耗于蒸发，减少地面的实际雨量和林地土壤水分的有效补充。林冠截留水量是指吸附在树木枝、干、叶表面的水量，除了极少部分被植物体吸收外，大部分在雨后蒸发返回大气。一般来说，林冠的实际截留量除了与林冠本身特征因素（如树种组成、林龄、冠层结构及郁闭度等）有关外，还与降水性质（降水量、降水强度、持续时间）以及所伴随的气象因素（如风速、气温及林冠枝叶的湿润度等）有关。对任何一种林分进行林冠截留量的实际观测，因影响因素较多而面临较大困难，所以一般采用降水量减去可以直接测量的林内穿透雨和树干茎流而确定，但是这种方法计算的降水截留量也不能准确地比较因林冠特征有别而产生的不同截留效果。通常用林冠截留率和林冠截留能力等概念来反映不同气候区不同林分截留降水作用的大小，其中林冠截留率是指截留量与同期降水量的比值，林冠截留能力是指在理想条件下林冠层对某一降水量的可能截留量，即最大截留量。

森林特性，如森林树种组成、林龄、郁闭度以及冠层结构等这些因素均对林冠截留具有重要影响。温远光和刘世荣（1995）对我国不同气候带及其相应森林植被类型树冠截留率的分析结果表明，截留率变动范围可达 11. 4%~34. 3%，其中以亚热带西部高山常绿针叶林最大，亚热带山地常绿落叶阔叶林最小。图 4-1 指出了不同森林类型显著不同的降水截留率，也反映出同属针叶林的云杉、油松和落叶松之间，林冠对降水的截留率相差可达到 23%~44%；一般林冠越密，截留量越大，如鼎湖山常绿阔叶林郁闭度要高于同地的马尾松针叶林，其截留率也就较大。另外，相同林分和林种即便具有相近的枝叶密度，也因其空间排列组合与分布规律不同而使截留率出现较大差异，这种现象可归结为林冠的几何结构对截留量的影响。单株树木，特别是树冠为塔形或圆锥形的树木，其截留量、截留率随距树干距离的大小而不同。林冠截留率随叶面积指数增加而增大，这可用来解释相同树种不同龄级间树冠截留的较大差异，如峨眉冷杉林，从幼树到成熟林，随叶面积指数由小增大，降水截留量也随着增大；从成熟林到过熟林，叶面积指数减少，截留率也随之递减（程根伟等，2004）。

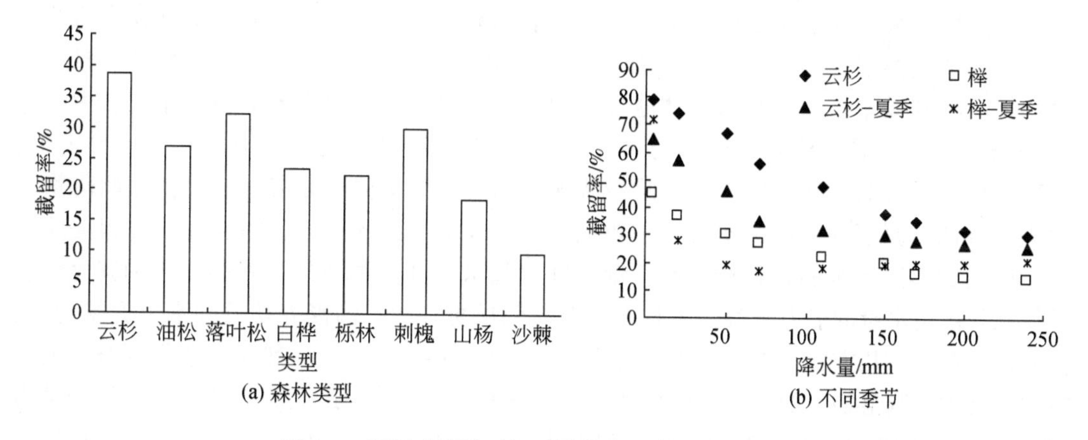

图 4-1　不同森林类型与不同季节的降水截留率比较

降水性质（包括降水强度、降水量以及降水历时等）对林冠截留具有较大影响，一般而言，各种森林林冠截留率与降水量基本呈较为密切的负相关关系，并为统计幂函数形式，即随降水量增加，林冠截留率将迅速减小，但是当降水量增加到一定程度后，林冠截留率减少幅度逐渐减缓并趋于稳定。不同类型森林具有不同的稳定截留率和对应降水量。降水历时也对截留效果产生较大影响，一般地，降水量相同而降水历时较长或较短，截留效果均可能较差。正是由于受到林冠结构、降水性质等多方面因素的共同制约，降水的林冠截留存在明显的季节差异，在不同时间尺度，如年、月等，降水林冠截留率存在明显不同，总体而言，林冠截留率随着降水量、降水历时和降水强度的增加而显著降低。

（2）林下植被与凋落物的截留

林冠穿透降水在滴落过程中，如果遇到林下植被时也会同样发生二次或数次截留现象，截留过程与林冠具有相似性，但其规律与林冠截留之间存在较大差异。通常来说，林下植被以灌木、草本以及苔藓等植物为主，其中灌丛、草本植物降水的截留特性及其确定方法将在后面专门讨论，这里重点论述苔藓和凋落物等林下地被物对降水的截留过程。苔藓与枯落物处于林地土壤和植被层之间，是森林生态系统水循环中一个重要的覆盖面，不仅对林下土壤的发育、水热状况和营养元素循环等具有重要影响，而且因其疏松多孔特性以及强大的表面能，具有显著的水循环效应，在森林生态系统涵养水源、水土保持等方面具有重要功能。苔藓植物虽然个体较小，但常形成大片丛生或垫状群落，枝叶交错形成大量毛细孔隙，具有吸水快、蓄水量大的特点，如对我国东北长白山森林生态系统中苔藓植物的饱和蓄水量的测定结果表明，云杉林的苔藓饱和蓄水能力非常巨大，是其干重的3～5倍（曹同等，1994）。苔藓和凋落物的降水截留能力与其种类、结构及其储水能力以及林下环境等密切相关，与单位面积林地内苔藓和凋落物分布量成正比。苔藓植物的最大持水率不但与林分、林下环境密切相关，还与其组成成分和生长状况亦有直接联系，如有研究表明，川西亚高山人工云杉林下苔藓最大持水率为327.78%～785.63%，平均为466.25%，低于原始林下苔藓最大持水率1195.85%，反映出该地区人工林下苔藓持水性能较原始林有所下降（林波等，2002）。

枯落物持水量可达到自身干重的2～5倍，但也因林型而异，如乌江流域喀斯特森林区主要植被类型的枯落物持水特征为：阔叶林具有较高的持水率和持水量，灌丛次之，针叶林则最差；在川西山区林地观测的结果表明，凋落物储水量的顺序依次为白桦林>冷杉林>冷杉混交林>云杉林>方枝柏林（鲜骏仁等，2008）。另外，在不同林龄下，凋落物持水能力的差异显然与不同阶段凋落物厚度、分解程度等密切相关，随凋落物分解程度增加，凋落物截留量增大。一般地，随龄级增大，林下凋落厚度和分解程度就增加，因而凋落物持水能力和降水截留量均随之增大。比较林下地被物苔藓层和凋落物层的持水与截留水量的能力，苔藓层具有比凋落物层更好的水源涵养功效和水土保持功能，主要体现在以下几方面：①苔藓比凋落物具有更大的持水能力，一般实验获得的苔藓最大持水量要大于凋落物，如云杉、冷杉和混交林下苔藓与凋落物最大有效持水量之比分别为0.25/0.23、0.55/ 0.51和0.4/0.38（程根伟等，2004；鲜骏仁等，2008）；②苔藓层失水率小于凋落物层，浸水饱和后的脱水试验表明，苔藓24h失水率在20%左右，而凋落物层可达30%以上（程根伟等，2004）；③苔藓吸水速率和实际最大有效持水量一般高于凋落物层。

（3）灌丛与草地植被的降水截留

灌丛与其他森林植被一样，将降水分为截留量、穿透雨量和树干茎流量三部分，不同种类的灌丛对降水的再分配效应是不相同的。与森林植被类似，灌丛对降水的截留主要受群落组成、植被冠层结构、降水量、气温与降水持续时间、冠层郁闭度等因素的影响。灌丛的截留率与降水量呈曲线相关关系，且随着降水量的增加而减小，当降水量达到某一值后其逐渐趋于稳定。不同灌丛植被类型的降水截留差异同样较大，如油蒿（*Artemisia ordosia*）冠层截留率基本稳定在0.3～0.4，柠条冠层截留率基本稳定在0.2～0.3，比油蒿群落冠层截留率低10%左右（王新平等，2004）。在大型灌丛茎干流方面，不同地区不同种类的灌木（或群落）的茎干流比例是不相同的，大多数地区灌木的茎干流范围在2%～10%。灌木形成茎干流的临界雨量很小，一些研究结果表明，荒漠灌木茎干流形成的临界雨量值在0.4～2.1mm，同时灌丛茎干流对土壤水分的补给明显，可更有效地被植物利用（杨志鹏等，2008）。在穿透雨方面，灌丛的穿透雨量受冠层覆盖度、林冠形状、枝叶性质、风向风速等因素的影响。

有关草地系统降水再分配的观测研究相对较少，但是根据少量试验结果，草地植被对降水再分配的影响也较大，如兰茎冰草对降水的截留量可达50%。草地植物根系致密，对减少地表径流效果非常显著，如在黄土高原开展的一些观测结果，草地坡面与荒地坡面相比，地表径流量可减少 47%。同样地，青藏高原高寒典型草甸植被截留率为 10.6%~32.3%，而高寒灌丛草甸的截留率为 9.7%~36.3%。有学者指出，我国森林植被截留率为 11.4%~34.3%（温远光和刘世荣，1995），与上述典型高寒草甸植被截留率变化范围基本接近。另外，草地植被优势物种叶片结构和形态对降水截留有较大影响，如在青藏高原的观测试验表明，与优势种为高山柳和金露梅的灌丛草甸垂直光滑叶片相比，以小嵩草和矮嵩草为优势种的嵩草草甸多毛的叶片以及水平生长方式更有利于降水的截留（李春杰，2013）。与森林和灌丛类似，草地植被截留能力受草地植被结构和覆盖程度控制，同时也受降水强度、降水大小、降水历时以及风、温度等气候因素的影响，任何单个因子对截留量变化的解释都是有限的。针对青藏高原典型高寒草甸和沼泽化草甸两种草地类型，李春杰（2013）发现两种草地植被截留 I 与植被覆盖度（C）、降水强度（R_i）和降水历时（T）等之间存在多元回归模型，解释率在 82% 以上：$I=0.0025C \cdot R_{\mathrm{i}}^{0.34} \cdot T^{0.19}$（高寒草甸）和 $I=0.000\,73C \cdot R_{\mathrm{i}}^{0.18} \cdot T^{0.33}$（高寒沼泽化草甸），反映了草地冠层降水截留量随植被覆盖和降水性质变化的基本规律。

4.1.2 植被冠层截留的模拟方法

过去几十年，针对不同森林类型的林冠截留已开展了大量的观测研究工作，但是这些基于林分和典型生态系统尺度的观测结果无法直接上推到流域尺度、区域尺度或全球尺度。因此，利用模型模拟就一直是植被冠层截留研究的主要方向。现有的森林截留模型多种多样，包括简单的经验模型、概率统计模型、基于物理机制的机理模型等。Muzylo 等（2009）通过系统对比分析了 15 种基于物理机制的林冠截留模型，认为这些机理模型可以基于 15 种模型对降水再分配所采用的分析方法分为两大类，一是采用降水的概率分布来分析截留的动态变化，这类模型以 Calder 模型为主要代表；二是采用连续水均衡方程处理降水量的再分配过程，这类模型占绝大多数，可进一步分为 Rutter 模型类和 Gash 模型类（表 4-1）。Calder 模型只能输出冠层截留量或截留率一个变量，而且所需变量在单层冠层时为 6 个，双层模型需要 16 个。从模型可以同步输出截留量（I）、穿透雨量（T_{f}）以及树干茎流（S_{f}）角度来看，现阶段广泛使用的主要机理模型可以归纳为 Rutter 模型和 Gash 模型两大类，共 8 种模型（表 4-1）。目前，Rutter 模型和 Gash 模型及其改进型是全球范围内应用最为广泛的机理模型。Gash 截留模型也是由 Rutter 模型简化而来的，相对 Rutter 模型的参数系统要简单，因此应用最多。Rutter 模型和 Gash 模型的数学方程构成简要介绍如下。

表 4-1　现阶段常用的代表性机理模型及其特性

模型		所需参数	冠层数	主要冠层相关参数							主要文献
				S	S_t	p	p_t	c	Er	La	
Rutter 模型类	Rutter	7	1	X	X	X	X		X		Rutter 等（1971）
	Sellers 和 Lockwood	2+4*	多层	X		X				X	Sellers 和 Lockwood（1981）
	Massman	4	1	X		X					Massman（1983）
	Xiao	14	多层	X	X	X	X	X	X	X	Xiao 等（2000）
	Rutter-Sparse	5	1	X	X			X	X		Valente 等（1997）
Gash 模型类	Gash	4	1	X	X	X	X				Gash（1979）
	Gash-Sparse	4	1	X	X		X	X			Gash 等（1995）
	van Dijk 和 Bruijnzeel	7	1	X	X	X	X	X	X	X	van Dijk 和 Bruijnzeel（2001）
Calder 模型	Calder 统计模型	6	1	X						X	Calder（1996）
	Calder 双层模型	16	2	X				X		X	Calder（1996）

注：S 为最大林冠储水量；S_t为树干最大储水量；p 为穿透系数；p_t为树干茎流系数；c 为林冠覆盖度；Er 为降水期间林冠和树干蒸散发量；La 为枝、茎、叶或总面积指数。

（1）Rutter 模型

以水均衡原理为基础，使用连续运行的方程描述冠层水分平衡要素变化，从而获得截留率或截留量的数值解，主要公式如下（Valente et al.，1997）：

$$
\begin{gathered}
(1-p-p_t)\int \bar{R}\mathrm{d}t=\int \bar{D}\mathrm{d}t+\int \bar{E}\mathrm{d}t+\Delta C \\
p_t\int R\mathrm{d}t=S_f+\int E_t\mathrm{d}t+\Delta C_t \\
E_C=\begin{cases} E_p\dfrac{C}{S}, & C<S \\ E_p, & C\geqslant S \end{cases} \\
S_f=\begin{cases} C_t-S_t, & C_t\geqslant S_t \\ 0, & C_t<S_t \end{cases} \\
E_t=\begin{cases} \in E_p\dfrac{C}{S}, & C_t<S_t \\ \in E_p, & C_t\geqslant S_t \end{cases} \\
D_C=\begin{cases} D_s\exp[b(C-S)], & C\geqslant S \\ 0, & C<S \end{cases}
\end{gathered}
\tag{4-1}
$$

式中，$\bar{R}$为平均降水强度；$\bar{D}$为树冠排水的速率；$\bar{E}$为冠层截留水的平均蒸发速率；ΔC 为冠层储水量的变化量；p 为穿透系数；p_t为树干茎流系数；S_f 为树干茎流；E_t为被树干拦截的水的蒸发速率；ΔC_t为树干水分储存量的变化量；E_c为饱和冠层的蒸发量，利用 Penman-Monteith 方程计算，并将冠层阻力设为零；E_p为潜在蒸散发量；S 为最大林冠储水量；S_t为最大树干储水量；C 为实际树冠储水量；D_C为冠层上滴下的水的速率；D_s为当冠层达到蓄水能力时，从冠层上滴下的水的速率；b 为经验排水系数；$\in$ 为将树干的蒸发量描述为饱和树冠蒸发量的比值。

Rutter-Sparse 模型是针对稀疏森林植被情景下的 Rutter 模型的改进型，可以处理降水穿过林冠间隙与林冠和树干截留的问题。在稀疏森林区，原来的 S 和 S_t分别由S_c和$S_{t,c}$来代替，S_c和$S_{t,c}$就代表单位覆盖面积上的冠层和树干水存储量。同时，该模型对原排水函数也进行了简化，不再涉及D_s和待定经验排水系数 b。

$$S_c = \frac{S}{c}$$

$$S_{t,c} = \frac{S_t}{c}$$

$$\int D_C \mathrm{d}t = \begin{cases} C_c - S_c, & C_c \geqslant S_c \\ 0, & C_c < S_c \end{cases} \tag{4-2}$$

$$\int E_C \mathrm{d}t = \begin{cases} (1-\in)E_p \dfrac{C}{S_c}, & C < S_c \\ (1-\in)E_p, & C \geqslant S_c \end{cases}$$

$$\int E_t \mathrm{d}t = \begin{cases} \in E_p \dfrac{C}{S_c}, & C_t < S_{t,c} \\ \in E_p, & C_t \geqslant S_{t,c} \end{cases}$$

（2）Gash 和 Gash Sparse 模型

Gash 模型是在 Rutter 模型基础上发展起来的一种简化方法，它假设相邻降水事件的时间间隔足以使林冠完全干燥，将降水事件分为三类：冠层湿润期、饱和期和干燥期。

$$\sum_{j=1}^{n+m} I_j = n(1-p-p_t)P'_G + \frac{\overline{E}_p}{\overline{R}} \sum_{j=1}^{n} (P_{Gj} - P'_G) + (1-p-p_t) \sum_{j=1}^{m} P_{Gj} + q S_t + p_t \sum_{j=1}^{m+n-q} P_{Gj} \tag{4-3}$$

$$P'_G = -\frac{\overline{R}S}{\overline{E}_p} \ln \left[1 - \frac{\overline{E}_p}{(1-p-p_t)\overline{R}}\right]$$

式中，n 为可饱和冠层的暴雨次数；m 为不足以饱和冠层的暴雨次数；q 为可以产生树干茎流的暴雨次数；P_G为总降水量；P'_G为使树冠饱和所需的降水量；$\overline{E}_p$为平均潜在蒸散发；$\overline{R}$ 为平均降水量。

同样，在 Gash 模型基础上，针对稀疏林地情景，发展起来了 Gash-Sparse 模型，计算公式如下：

$$\sum_{j=1}^{n+m} I_j = nc P'_G + \left(\frac{c\overline{E}_c}{\overline{R}}\right) \sum_{j=1}^{n} (P_{Gj} - P'_G) + c \sum_{j=1}^{m} P_{Gj} + q S_t + p_t \sum_{j=1}^{n-q} P_{Gj} \tag{4-4}$$

$$P'_{G}=-\frac{\overline{R}S_{c}}{\overline{E}_{c}}\ln\left(1-\frac{\overline{E}_{c}}{\overline{R}}\right)$$

上述模型所需的参数至少包括林冠特征相关的参数和气象相关的参数：最大林冠储水量、树干最大储水量、树干茎流系数、穿透系数、林冠覆盖度、叶面积指数、经验林冠排水参数、降水期间林冠蒸散发量、植株高度等林冠相关参数；以及降水量、降水历时、净辐射量、最高温度、最大湿度、风速等气象相关参数。如表 4-1 所示，每种模型的参数体系均不相同。Rutter 模型所需参数要多于 Gash 模型。大部分 Rutter 模型和 Gash 模型的输入数据是基于林分及小时降水与气象数据，只有 Xiao 模型需要输入树木尺度的相关参数，van Dijk 和 Bruijnzeel 模型可以使用日降水与小时气象数据。其中 Xiao 模型对于冠层相关参数的要求最为苛刻，除了表 4-1 中所列的几项以外，还需要叶倾角、枝干杆倾斜角、正常和有效的茎及冠投影区面积指数等。大部分研究显示，模型中最重要的敏感性参数是冠层和茎干的平均蒸发率与林冠储水量。

总结近年来林冠截留数值模拟（主要是应用 Gash 模型和 Rutter 模型）结果，目前存在的主要挑战有以下几方面：①大部分林冠截留评估结果在月均和年均尺度上的累积截留量有较为满意的结果（误差一般小于 15%），但在评估次降水事件的截留时，模型的模拟能力和准确性显著下降（确定系数 R^2 一般小于 0.4）；同时，机理模型不能适用于过低（如低于 1.2mm）和过高降水强度（大于 7.0mm）的情形（Linhoss and Siegert，2020）。②大部分模型适用于林分甚至单株树木尺度，在具有复杂植被类型的坡面、流域或区域尺度上，采用平均的冠层饱和持水量、相对固定的冠层郁闭度等将带来较大误差。较大空间尺度上，模型的模拟精度依赖于参数的尺度上推的可靠性，如冠层饱和持水量随叶面积指数的时空变化、树冠郁闭度（或覆盖度）的空间和季节变化等。③模型普遍低估了实际植被冠层的降水截流量。上述这些问题的产生，主要源于三方面，参数赋值误差、观测数值不准确以及对植被冠层截留机制的理解不全面（Muzylo et al.，2009；Linhoss and Siegert，2020）。其中输入参数的不确定性导致的误差占主导地位，如对 Er 参数的评估，无论使用物理机理方法（如 Penman-Monteith 模型等）还是经验的水均衡方法，都会导致较大的系统性偏差（van Dijk et al.，2015；Návar，2019），因此，迫切需要进一步深入了解截留水量蒸发的能量及其影响因素等。另外，需要着眼于获得可靠的冠层空间特性监测值，将林冠储水量变量分解为易于测量的物理组分以获取高质量的林冠蓄水量数据（Návar，2020）。

4.1.3　土壤水分的植物再分配

植物根系对土壤水分的再分配，具有十分重要的生态学意义。在干旱区和半干旱区，这一水分再分配可导致深层水分（如下层地下水）被提升至浅层，供浅根系植物利用；反之，一场短暂降水过后，浅层土壤水分剧增，表层根系吸水输送至茎部，深层土壤水分干旱形成水分向深层根系流动，维持深层根系生长的水分需求，这是干旱区灌丛深根系植物与伴生的浅根系草本植物共生的重要机制（图 4-2）。根据最优理论，根土水力提升是植物的一种自利行为，其首先满足根系系统本身生存需水，土层中大部分根系分布于土壤表层，根系在深层湿润土层吸收的水分提升至表层干旱土层释放，有利于高密度根系层的健康维持，使根系对根土环境土壤水利用最大化；其次土壤表层一般具有较高的土壤有机质和其他养分含量，表层土壤水分的获取可有效提高植物根系对上层土壤相对丰富的养分的吸收效率，促进土壤-植被的养分传输。因此，根-土界面水分再分配能促进植物个体及其相邻植物的水分平衡、提升植被对地下水的利用效率，同时，保持干燥土壤中菌根以及固氮菌的活性、促进细根对土壤养分的吸收效率（邵立威等，2011）。从系统优化的观点来看，水力提升是根土系统供水机制的表现之一，是生态系统自我维持机能稳定与健康的重要生态水文过程。

对根土系统水力提升现象的解释，得到普遍认同的是基于水势梯度的水分运移过程在根土作用的空间范围内受不同部位土壤间和根土间水势梯度的驱动（Caldwell et al.，1998；Bazihizina et al.，2017）。现阶段最为普遍的认识就是植被冠层-土壤和根系间的水势差决定了大气-植被-土壤间的水分交换和土壤水分再分配，只有水势差（或水势梯度）发生在根系内部时，才可以出现土壤水力再分配现象。大部分土壤水力再分配情形发生在夜间，依据水势的变化，一般可以分为两阶段（图 4-2），在凌晨或傍晚时分，根系内部水势梯度略低于根系-冠层或基本相当，这时就会有少量水分开始向表层土壤分配；在深夜，根系内部水势梯度大于根系-冠层，水分传输就以深层土壤向表层土壤输送为主。植物水力提升不是一成不变的，会随其生境和气候背景而变化，而且不仅仅表现为水力提升，也表现为向下分配，因此，后来将原来的水力提升概念统一为水力再分配。植被对土壤水分的调控作用主要通过植被的水力再分配作用进行。

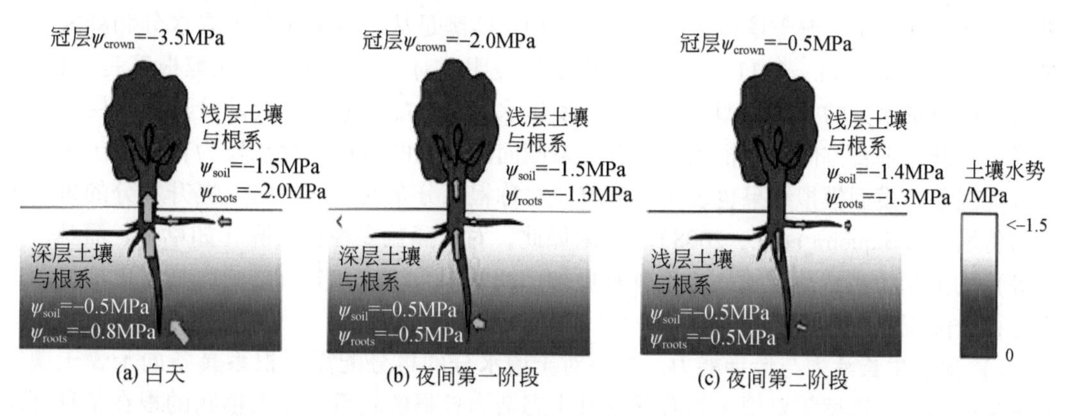

图 4-2　植被对土壤水分再分配的水势梯度变化机制（Bazihizina et al.，2017）

水分再分配的影响因素较多，大致可分为当地的气候与土壤条件和植被因素两大类，前者主要有以下几个因素：

1）土壤水分，根-土界面水分再分配发生的首要条件是处于不同区域的根系所在的土壤存在较显著的水势差。研究表明，不同的植物发生根系提水时所需的土壤水势差也不同。另外，根系提水虽然发生在表层土壤干旱条件下，但土壤水势不能过低，一方面，干土的阻力会限制根系中水分向土壤扩散；另一方面，土壤水势过低还会引起根系的死亡和水分在土壤中传导的中断。因此，发生土壤水力再分配的土壤水势差应该具有一定阈值范围，不能太大也不能太小，且不同植物类型这一阈值范围可能不同。

2）土壤质地与传导性，植物根系对水分的利用及水分在土壤中的传输都受土壤质地的影响，同时，土壤质地也影响植物根-土界面的水分再分配。研究表明，根系提水发生的频率和提升水量的大小与土壤所含砂砾的比例呈显著负相关，质地粗糙的土壤会抑制根系提水的发生及其提水幅度，这与粗粒土壤比壤质土壤具有较大导水性能和较低的持水能力有关，也可能与砂壤土的根-土接触面积要小于质地较好的土壤有关（Neumann and Cardon，2012）。

3）蒸腾作用，根系提水作用与植物的蒸腾有关。植物通常发生根系提水的时间是在蒸腾作用降低后的夜间，白天抑制蒸腾的情况下也会发生。有研究表明，在降水时段，植物蒸腾作用降低，削弱了大气通过植被与干燥土壤对水分的争夺能力，促进了白天的水力再分配的发生及其强度，甚至可以连续多日。同时，实例观测结果还表明，在暴雨时期，可能会同时出现正反两方面的水分再分布现象——上层暴雨浸透土壤层和下部高含水层水分向中间较为干旱的土层迁移（杨鑫光等，2008；Neumann and Cardon，2012）。另外，有观测结果反映出，如果深层土壤水分储量非常丰富或者接近地下水，而浅层非常干燥，那么有可能发生昼夜持续的根系提水现象，即植物在白天蒸腾作用强烈时也会发生根系提水现象（Scholz et al.，2002）。CAM 植物白天气孔关闭，抑制了蒸腾，晚上气孔张开，蒸腾作用明显增高，这类植物的根系提水与 C3 和 C4 植物相反。

影响土壤水力再分配的植被因素，主要有以下几方面。

1）植物根系分布格局。植物根系分布应能够满足水分在土壤-植物间流动的足够水势梯度，嵌套在单位干湿土壤体积中的根系生物量能满足从土壤中充分吸取水分和释放水分的能力（Rewald et al.，2011）。大量观测结果表明，对于那些大部分支配根系是深根系、吸取深层土壤水分的植物类型，较少能够发生水力再分配现象；在大部分具有双层结构的根系——既有垂直方向的深根系，也有大量侧向浅根系的植物，存在较为普遍的土壤水分再分配现象。模型模拟结果也表明，随着非对称根系分布的增加，向上提升水分的再分配能力将增强（Siqueira et al.，2008）。正因如此，对于涵盖多种功能群（如草本、灌丛、乔木等）的大型植被群落结构，由于具有更加广泛的根系结构和分布格局，具有更加显著的水分再分配现象。

2）根系生长活力与传导能力。根系对土壤水分的再分配需要根系具备向干燥土壤输送水分的能力，这就需要根土间有紧密且生态活力较强的联系。如果植物的根在某种环境胁迫下（如过于干旱）发生萎缩或死亡，使根系与土壤之间形成空气间隙，则增加了水分运动的阻力，使根系中散失的水分减少，根系的这种形态变化在短期内将导致根-土界面水分再分配减弱甚至消失。水力再分配程度还取决于轴向根系水力导度的影响，在干旱胁迫下，木质部栓塞积累可导致根系水力导度逐渐减弱，从而降低水力再分配能力（Warren et al.，2007）。这些现象也是根系阻力与干土壤阻力对根-土界面水分运动过程的影响。

3）夜间蒸腾作用。不仅是 CAM 植物，有一些 C3 和 C4 植物也存在较大的夜间蒸腾作用，有些植物物种的夜间蒸腾作用甚至可高达白天的25%。夜间蒸腾作用对于土壤水分再分配的影响，在全球范围内已做了大量观测研究，结果可以归纳为以下认识（Neumann and Cardon，2012）：夜间蒸腾作用越强，土壤水力再分配程度越低甚至可能消失，但要强调指出的是，所观测的夜间单位叶面积蒸腾量，并不意味着是土壤水力再分配受到的限制因素，整体的植物冠层和根-土系统间的水势差是决定水分争夺结果的关键。

4）植被冠层的储水容量。植被冠层的储水容量决定了冠层的吸水强度，这一能力也是制约夜间根系吸水及其分配去向的主要因素。研究表明，有些植物物种内部的储水量可满足白天水分消耗的16%~33%（Scholz et al.，2007），如果白天冠层水容量消耗过大，就会形成较强的冠层水分吸力，促使根系无论白天还是夜间从深部含水量较大的土层将水分输送到植被冠层，这一过程既与夜间的蒸腾无关，也与夜间的水汽压差变化无关。

4.2 土壤水文过程

土壤水文过程作为陆地生态水文的重要组成部分，通常指地下水位以上土壤非饱和带中水的运动和转化过程，该过程包括土壤入渗过程、水分在土层中的运动、土壤水分再分布、再分布过程中土壤剖面水分动态变化，以及土壤蒸发和植被根系吸水等一系列过程。如果以入渗作为土壤水文过程的起点，渗入土壤中的水，一部分保存在土壤中，供植物吸收利用，一部分沿大孔隙等优先路径优先流走，形成壤中流或者地下径流；同时一部分通过土壤蒸发和植物蒸腾回归大气。在适当的条件下，大气水又形成降水，一部分渗入土壤，一部分形成地表径流。

4.2.1 土壤入渗过程与壤中流

入渗是指水分经地表进入土壤后，运移、存储变为土壤水的过程，是降水、地表水、土壤水和地下水相互转化过程的重要环节。地表的水沿着岩土的空隙入渗，是在重力、分子力和毛管力的综合作用下进行的，其运动过程就是寻求各种作用力的综合平衡过程。入渗过程按照作用力的组合变化及其运动特征，可划分为三个阶段。

1）渗润阶段，该阶段入渗水分主要受分子力的作用，水分被土壤颗粒吸附，并成为薄膜水，开始入渗时，如土壤处于干燥状况，该阶段表现最为明显。当土壤含水量大于最大分子持水量时，该阶段逐渐消失。

2）渗漏阶段，随着土壤含水量的不断增大，分子力逐渐被毛管力和重力作用取代，水在土壤孔隙中进行不稳定流动，并逐渐填充土壤孔隙，直到全部孔隙被水充满达到饱和为止。

3）渗透阶段，当土壤孔隙被水分充满达到饱和后，水分在重力作用下继续向上层运动，此时入渗的速度基本达到稳定。

水分入渗以后，根据入渗强度、土壤性状等，在各土层中产生不同的分布情况。在均质和层次明显的土壤剖面，土壤剖面中水分的垂向分布大致划分为四个带，即饱和带、过渡带、传递带和湿润带（湿润锋面）。由入渗进入土壤中的水分，在土壤中沿不同透水性土壤层界面流动，形成壤中流，它是地下径流、河流、湖水的重要补给来源，是流域径流过程中一个重要的组成部分，与地表径流和地下径流共同组成径流，是重要的水文循环要素，对流域径流调节、水源涵养、泥沙迁移、养分流失以及流域水文循环计算都具有非常重要的作用。不同流域壤中流的产流方式和产流率具有明显差异，同时影响壤中流的因素较多，包括土壤性质、植被覆盖、降水特征、土壤表层结皮、土壤初始含水量和坡度等，这些因素都可以影响壤中流的形成和运移。

根据壤中流的运移形式，可将壤中流分为遵循达西定律的基质流和不遵循达西定律的优势流。土壤水分在运移过程中，受植物根系的伸展、土壤中动物的活动、土壤的冻融交替等原因影响，会在土壤层中形成一系列大孔隙，这些大孔隙相互连通就形成了大孔隙网络，水分及其挟带的溶质在这样的大孔隙中优先快速流走，而形成优势流。优势流在自然界土壤水分入渗过程中普遍存在，它是指土壤中的水及溶质绕过基质或大部分区域，优先通过导水能力强的渗透路径快速运移到土壤深部和地下水并较少与周围土壤基质发生物理、化学和生物相互作用的过程的现象，也称为非平衡流，是土壤中水运动机制研究由均匀走向非均匀领域的标志（冯杰，2012）。

优势流的存在，改变了地表径流、壤中流和地下径流的形成过程及比例，根据研究尺度和产生机制的不同，优先流可分为微观尺度下的大孔隙流和土体尺度下的不稳定流（图 4-3）。大孔隙流是沿着植物根系路径、动物孔穴、狭长裂隙等大孔隙运动的非平衡流，水流绕过结构密实、渗透率低的土壤基质，优先通过导水能力强的大孔隙通道快速入渗；而对于均质土体，虽没有明显的大孔隙结构也可能会产生不稳定流。不稳定流是由于土壤中存在的复杂结构使水分绕过大部分土壤基质沿着优先路径入渗的水流，由于其形成机理和流动形态的区别，又出现指流和漏斗流的概念。在自然条件下，这几种物理机制可能会同时在土壤入渗过程中发生作用，形成多种多样极其复杂的水流类型。

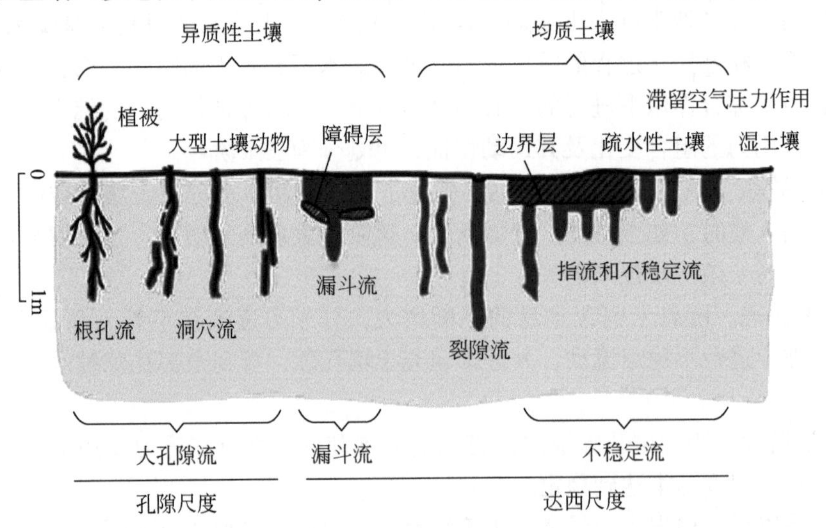

图 4-3　孔隙尺度和达西尺度不同优势流形成机制（Hendrickx and Markus，2001）

漏斗流是由于土壤中存在渗透率高的粗质砂土障碍层，当非饱和水流到达障碍层时，水流优先在渗透率高的障碍层中流动，而到障碍层下端时又垂直向下流动，形状类似漏斗。指流是湿润锋呈指状的优先流，指流使水流和溶质在土壤中的运移变得十分复杂而难以预测。根据目前学者的相关研究，指流产生的机制有滞留空气压力作用、土壤疏水性等。土壤水入渗过程本质上就是孔隙内滞留空气和水分不断交换过程。土壤疏水性是指水分很难或者不能湿润土壤表面颗粒的物理现象，普通土壤在干燥情况下会对水分有极强的吸收能力，然而疏水性土壤及其颗粒表面被有机物包裹或有机物混合，造成土壤对水分的入渗具有排斥性，使土壤的水分表现出强烈的非均匀性。

观测壤中流的传统方式是布置径流小区，但是在建设径流小区时对土壤扰动较大，壤中流的形成和运移受到了干扰，从而改变了壤中流观测断面原有的水力学边界条件，在此情形下获得的壤中流观测结果不能很好地代表包气带中壤中流的真实情况，所以需要建立在不破坏、不扰动原状土壤前提下可精确研究壤中流产汇流的观测系统，如使用 CT 扫描、核磁共振成像（magnetic resonance imaging，MRI）、电阻层析成像（electrical resistance tomography，ERT）、时域反射仪法（time domain reflectometer，TDR）、探地雷达（ground penetrating radar，GPR）、大地电导率仪（electromagnetic induction，EMI）等地球物理新技术来研究壤中流的形成和运移过程。以 CT 成像技术为代表的现代化仪器以及染色示踪等无损伤试验技术在优先流研究领域得到了广泛的运用，极大地推动了优先流的定量化发展，目前的研究集中于通过 CT 扫描仪来确定大孔隙的分布情况，从而研究优先流的路径。

4.2.2 土壤水的再分布

当地面水层消失后，入渗过程终止，土体内的水分在重力、吸力梯度和温度梯度的作用下继续运动，这个过程称为土壤水的再分布。在土壤剖面深厚，没有地下水出现的情况下，这个过程很长，有时可达 1 ~ 2 年或者更长。土壤水分再分布对研究植物从不同深度土层吸水有重大意义，因为某一土层中水的损失量，不完全是植物吸收的，而是上层来水与本层向下再分布的水量以及植物吸水量三者共同作用的结果。

土壤水的再分布是土壤水的不饱和流。在田间，入渗终止之后，上部土层接近饱和，下部土层仍是原来的状况，它必然要从上层吸取水分，于是开始了土壤再分布过程。这时土壤水分的流动速率决定于再分布开始时上层土壤的湿润程度和下层土壤的干燥程度以及它们的导水性质。当开始时湿润深度浅而下层土壤又相当干燥，吸力梯度必然大，土壤水的再分布就快。反之，若开始时湿润深度深而下层土壤又较湿润，吸力梯度小，再分布主要受重力的影响，再分布过程进行缓慢。不管在哪种情况下，再分布的速率也与入渗速率的变化一样，随时间而减慢。这是因为湿土层不断失水后导水率也必然相应减低，湿润锋向下移动的速率也跟着降低，湿润锋在渗吸水过程中原来可能是较为明显的，但在再分布过程中逐渐消失。

4.2.3 土壤水分动态变化

土壤水分是土壤-植被-大气连续体的关键因子，是土壤系统中物质和能量循环的载体，对土壤特性、植被生长分布以及区域生态系统有着重要的影响。土壤水分动态变化对揭示植被需水耗水规律、地区土壤含水量估算以及区域水循环过程有重要的意义。土壤水分动态的影响因素较多，如降水、蒸发、地下水埋深、土壤质地、前期土壤含水量和植被类型等，不同生态系统的植被、土壤条件不同，其不同层土壤含水量的变化也存在一定的差异。同一生态系统不同地区的研究结果有一致的，也有不一致甚至相反的。从总体来看，其异质性的存在对各种水文过程和土壤形成过程均有显著影响。

森林生态系统土壤水分动态取决于气候、土壤特点、微地形及林分状况。在热带雨林地区，降水量很高，且林木的休眠期较少或无休眠期，因此季节间土壤含水量的变化很小。而在干湿季比较明显的地区，春冬季降水量虽然很小，但由于林木基本处于休眠阶段，林冠蒸腾很小，林地蒸发也较少，土壤含水量通常较高且稳定；春夏之间因蒸发蒸腾加大，林木对水分的消耗多，在雨季又得以补偿，此期间的土壤含水量变化较复杂。在草原生态系统，大气降水是其唯一的水分来源，土壤水分的季节变化主要受降水的影响，一般地，湿季土壤水分含量大且波动较大，干季土壤水分含量小。此外，草原植被根系较浅，土壤水分垂直变化是，随土层的加深，土壤水分含量下降，表层土壤水分含量较大。农田生态系统土壤水分动态变化除受气候因子影响外，还受灌溉量和种植制度及土壤物理性质等因子的影响，水分动态变化复杂。荒漠生态系统的土壤水分含量总体很低，一般而言，土壤水分的季节变化与降水的季节变化呈现良好的一致性，雨季土壤水分变化明显，干季没有明显波动；降水略多的夏季基本上随土层深度的增加土壤含水量减少，而降水稀少的季节土壤水分动态与夏季呈现相反的变化趋势。

4.2.4 土壤蒸发过程

根据土壤蒸发速率的大小和控制因子的差别，土壤蒸发可分为三个阶段：

第一阶段，定常蒸发率阶段。在充分供水条件下，土壤含水量大于田间持水量，水通过毛管作用，源源不断地输送到土壤表层，最大限度地供给地表蒸发，蒸发快速进行，蒸发速率相对稳定，其蒸发量等于或近似于相同气象条件下的水面蒸发，在此阶段，土壤蒸发主要受气象条件的影响。

第二阶段，蒸发率下降阶段。由于蒸发不断耗水，土壤中的水逐渐减少，当土壤含水量小于田间持水量时，土壤蒸发的供水条件不充分，蒸发速率随着土壤含水量的减小而减小，土壤蒸发速率明显下降。在此阶段，由于供水不足，上升到表层的毛管水越来越少，蒸发速率明显低于前一阶段。其蒸发量的大小主要取决于土壤含水量，气象因素则退居次要位置。

第三阶段，蒸发微弱阶段。当土壤含水量逐步降低到第二个临界点——凋萎含水量

（其值相当于植物无法从土壤中吸收水分而开始凋萎枯死时的土壤含水量，称凋萎系数）时，土壤蒸发便进入蒸发微弱阶段，在此阶段，土壤液体水供应中断，只能依靠下层水汽化向外扩散，此时土壤蒸发在较深的土层中进行，其汽化扩散的速度主要与上下层水汽压梯度及水汽所通过的路径长短和弯曲程度有关。气象因素和土壤含水量对蒸发的作用不明显，蒸发量小且稳定。

4.2.5 土壤水分与植物根系吸水的关系

水分是植物生长的决定因子，植物的正常生长，须有不断的、有效的水分供应。大气蒸发是持续性的，而降水却是间歇性的、无规则的，因此植物满足其生长发育、新陈代谢等生理活动和蒸腾，须依靠根系吸取储存在土壤中的水分，因此，根系分布特征是直接决定植物水分来源的重要因素。一般地，浅根系植物主要吸收浅层土壤水分，深根系植物主要利用深层土壤水和地下水，具有二态根系分布特征的植物既可利用浅层土壤水分又能从深层土壤获取水分。相关研究将植物所利用的水源看成两种不同的土壤“水库”，即“增长库”和“维持库”，土壤养分主要集中在“增长库”中，有利于水分利用效率高的浅根植物，而“增长库”土壤利于受长期干旱后深根系植物的生长。植物根系分布特征直接决定了植物水分用水来源的深度。根系吸收的水分通过植物茎中的木质部导管向叶片输送水分，前已述及，根系吸水动力可分为水势梯度和根压。

1）水势梯度。植物在蒸腾作用下，叶细胞失水造成细胞溶液浓度增高和体积缩小，因而溶质势和压力势均减小。叶水势的降低形成了从土壤—根—茎—叶逐渐减小的水势分布。在这种水势梯度下，水分由土壤进入植物体，沿根、茎导管上升到叶面，源源不断地补充蒸腾所散失的水分。植物根系吸水并非生理活动所致，植物体只是提供了水分运输的通道。蒸腾停止，根系吸水随之减弱，甚至停止。因此，一般蒸腾作用下，植物吸水为被动吸水，其吸水动力为水势梯度。

2）根压。植物根系的生理活动使液体从根部上升的压力，称为根压。根压把根部的水分压到地上部，土壤中的水分便不断的补充到根部，这就形成了根系吸水过程。这是由根部力量引起的主动吸水。主动吸水的能力很低，只有在蒸腾速率低的情况下才能察觉，这样吸收的水分只有总需水量的10%或更少。当土水势小于-1bar① 或-2bar 时主动吸水就不起作用了。根系由根压引起的主动吸水一般从两个方面解释。一是渗透理论，根部薄壁细胞吸水达到饱和时，水势等于零，不再吸水，但导管周围的细胞仍在进行新陈代谢，不断向导管周围分泌无机盐和简单有机物，导管溶液的水势下降，而附近活细胞的水势较高，水分不断流入导管。同样，外层细胞的水分向内移动，最后土壤水分沿根毛、皮层进入导管，进一步向上层运送。二是代谢理论，认为呼吸释放的能量参与根系的吸水过程。

根系吸水的影响因素可概括为内部因素和外部因素。内部因素即植物因素，包括叶面积、根系发达程度、根密度、有效根密度及根系的透性等。外部因素主要是土壤和大气因

① $1\mathrm{bar}=10^5\mathrm{Pa}=1\mathrm{dN/mm^2}$。

素。土壤水分能否被植物吸收利用及其吸收利用的难易程度，称为土壤水分的有效性。不能被植物吸收利用的水称为无效水，能被植物吸收利用的水称为有效水，有效水根据吸收的难易程度分为速效水和迟效水。通常把凋萎系数作为土壤有效水的下限，田间持水量作为土壤有效水的上限，田间持水量与凋萎系数之间的差值作为土壤有效水最大含量。

4.2.6 土壤水分平衡及影响因素

土壤水分平衡是指一定面积和厚度的土体中，在一定时间内土壤水分的收支状况，即土壤水分收入与支出之差。其数学表达式为（邵明安等，2006）

$$\Delta S = P + I + R_{in} - E - T - R_{out} - D \tag{4-5}$$

式中，ΔS 表示计算时段末与时段初一定面积和厚度土体的储水量之差（mm）；P 为计算时段内降水量（mm）；I 为计算时段的灌溉水量（mm）；R_{in}为计算时段内由壤中流进入计算厚度土层的水量（mm）；E 为计算时段内土面蒸发量（mm）；T 为计算时段内的植被蒸腾量（mm）；R_{out} 为径流损失量（mm），包括地表径流和地下径流量；D 为土壤深层渗透水量（mm）。

土壤水分平衡在实践中很有用处，根据土壤水分平衡方程可利用已知项求得某一未知项，这就是所谓的土壤水量平衡法。在研究土体水分状况周年变化、确定农田灌溉时间及研究土壤-植被-大气连续体中水分行为时常用到。

影响土壤水文过程及土壤水分平衡的因素很多，主要有以下几方面。

1）土壤特性的影响。土壤特性对土壤水文过程的影响体现在土壤特性中的透水性能、含水量、土壤质地和结构等，对土壤入渗、蒸发、植被根系吸水等过程的影响。土壤特性对入渗的影响，主要体现在土壤的透水性能及土壤的前期含水量，透水性能主要与土壤的质地、孔隙的多少和大小有关。一般地，土壤固体颗粒愈粗，孔隙直径愈大，其透水性能愈好，土壤下渗能力亦愈大；土壤前期含水量越高，入渗量愈少，入渗速度愈慢。

土壤含水量是决定蒸发过程中水分供给量的重要因素。当土壤含水量大于田间持水量时，土壤的供水能力越大，土壤蒸发能力越大，基本上能达到自由水面的蒸发速度，此时的蒸发可视为充分供水条件下的蒸发。当土壤含水量降低到田间持水量以下、凋萎含水量以上时，土壤蒸发随含水量的逐步降低而减小。此外，土壤质地和结构决定土壤孔隙的多少与土壤孔隙的分布特性，从而影响土壤的持水能力和输水能力。具有团粒结构的土壤，毛细管处于不连通的状态，毛细管的作用小，水分不易上升，故蒸发量小；无团粒结构的细密土壤则相反。砂土孔隙大，毛管孔隙少，蒸发量相对于黏土较少。

2）降水特性的影响。降水特性包括降水强度、降水历时和降水时程分配。其中降水强度直接影响土壤下渗强度及下渗水量，在降水强度小于下渗速率的情况下，降水全部渗入土壤。在相同土壤水分条件下，下渗速率随着降水强度的增大而增大，但对于裸露的土壤，强雨点可将土粒击碎，并填充土壤孔隙，从而减少下渗速率。此外，降水时程分布对下渗也有一定的影响，如在相同条件下，连续性降水的入渗量要小于间歇性降水的入渗量。此外，壤中流的产流量与降水量有较显著的正相关关系，降水特征对壤中流的影响主要表现在降水强度和降水历时两个方面，降水量对壤中流的影响取决于能否形成水分的侧向流动，如在土壤土质较为疏松多孔的地区，优势流发育较为充分，遇到较大强度降水时，水分会以较快的速度入渗，进而形成壤中流。

3）生物特性的影响。生物对土壤水文过程的影响可分为两方面，一是地上植被及枯落物对蒸发和入渗过程的影响；二是植物根系和大型动物扰动对土壤结构、大孔隙与壤中流形成过程的影响。通常有植被的地区，植被及地面上凋落物具有滞水作用，增加了入渗时间，从而减少了地表径流，增大了下渗量。植物根系是土壤大孔隙形成的最重要的生物要素之一，研究发现，植物根系通过各种直接和间接的机制影响不同尺度的土壤结构形态与稳定性，进而对壤中流产生重要影响。在孔隙尺度上，植物根系可以改变土壤孔隙的大小、数量，进而改变土壤的储水能力；在达西尺度上，植物根系形成的孔道，为土壤优势流提供运移通道；在区域尺度上，植物可以改善土壤结构，增强土壤渗透和排水能力，促进壤中流形成和运移，调控区域储水和输水过程。大型动物扰动和土壤动物活动形成的大孔隙半径一般很大，且导水能力很强，暴雨期间大量水分在土壤中形成快速流动的水流。此外，大型动物扰动（如放牧和鼠兔扰动）会改变地表景观类型，从而对土壤水文过程产生影响，如青藏高原鼠兔扰动会造成地表植被和生物量的退化，改变土壤表面的活性，地表径流系数增加等。

4）地形和人类活动的影响。地面起伏，切割程度不同，都会对入渗产生影响，一般地面坡度大，漫流速度快，下渗量就小，壤中流产流量减少。人类活动既可增加入渗，也可减少入渗。例如，坡地改梯田、植树造林、蓄水工程等均可增加水的滞留时间，从而增加入渗量。反之，砍伐森林、过度放牧、不合理的耕作等可减少入渗量。人类活动，如耕作等可改变土壤结构和表面状况，进而改变土壤水分入渗和水力连通性，通过改变土壤总孔隙度、大孔隙的数量和分布等，进而影响优先流的形成。

4.3 植被水分利用过程与特征

4.3.1 植被水分吸收过程

1. 植物叶片吸水过程及机制

绝大多数叶片上都有一层疏水性很强的蜡质物，叶片具有强烈的排水性，水很难在叶片上附着，所以过去一直认为植物叶片不能吸水。但是，有实验发现，将一株萎蔫的活体植物叶片浸入水中，过一段时间后，植物就会逐渐重新挺拔，萎蔫现象消失，看上去如同没有失水一样。这就是叶片吸收了大量水分以后，植株恢复正常的表现。因此，植物叶片是可以吸收水分的，如何吸收以及吸收的水量及其作用等是长期研究的热点。叶片直接吸收水分的现象在 1972 年被首次发现，称为叶面水分吸收（foliar water uptake，FWU）。FWU 是一个普遍的过程，至少有 233 种跨 77 个植物科和 6 个主要生物群落的物种表现出一定的 FWU 能力。FWU 在不同个体、种群、物种和生态系统之间会有所不同。

叶片吸水的运动途径主要由叶片入口和植物体内路径两部分组成。叶片表面交换水的途径较多，在高等植物中，所有的气孔、角质层和特殊结构（如毛状体或鳞片）都被假定为 FWU 的途径（图 4-4）。

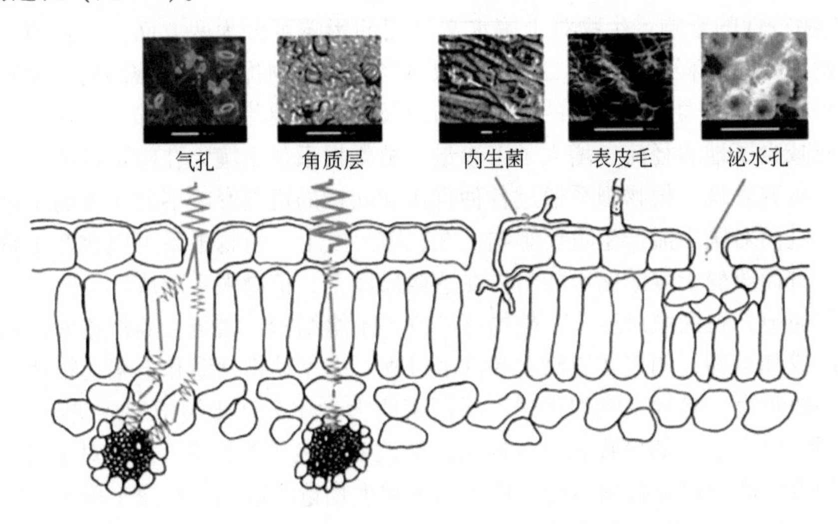

图 4-4　叶表面和内部结构形成的叶面水分吸收途径

叶片水分流失的主要途径（即蒸腾作用）是气孔，使用环境扫描电子显微镜进行的研究表明，由于水中的盐离子，以及潜在其他分子的介导作用，水的表面张力降低，气孔能直接吸收液态水。进一步的研究发现，盐离子和凹陷的气孔在茶树的叶片裂隙中结合在一起，促进叶片湿润，但并不直接阻塞气孔或毛孔。因此，可以认为盐介作用可以形成液态水膜，该水膜桥接气孔，并使水双向流动，这就是“气孔的水力活化”假说。尽管表皮相对于气孔具有较高的渗透阻力，但表皮仍可发生吸水（即非气孔进入）。表皮导度小于 0.1mol/(m^2 · s)，通常小于气孔开放时表皮和气孔导度总和的 5%。许多研究已经推断出角质层是水进入的主要途径。这种通过表皮渗透发生的叶片吸水主要发生在气孔大部分关闭的夜晚。表皮内的薄层是水分子扩散的主要屏障，该层的渗透性也使表皮厚度无法对水分渗透性产生直接影响。特殊的叶片结构在改变叶片的湿度和 FWU 中也发挥重要作用。叶片表面的表皮毛或鳞片状结构可以直接吸收水，因为这些表皮结构的形态和功能变异较大，所以可以在 FWU 中扮演不同的角色。例如，表皮毛可使叶片表面的水分凝结并促进 FWU，或者提高叶片的疏水性。

通过 FWU 进入叶片的水首先到达细胞间隙或角质层细胞，并继续沿水势梯度（图 4-4 中突出显示的势能路径）移动，或进入叶肉（栅栏或海绵状）细胞。在细胞中，大多数运动是经质外体途径，但是在某些情况下，尤其是当水通道蛋白增强响应，促进细胞膜间流动时，可能会发生共水运动（symplastic water movement）。例如，当叶肉和表皮的内部温度存在梯度时，细胞间的水汽运动占总流量的 44%。气孔孔径变化通过蒸发冷却影响叶片温度，对于 FWU，气相水传输很可能是叶片内部水移动的常规途径，并且与细胞途径平行发生。

FWU 的发生主要受水势梯度驱动。水一般沿水势梯度移动。通常，假定叶片的内部处于水饱和状态（高水势），而大气通常是不饱和（低水势）的，导致水由叶片向大气输送（即蒸腾作用）。因此，水流入叶片的必要条件是逆转水势驱动梯度，也就是说，叶片水势必须比紧邻叶片的大气水势更负。如果水以气态越过叶片边界，那这一过程则是由水汽浓度而非水势驱动。大气水汽条件通常以 VPD 来衡量，即给定温度下纯水在饱和条件和环境条件下的水汽压差。叶片温度（相对于空气）也会影响叶片与空气的 VPD。当叶温度高于气温时，水汽压梯度增加，增大叶片在湿润时的 FWU。通过增加叶表面周围空气中的水汽或降低叶片内部的水势，可以逆转叶片与大气间的水势梯度，导致 FWU 发生。

空气的水汽压会因天气条件变化达到饱和（或接近饱和），在雨雾等空气水分饱和且叶片上形成液态水的条件下可观测到 FWU 现象。但是，也有证据表明，在空气没有凝结成液态水（即水仍为气态形式）的期间，水蒸气会产生 FWU。叶片对水汽的吸收将由水汽压驱动，这需要叶片表皮内的细胞间水汽压低于空气中水汽压。由于水势为负且开尔文效应降低了水汽压，这种情况通常发生在叶片气隙中。但是，从胞间进入细胞的任何运动都需要液态水，因此需要考虑气态到液体的相变阻力。叶片表面特性会影响叶片与空气界面（在边界层内）的蒸气压，从而改变叶片的湿度和 FWU。表皮蜡的化学结构、气孔结构、毛状体和叶毛都已证明会影响叶片表面的保水力。较厚的蜡层通过增加表面的粗糙度来降低叶片的水分保持力，毛状体也以类似的方式降低了叶片保水力。但是，这些关系并不固定，如一些肉质物种具有亲水毛状体，实际上可以增加保水力和叶片湿度。由于叶表面化学和结构成分的多样性及其对叶面持水的潜在影响，叶片之间和不同树种叶片的表皮特性差异会导致边界层条件变化，造成 FWU 的通量差异。

树叶（树干）的水容也会影响水势变化的速度、水量和 FWU 的持续时间。在存在 FWU 的前提下，水容会影响水势增加的速度。具有较大水容的树种，其水势变化会较慢。如果存在叶片吸水，则持续存在的水势梯度可能会延长 FWU 的持续时间。因此，具有较高水容的树种能够吸收更多水。这就造成树种水分补给的安全性和效率之间的权衡，在这种情况下，具有高水容的树种需要较高的 FWU 通量来补充蓄水，而低水容的树种仅需要较低的 FWU 通量。木材和根部的水容还将通过缓冲水势梯度来影响叶片中水分的重新分布。FWU 可能为这些树体水容提供关键补给，以缓冲植物的水压力和水力传导率的损失。

叶片水分吸收对植物水平衡的影响：叶片水分吸收会导致叶片水势增加（图 4-5）。例如，在杜松单枝新芽中平均起始水势为-2.1MPa，并在 5min 内产生 0.6MPa 的水势变化。尽管水势变化速率并不恒定，但短时速率的显著变化表明叶片吸水可导致叶片水平衡发生显著变化，并有助于修复栓塞。因此，未来需要进一步探索水势梯度在多个时间尺度上随环境条件的变化情况，从而理解 FWU 发生的程度和意义。

2. 植物根系对水分的吸收

根系是吸收水分的主要器官。根系吸水的部位主要是根尖，包括分生区、伸长区和根毛区。其中根毛区吸水能力最强。根系吸水的方式分为主动吸水和被动吸水。植物根系以蒸腾拉力为动力的吸水过程称为被动吸水。蒸腾拉力是指因叶片蒸腾作用而产生的使导管中水分上升的力量。当叶片蒸腾时，气孔下腔周围细胞的水以水蒸气形式扩散到水势低的

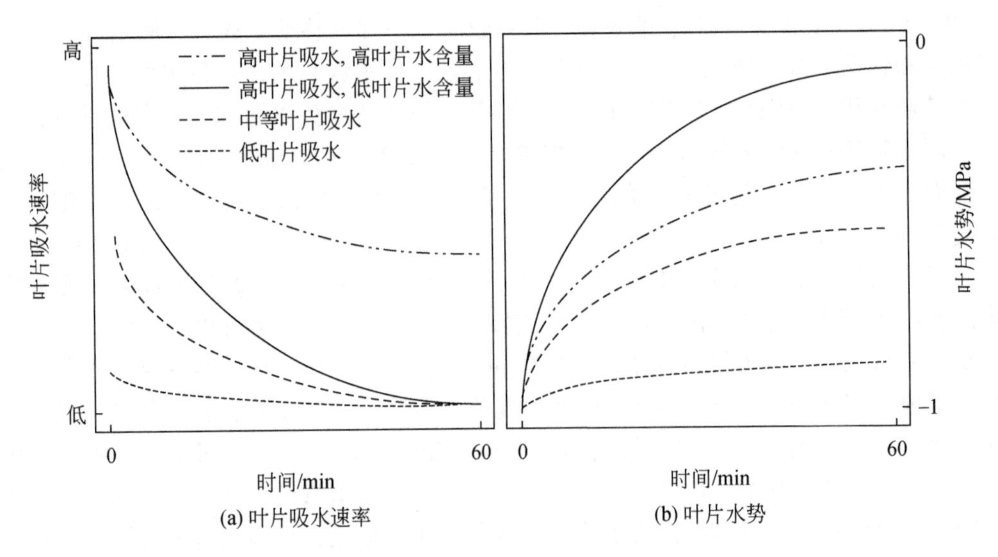

图 4-5　叶片吸水速率和叶片水势随时间变化特征（Berry et al.，2019）

大气中，从而导致叶片细胞水势下降，这样就产生了一系列相邻细胞间的水分运输，使叶脉导管失水，而压力势下降，并造成根冠间导管中产生压力梯度，在压力梯度下，根部导管中水分向上输送，其结果造成根部细胞水分亏缺，水势降低，从而使根部细胞从周围土壤中吸水。

由植物根系生理活动而引起的吸水的过程称为主动吸水。吐水、伤流和根压都是主动吸水的表现。根系代谢活动而引起的离子吸收与运输，造成了内外水势差，从而使水按照下降的水势梯度，从环境通过表皮、皮层进入中柱导管，并向上运输。主动吸水由于根系的生命活动，产生把水从根部向上压送的力量。

水分在根系中运输的具体途径是：土壤水分→根毛→根的皮层→内皮层→根的中柱鞘→根的导管和管胞。水分进入植物根表皮后，其运输既有质外体运输，又有共质体运输。

（1）水分在土壤和根系中的流动理论

在整个根系中，特定土层中较高的根长密度和根系活动可能在土壤剖面上造成较大的水分消耗区域。水从土壤流向根部表面，然后随着水势的梯度流入根部。根部组织上的水势梯度取决于根部的流速和水力传导率，其计算公式如下：

$$q(r_{root}) = -k_{root}(\psi_{root} - \psi_x) \tag{4-6}$$

式中，q 为水的径向通量（单位横截面的水流量）（m/s）；r_{root}为根的半径（m）；k_{root}是根的径向水力传导率［m/(MPa · s)］；ψ_{root}和 ψ_x分别为根部表面和木质部中的水势（Pa）。

用径向坐标表示的土壤中水流的方程式由 Buckingham-Darcy 方程给出：

$$q(r) = -k_{soil}(d\Psi_m/dr) \tag{4-7}$$

式中，$r>r_{root}$；k_{soil}为土壤水力传导率［m^2/(MPa · s)］；$d\Psi_m/dr$ 为土壤基质势梯度。根周围水势的梯度通过径向坐标中的 Richards 方程计算：

$$\partial\theta/\partial t = (1/r)\partial[rk_{soil}(\Psi_m)\mathrm{d}\Psi_m\mathrm{d}r]/\partial r \tag{4-8}$$

根据 Richards 方程，在湿润的土壤中，根部周围的基质势均匀分布，土壤水势没有显著耗散。但是，随着土壤干燥和 k_{root}降低，在根部周围的 1mm 处会出现较大的 Ψ_m梯度。

（2）根际区生物物理过程

根系通过以下几种方式改变土壤特性。首先，根改变土壤孔径分布。随着根的生长，土壤颗粒在根际中移位并重新排列。根部膨胀会导致根部周围的压实，同时根系和伴生微生物也会增加土壤孔隙度，造成土壤孔隙发生显著变化。其次，日间蒸腾作用造成根系收缩并部分失去与土壤接触。土壤和根部之间的间隙会对根-土连续体总水力传导率产生影响。在负水势下，一旦根系和土壤间开始出现孔隙，就会进一步限制土壤与根之间的水交换。因此，根土间孔隙可能成为根系吸水的限制因素。限制根与土壤失去接触的一种机制是形成牢固附着在根上的稳定的土壤颗粒层。根鞘被认为是由根毛和根分泌物的组合形成的，其中根部分泌的黏液类似物（聚半乳糖醛酸）可以增加团聚体稳定性。随着根的收缩，根鞘仍能保持与土壤的接触。根毛则有助于建立根与土壤的连接并增加根的有效半径。如图 4-6 所示，假设木质部中的水势恒定且根皮层细胞没有渗透调节。在 t_1 时间，土壤湿润，最大水势梯度出现在根径向路径中。随着土壤干燥（t_2），根际区水势会出现梯度。根际区会出现水势梯度，随着根部细胞膨压损失，开始出现气隙（t_3）。

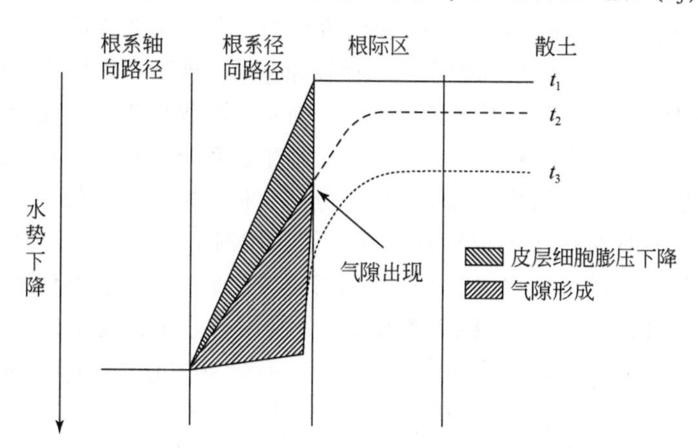

图 4-6　根部收缩的概念模型（Carminati et al.，2013）水势分布图未按比例绘制

根际的土壤持水曲线主要受根系分泌的黏液对水的吸附的影响，这种黏液是一种能够吸收大量水的凝胶，但在干燥后具有疏水性。当根系分泌黏液完全饱和时，可以吸收相当于其自身干重数百倍的水量。尽管这些水大部分在相对较高（负性较小）的基质势条件下就会排出，但在低（较负性）势能下，剩余的水可能足以增加根际水含量。但是，黏液的低表面张力也能降低根际的保水能力。例如，研究发现在所有负基质势条件下，黏液浓度为 1.25%［单位重量（g）干燥土壤中黏液的重量（g）］的沙土比没有黏液的相同沙土具有更多的水分（Ahmed et al.，2014）。尽管根系黏液吸水能力强，但其在干燥后具有疏水性。有研究表明，当浓度>0.07mg/cm^{2}时（每平方厘米固体表面上的黏液重量），黏液开始表现疏水性（接触角> 90°），且接触角随黏液浓度的增加而增加。根系黏液的这种特性

很有可能是根际区土壤水分恢复缓慢的原因之一（Ahmed et al.，2014）。因此，在根系吸水过程中，根鞘中的黏液具有重要作用。黏液与土壤颗粒结合，并形成能够容纳一定量的水以防止吸水的网络。当根系吸收水分时，大块土壤开始变干。同样，黏液失去了部分水分并且收缩。只要土壤是相对湿润的，将水驱向根部表面所需的水势梯度就会很小。在这种情况下，沿着趋向根部方向的水分含量曲线仅反映了土壤持水曲线的形状及其在朝向根部方向上的变化。随着土壤变干，整个根际区上水势会出现明显的梯度，从而驱动水向根系运移。如果根部周围的土壤质地均匀，那么在趋近根系方向上，土壤含水量会逐渐下降。这种水分消耗会随着时间推移变得更加明显，直到接近根部的土壤导水率降至无法再维持根系吸水的临界点为止。这一过程中，黏液保持水分可以确保根际区湿润，靠近根部的土壤导水率不会下降过快。

(3) 根系吸水的水文生态位隔离

在自然和人工生态系统中，水在植物生产力和物种多样性中都起着至关重要的作用，并决定了植被的分布和生态功能。根据物种、功能型和环境条件的不同，植物能够在不同时间从各种来源获得水。植物吸收的水源的时空变化称为吸水模式。植物水分的吸收在理解和模拟土壤-植被-大气界面的水文过程中起着重要的作用，对于如何理解植物对不断变化的环境的适应性响应十分重要。

植物功能型（plant functional types）是研究生态系统植物某种共性特征的分类单元。国内外有许多学者利用稳定氢氧同位素技术比较和总结功能型植物对水源的吸收差异与规律，发现不同功能型植物由于生长条件的差异，对水分吸收也不同，无论是在海岸生态系统还是河岸生态系统，热带雨林生态系统还是湿地生态系统，荒漠干旱区还是季节性干旱区，具有特定功能型特征的植物都有特定的水分吸收利用模式。例如，利用稳定氢氧同位素技术，早有研究发现河岸边的成年乔木几乎不利用河流中的水分，而是利用深层土壤水，而生长在河岸边的灌草植物主要吸收利用河流中的水分，几乎不利用土壤水（Dawson and Ehleringer，1991）。不同生态系统植物的水分利用有差别，处于自然群落中的乔木林木蒸腾的水分来自深层土壤水的比例占60%以上，而农业生态系统的作物蒸腾消耗的水分来自浅层土壤水分的比例占50%左右（Amenu and Kumar，2008）。多项研究表明，植物对土壤水分的吸收深度与生根模式和有效根系面积有关。深根性植物主要吸收利用深层土壤水和地下水，而侧根较多的植物对浅层土壤水的利用比例较高。大部分荒漠生态系统植物能根据自身的生理特征调整对水源的吸收利用比例，深根性植物主要吸收利用深层土壤水和地下水，而侧根较多的植物对浅层土壤水的利用比例较高。在水分不足时，落叶阔叶植物会通过加速落叶的方式减少水分散失，而常绿针叶植物会通过加速深根系的生长以克服干旱胁迫。在热带雨林区的植物，大部分拥有发达的二态根系，能利用细根系吸收浅层土壤水，通过发达的主根系获取深层土壤水（Evaristo et al.，2016）。这些现象均说明植物可以通过改变自身生理特征或转变利用不同深度水源的策略以适应干旱胁迫。不同植物功能类型之间吸水模式差异的原因之一是植物的根系形态。这就造成生活在同一栖息地中的多种植物可能具有不同的用水模式，从而使不同植物种可以共存，形成水文生态位隔离。

随降水模式和土壤水分变化，根系的水文生态位隔离造成了不同植物相应的用水策略调整。植物吸收和利用降水脉冲的能力部分取决于降水时间、降水强度和降水量以及土壤的水力特性，降水脉冲转化为可利用的土壤水分脉冲后才能被植物根系吸收。一般而言，小降水事件能有效地补充浅层土壤水分，并有利于浅根系植物的生长，而大降水事件能够有效渗入土壤深层，能直接影响深根系植物的生长。以主要的荒漠植物为例，荒漠长芒草（*Stipa bungeana*）可优先利用< 10mm 降水补充的浅层土壤水分，而油蒿（*Artemisia ordosica*）主要吸收利用> 65mm 降水补充的深层土壤水分，老瓜头（*Cynanchum komarovii*）则主要吸收利用 10 ~ 20 降水补充的土壤水分，说明三种植物能充分利用降水补充的土壤水而促进它们的共生（Cheng et al.，2006）。但有一些植物，对水分利用策略保持相对恒定，对降水事件变化没有明显的差异性响应，如一枝黄（*Ericameria nauseosa*）以稳定吸收深层土壤水为主，而对降水无明显响应（Kray et al.，2012）。侧柏对降水反应敏感，能迅速地吸收降水或由降水补充的浅层土壤水，而栓皮栎对降水无明显的响应（Liu et al.，2018）。然而，植物的吸收最终取决于根系的活性，因此，处于干旱和温度胁迫下的植物，其表层根系活性下降，也影响其对降水的敏感性。

4.3.2 林木水分的运移过程

（1）林木水分的正向运移

林木树干中的水分运移是森林生态系统水分循环中的一个基本要素，是森林水分循环重要的传输形式。林木树干水分运移在土壤-植被-大气连续体系统中发挥着重要作用，其通过根系吸收土壤中的水分，经过根系后传输进入植物的茎干，由植物木质部到达植物叶片，再由叶片的气孔扩散到外界空气层，最后参与大气湍流，这是树木体内正向运移的基本过程（图 4-7），也是以往研究认为的树木体内水分运移的唯一过程，此过程发生的能量基础主要是植物各部分之间存在一定的水势差：$\Psi_{soil}>\Psi_{root}>\Psi_{stem}>\Psi_{leaf}>\Psi_{air}$。

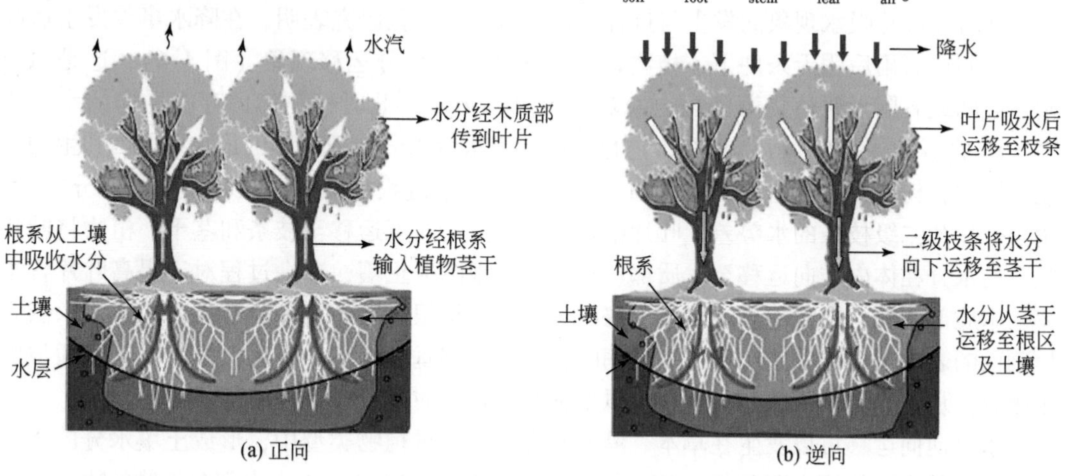

图 4-7　树体内水分正向与逆向运移过程

近年来，热脉冲技术是测量林木个体树干液流规律的主要方法，其中 Granier 热扩散探针法以其简单高效的特点得到广泛的应用。不同树种及同一树种不同大小样木液流的日曲线模式相似，但不同个体及树种的蒸腾速率存在显著差异。种间和种内不同个体的蒸腾差异较大。在日尺度上，不同树种的液流通量表现出相似的曲线，但在相似的太阳辐射和 VPD 条件下，如果土壤水分条件不同，蒸腾强度也不同。基于树干液流观测的大量研究结果表明，树木冠层导度和脱耦系数（Ω）与冠层蒸腾间关系密切，表明树木在多种水分条件下都能够对蒸腾进行有效的生理控制。在量化关系上，当土壤水分较理想时，树种的冠层导度均出现显著上升，并且蒸腾速率与冠层导度的关系更为密切。

从物理学角度看，水分在 SPAC 的传输过程中，叶片与空气的液–气界面处的驱动力最大，蒸腾在此受控于气孔和界面层的气相导度，如果水力导度受限制的同时气孔开放不受制约，那么过度蒸腾将使叶片干枯，因此，最理想的情况是气孔导度与水力导度维持平衡。在此过程中，水势参与气孔的调节，维持水分供应与根茎木质部的水力性能之间的和谐，避免水力功能失调和出现木质部空穴化或光合非气孔性限制。树木水力结构通过影响气孔导度作用于蒸腾，气孔导度和蒸腾与水力导度呈明显的正相关，因此，气孔随水力导度的变化平衡植物的蒸腾。此外，气孔对饱和水汽压差的响应与水力结构有关，即气孔导度通过对饱和水汽压差的响应，控制叶片的最低水势阈值，且响应的敏感度与水力特征变化有关，说明气孔导度在调节水势中发挥重要作用（Bunce，2006）。一般而言，水力导度随水分供应减少而下降，冠层气孔导度对饱和水汽压差的敏感度与后者在较低范围的最大气孔导度（G_{max}）有关，意味着水力导度可能通过调控 G_{max} 影响冠层气孔导度对饱和水汽压差的响应（Addington et al.，2004；Zhao et al.，2007）。环境因子对森林冠层蒸腾的控制是通过冠层气孔导度与木质部水力导度协同调节来实现的，因此，量化木质部水力导度对冠层气孔导度与水汽压差的关系，有助于揭示不同环境条件下冠层气孔导度和整树水力导度协同控制森林蒸腾的机理。

（2）植被水分的逆向运移

随着对叶片吸水现象的发生与过程的认识深入，一些研究表明，在降水事件发生后高湿的夜间或者雨后阴天条件下，植物体内存在逆向的水分运移现象（图 4-6），这是由于雨后夜间或者阴天时植物蒸腾拉力减弱甚至降低为零，此时植物体内存在逆向的水势梯度，即 $\Psi_{soil}<\Psi_{root}<\Psi_{stem}<\Psi_{leaf}<\Psi_{air}$，这也是叶片吸水后水分向下运移的最主要原因和生理机制。因此，树体内的逆向液流被认为是发生叶片吸水过程的证据，在叶片吸收水分之后，由于叶片与二级枝条的水势差，叶片中多余的水分会向下运移至枝条和茎干。植物将叶片吸收的水分在体内逆向运移至木质部、根系甚至根际区土壤，这一过程对于提高叶片含水率、木质部水势、修复由于缺水而栓塞的管胞、补给根际区土壤等具有重要的作用。当土壤剖面的表层土壤比深层土壤更为湿润时，树木根部垂直向下的根系会发生倒流，而被侧根吸收，从而乔木根系的逆向运移可以增强其与灌木对水分或养分的竞争力。

水分逆向运移可以发生在草本、灌丛和乔木等多种植物类型中，形成土壤水分的水力再分配，其生态作用主要包括（Neumann and Cardon，2012）：由于大部分植物的主要根系分布在浅层土壤，通过将深层土壤水提升到干旱的上层土壤，可以有效增加旱季的蒸腾和光合速率、有利于促进浅根竞争者或幼苗的生存；同时，由于浅层土壤更具有较高养分含量，通过湿润更有营养的浅层土壤，保持活跃的微生物（包括菌根）或刺激微生物活动，并有效延长细根的寿命，保持根与土壤的接触，而将降水转移到更深层的土层中，由于深层土壤蒸发微弱，有利于土壤蓄纳更多降水。然而，液流的向下运移也可能是植物对土壤环境水分的一种应激性措施，但液流的向下运移可能会降低树木对多水分利用的拓展性。

在以往的研究中，逆向液流现象通常通过三种方法进行观测或研究，第一种方法是通过对不同深度土壤水分动态的测定，揭示土壤水分的再分配过程。在干旱区的大量研究发现，有一些植物，如三齿蒿（*Artemisia tridentata*）、美洲狼尾草（*Pennisetum americanum*）等，在夜间利用深根系将湿润的深层土壤水分提升至干旱的表层土壤中，这可能是日间蒸散作用造成土壤形成逆水势差，从而导致液流的逆向运移，表明根系在夜间存在逆向液流现象。据此认为，干旱土壤层的水分波动是由于湿润土壤层在夜间通过根系逆向传输水分的结果。第二种方法是利用放射性或稳定性同位素标记液流，从而确定植物液流的流向。例如，在植物主根的远端处注入重同位素，几天之后，如果植物近端的细根也出现重同位素，说明植物近端处的细根从远端处获得了水分，即植物根系存在逆向运移现象。第三种方法是借助热比率法（heat ratio method，HRM）对液流进行观测。与 TDP 的观测方法不同，HRM 是将加热器放置在两个探针之间的中点处，加热器位于两个探针中间解决了探针放置位置引起的误差。同时，HRM 能同时监测到水分的向上运移和水分的逆向运移。基于 HRM，在全球范围内陆续发现了不同地区植物的树干逆向液流现象。例如，以肯尼亚银桦为例，在研究其胸径处、主根处和侧根处的液流时发现，在雨雾天气中，银桦侧根在较低的水汽压和较干旱的土壤环境中会发生逆向液流现象，尤其在夜间，逆向液流的速率最大能达 2cm/h（Burgess et al.，1998）。在实际研究中，上述三种方法联合应用的结果更具有可靠性。

4.3.3 林木储水——夜间液流过程与机制

（1）林木夜间蒸腾与茎干储水

植物对水分的利用过程主要包括日间液流对水分的利用过程和夜间液流对水分的利用过程，目前大部分研究主要关注的是植物在日间对水分的利用过程，即日间蒸腾过程。植物在夜间液流沿木质部向上运输，有两种水分利用形式，或通过气孔蒸散到空气中或储存在植物的茎干木质部。之前多数学者认为，植物的气孔在夜间处于完全关闭的状态，因此判定植物在夜间不存在树干液流现象，但随着观测技术的发展和自动化监测仪器的研制，国内外学者通过多种观测技术和手段，对不同地区、不同生境、不同功能类型的植物进行了夜间液流的探究，发现夜间液流普遍存在于所有植物中。不同植物的夜间液流量存在较大差异，一般说来，植物夜间液流量占全天液流量的比例在 5%～25%，如油栎（*Quercus oleoides*）的夜间液流量在雨季只占全天液流量的 8% 左右，但在旱季能达 20%；在降水稀少的地区，有些植物夜间液流量的占比很大，如冬青栎（*Quercus ilex*）的夜间液流量占全天液流量的40%左右。但并非所有的夜间液流均用于夜间蒸腾，还有一部分用于茎干储水，夜间液流是用于夜间蒸腾还是用于茎干储水，这两者发生的生理过程不同，这主要取决于树种本身特性和环境因素的影响。

目前已有研究尝试对夜间蒸腾和茎干出水进行时序和数量上的划分，研究表明，夜间蒸腾占30%~60%，而茎干储水作用占40%~70%（Fisher et al.，2007）。VPD是影响夜间蒸腾的主要因素，如果夜间液流与VPD拟合之后有显著的相关关系，则认为该时段的夜间液流为夜间蒸腾；反之，若VPD的值很小或为零，但夜间液流依然存在，则认为该时段的夜间液流为茎干储水作用（Buckley et al.，2011）。有些树种，如北美白桦（*Betula papyrifera*）只有夜间蒸腾作用，而无茎干储水作用。但即便是有茎干储水作用的夜间液流，在水容较大的物种中，茎干储水量的夜间补给也是不完全的（Scholz et al.，2007）。植物在夜间的茎干储水量与植物茎干的粗细有关，一般来说，高大乔木的储水量要高于灌草植物的储水量。植物的茎干储水能提高黎明前植物茎干和叶片水势，使气孔能在黎明前开启，提高植物光合作用效率，尤其是在干旱半干旱地区，能有效地缓解因水分胁迫造成的低效固碳问题。此外夜间液流还能将营养物质和氧气运移到植物木质部细胞，维持植物对养分和氧气的需求。

木质部水容（water capacitance），是植物固有的生物物理性状，其作用与管胞和导管相似，有助于木质部内的水分传导，并控制着整树的水分传导（Meinzer et al.，2006），对水分吸收和耗损具有重要的调节作用。边材水容随物种间边材密度的增加而线性下降；叶片水势（g_s）、土壤-叶片传导途径的总导度（G_t）和气孔导度均随茎体水容量的增大而增大；树木整体水力传导以及气孔导度随茎干储水量增加而增大（图4-8）（Scholz et al.，2007）。茎干储水量（water storage），反映树木自身含水量的大小，与水容成正比，能缓解水势的急剧变化、维护蒸腾水分的连续输送，被看作水分亏缺的一种测度，可评价来自土壤传递信号和植物激素调节气孔导度的效能，在平衡水势、气孔导度、水力导度之间的相互协调中发挥着重要作用。

关于茎干储水对水分传输作用的程度、方式以及受时间尺度影响等方面的研究，目前尚存在不同的看法。径向与轴向的水分传输特征研究证明，储存水组织区与蒸腾流之间的水容交换对轴向水分传输的表观速率、径向水分传输大小以及根系吸收水分在体内停留时间存在重要影响，茎干储水对于协调叶片水分状态的稳定，以及极端条件下高效地保证水分释放和传导效率具有显著贡献。由于对水势变化的缓解作用，茎干储水在某种程度上对气孔和水力导度的变化（或者说对水分输送限制）将产生补偿效应。正是体内储存水的存在和对木质部水分通量的显著影响，树木才得以根据环境条件和季节变化，有效地调节水分吸收和蒸腾耗水，在干旱地区或出现较长时间干旱时，茎干储水的调节功效尤为明显（赵平，2010）。图4-9简略地给出了描述上述树木储水对水力传导、气孔导度乃至整个蒸腾过程影响的模型树，由根、茎、冠和储水等部分组成，包括茎、冠储水在内的整体水力传导及其对植物气孔孔径和蒸腾的影响。根据林木水分传输的物理原理，图4-9概化了根与茎之间、茎木质部与其他树木成分之间、冠与空气之间的水分流动过程及其相互关系（Zweifel et al.，2007）。

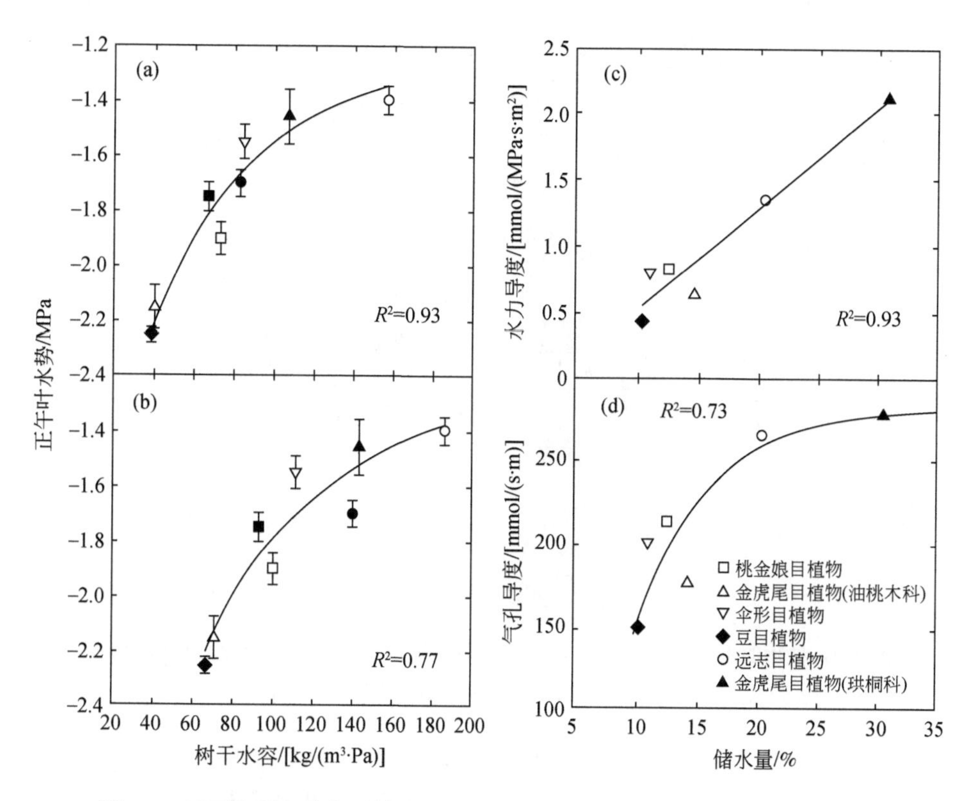

图 4-8　巴西南部 6 种主要树种的叶片水势与木质部水容量（a）和总水容量（b）（木质部+外薄壁组织）的关系、树体储水量与水力总导度（土壤-根-叶片）（c）和气孔导度（d）的关系（Scholz et al.，2007）

一般地，由于水分从林冠通过蒸腾作用散失（F_{Transp}），冠层水势（$\boldsymbol{\Psi}_{\text{Crown}}$）降低，促使在冠层与茎干（$\boldsymbol{\Psi}_{\text{Bark}}$）、根（$\boldsymbol{\Psi}_{\text{Root}}$）、土壤（$\boldsymbol{\Psi}_{\text{Soil}}$）之间形成水势梯度。在这一水势梯度驱动下，水通过木质部从根、茎和枝干运输到树皮和树叶（即图 4-9 中的 F_1、F_2和 F_3；其中，F_1代表从根部到下茎部的水流；F_2代表水从茎干储水组织流入和流出的水量；F_3代表水通过上茎干部分流向树冠的水量）。这一过程形成两个储水库，其中茎干部储水主要由茎干弹性韧皮部储水和木材部中有效水分组成，树冠储水主要由分布在叶片中弹性细胞水分构成。这两个水库都与植物水力传导系统相耦合，由此茎干和林冠的水分耗竭或补充取决于水势的发生模式（Zweifel et al.，2007）。如图 4-9 所示，水力传导阻尼被用来刻画两个茎干部分（R_1根-茎阻尼和 R_3茎-冠阻尼）以及木质部与茎部储水间的水分交换过程（R_2）的阻滞特性。Zweifel 等（2007）基于树木水分传输的内聚力理论，给出了图 4-9 模式林木系统中水分传输和存储的定量模拟方程（Steppe et al.，2006）。

$$F_3 = \frac{\psi_{\text{Bark}} - \psi_{\text{Crown}} + F_2 R_2}{R_3} \tag{4-9}$$

$$F_2 = \frac{\psi_{\text{Root}} R_3 - \psi_{\text{Bark}} R_3 - \psi_{\text{Bark}} R_1 + \psi_{\text{Crown}} R_1}{R_2 R_3 + R_1 R_3 + R_2 R_1} \tag{4-10}$$

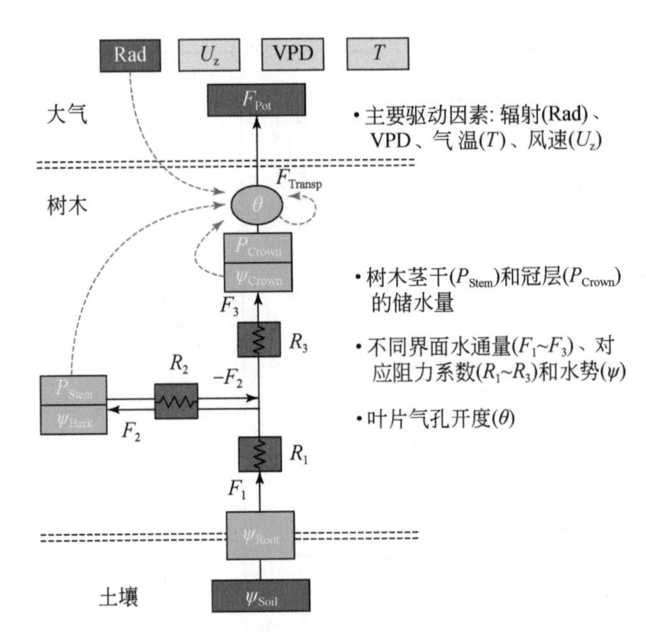

图 4-9　植物储水量（茎干和冠层）及其与大气-植被-土壤界面水分传输的关系（Zweifel et al.，2007）

$$F_1 = F_2 + F_3 \tag{4-11}$$

$$\theta_{t=i} = \theta_{t=i-1} + \psi_{\text{Crown}} \times \Phi_{\text{Crown}} + \Delta W \times \Phi_{\text{Bark}} + \frac{\text{Rad} - \Gamma_{\text{Rad}}}{\Gamma_{\text{Rad}}} \Phi_{\text{Rad}} \tag{4-12}$$

其中，

$$0 \leqslant \theta \leqslant 1, \quad \frac{\text{Rad} - \Gamma_{\text{Rad}}}{\Gamma_{\text{Rad}}} \Phi_{\text{Rad}} \leqslant \Phi_{\text{Rad}} \tag{4-13}$$

$$\psi_{\text{Bark}} = \frac{P_{\text{Stem}} - P_{\text{Stemmax}}}{C_{\text{Stem}}}, \quad \psi_{\text{Crown}} = \frac{P_{\text{Crown}} - P_{\text{Crownmax}}}{C_{\text{Crown}}} \tag{4-14}$$

式中，θ 为冠层气孔孔径；Φ_{Crown}、Φ_{Rad}、Φ_{Bark}分别为冠层水势 ψ_{Bark}、林木水分亏损 ΔW 以及净辐射 Rad 对 θ 影响的权重；Γ_{Rad}为对 θ 产生影响的光强或净辐射阈值（W/m^2）；C_{Stem}、C_{Crown}分别为树干和冠层的水容量（g/MPa）。

（2）林木储水与整树水分利用的关系

林木茎干或冠层储水对树木水分利用具有较大影响，利用树干液流的时空动态就可以判断树木储存水是否参与蒸腾活动：如果储存水参与蒸腾活动，那么早晨时树冠主要侧枝附近主茎干树干液流的启动应该先于树干基部；傍晚蒸腾随太阳辐射的降低而逐渐下降，当主要侧枝附近主茎干树干液流活动停止时，树干基部很可能还有明显的液流活动，并持续至深夜，这是茎干储水。由此，通过观测树干不同位置液流昼夜变化的启动和结束的时间差异，可定性判断茎干储水是否直接参与由蒸腾驱动的水分传输（赵平，2010）。

树干储存水与蒸腾 E、冠层平均气孔导度 G_s 和整树水力导度的关系：获取了树木夜间总液流量（如以树干液流测定系统记录不同高度树木的茎干基部的夜间液流动态，并将傍晚太阳辐射下降为 0 以后的液流密度按时间进行累加，即可求出夜间液流总流量），并看作是对树木白天所消耗水分的补充，近似为树木蒸腾的有效储存水量（$\sum W_N$）。以 E、树冠的平均叶片水势（ψ_{Crown}）和根系附近的土壤水势（ψ_{Soil}）测定值计算整树水力导度［K, mmol/(m^2 · s · MPa)］，由式（4-15）直接分析不同高度的树木 $\sum W_N$ 对 E、G_s 和 K 的影响。

$$K = \frac{E}{A_1(\psi_{Soil} - \psi_{Crown} - \rho g h)} \tag{4-15}$$

式中，A_1 为叶面积指数；ρ 为水密度（kg/m^2）；g 为重力加速度（m/s^2）；h 为树高（m）。E 为通过树干液流测定值进行尺度扩展的整树蒸腾。

水力限制假说（hydraulic limitation hypothesis，HLH）认为，随着树木逐渐升高，叶片气孔导度下降，从而减少光合碳吸收，树木生长将减缓，气孔导度下降是树木逐渐长高所致（Ryan et al.，2006）：①水力路径增长，水分传输阻力增大；②与水分上升方向相反的水柱重力增加；③为保护木质部水柱的连续性而维持因种类而异的最低叶片水势阈值。HLH 强调水力结构影响水分传导的重要性，其缺陷也是十分明显的，主要是未考虑水力结构的适应性调整和其他生物学特征对水力路径增长引起水力阻力增大的减缓作用，如木质部导管或管胞直径的适应性变化、叶面积与边材面积的比率下降、最低叶片水势阈值的下调、随树形扩大而增加的组织储存水等，或从茎干进入树冠分枝的木质部导管逐渐变细，导管直径在轴向和径向上同时发生变化，在一定程度上补偿高生长引起的水力限制（Ryan et al.，2006；赵平，2010）。如上所述，由于树木茎干和冠层部的储存水对水势变化的显著缓解作用，在某种程度上对气孔和水力导度的变化（或者说对水分输送限制）将产生补偿效应。因此，树木水力结构的调整、储存水以及其他生物学特征均可能缓解水力限制，其中树木储存水的补偿发挥多大作用和贡献，可以依据观测试验和理论推导计算分析确定。赵平（2010）提出了通过建立整树水力导度（K）与叶片/土壤水势梯度（ψ_{Crown} - ψ_{Soil}）的关系，来评价储存水对水力限制的补偿作用是完全的还是部分的，以定量揭示储存水补偿树木水力限制的程度。

（3）夜间气孔导度及其影响

夜间气孔导度功能意义的最早假说认为这是一种增强晨间光合作用并促进生长的主动调节机制，即黎明前的气孔启动可能带来较高的气孔导度，有利于碳同化并促进生长。目前，对这一现象相继提出了其他一些机制，以解释夜间气孔导度与植物生长和健康之间的可能联系。其一是消除由持续呼吸导致的二氧化碳积累。较高的生长速率需要较高的呼吸速率，但是增加的 CO_2 浓度可能会抑制细胞色素的呼吸途径。因此，夜间气孔导度可以稀释植物体内过量聚集的二氧化碳，支持更高的生长速度。此外，较高的气孔导度还可以增加溶解氧的输送。木质部液流中溶解的氧气是边材的主要氧气来源，在夜晚结束时，具有导水功能的边材薄壁组织细胞中的氧气浓度达到最小值，因此，这一假说认为夜间气孔导度增加，有利于弥补薄壁细胞中的氧气缺乏。其二是认为夜间气孔调节可以调节养分吸收或养分向植物远端的运输和分布。在养分限制条件下，夜间气孔导度会做出主动响应，在有限资源下增加养分的输送。夜间气孔导度也可防止叶片膨压过大，在水势持续下降的情况下，夜间气孔导度在盐碱或干燥环境下累积溶质和离子，这对植物是有利的。

4.3.4 植物群落水分利用策略及其随季节的动态变化

水分供给与利用策略决定了植物分布和物种多样性的潜在分布格局，植物利用潜在水源的能力决定了它们的生活型和分布特征。传统研究方法一般采用挖掘法来确定植物根系分布特征，以研究其植物水分利用机制，这些方法不仅耗时费力、具有破坏性，而且其结果存在较大不确定性。陆地植物在吸收水分的过程中，水中的氢氧稳定同位素不会发生分馏，因此只需比较植物和水分来源中的氢氧稳定同位素，就可以判断出植物水分来源。多元混合模型方法可以定量的阐明植物从各水分来源中吸收水分的比例。利用氢氧稳定同位素技术，基于多元混合模型方法定量评估植被群落的水分利用来源及其动态变化，阐释植物水分利用策略及其对变化环境的响应规律，是现阶段主要发展方向。近10年间，这一领域发展得非常迅速，国际上开展了大量相关研究，本节选取我国华北半干旱区典型侧柏林+荆条群落的水分利用变化，说明不同植物类型对水分的不同利用策略及其季节变化动态。

(1) 旱季的水分利用对降水的响应

图4-10是旱季雨前侧柏林木及其林下优势灌木荆条的水分利用状况。在旱季雨前，侧柏几乎所有的水分均来源于40cm以下土壤（93%~97%，平均为95.2%），而40cm以上土

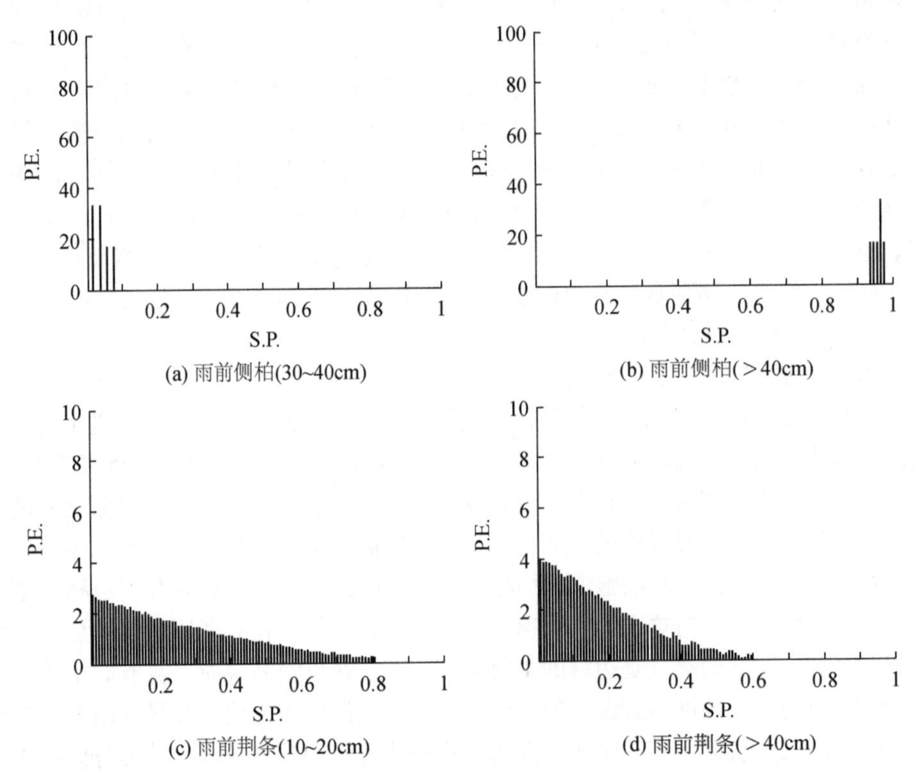

图4-10 旱季雨前侧柏森林生态系统植物水分利用频率直方图

P. F. 为水分来源比例出现的频率，S. P. 为水分来源的比例（下同）

壤部分仅贡献很少的一部分水分；而其林下灌木荆条的水分来源分布则较为广泛，各层均有分布，其中 10 ~ 20cm 处的水分来源贡献率较高，贡献率为 0 ~ 85%，平均为 26.2%，0 ~ 30cm 处的水分来源贡献率平均值之和为 64.0%，考虑到林下灌木荆条根系分布较浅，因此可以认为荆条的绝大部分水分来源于 30cm 以上的土层。同样的现象在刺槐+构树群落中也观测到，在旱季雨前，刺槐所利用的大部分水分来源于 60cm 以下土壤（56%~87%，平均为 71.7%），而 0 ~ 20cm 贡献率则很小；而其林下灌木构树的水分来源则相对分布较广，其中 0 ~ 10cm 处的水分来源贡献率较高，贡献率为 17%~52%，平均为 35.6%。

在旱季雨后第一天，侧柏除利用深层次土壤水分外，还有相当一部分水分来源于土壤上层，其中 10 ~ 20cm 处的土壤水分贡献率最高达 80%（0 ~ 80%，平均为 19.8%），说明雨后第一天，在土壤上层得到水分大量补给的情况下，侧柏也会利用上层土壤水，但还是主要依赖深层土壤水（图 4-11）。在旱季雨后第二天，侧柏的绝大部分水分来源于>60cm 处的深层土壤，贡献率为 96%~98%，平均为 97%，几乎不利用上层土壤水，说明雨后第二天，在土壤上层土壤含水量依然较高的前提下，侧柏开始依赖深层土壤水（图 4-11）。在旱季雨后第三天，侧柏的大部分水分来源于>60cm 处的深层土壤，贡献率为35%~67%，平均为 51.6%，同时又逐渐利用一部分上层土壤水，如 40 ~ 60cm 处土壤水分的贡献率为 0 ~ 65%，平均为 22.1%，说明雨后第三天，随着表层降水补给过后的土壤水分的入渗，侧柏开始利用一部分上层土壤水。

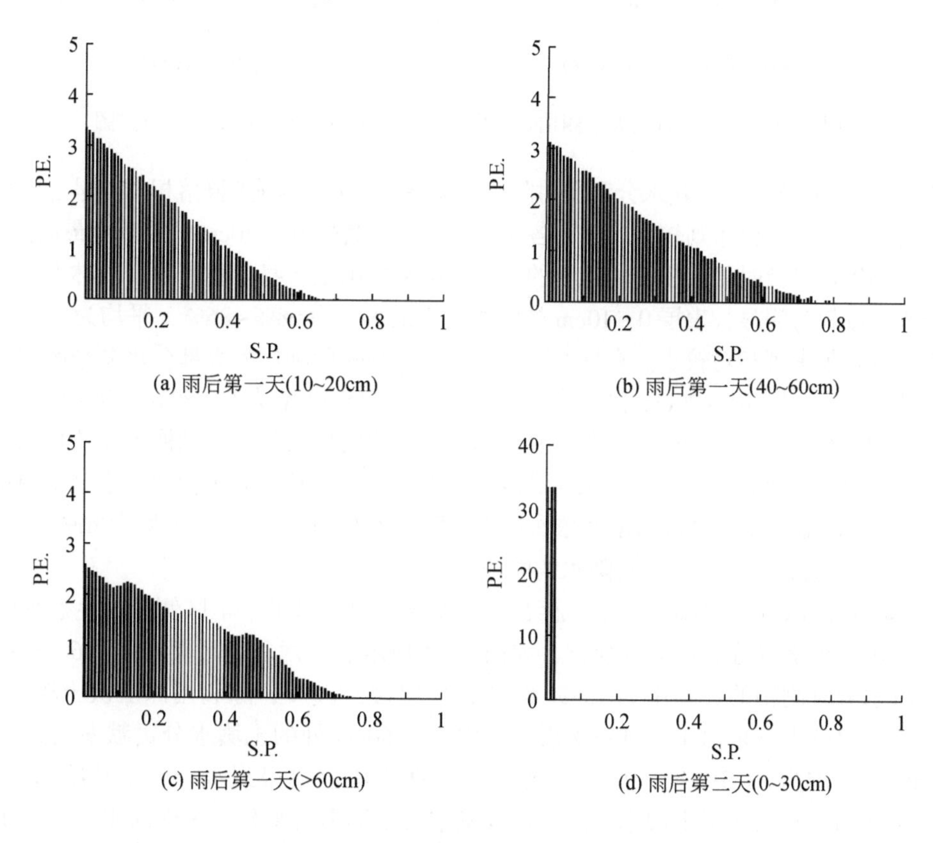

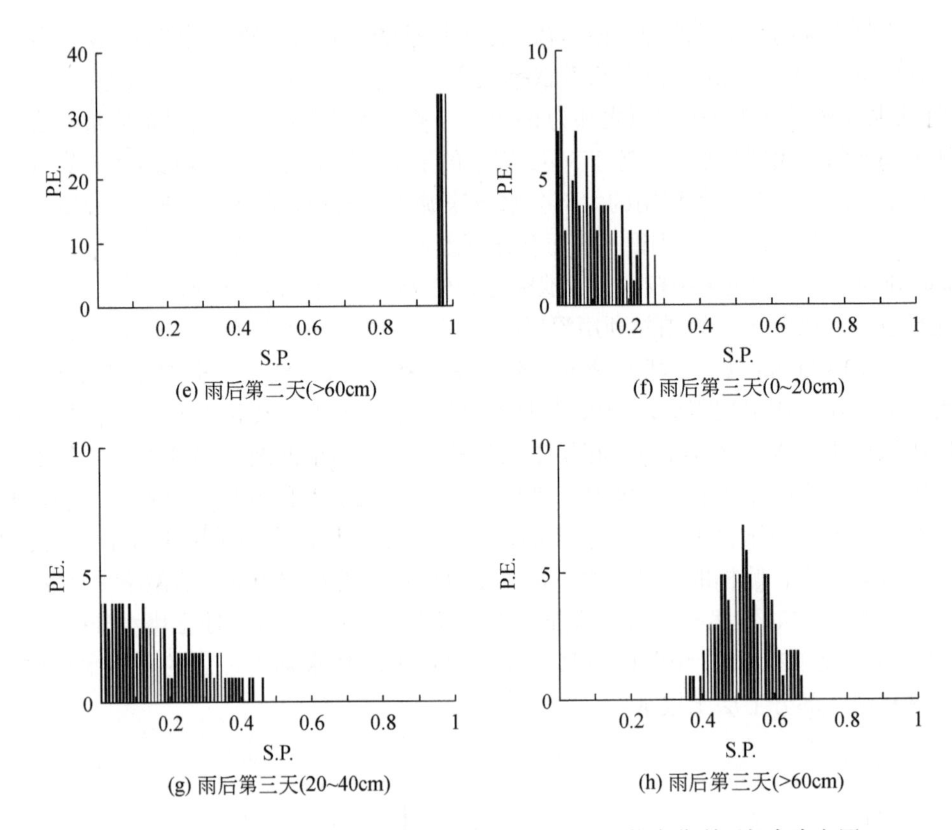

(e) 雨后第二天(>60cm)
(f) 雨后第三天(0~20cm)
(g) 雨后第三天(20~40cm)
(h) 雨后第三天(>60cm)

图 4-11　旱季雨后三天内侧柏森林生态系统乔木植物水分利用频率直方图

在刺槐+构树群落中，其水分利用对降水响应基本与侧柏+荆条群落相似。旱季雨后第一天，刺槐的水分来源分布则较为广泛，各层均有分布，其中 10～30cm 的贡献率最高达 92%，说明雨后刺槐可以及时的利用降水补给的上层土壤水来满足自身生长需要；而林下灌木构树的水分来源则较为明显，表层 0～10cm 处的贡献率最大，为 68%～86%，平均为 77.4%，而其他各层的贡献率则相对较小。在旱季雨后第三天，刺槐所利用的大部分水分来源主要分为明显的两个层次，即 10～20cm 和>60cm，10～20cm 的贡献率为 0～89%，平均为 31.6%，而>60cm 的贡献率为 11%～79%，平均为 54.3%，说明雨后第三天，刺槐主要还是依赖深层土壤水，但也会吸收利用上层土壤水来满足自身生长；而其林下灌木构树的水分来源也较为明显，0～10cm 处的水分来源贡献率依然最高，贡献率为 49%～93%，平均为 76%。

（2）雨季植被的水分利用对降水的响应

雨季植被的水分利用模式与旱季存在一些差异，同样以半干旱区侧柏林生态系统为例分析雨季雨后植被水分利用途径变化，如图 4-12 所示。在雨季雨后第一天，60cm 以下深层次土壤水分对侧柏的贡献率为 13%～86%，平均为 58.2%，除利用深层次土壤水分外，还有相当一部分水分来源于土壤较深层，其中 40～60cm 处的土壤水分贡献率最高达 86%（0～86%，平均为 23.5%），说明雨后第一天，在土壤上层得到水分大量补给的情况下，侧柏也会利用一些较浅层土壤水。这一格局基本与旱季雨后水分利用模式相一致。在雨季

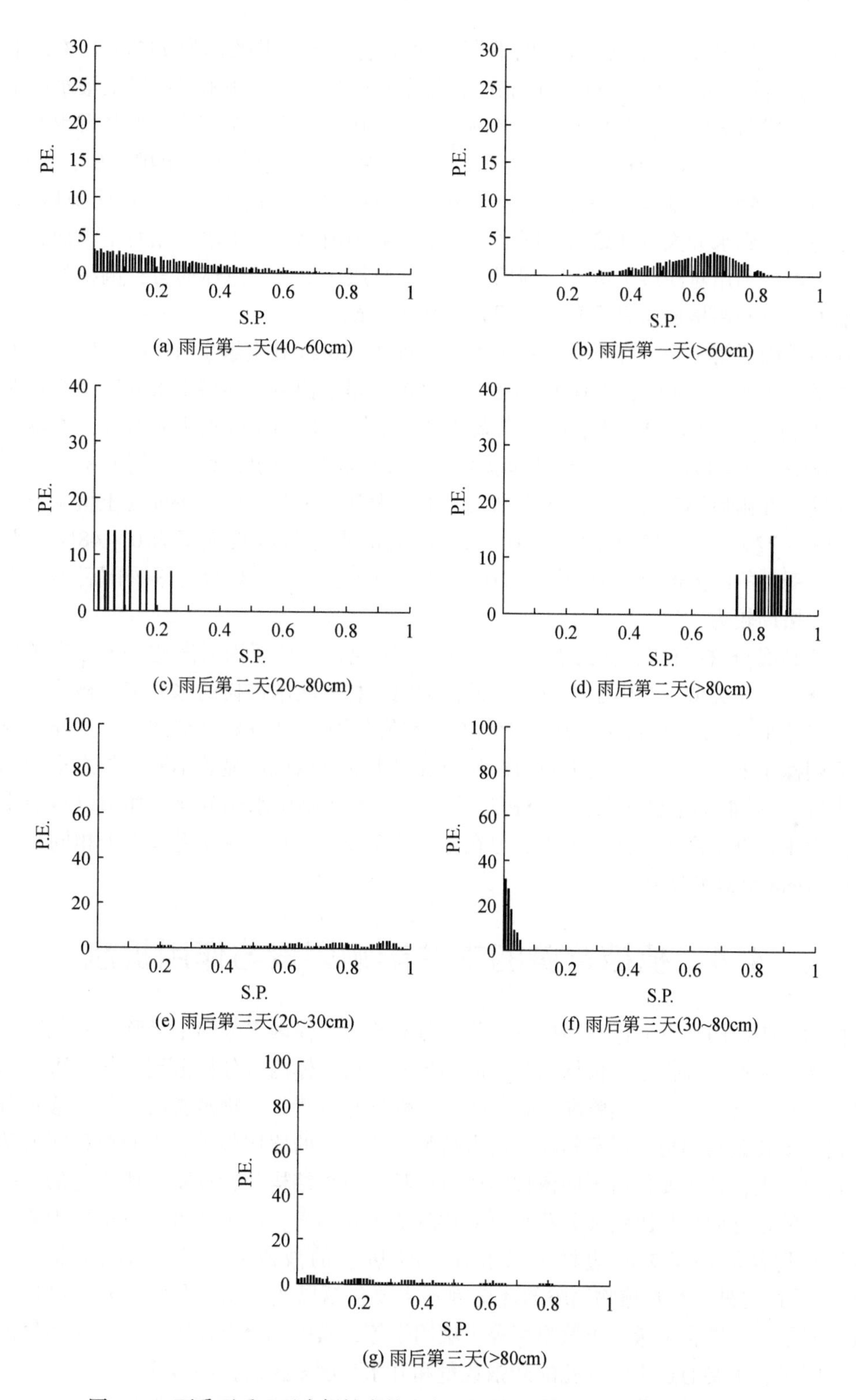

图 4-12 雨季雨后三天内侧柏森林生态系统乔木植物水分利用频率直方图

雨后第二天，侧柏主要依赖 80cm 以下深层次土壤水分，贡献率为 74%~91%，平均为 83.8%，其他层次的土壤水分则贡献很少，较之雨后第一天，侧柏对深层土壤水的依赖增大；这一模式与旱季雨后也基本相似（图 4-11）。在雨季雨后第三天，侧柏除利用>80cm 深层次土壤水分外（0~81%，平均为 27.4%），大部分水分来源于土壤上层，其中 20~30cm 处的土壤水分贡献率最高达 97%（19%~97%，平均为 69.8%），说明雨后第三天，在土壤各层得到水分大量补给的情况下，侧柏也会利用上层土壤水，相对旱季而言，雨后三天以后水分利用对浅层土壤水分利用更加明显且层次更浅。总体而言，侧柏林乔木层雨季雨后的水分利用格局与旱季雨后利用方式基本一致。

在雨季雨后第一天，林下灌木荆条主要依赖 0~10cm 处土壤水分，0~10cm 处的水分来源贡献率为 41%~70%，平均为 58.5%，这就与旱季雨后的多层次水分利用格局明显不同（图 4-11）。在雨后第二天，灌木荆条几乎完全依赖 0~10cm 处土壤水分，贡献率高达 94%~100%，平均为 94.5%，与旱季以上层 30cm 范围土壤水分利用比例为 89% 的格局也有所不同。在雨后第三天，林下灌木荆条的水分大部分来源于 0~10cm 处土壤水分，贡献率为 51%~72%，平均为 62.8%，10~20cm 处的水分来源贡献率为 0~48%，平均为 12.7%，荆条的绝大部分水分来源于 20cm 以上的土层。这一现象与旱季雨后第三天林下荆条用水格局较为一致。

对于刺槐+构树群落，在雨季雨后第一天，刺槐林与林下构树灌丛的水分来源分布基本与旱季雨后相类似。在雨季雨后第三天，刺槐与林下灌木构树的水分来源极为接近，其大部分水分来自 10~30cm 处土壤，贡献率平均值分别为 51.9% 和 57.8%；这与旱季雨后第三天刺槐主要利用深层土壤水而构树利用浅层水的分离机制显著不同。与之类似的现象在栓皮栎+平榛群落中也存在，旱季雨后乔木层与灌木层用水相分离，乔木以深层土壤水分利用为主，林下灌木以浅层为主，但在雨季雨后 2~3 天，两者用水趋于相同，均以浅层 10~30cm 土壤水分为主。

4.4 植被蒸腾的主要影响因素与作用机制

植物蒸腾作用具有促进植物根系吸收水分和养分、体内水分向上运移和降低叶片温度避免阳光直射灼伤等作用。根据水分扩散的形式，植物体内水分扩散到大气中可分为三种形式：皮孔蒸腾、角质层蒸腾和气孔蒸腾，一般气孔蒸腾是植物蒸腾向大气运移水分的主要形式，皮孔蒸腾和角质层蒸腾耗水量占植物个体蒸腾的比例很小。不同树种间的蒸腾耗水量差异较大，这主要是由不同树种的边材面积、组织结构和特性不同所决定的。一般而言，树木的边材面积是决定林分蒸腾相对贡献的主要因素，而种间差异是次要因素。研究发现树木胸径最外层 2cm 边材可以解释 90% 以上的液流变化量（Wullschleger et al., 2001）。除此之外，影响植物蒸腾的环境因子主要包括风速、光合有效辐射、VPD 和气温等气象因子及土壤含水量、土壤温度等土壤因子等，其中光合有效辐射、VPD 和气温是三个主导因子，主要通过影响气孔的开张数量和开张程度来控制植物蒸腾。

光合有效辐射主要是诱导气孔开放，从而促进植物的蒸腾作用，但当光合有效辐射过大时，植物会采取气孔关闭措施，防止水分散失严重。一般地，光合有效辐射、VPD 与蒸腾速率呈正相关关系，阔叶树种对环境气象因子的响应尤为敏感，其蒸腾速率与 VPD 和太阳辐射拟合的相关性高于针叶树种。空气温度一般与蒸腾速率呈饱和的正相关关系，空气温度主要通过控制气孔开张的速率和开度进而影响蒸腾速率，但温度太高，可能会引起气孔导度降低或关闭，有学者认为，引起气孔关闭的温度范围一般在 30～35℃。这可能由于空气温度协同作用于气孔，蒸腾速率与相对湿度一般呈负相关关系，从而控制蒸腾速率，如当空气湿度低于某一阈值时，气孔会发生关闭，但这种关系在有些针叶树种不显著。总体而言，气候环境因素主要通过控制植物叶片气孔实现蒸腾控制。

4.4.1 植物蒸腾对大气环境的响应

（1）气温、太阳辐射以及大气水汽压差等因素的影响

植物的树干液流速率或通量由树干本身的性质决定，同时受外界环境因子的制约。在太阳辐射（R_n）、饱和水汽压差（VPD）、空气温度（T_a）、湿度、土壤水分等气象环境因子中，太阳辐射和 VPD 被认为是驱动树干液流速率的最主要因素，它们可以解释树干液流 60%～74% 的变化趋势。虽然空气温度也被认为是影响森林水分消耗的主要因素，但与太阳辐射和 VPD 相比，空气温度对蒸腾（T）的影响作用较弱，并非主要的控制因素（图 4-13）。

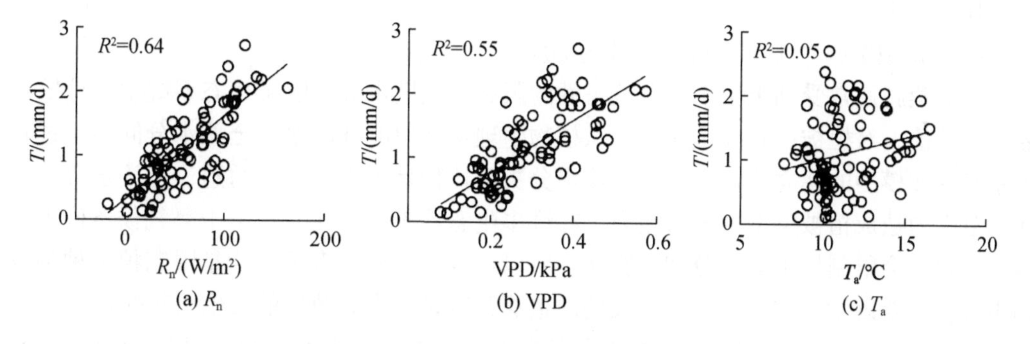

图 4-13　蒸腾作用与环境变量间的关系

一般来说，树形越大，即树木冠幅越宽，其树干液流对太阳辐射和 VPD 的响应越敏感。需要指出的是，在许多研究中，VPD 对蒸腾的影响存在阈值。在 VPD 达到阈值前，T 和 VPD 之间显示出正相关关系（图 4-13），而超过该阈值后，蒸腾则随 VPD 增加出现饱和［图 4-14（a）］。

VPD 和太阳辐射对蒸腾日进程的影响可以通过脱耦系数（Ω）进行量化。当 Ω 趋向 1 时，树木蒸腾主要取决于太阳辐射，而当 Ω 趋向 0 时，VPD 成为影响蒸腾的主要因子。通常，上午 Ω 值较高，意味着太阳辐射对蒸腾的影响处于一天中较强的水平，气孔在其诱导下迅速开张，引起气孔导度和随后蒸腾的快速增长。在这段时间内，VPD 对蒸腾活动的影响较为有限，此时 VPD 的增长率远低于植物蒸腾的增长速率。但随着 VPD 持续升高，冠

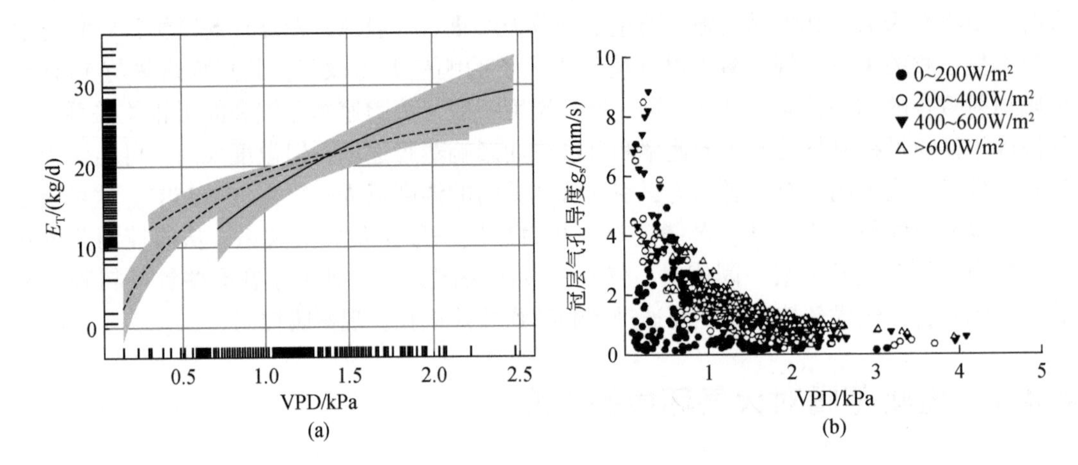

图 4-14 冠层蒸腾速率和水汽压差的关系（a）以及
不同太阳辐射强度下冠层气孔导度和水汽压差间的关系（b）

层与大气的耦合程度加强（Ω 开始降低），VPD 也开始对蒸腾活动产生更大的影响。在太阳辐射达到峰值前，G_c与蒸腾基本同步先于太阳辐射达到最大值。随着 VPD 上升至接近阈值，G_c与蒸腾近乎同时开始下降，且 G_c 的下降速率更快。Ω 的持续降低说明，VPD 对蒸腾的影响占主导地位。随着 VPD 对蒸腾的影响作用增强，冠层气孔调节对蒸腾的生理调节加强［图 4-14（b）］。

（2）植被蒸腾对土壤温湿度条件的响应

冠层蒸腾通常受到土壤水分可获得性的限制。土壤水分反映了生态系统中水分输入和输出的差值，对植被起到决定作用，从植物生理生态角度准确量化土壤水分同生态过程的关系对水文模型的建立非常重要。土壤水分决定植物是否受到干旱胁迫，土壤水分差异可在小范围内造成植被类型的分布差异。在许多生态系统中，尤其是半干旱气候条件下，土壤水分胁迫会限制树木的水分和碳交换。所以，夏季干旱一直被认为是限制植被种类分布和生长的主要因素，与养分匮乏相关的胁迫通常也是由水分胁迫的发生引起的。

土壤水分对植被蒸腾的影响体现在多个方面。首先，土壤水分条件影响树干液流速率。研究表明，在其他环境因子不变的情况下，树干液流速率随土壤体积含水量的增加而增加，但土壤体积含水量为 24.3% 左右时，液流速率达到最大液流速率，其不随土壤含水量增加（党宏忠等，2019）。但也有研究表明，树干液流仅在高强水分胁迫的条件下才会被限制，难以量化土壤含水量对树干液流的影响。其次，大多数情况下土壤水分是重要的蒸腾限制因素，并且不同树种对其响应存在种间差异。在不同生境下，造成冠层蒸腾下降及蒸腾-VPD 关系出现折点的土壤水分临界值也不同。同时，土壤水分对植被蒸腾的影响随降水量的变化而变化。当降水较小时，植被蒸腾与土壤水的关系最为明显；随着降水的增加，植被蒸腾对土壤水分的依赖性降低，而当降水量>4mm/d 时，土壤水分对蒸腾的影响显著减弱。这种现象的原因可能是植物根据大气和土壤水分条件的变化来调节气孔导度。作为冠层导度的替代指标，T/VPD 有助于区分大气和土壤水对蒸腾作用的控制。当

T/VPD 超过一定阈值时，土壤水才开始限制蒸腾作用。这表明当树木蒸腾耗水速率较高时，气孔响应土壤水分限制，通过调节气孔导度控制蒸腾失水，防止水分迅速流失。当冠层导度较低时，蒸腾主要受大气条件影响，几乎不涉及气孔调节。

土壤温度对蒸腾的影响在寒区，特别是寒区冻融转换期则更为重要。较低的土壤温度会增加水的黏滞性和膜渗透性，降低土壤和植物的水力传导率，并最终影响植物对水分的吸收，以及新生细根的产生。低温形成植物水力阻力，会通过影响叶水势而间接影响气孔阻力，而气孔阻力直接决定蒸腾作用。

（3）蒸腾对降水事件的响应

降水事件的规模、频率和持续时间与各种气象因素可能相互作用，从而影响植物的生理生态响应。例如，降水对森林植被蒸腾与土壤水分间的关系影响较大（图 4-15）。当降水量低于 2.0mm 时，土壤水对于维持森林蒸腾非常重要（$R^2 > 0.20$，$P < 0.001$）。随着降水阈值的增加，这种影响减弱。当降水量在 2.0～4.0mm/d 时，土壤水分对蒸腾的影响仍具有统计学意义（$R^2 < 0.10$，$P < 0.05$），但低于降水量小于 2.0mm/d 的情况。当降水量超过 4.0mm/d 时，蒸腾作用与土壤水分之间不再存在明确的关系（$R^2 < 0.10$，$P > 0.05$）。这表明当日降水量很少时，树木往往会耗竭土壤水分（Wang et al.，2017）。

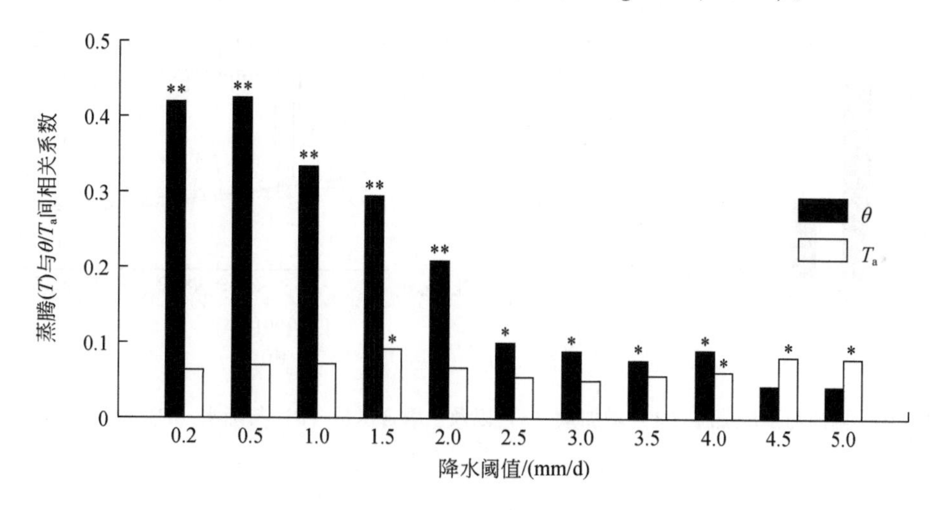

图 4-15　不同日降水强度下，蒸腾量（T）与土壤水分（θ）和气温（T_a）之间线性回归决定系数（R^2）

** $P < 0.001$；* $P < 0.05$

植物对水的时空利用率具有明显的尺度依赖性，因此年内降水模式，特别是降水的季节分布和区域差异支配着植被功能和物种多样性。例如，随着澳大利亚东部的降水量从 5mm 增加到 20mm，桉树的树液流量迅速增加，但因为它们依赖于雨前土壤水，桉树液流在澳大利亚南部的同类条件下并无增加（Zeppel et al.，2008）。同样，在澳大利亚南部，当降水达到 34mm 后，灌木树种（*Isopogon gardneri*）的树液流量迅速增加（最多增加了 5 倍），而桉树树种（*Eucalyptus wandoo*）却对夏季降水没有反应（Zeppel et al.，2006）。有限的降水输入不能维持大面积的相对均匀且连续分布的高等植物群落，因此，这种有限资源的供给会造成邻近植物的水分竞争。除了随着时间的推移植物生长不同外，降水的变化还导致生态系统中不同植物适应水的利用策略不同，植物对水分胁迫的种间响应差异也会改变群落植物组成。另外，降水模式改变引起的短期干旱会通过改变土壤含水量、蒸发散和碳平衡对森林生态系统的生长与生存产生重要影响。降水的随机性以及夏季蒸腾需求的升高会造成干旱强度和持续时间的变化。在上述情况下，等水势调控树木可有效关闭气孔以防止木质部水势下降到丧失水力导度的临界值，气孔调控是短时可逆机制，能够在降水事件后迅速恢复，如在干旱年份，大部分森林植被夏季日蒸腾只有普通降水年份的40%，此外，树木蒸腾对降水的响应出现时间滞后。但是，当持续无降水时，蒸腾路径上水力导度仍会出现一定程度的下降，需要更多的时间才能够恢复。

等水势调控和根系水力导度不能较好地解释干旱胁迫下的蒸腾机制，所以应当将气象和降水观测同蒸腾相结合，对温度和降水异常事件进行分析，并理解蒸腾对年降水差异的响应特点。蒸腾对降水的快速响应不能简单地归因于土壤水分增加，与降水前的大气条件相比，太阳辐射增强和相对湿度降低与土壤水分条件同样重要。这一点可以从以下现象得到侧面证实：在小规模降水事件中，蒸腾升高［图4-16（a）］，但同期土壤水分动态［图4-16（b）］却对降水无响应。

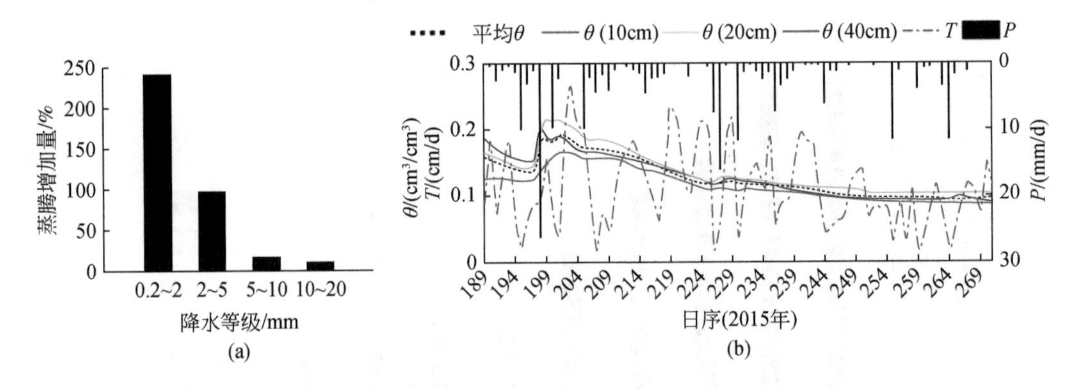

图4-16 雨前与雨后蒸腾（T）增加量（a）以及土壤含水量（θ）与降水（P）同期变化（b）

4.4.2 林分结构对蒸腾过程的影响

（1）林分密度对蒸腾的影响

林分密度的变化对光照和水分利用都会产生影响，尽管稀疏林分会对水分的截留和蒸发作用产生直接影响，但也存在相应的补偿机制。随着密度降低，地表的有效光照增多，土壤温度也随之增加，进而稀疏林分的枯枝落叶层和土壤表面的蒸散增强，这将可能造成其他林分可利用水分减少；对于剩余的树木，单株尺度的碳同化、蒸腾也会增加。同样，在林下植被茂密的地区，林下生长和蒸发会随着疏林增多而增加。在半干旱地区，除了光照强度的影响外，水分利用的时空变化对林分的影响更大。稀疏林分对土壤水分利用方面的改变发挥了许多作用，其中包括蒸腾作用的降低以及剩余林分的增多。另外，其对水分、光照、气体交换产生影响。这些影响可能会导致多年的变化，并且伴随着时间的推移发生其他响应。

在林分尺度上，林分蒸腾取决于液流通量和边材面积两个因素。与密度较高的林分相比，密度较低的林分液流通量较高，但同时边材面积较低。边材面积是尺度扩展过程中重要的参数，结合两个研究样地的树木通量进行比较时，这一特点更为明显：两组液流流量与边材面积关系的回归线斜率相似，但密度较大的样地边材面积分布显然较小。因此，在林分尺度上，树木数量减少会造成边材面积下降，但是液流通量的增加量和边材面积的减少量关系并不确定，因此林分尺度的蒸腾变化趋势也并不固定。此外，林分导水面积增加使林分尺度最终蒸腾量的变化趋势也具有较大不确定性。同时，不同密度的林分中，树木的水分竞争也是不同的。相邻树木会共享根区水分，根系在“地下邻域”中存在空间上连续的竞争和变化。在根区水分竞争谱中竞争最弱的一端，个别树木可能具有局部分布较广或较深的独立根系，并且与其他相邻树木根系重叠。在这种情况下，竞争会发生在林分中的多个个体之间（图 4-17）。根系重叠也会造成诸如土壤水力提升等积极影响。在根区水分竞争谱中竞争最强的一端（树木根系连接紧密），树木可能会永久植根于地下水源中（例如，通过风化基岩的裂缝，与其他树木在更大的空间范围内竞争）。

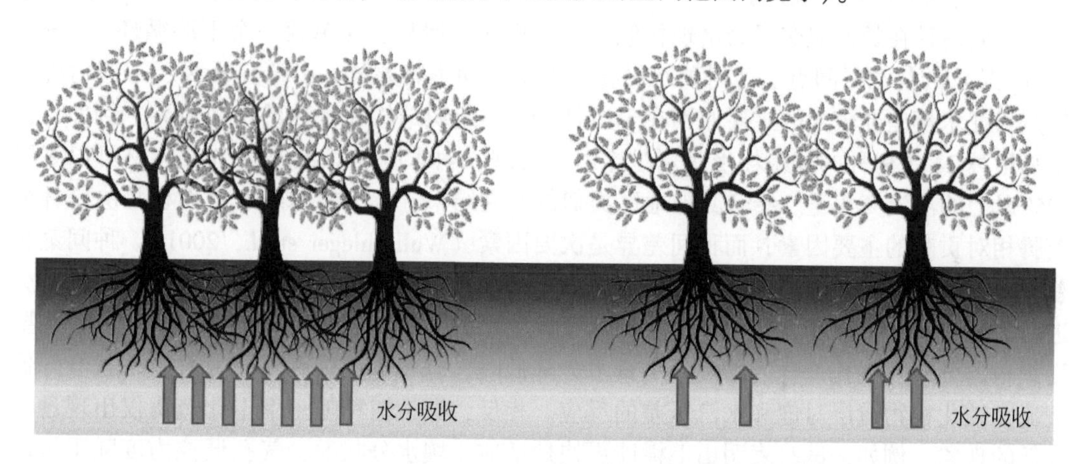

图 4-17　林分密度改变造成根系吸水强度及水力提升变化

在密度降低情况下，剩余树木的生物量会增加，因为这些树木在湿润年会获得较多的水分。但是，这种增长可能会增加整个生态系统的用水量，并导致较大的树木个体在随后的干旱年份可能面临更大的水分压力。此外，人工疏伐造成的林分密度改变会促进林下植被生长，造成林下植被蒸散发量升高，进而造成树木与下层植被的水分竞争，但随着冠层逐渐郁闭，林下植被可能由于无法获得足够太阳辐射而逐渐稀疏，与树木的水分竞争也逐渐消失。因此，林分密度对林分蒸腾的影响是一个随时间变化的动态过程。

有研究显示，稀疏林分提高了林木尺度内的碳同化和形成层的生长。林分密度的降低应造成林下光合有效辐射（PAR）和饱和水汽压差（VPD）增加（图 4-18）。因此，单株尺度的碳同化（A）、蒸腾（T）和生长量（G）相应增加。但是由于林分树木数量减少，这种单株尺度增加可能不会造成林分尺度二氧化碳吸收和用水量的变化（Tsamir et al., 2019）。因此，目前尚不清楚树木光合作用的增加能否弥补林分密度降低的影响，从而起到维持森林在碳循环中固碳的作用。

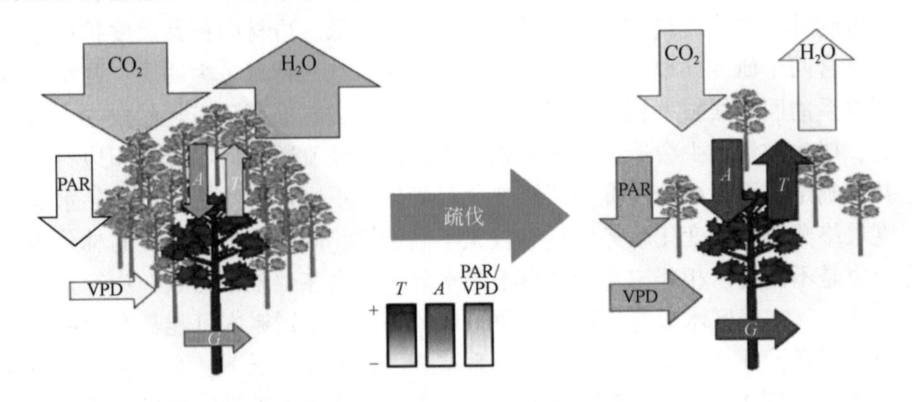

图 4-18　疏伐对单株和林分尺度水碳循环的变化影响的概念图（Tsamir et al.，2019）

（2）树种对蒸腾的影响

不同树种在长期混交后会出现相似的蒸腾规律，但是，在单独一个干湿循环季（wet-dry cycle）的任意时间点上，树种间仍会表现出短期蒸腾差异。有研究认为，不同树种间的蒸腾耗水量差异较大的主要原因在于边材面积、组织结构和特性的种间差异。例如，巴拿马雨林 24 个树种的蒸腾耗水变化对比研究发现，树木胸径对最外层 2cm 边材可以解释 90% 以上的液流变化量。结合其他地区类似的研究结果，认为树木的边材面积是决定林分蒸腾相对贡献的主要因素，而种间差异是次要因素（Wullschleger et al., 2001）。种间蒸腾差异成为土壤水分变化的主要原因，而来自土壤和大气的差异造成的蒸腾种间差异使林分进行蒸腾的尺度扩展变得更为复杂。树木个体的水分利用特性及其对干旱胁迫的响应主要受到根的分布及气孔开合的影响。土壤水分降低时，分布范围较有限的根系系统就会降低液流，钝化植物冠层对饱和水汽压差的反应。相反，深根树种随土壤干化蒸腾仅出现逐渐降低的现象。例如，试验表明山毛榉能更快地适应土壤水分状况，气孔调控力度随干旱加剧而提高，而云杉在干旱期就无法保持其中午典型的蒸腾曲线，在晚上会出现最高液流。另外，树种会通过对环境因子的响应和自身结构因素影响冠层蒸腾。树木边材面积和数量决定林分蒸腾的强度。大量研究结果表明，为了防止树体出现不可逆的导管栓塞，在出现水分胁迫的情况下，不同树种会通过气孔运动调节蒸腾，从而实现对树体水势的调控。在涉及广泛植物种和环境条件下的研究发现，气孔导度高的树种比气孔导度低的树种对饱和水汽压差更为敏感（Meinzer et al., 2013）。

由于从不同土层获得水分的能力不同，植物的生活型（草本或树木）以及种类影响蒸腾对降水事件的响应。与浅根草本或木本灌木相比，树木根系庞大而纵深，能够从土壤中获取大量水分，如豆树属植物灌丛只需 10mm 降水便能引起显著响应。抗旱策略的差异导致植物对胁迫的耐受度出现差异，其典型指标之一就是气孔行为。干旱条件下，木质部水分运输能力的丧失是由于木质部在负压下栓塞，形成气穴，阻断导管，使水分不能通过，植物不能在木质部栓塞的情况下向叶片输水。虽然在林分尺度上已有很多研究利用液流法探讨干旱对树木蒸腾的影响，但是着眼于树种水分利用差异的研究仍数量有限，因此无法对每个树种得出概括性的结论。面对气候变化的趋势，增进对树种耗水生理过程的理解有助于构建未来森林管理理念，并回答自然条件下森林演替过程中的树种变化，从而为预测植被景观变化提供依据。

4.4.3 蒸散发模拟模型

蒸散发包括土壤表面或自由水面的蒸发过程以及植物表面的蒸腾过程，是水文循环的重要环节，也是陆面和大气间物质与能量交换的关键过程。现在已有很多估算蒸散发的模型，以研究不同时间尺度和空间尺度蒸散发的变异规律。概况来说，现有的蒸散发模型大多基于以下几种方法：水量平衡法、能量平衡法、辐射法、综合法、互补理论法。表 4-2 对这几种方法的优缺点和常用模型进行了总结。

表 4-2　蒸散发模拟方法

方法	优缺点	常用模型
水量平衡法	原理清晰简单，但实际应用中准确度不高	降水＝入渗量+地表径流+土壤储水量+蒸散发
能量平衡法	能量无法闭合；实际操作时，土壤热通量和感热通量的准确估算受到限制，使得模拟精度不高	地表能量平衡系统法、地表能量平衡指数法、陆面平衡算法和大气-陆地交换反演模型
辐射法	在湿润气候区模拟结果较好，而在干旱区估算结果不稳定	Priestley-Taylor 模型、Turc 模型、Jen-sen 和 Haise 模型等
综合法	考虑了空气动力学阻抗、冠层边界层阻抗、叶面积指数和土壤水分状况等因素对蒸散发的影响，更接近于自然表面	Penman-Monteith 模型、Shuttleworth-Wallace 模型
互补理论法	直接在区域尺度建立模拟方程，仅需常规气象观测资料，适用于不同下垫面情况	AA 模型、GRACE 模型、GG 模型、广义非线性互补模型等

虽然综合法需要的参数较多，但其模拟更接近实际情况，结果更准确，受到更为广泛的关注。其中，根据数据获取难易程度及模拟表现，应用得最多且模拟效果最好的综合法模型是 Penman-Monteith 模型。此外，基于互补理论的模型仅需常规的气象数据，同时能够直接进行不同时空尺度的模拟，可为数据匮乏区域提供有效的蒸散发模拟手段。因此，这里将重点介绍综合法模型中的 Penman-Monteith 模型和基于互补理论的蒸散发模型。其中 Penman-Monteith 模型应用最为广泛、历史悠久，这里主要介绍基于 Penman-Monteith 模型发展起来的气孔导度驱动的水碳耦合模型。

1. 基于 Penman-Monteith 的水碳耦合模型

经过改进后的模型被称为 Penman-Monteith 模型，表达式如下：

$$\mathrm{ET}=\frac{\Delta(R_n-G)+\rho C_p(e_s-e_a)g_a}{\lambda\left[\Delta+\gamma\left(1+\frac{g_a}{G_s}\right)\right]} \tag{4-16}$$

式中，ET 为蒸散发；R_n为净辐射；G 为地表热通量；Δ 为饱和蒸气压曲线相对于温度的斜率；γ 为湿度常数；λ 为汽化潜热；ρ 为空气密度；C_p为干燥空气的比热；e_s为饱和水汽压；e_a为实际大气水汽压；g_a为表面到参考高度的空气动力学导度。

在 Penman-Monteith 模型中，G_s综合了环境因子、植被条件和植物生理过程对蒸散发的影响。因此，Penman-Monteith 模型包含了影响蒸散发的主要物理和生物因子。由式（4-16）可以看出，在使用 Penman-Monteith 模型时，G_s的准确性决定了蒸散发模拟的精度。研究发现，植物叶片气孔导度（g_s）与叶片光合速率的关系显著（Ball et al.，1987），因此可以建立气孔导度与光合作用的关系，通过尺度转换获得地表导度。从叶片尺度上升到冠层尺度涉及两个方面：一是冠层/区域尺度光合速率的获取；二是叶片气孔导度上升为冠层气孔导度。尺度上推主要有以下三种模式：①通过大叶模型将叶片尺度的气孔导度集成到冠层尺度；②通过双叶大叶模型将叶片尺度的气孔导度分别集成为阳叶冠层气孔导度和阴叶冠层气孔导度；③通过双叶模型利用叶片尺度的气孔导度分别计算阳叶和阴叶的光合速率或蒸腾速率，然后将它们分别乘以对应的叶面积指数获得冠层总碳累积量或蒸腾量。图 4-19和表 4-3 分别给出了三种尺度上升模式的示意及基于这三种模式的 Penman-Monteith 蒸散发模型表达式。

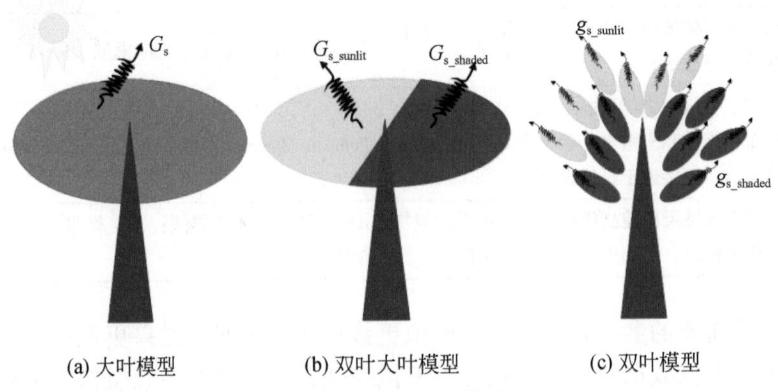

图 4-19　三种尺度上升模式示意

表 4-3　基于三种尺度上升模式的 Penman-Monteith 蒸散发模型表达式

尺度上升模式	G_s计算	冠层蒸散发计算	优缺点
大叶模型	$G_s=G_{s\_sunlit}+G_{s\_shaded}$， $G_{s\_sunlit}=g_{s\_sunlit}\times L_{sunlit}$， $G_{s\_shaded}=g_{s\_shaded}\times L_{shaded}$	$T=T(G_s)$， $\mathrm{ET}=T+E$	结构简单，易于操作；忽略不同受光叶片限制因素的差异，不真实地放大了内部阻抗，低估阴叶对冠层总蒸腾的贡献

续表

尺度上升模式	G_s计算	冠层蒸散发计算	优缺点
双叶大叶模型	$G_{s\_sunlit}=g_{s\_sunlit}\times L_{sunlit}$，$G_{s\_shaded}=g_{s\_shaded}\times L_{shaded}$	$T=T(G_{s\_sunlit})+T(G_{s\_shaded})$，ET=$T$+$E$	能正确描述阳叶和阴叶间辐射及叶片生物化学的差别，更接近实际；破坏了光合作用模型的内在完整性
双叶模型		$T=T(g_{s\_sunlit})L_{sunlit}+T(g_{s\_shaded})L_{shaded}$，ET=$T$+$E$	能正确描述植被结构对蒸散发的影响，直接利用叶片尺度的气孔导度，更符合光合作用模型和气孔导度模型的使用环境；需要的参数更多，引起更多的不确定性

注：G_{s_sunlit}和G_{s_shaded}分别为阳叶组和阴叶组的冠层导度；g_{s_sunlit}和g_{s_shaded}分别为阳叶和阴叶的叶片气孔导度；$T(G_{s_sunlit})$和$T(G_{s_shaded})$分别为用 Penman- Monteith 公式计算的阳叶组和阴叶组的蒸腾量；$T(g_{s_sunlit})$和$T(g_{s_shaded})$分别为用 Penman- Monteith 公式计算的阳叶和阴叶的蒸腾量；L_{sunlit}和L_{shaded}分别为阳叶和阴叶的叶面积指数；E为土壤蒸发及湿润叶面蒸发。

如果空气动力学阻抗比冠层阻抗小，即空气动力学导度远大于地表导度，则在 Penman-Monteith 公式中采用基于冠层导度的大叶模型，不会显著地改变水汽流动路径，也就是蒸散发与G_s呈线性关系。但是在实际情况中，蒸散发与G_s一般是呈非线性关系。在利用 Penman- Monteith 模型对蒸散发模拟时，蒸散发与G_s的非线性关系将对模拟结果造成很大影响。因此，对于冠层尺度蒸散发模拟更推荐使用双叶模型。为了获得更精确的模拟结果，可以考虑将陆面模型及水文模型中的大叶 Penman- Moneith 蒸散发模型替换为双叶 Penman- Monteith 蒸散发模型。

对于冠层尺度或区域尺度光合速率的获取，较常用的是根据站点数据建立群落结构、叶片理化性状等指标与光合速率的关系，并结合大尺度空间数据估算光合速率。然后可结合尺度上推的不同模式建立嵌套式的 Penman- Monteith 蒸散发模型。但是利用现有指标指示光合速率都有其局限性。较早的研究发现，叶片氮含量与最大光合羧化速率显著相关，但是叶片氮含量对于辐射的敏感性较低，因而有时并不能准确反映光合速率的变化（Luo et al.，2019；Walker，2014）。近几年，研究人员尝试建立叶绿素含量与最大光合羧化速率间的关系（Chl_{leaf}-Vc_{max}^{25}），并嵌入双叶模型模拟蒸散发（Luo et al.，2019）。相比使用其他指标，基于Chl_{leaf}-Vc_{max}^{25}关系的双叶 Penman- Monteith 蒸散发模型估算结果对蒸散发的季节变化描述更准确。但是，该模型忽略了叶片年龄对Chl_{leaf}-Vc_{max}^{25}关系的影响（Luo et al.，2019；Wang S et al.，2020）。此外，即便是使用同一指标，不同植物功能类型光合速率的季节变化差异显著，而现有的植物功能类型分布图中某些物种（特别是 C4 植物）分布情况的缺失限制了该模型在更大尺度上的应用（Luo et al.，2019）。因此，为了获得更准确的区域蒸散发模拟结果，一方面我们要输入更完整的植被功能类型分布图及获取各个指标准确的时空分布图；另一方面需要建立更完善和细化的各个指标与光合速率的关系。

从以上内容可以看出，叶片空间分布对 Penman- Monteith 蒸散发模型的应用有很大影响：叶片越聚集，被冠层吸收的辐射越少，穿过冠层的辐射就越多。有研究人员提出了用冠层聚集指数（Ω）来表征叶片空间分布。Chen（2016）通过三种不同情境的比较，量化了 Ω 对蒸散发模拟的影响，如果不能提供准确的 LAI 或 Ω，模拟的蒸散发将被高估 5%（LAI 准确而 Ω 设定为 1）或低估 20%（LAI×Ω 代替 LAI）。而现有将 Penman-Monteith 模型作为蒸散发模拟模块的陆面模型，大多仅考虑将 LAI 作为模型的参数，忽略了 Ω 的输入，高估或低估冠层聚集度较高的区域。因此，未来在大空间尺度模拟蒸散发时要同时考虑 LAI 和 Ω。

2. 基于互补理论的蒸散发模型

Bouchet 在 1963 年首次提出了蒸散发的互补理论。该理论是基于自然干燥表面的实际蒸散发与表观潜在蒸散发或大气蒸散需求（ET_{pa}）之间的关系。ET_{pa} 被定义为干燥环境中一小片湿润地区的蒸散发。互补理论中另一种蒸散发是潜在蒸散发 ET_{po}，它被定义为在充足水源条件下的最大蒸散发。当有足够的水用于蒸散发时，可以得到以下关系式：

$$ET = ET_{po} = ET_{pa} \tag{4-17}$$

当环境变得干燥时，实际蒸散发会减小，而表观潜在蒸散发会增加。Bouchet（1963）认为，实际蒸散发的减少和潜在蒸散发的增加完全相等，可以得到以下关系式（图 4-20）：

$$ET = 2ET_{po} - ET_{pa} \tag{4-18}$$

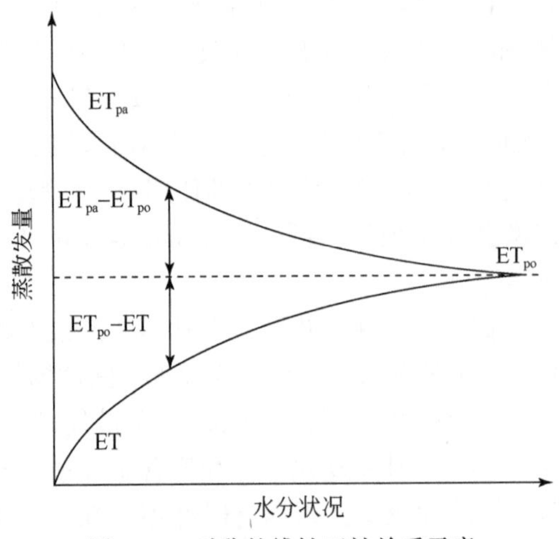

图 4-20　对称的线性互补关系示意

但是，之后的研究虽然都证实了 ET_{pa} 和 ET 的负相关关系，但是这种互补关系并不完全对称。因此，Brutsaert 和 Parlange（1998）对 Bouchet（1963）的观点进行了补充：认为两者的变化并不完全相等，而是成比例，并提出线性关系式，为

$$ET = [(1+b)/b]ET_{po} - ET_{pa}/b \tag{4-19}$$

这个线性关系式只有一个边界条件，即当 $ET_{pa} = ET_{po}$ 时，$ET = ET_{po}$，反之亦然。

在过去的几十年里，已有多种基于互补相关理论的线性模型，其中比较常见的有 Brutsaert 和 Stricker（1979）提出的平流-干旱模型（Advection-Aridity Model，AA 模型），Morton（1983）引入平衡温度概念提出的 Complementary Relationship Areal Evapotranspiration Model（GRACE 模型），Granger 和 Gray（1989）引入相对蒸散发概念提出的 Granger Model（GG 模型）等。

此后，Han 等（2012，2014a）提出了无量纲化的非线性互补关系函数，修正了 AA 模型在干旱和湿润环境下的偏差，表达式如下：

$$ET/ET_{Pen}=f\ (ET_{rad}/ET_{Pen}) \tag{4-20}$$

式中，ET_{Pen}为 Penman 公式计算的潜在蒸散发；ET_{rad}为 Penman 公式中的辐射项。

式（4-20）利用 Penman 公式中的辐射项对不同的互补关系模型进行了无量纲化，同时保持着互补关系的基本原理，因此式（4-20）是互补关系的一种广义形式。表 4-4 列出了广义互补函数的几个不同解析式。受此启发，Brutsaert（2015）重新定义了互补相关理论中的蒸散发含义，设定了物理边界条件，提出了四次多项式的广义非线性互补原理（Generalized Complementary Relationship）模型。现有的研究还未能充分揭示广义非线性互补关系函数中各参数的变化规律及影响因素，因此仍需进一步揭示实际蒸散发与辐射项、空气动力项在不同环境条件下的相互作用机制。

表 4-4　广义互补关系函数解析式

解析式	定义域	符号含义	参考文献
$y=\alpha\left(1+\frac{1}{b}\right)x-\frac{1}{b}$	$\left(\frac{1}{\alpha\ (1+b)},\ \frac{1}{\alpha}\right)$	$x=ET_{rad}/ET_{Pen}$，$y=ET/ET_{Pen}$，α 为 Priestley-Taylor 系数	Brutsaert 和 Stricker（1979）
$y=\frac{1}{1+c_1 e^{d(1-x)}}$	（0，1）		Granger（1989），Han 等（2011）
$y=\frac{1}{1+k\left(\frac{1}{x}-1\right)+h}$	$\left(0,\ \frac{k}{k-h}\right)$		Katerji 和 Perrier（1983），Han 等（2014b）
$y=\frac{1}{1+m\left(\frac{1}{x}-1\right)^n}$	（0，1）		Han 等（2012）
$y=\ (2-c)\ \alpha^2x^2-\ (1-2c)\ \alpha^3x^3-c\,\alpha^4x^4$	$\left(0,\ \frac{1}{\alpha}\right)$		Brutsaert（2015）
$y=\frac{1}{1+m\left(\frac{x_{max}-x}{x-x_{min}}\right)^n}$	$(x_{min},\ x_{max})$		Han 和 Tian（2018）

互补理论考虑了蒸散发对大气变量的反馈作用，明确了实际蒸散发和潜在蒸散发的相互关系，直接在区域尺度建立方程，适用于区域尺度蒸散发的模拟。互补理论将复杂的土壤-植被-大气连续体的水文过程归结到气温、湿度和辐射等几个气象要素的变化规律上，不需要空气动力学导度、土壤理化性质等难以获取的资料，仅需常规气象观测资料就可估算实际蒸散发量（Brutsaert，2015）。互补理论已被应用于大量的研究工作中，在不同时空尺度，不同下垫面条件下的蒸散发模拟都获得了很好的结果（Brutsaert，2017；Zhang L et al.，2017；Hu et al.，2018；Ma et al.，2019；Wang S et al.，2020）。

蒸散发完整的物理过程应该包括水分从非饱和陆面散失和进入并影响非饱和大气，而互补理论存在一个基本假设：陆面水分状况与大气的湿润状态间存在因果关系。但在实际中，虽然陆面与大气间的交换很紧密，但是大气的状况并不是完全由陆面状况决定的，因此在一些情况下忽略陆面过程会极大影响互补理论的准确性。为了解决这一问题，研究人员尝试将指示陆面水分状况的 Penman 模型与互补理论融合，以期加入更多的陆面状况和大气状况的信息，但是具体的函数形式还未能确定，需要在现有研究基础上做进一步研究。

4.5 植物水力过程

4.5.1 植物水力学的概念与理论

植物水力结构（plant hydraulic architecture）是指维管植物水分传输系统的组织结构，即植物根、茎、叶中各部分木质部水力导度的大小及相互关系，反映吸收、传输和蒸腾过程间的水分供求关系，是植物生理学和生理生态学领域的重要研究方向之一。植物水力结构的研究模式是基于“内聚力-张力学说”和水分传导过程对电路学的欧姆定律类比发展而来的，包括木质部水分向上运输机理、植物水分传导通路中各个部分水分传导的过程和现象等。依据“内聚力-张力学说”，植物叶片蒸腾产生拉力使水分沿水势递减梯度在植物木质部内运输，水分子间由于氢键的相互吸引力（内聚力）保证木质部导管和管胞内的水分在张力（负压）状态下向上运输。虽然“内聚力-张力学说”也曾受到过各种质疑和挑战，但该学说依然是目前解释维管植物水分长距离运输机理的主流理论（Brown，2013）。

植物水力结构特征通常用水势差、水力导度或阻力、液流速率等参数来表征。植物蒸腾作用产生的拉力（负压），使木质部管道内的水柱呈亚稳定状态。因此，植物体内水分的长距离运输是在负压下进行的。某些胁迫条件容易诱导木质部导管网络发生气穴化过程，导致气泡在木质部内积累，并形成气穴化栓塞，进而影响导水效率。诱导植物木质部发生气穴化栓塞的环境胁迫因子主要有两种：干旱和冻融循环。在干旱胁迫条件下，植物叶片的水势维持在较低水平，导致木质部导管网络内存在较大的木质部张力，使导管或管胞内产生大的负压。当导管或管胞内的负压达到一定的阈值时，将使外面的空气突破导管或管胞壁上的纹孔而被吸入管腔内，进而在管腔内形成气穴化栓塞。持续的干旱将导致气穴化栓塞不断在木质部导管网络中扩散，最终严重影响木质部的水分传输能力。在寒冷条件下，木质部管腔内的水结冰，将造成管腔内空气的溶解度下降，迫使气体从水中释放出来，并在冰层中形成很多大小不一的气泡。在融化过程中，管腔内水柱的负压恢复，虽然一些小的气泡会再次溶解在水中，但是一些大气泡无法再次溶解在水中，进而导致气泡在管腔中不断扩张而产生气穴化栓塞。

植物木质部水力特征与水分传输的安全性和导水效率密切相关（Hacke et al.，2017）。木质部为了满足植物的生理生长需求和适应其生境，不可避免地会面临着各种结构和功能上的协同与权衡。“三角权衡关系”范式描述了植物木质部在水分传导效率、水分传输安全性和机械支撑三个方面的权衡关系（Bittencourt et al.，2016），表明植物很难同时在所有功能上都达到最优化。例如，植物一般不可能同时具有高的导水效率和导水安全性。一方面，木质部中大的导管拥有高的水分传输潜力；另一方面，因为木质部导管直径与冻融诱导的气穴化脆弱性之间存在正相关关系，所以大的导管减小了木质部抵抗冻融诱导气穴化的能力，从而降低了水分传输的安全性。具有高的水分传导效率的植物也有更高的光合速率，潜在地促进了植物更快生长（Hacke et al.，2017）。此外，虽然小的导管降低了植物的导水能力，潜在地限制了植物的生长，但是小的导管同时提高了植物抵抗冻融胁迫的能力（Davis et al.，1999）。这些研究表明，植物木质部在水分传输安全性和效率之间一般存在着权衡关系。然而，干旱诱导的气穴化与导管直径之间没有显著的相关关系，而是与导管表面上的纹孔结构特征相关（Gleason et al.，2016）。此外，植物也有其他的安全策略来提高自己的导水安全性。例如，有的树种木质部可以产生根压，用来修复已经气穴化的导管，进而恢复其导水功能（Niu et al.，2017）。这也可能间接地影响木质部水分传输安全性和效率的相互关系。因此，植物木质部水分传输安全性和效率之间的权衡关系在不同植物功能类群中可能存在着变异。植物水力特征种间水分传导效率和抵抗干旱造成的气穴化能力间的权衡关系与物种沿环境梯度的生态位分化之间存在密切的相关性（Hao et al.，2013；Zhang W W et al.，2017）。然而，物种间水分传导效率和抵抗冻融循环诱导的气穴化栓塞能力在种内及种间的变异性与不同植物种沿环境梯度的差异性分布存在的关联机制尚待深入研究。

木质部水力导度会受到木质部解剖结构的限制。根据树干的木质部解剖结构，不同树种的导管组织在茎干截面可分为散孔材结构或环孔材结构。其中，散孔材是指狭窄的导管均匀地分布在整个生长年轮上，而环孔材则在早材中产生一轮较宽的导管，在晚材中产生较窄且分散的导管。分布在早材中的导管极易因冻结而造成栓塞。两种木材类型反映出树种在水力导度和脆弱性之间权衡取舍的不同策略［图 4-21(a)］。与环孔材树种相比，散孔材导管孔径较小，单位面积木材更致密，并且发挥功能时间更长。在同等土壤水分条件下，与散孔材和管胞类结构的树种相比，环孔材树种导水面积超过 50% 会丧失导水功能。而当植物木质部导水功能丧失超过 80% 时，植物就会面临死亡风险（Vose et al.，2016）。环孔材的导管孔径较大，导水率较高，从理论上讲，如果某一树种是等水势调控，并且在整个季节中保持相似的水分条件，则环孔材的结构更有利于蒸腾对光合的增益效应，但是由于导管孔径较大，更容易发生栓塞［图 4-21(b)］。例如，在正常的午间水分胁迫下，环孔材树种树干水力传导率的损失可能超过其最大值的 90%。因此，与散孔材相比，环孔材木质部在夏季更容易受到因水分胁迫而造成的栓塞影响。

在饱和水汽压差胁迫下，环孔材树种蒸腾过程中多表现出较强的气孔调控。但是，由于环孔材的最大水力导度高于散孔材，即使在导水率损失 90% 的情况下，其导水率仍可能与非栓塞散孔材相近（Hacke et al.，2006）。类似的，被子植物和裸子植物应对干旱引起的栓塞具有截然不同的调控策略：大多数被子植物显示出高风险水分利用行为，并在接近其致死水力极限的条件下（即压力导致水力导度损失 70%~80%）保持蒸腾，而大多数裸子植物蒸腾调控策略更保守和安全，将水力导水率控制在 50% 水力导度损失率以下。被子植物比裸子植物具有更高的修复茎干栓塞的能力，这可能部分解释了两类树种在蒸腾调控策略上的差异。

树木抵抗木质部气穴化栓塞的能力在很大程度上决定了植物对干旱和冻融循环等胁迫环境的适应性，对植物生存和分布具有重要的影响。关于气穴化栓塞的修复仍然存在很大不确定性，有一些植物在特定情况下能够通过木质部产生正的压力，来修复干旱和冻融循环诱导的木质部气穴化，但有一些研究揭示出很多植物难以修复气穴化损伤，尤其是在负压存在的情况下能否修复的问题至今仍然存在很多争议（金鹰等，2016）。目前关于根压

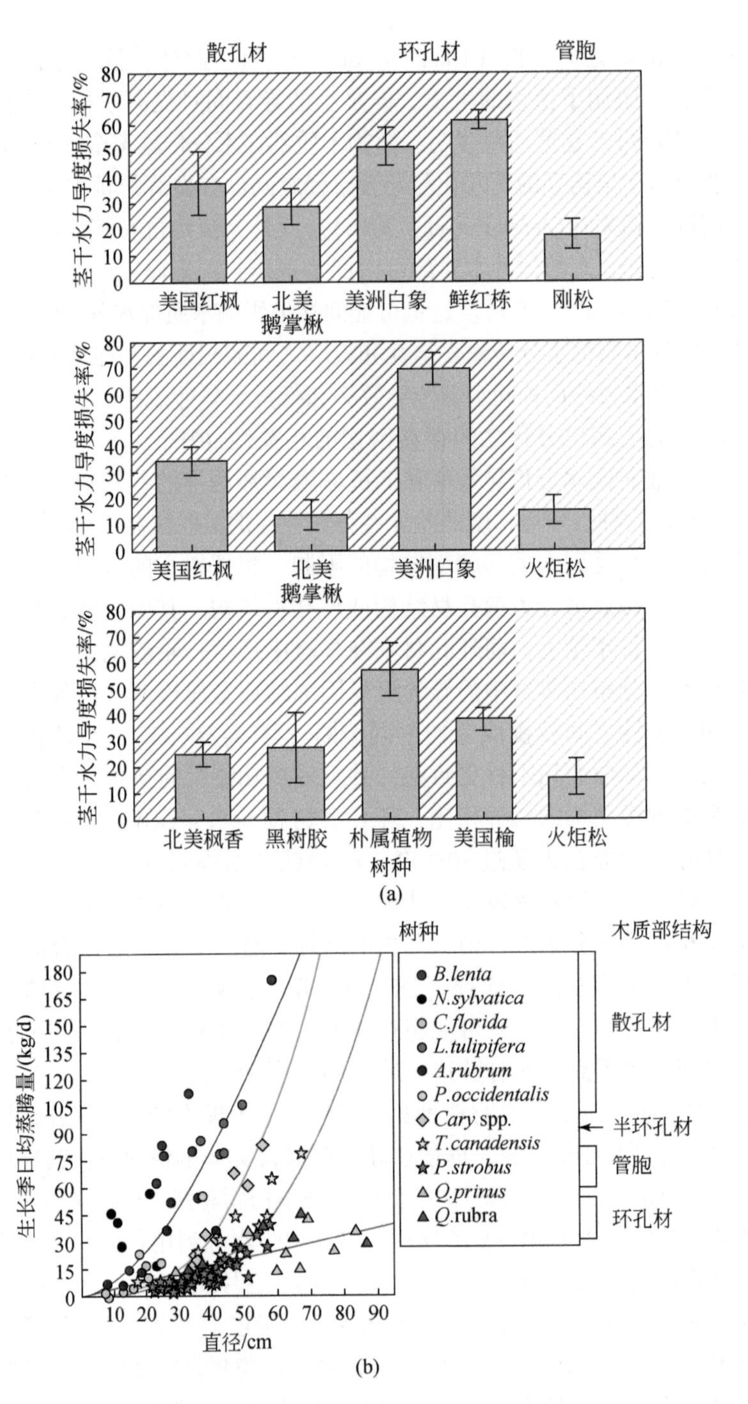

图 4-21　相同立地条件下不同木质部结构树种水力导度损失率（a）以及不同树种生长季日均蒸腾量（b）比较（Ford et al.，2011；Vose et al.，2016）

或茎压对木质部导管网络气穴化的修复作用，以及根压或茎压产生以及气穴化修复的机制等，仍是植物水力学领域的研究热点（Hao et al.，2013）。除此之外，植物水力学领域的研究还聚焦在以下几个方向：不同功能类群树种的水力结构及其与光合、生长之间的关系，水力特征对主要环境胁迫因子（如干旱、冻融和高盐等）的响应和适应性，以及木质部水力学与非结构性碳水化合物之间的关系等。

4.5.2 植物水力学常用量化指标及测定方法

1. 木质部解剖特征测定方法

（1）边材密度和导管结构特征测定

枝条边材密度通过枝条干重与其新鲜体积之间的比值求得。对于木质部导管解剖特征，可先用切片机切出厚度<25μm 的木材横切面，用苯胺蓝染料染色后在光学显微镜下进行观察和拍照。利用图像处理软件如 ImageJ（US National Institutes of Health，Bethesda，MD，USA）来计算单位视野面积内的导管个数和每个导管的面积。最后根据导管个数和导管面积，计算基于单位边材面积的导管直径、导管密度和水力直径。

（2）纹孔结构特征测定

木质部导管壁上的纹孔结构可用切片机将枝条纵切成厚度<25μm 的光滑完整切片后利用电子显微镜进行观察。在切片过程中应注意避开张力木（如枝条弯曲部分）。将切片依次在 30%、50%、70%、90%、95% 乙醇溶液中逐级脱水。样品在每个浓度下浸没 10min。之后，样品在无水乙醇中浸泡 12 h。浸泡完成后，取出样品静置 8 h 使样品完全干燥。将干燥样品用导电胶带（如 Lei-C）固定在样品架上。然后在 10mA 电流下对干燥样品进行喷金，2min 后喷金完成。用扫描电子显微镜对样品进行观测。观测时，加速电压为 20 kV，放大倍数为 10 000 倍获取纹孔显微结构图片。用图像处理软件对图片进行分析。一般情况下选择至少 100 个纹孔个体计算纹孔开口面积、纹孔开口比例等纹孔解剖特征。每个物种选择至少 30 张图片计算单位面积上纹孔面积和单位面积上纹孔开口面积。选择至少 100 个纹孔个体计算单一纹孔面积、纹孔开口比例和纹孔开口形状（短轴比长轴）。此外，还可借助透射电子显微镜来观察和估算纹孔膜厚度（该指标与干旱诱导的木质部栓塞程度密切相关）。图 4-22 分别为长白落叶松和白桦枝条木质部的纹孔解剖结构。

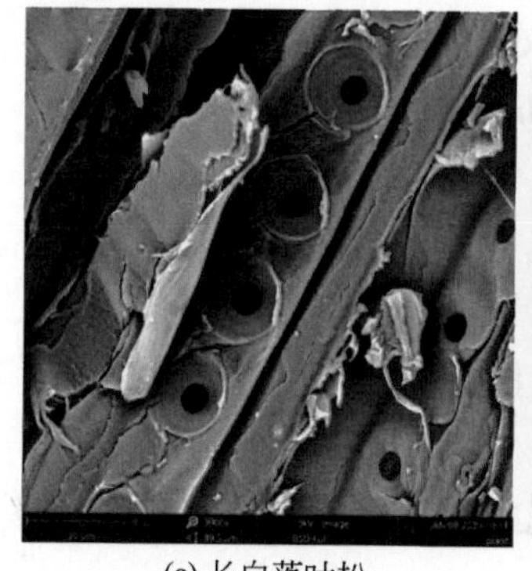

(a) 长白落叶松

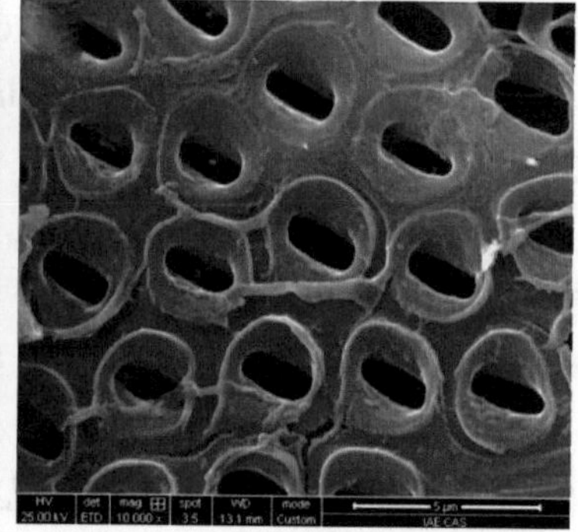

(b) 白桦

图 4-22 长白落叶松和白桦枝条木质部的纹孔解剖结构

（3）最大导管长度测定

一般选择长度超过1m的枝条用来测定最大导管长度。首先用去气的10mmol/L KCl溶液在0.1MPa的压力下对枝条冲洗30min，去除已经产生的气穴化。将枝条的形态学上端切口与氮气罐连接，形态学下端切口插入水中。其次开始对枝条施加0.1MPa的稳定压力，注意加压后气体运动方向应与植物蒸腾时枝条木质部内液流方向相反。加压的同时观察枝条形态学下端切口是否有气泡产生。最后以1cm为梯度，将枝条在水下不断的剪除，直至发现有气泡从枝条末端冒出，此时枝条长度即最大导管长度。

2. 整枝导水率测定方法

高压流速仪能测定不同树木的枝条导水率，这一测定方法的详细操作细节可参考一些文献（Tyree et al.，1993）。简单来说，在傍晚剪下长约1.5m的阳生枝条，并立即把枝条的切口处放入水中，并在水下用剪刀再次把切口处长约5cm的枝条剪去，以避免开始在空气中从树上剪下枝条时可能造成的枝条木质部气穴化。然后用湿的不透明塑料袋把采集好的枝条样品包裹好，并且在把枝条带回实验室的过程中始终保持枝条末端切口处一直浸没在水中。测定前，枝条切口处的树皮被剥去，以方便枝条与测定仪器连接。在整个样品处理过程中，枝条切口处始终浸没在水中，以防止人为造成的木质部气穴化的形成。测定时，首先测定整个枝条（包括枝条部分、叶柄部分和叶片部分）的水力导度。测定完毕后，测定枝条上所有叶片的面积。用样品枝条末端的总叶片面积来标准化不同枝条的水力导度。

3. 茎干木质部导水率和气穴化栓塞程度测定方法

为计算植物茎段的初始和最大导水率（$K_{initial}$和K_{max}），在每个植株上剪取一枝长度约为1.5m的枝条（平均直径7~10mm），并立即把枝条的切口处放入水中，并在水下用剪刀再次把切口处长约5cm的枝条剪去，以避免开始从树上剪下枝条时可能造成的枝条切口处木质部气穴化栓塞。然后用湿的不透明塑料袋把采集好的枝条样品包裹好，在把枝条带回实验室的过程中始终保持枝条一直浸没在水中。在实验室，将茎段保存在5℃的冰箱中。为保证测定结果的准确性，所取样品均需在三天内完成$K_{initial}$、K_{max}和气穴化栓塞程度（即导水率丧失百分比，PLC）的测定。导水率（K_h）定义为通过一个离体茎段的水流量（F，kg/s）与该茎段引起水流动的压力梯度（dp/dx，MPa/m）的比值：

$$K_h = F/(dp/dx) \tag{4-21}$$

PLC计算公式为

$$PLC = (K_{max} - K_{initial})/K_{max} \times 100\% \tag{4-22}$$

同时通过茎段枝条边材面积和茎段末端的叶面积对导水率进行标准化，计算出边材比导率和叶比导率。边材比导率（K_S）是指单位茎段边材横截面积（A_w，m^2）的导水率：

$$K_S = K_h/A_w \tag{4-23}$$

叶比导率（K_L）是茎段末端叶片供水情况的重要指标，可以通过K_h除以茎段末端的叶面积（LA，m^2）得到：

$$K_L = K_h/LA \tag{4-24}$$

4. 木质部栓塞脆弱性测定

为测定木质部栓塞脆弱性，取一枝长度超过 1m 的阳生枝条，枝条立刻插入水中并对叶片喷水套上黑塑料袋。样品采集完毕之后，在水下截取成长度为 50cm 左右的茎段，水平浸没在水中，在带有冰袋的保温箱中保存带回实验室，测定前放置在冰箱中 4℃下保存。测定时用枝剪在水下截取样本中部约 30cm 长的一个茎段，直径在 8 ~ 10mm，然后用去气的 10mmol/L KCl 溶液在 0. 1MPa 的压强下对枝条冲洗 30min，去除已经产生的气穴化。将枝条放入离心机，在 1000r/min（0. 09MPa）转速下稳定 15min。之后，茎段从离心机内取出，放置在水中静置 5min 以上，之后测定茎段导水率。要求测定时使用去气的 10mmol/L KCl 溶液。茎段导水率［K_h，kg/(ms · MPa)］的计算公式如下：

$$K_h = J_v / \left(\frac{\Delta P}{\Delta L}\right) \tag{4-25}$$

式中，J_v为单位时间内通过茎段的水流流量；ΔP 为茎段两端的压强差，由 50cm 高的水柱提供（约为 0. 05MPa）；ΔL 为茎段长度。将在 1000r/min 转速下测得的导水率视为最大导水率［K_{max}，kg · m/(s · MPa)］。之后，通过控制离心速度逐渐提高木质部水柱的张力（每间隔 0. 5MPa 作为 1 个处理）。在每个压力梯度下，枝条需在转速稳定后旋转 3min。每次离心处理完成后，连接导水率测定装置，应注意需等通过枝条的流速稳定后，再测量茎段导水率。计算不同压力下导水率丧失百分比（PLC）：

$$\mathrm{PLC} = 100\% \times (K_{max} - K_h) / K_{max} \tag{4-26}$$

脆弱性曲线韦布尔（Weibull）分布累计曲线拟合：

$$\mathrm{PLC} = 100\% \times \left\{1 - \exp\left[1 - \left(\frac{T}{b}\right)^{C}\right]\right\} \tag{4-27}$$

并通过拟合后的脆弱性曲线得到导水率丧失 50% 时的水势（P_{50}）。

5. 植物茎干液流监测方法

借助热平衡法，用包裹式液流流量计探头连续监测植物茎干液流速率的日间变化。在安装探头之前，将植物茎干清洗干净；在安装探头之后，探头被铝箔纸包裹，减小外界环境条件对液流速率测定的影响。将这些探头连接到数据采集器以及数据采集器扩展模块，高密度监测液流数据。在茎干液流速率检测结束后，估算被测定茎干上的总叶片面积，利用茎干上的总叶面积对液流速率进行标准化。

6. 植物叶片和枝条水势测定方法

用压力室水势仪测定植物的叶片和枝条木质部黎明前水势和正午水势。黎明前选择不同个体的叶片进行取样，并把样片放到带有湿巾的黑色塑料袋里，并在 1h 内把样品带回实验室完成黎明前的水势测定。为了测量枝条木质部正午水势，在测量前一天傍晚用黑色塑料袋将要测定的枝条套住，然后用锡箔纸包裹叶片，让叶片停止蒸腾，用测得的这一叶片水势来估算枝条木质部正午水势。

4. 5. 3　未来发展趋势展望

通过研究植物的水力结构，探讨植物对干旱等环境因子的响应和适应机制，进而明确干旱与树木存活和死亡之间的内在关联是当前植物生态水文学的主要发展方向之一。植物木质部导管对干旱诱导的气穴化栓塞很敏感，严重的木质部栓塞能极大降低植物木质部的导水能力和安全性，从而影响植物叶片光合生产力，甚至导致植物死亡。研究表明，木质部结构特征（如导管直径、密度、纹孔开口大小和纹孔膜厚度等）能用来评价树木对干旱等胁迫因子的响应（Barigah et al., 2013）。当前普遍认为，干旱诱导树木死亡的两种生理机制是水力衰竭（hydraulic failure）和碳饥饿（carbon starvation）假说（McDowell and Allen，2015；Choat et al., 2018）。但由于与这些假说关联的生理过程十分复杂（如木质部导管功能发育状态、韧皮部运输、木质部三维结构及其相互关系等），这些假说还有待进一步验证（Adams et al., 2017；Choat et al., 2018）。

此外，应用先进的技术手段研究植物水力结构及其对干旱、冰冻等胁迫因子的适应策略是该研究领域的一种国际发展趋势。现阶段木质部结构特征的量化方法一般依赖于对其二维（2D）结构的分析，但是要想更准确地理解木质部液流及其气穴化栓塞如何在木质部网络中传输或扩散，我们必须清楚木质部的三维（3D）结构特征。近年来，3D 成像技术 Micro-CT（X-ray computed microtomography，微计算机断层扫描）已经成为一种理解植物木质部 3D 结构特征的重要手段（Wason et al., 2017）。通过把 Micro-CT 应用到植物水力结构研究领域能把植物木质部显微结构研究从 2D 空间扩展到 3D 空间。类似于无损影像技术，如核磁共振（nuclear magnetic resonance，NMR），Micro-CT 能够直接观察到木质部气穴化栓塞程度和木质部气穴化修复状态、重构木质部内部三维结构，这在很大程度上减少了基于传统实验方法测定木质部气穴化栓塞程度和导水率的误差，提高了实验结果的准确性。尽管 Micro-TC 能使科研人员清楚地监测木质部网络的功能状态，但是 Micro-CT 高昂的购买成本仍然限制了它在该研究领域的广泛应用。为了解决 Micro-CT 的高成本问题，有研究者开发了一种简易、成本较低的探测叶片木质部发生气穴化栓塞的影像技术如光学脆弱性，（optical vulnerability，OV）技术（Brodribb，2017）。现在这项技术已经被广泛地用来监测植物不同组织（枝条和叶片等）的气穴化栓塞程度，且测得的结果与 Micro-CT 测得的结果具有较好的一致性（Skelton et al., 2017）。此外，科研人员已经借助冷冻扫描电镜（cryo-scanning electron microscopy，SCEM）技术，揭示了植物避免叶片木质部发生气穴化栓塞、适应干旱的新机制（Zhang Y J et al., 2016）。在干旱胁迫下，有的植物叶片并没有发生木质部导管栓塞，而是通过可逆的导管塌陷形变适应干旱环境。综上所述，借助先进技术研究植物响应和适应干旱等环境胁迫因子的水力学机制是 21 世纪植物水力学研究的重要发展方向。

第 5 章 水域生态水文过程

水域生态系统包括淡水生态系统、海洋生态系统和湿地生态系统三大类，其共性之处均是以水生生物为主要对象。顾名思义，水域生态水文学是以水域生态系统为对象，重点研究各类水生态过程与水文过程的相互作用关系及其影响的科学。其中淡水生态水文学主要包括河流生态水文和湖泊生态水文两大类；海洋生态水文学在本章中仅简单介绍滨海及海岸带生态水文学有关初步认识。湿地生态系统介于陆地和水域之间，本书将其置于水域生态类型中，湿地生态水文学是以湿地生态系统为研究对象，重点研究湿地水文过程与生态过程的相互作用机理及反馈机制的学科。近年来，水域生态水文学理论已逐渐成为河流生态保护、湖库水环境改善与生态修复以及湿地生态系统保护和恢复重建等的重要理论基础和技术支撑。

以河流生态系统为例，流域水文过程是调控水生生物多样性和分布的重要环境变量，其改变往往导致流域沉积物和生源要素等传输过程的变化。水文过程、沉积物和生源要素传输是很多水生生境特征与形成过程的调控机制（Kuemmerlen et al.，2015；Kiesel et al.，2017），针对这些变量和过程的变化，水生生物往往做出物理表观（physical appearance）和行为适应，甚至会影响某些物种的生活史。因此，诸如筑坝、土地利用和气候变化这类直接影响水文及沉积物的因素，对河流生物多样性具有直接作用。有关流域生物和非生物因子间关系的研究已有很长历史，是生态水文学学科产生的最早领域。由于这一领域的研究广受关注，发展非常迅速。由之前的研究大多关注于局地环境变量，如营养物、pH 等为主，发展到关注空间因子的交互影响研究（Lange et al.，2011；Wu et al.，2018）。不仅探索河流底栖生物与水流情势和其他水文因子间的关联性（Kuemmerlen et al.，2015），也大量关注诸如流量、流速、水深、流向等水文因子变化对河流底栖生物的影响（Dong et al.，2016）。可见，开展水文变量（流速、流量、水深、河宽及水文情势等因子）与水生生物群落之间相互关系的系统性和综合性研究越来越受到关注和重视。

与河流类似，在水库和湖泊中，水文因子变化的水生态响应与适应一直是湖库水生态和水环境研究的重点。水域生态水文学关注的核心是水文因子，包括一般意义上的水文要素，如流速、流量、水深、河宽等，也包括流域和湖库水文情势（指河流、湖泊、水库等自然水体各水文要素随时间、空间的变化情况，如水位随时间的变化、一次洪水的流量过程、河川径流量的年内和年际变化，等等）等变化，对水生生态系统的影响。本章将以河流为主体，兼顾湖库、滨海带生态系统，分析水文过程变化对水生生物群落结构、水域生态系统功能的影响及水生生物群落的反馈机制，解析多因子交互作用及对水域生态系统的影响，探索水域生态系统可持续管理的生态水文理论与应用，并简略介绍水生生态系统模型的最新进展等。

5.1　水文过程对水生生物群落结构的影响

5.1.1　底栖生物

底栖生物指生活在江河湖海底部的动植物。按生活方式，分为营固着生活的、底埋生活的、水底爬行的、钻蚀生活的、底层游泳的等类型。从生态系统结构与功能来说，底栖动物在水生生态系统食物网中起着承上启下的作用，是非常重要的一环，底栖动物的出现或消失可准确表征干扰对河流造成的影响。不同底栖动物类群具有不同的生活习性，这决定了底栖动物主要在何种环境中生活，如多数蜉蝣目（Ephemeroptera）昆虫为刮食者，刮食卵石表面的藻类，卵石底质多存在于流水生境，这决定了多数蜉蝣目昆虫主要生活在流水生境中。毛翅目（Trichoptera）中的纹石蚕（*Hydropsyche* sp.）作为收集者，主要收集水中有机颗粒，其防网型巢穴结构决定了只有在流水环境中才能够有效收集有机颗粒，因此纹石蚕也主要生活在流水生境中（杨振冰等，2018）。由于对环境变化敏感的特性，底栖动物成为公认的指示水质变化的一个生物类群，被称水环境指示的“水下哨兵”。

影响底栖动物群落结构的环境因子非常复杂，包括河流地貌特征、河床底质、水动力条件、水质条件、水生植物状况等。其中，水深、流速、底质及生物栖息地连通性等的变化对底栖生物的影响最为显著。在湖泊、水库以及河流系统中，自然的水位波动对于许多物种的生存和生物多样性的维持是必要的，但洪水或干旱造成的极端水位波动在生态上可能是致命的（Schneider and Petrin，2017）。大坝（如三峡大坝）建设，特别是在建设初期，势必导致水文条件的急剧变化，严重影响水生生态系统。在自然落差较大的山区溪流，引水式小水电站的建设是改变河流水文过程的主要因素。这些水电站把特定河段的水通过专用水道引走，造成下游河段水流干涸。小水电的开发不但会改变河流的“生态连续性”（ecological connectivity），而且会造成下游水文过程的改变，同时水电站的修建还会阻断物质传输，对河流生态系统的健康产生较大影响。总体来说，河流水文过程的改变对水生生物的影响主要为直接作用和间接作用：直接影响表现在水文因子的改变，而随之而来的生境变化（如激流生境变成了缓流甚至静水生境）及生物群落的变化（如捕食者及生产者的更替）是间接影响。早在20世纪末，针对瑞典北部约20万km^2的流域，研究了流域水文过程的改变对河流底栖动物（黑蝇幼虫）群落结构的影响，研究结果显示，河流水文过程的改变对黑蝇幼虫的影响很大，相比参照样点，受损样点的物种丰富度和总个体数分别增加25%和50%，其主要原因是水文改变降低了的捕食压力和种间竞争（Zhang et al.，1998）。

以长江流域香溪河支流为例，通过对香溪河流域23个梯级小水电站（共90个采样点）底栖藻类采样分析，根据受水电建设的影响程度，以参照点建立的硅藻与环境因子关系的模型来预测受损样点硅藻物种丰富度，结果表明梯级小水电站开发对底栖硅藻群落产生了显著影响，取水坝下游3~5号受损样点的物种丰富度分别升高70.6%、63.9%和

46.6%，其机制为受损样点生境的改变及捕食压力的减轻导致硅藻丰富度升高（Wu et al., 2010）。三峡大坝建设对流域底栖生物的影响一直是研究者关注的焦点。以水位落差和水位波动率的绝对值之和来表征水位波动，Pearson 相关分析结果表明，水位波动率的绝对值之和与底栖动物无显著相关关系；而水位落差（最高最低水位差）对部分底栖动物参数具显著影响（$P<0.05$）。春季水位落差对底栖动物影响不显著（$P>0.05$）；夏季水位落差对库湾下游区域内的底栖动物有显著影响（$P < 0.05$）；库湾中部区域（三峡水库二级支流汇入区）亦受到显著影响（$P < 0.05$）。颤蚓科（Tubificidae）相对丰度随水位波动剧烈程度的上升而降低，相反，摇蚊科（Chironomidae）随水位波动剧烈程度的升高而升高，两个类群对水位波动影响的滞后时间均在 15 天左右。该研究表明，长江干流水位波动对其支流汇入区有明显影响，并且对二级支流的汇入区亦产生影响；摇蚊科比颤蚓科更耐受水位波动的影响，可以作为指示物种（张敏等，2015）。

对三峡水库不同水文类型支流的研究表明，7 月水深是影响底栖动物分布的最主要因素，水深大的地方底栖动物多样性低，可能原因是在水深大的地方河床底部光照不足，影响底栖动物生长。不管是受周期蓄水影响的支流还是受长期蓄水影响的支流，均以非回水区底栖动物多样性均较高，回水区底栖动物多样性较低（杨振冰等，2018）。不同回水区底质差异可能是造成河流底栖动物群落结构不同的关键因素。非回水区河床底质均以卵石底质为主，卵石底质覆盖率达到 70% 以上，为底栖动物营造了良好的栖息地环境，因此底栖动物多样性较高；回水区由于水流速度缓慢，泥沙淤积，河床底质均以淤泥或沙质为主，孔隙小，栖息地多样性低，底栖动物多样性也相对较低（段学花等，2007）。长期受蓄水影响，支流的回水区内成库前原有适应流水生境的底栖动物大量减少并迁移到其他适宜的生境中，如喜好栖息于浅滩沙质生境的软体动物会逐渐减少，迁移到非回水区浅滩生境。支流的回水区与非回水区各自形成稳定的底栖动物群落结构，回水区主要由适应静水生境的底栖动物类群构成，非回水区主要由适应流水生境的底栖动物类群构成。

除水文因素外，环境温度也是影响底栖动物正常生长发育及繁殖的因素之一。温度不仅可以直接影响底栖动物的生长繁殖，还会影响沿岸植物的凋落过程，进而间接影响底栖动物的食物来源。总之，影响底栖动物分布的环境因子非常复杂，并且随着季节的变化而变化。

5.1.2 浮游生物

浮游生物泛指生活于水中而缺乏有效移动能力的漂流生物，主要分为浮游植物及浮游动物，其生境主要为湖泊、水库及流动缓慢的河流。浮游植物含有叶绿素，能进行光合作用，将无机物转化为有机物，供其他消费性生物利用，是湖泊中的主要初级生产者，是食物网的基础环节，在水生生态系统中具有重要地位。通常浮游植物以浮游藻类为主，包括蓝藻门、绿藻门、硅藻门、金藻门、黄藻门、甲藻门、隐藻门和裸藻门八个门类，其中全世界藻类植物有 40 000 余种，淡水藻类有 25 000 种左右。

影响藻类生长的水文条件主要包括交换周期、停滞时间、水温、水量、透明度、水位、流量和流速等，其中交换周期、停滞时间、水位、流量和流速可以间接地影响藻类的生长；水温、水量、透明度则直接地影响藻类的生长（周川，2016）。水体的流速、流量和扰动等水动力条件是影响藻类生消过程的重要因子。水体适宜的流速能够不断地供给藻类生长繁殖所需的营养物质，而较大的流速则容易破坏藻细胞的结构。但不同的藻种在不同条件下的最适宜水流流速存在一定的差异。流量是影响水体富营养化的重要因子，是水华形成的主要外部原因之一，过大的流量会对藻类产生稀释效应抑制水华的发生，而过小的流量往往不能满足水华发生的营养条件（梁培瑜等，2013）。水体扰动也是水体稳定性的重要指标，适度的水体扰动能够增加藻细胞与水体之间的物质交换（营养物质和代谢产物）速率，有利于藻类的生长和繁殖。温度对藻类细胞代谢酶的活性起决定性作用，直接影响藻类的物质合成和呼吸作用。随着水体温度的升高，藻类群落结构也会发生变化。有研究表明，水温升高是蓝藻水华的主要诱发因素。水温差异导致的水体分层可以影响藻类在水体中的存在位置，影响藻类的生长和代谢。光是藻细胞（除少数异营养生活的藻类）的主要能量来源，为藻类光合作用提供能源，诱导细胞某些产物（如胡萝卜素）的形成，影响光合作用中碳固定的速率，也影响藻细胞呼吸强度和能荷水平。一般认为真光层（表层至表层光照强度1%的水层）是藻类生长繁殖的区域，而3000～4000 lx是水华藻类的最适宜光强。

浮游动物是指悬浮于水中的小型水生生物，它们以水中的浮游植物、细菌以及有机碎屑为食，同时是鱼类的重要食物来源，在水生生态系统物质循环与能量流动过程中具有承上启下的作用。因此，浮游动物群落的分布与组成反映了河流、湖泊生态系统结构的重要特征。浮游动物对环境的变化比较敏感，水动力条件是影响浮游动物群落结构的重要因素之一。河流中浮游动物密度及生物量往往小于湖泊等静水水体，且在河流中浮游动物密度以轮虫为主，流速较快的水域浮游动物种类数低于流速较慢的水域。水体物理化学指标、浮游植物和鱼类生物量也会对浮游动物群落结构产生重要影响。水体主要物理化学指标，如水温、溶解氧、pH、营养盐浓度等会通过影响浮游动物的增长率和新陈代谢率影响其群落结构。浮游植物是浮游动物，尤其是轮虫等小型浮游动物最重要的食物来源之一。在一定范围内，随着水体营养程度的增加，浮游植物生物量也相应增加，受下行效应的影响，以浮游植物为食的浮游动物生物量也相应增加。浮游植物形态、大小、种类及营养成分均可对浮游动物的生长发育产生影响。

水利工程会对河流水体物理、化学特征产生影响，也会对河流浮游动物产生较大影响。吴乃成等（2007）以香溪河干流上5个连续的小水电站为研究对象，分别对其浮游藻类和主要理化指标进行采样分析，结果表明，流速变化是小水电站开发影响河流中浮游藻类的主要原因。梯级水电站对河流径流流速的改变已经显著改变下游河段浮游藻类的多样性指数及总密度，因为水电站的建设将连续的水体分成了不同生境，为下游河段浮游藻类生存可能提供了更加稳定的环境。从浮游动物6种生长型中选择俯伏生长型、有柄生长型、非着生生长型、活动生长型的相对含量，可以用来评价水文情势变化的影响。活动型相对含量的增加反映溪流水体含大量沉积物；非着生生长型相对含量的增高则表明水体静滞。针对图 5-1 中设置的 5 种生境类型，取水口建立所导致的低流速使活动生长型和非着生生长型的相对含量在生境 3 出现增高趋势［图 5-1（c）和图 5-1（d）］。俯伏生长型和有柄生长型硅藻容易受到水文变化的影响，Pearson 相关性分析表明，两者与流速存在极显著相关（R 分别为 0.51 和−0.53，$P < 0.01$）。单因素方差分析表明，活动生长型的相对含量在 5 种生境间差异极显著（F=4.61，$P < 0.01$），多重比较分析也发现，活动生长型和非着生生长型的相对含量在生境 2、3 间也存在显著差异（$P < 0.05$），显而易见，两种生长型（活动生长型和非着生生长型）硅藻已明显受到小水电开发的影响。因此，电站取水坝的建立，使其下游生境（生境 3）与其他 4 种生境显著不同，导致多个参数出现骤变，如 Margalef 多样性指数、物种丰富度、属的丰富度、硅藻组成、硅藻百分含量等均受到显著影响。

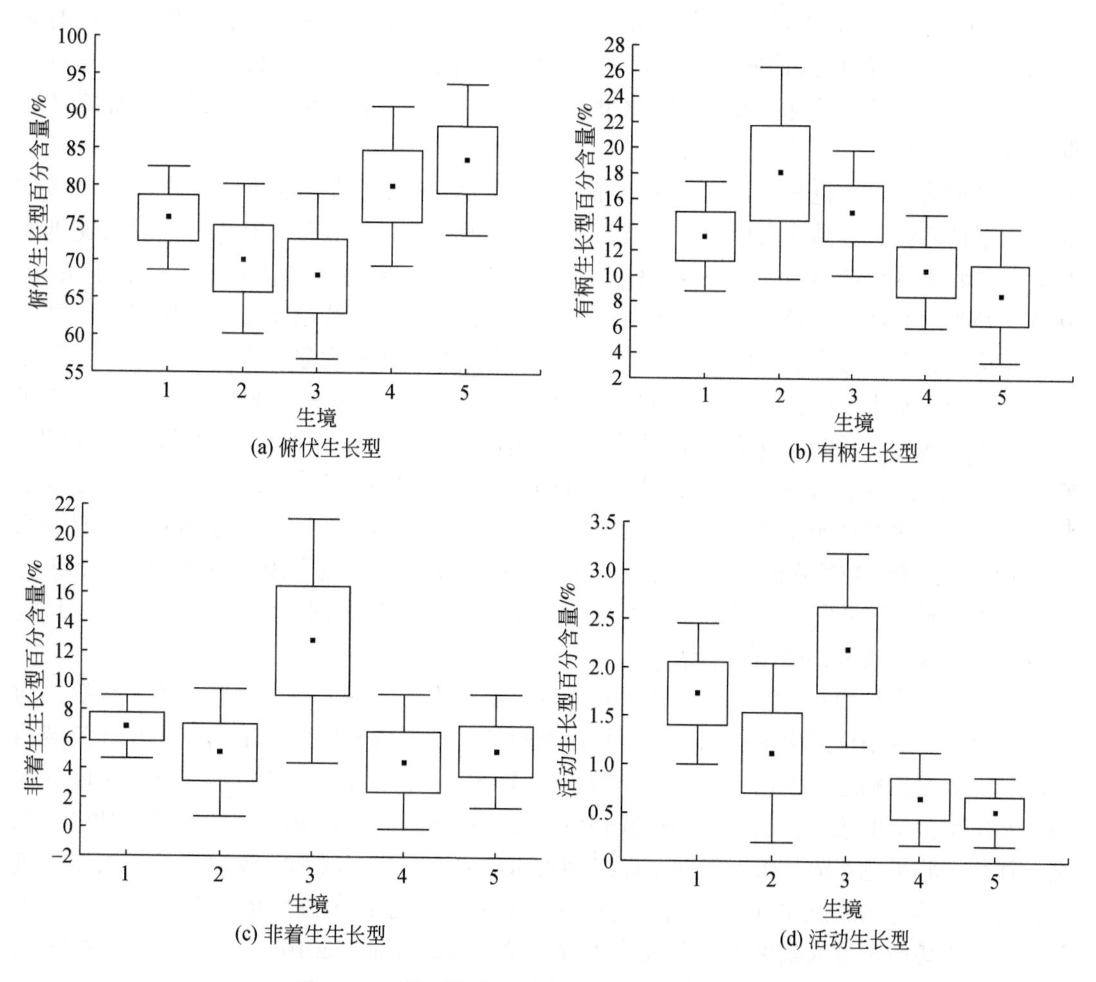

图 5-1　四种不同生长型参数在五种生境间的变化

大方框表示 25%~75% 位点范围，小方框表示平均值（吴乃成等，2007）

5.1.3 鱼类

通常情况下，鱼类是水生生态系统中的顶级群落，在水生生态系统中起着重要作用。水生态环境的各种变化，最后都会在鱼类上得到响应。一般认为，家鱼产卵需要满足以下几个条件：合适的水温、合适的涨水过程和特定的产卵场等。江河鱼类有春季上溯到干流中上游产卵，冬季又回到湖泊或干流深处河床越冬的行为，因而河流适宜的水流条件是鱼类生存繁衍的决定因素。鱼类产卵需要流水的刺激，如家鱼产卵在水温适宜的前提下，需要涨水才可产卵，并且产卵规模取决于水位相对增长的幅度。历史上的宜昌产卵场，流速多数为 1.5 ~ 2m/s，一般在涨水后半天至一天见产卵；中游江段的产卵场，流速多为 1.0 ~ 1.3m/s，涨水后 2 ~ 3 天才见产卵。在同一个产卵场上，流速越大，产卵所需的时间间隔越短，如当流速为 2m/s 时，半天就可产卵，而当流速为 1 ~ 1.2m/s 时，2 天左右才产卵。鱼类繁殖后，漂流性鱼卵的孵化也需要一定的流速，以满足鱼卵的漂浮、翻滚（唐明英等，1989）。

流量加大，流速也相应加大，流速加大的过程会刺激成熟的家鱼，促使家鱼产卵排精。根据秭归站和宜昌站家鱼产卵与长江水位之间的关系，水位急剧升高，导致流速迅速加大，是刺激家鱼产卵的一个必要条件。长江流域“四大家鱼”产卵所要求的涨水条件，在各个种类之间略有差异：鳙要求条件稍高，只有较大的水位涨幅才能大规模产卵；草鱼和鲢相仿，只要是涨水都可以产卵，也有平水、微退时产卵的现象；青鱼要求较低，除涨水可产卵外，平水、微退时的产卵量也比草鱼、鲢多（陈永柏等，2009）。水温也是长江流域“四大家鱼”产卵的重要影响因素，天然情况下家鱼在 20 ~ 24℃ 产卵活动最为频繁，在 27 ~ 28℃ 还能见到家鱼产卵，水温低于 18℃ 时则从未见过家鱼产卵。在同一个涨水过程中，前几天水温低于 18℃，不见“四大家鱼”产卵；后两天水温达到 18℃，“四大家鱼”即发生产卵。18℃ 水温，可以认为是家鱼产卵所要求的温度下限（陈永柏等，2009）。综合分析表明，鱼类资源量及分布特征是水温、水流流速、水深、流态、鱼类生活习性、营养物质和保护政策共同作用的结果。

人类开发和利用水资源所修建的水利工程，如大坝、引水工程、河道整治工程等，均会对河流的水流条件产生干扰和改变，从而对鱼类生存繁衍产生较大影响。在长江流域葛洲坝和三峡水库相继建成运行后，中华鲟、达氏鲟（长江鲟）、胭脂鱼、“四大家鱼”等鱼卵和鱼苗大幅度减少，长江上游受威胁鱼类种类占全国总数的 40%，白鳍豚已功能性灭绝，江豚面临极危态势。仅对三峡水库二期蓄水前后在万州河段和涪陵河段的调查结果表明，鱼类群落的构成发生显著改变、优势种出现替代，适合激流生境的鱼类丰度急剧下降，而静水鱼类丰度大幅度增加并成为主导群体（Gao et al.，2010）。由此可以反映出大型水利工程对河流原有鱼类种群的影响巨大。

以长江流域为例，分析河流水文情势变化对鱼类的影响途径，可以归纳为以下几方面：

1）水文情势改变，适应流水的水生生物栖息生境消失。与自然河流生态系统相比，水利工程建成蓄水后水面增宽，流速减缓，泥沙沉积，水深增大，水体透明度增加。由此，导致水生生物组成改变，原来在河滩砾石上生长的着生藻类和底栖无脊椎动物消失，浮游生物大量滋生，初级生产力由着生藻类变为浮游藻类。原来在库区江段激流中营底栖或在底层生活的特有鱼类的栖息生境消失。

2）鱼类群落结构显著改变，喜流水的特有鱼类资源急剧下降。水利工程建成后，适应于原河流的喜流水鱼类栖息生境消失，鱼类群落结构显著改变。例如，三峡工程运行前在库区江段栖息的圆口铜鱼、岩原鲤、厚颌鲂等 40 余种长江上游特有鱼类不能适应水库内环境条件，使其栖息地面积大约减少 1/4，种群规模相应缩小；而贝氏餐、飘鱼、太湖新银鱼、太湖短吻银鱼、短颌鲚等喜静水或缓流、摄食浮游生物鱼类丰度明显增加。外来物种数量也明显增多，斑点叉尾鮰、黑鮰、加州鲈等十多个外来种已经成为常见种。

3）河流连通性受阻，鱼类繁殖洄游通道受阻。拦河大坝阻挡了鱼类上溯的洄游通道，尤其是对那些具有强烈的回归性、必须到原来出生地去繁殖的鱼类，如典型的鲑鳟鱼类，不过这些鱼类在长江流域没有分布。在长江，主要洄游型鱼类有中华鲟、刀鲚、鲥等，历史上中华鲟需要上溯到金沙江下游的产卵场进行繁殖，受葛洲坝建设的阻隔后，在坝下新形成了规模很小的产卵场。此外，梯级大坝的建设，导致河流破碎化，依赖于长距离流水河段繁殖的鱼类完成生活史过程所需的生境丧失。例如，长江上游特有鱼类——产漂流性卵的河道洄游性鱼类圆口铜鱼，产卵场主要分布在宜宾江段，受长江上游干支流梯级开发的影响，其产卵及卵苗漂流所需环境条件丧失，导致种群数量急剧下降，种群生存受到严重威胁。

4）高坝导致水温层化，下泄水温升降滞后，鱼类繁殖期延迟。深水水库通常出现水温分层现象，这种现象在多年调节水库尤其明显。例如，雅砻江二滩水电站 2 ~ 8 月坝下水温相比建坝前降低，3 月低 2.2 ℃，4 月低 2 ℃；9 月至次年 2 月则增高，11 月高 2.1 ℃，12 月高 2.9 ℃。三峡水库运行后，三峡坝下宜昌站的月平均水温在 4 ~ 5 月降低明显，最多的 4 月可降低 3.0 ℃，根据监测，长江中游“四大家鱼”繁殖期已平均推迟 22 天；而秋季坝下水温相对增高，导致中华鲟繁殖时间也由 10 月推迟至 11 月。

5）河流的自然径流过程改变，影响鱼类繁殖。受大型水利水电工程调蓄影响，加上清水下泄改变河床底质，长江的自然径流过程和水文情势发生显著改变，对水域生态环境尤其是水生生物的繁衍生息产生重大影响。长江中以鲤科东亚类群为代表的产漂流性卵鱼类，其繁殖对长江的洪水过程有极好的适应性，而水库的调蓄使得洪水过程坦化，不利于鱼类繁殖。同时，中下游江湖的连通性也变差，洪泛影响的范围、程度都减小，资料表明，三峡水库运行后长江中游荆江三口分洪流量下降，且秋季洞庭湖、鄱阳湖退水提前、枯水期延迟，对鱼类生长育肥带来不利影响。此外，部分日调节水库，引起下游河道水文情势短时的急剧变化，导致河滩出露频繁，也会对在近岸栖息繁殖的鱼类带来不利影响。

除了以上主要的影响外，高坝挑流式泄水可能会使下游几百公里范围内河道内水体溶解气体过饱和，导致鱼类“气泡病”的发生。同时，电站进行日调节的水库，下泄流量的日变幅和小时变化率都较大，这可能导致减水时段水位下降过快而鱼类搁浅等。

5.2 水文因子对水域生态系统功能的影响

5.2.1 群落功能性状

功能性状是指与动植物存活、生长、分布及死亡等紧密相关的一系列核心属性，且这些属性能单独或联合反映生物对环境变化的响应，并且能够显著影响生态系统功能。因此，功能性状作为认知生物与环境相互作用的桥梁，表征了生物的生态、生理过程对环境的适应策略。为了生存和繁衍，经过不断的进化，生物与生物之间、生物与环境之间均产生了各种相互作用，出现了各种不同的适应对策，这些过程均可通过生物功能性状展现出来（孟婷婷等，2007）。但任何生物对环境的适应都不可能通过单一性状的改变来实现，即生物需通过多种功能性状的组合来适应变化的环境以实现自身的生存和繁衍。

在湿地生态系统中，水文条件对维持湿地结构和功能具有极其重要的作用，影响着许多非生物因素，包括土壤的厌氧环境，养分的可利用率等，进而影响湿地植物的生长和繁殖。在长期的适应进化过程中，湿地植物形成了一系列的生存对策以减少淹水胁迫所带来的不利影响，如很多不耐淹的植物会选择逃避战略，通过迅速延长茎长或叶长，改变叶形和改变生物量分配等方式，尽快使植物露出水面，恢复根部和空气的自由扩散作用，快速积聚光合产物以恢复生长。还有些植物可通过根系结构的改变来适应水淹的环境。这些性状的改变包括根系直径的增加、根长的减少及不定根的生成等。这些改变的实质是将根系分布在氧气相对充足的表层土或增加氧气传导能力等，这对于维持正常的生理代谢、维持存活和发展具有不可替代的重要作用。

与水生植物相比，水生动物功能性状的研究相对较晚。蒋万祥等（2018）在研究底栖动物功能性状及多样性的研究中曾将底栖动物功能性状分为漂移性、游泳能力、吸附能力、温度偏好、生活型、营养习性等十大类，并指出不同功能性状能反映生物对生境条件的适应能力，如漂移性能够反映水生昆虫规避不利环境的能力，干扰程度高的河流生态系统通常高漂移昆虫丰度高。而附着能力、流态偏好、身体形态能够反映河流水文条件。在流速低、水深浅的河流生态系统中，通常附着能力型、侵蚀型个体相对较少，而极少迁移型物种占多数。当前水生动物功能性状的研究通常是与水生动物不同功能群的多样性、分布等联系在一起的。功能群作为特定环境因子下有相同或相似反应的一类生物的集合，可以使复杂的生物群落简化，有利于认识系统的结构和功能。例如，对于大型底栖动物功能群的划分，当前国内外通常是根据食性、摄食方式、生活型、运动方式、运动能力及生物扰动方式等生态特征进行的，如水库型底栖动物类群常生活在水流速度慢的水体中，而河流型类群则适应了水体速度较快的生活环境。

5.2.2 生活史

物种生活史是为解决特定的生态问题而通过自然选择设计的一组共同适应的特征，因此，深入了解物种生活史与环境压力间的关系及与其他物种间的相互关系，对于系统理解生物进化过程至关重要。水生生物的生活史包括从出生到死亡所经历的生活周期，主要包括水生生物的生长、分化、生殖、休眠和迁移等各种生态过程的整体格局。由于长期处于有水环境，水生生物生活史的各个阶段需长期适应水环境，甚至有些阶段必须依靠有水环境才能完成。

对水生植物而言，诸多水文因子如水深、流速等会通过改变植物生长状况、生物量分配比例和繁殖方式等多种途径来影响植物生活史，如生长在基质养分较少的沉水植物，从种子萌发到生长时间均会缩短，开花时间也会提前；而生活在营养丰富且适宜的环境中，种子、花朵、果实等会调节其生化特性或结构，使得植物生长周期延长。一定程度的水位增加有利于沉水植物生长，但超过一定水位，沉水植物就会由于光照不足生长、繁殖受到明显抑制最终死亡（顾燕飞等，2017）。由于长期处于复杂的水环境，湿地植物在长期适应进化过程中会通过多种生活史策略的调整来适应多变的水文环境，如莎草科植物 *Carex rubrum* 在洪水到来前的春天或早夏就完成一个生命周期，将较多的资源分配到种子，使其得以存活在土壤中以躲避洪水的干扰，有利于实生苗的生长繁殖（罗文泊等，2007）。而水淹后，该植物还会产生一些活性较高、个体较大的种子用于适应条件下的提前萌发。此外，由外界条件不适引起的种子休眠也是一种重要的躲避机制。例如，莎草科植物 *Schoenus nigricans* 和灯心草科植物 *Juncus kraussi* 在土壤或水体中盐度较高时，种子进入休眠状态，当胁迫解除时，种子迅速萌发且萌发率不受胁迫影响（Vicente et al.，2007）。此外很多湿地植物还可通过繁殖分配及繁殖对策的调整来适应不同的水文环境。其中，繁殖分配是指植物一年所同化的总资源分配给生殖器官的比例，指一些植物在水淹后可改变繁殖分配比，调节种子资源分配比以促进种子扩散和萌发率。例如，蓼科植物 *Rumex aritimus* 将较多的资源用于当年的生长，减少种子中的资源分配比，减轻种子重量以利于种子随水漂移扩散。不仅如此，很多湿地植物还具有无性繁殖和有性繁殖两种繁殖方式，且无性繁殖分株同时具有不同构型。湿地植物由于受非周期性洪水的影响，形成了独特的对水沙环境变化的响应机制（李亚芳等，2016），如洞庭湖湿地植物短尖薹草的繁殖方式由集团型分株转变为游击型分株以适应沉积物淤积和水淹环境（Chen et al.，2011）（图 5-2）。

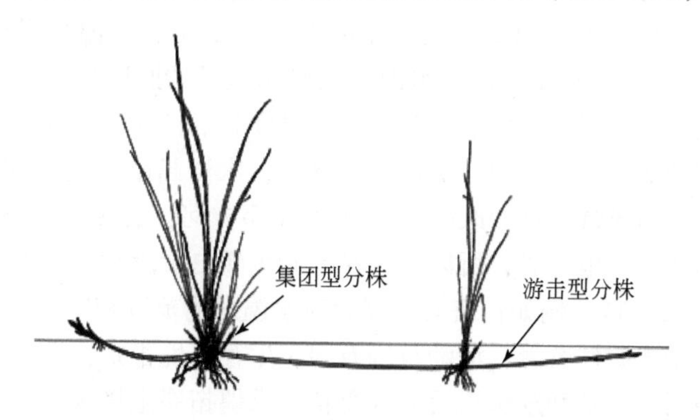

图 5-2　短尖薹草无性繁殖分株不同构型

基于鱼类生殖、生长和生存之间的生活史折中，以及观察到的鱼类生活史变异模式，Winemiller 和 Rose（1992）提出的鱼类三种生活史策略是周期型（periodic）、机会型（opportunistic）和均衡型（equilibrium），这些策略分别在可预测、不可预测和稳定的系统内占据优势。为验证这些生活史特征与水文季节性梯度的关系，Tedesco 等（2008）在西非 39 个热带流域（从塞内加尔北部到尼日利亚东部）收集了 438 种鱼类。使用了五个繁殖性状：①绝对繁殖力（即平均产卵数）；②相对繁殖力（即每公斤平均产卵数）；③成熟卵母细胞的平均直径（mm）；④一年内生殖期的时间跨度（以月计）；⑤父母照顾（二元变量，存在=1，缺失=0）。在考虑了分类学相关性和体型后，包含季节性指数与生活史策略指数间相互作用的逻辑回归比未包含相互作用的回归分析表现要好。在高度季节性的流域（即短期和可预测的有利季节的河流）中，鱼类物种往往会产生大量的小卵母细胞，在短时间内繁殖并显示低度的父母照顾（即周期型物种）。相反，在相对稳定的季节性河流（即有几个月雨季的河流）中，发现更多比例的物种产生少量大卵母细胞，在很长一段时间内繁殖并为其后代提供父母照顾（即平衡物种）。这与 Winemiller 和 Rose（1992）的假设一致，具有周期型策略的鱼类在季节性河流中的发生概率高于均衡型策略的鱼类。而均衡型策略的鱼类在更稳定的流域中的构成比例更大。当分别考虑每个性状时，逻辑回归分析也显示一致的结果，繁殖性状二（相对繁殖力）与水文季节性呈显著正相关；相反，后三个繁殖性状与水文季节性呈显著负相关。因此，流域尺度上的热带淡水鱼类的分布是通过生活史策略与流域水文季节性梯度的匹配来实现的，这也进一步证明了流域水文因子对生活史的重要影响。

水温、pH、透明度、水深、营养状况等水文因子同样对诸多水生动物的生活史具有重要影响（Aoyaguia et al.，2004；Wu et al.，2008）。例如，水温可通过影响叶绿素 a 含量来间接影响浮游动物的生物量，因此浮游动物幼体主要出现在水温相对较高的夏季。同样水温也是影响鱼类生长、繁殖、生存和分布最重要的水文因子之一。温度升高会影响鱼类的受精，如随产卵期的临近，日本鳗、蓝点马鲛卵子卵径指标与水温呈显著负相关（李秀梅，2015）。随着温度的升高，鱼类的胚胎发育速度加快，但胚胎发育期间，温度变化不能超出该鱼类产卵期的水温范围，如鲤鱼胚胎正常发育的水温一般控制在 20～25℃，宝石鲈胚胎正常发育的水温为 21～31℃，最适水温在 24～27℃，水温如果过高或者过低都会降低胚胎发育速度（邓吉河，2019）。水温不仅影响鱼类的胚胎发育，还会对幼鱼的生长发育产生影响。当水温降低时，鱼类会产生停止摄食等不良反应，甚至当水温低且降温迅速时，出现死亡的现象（宁军号等，2017）。总之，水温超临界变化将导致鱼类的繁殖、摄食、洄游等生理行为异常，进而改变其生活史（邓吉河，2019）。不仅如此，不同生活史阶段鱼类对水温的需求也不同，所以鱼类在不同生活史阶段对水温变化的忍耐水平存在差异（Miller et al.，2013）。例如，斑马鱼仔鱼对水温忍耐范围较窄，原因是早期仔鱼的生长发育基本上依赖于内源性营养，活动范围有限，生存环境稳定，而幼鱼和成鱼对水温的忍耐范围较宽，原因是幼鱼和成鱼需要完成觅食、求偶拓展生境等多种生态过程，栖息地环境变动较大（王国强和夏继刚，2019）。

除水温外，水体 pH、养分含量、水量等水文状况也对水生动物的生活史具有重要影响，如孔虫在 pH 增加时繁殖速度增加，导致幼体数量增加，从而使其种群数量扩大。水中的溶解氧也是影响幼鱼生长发育的重要因素，因为鱼类在水中用鳃进行呼吸，其一系列的呼吸、运动、消化等活动都会受到水中溶解氧的影响。当水中溶解氧含量充足时，幼鱼的食欲会大增，消化水平也会大幅度提高，生长速率加快，但是当水中的溶解氧降低到一定程度时，幼鱼不仅无法正常的进行活动，还可能死亡（徐天科，2016）。有一些鱼类在不同的生长阶段，其最适溶解氧的范围不同，要保持它的正常活动，就要保证水体中溶解氧不低于其最适值。水量也与水生动物生活史存在密切联系，上述西非 39 个热带流域中对水文节律影响的研究，部分成因可以归结为水量变化的影响。

5.2.3 群落稳定性

群落稳定性是指群落在一定时间过程中维持物种互相结合及各物种数最关系的能力，以及在受到扰动的情况下恢复到原来平衡状态的能力。一般认为群落稳定性可分为三个基本类型：①群落恢复力稳定性，也就是群落受到干扰后恢复到原来状态的能力。②群落抵抗力稳定性，即群落抵抗外界干扰并使自身的结构和功能保持原状的能力。③群落综合稳定性，指群落经过一段时间演替之后出现的能够进行自我更新并维持群落结构和功能长期保持在一个波动较小的状态。在水域生态系统中，由于水文情势的复杂性和多变性，生物群落通常受到多种不同程度的干扰，而群落对干扰的抵抗力及干扰后的恢复能力在一定程度上决定了群落的稳定性水平。

在河流、湖泊等湿地生态系统中，通常认为水质较好的环境下，水生生物多样性丰富，水生群落稳定性就越高，抗外界干扰的能力也就越强。例如，在海河流域，浮游植物多样性的研究发现，水质越好、水体透明度越高的区域水生生物多样性和群落稳定性明显高于被污染的地区（宋芬，2011）。近年来随着大量营养盐的输入，诸多水体水质持续恶化，进而改变生态系统群落结构并影响群落稳定性水平。当水体富营养化时，一些藻类不断生长成为优势种，且藻类不断增长的过程中还会导致环境中的 pH 上升及一些浮游植物的减少，致使群落结构简单化并降低群落稳定性水平。但是大量浮游植物多样性的研究表明，多样性和稳定性的关系较为复杂，不仅与水体的营养状况有关，而且受外部环境条件，如水质、水文等条件的调控。例如，在贫营养和中营养条件下，浮游植物多样性高的群落具有较高的生物量和稳定性，但在富营养化的水体中，浮游植物往往被几种藻类控制，其多样性低但却具有较高的生产力，生态系统稳定性反而变强（田旺等，2017）。

为了探索群落稳定性和水文变量之间的关系，这里引用 Wu 等（2019）应用线性混合模型（LMM）对丹麦淡水流域底栖藻类的评估结果。群落稳定性选择两个指标，即功能多样性（functional diversity，FD）和功能冗余度（functional redundancy，FR），包括 FR01（分类多样性与功能多样性的差异）、FR02（分类物种均匀度和功能均匀度之间的差异）和 FR03（每个功能团 FG 的平均物种数）等；其中 FR 进一步分为四个主要组分（丰富度 FRic，均匀度 FEve、离差 FDis 和散度 FDiv）。水文特征变量选取了 8 个指标，分别是日平均正常流量（Q50，即保证率在 50% 的日均流量，m^3/s）、高流量频率 FRE_7（每年超过 7

倍 Q50 高流量事件的平均数量）和 FRE_{25}（每年超过保证率25%，即 Q25 的高流量事件的平均数量）、高流量持续时间（DUR_{25}，即超过保证率25%的高流量持续时间）、日平均最高流量（MAMAX）、30日平均最高流量（MAMAX30）、30日平均最低流量（MAMIN30）以及日平均最低流量发生频率（FREMedmi）等。

研究结果表明，水文变量与群落稳定性关系显著。流量大小（Q50）是主要决定因素之一，与所有 FR 指数和 FRic 具有显著的正相关关系，表明在较大河流中的功能多样性往往较高。除 Q50 外，高流量和低流量也是大多数指数的重要驱动因素（表5-1）。然而，水文变量和功能特征之间并不呈现一致的关系（表5-1），可能原因是多环境因子的交互作用。该研究结果仅基于单一的环境因子（即流域水文因子），结果可能被其他环境因子，如营养富集及其他自然环境变量所掩盖（Wagenhoff et al.，2017）。除了水文情势的变化外，其他环境因子，如营养物富集、温度变化甚至重金属元素都会影响底栖藻类群落的变化。虽然如此，上述研究结果也充分说明了流域水文因子对群落稳定性的重要影响，同时，生物多样性保护和水资源管理应侧重于保护源头水流中的自然基流，并在未来全球变化下应该尽量减少河流生态系统的流量调节。

表5-1　线性混合模型分析 FD 和 FR 指数与水文变量的关系（以采样年为哑变量）

指标	预测值	模型平均系数	调整标准差	z 值	Pr（>|z|）
FR01	Intercept	0.120	0.014	8.448	
	Q50	0.025	0.010	2.553	0.011 *
	MAMAX30	0.012	0.010	1.159	0.247
FR02	Intercept	0.234	0.008	28.110	
	Q50	0.022	0.008	2.711	0.007 *
	MAMAX30	0.011	0.008	1.334	0.182
FR03	Intercept	3.916	0.135	29.117	
	Q50	0.217	0.054	4.060	<0.001 ***
	MAMAX30	0.065	0.053	1.218	0.223
	MAMIN30	-0.061	0.054	1.121	0.262
FRic	Intercept	0.287	0.019	15.104	
	Q50	0.087	0.012	7.437	<0.001 ***
	MAMAX	-0.015	0.012	1.297	0.195
	MAMIN30	-0.036	0.011	3.125	0.002 **

* 表示 $P<0.01$，** 表示 $P<0.05$，*** 表示 $P<0.001$。

5.3 水生生物群落对水力学条件的响应

5.3.1 河道水力学参数对底栖生物群落时空格局的影响

河道水力学参数主要包括流速、水深、流量，这三个水文指标也是影响底栖生物分布和群落特征最主要的水文要素。河流水动力条件特别是水体流速对河流生境、生物群落的空间分布和生态系统功能具有直接而显著的影响。河床底质可为水生动物提供多样的栖息地，底栖动物在其适应的底质中数量最多，如栖息在不适的基质上，生活就会受到抑制并逐渐死亡。此外，河流底质组成也会通过影响河床水力条件而影响底栖生物的分布，一般而言，不同河床底质组成中的底栖动物结构差别很大，不同底质类型河床中的优势种群亦不同，如卵石河床且有水生植物生长的河流底栖动物物种组成最丰富；不同地理位置而相同底质条件和水力条件的河流底栖动物群落组成相似（段学花等，2007）。

水的流动一方面可为底栖生物提供生存繁殖所需要的植物残体、落木碎屑等有机质；另一方面河流流速的增大在带来营养物质的同时还会清除河流底质累积的废弃物等杂质，改善底栖生物生存环境；此外还会提升水体中的氧气含量等，这些都有利于底栖生物的生存和繁殖。但如果流速过大，也会导致适应性差的物种被冲刷掉，因此一般急流区相对于静水或缓流区而言水流湍急，氧气含量较高，多为好氧性底栖动物聚集区，该类生物多为流线或扁平化体型或者可通过吸附、黏液等固着在底质基石上的群落为主；而对氧气需求不高的生物则多栖息于静水或缓流区，该类生物尤以软体动物、寡毛类和摇蚊类为主。另外，底栖动物在生命周期的不同时期对水流的趋向性也不同，部分蜉蝣目底栖动物在生命周期的后期更喜欢停留在流速较缓的水域（Lancaster and Belyea，2010）。

河道水力条件和河床底质性质的复合作用，是底栖生物多样性以及空间分布格局形成的主要控制因素。每种表面流类型的水力条件（综合河床流速和湍流类型）和河床底质组成特征（综合底质粒径分布、生物膜和大型水生植物的覆盖度）差异显著，随之底栖动物的物种丰富度和组成也存在显著差异。研究表明，底栖动物的群落组成与水深、河床流速、横向的湍流及河床底质组成和大型植物的覆盖度关系最密切，特别是底栖动物和横向湍流之间的强相关关系也突出了河床水力学的重要作用（Reid and Thoms，2008）。

5.3.2 湖库水力学参数对浮游生物时空格局的影响

在湖泊、水库中，水动力因子是指水位、流速等因子为总氮、总磷等限制浮游生物生长的营养盐等理化因子输运的主要载体，因此对浮游生物的时空格局具有直接或间接的作用。河道型水库干流作为河道运行时，常具有良好的水动力条件，水质条件较好，但其支流由于受库水顶托处于高水位状态，且支流上游来水较小，水动力微弱，会形成相对封闭的支流库湾，库湾水体只随风微动而无法畅流，营养物质不易扩散，一年中的大部分时间都似死水区，因此更有利于单一藻种大量繁殖，一旦阳光充足、水温升高，随时都有可能发生藻类“水华”（王玲玲等，2009）。相对于河流的流动性，湖库水体通常呈静止或者相对静止的状态，这种相对稳定的水域环境为众多水生生物的生长繁殖提供了有利条件。因此，湖库中的藻类在夏季高温条件下，其体积和数量会大量增加，在空间上的扩散强度和梯度都比较大。但也有其不利的方面，由于水体只受静力学影响几乎不发生流动，这在一定程度上抑制了浮游动物摄食，也在一定程度上限制了浮游动物的时空格局。同时，一些会产生毒素的藻类会抑制浮游动物群落的发展，导致浮游生物多样性降低。

湖库的另一个水力学特性就是分层现象。由水静力引起的密度分层现象会抑制水体的垂向掺混，使垂向紊动黏性系数和扩散系数变小。当水体中的垂向掺混作用变弱时，将会对浮游生物形成一个有力的稳定环境，当水体的垂向掺混作用时间大于浮游生物扩张繁殖时间时，浮游生物的生长便会超出水体的承受能力（高圻烽等，2017）。另外，分层现象还会在水体中产生温跃层。温跃层也是影响浮游动物昼夜垂直移动的主要因素，通常会对浮游动物的垂直移动起到一定的阻碍作用。一般情况下随着水中深度的增加，浮游动物的数目逐渐减少，但由于温跃层的存在，位于温跃层下的浮游动物不能够垂直上升，位于水体上层的浮游动物和温跃层下层的浮游动物数目都较多。

5.3.3 水生生物多样性对水力学条件的响应

水生生物的组成容易受到水静力、水体扰动、流速等水力学参数的影响。但不同水力学参数对水生生物多样性的影响途径及作用机制不同。在众多的水力因子中，水深是影响水生生物多样性的一个重要因素，不同水深压力会对水生生物造成直接作用或通过改变其他环境特征对水生生物多样性产生间接影响。一般而言，底栖动物的密度及多样性与水深呈负相关关系（李永刚等，2018）。而对浮游生物而言，湖库不同水位时期，浮游生物的优势种和多样性水平明显不同，如在近海区域，浮游生物群落多样性的变化与等深线的分布呈正相关关系，随着深度增加浮游生物的种类也会逐渐增加（张静等，2018）。可见，水深对于不同类型水生生物多样性的影响存在明显差异。水深对水生生物的间接作用，一般就是通过水深来影响水体的温度、透明度、压强、溶解氧以及养分等因素，从而间接影响水生生物多样性。水生生物所能接受的光照随水深的增加而减小，因此对于一些水生生物，特别是底栖动物来说，水深是一种来自环境的胁迫，也是一种适应。而对于水生植物而言，充足的光照强度是水生植物正常生长发育的必备条件，决定了水生植物的垂直空间格局。另外，在湖库的垂直方向上，随着水深的增加，水体透明度、溶氧量、流速及水温等水力因子会发生梯度变化，进而对水生植物物种多样性及其分布产生影响。

5.3.1 节中已经详述了流速对水生物多样性的影响。除了水深和流速外，水域流量的变化也会引起水生生物的种类组成和群落结构的改变。很多水生生物对流量反应灵敏，并针对不同流量条件做出调整。一般湖库及河流枯水期的水生生物物种密度略低于丰水期，但其生物量和多样性都高于丰水期。同时相关研究发现，流量和浮游动物的生物量呈负相关，在流量较小的水域中，浮游动物的生物量更大，因此可通过控制水的流量来控制浮游动物的数量。对于底栖动物而言，洪水的干扰也会在不同程度上改变底栖动物的群落结构和多样性水平，这主要是水流量的增加会导致水体中凋落物增加，进而为底栖无脊椎动物提供更多的食物。

随着人类活动对自然水域中的影响逐渐加强，湖库、河流等水域的水深、流速及流量等水力因子明显发生改变，相应的水生生物多样性也发生改变。水电站的建设会导致某些水生生物无法适应流速的改变而使其物种丰度下降。一般而言，从河流上游到下游水生生物的丰度和多样性受水电站的影响通常呈先下降后上升的趋势，且水坝上下游功能摄食类的优势种群也有明显差异。对湖库而言，水库蓄水则较大程度上改变了水的流通性，使丰水期的水生生物种类变化幅度小于枯水期。静水区的大型底栖动物群落密度和生物量有明显增加，特别是梯形水库减小了流速，为适应静水条件的水生生物提供了有利条件（李晋鹏等，2019）。

5.3.4 水生生态系统功能多样性及变化

功能多样性是指一个生态系统内一组生物体的功能特征的分布，是物种在其群落中的生态作用，以及它们的特性如何影响组成和生态系统功能。群落多样性的测量方法众多，从物种丰富度、功能群丰富度和分类多样性指数（如 Shannon-Wiener 指数或 Simpson 指数）到功能多样性指数。基于功能特征，可以计算群落功能多样性指数。功能多样性的研究被认为是生态系统功能、生物多样性-环境关系，以及环境评估研究的重要组成部分，尤其在水域生态系统水文变化、生物多样性保护、生态恢复和群落聚集中，评估功能多样性成为重要的多样性评估内容（Schmera et al.，2015）。功能多样性呈现明显的时间和空间的尺度效应，即随着时间的推移而增加，且具有明显的季节格局（如浮游植物群落功能多样性），但在区域尺度上环境过滤调节着群落的聚集。此外，与分类多样性（如物种 β 多样性）不同，功能多样性通常不具有纬度分布趋势。

影响水生生态系统功能多样性变化的因素众多，如环境异质性、水文连通性、水深、水体面积、沉水植被覆盖度、水体理化性质、物种增加或减少等。例如，长江鱼类功能多样性的研究表明，长江漫滩鱼类物种丰富度虽然很高，但由于受横向水文连通性丧失的影响，鱼类功能多样性严重下降（Liu and Wang，2018）。又如，水鸟功能多样性随环境变量的变化而变化，水鸟功能多样性与草地和大型沉水植物的相对丰度、平均水深及其变化密切相关，此外，水鸟功能多样性的变化更趋向于由在此觅食的物种驱动，而这些物种的存在主要与深水和大型沉水植物有关。然而，功能多样性的变化并不完全依赖于相同的环境变量集，环境特征组合是湖泊之间功能多样性变化的重要驱动力（Almeida et al.，2018）。沉水植被生物量和复杂性下降导致的环境异质性下降可以影响浅水湖泊浮游动物功能多样性，沉水植被的高栖息地异质性通过增加生态位的可用性来增加浮游动物功能多样性（Bolduc et al.，2016）。大部分大型水生植物群落的功能多样性取决于湖泊的深度梯度，特别是湖泊浮游植物功能多样性格局可能仅与最大湖泊深度有关，但湖泊大型沉水植被功能多样性还与水体理化性质（如水的酸度）等有关（Chmara et al.，2018）。

5.4 多因子交互作用及对水域生态系统的影响

5.4.1 物种多样性及其变化

在全球变化背景下，水域生态系统不断受到人为活动引起的多环境因子的广泛影响，通常包括流域水文因子的改变、面源及点源污染。例如，大坝建设、土地利用和气候变化等因素是大部分淡水生态系统承受压力的来源。空间扩散限制对物种组成影响显著，因为不同区域间成功移动的概率与它们的地理距离负相关，如海拔或地理位置等空间变量对藻类物种出现、缺失及物种丰富度等产生重要作用，从而影响基于藻类的生物评估（Wu et al.，2017）。因此，研究多环境因子的相互作用及其对水生生物群落的影响对流域生物多样性及可持续管理具有至关重要的作用。

水流扰动和土地利用变化是影响河流生态系统的两个主要因素，需要考虑它们的相互作用，并将它们对水生生物的影响分开。一般在洪水扰动后，主要的底栖动物分类群和群落指标均显著下降。有研究发现，相比以农耕地为主导的河流，大多数水生动物的群落指标在森林覆盖的河流中恢复得更快（Li et al.，2012）；双因素方差分析表明，相比土地利用类型，水流年际波动对大型底栖动物的影响更大（如总丰度和湿生物量）。因此，当河流底栖动物被用作评估河流生态系统的指标物种时，应充分考虑洪水对底栖动物的影响。

以河流浮游藻类为例，分析多环境因子（如流域水文因子、理化指标及空间扩散因子）对河流浮游藻类群落组成、功能性状组成及生物多样性（包括 α 和 β 多样性）的影响及其相对贡献率，结果表明（Wu et al.，2018），对于功能性状组成［图 5-3（a）］，水文因子、环境因子和空间扩散因子具有显著关系；方差分解显示，这三组变量因子（通过正向选择的 5 个水文因子、9 个局地环境因子和 7 个空间扩散因子）可以解释 57.0% 的性状组成变异，其中，水文因子（3.7%）和环境因子（6.0%）的单独贡献率比空间扩散因子的贡献率（1.5%）要高，三者的交互作用最大（22.2%）。对于浮游藻类的物种组成［图 5-3（b）］，三组变量因子也都显示出与物种组成的显著关系；方差分解显示，这三组变量因子（通过正向选择的 5 个水文因子、11 个局地环境因子和 6 个空间扩散因子）

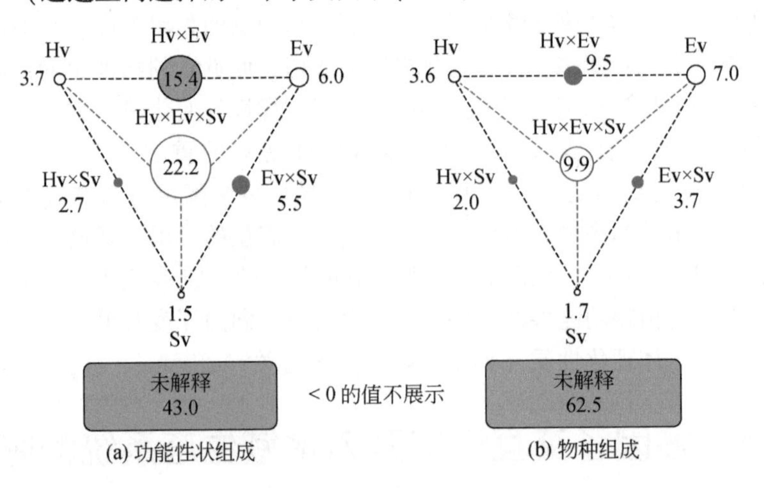

图 5-3　流域水文因子（Hv）、局地环境因子（Ev）和空间扩散因子（Sv）对（a）功能性状组成和（b）浮游藻类物种组成贡献率。分为 Hv、Ev 和 Sv 的单独贡献率（即消除由其他两个因素所引起的变异），任何两个变量之间的相互作用（Hv×Ev、Hv×Sv 和 Ev×Sv）及所有三个因子的交互作用（红色圆圈）和未解释的变化（总变异 100）。圆圈的大小表示与所解释变化的各自百分比（%）

仅解释 37.5% 的物种组成变异；三者单独贡献率分别为 3.6%、7.0% 和 1.7%，三者的交互作用为 9.9%。Mantel 检测表明，基于 Bray-Curtis 和 Jaccard 指数的物种 β 多样性随水文、环境和空间距离的相应变化而显著增加。物种 β 多样性与水文因子间的关系始终大于与环境因子的关系，而最弱关系是与空间扩散因子间的关系。说明浮游生物的 β 多样性不受空间扩散因子的限制。根据部分 Mantel 分析，空间扩散因子的单独影响不显著（$P > 0.05$），而水文因子和环境因子对物种差异的单独影响显著。因此，流域水文变量在构建河流藻类群落和 β 多样性方面的作用最为重要。

5.4.2 集合群落

集合群落（metacommunity）是由多个相互作用的物种扩散形成的在空间上存在关联的一组群落的组合。各种非生物（即物理化学条件）和生物（即放牧和竞争）因素共同决定了生物集合群落。集合群落动态通过四个理论范式来解释：物种排序（species sorting）、聚集效应（mass effects）、斑块动态（patch dynamics）和中性（nutral）模型（Leibold et al.，2004）。这四种范式不同程度地强调了局域过程、区域过程、干扰以及物种功能性状的等同程度。物种选择强调了局域过程（即局域环境条件和生物相互作用），并假设物种将会分散到所有合适的栖息地。扩散效应注重空间扩散能力，认为非常高水平的扩散速率可能会超越局域过程，并允许物种从源区域扩散到汇区域。在四种范式中，物种选择和扩散效应是最受关注与接受的范式，并且四种范式中的至少两种同时构建集合群落。将局域和区域过程对多样性的影响区分开有助于理解大尺度生物多样性格局的潜在机制，基于集合群落理论探索扩散和环境异质性在维持生物多样性中的相对重要性，并检验集合群落的四种范式，已成为生物多样性保护和流域管理策略制定的重要手段与方法。

阐明生物体特性对集合群落结构的驱动机理是集合群落生态学研究的关键内容和主要挑战之一。体型可能对集合群落动态产生强烈影响，如体型通过对种群大小、种群发展时间和种群增长率（即指数增长的最大速率）等关键种群特征产生负面作用，而潜在决定了空间和环境因素对局部种群组成的影响。例如，与宏观生物相比，大型微生物种群使它们对漂移效应和局部灭绝不太敏感，并且能够产生更多的繁殖体，这增加了扩散的可能性。由于小物种的繁殖时间相对较短，种群增长率较高，它们的群落组成可以快速适应局部环境的变化（Korhonen et al.，2010）。因此，体型较小的生物种群特征能保证有效的物种排序，并削弱扩散限制在集合群落格局形成中的作用。

除了体型因素外，机体的扩散能力也是决定集合群落结构的关键因素。扩散策略是进化的通用策略，是涉及形态、行为、生理和生化等方面特征的整合。在确定扩散能力的过程中，体型大小将与扩散方式相互作用。在被动扩散类群中，繁殖体通过风、水或动物等媒介进行扩散，随着繁殖体大小的增加，扩散效率降低。相比之下，自由扩散类群的扩散能力与体型呈正相关。主动扩散类群比被动扩散类群更有效，因为它们独立于媒介，可以主动选择合适的栖息地。然而，它们的扩散也将高度依赖于主动扩散的具体模式（飞行、游泳、地面移动），其效率可以很大程度上取决于栖息地斑块之间连接的质量和配置。体型大小和扩散模式是集合群落结构的重要驱动因素，在被动扩散类群中，大体型群体比小体型群体表现出更强的空间格局，表明随着体型的增大，扩散限制的影响越大。具有飞行能力的有机体（即昆虫群）的集合群落显示出比具有相似体型的被动扩散集合群落具有更弱的扩散限制。相反，脊椎动物群体（鱼类和两栖动物）的扩散似乎主要局限于局部连通模式。在淡水水生生态系统中，生物体的扩散能力通常与它们的体型成反比（De Bie et al.，2012）。

水文连通性对集合群落同样至关重要，常与扩散潜力直接相关。高水文连通性导致生境之间环境条件的相似性增加，有利于通过被动扩散实现物种更替，增加集合群落物种组成的相似性，并降低β多样性（Lopes et al.，2014）。在流水环境中相连湖泊不同区域之间的扩散率更高，而孤立湖泊的扩散率较低。因此，许多在流水环境中进行的研究不仅证明了环境控制（物种排序）将是主要的群落调节器，而且当扩散率超过环境过滤器的强度时，聚集效应显得更为重要。在湖泊中，集合群落组织更多地归因于扩散限制和物种排序的综合影响，后者优先出现在水系连通的湖泊中，而扩散限制则更常见于生活在孤立湖泊中的集合群落（Heino et al.，2015）。在漫滩地区，连通性基本上受水文状况的影响，因此当所有栖息地都与主河流相连时，洪水的"均质效应"往往会降低环境和生物因素的空间变异性。在枯水期，当水生生境与主河道隔离和断开时，资源波动、竞争和湖沼变量变化等局部因素在每种环境中以不同的强度发生作用，形成不同特征的生境。洪水期间，相比空间因素而言，环境因素对浮游动物集合群落结构更为重要，可能是由于洪水促进了浮游动物的扩散。浮游动物集合群落的结构既取决于浮游动物主要类群的功能特征，也取决于水文动态。

5.5 滨海及海岸带生态系统与水文过程

滨海湿地是介于陆地和海洋生态系统之间复杂的自然综合体，包括在海陆交互作用下被水体浸淹的沿海低地、潮间带滩地以及低潮时水深不超过6m的浅海水域、盐沼、滩涂等。滨海湿地通常分为潮上带淡水湿地、潮间带滩涂湿地、潮下带近海湿地和河口沙洲离岛湿地四种类型。滨海湿地以水循环为主要载体，不断与周围环境进行物质组分和能量交换，从而驱动其景观格局演变、化学物质元素循环、生物生长及其他生态功能的运转。

5.5.1 水文要素

潮汐、地下水位、降水以及地表径流等是滨海湿地水文过程的主要水文要素，也是滨海湿地物质与能量传输及交换的重要媒介。滨海湿地植物作为湿地生态系统的重要组成部分，其结构、功能和生态特征反映了湿地生态环境的基本特点与功能特性，而水文过程能直接决定滨海湿地植物的生长和分布，对滨海湿地植物群落的形成和演替具有重要的作用，并最终影响滨海湿地植物生态系统的结构和组成（章光新等，2008）。

潮汐由于存在特殊的涨落潮水周期特征，可以通过影响气体扩散率、氧气利用率以及微生物活性直接或间接影响植物的光合作用和呼吸作用，从而影响湿地植被的生长繁殖和分布格局。例如，在潮汐作用下，秋茄的生物量、叶片和根系氮含量均显著高于无潮汐作用，进而表明潮汐作用促进了秋茄根系的渗氧作用以及利用氮的转换与吸收（代捷，2018）。滨海湿地有规律的潮汐活动同样对湿地动物的多样性、分布等具有重要的作用，如在低潮带，潮汐扰动较大，滩面受到冲刷，使得底栖动物的多样性指数较低，尤其是对于一些杂食者和植食者来说，种类相对较少。但在一些冲刷作用较强的海岸，潮流强度较大，极易将一些大型和小型底栖动物冲刷到表面并被潮水打晕，因此有利于肉食者的生存。同时不同潮汐影响条件下，滨海底栖动物功能群结构及次级生产力的分布存在明显差异，如高潮带主导的功能群多为肉食者、植食者和浮游生物食者，中潮带主导的功能群多为肉食者和浮游生物食者，低潮带主导的功能群多为肉食者。这些变化反映了不同潮间带营养等级构成和食物来源的差异。由于生境中能提供的食物沿着高潮带、中潮带和低潮带方向递减，植食者功能群比例随之减少。

海岸地下水位的变化主要受水动力条件的影响，如潮汐高度、波浪攀爬、降水量、含水层特征等。潮汐是海岸带地下水运动的动力源，潮水能影响地下水运动的范围，降水等气候因素也能影响海岸地下水运动。滨海湿地植被生长受到地下水盐分和水位的双重影响，地下水位越浅、盐分越低则物种丰富度及多样性越高。由于滨海湿地浅地下水位特征，降水对植物的生长也会产生重要影响。短时间内极端降水事件形成的地表径流与长时间水文周期内形成的季节性淹水，对植被生长产生淹水胁迫，从而影响植被的光合作用和呼吸作用。另外，由于湿地地下水位较浅，毛细管边缘接近土壤表面。湿地淹水会导致湿地植物从有氧状态转化成无氧状态，显著降低湿地土壤的呼吸速率，进而抑制植物根系和土壤微生物的活性以及对氧气的利用能力。

5.5.2 泥沙输移和沉积

河流入海泥沙是浅海大陆架发育的重要物质来源，直接关系到河口及其水下三角洲的延伸和周边邻近海岸及其滩涉的演变。在海岸带水域内，入海泥沙可以分为悬移质泥沙与推移质泥沙，其运动过程主要包括泥沙的输移和沉积。泥沙输移和沉积的影响因素主要受到潮流、波浪、水深及潮水淹没时间等的影响。另外，随着人类对自然环境的利用程度越来越高，人类活动对海岸带演化和动力环境的影响也越来越大。大规模的水利水电工程建设降低了径流入海的泥沙通量，而泥沙通量的减少则加剧了海岸带的侵蚀和动植物栖居地的缩减，对海岸线变迁、海岸沉积环境变化以及海岸的地貌形态产生了重要的影响。

入海泥沙对海岸带生态系统的发育有着重要作用。细颗粒的泥沙较强的吸附能力为湿地带来大量生态系统可利用的营养物质，促进了盐沼植物、底栖动物的生长与发育。海岸带动植物的生长与泥沙输移、沉积过程之间具有强烈的相互作用。例如，长江径流挟带大量泥沙入海，形成了以细颗粒为主的软泥底质区和广阔的草滩，泥沙快速沉降，限制了腔肠动物、多毛类、棘皮动物等底栖动物的生存和发展，因此该区域以甲壳动物和软体动物为主（袁兴中和陆健健，2001）。对于盐沼湿地生态系统中的大型底栖动物而言，由于其大部分或全部时间都生活在沉积物表面或沉积物中，沉积物为其提供了附着、捕食和避难的生存空间，并对底栖动物的产卵、繁殖等重要阶段都起着关键作用。而盐沼湿地的冲淤变化过程又直接影响着沉积物特征及其环境因子的变化情况，进而改变底栖环境的时空动态，最终对底栖动物的物种组成和分布产生影响。

相比于底栖动物，滨海湿地泥沙淤积和湿地植物的作用具有双向性。一方面，泥沙沉积主要通过降低土壤营养物质的利用率和土壤通气性，引发土壤其他物理化学性质的改变，进而对湿地植物的生存、生长和繁殖等造成不利的影响（潘瑛等，2011）。根据滨海湿地植物对泥沙淤积的适应性差异，可分成三类：①非耐性植物，该类植物大多生活在不会遭受泥沙淤积影响的内陆环境中，缺乏适应泥沙淤积的有效策略。②耐性植物，该类植物分布范围广，在有无泥沙淤积的区域都有分布。③依赖性植物，该类植物只出现在周期性泥沙淤积的区域，需要在泥沙淤积条件下才能完成其生命周期。即使是依赖性植物，也存在适应的上限，一旦超过耐受的阈值，就不能正常生长，甚至死亡。泥沙淤积不仅对湿地植物个体生长存在显著影响，还可通过筛选作用对湿地群落组成、结构及多样性等产生显著影响。另一方面，湿地植物对滨海泥沙输移、沉降等过程也具有明显作用，如盐沼植物可通过茎叶与水体的摩擦改变水流的水动力特点，进而影响泥沙的运动过程。同时，植物体对细颗粒泥沙的吸附作用，能降低水体中悬浮泥沙浓度，起到净化水体和截留营养盐的作用。

5.5.3 营养盐

滨海生态系统通过陆地径流等自然途径接受的营养盐高于其他任何生态系统（王奎，2014）。滨海湿地和海岸带营养盐，在河流径流、海洋潮汐等共同作用下产生水平迁移和垂直混合，以及层化、锋面、水体-沉积物界面的交换过程等，直接影响海岸带营养盐在生态系统中的作用与功能。随着人类工农业生产生活范围和程度的加大，氮、磷等营养盐通过径流、大气沉降排入近岸海区，造成氮、磷营养盐浓度明显升高。营养盐浓度的升高直接产生生态环境效应，使原有生态系统的结构与功能改变。由于生物可利用的氮、磷含量增加，大大提高了浮游植物和大型藻类的生产力与生物量，最终引发赤潮（Ferreira et al.，2011；富砚昭等，2019）。随着藻类大量繁殖，藻类死亡后，会增加水体中的有机物，为底栖动物和底栖植物提供富足的养分。但藻类的大量繁殖降低了水体的透明度和沉水植物的光合作用，又抑制了植物的生长和繁殖。底栖动物的快速生长、细菌死亡和浮游植物的分解消耗了大量的氧气，也易形成水体环境缺氧，造成大型底栖生物因缺氧而死亡。人类活动不仅使营养盐浓度增大，同时也改变了营养盐结构，进而对沿岸生物群落结构的组成造成重大的影响。例如，Si：N 下降可能减少硅藻的生长潜力，而利于有毒鞭毛藻的生长，从而加剧富营养化，Si：P 的长期下降可能导致全球沿岸地区非硅藻浮游植物水华的发生（李瑞环，2010）。

5.6 生态水力学与水生态模型

5.6.1 河湖系统生态水力学概念

生态水力学是近年发展起来的新兴学科，属流体力学、生物学、生态学与环境科学的交叉学科，重点研究水动力对水生生态系统的作用机制以及水生态健康的水力调控技术。

生态水力学一方面研究水文情势及水动力条件变化对水生生态系统的影响，如大坝建设和运行改变了河流原有的物质场、能量场、化学场与生物场，直接影响生源要素在河流中的生物地球化学行为，进而改变河流生态系统的物种构成、栖息地分布及相应的生态功能。另一方面生态水力学研究水生生态系统的演变对水力结构的影响，如岸边带或者洲滩植被格局演替对水动力及泥沙输移的影响。生态水力学为大坝运行的生态环境效应模拟评价提供了系统的理论与方法。

生态水力学研究重点包括三个方面：①水动力对目标生物的作用机制及其生态系统效应；②工程运行对河流生态系统的净损益；③工程生态友好设计与运行技术。提出的问题和挑战包括当前对生态系统影响的研究依然是定性或半定量评价为主，缺乏量化的影响评价；生态模型部分以集总式为主，难以体现环境要素空间异质性、生物个体差异性、微生境空间分布特征；生态目标难以货币化，生态调度缺乏工程可操作性。因此，水电开发中生态水力学研究重点在于，从响应机理上，揭示水动力因子对目标生物生理及行为的作用机制，建立定量响应关系；从模拟方法上，研发基于生物生理和行为的生态水力学模型，精准定量生态流量过程和生态水工设计参数；从调控技术上，建立水库生态流量过程调度技术和生态水工设计技术，解决兴利用水和生态用水的矛盾，从而形成基础理论、数值模型、工程应用的完整体系。

5.6.2 生态水力学研究方法

1. 栖息地生物需求分析

依据野外调查的目标物种对环境的选择数据进行栖息地需求量化，通常调查采集到目标物种所在处的生物量以及对应的环境参数，然后采用栖息地适宜度指数（habitat suitability index，HSI）对采样数据进行量化，得出不同环境参数范围的 HSI 以及适宜等级。HSI 的基本假设是物种会选择与使用最能满足其生活需求的地点，而最频繁地使用地点出现在最高品质的栖息地。因此，HSI 的定义为

$$\mathrm{HSI} = N_i/N \tag{5-1}$$

式中，N_i为不同环境参数范围内观察到的目标物种生物量；N 为研究区域内目标物种总生物量。通过求得目标物种栖息地物理变量不同范围内的 HSI 可以得出目标物种的栖息地适

宜度曲线。HSI 范围介于 0～1，其中 0 代表完全不适合目标物种的栖息地状况，1 代表最适合目标物种的栖息地状况。

2. 栖息地环境参数模拟

由于水力要素的变化往往是水生生物最敏感的环境参数，通过建立二维/三维水动力学模型，模拟栖息地流速、水深等环境参数的空间分布。二维水动力学模型主要通过解算二维水深平均浅水方程求解每一个网格点的水力参数，方程的表达式如下：

连续方程为

$$\frac{\partial H}{\partial t}+\frac{\partial q_x}{\partial x}+\frac{\partial q_y}{\partial y}=0 \tag{5-2}$$

x 方向的动量方程为

$$\frac{\partial q_x}{\partial t}+\frac{\partial}{\partial x}(Uq_x)+\frac{\partial}{\partial y}(Vq_x)+\frac{g}{2}\frac{\partial}{\partial x}H^2=gH(S_{0x}-S_{fx})+\frac{1}{\rho}\left[\frac{\partial}{\partial x}(H\tau_{xx})\right]+\frac{1}{\rho}\left[\frac{\partial}{\partial y}(H\tau_{xy})\right] \tag{5-3}$$

y 方向的动量方程为

$$\frac{\partial q_y}{\partial t}+\frac{\partial}{\partial x}(Uq_y)+\frac{\partial}{\partial y}(Vq_y)+\frac{g}{2}\frac{\partial}{\partial y}H^2=gH(S_{0y}-S_{fy})+\frac{1}{\rho}\left[\frac{\partial}{\partial x}(H\tau_{yx})\right]+\frac{1}{\rho}\left[\frac{\partial}{\partial y}(H\tau_{yy})\right] \tag{5-4}$$

式中，H 为水深；U、V 分别为 x、y 方向水深上的平均流速；q_x、q_y 分别为 x、y 方向与流速相关的流量强度，$q_x=HU$，$q_y=HV$；g 为重力加速度；ρ 为水的密度；S_{0x}、S_{0y} 分别为 x、y 方向上的河床坡度；S_{fx}、S_{fy} 分别为 x、y 方向上的阻力坡度；τ_{xx}、τ_{xy}、τ_{yx}、τ_{yy} 分别为水平方向上的紊动应力张量。

水动力学模型主要由建立河床地形模块、划分计算网格模块、确定进出口的边界条件、率定模型四个步骤完成。给出研究河段进出口的流量和水位条件，依据研究河段实测的地形值可以计算出不同流量下河段的水力分布。

3. 栖息地适宜面积求解

栖息地环境模拟可以得出每一个面积单元的水深、流速值，而这些值在栖息地适宜度曲线上又对应一个 HSI。因此，栖息地模拟的环境参数依据栖息地适宜度标准进行筛选与赋值，最终可以得到每一个环境参数对应的 HSI 空间分布图。如果考虑多个环境参数对目标物种栖息地适宜度的综合影响，可以采用权值乘积方程来求解综合栖息地适宜度指数（composite habitat suitability index，CHSI），具体求解公式如下：

$$\mathrm{CHSI}_i=\mathrm{HSI}_1\times b_1+\mathrm{HSI}_2\times b_2+\cdots+\mathrm{HSI}_n\times b_n \tag{5-5}$$

式中，HSI_1，…，HSI_n 代表各单因子适宜度指数；b_1，…，b_n 代表目标物种生活史阶段对不同环境因子的响应权值，由生物学统计方法确定权值。最终，每一个网格单元都可以求解一个目标物种的 CHSI。

4. 栖息地生态流量决策

栖息地生态流量决策主要依据水文站实测流量和物理栖息地模型得出的流量与栖息地权值适宜面积（weighted usable area，WUA）关系曲线得出 WUA 的历时变化过程，它能够即时地直观地用曲线和表格的形式反映不同流量下目标物种 WUA 的变化过程，提供一个可以量化的水利调度管理的技术参考。通过以下公式获得研究河段上的 WUA：

$$\mathrm{WUA} = \sum_{i=1}^{n} \Delta A_i \times \mathrm{CHSI}_i \tag{5-6}$$

式中，ΔA_i为第 i 个网格单元的面积；CHSI_i为第 i 个网格单元的综合栖息地适宜度指数值。对于每一个模拟流量都重复这一过程，最终获得目标流量组 Q 与 WUA 的关系曲线（Q-WUA），结合流量历时曲线（Q-t），每一个流量 Q 可以从 Q-WUA 关系曲线上找到一个对应的 WUA 值，最终获得栖息地适宜面积历时曲线（WUA-t）。通过 WUA-t 可以计算出不同生长期目标物种的平均栖息地适宜面积，并可与实测的目标物种生物资源量情况进行对比，从而评估出流量变化过程对目标物种潜在影响。

5.6.3 生态水力学模型——长江中游底栖动物的水生态模型

2016 年汛前（5 月）、汛后（11 月）在长江中游宜昌—安庆江段（包括宜昌、宜都、枝江、公安、监利、城陵矶、洪湖、嘉鱼、武汉、鄂州、武穴、湖口、安庆 13 个江段，如图 5-4 所示），采集分析底栖动物及其环境参数数据，共 466 个样点。选择监利河段为典型底栖动物研究河段，位于长江中游荆江河段尾段，全长约 36km。监利河段最宽处为 3200m（乌龟洲），河段属于典型的蜿蜒型河道，平面形态为弯曲分汊型，乌龟洲将河湾水流分为左右两汊。监利江段气候湿润，雨量丰沛，年降水量超过 1000mm（图 5-4）。其中，底栖动物用德国 HYDRO-BIOS 公司 437332 Van Veen 采泥器（抓斗式采泥器）和 1/16m^2 加重的彼得森采泥器采集，泥样经 100 目（孔径 150μm）的铜筛清洗后将底栖动物捡出，样品用 10% 的福尔马林保存。环境参数（水深和流速）与底栖动物同步采集。水深用 SM-5 型便携式超声波测深仪；平均流速用声学多普勒流速剖面仪（RiverRay ADCP；产自美国 SonTek/YSI 公司，型号 M9）测定。

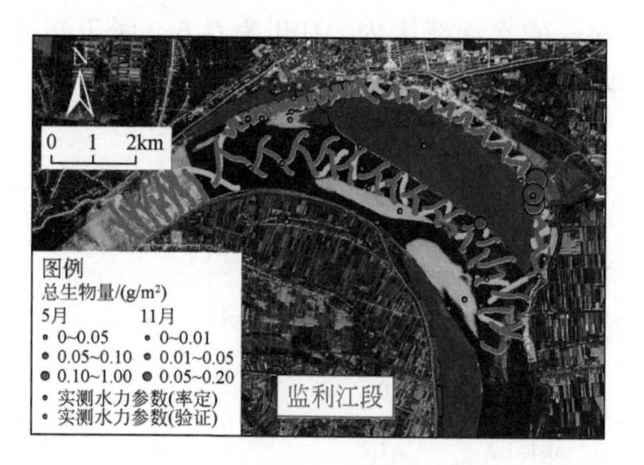

图 5-4　监利江段水力参数样点位置信息

1. 栖息地生物需求分析

分析 13 个调查江段底栖动物采样数据中生物量与环境参数的相关关系。底栖动物种类多样，这些种类习性差别较大，对水文等环境的响应也存在较大差异。因此依据本研究的466个样点数据的分析结果把长江中游的底栖动物分为寡毛纲（Oligochaeta）、水生昆虫（aquatic insects）、软体动物（Mollusca）、其他［多毛纲（Polychaeta）、蛭纲（Hirudinea）、甲壳纲（Crustacea）］四大类群。在研究江段，共采集到底栖动物99属种，隶属于3门10纲，其中水生昆虫50属种（占总种类数50.5%）、寡毛纲20属种（占总种类数20.2%）、软体动物15属种（占总种类数15.2%），此外还发现甲壳纲、蛭纲、多毛纲等。

分析各类群生物量的敏感环境因子，底栖动物总生物量、寡毛纲以及水生昆虫等生物量与平均流速、流量等显著负相关；水生昆虫与水深显著负相关，但其他类群的底栖动物与水深显著正相关。软体动物与水深和流速都不显著相关。以上结果显示，大部分底栖动物类群与平均流速显著负相关，说明流速越小，底栖动物的生物量越大。然而，上述因子对底栖动物生物量变化的解释程度均不高，说明除流速和水深外，底栖动物生物量还受到其他因素的影响，如河床底质特性、摄食等因素，但是由于底质与摄食对于同一江段，在较短时间内属于比较稳定的环境因素，模型采样时已经考虑在底栖动物适宜底质的区域进行采样，本研究的目标是探讨底栖动物的适宜流量过程，在较短的时间内流量往往不会引起河床底质的变化，因而在给定河段生态水力学模型时暂不考虑这两个因素的影响。

敏感环境参数的适宜度指数：计算目标底栖物种敏感环境参数的HSI值（图5-5，底栖动物不同类群的HSI），对于长江中游研究河段，2016~2017年底栖动物总生物量在0~0.2m/s的流速范围内，HSI为0.68，属于高适宜范围；在0.2~0.6m/s的流速范围内，HSI为0.32，属于低适宜范围。对寡毛纲，在0~0.2m/s的流速范围内，HSI为0.8，属于高适宜范围；在0.2~1.12m/s的流速范围，HSI为0.2，属于低适宜范围。水生昆虫的结果显示，在0~0.4m/s的流速范围内，HSI为0.9，属于高适宜范围；在0.4~1.2m/s的流速范围内，HSI为0.1，属于低适宜范围；在0~3m的水深范围内，HSI为0.83，属于高适宜范围；在3~14m的水深范围内，HSI为0.17，属于低适宜范围。底栖动物其他类别的结果显示，在3~6m的水深范围内，HSI为0.6，属于高适宜范围；在6~15m的水深范围内，HSI为0.4，属于低适宜范围。

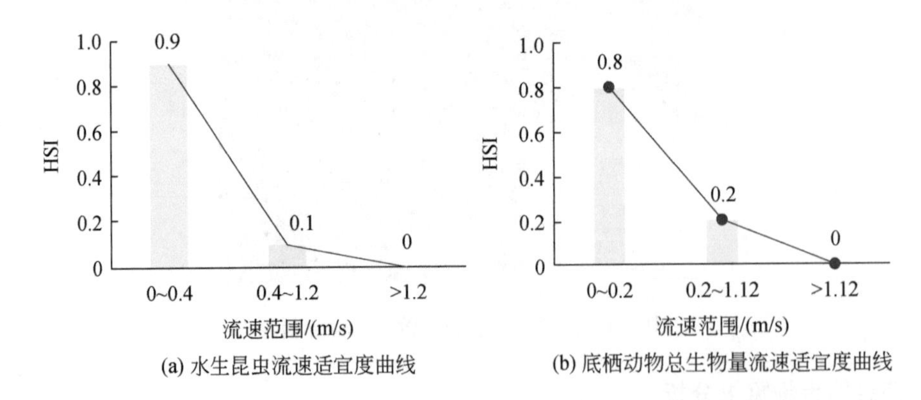

(a) 水生昆虫流速适宜度曲线　　(b) 底栖动物总生物量流速适宜度曲线

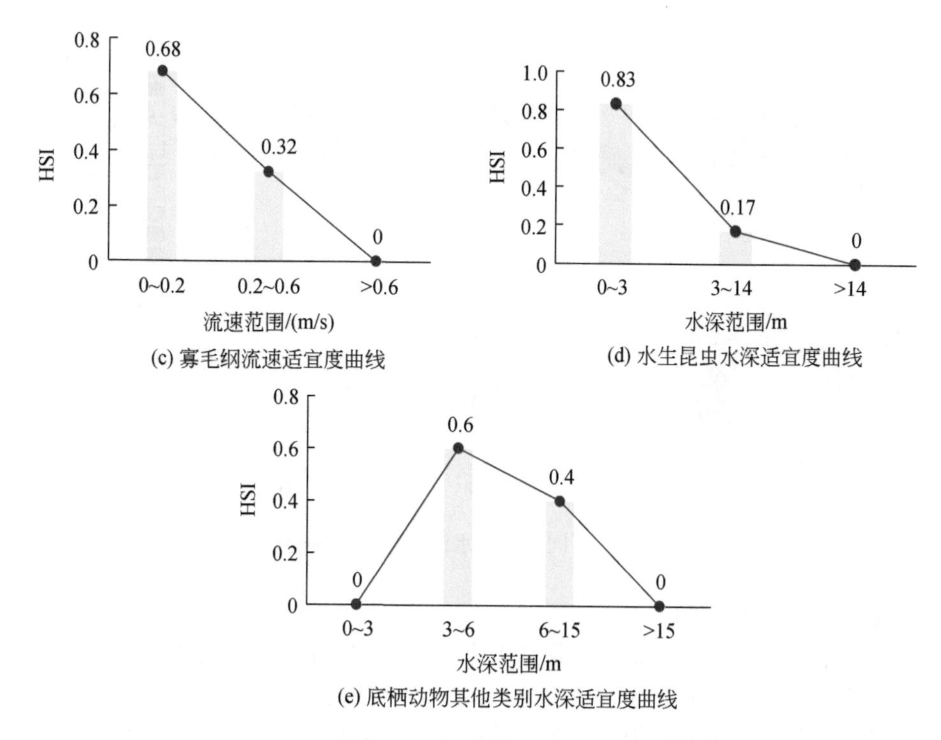

(c) 寡毛纲流速适宜度曲线

(d) 水生昆虫水深适宜度曲线

(e) 底栖动物其他类别水深适宜度曲线

图 5-5　底栖动物不同类群栖息地适宜度曲线

2. 栖息地环境参数模拟

应用监利江段的实测水下地形数据，建立二维水动力学模型。模型主要率定的参数为曼宁系数和涡黏系数。涡黏系数采用 Smagorinsky formulation 公式计算，设定为全局分布，率定结果为 0. 25。依据 1975 ~ 2018 年监利水文站的流量和水位数据绘制流量与水位关系曲线，找到水位与流量的函数关系，依据此期间流量的最大值与最小值确定模拟流量的范围为 2000 ~ 50 000m^3/s，因此模拟流量依据此范围来设定，并以 2000m^3/s 为一个流量间隔来设置水动力模型中上游边界的流量值，通过 1975 ~ 2018 年流量与水位建立的函数关系来推算下游边界的水位值。

依据以上经过校验的水力学模型，模拟不同流量下研究河段水深和流速的空间分布，结果如图 5-6 所示。当流量为 4000m^3/s 时，研究区域的江心洲和河漫滩出露面积较大，河道淹没区域的水深范围为 4 ~ 8m，流速范围为 0 ~ 0. 6m/s。随流量的增大，研究区域水面面积和江段水深也逐渐增大，当流量达到 20 000m^3/s 时，研究区域的江心洲全部被淹没，主河道水深达到 20m 左右，流速范围为 1. 2 ~ 2. 1m/s，靠近河岸的区域水深范围为4 ~ 12m，流速范围为 0 ~ 1m/s。随着流量的继续增加，淹没区域的水深越来越大，当流量达到 50 000m^3/s 时，整个江段达到最大水深，主河道水深范围为 20 ~ 28m，流速为 1. 2 ~ 2. 4m/s，江心洲区域的水深为 4 ~ 8m。该结果说明，流量的变化会给研究区域河道内的水深和流速空间分布带来较大影响，从而影响底栖动物的适宜生境。

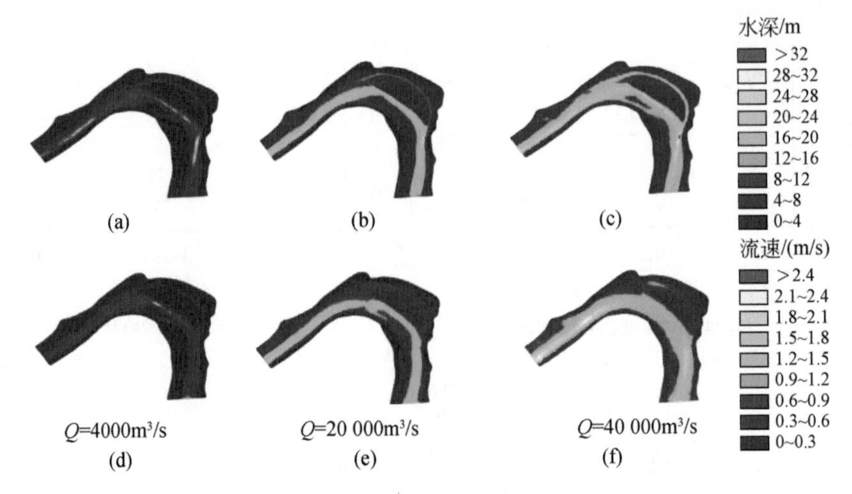

图 5-6　不同流量下水深和流速空间分布

3. 栖息地适宜面积求解

底栖动物适宜面积空间分布基本是靠近岸边漫滩和江心洲洲滩区域为高适宜区，主河道和干区为低适宜区与不适宜区。水生昆虫高适宜区的范围最大，其次是寡毛纲，总生物量是同时考虑了各种群底栖动物综合需求的结果，因而适宜范围最小。当流量为 4000m^3/s 时，高适宜区基本分布在靠近河岸和江心洲岸边的区域，随着流量的增加，江心洲和河漫滩逐渐被水流淹没，底栖动物适宜区范围逐渐增加；当流量为 20 000m^3/s 时，江心洲被全部淹没，整个区域都变成底栖动物的高适宜区；随着流量的继续增大，江心洲和河漫滩区域的水深与流速越来越大，江心洲又从高适宜区变为低适宜区，高适宜区的范围越来越小。河流底栖动物喜好在浅水区生存，因此河漫滩与江心洲洲滩是其生存的重要生境；随着流量的增加，河漫滩和江心洲逐渐被淹没，底栖动物的栖息地适宜范围也随之变化，流量增加到一定数值后，底栖动物的栖息地适宜范围达到最大，然后随着流量的继续增加，河漫滩和江心洲淹没深度越大越大，底栖动物的栖息地适宜范围又逐渐减小。

4. 栖息地生态流量决策

依据式（5-5）计算各个模拟流量下适宜面积的总和，绘制底栖动物各类群和总生物量的流量与栖息地适宜面积关系曲线（图 5-7），从该曲线图上可以看出，寡毛纲、水生昆虫与总生物量的 Q-WUA 曲线的变化趋势基本相同，呈现出抛物线的趋势。当流量逐渐增大到 12 000m^3/s 时，出现适宜面积大幅度增加的拐点；当流量为 20 000m^3/s 时，适宜面积达到最大值，然后开始逐渐递减；当流量升高到 36 000m^3/s 时，适宜面积降低到拐点之前的水平。其他类别的 Q-WUA 曲线的变化趋势与寡毛纲、水生昆虫、总生物量不一样，呈现出单值曲线的变化趋势。当流量为 20 000m^3/s 时，出现上升拐点，当流量为 36 000m^3/s 时，达到峰值，以后适宜面积变化出现平稳趋势。比较不同类群底栖动物适宜面积的量值大小，当流量小于 32 000m^3/s 时，水生昆虫的适宜面积最大，其次是寡毛纲、其他类别。总生物量的适宜面积代表的是同时能够满足寡毛纲、水生昆虫以及其他类别底栖动物的栖息地适宜特性的面积范围是各类群叠加后的适宜面积，因此其适宜面积最小；当流量大于 32 000m³/s 时，其他类别的适宜面积大于寡毛纲和水生昆虫。该结果说明，20 000m³/s 为底栖动物的最佳生态流量，12 000 ~ 36 000m³/s为底栖动物的极限生态流量。流量小于 32 000m³/s 时，水生昆虫的适宜面积大于寡毛纲和其他类别；流量大于 32 000m³/s 时，其他类别大于水生昆虫和寡毛纲。由于其他类别生物量在采集的总生物量中只占很小的比例（14.1%），而底栖动物总生物量的曲线与占比较大的类群（水生昆虫和寡毛纲）基本一致。底栖动物总生物量的 *Q*-WUA 曲线可以代表整个类群的 *Q*-WUA 变化趋势，可用来进行生态流量决策的分析。

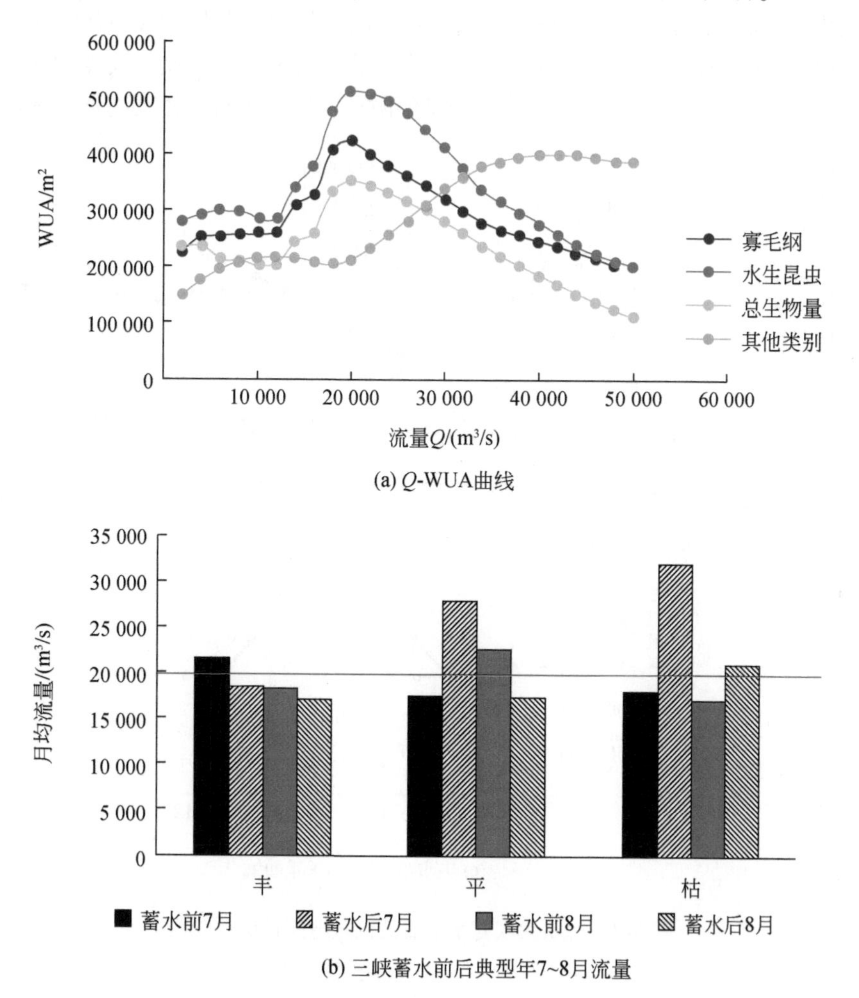

图 5-7　底栖动物各种群的流量与适宜面积关系曲线 *Q*-WUA 与三峡大坝蓄水前后比较

对比三峡大坝蓄水前后典型水文年 7 ~ 8 月的月均流量［图 5-7（b）］，依据之前计算的结果，底栖动物最佳生态流量为 20 000m³/s，丰水年蓄水后 7 月、8 月的流量较蓄水前降低，特别是 8 月的流量比底栖动物最佳生态流量低得多；平水年蓄水后 7 月的流量较蓄水前增加，8 月的流量降低；枯水年蓄水后，7 月的流量较蓄水前大幅度增加。依据流量历时曲线和 *Q*-WUA 关系曲线，可以求解三峡大坝蓄水前后典型水文年底栖动物适宜面积时间序列曲线（图5-8），结果显示，三峡大坝蓄水前底栖动物的适宜面积呈现抛物线的变动趋势，1～4月较小，从5月开始大幅度增加，8月达到峰值，然后开始逐渐降低，到11月降低到和1～4月相同的数值。该结果说明，5～10月为底栖动物最适宜生长的季节，其适宜面积较大。丰水年适宜面积超过200 000m^{2}的时段长度大于平水年和枯水年。三峡大坝蓄水后，丰水年在8月，平水年和枯水年在7月适宜面积有一个急剧的下降。在此期间，水文情势的急剧变化造成底栖动物栖息地适宜面积的急剧变化，这将给底栖动物的生长带来非常不利的影响。每年7～8月属于三峡大坝的防洪汛期，为保证三峡水库的水位在145m的防洪限制水位，多出30m的库容以迎接洪峰。三峡大坝需要开闸泄洪，因此造成平水年和枯水年7月的流量大于蓄水前7月的流量。建议三峡大坝的调度能在兼顾防洪的需求下尽量把流量控制在接近20 000m^3/s的量值附近，以减小对底栖动物栖息地的影响。

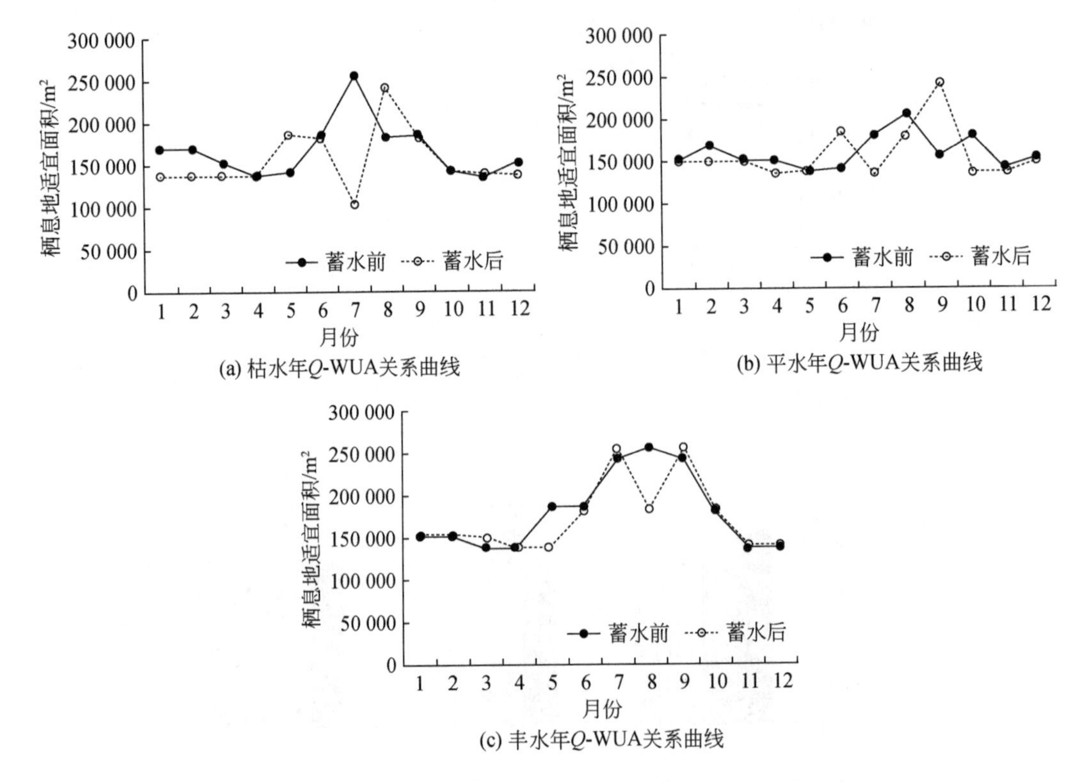

图5-8　三峡大坝蓄水前后的栖息地面积历时曲线

5.6.4　长江中游典型鱼类的水生态模型

以长江中华鲟为对象，分析水利工程（葛洲坝）对中华鲟生态栖息地及全生命过程的影响。1982年以来，中华鲟的产卵场范围分布在葛洲坝电站下游至万寿桥附近约7km江段内［图5-9（a）］，其主要产卵场分布在葛洲坝电站至庙嘴约4km的江段范围内。本研究选取葛洲坝下游约4km的江段作为研究河段（研究河段包括了中华鲟产卵场的上产卵区和下产卵区），并分别测量了该河段12个断面（1#～12#）的高程、水深、平均流速等水力参数［图5-9（b）］。该河段江宽平均1500m，最大水深约为40m，大部分水域水深小于30m，垂向尺度远小于水平尺度，可用River2D模型中的浅水方程来描述水流运动。

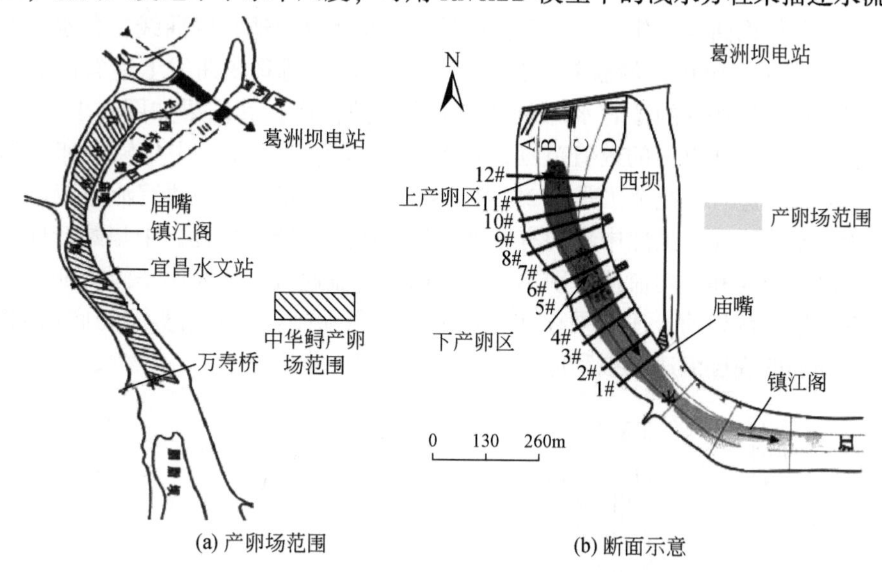

(a) 产卵场范围 (b) 断面示意

图5-9 中华鲟产卵场范围及研究河段测量断面示意

1. 水文学法求解生态需水量

Tennant法是水文学历史流量法中的代表方法，该方法基于以下假设：一定比例的平均流量将维持合适的水深和流速，是维持河流环境健康所必需的流量。因此，本研究以葛洲坝下游中华鲟产卵场附近宜昌水文站1983～2004年的历史流量为基础，根据Tennant法的水文指标确定中华鲟产卵时的生态需水量。该方法以多年平均流量（mean annual flow，MAF）为基础，探讨不同百分比的MAF下河道内栖息地的状况。Tennant法假设MAF的60%～100%流量能为水生生物提供优良的生长环境，30%～60%流量则能维持水生生物良好的生存条件，10%～30%流量为栖息地的较差状态，5%～10%流量为部分水生生物度过短期维持生物栖息地最低限度的流量。本研究针对中华鲟这一物种的产卵特性（只在10～11月产卵），没有用全年的日平均流量来求MAF，而是只采用中华鲟产卵期内的日平均流量求MAF，选取了1983～2004年中华鲟产卵期的多年平均流量13 000m^3/s作为Tennant法的MAF，然后根据Tennant法总结的不同流量标准百分比分析葛洲坝下游中华鲟产卵场在中华鲟产卵期不同流量状况下的生态流量大小。分析结果表明，中华鲟产卵期（10～11月），葛洲坝下游中华鲟产卵场的最佳流量范围为7800～13 000m^3/s，良好范围为3900～7800m^3/s，当流量低于3900m^3/s时，栖息地状况较差，此时需要采取生态调度的补水措施。

Tennant法是依据水文观测资料建立起来的流量和栖息地质量之间的经验关系。它仅仅使用历史流量资料就可以确定生态需水量，使用简单、方便，容易将计算结果和水资源规划相结合，具有宏观的指导意义，可以在生物资料缺乏的地区使用。但由于对河流的实际情况进行了过分简化的处理，没有直接考虑生物的需求，与生物联系不太紧密，只能在优先度不高的河段使用，或者作为其他方法的一种粗略检验，因此该方法的局限性在于仅能用于初始评价。

2. 栖息地生物需求分析

本研究首先依据曲线法建立水深和流速的中华鲟栖息地适宜度曲线，各水深范围对应的渔获频率取1996～1998年渔获频率的平均值。然后取适宜度曲线上适宜度大于0.9的数值范围来找出二元法中的适宜水深范围和适宜流速范围，其结果如图5-10所示。取适宜度曲线上HSI在0.9以上的数值范围，从图5-10上可以看出，中华鲟产卵时的适宜水深范围是6～9m，适宜流速范围是1.25～1.38m/s。本研究获得的适宜流速范围是探测到中华鲟位置的平均流速，虽然中华鲟有着处于河道底层产卵的特性，中华鲟产卵江段的宽深比较大，底层流速和平均流速差别不大，因而平均流速可以代表中华鲟产卵河段的水力特性。但基于这一认识的上述结果存在一定的不确定性，需要依据实测的底层流速数据，对中华鲟产卵场的底层流速模拟和低层流速偏好做进一步研究。

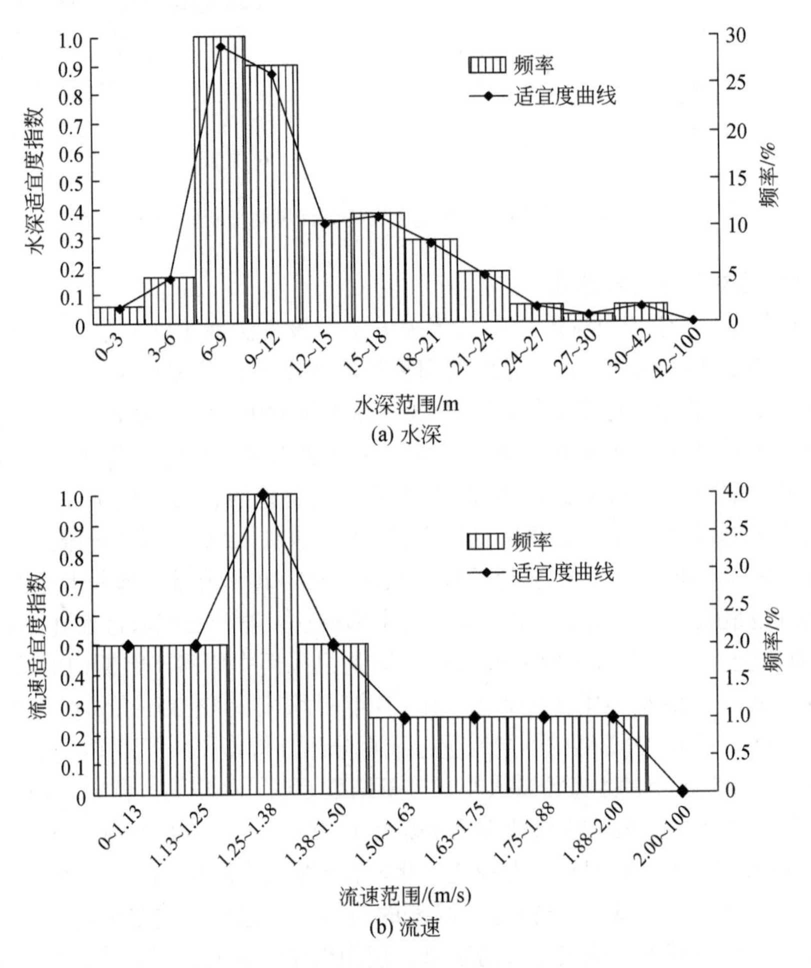

图5-10　中华鲟产卵期的水深适宜度曲线及流速适宜度曲线

3. 栖息地环境与栖息地适宜面积模拟

基于二维水动力学模型，分析不同地形条件下，以及葛洲坝电站不同流量出口条件下中华鲟产卵场的栖息地适宜面积的大小和分布范围。为此，首先需要明确葛洲坝电站在 4 种不同出流情况、不同工况下产卵场的水力分布。出流的模拟流量为 3000 ~ 30 000m³/s，涵盖了葛洲坝下游中华鲟产卵场历年产卵期的流量范围。在该范围内，以每 2000m³/s 为一流量计算间隔单位来划分所要模拟的流量范围，各模拟流量值为稳态恒定流。这 4 种不同的流量入口工况分别为：①流量全来自大江电厂（工况 1）；②流量全来自泄洪闸（工况 2）；③流量同时来自大江电厂和二江电厂（工况 3）；④流量同时来自大江电厂、泄洪闸、二江电厂（工况 4）。然后利用产卵场实测的 12 个断面的水深和流速率定 River2D 模型中的水力参数。

利用 GIS 技术来计算中华鲟产卵场栖息地适宜面积有以下 4 个步骤：①把各工况下水动力学的计算结果导入 ArcGIS 中，包括各节点的坐标值、流速值、水深值。②利用适宜度标准得出各变量的适宜范围，建立 ArcGIS 中重筛选（reclassify）的网格编码。③把水动力学结果中的水深和流速分布利用插值法进行栅格化处理；利用 ArcGIS 中的重筛选功能找出同时满足适宜水深和适宜流速范围的适宜栖息地水力图层。④考虑栖息地的适宜底质分布，在③得出的适宜栖息地水力图层中叠加底质图层，得出同时满足适宜水深、适宜流速、适宜底质的栖息地分布。

（1）不同地形下的栖息地适宜面积

利用上述方法求得栖息地适宜面积，然后绘制不同模拟流量和栖息地适宜面积的关系曲线图。如图 5-11（a）所示，分别为基于 1999 年地形和 2003 年地形计算得出的当流量来自大江电厂时的流量与栖息地适宜面积关系曲线。两种不同的地形所获得的最佳流量范围，也就是使栖息地适宜面积较大的流量范围都在 7000 ~ 11 000m³/s，当流量小于 7000m³/s 或大于 11 000m³/s 时，对应的中华鲟产卵栖息地适宜面积急剧下降；并且基于 1999 年地形所得出的栖息地适宜面积远大于基于 2003 年地形得出的栖息地适宜面积。因此，地形对中华鲟产卵时的栖息地适宜面积影响较大。据此可以尝试用一个新的方法来改善中华鲟的产卵场，如恢复河床的地形、改善河床的底质等。

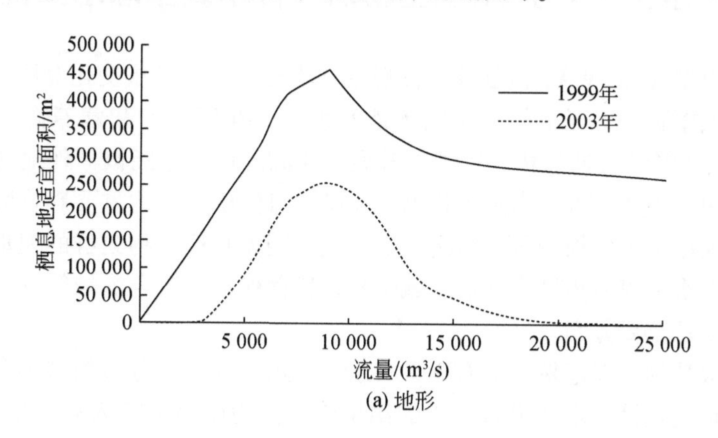

(a) 地形

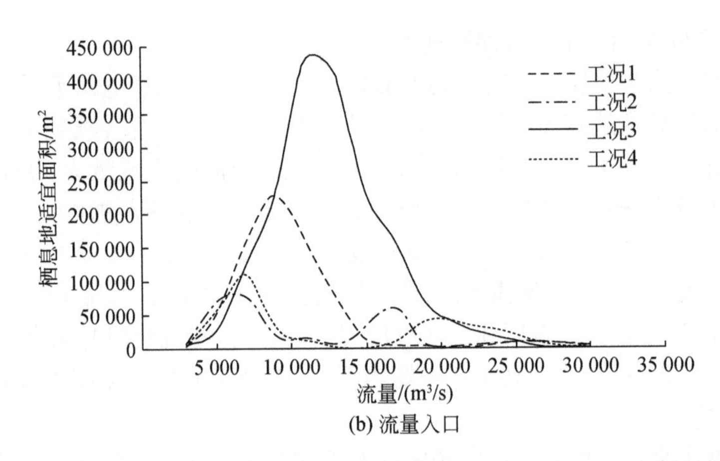

(b) 流量入口

图 5-11　不同地形下和不同流量入口条件下流量与栖息地适宜面积关系曲线

（2）不同流量入口条件下的栖息地适宜面积

葛洲坝电站属径流式电站，流量来多少放多少，所以不存在电站改变流量大小对中华鲟产卵栖息地的影响，但是当流量来自葛洲坝电站不同的流量出口时会造成下游中华鲟产卵场不同的水力分布，因而本研究采用 IFIM 模拟葛洲坝电站不同的流量出口对中华鲟产卵场栖息地适宜面积的影响。图 5-11（b）显示了基于 2003 年地形目标河段不同流量入口边界条件得出的模拟流量与栖息地适宜面积关系曲线。可以看出，当流量同时来自大江电厂和二江电厂时，中华鲟产卵场栖息地适宜面积最大；当流量只来自大江电厂时，栖息地适宜面积次之；当流量来自泄洪闸或流量同时来自泄洪闸、大江电厂、二江电厂时，栖息地适宜面积都较小。由此得出，当流量来自大江电厂和二江电厂或仅大江电厂时，中华鲟栖息地适宜面积较大，中华鲟的产卵栖息地条件较好。这一结果也反映了中华鲟之所以会选择葛洲坝下游这一产卵场的原因是这部分河段提供了中华鲟产卵时适宜的栖息地流场环境。

5.6.5　耦合水文–水力–水生生物的综合水域生态水文模型

河流水文模型（如 SWAT 模型等）能够描述土地利用和气候变化对所有水平衡组分的影响，并能在数据匮乏情况下模拟不同土地管理模式在沉积物和营养物输入方面的作用（Strehmel et al., 2016）。通过耦合水力学模型，河流流量信息能被额外地转换成河流断面的流速分布。因为水文、水动力及沉积物传输是河流生境组成的重要影响因子，这样可利用这些信息来模拟水生生物的分布情况，如河流大型无脊椎动物集群的模拟。将流域水文模型和河流生态水力模型相耦合开展水域生物多样性保护及综合流域管理研究，是水域生态水文模型发展的重要方向。

这些领域成功的研究范例，如有学者将水文、水力和物种分布模型耦合起来预测河流双壳类的栖息地适宜性。水文模型产生的结果作为水力模型的输入来模拟流道内的水位、流速及沉积物的传输。该模型最重要的输入变量是沉积物（贡献率 40%），其次是水深

(30%)、流速(19%)和河流动力(11%)。为了研究气候和土地利用变化对淡水生物群落的影响，Kuemmerlen 等(2015)基于区域气候、土地利用和水文模型产生的环境变量模拟了鄱阳湖流域一支流的大型底栖动物 72 个分类群的空间分布情况。该模型显示，与气候和土地利用变化最密切相关的水文因子是预测因子，其次是土地利用因子。然后使用三种不同的未来情景(即气候变化、土地利用变化、气候和土地利用同时变化)预测 2032 ~ 2050 年大型底栖动物的空间分布格局。结果表明，土地利用变化将对底栖动物群落产生最大的负面影响：物种丰富度降低、物种向高海拔迁移。气候变化模式对预测的多样性产生负面影响，并导致适度的海拔变化以及增加物种丰富度。在综合气候和土地利用同时变化模式上，两者在一定程度上相互抵消，但总体上有不利影响。水文-水力-水生生物耦合模型还可以检测关键环境变量、识别脆弱物种及其潜在的分布格局，可以更全面地了解全球环境变化对淡水生态系统的可能影响，对于建立有效的管理和保护策略具有重要意义。

5.7 湿地生态水文过程

湿地是位于陆生生态系统和水生生态系统之间的过渡性地带，是水陆相互作用形成的独特生态系统。湿生植被、水成土壤和周期性的水文过程构成了湿地的三大要素，其中，水文过程及其伴生的物质循环和能量流动决定着湿地土壤环境、物种分布及植被组成，被认为是影响湿地生态系统形成、发育、演替和维持的首要环境因子，是湿地类型和湿地生态过程的重要控制因素。湿地水文过程在湿地的形成、发育、演替直至消亡的全过程中都起着直接而重要的作用，进而从物种组成、丰富度和初级生产力等方面改变着湿地生态系统功能。同时，湿地生态系统对湿地水文过程及理化环境又具有反馈作用，最终引起水文特征的改变(图 5-12)(章光新等，2014)。湿地生态水文过程研究的核心是生物与水分之间的关系，目标是揭示湿地水文格局时空演变与湿地生物过程之间的相互作用和反馈机制，并为湿地科学保护和恢复提供理论依据。

5.7.1 湿地水文过程及水质变化的生态效应

(1) 水文过程的生态效应

湿地水文过程的生态效应主要指水文过程对湿地植被生长和分布的影响。湿地水分条件是连接湿地物理环境和物理过程、化学环境和化学过程的重要环节，影响湿地生物地球化学循环和生态系统能量流动，包括土壤盐分、土壤微生物活性、营养有效性、C、N、S、P 等大量元素，以及 Hg 等重金属元素和微量元素的迁移、转化与循环等，进而调节湿地中的动植物物种组成、丰富度、初级生产力，有机质分解与积累的过程控制以及维持湿地生态系统的结构和功能(李胜男等，2008)。

水文过程对生物组分的影响主要体现在对植被的影响上，湿地植被的生长状况、植物群落的组成、结构、动态分布和演替特征均会受到湿地水文条件，如淹水周期、淹水频率

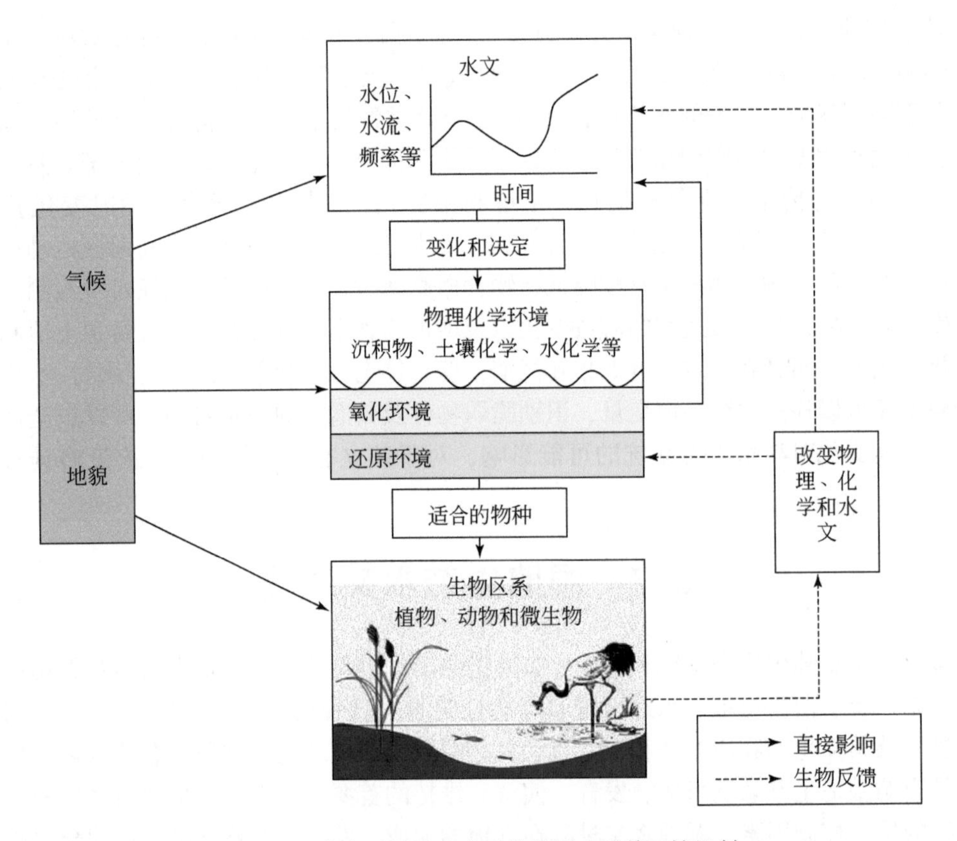

图 5-12 水文对湿地生态系统的影响及其反馈机制

和水位梯度的影响，且洪水规模、季节性洪水发生时间、最低水位、年平均水位、长期和短期的水位变化等对河滨湿地生物多样性有较大的影响。水文条件可以形成独特的植被组成，并对物种的丰富度起限制或促进作用，一般而言，流水通常对多样性具有促进作用，至少在植物群落中，物种丰富度随着水流流通的增加而增加。这可能是与流动水体有利于矿物质更新、促进沉积物的输运，提高空间异质性，形成更多生态位空间有关（陆健健，2006）。湿地水文过程是影响湿地初级生产力的重要因素，具有缓流湿地或者开放的河滨湿地通常具有较高的生产力，而水流停滞或者持续淹水或排水的湿地生产力则较低。湿地初级生产力的增加或有机物的分解与输出的降低使湿地有机物不断累积；同时，湿地水文过程对有机碳输出也有明显影响，如与流动水体相连的湿地通常有机碳的输出率也较高，而水文条件封闭的湿地有机物输出较少。此外，水文条件对营养物质的循环和可利用性具有显著的影响。

干旱期水文周期缩短和水位下降导致旱生植物种覆盖增加；相反，洪水重新泛滥和较长的水文周期导致水生和挺水植物种的扩展。淹水历时、平均水深等对湿地植物组成与分布等具有较大影响。一方面，水深变化将引起植被生长环境中土壤水分、盐渍化程度的改变，进而对植被空间分布和植被特征产生重要影响；另一方面，在不同的水深梯度下，植物通过改变自身的高度、茎粗、群落密度来适应不同环境的胁迫。例如，对生长在不同水深环境下的芦苇对比发现，深水中（如 70cm）生长的芦苇茎秆更高、数量更少，地上生物量比地下生物量大（Dolinar et al., 2016），而同时，水位太深对植物的生长和繁殖有显著的抑制作用，淹水环境下水深变化会通过限制植物可利用的资源（如二氧化碳和氧气）的量影响植物的生长、繁殖与分布，如当水深超过 3m 时，荇菜基本上不能生存（Khanday et al., 2017）。此外，湿地水文具有显著的周期特征，不同高程植被带的淹水频率、淹水历时和淹水周期都有明显差异，因此湿地植被分布呈现显著的带状特征。

（2）盐分对湿地植被的影响

盐渍化是导致湿地生物多样性减少和生态服务功能下降的关键因素（章光新，2012）。在水土盐渍环境条件下，高浓度盐分主要通过离子毒效应和渗透胁迫等途径来抑制植物的发育生长。当水体盐度达到 1000mg/L 时，将会对淡水生态系统带来负面影响，降低淡水大型植物生长速率和根叶发育，同时通过大量野外调查证实，水体盐度达到 4000mg/L 时，淡水湿地通常分布的水生大型植物将会消失（Hart et al., 1991）。内陆湿地大部分遭受不同方式和不同程度的水文改变，从排水疏干、洪水泛滥到水资源开发利用都会导致干湿状况变化，影响湿地盐渍化发生和发展，进而威胁湿地生态系统的健康和可持续性。因此，探索水体盐度升高对湿地、河流等淡水生态系统生物个体不同生长发育阶段、物种耐盐阈值及机理、生物多样性和群落结构与功能、食物网结构乃至整体水生生态系统的结构和功能等方面的影响，为淡水生态系统保护和水盐管理提供科学依据与决策支持，是湿地生态水文学领域重要的前沿科学问题。

此外，盐胁迫会对盐沼植物的生长周期、光合速率和呼吸作用等产生直接的抑制作用，还会通过改变土壤电导率等其他环境因子，对植物的营养物质利用等产生间接影响，进而影响盐沼植物的存活及生长（Julkowska and Testerink, 2015）。由于长期的自然选择，每种盐沼植物都能适应一定的盐度环境，并有其特定的适应范围。当盐胁迫在植物的耐受范围之内的，盐沼植物可通过形态、生理和生态特征的调节适应盐度变化；反之，当超过植物的耐盐阈值的，盐沼植物将出现不可逆的死亡（Xue et al., 2017）。同时，盐度将显著限制水生植物对水深忍耐的范围。

5.7.2 湿地生物对水文过程的影响

湿地生态水文过程除包括湿地水文过程对生态的影响外，还体现在湿地生物通过自身生长和活动直接影响水文过程，或通过改变理化环境对湿地水文过程产生反馈控制作用。湿地植物，特别是大型维管束植物，是影响湿地水文过程的主要生物类群。它们往往直接与水文过程发生作用，或者本身就是水文过程进行的基本载体，如对减缓水流、截留降水、蒸腾蒸发作用等，进而对湿地水文过程具有重要的反馈控制作用。

（1）对水循环要素的影响

不同类型的湿地，由于所处位置的气候、地形、地质条件、植被及湿地特征的不同，降水-径流过程具有明显的差异。降水开始后，一部分降水没达到土壤，而被植被冠层拦截，称为植物截留，其发生在冠层和枯枝落叶层，截留量最终消耗于蒸发。与其他植被类型一样，湿地植被截留量通常取决于降水量、降水历时、雨前干燥期、降水强度等降水特征以及树种、叶面积指数、枝叶簇状形态、侧枝开度、树皮纹理、冠层厚度、叶片成分及健康状况等林分特征；另一部分降水根据下垫面状况产生不同的地表水文过程。

植物冠层截留过程是控制降水与植被相互作用的基本水文过程。植被覆盖能够有效地影响地表反射率、地表温度、下垫面的粗糙度和土壤-植被-大气连续体间的水分交换。此外，枯枝落叶层也很大程度上影响地表径流。枯落物层结构疏松，具有一定的吸水和透水能力，可以有效地减缓林内降水对地面的直接冲击，阻滞和分散降水。

对于湿地生态系统，蒸散发作为该系统水循环的重要组成部分，维持着陆地生态系统的水平衡。它不仅是能量的主要消耗方式，还影响着湿地的水位变化和生产力的大小，同时在很大程度上控制着湿地生态系统的动态机能。湿地蒸发散是湿地水分损失的主要途径，对湿地水深、水温、水体盐分、水面面积及淹水历时等都有显著影响，同时，湿地蒸散发过程受到下垫面环境的影响，是反映区域水文、气候、土壤的活跃因素。湿地植被对湿地蒸散发有很大影响，在枯水期，蒸腾作用的主要控制因素是植物有效水容量和冠层阻力，实际蒸散只有潜在蒸散的一小部分。在丰水期，主控因素为平流、净辐射、叶面积和湍流输送。在平水期，相对重要的因素会依据气候、土壤和植被等改变。

植被的自身生长也会改变湿地环境条件，特别是地貌等特征，进而影响湿地水文过程。主要表现在以下两个方面：一方面，湿地植被的茎和叶可以减缓水流，有利于促进泥沙等颗粒物的沉积，而根系和地下茎的生长，又可以增加沉积物的稳定性，增强沉积物对水流冲击的抵抗能力，从而使湿地基底分布高程改变，在影响植被自身生长条件的同时，也会影响区域的水文过程，包括水文周期，如长江河口盐沼，由于植被减缓水流的作用，大量泥沙沉积，主要植被分布区往往呈凸起地貌，反映了植被分布区的快速淤高特征，而随着高程的改变，盐沼湿地淹水特征也会发生明显改变。植被的这种缓流作用与植被覆盖度呈正相关。植被覆盖度增加可以降低水的流速，减少地表径流。另一方面，植被枯枝落叶层还会提高地表粗糙度，增加地表水下渗，减小洪峰流量，延长地表径流形成时间。植物根系和地下茎的生长又可以增加沉积物的稳定性，在洪水来临时期保持沉积物和防止其他物质流失，为土壤有机物质和水生有机物质提供来源，同时湿地土壤特殊的水文物理性质，使湿地成为天然的蓄水库，对河川径流起到重要的调节作用。

湿地植被动态变化过程主要取决于湿度条件与地下水深度和渗透性。浅层地下水为植物供水，并通过地下水位的波动影响土壤中的氧气和养分。反过来，植被通过生长动力学、蒸腾作用和拦截作用影响土壤水量平衡，进而通过地下和流域过程影响地下水与河流的补给。湿地植被和地下水位之间的耦合关系促使水文过程与生态过程之间的相互作用及反馈。现阶段，地下水与植被相互关系的研究还主要侧重于地下水对植被的影响，且主要考虑植被对地下水位埋深的响应，研究区多集中于干旱半干旱地区，湿地地表水与地下水交互作用、湿地植被与地下水相互作用关系等方面的研究成果相对缺乏。水分在土壤-大气、植物-大气、地下水-根区土壤底边界等界面的传输过程直接制约着湿地生态系统的水量平衡。但由于湿地生态环境复杂，目前湿地水分传输的研究主要侧重土壤-大气、植物-大气界面蒸散发通量的变化特征、影响因素与驱动机制，湿地地下水-根区土壤界面的水分交换过程由于观测难度较大，相关研究还相对滞后。事实上，根系、土壤-地下水界面是物质交换和能量传递最为频繁、生物化学过程最活跃的一个区域，特别是在季节性洪泛湿地，水位波动使湿地在“陆生（干）”和“水生（湿）”生境间交替变化，地下水的向上补给和土壤水分的深层渗漏过程直接决定湿地生态系统的水分动态，影响植被蒸腾用水过程（冯文娟等，2016；林欢等，2017）。

（2）对水化学环境的影响

淡水生态系统周围的湿地、洪泛平原可通过改变地表径流和水文格局来影响地下水的补给、径流与排泄，在控制和降低营养物的沉积、运移、营养负荷，以及净化水质量等方面具有重要作用。例如，在景观格局与营养负荷研究方面，湖泊破碎化、斑块镶嵌程度越高，湖泊周围的河网、湿地斑块在营养物的运移、输送过程中起的作用越大。另外，湿地中的植物、微生物和细菌等通过湿地生物地球化学过程的转换，影响环境的水文和化学过程，对天然水化学特性的改变和污染物的迁移起到非常重要的作用。在净化水质方面，湿地利用生态系统中物理、化学、生物的三重协调作用，通过过滤、吸附、沉淀、植物吸收、微生物降解来实现对污染物质的高效分解与净化。例如，湿地中常见的芦苇对水体污染物的吸收、代谢、分解、积累等，减轻水体的富营养化，使湿地水体得到净化，并使河口湿地成为富含营养物质河水入海前的最后过滤屏障，对于防止近海水体的富营养化具有重要意义（李胜男等，2008）。

5.7.3 湿地生态需水量

1. 湿地生态需水量的概念与特征

生态需水机理本质上就是生态系统对不同水文情势的响应规律，主要集中在对水文情势指标与生态指标之间关系的定性或定量描述。广义的湿地生态需水量是指湿地为维持自身发展过程和保护生物多样性所需要的水量。狭义的湿地生态需水量是指湿地每年用于生态消耗而需要补充的水量，主要是补充湿地生态系统蒸散需要的水量。湿地生态需水量具有阈值性、时空变异性和目标性等特征。

（1）阈值性

对于任一生态系统，生态需水量都是由最小（下限）和最大（上限）需水量临界值（阈值）限定的一系列区间值构成，介于上下限之间的值就是合理的生态需水量。一般将湿地生态需水量分为最小生态需水量、适宜生态需水量和理想生态需水量。最小生态需水量是指在生态环境不再退化、湿地生物生存空间不再萎缩的条件下湿地生态系统所需水量，是下限值，这是生物存在的前提，低于此值，生态系统的结构和功能将受到严重损失，甚至毁灭。理想生态需水量是指在水量满足的情况下，供水充分合理，湿地生物处于最佳生存状态、生态系统各种生态功能都能相互协调，并产生最大生态效益，同时湿地生态系统保持相对稳定、处于动态平衡及最佳状态，是上限值，高于此值，生态系统将发生不可逆转的变化。湿地生态需水量超过上下限值都会导致湿地生态系统结构和功能退化。在生态保护目标确定的情况下，一般以能维持湿地基本生态功能为目标，以最小生态需水量的计算值为输出结果，在当前水资源短缺的情况下，最小生态需水量计算显得极为重要。

（2）时空变异性

湿地生态需水量是一个时间、空间变量，具有时空变异性。湿地生态需水量的时空变异性主要受湿地生态水文过程的制约。水文过程的时空变化造成湿地生态系统的演变，反过来湿地生态系统的演变又会影响水文过程，从而使湿地生态需水量具有时空变异性。因此，计算湿地生态需水量，首先要界定湿地生态系统的区域范围，另外要考虑湿地生态需水年内、年际变化。

在时间上，即使是同一生态系统，在年内和年际生态需水量也表现出相对差异，这是由于不同时间里生态分区内水文气候环境和丰枯交替变化，影响水资源配置的各因子（如温度、径流、降水和蒸发）的变化以及水文循环过程。而空间差异性，对不同生态系统来说主要表现在不同地带的气候环境及水文循环过程的差异性；对同一生态系统来说，则表现在生态系统的纵向上、横向上和垂向上的差异性，不同方向生态系统内不同生物群落的需水规律和离水源中心的距离不一样。因此，生态需水研究要注意时空分布的差异。在充分掌握湿地生态需水的时空变异规律的基础上结合具体的生态目标估算湿地生态需水量。

（3）目标性

由于需要计算生态需水的湿地大多为被保护的湿地区域，湿地生态需水量计算具有一定的目标性，需要与湿地保护目标和管理措施相结合，实现水资源最优化配置。生态需水量是基于保护一定生态目标提出的，不同类型的湿地有不同的生态建设和保护目标，为了维系不同的生态功能，保护不同的物种，湿地生态系统所需的水量也不同。湿地生态需水的保护目标主要有：维系湿地生态环境现状、维持新生湿地生态系统不再退化、恢复历史某个时期的湿地生态景观和功能、维持湿地基本特征或者某些具体目标、保护湿地生物多样性、保护不同级别濒危珍稀物种或特殊生态系统和实现国家发展计划等。

2. 湿地生态需水量计算方法

（1）水文学方法

水文学方法主要从湿地生态系统的完整性出发，根据水量平衡原理，只考虑进入和流出生态系统的水量（主要包括降水、蒸发、地表径流）和下渗，不考虑生态系统内部分配等问题，而湿地最小生态环境需水量应当保证满足湿地的蒸散发、下渗和地表水的出流所对应的水资源量。此方法从生态系统整体考虑，所需数据易于获取，特别是在一些人类不易进入的区域，具有良好的应用前景。但是没有对湿地生态系统组成、结构和功能之间的关系进行辨析，结果具有较大的不确定性。水文学方法主要包括水量平衡法、换水周期法、最小水位法等。

1）水量平衡法：水量平衡法是根据研究区各水量收支情况确定生态需水量的一种方法。湿地水量平衡是指任意区域、任意时段的湿地生态系统，其水量的收支差额必等于或者接近该湿地生态系统蓄水量的变化量，即水循环过程总体收支平衡。

根据水量平衡原理，在几乎不受人类影响情况下，湖泊湿地处于水量动态平衡状态，湖泊湿地水量动态平衡方程为

$$P + R + G_i = (D + E + G_0) + dV/dt \tag{5-7}$$

式中，P 为计算时段内的湖面降水量；R 为计算时段内进入湿地的地表径流量；G_i为计算时段内进入湿地的地下径流量；D 为计算时段内流出湿地的地表径流量；E 为计算时段内流出湖面蒸散量；G_0为计算时段内流出湿地的地下径流量；dV/dt 为湖泊蓄水量变化值。

2）换水周期法：换水周期法是用研究区域多年需水量均值与换水周期的比值来确定湿地生态环境需水量的一种方法。它是判定一个生态系统水资源的水量可否持续利用和水质能否维持良好状态的一项重要指标，其计算公式为

$$T = W/ Q_t \text{ 或 } T = W/ W_q \tag{5-8}$$

式中，T 为换水周期（年）；W 为多年平均蓄水量（亿 m^3）；Q_t为多年平均出湖流量（m^3/s）；W_q为多年平均出湖水量（亿 m^3）。

根据式（5-8），计算出湖泊的换水周期。湖泊湿地生态需水量的计算公式为

$$\text{生态需水量} = W/T \tag{5-9}$$

湖泊湿地的最小生态需水量可依据换水周期和枯水期出湖水量计算，而适宜生态需水量则可以根据换水周期和多年平均出湖水量计算。这对湖泊湿地生态系统的科学管理至关重要，此外应合理地对出湖水量和出湖水流速控制，有利于对生态系统的保护和利用。

3）最小水位法：最小水位法是利用研究区最小水位和水面面积来确定生态环境需水量的方法，最小水位值要综合考虑湿地生态系统各组成部分的用水需求，其计算公式为

$$W_{min} = H_{min} \times S_{min} \tag{5-10}$$

式中，W_{min}为湿地最小生态需水量；H_{min}为维持湿地生态系统结构和满足湿地生态环境功能所需的最小水位；S_{min}为 H 对应的水面面积。

（2）生态学方法

生态学方法主要依据生态系统的组成、功能和相关的环境因素，从保证和维持正常的湿地生态系统生态功能角度出发，在分析不同需水类型的特点、关键指标的基础上，根据湿地生态系统的组成部分（植物、土壤以及野生生物栖息地等）分别计算然后再耦合分项计算，确定生态需水量。由于此方法需要生态系统组成和性质等基础性数据与资料，在资料获取方面存在一定难度。另外，由于不同学者对生态系统相同组成部分或功能重要性的认识不同，赋予其权重存在差别，而对生态需水量的计算结果存在较大偏差。同时，此方法局限性在于湿地中的各组成部分是相互联系的，很难区分各类功能明显界限，湿地水资源量是湿地整个生态系统共用的，很难区分这些水量被动物用了多少，被植物用了多少，所以在计算过程中有重复计算的水量，实际的生态需水量很难计算，其结果具有较大的随意性。

1）湿地植物需水量法：湿地植物正常生长所需要的水量就是植物需水量。湿地植物需水量包括植物含水量、蒸腾量、植株表面蒸发量以及棵间蒸发量等几部分。其中，蒸腾量和棵间蒸发量（即蒸散量）是主要的耗水项目，占整个植物需水量的 99% 左右。因此，可以用蒸散量近似地代替植物需水量。计算公式为

$$\frac{\mathrm{d}W_{\mathrm{p}}}{\mathrm{d}t}=A_{\mathrm{p}}(t)\times \mathrm{ET}_{\mathrm{m}}(t) \tag{5-11}$$

式中，W_p为植物需水量（m^3）；A_p（t）为湿地植被面积（m^2）；ET_m为蒸散量（m^3）；t为时间（天）。

2）湿地土壤需水量法：湿地土壤含水量是计算湿地土壤需水量的基础和依据，它与植物生长及其需水量密切相关。在计算中常用到两个水分常数，一是田间持水量，是指在地下水位比较深时，土层能保持的最大含水量。对于湿地土壤而言，上部土层的田间持水量与土壤孔隙、结构、有机质、腐殖质含量有关，下部土层通常都少于上部。二是饱和持水量，饱和持水量是土壤孔隙能容纳的最大水量。不同的湿地土壤由于物理、化学特点的差异，需水量也会有所不同。根据需要，用田间持水量或饱和持水量参数进行计算，由于持水量、含水量和水特性不同，需水量会有差异。计算公式为

$$Q_{\mathrm{t}}=\alpha\gamma H_{\mathrm{t}}A_{\mathrm{t}} \tag{5-12}$$

式中，Q_t为土壤需水量（m^3）；α为田间持水量或饱和持水量百分比，根据研究的土壤类型而定；γ为土壤容重（m^3）；H_t为土壤厚度（m）；A_t为湿地土壤面积（m^2）。

3）生物栖息地需水量法：湿地是多种野生动物和珍稀物种繁殖、栖息的地方。生物栖息地需水量是湿地中鱼类、鸟类等栖息、繁殖需要的基本水量。计算时以湿地的不同类型为基础，找出关键保护物种，如鱼类或鸟类，根据正常年份鸟类或鱼类在该区栖息、繁殖的范围计算其正常水量。在计算大区域湿地野生生物栖息地需水量时，由于湿地分布广、布点多，上述各指标不可能一一测出。因此，通常情况下，需要根据栖息地水面面积百分比和水深进行计算。水面面积百分比和水深的确定视湿地类型及研究区生态环境特点而定。

$$\mathrm{d}W_{\mathrm{q}}/\mathrm{d}t=A_{\mathrm{q}}(t)CH(t) \tag{5-13}$$

式中，W_q为生物栖息地需水量（m^3）；A_q（t）为湿地面积（m^2）；C为水面面积百分比；H（t）为水深（m）。

4）补给地下水需水量（渗漏法）：地表水和地下水之间有着不可分割的联系，地下水的补给主要通过地表水的下渗途径来进行。补给地下水需水量研究主要采用渗漏法，可用达西公式来计算：

$$W_{\mathrm{b}}=KIAT \tag{5-14}$$

式中，W_b为补给地下水需水量（m^3）；K为渗透系数（m/d）；I为水力坡度；A为渗流剖面面积（m^2）；T为计算时段长度（天）。

5）防止盐水入侵需水量：控制地表盐化、避免海水从地下侵入，主要计算洪水洗盐和滨海湿地防止盐水入侵需要的水量。

$$W_{\mathrm{y}}=A^{*}vn\,T^{*} \tag{5-15}$$

式中，W_y为溶盐洗盐需水量（m^3）；A^*为洗盐土壤面积（m^2）；v为冲洗下渗水孔隙流速（m/s）；n为土壤孔隙率；T^*为冲洗时间（天）。

6）防止岸线侵蚀及河口生态环境需水量：

$$W_{\mathrm{s}}=Q_{\mathrm{y}}C_{\mathrm{n}}-1 \tag{5-16}$$

式中，W_s为防侵蚀需水量；Q_y为泥沙年淤积量（m^3）；C_n为冲泄流能力，常为经验数据，以每 1 亿 m^3水量可冲泥沙 5 亿 m^3计。

7）稀释净化污染物需水量：从理论上来讲，净化污染物需水量模型为

$$dW_j/dt = \alpha Q_d(t) + \beta Q_f(t) \tag{5-17}$$

式中，W_j为湿地净化需水量（m^3）；t 为时间（天）；Q_d为点源污水排放量进入湿地的量（m^3）；Q_f为非点源污水进入湿地的量（m^3）；α、β 分别为点源污水和非点源污水的稀释倍数，稀释倍数的计算根据达标排放浓度与《地表水环境质量标准》而定。

（3）生态水文学法

生态水文学法指通过生态系统对区域内生态水文格局改变的响应，实现生态系统现状不退化以及健康发展，确定所需水资源量。生态水文学法对于生态和水文的考虑都更为全面，但计算方法也相对复杂，而且需要大量水文数据和生态数据的支持，在数据积累不足的条件下，生态水文学法的应用也受到限制。生态水文学法包括曲线相关法、生态水位法、生态水面法和生态水文模拟法等。

1）曲线相关法：该方法的基本思想是利用历史数据建立湿地水量与相应的生态指标的关系曲线图，在此关系曲线图上，曲线拐点处的水量所对应的湖泊生态功能发生了显著变化，拐点处的水量应认为是维持湖泊生态系统的动态平衡所需要的最小水量。

该方法的优点在于全面考虑了湿地的生态环境功能，并充分反映了生态状态指标与水量之间的相关关系；缺点在于需要大量的连续生态功能指标系列数据和相应的水文数据。对于我国目前来说，既具有生态数据又具有天然水文数据的湖泊数量相当少。因而该方法对于许多湖泊来说在实际操作上将有很大的难度，应用的范围较小。不过，随着我国对湖泊生态环境的日益重视，该方法将是研究湖泊生态环境需水的重要途径之一。

2）生态水位法：生态水位法是对水文和生态资料进行定性与定量分析，并将其应用到生态环境需水量计算的一种方法。首先选择历史上高频率出现的水位，分析对应年份的生态状况，以生态状况最好的年份水位作为理想需水标准，以生态状况最差的年份水位作为最小需水标准，并与多年平均水位相比，计算出最小和理想生态水位系数，将生态水位系数乘以多年来各月的平均水位，可得逐月的生态水位。

在资料不够充分的条件下，该方法能够迅速而快捷地对湿地生态需水量进行宏观估算，实际操作性强，可为水利部门配置湿地生态用水提供科学依据。

3）生态水面法：该方法利用数理统计方法对湿地长序列的水面面积数据进行分析，并认为对于高频率出现的水面面积，可近似认为是生态系统较能接受的水量。在高频数据中，进行生态系统健康状况的对比分析，把生态系统健康状况最好的年份定为理想生态环境需水量的标准，生态系统健康状况较差处于生物完整性遭受破坏的临界点的年份定为中等生态环境需水的标准，湿地最小生态水面面积必然包含在低频率的年份中，分析低频率中各年的生态状况，进而确定最小生态环境需水标准。该方法主要针对地势平缓、面积大、湖沼湿地分散的湿地系统。

4）生态水文模拟法：生态水文模拟法即基于湿地生态水文过程的研究，以水文与生态的相互作用以及它们的响应过程为模拟对象，构建生态水文模型来计算生态需水量。生

态水文过程本身极其复杂，不仅要模拟水动力过程，还要描述各类物理化学物质在区域或水体中的运移转化，研究生态过程的水文学机制，涉及许多物理、化学和生物过程，而且生态水文过程具有明显的区域性，影响因素多样，相互作用机理复杂，必然导致模型多数比较复杂，并且数据的获得和大量参数的确定也给生态水文模型的应用带来一定的困难。近年来国内外相关学者相继开展了通过构建湿地生态水文模型来计算湿地生态需水量的研究。

第6章 环境生态水文

6.1 土地退化与生态水文

土地作为地球上一切生物赖以生存的必需条件之一，其健康状况是保护生物多样性和维持生态系统服务稳定输出的重要因素。土地退化是目前全球（除南极洲外）各大洲所共同面临的环境难题，世界范围内受到土地退化影响的人口高达32亿人，占世界总人口的2/5（IPBES，2018）。土地退化问题涉及地球系统各圈层的相互作用（物理气候系统与生物地球化学循环的相互作用），生命系统与无生命系统的相互作用（即人与地球的相互作用）以及三大基本过程（物理、化学、生物学过程）的相互作用。在全球变化和人类活动的影响下，土地退化情势不断加剧，每年土地退化导致的经济损失高达4900亿美元，占全球农业GDP的3%~6%，土地退化还将造成生物多样性的丧失以及生态系统服务功能的退化（Baskan et al.，2017）。面对如此严峻的生态和经济局势，联合国大会2017年通过的可持续发展目标中，就包括了防治荒漠化和恢复退化土地的目标（Mariam et al.，2017），提出通过可持续的土地管理实践，恢复和修复已退化土地，并避免土地资源的净流失，最终实现土地资源自我可持续性，通过系统内的自我调节过程来支持环境和生产潜力。

土地退化是一个动态平衡过程，在一定的时间与空间条件下，土地退化与恢复、重建过程对立统一。长期以来，基于自然环境和人类活动的相互作用，从植被退化、土壤退化、生态系统功能退化等方面系统研究了土地退化机制，但关于复杂植被动态、水循环以及两者间相互作用对土地退化发生机制的影响研究依然缺乏。生态水文学是基于时空尺度连续性，考虑生态系统结构与功能之间的相互影响，涉及植被生长、发育等动态过程，强调生态过程和水文过程间的互反馈关系。因此，基于生态水文学原理，综合分析生态系统生物成分，特别是植被与非生物成分之间相互作用对土地退化的综合影响，开展生态-水-土耦合的土地退化生态水文学成因、土地退化生态水文学过程机理、土地退化与生态水文的关系系统研究，可为土地退化防治与退化土地恢复提供新的理论和技术途径（Pacheco et al.，2018）。

6.1.1 土地退化的生态水文学成因

土地退化涉及自然生态和人类社会两个相互关联的复杂系统，在极端或持续的气候事件的推动下发生，生态系统自身脆弱性是发生土地退化的内在原因。我国南方地区土层浅薄（一般仅为10~100cm），土壤年均侵蚀厚度为0.2~0.7cm，最大可达1.0~2.0cm，而年均成土速率仅为0.0025～0.01cm（左继超等，2017），植被一旦遭到破坏，地面失去保护，在暴雨径流的强烈冲刷下，表土迅速流失，成土母质出露，导致地表土壤养分和水分状况急剧恶化，植被恢复困难；植被的减少又将进一步使侵蚀加剧，如此恶性循环，最终导致严重的土地退化。同时，由于南方红壤区土壤质地黏重，土壤入渗率通常仅为0.025～0.11mm/min，土壤水分严重紧缺，加之亚热带地区的季节性干旱，植被蒸散往往是同期降水量的两倍，此时当表层土壤水分达到凋萎点后，土壤水分无法及时获得补充，相反会因高温和强烈蒸散进一步枯竭，严重制约植被生长（苟思等，2018）。西南喀斯特地区降水季节分布不均，加之岩体裂隙、竖井等发育，使降水迅速渗入地下，造成地表干旱缺水且地形低洼处易涝、水资源利用困难、旱涝灾害频繁；同时，降水过程中雨水淋溶作用还会导致土壤中水溶性元素流失，使植物的生长与发育受到制约。由于地貌形态的差异，土壤侵蚀的发展会导致地表出露不同土层，坡面自上而下形成不同侵蚀带。不同侵蚀带的侵蚀特征决定了坡面不同部位养分状况、土壤水分状况和抗蚀能力的不同，进而导致植被生长和侵蚀地貌形态的分异，土地退化呈现明显的坡面分带性。第四纪红土区和花岗岩地区，侵蚀劣地多分布在坡肩及其以下部位，成土母质广泛出露，地表和深层土壤水分都比较匮乏，层间水分调整和平衡能力较弱，植被一旦破坏则难以恢复，因此该区域多呈裸露状态（Liu and Yu，2017）；相反，坡麓部位由于地形和缓、土层深厚，土壤养分和水分状况良好，当表层土壤水分低于凋萎点时，一些根系发达、穿扎能力强的植物，在下坡仍能立足且茂盛生长（Suo et al.，2017）。

除土地生态系统本身的脆弱性外，毁林开荒、陡坡开垦、过度放牧等不合理的人类活动也是造成土地退化的重要原因。过度放牧（49%）、农业活动（24%）、森林砍伐（14%）以及过度开发植被（13%）是农村地区土地退化的主要原因（Bado，2018）。非洲地区耕地退化最为普遍，约有65%的耕地遭受退化的风险，而拉丁美洲和亚洲的这一比例分别为51%和38%。砍伐森林以清理大片土地用于农业生产和放牧往往是土壤退化的最初原因。如果没有适当的经营管理，砍伐森林将会降低土壤的蓄水能力，增加地表径流，加剧土壤侵蚀，进而减少地下水的补给。长期密集的农业耕作和过度放牧造成表层土壤侵蚀和有机质流失。据统计，全球农业用地每年因土壤侵蚀会损失2300万～4200万t的氮及1200万～2200万t的无机磷，土壤养分不足严重制约氮肥和磷肥的有效性，降低作物产量（Quinton et al.，2010）。据统计，全球干旱区面积已达61亿hm^2，占世界陆地总面积的41%，其中9亿多公顷为极端干旱的沙漠地区；盐渍土面积约10亿hm^2，占世界陆地总面积的6.7%，受气候变化影响土地退化面积还将持续扩大（Reynolds，2013）。

正常的土地生态系统处于一种动态平衡中，生物群落与自然环境在其平衡点作一定范围的波动，而当外界的干扰超过系统的这一阈值时，就会使土地系统的自我调节能力削弱或阻断，发生退化。因此，土地退化实质上是土地生态系统在超负荷干扰压力下，其组成（种类丰富度及多度）、结构（植被和土壤的垂直结构）和功能（如水、能量、物质流动等）基本生态过程发生改变，具体表现为生态系统基本结构和固有功能的破坏、衰退或丧失，生物多样性下降，稳定性降低，生产力下降以及土壤和微环境恶化的逆向演替过程（Bajocco et al.，2018）。土地退化过程一方面伴随着森林结构变化，植被郁闭度减少，使得对降水截留、调蓄水分能力减弱，径流量增加，造成表层土壤流失，导致土壤养分损失；另一方面由于地被物的减少，土壤有机质下降，土壤结构发生变化，土地生产力降低，最终导致整个生态系统退化。同时，植被类型、生物量以及生物多样性变化等可间接影响土地退化进程。植物通过强大的根系系统、蜡质化的叶片、被毛、多刺、植株矮小、物候节律变化等适应性行为，应对温度、降水以及土壤湿度巨大的昼夜、季节变化所带来的水分和温度胁迫。干旱胁迫还会导致植物器官水分的降低和植物养分吸收能力的下降，影响养分矿化、养分离子转移等土壤物理生化过程，制约植物生长（Camprubi et al.，2015）。然而，植物根系对养分的反应能力往往与植物自身养分需求、养分季节性差异以及其他资源（如水分和光照）有效性密切相关。如何在提高水分和养分等受限资源利用效率的基础上，改善变异环境下植物碳同化能力以促进植物生长和应对全球气候变化，是目前生态水文学研究亟待解决的问题，同时也是避免、减少、逆转土地退化的关键。

在脆弱的生态环境中，植被在陆地表面的水文循环过程中扮演着重要角色，特别是我国北方半干旱地区，水资源短缺，在植被持续退化的背景下，区域水文过程的响应机制以及水文过程的改变对森林植被的影响是亟待研究的命题。区域径流的分布不仅由降水分布格局决定，植被的变化对生态水文时空格局的改变同样产生巨大影响。植被退化引发地表径流的增加，减少土壤有效含水量，致使森林植被可利用水分减少，导致植被生长的进一步恶化，加速土地退化。在自然气候条件下，土壤特性影响植被特征的变化，同时也随植被的变化发生改变，两者相互影响、相互制约；植被退化后，土壤毛管孔度下降，导致降水条件下水分的入渗、分配发生变化，影响土壤-植物系统水分在土体中的运动特征和分配平衡，进而改变生态系统的水文特征（Caravaca et al.，2017）。

植被破坏以及土地退化过程中不同植被演替阶段所造成的下垫面变化还会影响局地水热循环的改变。研究不同立地风速梯度变化时发现，虽然人工植被、撂荒植被和裸露农地的风速都随高度上升而增大，但是降低风速的能力不尽相同。植被的存在显著提高了地表粗糙度，改变了地表性质以及气流结构，消耗了部分空气动能。与荒农地相比，人工植被在 0.2m、1.0m 和 1.5m 三个梯度上的减风效益分别为 75%、66% 和 62%（卢永飞等，2014）。植被通过影响陆地-大气反馈过程进一步加剧土地退化情势，植被的减少导致蒸发降低，地面反照率增加，从而减少云的形成。利用人工高反照率对旱地环流进行数值模拟的大型试验表明，副热带地区反照率的大幅度增加可以减少降水（Sivakumar and Stefanski，2007）。不同退化土地、不同演替阶段群落内空气湿度也表现出明显差异，在植被覆盖情况下，林内风速降低，空气对流减弱，林下枯枝落叶蒸发、林冠的蒸腾作用和截留降水的物理蒸发，使水汽能较长时间的留在林分，因而提高了林内空气湿度（Pan et al.，2017）。亚马孙盆地是世界最大的陆地大气对流中心，森林植被覆盖变化影响水通量和区域对流，研究表明，亚马孙盆地森林的破坏导致该区域地面温度上升 2.5%，降水和蒸散均下降近 30%，亚马孙盆地对流降水在向高纬地区输送热量过程中起了关键作用，调控着全球环境气候变化。除此之外，植被能够通过光合作用吸收和固定大量 CO_2，同时释放 O_2，可维持地球大气中 CO_2 和 O_2 的动态平衡，能够减缓温室效应，并且可调节大气湿度和水分动态平衡（Osborne et al.，2010；Ukkola et al.，2016）。一旦发生土地退化，植被破坏，大量温室气体将重新回到大气中，必将增加二氧化碳等气体浓度，加剧温室效应和全球变暖。

6.1.2　荒漠化形成机理及固沙植被演变过程

（1）荒漠化形成机理

广义的荒漠化是包括气候变化和人类活动在内的各种因素作用下，干旱、半干旱和亚湿润干旱区的土地退化。我国土地荒漠化按主导成因划分为风蚀荒漠化、水蚀荒漠化、冻融荒漠化、盐渍荒漠化。风蚀荒漠化主要分布在干旱、半干旱地区，在各类型荒漠化土地中面积最大、分布最广泛的一种荒漠化类型。水蚀荒漠化在干旱、半干旱和亚湿润干旱区土地呈不连续的局部集中分布。冻融荒漠化是昼夜或季节性温差较大的地区，岩石或土壤剧烈的热胀冷缩而造成的结构的破坏或质量的退化。这些地方生物生产力一般较低，是一种特殊的荒漠化类型。盐渍荒漠化是化学作用造成的土地退化，是一种重要的荒漠化类型，在荒漠化地区有着广泛的分布。荒漠化的危害主要有土地退化、生物群落退化、气候异常、水文状况恶化、污染环境、毁坏生活设施和建设工程等。

荒漠化的形成是自然因素和人为因素共同作用的结果，气候变化是土地荒漠化发生和发展的客观原因，但是在具体的时间和空间范围内，人为因素是导致土地荒漠化发生、发展和加剧的最直接与最重要驱动力。人为因素主要包括人口激增和不合理的生产活动，这些不合理的生产活动主要包括土地过度开垦、过度樵采、过度放牧和水资源不合理利用等。以河西走廊地区荒漠化形成为例，从解放初期到 20 世纪末期，随着人口数量的急剧增加，绿洲面积随之大规模扩张。与此同时，过度樵采、垦荒、放牧和不合理的水土资源利用等人类活动加剧，使地表植被覆盖下降，风蚀等活动加剧，最终引起土地荒漠化（赵文智等，2016）。进入 21 世纪，土地荒漠化逐渐被重视起来，随后大量的人工植被防沙工程开始实施，在很大程度上限制了土地荒漠化程度的加剧。

（2）固沙植被演变过程——以梭梭人工固沙植被为例

不同栽植年限的梭梭人工固沙植被群落调查研究结果表明（郑颖，2017）：随着梭梭人工固沙植被栽植年限的增加，其密度先减小后增加；栽植 10 ~ 20 年的梭梭林密度比栽植 5 ~ 10 年的减小近 60% 。栽植 30 年后，梭梭林内开始出现大量天然更新幼苗，导致梭梭林密度增大，而部分梭梭幼苗和成年植株的死亡，导致栽植 40 年后的梭梭林密度再次降低。栽植 5 ~ 10 年的梭梭林以幼树为主，幼苗数量较少；栽植 10 ~ 20 年梭梭林幼苗数量极低，幼年树也减少，成年树数量增加；栽植 20 年以后，梭梭林开始出现少量新生幼苗；栽植 30 年以后，幼苗数量急剧增加；栽植 40 年以后，幼苗数量降低［图 6-1（a）］。由于植被自疏、个体生长差异等因素的影响，梭梭人工林的密度经历了一个先减小后增加再减小的过程。自疏导致 10 ~ 20 年样地幼苗和幼年梭梭密度较 5 ~ 10 年大幅度减小，成年树密度增加。

对不同栽植年限梭梭群落草本植物进行调查发现（郑颖，2017）：随着栽植年限的增加，虽然梭梭群落草本植物的物种数由 6 种增加到 10 种，但优势物种依然是雾冰藜；随着栽植年限的增加，梭梭群落草本植物密度一直呈增加趋势，并且在栽植30～40年的梭梭群落中，草本植物密度达到最大；在>40年的梭梭群落中，草本植物密度有所下降，但生物量随着栽植年限的增加呈增加趋势；梭梭群落草本植物盖度随着栽植年限的增加呈波动变化趋势，在栽植40年后盖度最大，达到27.5%。这一变化内在机理为，随着梭梭栽植年限的增加，流动沙丘逐渐被固定，梭梭群落的浅层土壤环境得到改善，为草本植物的定植和存活提供了有利的条件。随着梭梭栽植年限的增加，草本植物的种类、盖度、密度、生物量均显著增加，灌木的生长起到为周边草本植物遮阴的作用，并减少了土壤蒸发；灌木根系的水力提升作用，还为草本植物补充了一定的可利用水资源，同时灌木的存在也可以为草本植物抵御一定的风沙侵袭，为草本植物的生长提供庇护。

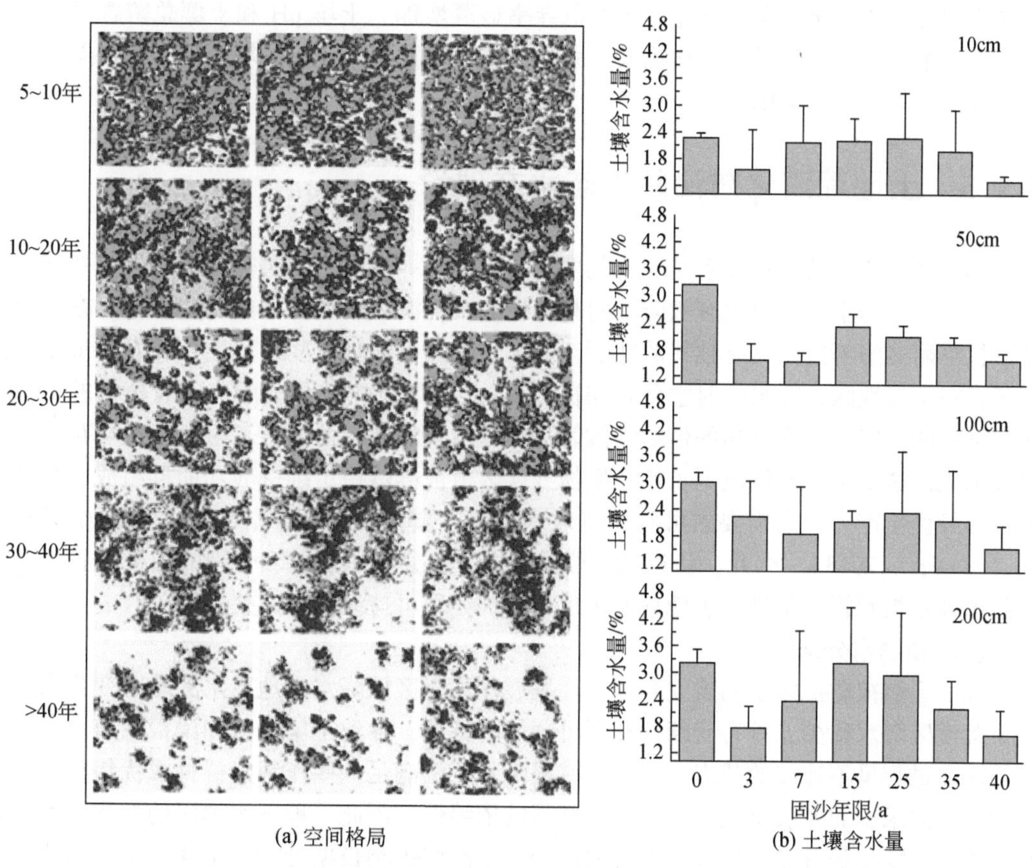

(a) 空间格局　　(b) 土壤含水量

图6-1　不同栽植年限的梭梭人工固沙植被空间格局特征（郑颖，2017）和土壤水分含量变化（王国华，2015）

对不同栽植年限的梭梭人工固沙植被空间格局研究发现：随着栽植年限的增加，梭梭种群的空间格局发生了明显的变化。栽植5～10年的梭梭种群在0～2m小尺度上呈均匀分布，在2m以上尺度上呈聚集分布。栽植10～20年的梭梭种群在0～2m小尺度上呈均匀分布，可以清晰地看到人工栽植的整齐的行距与株距；在2～6m尺度上呈随机分布，在6m以上尺度上呈聚集分布。栽植20～30年的梭梭种群在0～2m小尺度上呈均匀分布，但是在更大的尺度上则呈随机分布。栽植 30～40 年和 40 年以上的梭梭种群在所有尺度上都呈聚集分布，且栽植 30 年以上的梭梭种群，随尺度的增大，聚集程度显著增加[图 6-1(a)]。梭梭人工固沙植被栽植初期，不论是灌丛间裸地斑块，还是灌丛下方，深层土壤含水量均大于浅层土壤含水量，土壤水分对植被格局的影响相对较小；当梭梭人工固沙植被栽植 20 年左右时，梭梭群落的土壤水分格局发生了改变，浅层土壤含水量增高，而深层土壤含水量开始逐渐下降，并且随着植被固沙年限的增加，这种趋势更加明显；当梭梭人工固沙植被栽植 40 年左右时，土壤水分的格局又发生了改变，不论是灌丛间裸地斑块，还是灌丛下方，深层土壤含水量开始逐渐增加，而表层土壤含水量开始逐渐减小[图 6-1(b)]。随着固沙植被栽植年限的增加，不论是灌丛间裸地斑块，还是灌丛下方，浅层土壤有机碳含量、总氮含量、土壤电导率显著增加，土壤 pH 和土壤总磷含量变化不显著；土壤水分的变化是导致梭梭人工固沙植被生长发生分异，由均匀分布的格局向斑块状格局演变的主要驱动因素。

6.1.3 土地荒漠化防治的生态水文理论

建立稳定的植被防护体系是土地荒漠化防治的根本途径，而植被对水文过程变化的响应和适应机理是土地荒漠化有效防治的基础理论。荒漠区广泛分布的一些物种，在防风固沙、抗旱耐贫瘠等方面具有独特的功能，但水分仍然是限制这些物种生长和发育最重要的因子，在干旱地区，降水的时空分布和在植被-土壤系统中的再分配决定着植被的水量平衡与系统的稳定性。在不同的生物气候区，生态系统的稳定性或人工生态恢复均存在生态水文阈值，这个水文阈值决定了特定生物气候区植被群落稳定维持（功能群组成、物种多样性和最优生产力）所需要的可利用有效水资源（降水、地下水、土壤水）的生态承载力（Li et al., 2013）。因此，认识这些荒漠植物的水分利用规律、合理的植被配置以及有效的植被建植和管理是维持土地荒漠区植被防护体系可持续发展的关键所在。

（1）植物水分来源

荒漠区植被防护体系的建立和稳定性发展往往与区域降水、地下水的动态变化密切相关。荒漠区降水稀少，具有间断性和不可预知的特征，导致土壤水分和浅根系植物水分来源等水文过程呈不连续的状态。然而，有限降水无法满足一些作为建群种或优势种的大灌木的水分需求，而对浅层地下水具有非常强的依赖性，因此，地下水埋深的变化也直接影响着荒漠区植被的分布、生长和种群的演变。荒漠区植物长期处于干旱胁迫下，植物的水分利用策略对植物存活、生长、繁殖及分布以及净生态系统生产力有着深远的影响。当然，植物根系的类型或分布深度的不同，导致不同功能型或者不同年龄段的植物利用不同深度的水源，或者同一物种在不同季节或不同水分条件下利用不同的水源。认识物种对水源利用的分化有助于揭示生态系统的水分平衡、植被对气候变化的响应以及特定地区物种的分布格局等。

梭梭、沙拐枣、柠条、泡泡刺等物种通常被认为是优良固沙植物，但是它们在荒漠区的水分利用策略不尽相同。梭梭的主要水分来源随着年龄的增加由表层土壤水逐渐转变为相对稳定的地下水，即幼年梭梭主要依赖有降水补给的浅层土壤水分，而 20 年和 40 年的成年梭梭接近 90% 的水分来源是稳定的深层土壤水和地下水，且对降水变化的响应较小。泡泡刺存在典型的二态性根系分布特征，对潜在水源的获取随着水分条件的变化而能够灵活转变。例如，在降水较多的季节，泡泡刺对浅层土壤水（由降水补给）的利用比例可达到 60%，而在降水较少的季节，泡泡刺能够以地下水为主要水分来源来维持其正常的生存。沙拐枣和柠条等一些大灌木的主要水分来源于深层土壤水和地下水，而红砂、黄蒿等小灌木主要以降水补给的浅层土壤水来维持其生存（图 6-2）。因此，土地荒漠化地区的环境条件和资源供应率在时间与空间上有很大的变异性，生态位的分化能够在一定程度上促进物种的共存，同一生境条件下的物种因各自不同特性而采取不同的资源利用策略，如植物根系的深度或物候学特征等都会导致诸如水资源等有限资源的利用在时间和空间上的分割，不同生活型植物具有不同的水分来源，这在一定程度上也影响了气候变化时水分平衡与植被的响应程度。

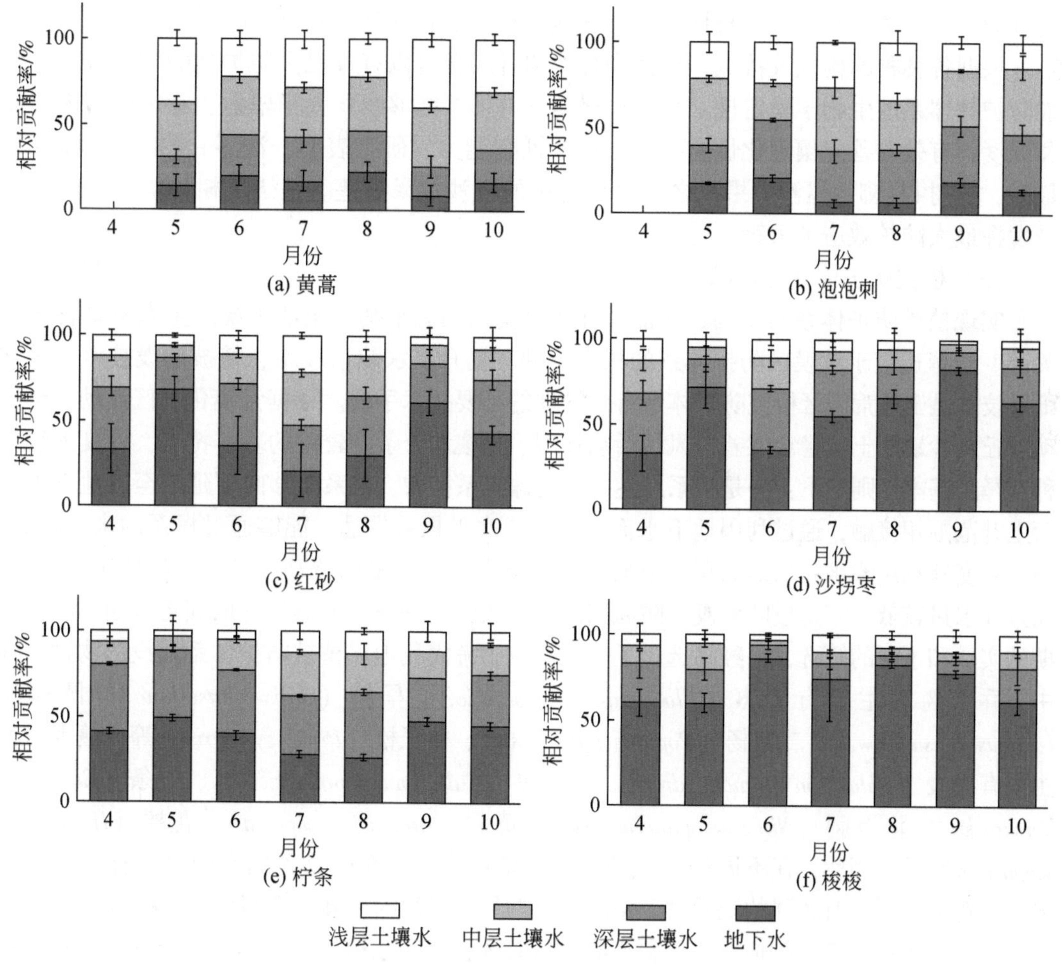

图 6-2　典型荒漠植物水分来源（Zhou et al.，2018）

（2）植被的配置

基于荒漠区植被群落结构、格局、防护效益和耗水关系的调查，认为植被防护体系要以雨养植物为主，以斑块格局配置方式为核心。但是，如何才能建立和维持稳定的雨养植被系统呢？在对荒漠区主要植被的繁殖更新、水资源的利用来源、种群扩张和植被分布格局等基本特征认识的基础上，认识到植被防护体系的建设要集绿洲、荒漠-绿洲过渡带、荒漠为一体，以聚集、斑块和散生格局多种配置为特征的农田林网带、前沿阻沙带、植物固沙带、封沙育草带为一体化的建设模式。其中，灌草固沙带主要由荒漠灌木、半灌木、多年生草本组成，在沙漠前沿营造防沙治沙基干灌木林带，灌草固沙带可有效削弱近地面风速，防止就地起沙，植株高大的灌木成带栽植，成林后具有较大的防风作用。建设中应结合无灌溉造林（雨养植被）以及旱作节水灌溉技术等，确保灌草固沙带的可持续生存和发展。多种灌木和草本固沙植物相间配置，形成高低不同的固沙带，对于降低风速，抵御地表风蚀，阻截流沙，改善小气候等方面都有显著效果。选择固沙植物种时，应以当地植物种为主，并掌握其生物学特性，做到适地适种才能收到良好效果。

根据各林种的构成及特点，选择合理的树种组合可以有效提高防护林的防护效能，增加防护林体系的生物学稳定性。绿洲边缘防护林体系能够减弱太阳辐射、稳定群落内温度和湿度；有效改善土壤理化性质，增强风沙抵御能力。研究表明，沙枣+柽柳的阻沙效果最好，杨树+柽柳的阻沙效果次之，而纯杨树的阻沙效果最差。适当的树种搭配是阻沙林带发挥最大防护效应的关键。

（3）植被防护体系的建植与管理

实现植被防护体系的结构、功能和耗水之间的动态平衡是土地荒漠区生态系统管理的关键。选育适应于荒漠区防护体系的树木良种，提升节水栽培技术、植被建设技术。植被配置技术是土地荒漠区植被防护体系有效管理的必要技术手段。根据荒漠化地区流动、半流动沙丘或沙地的土壤稳定性差、风沙活动强烈、土壤水分条件较差的基本特点，优良固沙物种选择的基本原则如下：一是根系发达，或为深根系植物，根系能够向下延伸至与地下水毛管上升范围相接触，通过利用地下水而生存，或水平根系发达，能够通过根系的水平扩展，最大限度地利用降水；二是耐旱、耐瘠薄，能够在贫瘠干旱的流动、半流动沙地正常生长，而且耗水量较低；三是枝叶繁茂，防风固沙能力较强，种植后能够较好的固定沙面。经过长期的实践和不断的筛选，已经筛选出了一批适应于荒漠化地区植被防护体系建设的物种。其中，乔木树种主要有沙枣（*Elaeagnus angustifolia*）、旱柳（*Salix matsudana*）、圆冠榆（*Ulmus densa* Litw.）、二白杨（*Populus gansuensis*）、樟子松（*Pinus sylvestris*）等；灌木树种主要有梭梭（*Haloxylon ammodendron*）、沙拐枣（*Calligonum mongolicum*）、柠条（*Caragana korshinskii*）、泡泡刺（*Nitraria sphaerocarpa*）、黄蒿（*Artemisia scoparia*）、花棒（*Hedysarum scoparium*）等。当然，在不同的生境条件下，植被防护体系中物种的空间格局存在明显差异，且对空间尺度有较强的敏感性，空间异质性程度越高的种群对空间尺度越敏感。

土地荒漠区植被防护体系需要科学有效的管理技术。在植被建植初期，定期检查林带的成活率和缺苗率，必要时要对植被缺损严重的区域进行补植，相应地，要补植年龄相同、生长健壮、根系完整的优质苗。随着防护林林龄的增加，植株之间对于水分、养分、光照等资源的竞争加剧，植被格局逐渐向斑块化发展，均匀栽植的人工固沙植被经过演化呈现出点状或带状等类似天然植被的、相对稳定的空间格局。这被认为是风沙活动驱动了荒漠植物根茎的互馈机制，导致水文要素分异，进而引起植被分异，并最终在空间上形成具有特殊规律的植被分布格局。这种现象也被认为是“水分聚集适应”（李小雁，2011）。该现象有助于提高植被系统的水分利用效率和增强生态系统稳定性，是一种优化的水分分配与高效利用模式。

6.1.4 土壤盐渍化形成与防治的生态水文学机理

盐渍化作为土地退化的一种类型，广泛分布于世界 100 多个国家和地区，面积达 10 亿 hm^2。在中国，仅西北 6 省（自治区）（陕西、甘肃、宁夏、青海、新疆、内蒙古）盐渍土面积就占全国盐渍土总面积的 69.03%。盐渍化问题已成为制约干旱与半干旱区农业发展、农民生活条件改善的主要因素之一。土壤盐渍化分为原生盐渍化和次生盐渍化。原生盐渍化是指自然发生的土壤盐渍化；次生盐渍化是指土壤以前不受盐渍化的影响，或仅轻微地受到盐渍化的影响，但在灌溉一定时期以后，它们变成了盐渍化土壤，这通常是由人为不合理的灌溉和使用（如大水漫灌、排水不良等）方式引起的，是人为活动对土地资源的破坏。各种发生盐化和碱化过程的土壤均称为盐渍土，包括盐土、碱土和各种盐化土、碱化土。土壤渍化通常出现在气候干旱、土壤蒸发强度大、地下水位高且含有较多可溶性盐类的地区，是一定的气候、地形、水文地质等自然条件共同对水盐运动产生影响的结果。

1. 土壤盐渍化形成的生态水文过程

（1）盐渍区土壤水热盐耦合运移规律

温度、水势和盐分梯度是土壤水热盐运移的重要驱动机制之一，且土壤水热盐的运移是相互影响、相互制约的。在土壤盐渍化分布区，表层温度与含水量（$R^2=0.94$）、电导率（$R^2=0.45$）均呈指数函数关系，蒸散量与表层电导率呈线性关系，土壤含水量与电导率呈极显著正相关关系（$R^2=0.93$）（图 6-3）。这反映出温度梯度对盐渍土的水盐运移方向及其分布格局产生控制作用。反之，土壤水分变化与迁移运动改变土壤热特性，反作用于土壤温度（富广强，2014）。土壤经历冬冻春融的循环过程，还会引起土壤中水热盐的特殊运移。在冻融期，土壤水分迁移受土壤温度与土壤水势的综合影响，但主要受土壤温度梯度的影响，导致水分挟带盐分从热区域向冷区域运动。在冻结期，土壤逐渐向下冻结，土壤水势降低导致水盐不断向表层上移。随气温降低，表层的水盐逐渐被冻结在土壤中，表层土壤含水量下降，电导率上升。在消融期，土壤进行双向融化导致冻结层发生冰-水的相变过程，使得表层土壤含水量和电导率均上升，出现春季返盐现象。在生长期，受降水、蒸发和地下水的共同作用，土壤电导率出现连续的波动，积盐-脱盐现象反复出现（李志华，2011）。因此，在土壤盐渍化分布区，冻结期土壤发生脱盐现象，消融期则发生积盐现象。此外，在冻土中，溶质的存在还会导致冰点降低，进而影响冻融土壤水热运移。因此，土壤水分、温度的季节性变化对土壤盐分积累与盐渍化防治产生较大的影响，对土壤水热盐耦合运移规律的认识是防治土壤次生盐渍化和改良盐渍化土壤的前提。

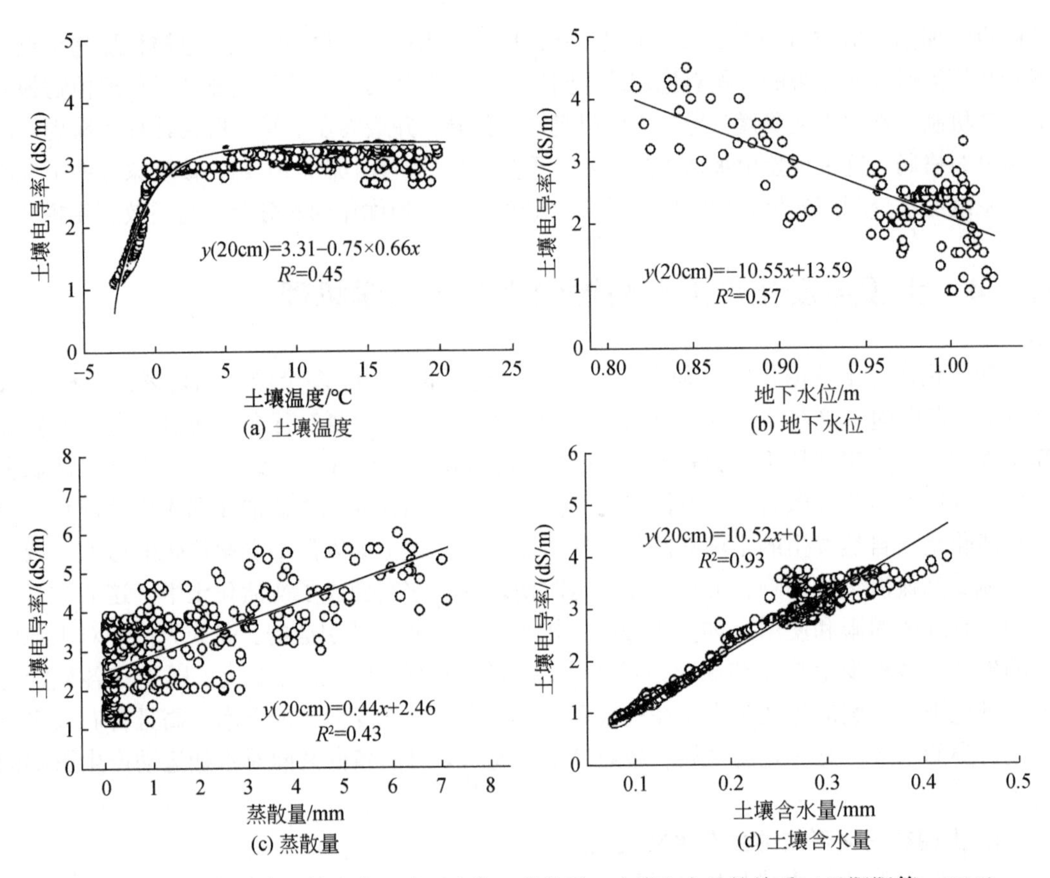

图6-3 土壤电导率与土壤温度、地下水位、蒸散量、土壤含水量的关系（孟阳阳等，2019）

（2）土壤盐渍化形成与生态水文过程

引起土壤次生盐渍化主要原因有三方面：一是浅层地下水位升高超过其临界深度，导致土体和地下水中盐分向地表富集；二是土壤心底土存在积盐层，其中的盐分被灌溉下渗水流溶解活化，转向地表累积；三是采用高矿化地面水或地下水灌溉，而又无调控措施，致使盐分在土壤表层累积。浅埋的地下水位与强烈的蒸发作用是干旱区土壤盐渍化形成的动力条件。干旱区降水稀少，地下水位较浅，蒸散强烈，毛管水是土壤中盐分迁移的主要载体。在土水势作用下，土壤水分挟带着溶质产生迁移。同时，土壤中热量的分布与变化会使土壤水分的相态发生变化，进而影响毛管势、溶质势以及其他土壤水动力学参数，以致温度对土壤水盐的运移起着主导作用，并决定着土壤水盐运动的方向与分布。在强烈蒸散和温度梯度作用下，土壤盐分或地下水可溶性盐随着土壤水向地表运动，沉积在地表和植物根系周围，从而形成土壤盐渍化。所以，土壤盐渍化的防治难度显著地受地下水位的控制和影响。土壤盐渍化随潜水水位加深明显减低，并与地下水位呈极显著负相关。

干旱与半干旱区土壤水盐动态综合反映了气候、土壤与植被相互作用所体现的水盐平衡关系，而水盐平衡动态变化反作用于植被群落演替，是自然状态下干旱与半干旱区植被群落分布格局的主要决定因素。从盐渍化过程看，土壤水分是盐分迁移的溶质、载体和介质，其活动直接影响土壤中盐分的动态过程，决定土壤盐渍化程度和动态，进而影响地表植被格局以及动态特征。“盐随水走”是盐分在土壤中运移的主要方式，因此，在其他条件不变的情况下，土壤水分和盐分运移具有相似的变化规律。随土壤水分的时空迁移变化，土壤中的盐分也相应地表现出积盐与脱盐变化。在干旱区，土壤水盐交互作用影响植被分布和群落类型，土壤水分和盐分更是植物生存与群落组成的驱动因子及限制因子。同时，一些盐生或碱生植被可以将大量盐分积聚在根系周围土壤以及植物体内，调节水盐在土壤剖面中的分布，通过植被斑块格局调节局部的土壤水分蒸发、地表水文格局，影响土壤积盐过程。近年来，大规模的土地利用方式的变化（如灌溉农田绿洲的发展）使得干旱区地表植被格局发生重要变化，这种变化改变了地表产汇流及盐分运移过程，使得区域尺度或流域尺度上原有的水盐平衡被打破，部分地区盐分随水分到达地表参与近现代地表生态过程，导致土壤盐渍化或次生盐渍化过程发生。随着盐渍化程度的加重，部分地区地表植被向盐生或碱生植被群落演替。

地下水直接参与干旱区地表过程的构建，对地表生态过程具有重要的调控作用。在干旱区，影响植物生长的主要因素是土壤盐分和水分，两者都与地下水位高低有关。当地下水位过高时，溶于地下水中的盐分受蒸发影响就会在土壤表层积聚，导致盐渍化，不利于植物的生长。当地下水位过低时，地下水不能通过毛管上升到植物可以吸收利用的程度，导致土壤干化、植被衰败，发生土地荒漠化。因此，有学者将既能减少地下水强烈蒸发返盐，又不造成土壤干旱而影响植物生长的地下水位称为合理的生态地下水位。但是，合理的生态地下水位受到多种因素的影响，如气候、土壤（特别是土壤的毛管性能）、水文地质（特别是地下水矿化度）、土壤盐渍化程度与治理要求、植被以及人为措施等，现阶段尚缺乏理想的确定方法。目前，干旱与半干旱地区土地利用/覆被变化-土壤盐渍化互馈过程的生态水文学机理研究，成为揭示土壤盐渍化过程与寻求综合防治对策的热点领域。

土壤盐渍化对植物生长具有较大影响，主要体现在毒理性作用，归纳为渗透抑制、矿质营养失调、离子毒害和氮素代谢影响等几方面（杨少辉等，2006）。土壤中盐分离子的集聚会引起植物生理性缺水，土壤盐分离子的增加会抑制植物对其他养分的吸收，导致植物发育不良，进而导致减产或死亡；Na^+和 Mg^{2+}离子的增加会引起植物细胞的结构性损伤以及阻碍植物光合作用，减少叶绿素的产生，从而导致作物的功能叶片减少，株高降低，干物质的积累量下降；同时土壤盐分能引起植物氮素代谢过程中产生具有毒性的中间产物，促使作物新陈代谢过程减弱等。另外，K^+离子对于植物的根具有较高的毒性，而 Na^+对于植物的茎发育毒性更明显；也有观点认为，Na^+毒性的显现主要是源于对植被组织中 K^+的释放以及由 Cl^-毒性所致。土壤盐分对植物生长发育造成以上诸方面毒害影响，主要源于以下三方面的原因（MUNNS，1993）：一是盐土中的低水势引起植物叶片水势下降，导致气孔导度下降，这是盐分影响植株多种生理生化过程的根本原因；二是盐害降低光合作用速率，减少同化物和能量供给，从而限制植物的生长发育；三是盐害影响某些特定的酶或代谢过程。

2. 土壤盐渍化防治的生态水文学机理

（1）土壤盐渍化防治的物理措施

土壤盐渍化形成的过程就是盐渍土区生态水文过程及其耦合作用的结果，其中水盐运移是土壤盐渍化形成的核心驱动力。在土壤盐渍化分布区，表层水盐与地下水埋深呈负相关关系［图6-3（b）］。说明地下水波动是荒漠绿洲湿地脱盐、洗盐的主要因素，充分利用地下水波动规律是土壤盐渍化防治不可缺少的前提条件。盐碱地的物理改良措施主要采取客土改良、水利工程措施（冲洗脱盐、明沟排水等）、平整土地、深翻松耕、压沙等方法，这些方法在前期盐碱地的治理中起到了良好的效果（顾文婷等，2014）。深翻松耕有利于疏松土层，切断土壤毛细管，减少水分蒸发，抑制土壤返盐。国际上先后发展起来了多种较为完善的排水脱盐水利工程体系，我国也相继在重点盐渍化区域建立了完整的干、支、斗、农、毛五级沟渠排水系统，并取得了良好的盐渍化防治效果。目前主要的排水脱盐水利工程措施有明沟排水、暗管排水、生物排水、井灌井排和盐土综合治理等。我国的内陆干旱、半干旱以及黄淮海地区主要实施以沟管结合、暗管排水为主的排水脱盐措施，而井灌井排措施主要应用于新疆等干旱内陆流域；在东北盐碱地主要采用冲洗的方式进行脱盐；在滨海高盐区主要采用海水养鱼、淡水养鱼、种稻、蓄淡压盐以及围堤挡水为主的工程措施。

我国的盐渍土防治和开发工作走在世界前列，从20世纪60年代开始的黄淮海平原重点综合治理到21世纪在干旱区通过井灌井排、膜下滴灌等新技术的盐渍化改良工作均取得了巨大的成功，经济社会效益显著。我国土壤盐渍化防治遵循“因地制宜、综合防治”和“水利工程措施与农业生物措施紧密结合”的原则。以干旱区荒漠绿洲复合体玛纳斯河流域为例，盐渍土治理经历了从大水漫灌洗盐与开挖排碱沟排盐相结合的“高耗水弱治理”的初级阶段，到膜下滴灌与井灌、井排等新技术相结合的“低耗水强治理”的现阶段。水利工程措施和技术手段的革新使灌区土壤盐渍化的防治工作取得了很大的成就。

（2）土壤盐渍化防治的化学措施

化学改良措施就是通过施加化学改良剂和一些矿质化肥来改良盐碱地的过程，其原理就是酸碱中和，通过施用化学改良剂可改善土壤理化性质，减轻或消除盐渍化的危害。常用的化学改良剂有矿质化肥、脱硫石膏、磷石膏、亚硫酸钙、硫酸亚铁、有机或无机肥料、高聚物改良剂和土壤综合改良剂等。另外，增施有机肥料能增加土壤的腐殖质含量，有利于土壤团粒结构的形成，增加土壤的通气性和透水性，促进盐分的淋洗，活化土壤中的微量元素、磷素，分解后产生的有机酸中和土壤中的碱性，改善土壤养分供应状况。一些发达国家，如美国、澳大利亚在盐土上，特别是在碱土上施化学改良剂，如石膏、硫酸、矿渣磷石膏，因土地类型不同，施入量也不同，施用时间长短取决于当地的经验和资金的状况等。另外，也有研究向土壤中注入聚丙烯酸脂溶液，其与土壤形成不透水层，从而减少土壤水分的蒸发，减少盐分随毛管水蒸发向表土累积，进而使作物产量明显增加。此外，高聚物改良剂和土壤综合改良剂等盐碱地改良材料在国内外也得到广泛研究与应用。例如，将腐植酸、活性炭、氮磷钾肥、石膏、硼砂和硫酸锌进行配比，制备出盐碱土壤的改良肥料，在改良盐碱地中取得良好的效果。化学改良措施虽然见效快、效果明显，但是成本昂贵，且使用不当易对环境造成二次污染。从可持续发展的角度看，土壤改良剂在应用范围和适用条件方面也存在一定的局限性（顾文婷等，2014）。

（3）土壤盐渍化防治的生物措施

生物改良措施主要包括种植耐盐碱的植物和施入含微生物的有机肥。通过农耕、种植耐盐性植物来提高对盐渍土的利用率，相对于物理改良措施和化学改良措施，生物改良措施价格低廉，环保有效，同时能产生一定的经济效益。生物改良措施是一种可持续性强、生态环境效益好的改良措施，是抗击盐碱地的一项有力措施。植被种植不但能够减少地表盐分的表聚性上系，还能通过植被蒸腾进行变相排水，在实际应用中生物排水主要与其他几种排水措施结合使用。20 世纪 60 年代，美国农业部成立了国家盐碱地实验室，分别对草本、蔬菜、粮食和果树等植物的相对耐盐性数据进行了系统构建，列出了不同植被的耐盐性能（Kenneth，1990）。在这一指导性成果基础上，后来人们不断开发利用适宜性耐盐植物，以获得对盐渍土的利用。例如，在较重盐碱地上，可选择耐盐碱较强的田菁、紫穗槐等。在中度盐碱地，可以种植草木犀、紫花苜蓿、黑麦草等。同时，科学家持续开发作物的耐盐基因，以推进盐碱化土壤上农作物高产，如 2005 年以来，先后有不同国家开发出了不同的水稻耐盐基因，为进一步的耐盐水稻培育创造了条件。通过生物、生态措施来改善盐渍土具有显著的土壤改良和经济效益双重收益，因而是目前和未来盐渍化土壤改良的重要方向。通过耐盐碱植被的种植，一方面，土壤表层盐分被植物根系吸收积累到体内，收割后土壤盐碱性降低；另一方面，通过种植耐盐作物，可以疏松土壤，减少地面水分蒸发，从而阻止土壤表层盐分的积累（顾文婷等，2014）。同时，土壤总孔隙度和毛孔隙度增加，透水性能变好，土壤结构得到改善。此外，土壤有机质含量随着地表枯枝落叶层的腐败和根系的死亡代谢而得到提高，而凋落物和土壤有机质产生的有机酸与 CO_2 可起中和改碱的作用，降低土壤 pH，增强氮的矿化能力，提高土壤微生物量，增加土壤中酶的活性，提高稳性团聚体数量和质量，提高土壤肥力。

在农业用地中，施入含微生物的有机肥可以调节土壤结构，改善土壤理化性状，同时加入的微生物可活化土壤团粒结构，增加土壤中有机胶体和腐殖质含量，进而增加对盐离子的吸附能力，降低盐渍化土壤中有害盐离子。此外还可以通过地膜覆盖、秸秆覆盖还田、覆砂等农业改良措施改变盐渍土的水热状况，抑制盐渍土的发生等（王曼华等，2017）。

6.1.5 退化土地修复的生态水文过程影响

植被恢复能够有效改善土壤物理结构，在生长过程中，植物根系对土壤的穿插分割作用以及根系死亡后在土壤中形成的孔道，通常使土壤形成大孔隙。这些大孔隙能够增加非毛管孔隙度和深层土壤的孔隙度，对森林土壤的入渗产生重要的影响，从而影响坡面产流和深层蓄水。土壤大孔隙可使土壤的饱和导水率显著增加，对总入渗量贡献率可高达 85%

(Castellini and Ventrella, 2012)。壤中流的产生是森林涵养水源和调节径流的主要方式，大孔隙能够增加入渗，尤其是暴雨径流中大孔隙造成的快速入渗、壤中流和回归流对森林的水文功能影响更大。在半干旱半湿润地区，由于土壤大孔隙具有较高的入渗能力，地表径流的产生相对较少，可有效地防止水土流失的发生；同时，大孔隙入渗进入深层的水分，有利于土壤干层的水分恢复，满足植物生长的水分需求。

植被每年形成的枯枝落叶以及死亡根系分解后形成的有机质进入土体后使土体质地变轻，根系和其分泌物以及植被形成的有机质能固结团聚土粒，使其形成稳定的团粒结构(Boerner et al., 2015)。植被通过增加土壤团聚体的含量影响土壤物理结构性能以及土壤的物理健康的状态或趋势，特别是土壤中水稳性团聚体的数量和组成决定了土壤物理结构的稳定性。黄土丘陵区不同粒级团聚体有机碳含量随植被恢复年限总体呈上升趋势就是这一机理的体现。退化红壤植被恢复的研究结果表明，41%~51%的有机碳储存在大团聚体中，24%~38%储存在微团聚体中，植被恢复能够有效提高土壤和团聚体有机碳含量（黄荣珍等，2017)。植被恢复不仅能够有效减缓土壤侵蚀，还可以减少向河流和湖泊运移的营养物质。例如，在陆地生态系统和水生生态系统之间的界面上建立与维持植被缓冲带，能够使总磷减少最高达99%，总悬浮泥沙减少94%，硝酸盐氮减少85%（Alemu et al., 2017)。在植被作用下，土壤有机质、总氮、水解氮、总磷、速效磷向土壤上层富集，但不同植被对养分的影响不同，不同植被对不同深度土壤的养分影响也有所差异。植被恢复不仅能够改善土壤理化性质、净化水质，也能增加地面粗糙度，使近地面的大气湍流加强，促进热量、水汽和动能在垂直方向上的传输，对大气湿度和水分动态平衡起到调节作用，改善区域小气候。需要强调的是，植被变化对区域温度和降水量的影响随气候区的变化而不同（Ge et al., 2014)，如植被覆盖增加将引起地表向下传输的热量减少，这种现象在寒区更为普遍。

在退化土地修复过程中，植被与土壤被视为一个有机统一体系，存在着相互依存、互为条件、相互选择和制约的复杂的互动效应。土壤为植物生长提供水分、养分和矿质元素，其含量甚至对植物群落的类型、分布和动态产生影响，土壤理化性质影响着植被发育和演替速度；而植被对土壤养分产生生态效应，植物通过吸收和固定CO_2积累与分解群落生物量等，使得土壤养分在时间和空间尺度上出现了各种动态变化过程。因此，基于生态系统的水分再分配原理，系统分析植被、气候变化与土地退化协同作用的时空分布规律以及生态水文学机制，充分发挥生态措施调节径流、“避免、减少和逆转”土地退化的生态功能成为生态水文学应用的重要场所。

6.2 水土流失与生态水文

水土流失是发生在地表水文循环过程中伴随着能量和物质分散的复杂物理过程，它是植被、土壤、地貌、水文统一变化的过程。植被是生态环境演变的主导因素，不管植被变化是何种因素引起的，以植被为主体的生态过程对侵蚀过程中剥蚀、搬运、沉积的调节和控制起主导作用。在水土流失发生发展过程中，水土流失从其动力学过程到内在表征表现为一种物理过程以及与之相伴的化学过程。其中，以植被为主体的生态过程及其对水文环境的影响是水土流失动力学条件的关键所在。同时，水土流失与生态水文过程的作用是相互的（图 6-4），两者间的相互作用受多重因素的影响，其相互关系在生态水文过程的发生发展中涉及生态系统内部以及生态系统与其外界环境的多种复杂作用。因此，本节重点从生态水文学的角度进行水土流失与生态水文过程相互作用的内在机制研究，弄清两者之间在不同维度上的机理关系与过程。

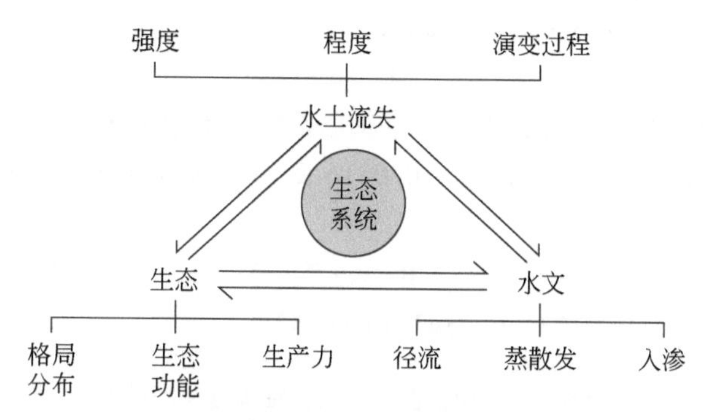

图 6-4　水土流失与生态水文的相互作用关系

6.2.1　水土流失的生态水文过程与机制

植被是影响水土流失发生发展的所有自然因子中最为重要的因子之一，当生态环境变化时，特别是植被被破坏时，水土流失就演化为加速侵蚀，其受控于地形与降水。在极端生态水文现象下，植被破坏或植被类型的转变均可能引起水土流失和侵蚀产沙的改变。然而，不同形式水土流失和侵蚀产沙由于产生过程不同，植被变化的影响作用亦不同。表层水土流失主要指的是由于缺少地表植被保护，雨滴击溅地表引起的土壤侵蚀。已有大量研究表明，由于植被破坏，表层土壤侵蚀量和产流量增加，以及径流挟沙能力、剥蚀能力增加，下游产沙量增加（Jiao et al.，2007；Lin et al.，2014）。与表层水土流失不同，沟蚀是径流汇集后冲刷地表出现的侵蚀现象，虽然植被覆盖的增加并不能有效控制沟蚀的发育及发生，但从水文连通性的观点来看，沟蚀系统的发育往往促进了流域泥沙产量的运移，同时流域产沙量也受地质以及土地利用与植被变化的影响。

植被生长对径流泥沙的影响关键在于改变了降水侵蚀动能。植物利用根系固定土壤，通过树冠减少雨滴的能量。植被生长引起植物高度增加、根系伸长、叶面积增加、覆盖度增大，植被结构发生变化，植被对降水的阻截再分配作用因此发生变化，改变了降水对地表的侵蚀击溅力。植被生长过程中枯枝落叶及土壤的改变也显著影响径流泥沙水文过程。植被枯枝落叶的不断聚集，不仅有效减弱了雨滴分散土壤颗粒的动力，防止土壤侵蚀发生，同时枯枝落叶聚集增大了地表糙率，增强了其自身蓄水能力，有效分散、吸收径流，显著降低水流挟沙能力，减少径流汇集及泥沙搬运。因此，在相同植被覆盖下，植被群落结构不同，地被层（枯落物、苔藓以及土壤腐殖质层等）不同，就会形成完全不同的土壤侵蚀过程，如以丛生禾草为主的混合草地较草坪草地土壤侵蚀较少。

1. 植被覆盖变化对水土流失的影响

植被覆盖在控制水蚀中的重要性已被广泛接受。大量研究表明，径流和泥沙流失都将随着植被覆盖率的增加而呈指数下降（表6-1）。在较短时间尺度内，植被主要通过拦截降水和保护土壤表面免受降水的影响以及拦截径流来影响侵蚀。在较长时间尺度内，植被会通过增加土壤的稳定性和内聚力、改善水的渗透来影响水通量。植被覆盖率与侵蚀速率之间的负指数曲线可以通过以下方程式决定：

$$\mathrm{SLr}=\mathrm{e}^{-bC} \tag{6-1}$$

式中，SLr 为相对土壤流失（或植被覆盖与裸地条件下土壤流失量的差值）；C 为植被覆盖率（%）；b 为根据植被类型在 0.0235 ~0.0816 变化的常数和实验条件。关于各植被类型的径流（Rr）：

$$\mathrm{Rr} = \mathrm{e}^{-bC} \tag{6-2}$$

式中，b 根据实验条件为 0.0103 ~0.0843（图 6-5）。

表 6-1　植被覆盖与片蚀、细沟侵蚀的关系

植被类型	相关侵蚀方程	原始方程	参考文献
牧场、草地、灌木和乔木	$E_r = e^{-0.0235C}$	E (cm/a) $= 0.0668\, e^{-0.0235C}$，$R^2 = 0.89$	Dunne 等（1978）
	$E_r = e^{-0.0168C}$	$E = 0.9258\, e^{-0.0168C}$	Rickson 和 Morgan（1988）
草地	$E_r = 0.0996 + 0.9004\, e^{-0.0370C}$	$E = 433.43 + 3920.44\, e^{-0.037C}$，$R^2 = 0.56$	Dadkhah 和 Gifford（1980）
牧场、草地	$E_r = e^{-0.0300C}$	E (g/m²) $= 10.4856\, e^{-0.0300C}$ 降水持续 30min，$R^2 = 0.25$	Snelder 和 Bryan（1995）
		E (g/m²) $= 34.1240\, e^{-0.0300C}$ 降水持续 60min，$R^2 = 0.37$	
地中海马托拉尔	$E_r = e^{-0.0411C}$，$I = 100.7$mm/h	E (g/L) $= 5.4172\, e^{-0.0411C}$，$R^2 = 0.99$	Francis 和 Thornes（1990）
	$E_r = e^{-0.0816C}$，$I = 25.8$mm/h	E (g/L) $= 5.5669\, e^{-0.0816C}$，$R^2 = 0.99$	
牧场	$E_r = e^{-0.0435C}$	$E_r = 0.6667 e^{-0.0435C}$	Elwell 和 Stoking（1976）
牧场、草地	$E_r = e^{-0.0455C}$	E (g/m²) $= 653.27\, e^{-0.0455C}$，$R^2 = 0.62$	Moore 等（1979）
	$E_r = e^{-0.0477C}$	E (t/hm²) $= 64.4240\, e^{-0.0477C}$，$R^2 = 0.99$	Lang（1990）
牧场	$E_r = e^{-0.0527C}$	$E = 0.9559\, e^{-0.0527C}$	Elwell（1980）；Elwell 和 Stoking（1974）
牧场、草地	$E_r = e^{-0.0593C}$	E (t/hm²) $= 16.857\, e^{-0.0593C}$，$R^2 = 0.96$	Lang（1990）

续表

植被类型	相关侵蚀方程	原始方程	参考文献
牧场、草地	$E_r = e^{-0.0694C}$	E（t/hm^2）$= 335.38\ e^{-0.0694C}$，$R^2 = 0.98$	Lang（1990）
耕地：甜菜+地膜	$E_r = e^{-0.0790C}$	$E = 136\ e^{-0.0790C}$，$R^2 = 0.86$	Kainz（1989）

注：方程反映了地上部分（茎和叶）和地下部分（根）生物群落的综合效应。C 为植被覆盖率（%）；E_r 为相对于裸露土壤的侵蚀情况；E 为侵蚀；I 为降水强度。

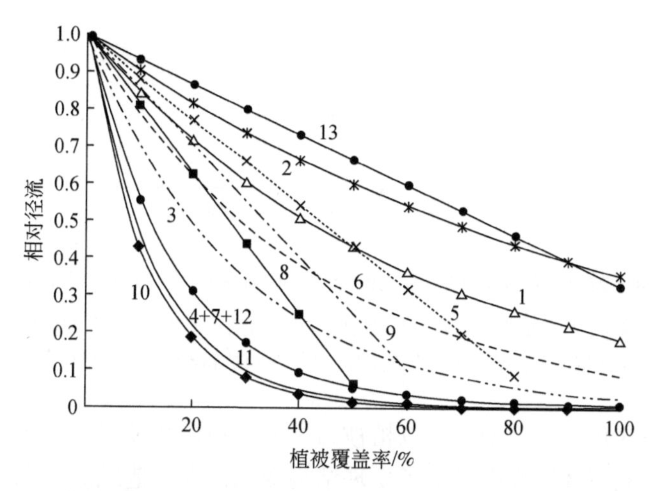

图 6-5　植被覆盖率与相对径流的关系（Zuazo and Pleguezuelo，2008）

1、2. 美国爱达荷州（草地）；3、4. 美国犹他州北部（林地）；5. 美国科罗拉多州西部（林地、草地）；6. 津巴布韦（耕地：农作物）；7. 澳大利亚新南威尔士州（牧场、草地）；8、9. 德国拜恩州（耕地：甜菜+地膜）；10、11. 地中海地区（林地）；12. 澳大利亚新南威尔士州（牧场、草地）；13. 澳大利亚东部（牧场、林地）

综上所述，植被恢复可降低径流量，提高土壤水入渗，增加地下水补给，补充深层的水资源；对于位置较低的区域，植被恢复也可降低破坏性洪水对当地的影响。植被通过改变土壤特性而改变径流、土壤侵蚀发生，实质上减少了超渗产流的概率，这在以超渗产流为主的干旱半干旱地区尤为明显。

2. 植被结构变化对水土流失的影响

植被覆被或土地利用类型的转变对水土流失的影响是长期研究领域，除了耕地具有较大的水土流失强度外，其他植被覆盖或土地利用变化也对水土流失产生影响，如图 6-6 所示，归纳已有研究结果，可以大体认为森林植被比草地植被（特别是放牧草地）具有更强的水土保持能力，而自然林地则比人工林地具有更大的水土保持作用，这与自然森林植被具有更加复杂的植被结构有关。

在无人为干扰下，植被正向演替形成顶级群落，植被群落结构复杂化，生物生产力提高，群落系统功能完善，降水侵蚀动能经不同冠层及地表枯落物覆被层逐级递减，从而减少径流泥沙，发挥较强的水文生态功能。植被恢复演替引起群落结构发生变化，进而改变枯落物层及土壤层的有机质含量、土壤入渗特性，使得径流泥沙水文过程发生变化。植被

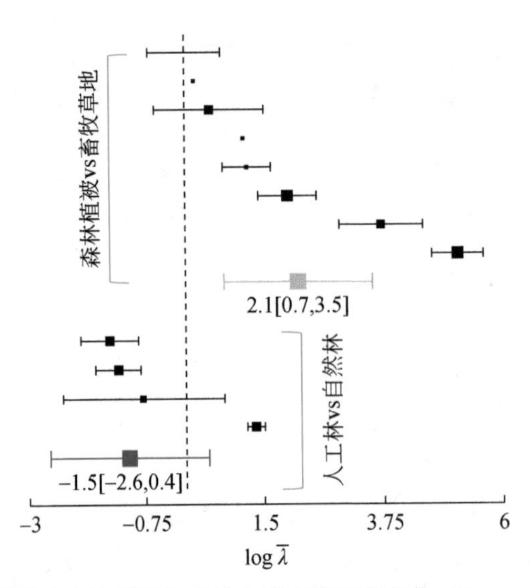

图 6-6　不同植被覆盖或土地利用方式的土壤入渗速率变化（Bonnesoeura et al.，2019）

$\overline{\lambda}$为平均土壤入渗率，图中数据表示多个不同地区研究结果的分布情况；黄色和绿色正方体分别代表针对森林植被与草地植被入渗率之差的均值分布、人工林植被和自然林植被土壤入渗之差的均值分布

恢复所带来的植被变化，显著增加了以植被为主的生物控制过程，有效地改善了生态水文效应。植被在生长或演替过程中发生了生理结构变化，因此造成的生态水文响应不同。此外，植被可以充当物理屏障，改变土壤表面的泥沙流。植被沿斜坡空间分布的方式是减少泥沙径流的重要因素（图 6-7）。在植被退化背景下，林冠、凋落物对降水截留能力和蓄水能力、土壤的渗透和蓄水能力降低。地表及土壤水文特性变化，使得入渗概率减小，暴雨径流响应增加。同时，即便土壤水文特性改变较小，植被破坏后由于流域蒸散减小，土壤含水量增加，暴雨径流仍然呈现增加趋势。因此，植被退化会造成水土流失，而水土流失的发生，可改变土壤的物理性质（容重、渗透性、含水量、稳定性等），破坏土体结构，降低团聚体的稳定性，进而限制土壤水分入渗，破坏土壤水的运动路径，使得土壤颗粒间的储水空间丧失，土壤蓄水量因此减少，进一步改变流域产汇流过程的径流组分比例。基于此，从径流形成与改变的水文过程来看，水土流失引发土壤入渗、土壤储水等变化，使水文路径以及斑块、坡面等水文连通特征发生改变，进而使关联不同尺度水量平衡及其组分分配具有了较大复杂性。

在不同植被结构下，累计产流量、累计产沙量随降水量增加而增加的趋势是不同的。如图 6-8（a）所示（杨春霞等，2019），地表无植被覆盖情况下，即便有根系分布，这类坡面的产沙量增加幅度最大；其次为缺少地被层的单一植被覆盖坡面（高层覆盖），具有较好的地被层（凋落物和草本等）的地表覆盖和自然森林完整覆盖坡面的产流产沙过程增加趋势较以上两种覆盖结构明显变缓，其中自然森林完整覆盖坡面结构对坡面的产沙过程的影响最为突出。在黄土高原实施多年的退耕还林还草措施后，不同植被类型和结构的坡面累积产沙强度与耕地相比出现显著变化，如图 6-8（b）所示（Gu et al.，2020），退耕还

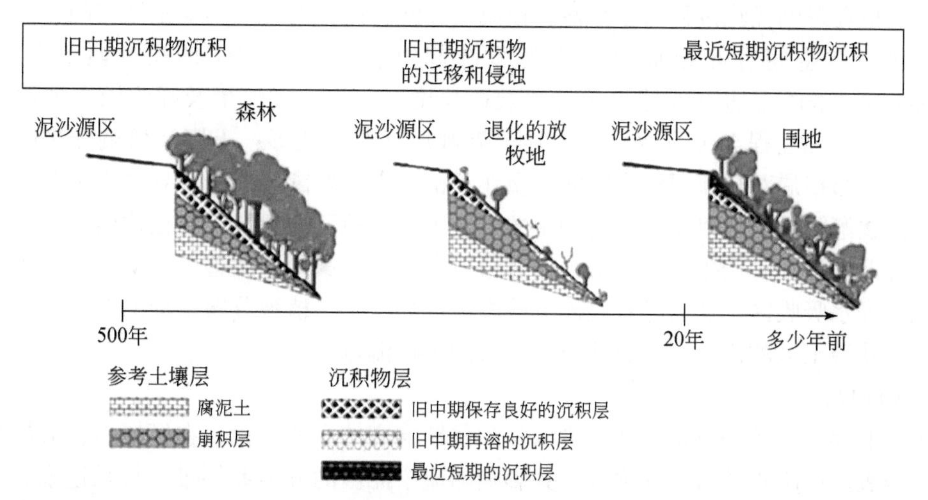

图 6-7 当前围地所经历的土地利用、泥沙沉积及成土的演变过程（Descheemaeker et al.，2006a，2006b）

图中解释了山坡上发生的过程；旧中期沉积物是指在发生降解阶段之前沉积的物质，而最近短期沉积物是在围地建立之后沉积的

草（自然演替草地）20 年后，地被层凋落物和有机质较为发育，其水土保持能力高于相对单一的灌丛植被坡面；退耕还林 25 年后的森林植被坡面，由于具有了更加复杂的植被结构（地被层发育，且垂直结构丰富），具有最大的水土保持功能。

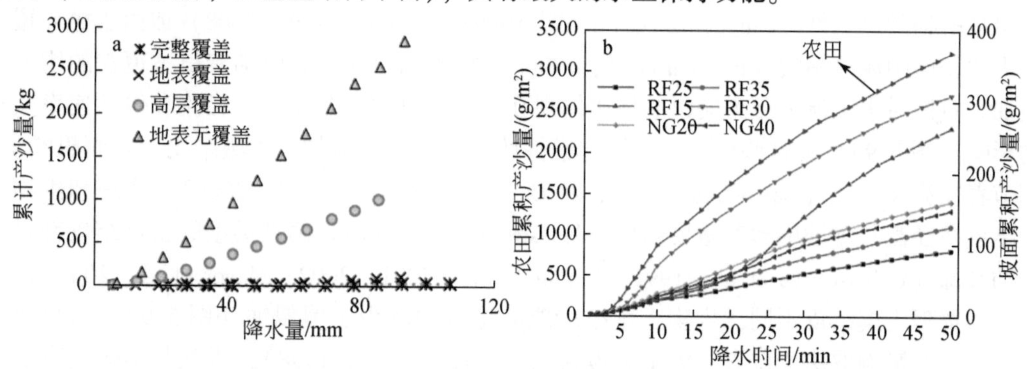

图 6-8 植被覆盖结构变化对坡面水土流失的影响（杨春霞等，2019；Gu et al.，2020）

（a）不同植被覆盖结构坡面累积产沙量；（b）不同退耕还林还草类型对水土流失的影响，其中 RF25、RF35 指退耕还林 25 年和 35 年；RS15、RS30 指退耕还灌丛 15 年和 30 年；NG20、NG40 指自然草地植被演替 20 年和 40 年坡地

6.2.2 水土流失过程中生态水文效应的尺度变化

植被建设是生态环境建设的重要组成部分，是防治水土流失、控制坡面土壤侵蚀的主要途径。植被恢复与流域水文循环及水文过程构成一个相互作用和相互影响的反馈调节系统，其在生物地球化学循环中扮演着重要角色。植被存在、生长、更新、演替以及分布格局变化对土壤特性、微地形产生影响，从而影响径流泥沙产生（张志强等，2006）。植被

空间分布格局影响径流过程的连续性，径流、泥沙、污染物等汇集受植被空间分布格局影响，理解植被空间分布格局对于生态系统健康及山坡水文学的研究具有重要意义（Cammeraa，2004）。从单个小区尺度或坡面尺度看，地表径流量及径流深在坡面上的分布对于研究侵蚀过程至关重要，当上推至流域尺度时，地形、土壤及植被分布则较为重要。植被分布格局对径流泥沙影响的实质在于植被斑块的镶嵌式分布导致水流分散，水流挟沙能力逐渐降低。在以超渗产流为主的干旱半干旱地区，裸地土壤往往由于土壤结皮的存在而降低入渗率，产生地表径流，而有植被覆盖的土壤则因改善了土壤特性，入渗率增大，成为降水吸收区，从而导致径流泥沙源汇区的产生。植被分布格局的变化不仅影响流域径流泥沙源汇区的产生，还影响流域出口的洪峰流量。

1. 斑块尺度

植被的存在与否是决定斑块尺度水文和侵蚀响应的主要因素。在短期内，冠层会改变到达土壤表面的降水的数量和强度，并影响陆流中泥沙的分离和挟带。从长远来看，植物可以改善其下方的土壤，并有助于其与周围植物间区域的分化，这一特征反过来又对水和沉积物的重新分配产生重大影响。

随着植物覆盖率的增加，径流和沉积物的产量会降低（线性或指数）（Francis and Thornes，1990；Quinton et al.，1997）。但是，这种关系可能会因植物结构（Quinton et al.，1997）、植物发育阶段、冠层密度对可用水资源的适应程度以及演替阶段（尤其是在土地被弃用后）而有很大不同（Cammeraat et al.，2005）。但是由于径流情况下灌木丛土壤中有机枯落物的疏水性（Puigdefábregas et al.，1999；Contreras et al.，2008）或由于植被覆盖很少的斑块中泥沙枯竭（Nicolau et al.，1996），径流和侵蚀有时会随着植被覆盖的增加而增加。植被对水土流失更为突出的作用体现在对露天地区（图 6-9）径流和侵蚀速率变化的影响（图 6-9）。在这些地区，表层土壤特性（如石头覆盖物、土壤结皮、表面粗糙度）调节着径流和侵蚀（Calvo-Cases et al.，2003；Arnau-Rosalén et al.，2008）。物理和生物土壤结皮在径流与侵蚀中起着重要作用（Maestre et al.，2011）。两种类型的土壤结皮都是径流的来源（Calvo-Cases et al.，1991；Cantón et al.，2001，2002；Mayor et al.，2009），但是，与物理土壤结皮不同，生物土壤结皮能够稳定地减少土壤侵蚀（图 5-9）。石材覆盖物对渗透的影响取决于位置、大小和覆盖物（Poesen et al.，1998），因此其影响是高度可变的（图 6-9）。

2. 流域尺度

随着研究尺度的扩大，汇水径流和沉积物产量取决于更多的变量，观测结果反映了所有活动和相互作用下径流、侵蚀与沉积过程以及测量时间的综合影响。

径流和侵蚀对尺度的依赖性一直是水土流失过程研究领域的重要问题。研究表明，径流在大尺度上产生的降水阈值要高于小尺度。在较小区域，产流减少主要由入渗变化造成，植被的空间分布和土壤表面特性以及水文相似表面（hydrologically similar surfaces，HYSS）内的局部斑块有关（Kirkby et al.，2002）。而在较大区域，径流的尺度依赖性还归因于其他因素，如场降水大小、岩性和河道宽度的空间差异、集水区形态（坡长和形态）等。来自西班牙 61 个流域的流域面积（A）和泥沙产量（SY）关系（图 6-10）表明，虽

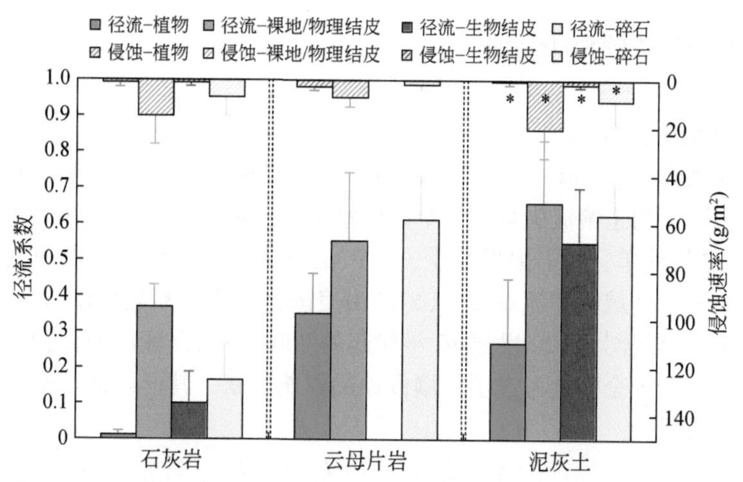

图 6-9　不同岩性地块（石灰岩、云母片岩和泥灰土）上降水模拟（降水持续时间 1h，恒定降水强度约为 55mm/h）不同地表条件下的径流系数和侵蚀速率（Cantón et al.，2011）

然两者关系存在较大变异，但总体上，泥沙产量随流域面积增大而减小（Avendaño Salas et al.，1997）。在这些环境中，沟壑和河岸的侵蚀主要来自沟蚀与河岸侵蚀（>80%）（de Vente et al.，2008），受到空间规模、地形阈值、降水幅度-频率持续时间特征、初始土壤水分含量和土壤生物活性（Cammeraat，2002）、土地利用、地形和岩性的空间配置的影响（de Vente et al.，2007）。对于坡面较小的空间单元，斑驳植被或土壤表面条件高度变化的景观会造成陆面水流存在不连续性，所以平均产沙量变化趋势并非单一增加或减少（Cammeraat，2002；Calvo-Cases et al.，2003；Boix-Fayos et al.，2006）。

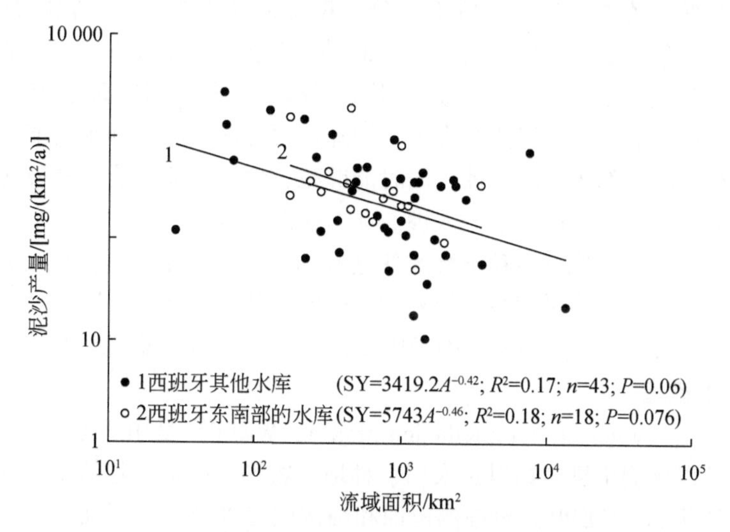

图 6-10　西班牙东南部流域与其他流域的流域面积和泥沙产量关系比较（Cantón et al.，2011）

6.2.3 水土流失预测模型

1. 通用土壤流失方程

通用土壤流失方程（universal soil loss equation，USLE）是美国研制的用于定量预报农地或草地坡面多年平均土壤流失量的一个经验性土壤侵蚀预报模型。与基于物理过程的模型相比，USLE 结构简单，所需数据量少，故广泛应用于不同尺度的水力侵蚀研究，如洲际、国家级、州级、区域级和流域级。USLE 由美国科学家威斯启梅尔（W. H. Wischmier）和史密斯（Smith）结合美国 20 世纪 30 年代起的 8000 多个土壤侵蚀试验观测点资料统计总结提出。该方程较为全面地考虑了土壤侵蚀的影响因素，其形式为 6 个土壤侵蚀影响因子的乘积，计算公式为

$$A = R \cdot K \cdot S \cdot L \cdot C \cdot P \tag{6-3}$$

式中，A 为多年平均土壤流失量；R 为降水侵蚀力因子；K 为土壤可蚀性因子；L、S 为地形（坡长、坡度）因子；C 为植被覆盖与管理措施因子；P 为水土保持措施因子。该方程的特点是考虑的侵蚀因子较为全面，可以将各因子进行定量化，然后将各因子相乘，就可以估算出该地区的土壤侵蚀量，由此制定符合该地区条件的农田管理或水土保持措施。

USLE 只能用来预测长期的多年平均土壤流失量，而不能用来预测一次降水过程的土壤流失量；只能用于单一坡面上细沟和细沟间土壤侵蚀预测，而不能用于其他形式的土壤侵蚀预测，如冲沟侵蚀、水道侵蚀、风蚀等，也不能估计沉积作用和沉积物的产生。

修正通用土壤流失方程（RUSLE）是在 USLE 的基础上加以补充完善而发展起来的新一代土壤侵蚀预测模型，通过一系列因子的量化来估算降水及其产生的表层流引起的多年平均土壤侵蚀状况（流失量）。与 USLE 一样，RULSE 仍然是一种经验性坡面（田块）模型，主要改进的是各因子的赋值方法。RUSLE 的计算公式与 USLE 相同，见式（6-3）。

植被覆盖与管理措施因子（C 因子）用来表示植被覆盖与管理措施对土壤侵蚀的影响。植被的林冠层、灌木层能够拦截降水，使降水再分配，改变降水动能；草本层更加贴近地表，不仅能够减少降水击溅侵蚀，同时能够减少地表径流动能；枯枝落叶层除截留降水外，能够降低径流速度，增加水分入渗。在 USLE 和 RUSLE 中，R、K、L、S 依赖于自然地理条件，短期内水土保持活动不会改变这些因子，而水土保持措施（P）的建设需要大量的资金和人力投入，通过调整土地利用方式及改善管理措施（降低 C）能够以最少的资金投入降低土壤侵蚀。C 是模型诸因子中变化幅度最大的，可相差 2 ~ 3 个数量级。

2. 水蚀预报模型

水蚀预报模型（water erosion prediction project，WEPP）是用于土壤侵蚀预测预报的计算机模型，它可以预测土壤侵蚀以及农田、林地、牧场、山地、建筑工地和城区等不同区域的产沙与输沙状况。WEPP 是对细沟侵蚀和细沟间侵蚀及泥沙运动机理的物理描述，是一种基于侵蚀过程的模型，适合于研究环境系统变化对水文及侵蚀过程的影响，包括气候变化、水文过程及产沙之间的相互作用。WEPP 属于一种连续的物理模拟模型，根据每次降水确定地表状况的最新系统参数，可以对一天时间内的降水及侵蚀过程进行模拟。该模

型不考虑风蚀和崩塌等重力侵蚀，其应用范围为 $1m^2$ 到大约 $1km^2$ 的末端小流域。WEPP 是以 1 天为步长的模拟模型，运行过程中输入每一天对土壤侵蚀过程有重要影响的植物和土壤特征。当降水发生时，这些植物和土壤特征被用于决定是否会有径流产生。如果预测有径流产生，则模型将计算出沿纵剖面上一定空间位置的土壤侵蚀量、河道的输沙量和水库的泥沙淤积量（Pieri et al.，2007；尤明忠等，2014）。

WEPP 中，土壤侵蚀过程包括侵蚀、搬运和沉积三大过程。暴雨产生的径流及其挟带的侵蚀泥沙在从坡面向沟道汇集并最后从流域出口输入到较大一级的流域过程中，侵蚀、搬运、沉积连续发生。坡面侵蚀包括细沟侵蚀和细沟间侵蚀。模型的基本理论为：①细沟间侵蚀以降水侵蚀为主，而细沟侵蚀以径流侵蚀为主；②侵蚀量（E）是搬运能力（T_c）和输沙量（Q_s）的函数；即 $E=\sigma(T_c-Q_s)$ 或 $E/D+Q_s/T_c=1$。也就是说，当输沙量小于泥沙搬运能力时，侵蚀状态以侵蚀-搬运过程为主，相反，则以侵蚀-沉积过程为主。WEPP 以稳态泥沙连续方程为基础来描述泥沙运动过程：

$$\frac{\mathrm{d}G}{\mathrm{d}x}=D_r+D_i \tag{6-4}$$

式中，x 为某点沿下坡方向的距离（m）；G 为输沙量［kg/(s·m)］；D_r 为细沟侵蚀速率［kg/(s·m²)］；D_i 为细沟间泥沙搬运到细沟的速率［kg/(s·m²)］。

当水流剪切力大于临界土壤剪切力，并且输沙量小于泥沙搬运能力时，细沟内以搬运过程为主：

$$D_r=D_c\left(1-\frac{G}{T_c}\right)$$

$$D_c=K_r(\tau_f-\tau_c) \tag{6-5}$$

式中，D_c 为细沟水流的剥离能力［kg/(s·m²)］；T_c 为细沟间泥沙搬运能力［kg/(s·m)］；K_r 为细沟可蚀性参数（s/m）；τ_f 为水流剪切压力（Pa）；τ_c 为临界剪切压力（Pa）。

当输沙量大于泥沙搬运能力时，以沉积过程为主：

$$D_r=\frac{\beta V_f}{q}(T_c-G) \tag{6-6}$$

式中，V_f 为有效沉积速率（m/s）；q 为单宽水流流量（m²/s）；β 为雨滴扰动系数。

在实际应用中，WEPP 包括 9 个功能模块：气候发生器、冬季处理、灌溉、水文过程、土壤、植物生长、残留物分解、地表径流、侵蚀。WEPP 参数包括气候（降水、温度、太阳辐射和风）、冬季因素（冻融、降雪量、融雪量）、灌溉、水文（入渗、填洼和径流）、水量平衡、土壤、作物生长、残渣管理与分解、耕作对入渗和土壤可蚀性的影响、侵蚀（片蚀、细沟侵蚀）、沉积、泥沙搬运、颗粒分选与富集等（图 6-11）。

与传统的侵蚀模型相比，WEPP 具有很多优点：①可模拟土壤侵蚀过程及流域的某些自然过程，如气候、入渗、植物蒸腾、土壤蒸发、土壤结构变化和泥沙沉积等；②可模拟非规则坡形的陡坡、土壤、耕作、作物及管理措施对侵蚀的影响等；③可模拟土壤侵蚀的时空变异规律，模型的外延性好，易于在其他区域应用；④可预测泥沙在坡地以及流域中的搬运状态，能很好地反映侵蚀产沙的时空分布。

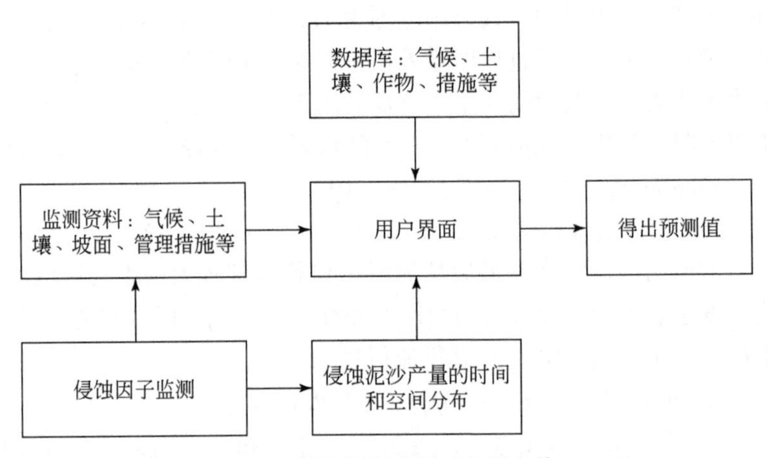

图 6-11　WEPP 侵蚀模拟流程（尤明忠等，2014）

3. SWAT 模型

SWAT 模型是一个集成了 RS、GIS 和 DEM 技术的目前国际流行的分布式水文模拟工具，由美国农业部（United States Department of Agriculture，USDA）历经了 30 多年开发的适用于复杂大流域、具有很强物理机制的分布式水文模型，可以用来预测模拟大流域长时期内不同的土壤类型、植被覆盖、土地利用方式和管理耕作条件对产水、产沙、水土流失、营养物质运移、非点源污染的影响，甚至在缺乏资料的地区可以利用模型的内部天气生成器自动填补缺失资料（Arnold and Fohrer，2005），被广泛应用于土壤侵蚀和泥沙运移过程模拟。

（1）SWAT 模型的原理

SWAT 模型是由 701 个方程、1013 个中间变量组成的综合模型体系，可以模拟流域内的多种水文物理过程，如水的运动、泥沙的输移、植物的生长及营养物质的迁移转化等。模型的整个模拟过程可以分为两个部分：子流域模块（产流和坡面汇流部分）和流路演算模块（河道汇流部分）。前者控制每个子流域内主河道的水、沙、营养物质和化学物质等的输入量；后者决定水、沙等物质从河网向流域出口的输移运动及负荷的演算汇总过程。子流域水文循环过程包括 8 个模块，即水文过程、气象、泥沙、土壤温度、作物生长、营养物质、杀虫剂和农业管理。SWAT 采用先进的模块化设计思路，水循环的每一个环节对应一个子模块，十分方便模型的扩展和应用。根据研究目的，模型的诸多模块既可以单独运行，也可以组合其中几个模块运行。根据水文循环原理，SWAT 模型水文计算水量平衡基本表达式如下：

$$\mathrm{SW}_t = \mathrm{SW}_0 + \sum_{i=1}^{t}(R_{\mathrm{day}} - Q_{\mathrm{surf}} - W_{\mathrm{seep}} - Q_{\mathrm{gw}}) \tag{6-7}$$

式中，SW_t为最终的土壤含水量；SW_0为土壤初始含水量；t 为时间；R_{day}为第 i 天的降水量；Q_{surf}为第 i 天的地表径流；W_{seep}为第 i 天存在于土壤剖面底层的渗透量和侧流量；Q_{gw}为第 i 天的垂向地下水出流量。

（2）SWAT 模型的特点

①基于物理机制。水分运动、泥沙输送、作物生长和营养成分循环等物理过程直接反映在模型中。模型不但可以应用到缺乏流量等观测数据的流域，而且可以用于各项管理措施、气象条件、植被覆盖的变化对水质等影响的定量评价。②使用常规数据。SWAT 模型可以用来模拟像细菌传播等一些特殊的复杂过程，所需的数据通常可以从政府部门得到。③计算效率高。目前利用 SWAT 模型进行研究的流域面积最大为 49.17 万 km^2，最小可以到 0.395km^2，可见模型的适用性非常强。即使是非常大的流域或者是一系列管理方案的组合，运行计算也不需要额外的时间和投资。④连续时间模型，可模拟长期影响。例如，研究污染物的积累及对下游水体的影响评价，往往需要对几十年的情况进行连续模拟。⑤模型将流域划分为多个子流域进行模拟。与集总式水文模型相比，分布式水文模型在水平方向上将流域划分为多个面积相等的网格单元或依据流域下垫面自然条件的不同划分为面积不等的多个子流域；在垂直方向上将土壤分层，根据流域产汇流特征不同，利用物理和水力学的微分方程求解，提高了水文模拟的精度，降低了空间差异的影响。

4. 分布式水文–土壤–植被模型

分布式水文–土壤–植被模型（distributed hydrology soil vegetation model，DHSVM）是一个基于 DEM 的分布式水文模型，它依据 DEM 格网将流域分割成若干个计算单元格，每个计算单元都被赋予了各自的坡度、植被、土壤类型和经过的河道等信息，以及在每个网格里输入气温、降水、长短波辐射等气象要素。在每一个时间步长内，模型对每个单元格的能量平衡和质量平衡进行联立求解，各网格之间则通过坡面流和壤中流的汇流演算发生水文联系，进而模拟流域的水文过程（Alvarenga et al.，2016；赵奕等，2019）。该模型在退耕还林还草、水土保持治理等生态工程的流域水文效应、侵蚀产沙效应等方面的应用日趋广泛，并取得较好效果。

DHSVM 包含七个模块：蒸散模块、双层地表积雪模块、冠层截雪和融化模块、不饱和土壤水运动模块、饱和土壤水汇流模块、坡面汇流模块以及河道汇流模块（图 6-12）。DHSVM 的产流和汇流计算基于 DEM，可以自定义模型计算的空间步长，使模型可以在高时空分辨率下进行精细的水文过程模拟计算。每个单元格的质量平衡如式（6-8）所示：

$$\Delta S_{s1} + \Delta S_{s2} + \cdots + \Delta S_{sn} + \Delta S_{io} + \Delta S_{iu} + \Delta W = P - E_{io} - E_{iu} - E_{to} - E_{tu} - E_{s} - P_2 \tag{6-8}$$

式中，ΔS_{io}、ΔS_{iu}分别为植被上下冠层的存储水量变化；ΔS_{s1}、ΔS_{s2}，…，ΔS_{sn}为各个土壤层的水量变化；ΔW 为积雪的变化量，冠层雪水量的积累和融化通过单层的能量与质量平衡模型来模拟，地表积雪通过双层能量与质量平衡模型来计算；P 为单元格降水量和从上游单元格流入的水量，其中降水量由流域内的一个或多个测站的观测值插值到每个单元格上，并与其他变化量统一单位；ΔE_{io}、ΔE_{iu}、E_s分别为植被上冠层、下冠层以及土壤层的蒸发量；E_{to}、E_{tu}分别为植被上冠层、下冠层的蒸腾量，将地表植被按照高度和类型分为两个冠层，利用双冠层蒸散模型分别计算，土壤层蒸散量根据改进的 Penman-Monteith 公式计算；P_2为单元格流出至下游单元格或河道的汇流（赵奕等，2019）。

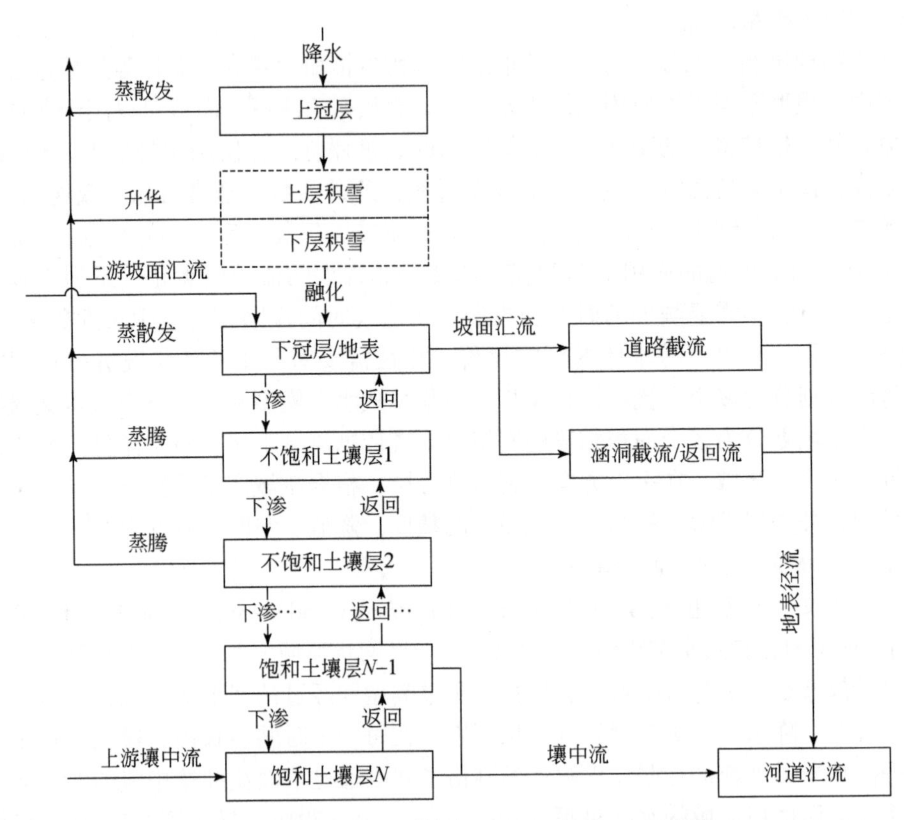

图 6-12　DHSVM 的结构（总结自 DHSVM 文档）（赵奕等，2019）

DHSVM 在每个单元格上的汇流由两部分组成：地表径流和壤中流。在计算单元格地表径流时，模型分别考虑了超渗产流、蓄满产流和返回流三种产流方式，其中返回流是地下水位上升超过地表后返回至地表的产流，包含土壤含水量饱和后从土壤返回地表的流量，以及涵洞等人工地物返回地表的流量。壤中流采用达西定律进行计算，将土壤分为若干层，非饱和土壤层只存在垂直方向的水量交换，饱和土壤层依据相邻单元格间的水力梯度形成侧向的壤中流，直到被河道截流。

河道汇流采用线性水库法，对河道整体进行汇流的模拟，计算公式如下：

$$I(t) - O(t) = \frac{\mathrm{d}S}{\mathrm{d}t} \tag{6-9}$$

$$S = KO(t) \tag{6-10}$$

式中，$I(t)$ 和 $O(t)$ 分别为河道在时间步长 t 内的流入量和流出量；S 为河道的蓄水量；K 为蓄水量常数，其物理意义为平均流域汇流时间。

6.2.4　水土保持生态建设措施的生态水文效应

水土保持生态建设是治理水土流失的首要内容，包括坡面工程、沟道工程等，主要有梯田、鱼鳞坑、水平沟、水库、淤地坝、谷坊等，而生态水文效应是水土保持生态修复的重要基础。随着生态水文学的发展，水土保持生态建设的实施不仅要防治地表水土流失，还要从生态水文学深层次的角度合理布局，改善生态系统结构和功能，提升水土流失区域的生态环境条件。因此，水土保持工程措施、植物措施的优化配置也在不断完善，使得流域土壤入渗、产流产沙及其水量平衡与循环发生不同程度的变化。

在以往研究与实践中，以径流调控为主的措施布设，通过科学调控利用坡面径流，消除导致水土流失的原动力，因地制宜地建设降水径流调控与利用技术体系，使降水径流得到科学聚集与分散，即可达到控制水土流失和缓解干旱缺水的双重目标（吴淑芳和吴普特，2010）。例如，以梯田为代表的坡面措施显著地改变了坡面产汇流的下垫面特征，缩短了坡长，改变了坡面径流的方向，通过增加下渗和改变径流的路径对产水量的作用更加直接及迅速。在我国不同地区对梯田措施的效益研究表明，与坡耕地相比，红壤坡地坡改梯后蓄水效益高达67.6%，保土效益达85%，蓄水保土效果明显。黄河中游地区梯田年均减洪量为530万~6620万m^3，占水土保持措施减洪总量的9.2%~60.7%；年均减沙量为340万~1265万t，占水土保持措施减沙总量的7.9%~58%，梯田减洪减沙作用明显（冉大川等，2005）。以淤地坝为代表的沟道工程措施削弱了流域的洪峰流量，通过减少径流量来减少输沙量，对径流过程具有明显的调控作用，拦水拦沙作用效果十分显著，在水土保持方面发挥着巨大作用（高海东等，2012）。

森林和林木覆盖的梯田可能更有利于水蚀控制（图6-13）。有植物体覆盖的阶地水蚀较低，主要是因为雨篷和风能被树冠消散，以及生物量层（根和凋落物成分等）增加了地

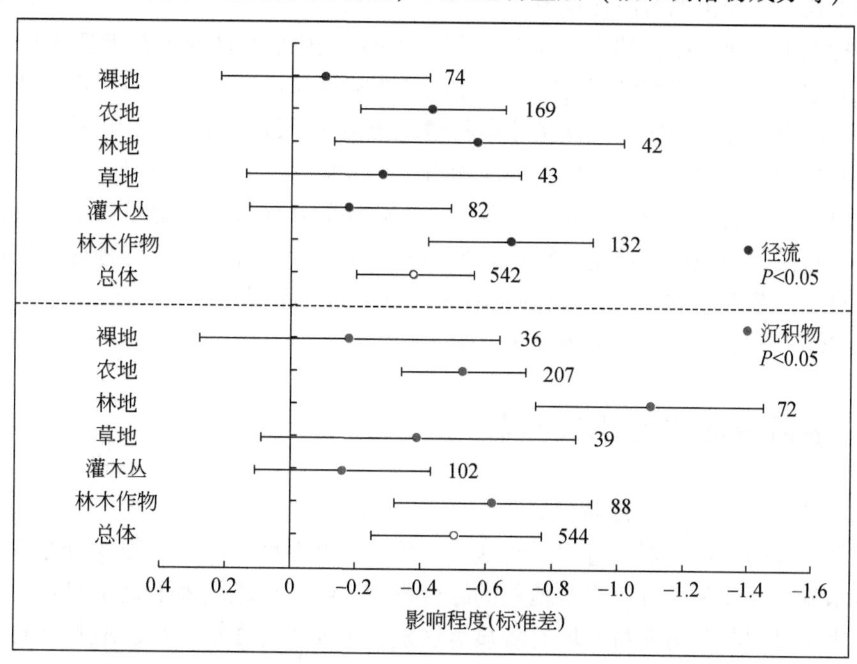

图6-13 不同土地利用方式的梯田灌溉造成的径流和泥沙减少

误差线是95%置信区间，误差线后面的数字表示观测次数（Chen et al.，2017）

表粗糙度和水分入渗作用。冠层和枯枝落叶层对降水的拦截提高了入渗能力，并防止了径流和土壤侵蚀。此外，植物根系可以通过降低土壤冲刷减少水蚀，同时增加抗剪强度和渗透性。当使用适当的耕种和管理方法时，农业梯田系统可有效控制水土流失。废弃的农田由于没有耕作和植被恢复缓慢，土壤结皮形成，渗透率降低，这增加了径流和沟壑侵蚀的风险（Lesschen et al.，2008）。梯田灌木地仅比梯田裸地略好（图6-13），之所以出现这种差异，是因为天然灌木通常分布在对水蚀敏感的恶劣环境中（Li et al.，2016）。废弃的梯田通常被灌木占据，而灌木无法有效地覆盖整个土壤表面，导致退化地区特别容易产生地表径流和侵蚀。因此，梯田对水蚀和产沙的改善是由梯田结构、持续的维护以及耕作造成的。

6.3　喀斯特岩溶环境的生态水文过程

喀斯特地貌是水流对可溶性岩石进行溶蚀等作用形成的基岩裸露的石漠化景观。由于岩溶作用，喀斯特流域的土层浅薄且分布不连续，地表植被稀疏，抗干扰能力弱，属于非地带性的脆弱生态带。喀斯特流域由于水的溶蚀作用，地貌形态多样，地貌形态决定了土壤层在流域空间上的分布，如地表坡度比较大的锥峰、塔峰、缓丘等常常是基岩裸露，仅在洼地、平原地带有一定的土壤覆盖，其中部分地区经过多年农业耕作后，土壤也流失殆尽。土层浅薄导致水分渗透性强、持水能力弱以及养分的快速流失，进而限制了喀斯特流域植被的生长，呈现土地石漠化现象。

喀斯特地貌分布广泛，约占全世界面积的10%，国外主要分布在俄罗斯的乌拉尔山区、法国的中央高原、澳大利亚南部、原南斯拉夫迪纳拉山区、美国的肯塔基州和印第安纳州以及越南中北部等地区。我国是喀斯特地貌分布面积最大的国家，几乎所有省份都有分布，主要集中在贵州、云南、广西等西南省（自治区），面积为91万～130万km^2。喀斯特地区由于特殊的地质条件、人口密度大、不合理的开垦等，人地矛盾十分突出，生态环境脆弱，石漠化问题日益严重。根据国家林业和草原局（2018）岩溶地区第三次石漠化监测结果显示，截至2016年底，我国岩溶区石漠化的总面积为10.07万km^2，约占岩溶区面积的22.3%，占区域土地总面积的9.4%。

6.3.1　喀斯特区生态水文过程

（1）生态水文过程的一般特征

喀斯特流域的产流、汇流过程受到地形起伏、土壤厚度、岩石裂隙的分布和走向，以及地表落水洞、漏斗和天坑等岩溶地貌的综合影响。喀斯特流域地上地下景观的高度异质性导致其水文过程与非喀斯特区域有着显著区别，主要体现在喀斯特流域具有自身独特的地貌形态和含水结构。与非喀斯特流域相比，喀斯特流域有着以下独特的地理特征和水文特征，如流域不闭合，相邻流域存在相当数量的地表水与地下水交换；流域内发育有裂隙、管道、落水洞、漏斗等复杂的地下管道结构；流域地上土层浅薄，岩石裸露严重等

(张信宝等，2010)。这些特点也造就了喀斯特独特的产流与汇流特征。喀斯特地区土壤-表层岩溶带三维孔隙网络结构广泛发育，地表水大量漏失，因而地表产流少，地表径流系数一般小于 5%（图 6-14）(Peng and Wang，2012)。

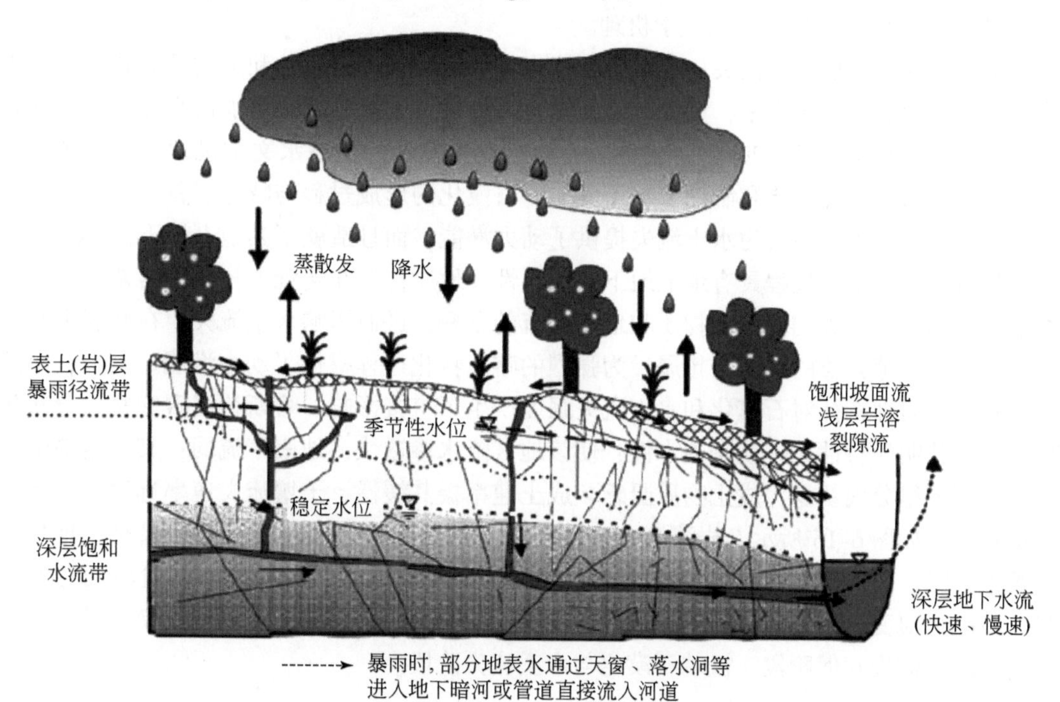

图 6-14　喀斯特流域生态水文过程（陈喜等，2014）

表层岩溶带主要包括石牙、石林等非常尖锐的正地形和溶孔、溶隙等纵横交错的负地形。喀斯特地区大孔隙、岩溶发育强烈，降水在土壤中以大孔隙优先流为主，同时喀斯特地区土壤浅薄且不连续，降水进入土壤的大孔隙后，土壤水很容易进入深层岩溶区，这些深层水源在喀斯特地区常被称为表层岩溶带水（图 6-14）。在喀斯特地区，土壤和表层岩溶带是植物水分的主要来源。在降水充沛的春夏季，土壤表层土壤含水量高，能够满足植物生长需求，此时土壤成为植物的主要汲水来源，这与很多非喀斯特地区植物主要水分来源类似；当植物进入降水偏少季节，土壤含水量较低，当表层土壤中的水源不足以满足植物用水需求时，植物就会通过根系对表层岩溶带水进行吸收，以满足植物生长发育所需的水分（刘梅先和徐宪立，2018）。

喀斯特流域含水结构除了土壤孔隙结构以外，由于碳酸盐的分布，岩溶孔隙发育为孔隙与溶蚀微小裂隙、中宽裂隙、岩溶管道与宽裂隙三重介质的复合体。因此，其水流不仅具有多孔介质达西流，裂隙管道非达西流等多重水流特征，还具有地表水系与地下水系特征。喀斯特流域中孔隙介质中水流形态主要为层流与多孔介质达西流，且流速较慢；裂隙介质中水流形态主要为层流与线性或非线性流，且流速中等；管道介质中水流形态主要为紊流与非线性流，且流速相对较快。其中，根据裂隙的发育特征，裂隙又可分为垂向裂隙和侧向裂隙。垂向裂隙主要表征表层岩溶带上部分水分的垂向入渗运动，而侧向裂隙主要表征裂隙水流的侧向运动。因此，喀斯特流域由于其地上地下景观的高度异质性，如何描述喀斯特流域土壤与表层岩溶带空间分布格局是研究喀斯特生态水文的主要难点（陈喜等，2014）。

（2）石漠化发生的生态水文学机理

关于石漠化的形成与发展，众多学者认为其形成的基础是岩性和地质地貌背景，而人为干扰是其发展的主导因素，主要表现为对地表植被和土被的破坏会加速水土流失，导致石漠化加剧（熊康宁等，2012），然而，石漠化发生发展的生态水文学机理非常复杂。表现为复杂的岩溶环境影响和制约着水土流失、石漠化的形成过程与特点。首先，强烈的构造运动和溶蚀作用，不仅为水土流失提供了动力潜能，而且造就了其地上地下二元地质结构，使喀斯特区水土过程具有地上地下双重属性。地质构造在宏观上控制了喀斯特区大地貌的类型和特征，影响着地表物质和地表径流的分配，进而影响水土流失；在微观上直接影响喀斯特孔隙介质的发生与拓展，为强烈的喀斯特化过程提供了动力潜能。其次，喀斯特区独特的岩性特征对石漠化和水土流失强度产生了直接影响。喀斯特区碳酸盐岩分布集中广泛，其明显特性之一就是透水性，使该地区降水渗透快，地表产流弱；其二是易受水溶蚀，不溶组分残留少，成土物质匮乏，成土速率极其缓慢，土壤流失速率远远大于土壤生成速率。如图6-15所示，岩溶区水土流失的直接结果就是石漠化，其后果是土地生产力严重下降。西南喀斯特区水土流失与石漠化的关系因石漠化演变的不同阶段而存在差异，石漠化演变大体可以分为四个阶段，无石漠化阶段、石漠化与水土流失突变阶段、石漠化与水土流失互促阶段、极端石漠化与水土流失阶段。

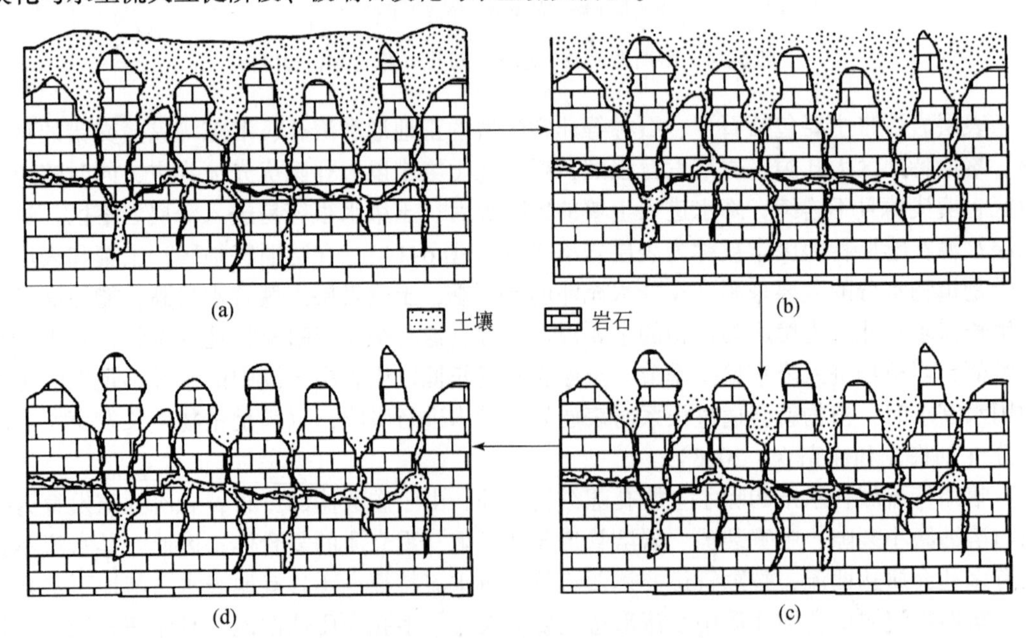

图6-15　石漠化与水土流失演变阶段（蒋忠诚等，2014）

（a）无石漠化阶段；（b）石漠化与水土流失突变阶段；（c）石漠化与水土流失互促阶段；（d）极端石漠化与水土流失阶段

然而，在石漠化进程中，下垫面地表覆盖物的变化也在一定程度上控制着水土流失的强弱。例如，高度石漠化地区，基岩裸露程度高，增加了地表糙度，在一定程度上抑制了水土流失。依据云南和贵州喀斯特岩溶分布区典型的乌江与西江两大流域内 40 个支流的统计分析（图 6-16），流域碳酸盐覆盖率是影响流域产沙量的最主要因素，两者之间具有显著的负相关关系（R^2=0.35，P< 0.01），结果表明，流域碳酸盐覆盖率越大，产沙量越低。例如，大渡口流域（104°43′E，26°17′N）及其邻近的沾益流域（103°50′E，25°35′N）的喀斯特覆盖率分别为 4.5% 和 72.5%，其相应产沙量分别为 245.5 t/(km^2·a) 和 7.5 t/(km^2·a)（Li et al.，2019）。在该地区，岩溶复合体的水文地质特征包括孔隙岩石基质、裂隙和溶蚀孔道网络等，均影响产流和产沙过程。一般而言，大部分被碳酸盐岩石覆盖的流域具有丰富的地表岩溶裂隙和裂缝，从而具有较高的基岩渗透率，因而，大部分降水通过裂隙迅速渗入土壤表层岩溶系统，从而阻碍了地表径流的形成。同时，大量的侵蚀沉积物在被输送到地表水之前就沉积下来，山坡侵蚀土通常会填满岩溶通道，堵塞岩溶洼地的排水出口。碳酸盐岩覆盖率越大的区域，往往能储存更多的降水，产生更少的径流，仅有少量泥沙通过地表径流输送。

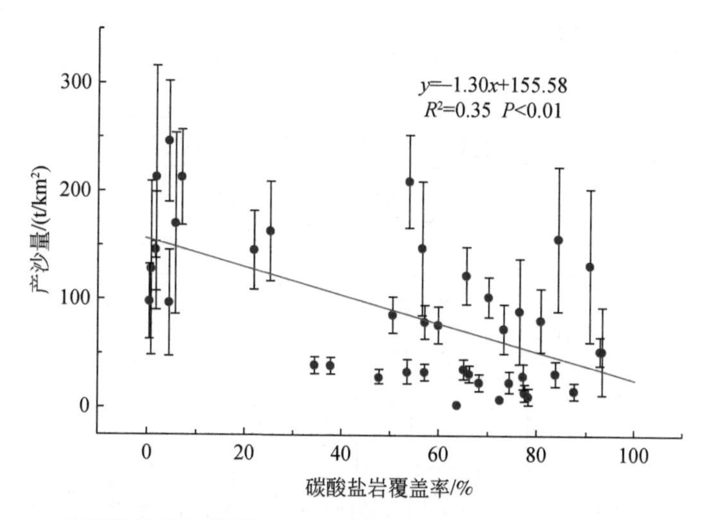

图 6-16 喀斯特碳酸盐岩覆盖率与流域产沙量之间的关系（Li et al.，2019）

气候和植被因子直接制约着水土流失的发展，进而影响石漠化进程。气候是造成水土流失的直接动力因子，并制约着水土流失的强弱。在植被因子方面，植被能涵养水源，冠层具有截留和缓冲作用，可削减雨水对地表的冲刷，林下枯落物和根系则能够改善土壤理化性质，提高土壤结构稳定性，从而抑制地表水土流失（张光辉，2017），然而由于喀斯特区独特的水文地质特点，土壤生物地球化学环境对植被具有严格选择性，生态环境脆弱，进一步加剧了土壤侵蚀及其石漠化，成为制约喀斯特区可持续发展最严重的生态环境问题。岩溶区水土流失的直接结果就是石漠化，其后果是土地生产力的严重下降。总之，研究西南岩溶区石漠化形成演化的生态水文学机理非常复杂，对其深入理解是科学治理石漠化的前提。

6.3.2 石漠化防治的生态水文学基础

尽管将石漠化看作荒漠化的一种，也曾与水土流失严重的黄土高原类比，但由于西南喀斯特区独特的水文地质背景，其形成的生态水文过程与沙漠化、盐渍化等土地荒漠化不同，也与黄土高原地区的水土流失存在很大差异。因此，要立足石漠化形成的独特的生态水文过程与规律，因地制宜探索适合我国西南喀斯特区水土流失和石漠化治理的技术与模式，是喀斯特地区长期的发展需求。经过多年的探索和实践，有研究者总结前人大量实践经验，提出了针对性较强的石漠化综合治理模式（图 6-17）。总体看来，植被恢复是进行石漠化治理较为行之有效的手段。从生态水文学角度来看，水分亏缺是喀斯特区植被恢复的主要限制性因子之一，且这种水分亏缺不同于干燥气候区，是湿润气候背景上的临时性干旱（刘梅先和徐宪立，2018）。因此，研究喀斯特植物蒸腾耗水规律、水分利用效率和水源涵养能力，可以为喀斯特区植被恢复的物种筛选提供理论依据，且对石漠化地区生态恢复以及水资源的合理应用具有重要意义。

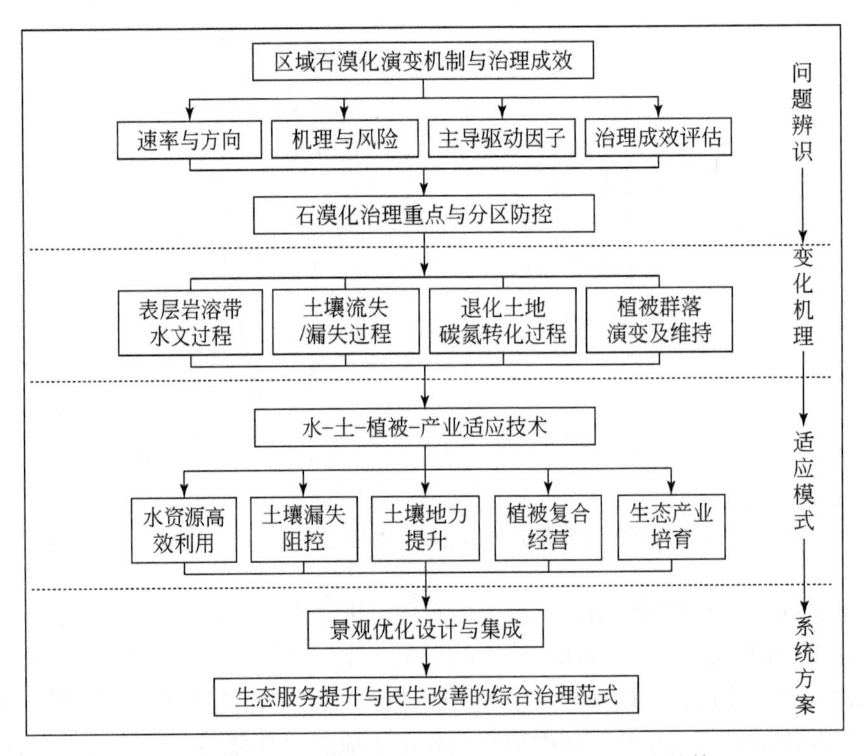

图 6-17 西南喀斯特区石漠化治理技术与模式集成（王克林等，2016）

植物蒸腾是生态水文循环过程的关键环节，对生态系统中水资源的重新分配具有至关重要的作用。植物蒸腾作用受其所处环境，如气候、土壤性质、地形等因素的影响，同时受到根系、木质部以及冠层结构等植物本身的生物学特性的控制。在个体尺度上，一些研究表明，岩溶植物的蒸腾作用并没有受到岩溶地质性干旱的影响，因为植物的根系分布于岩石裂隙中，当土壤水分不足时，植物可利用水分很大程度上依赖于表层岩溶带，如青冈栎，旱季单株日蒸腾量可达108 kg/d，近似于非岩溶地区。而有些植物在喀斯特水分限制环境下树干液流会受到严重限制，如菜豆树（1.5kg/d），圆叶乌桕（1.5kg/d）、天峨槭（5.08kg/d）、香椿（1.03kg/d）等日尺度单株树干液流会显著低于其他非岩溶地区（邓艳，2018）。另外，与非岩溶区相比，岩溶区植物一般具有较高的水分利用效率；岩溶区常绿树种比落叶树种具有更低的水分利用效率。随着石漠化的发展和水分可利用性的降低，植物的水分利用效率也相应提高（容丽，2006）。在生态系统尺度上，研究发现，喀斯特灌丛和裸地的实际蒸散量远远小于林地。此外，植被可以通过改变覆盖度（密度）来适应区域的水分胁迫，使单棵植物供水充分（杨大文等，2008）。因此，对于不同的物种依据蒸腾耗水量合理安排种植密度也十分重要。

通过对石灰岩山地73种植物的水源涵养功能进行综合研究，发现水源涵养功能最好的五种植物分别为毛竹、湖北梣、响叶杨、滇杨和青冈栎。优秀等级水源涵养的植物中，落叶阔叶类占比（38.46%）最高，其次为灌木（30.78%），其中竹类和常绿阔叶类占比均为15.38%，而针叶类占比较少（裴仪岱，2018）。但也有研究表明，一些针叶树种，如柏木群落等，其根系土壤层的水源涵养能力最强，也可以用于该区域的植被恢复。由此可见，植物的水源涵养能力需要从植物冠层、地表覆盖根系生物量等综合考虑。此外，由于喀斯特区坡面产流低，地下水难以利用，可利用工程集雨（路面、屋顶）措施，实施灌溉等缓解该区域临时的干旱问题。

6.4 山地灾害与生态水文

6.4.1 生态水文与山地灾害的关系

我国是全球山地大国，山地面积占国土面积的65%以上，同时，我国也是山地灾害大国，以泥石流、滑坡、崩塌、山洪等为主要自然灾害的山地灾害发生频率、灾害损失以及成灾风险等均最高。特别是我国横断山区及青藏高原东南缘一带，崩塌滑坡、泥石流等山地灾害广泛发育、密集分布，具有高速运动、规模巨大、灾害链生与放大效应明显、破坏力强、容易形成巨灾等鲜明的特点，是世界上山地灾害风险及其危害最高的区域。然而，横断山区及青藏高原东南缘一带，是我国乃至全球范围内极其重要的生物多样性热点地区之一，也是我国重要的生态屏障区和最为重要的生态功能保护区，其森林资源量与植被覆盖度是我国最高的地区之一。由此，就形成了一个特殊的现象：高植被覆盖与高频、大规模灾害并存，统计数据也表明，将近90%的滑坡和泥石流等严重地质灾害发生在植被覆盖度为80%~90%的区域。长期以来，山地灾害研究依托的岩土力学理论，主要以均质岩土概化为基础，传统的非饱和土力学理论没有考虑植被覆盖土体的破坏机理，缺乏复杂植被与水循环、岩土体相互作用下的岩土体平衡状态的形成和维持机制的系统理论认识。

坡面植被的组成与结构、水文过程与水力条件及其动态变化是岩土体稳定性的重要影响因素。大量研究明确了土壤水分动态与边坡土体稳定性的密切关系，总体而言，土壤含水量增加，基质吸力减小，边坡的抗剪强度降低；同时，土壤含水量增加，边坡坡角处向坡体内的水平位移集中带范围明显增加，边坡顶部的应力水平变化梯度增加，易产生滑坡。降水入渗造成土体中孔隙水压力增加，使边坡土体的抗剪强度由于有效应力减少及土体吸水软化而降低；水位骤降过程中边坡内的孔隙水压力、土水总压力均产生较大变化，并形成指向坡外的渗流，导致滑坡发生。一方面，不同植被类型及其群落结构所具有的不同生态水文过程导致土壤含水量、土壤水力学性质以及降水入渗过程显著不同，从而造就了土体稳定性及其临界条件的差异；另一方面，根系以及植被形成的土壤腐殖质和有机质层等是改变土壤水分入渗、土壤水分分布（根系水力再分配）和土体导水性能的重要因素。因而，不同植被类型土壤的水力性质差异较大，特别是根系和腐殖质影响下土壤水分入渗过程与土体导水性能的变化以及优先流的发育，使岩土的物理力学性质、岩土稳定性关系密切的浸润锋面以及非饱和土体基质势等均发生较大变化，这些因素将直接驱动岩土体稳定性的破坏而形成灾害（何玉琼，2012）。因此，在山地灾害研究领域，开展生态-水文-岩土耦合的山地灾害动力学过程、山地灾害与生态和气候的关系等的系统研究，被认为是发展山地灾害理论与动力学成因机理模型、构建山地灾害风险防控理论与方法的基础（崔鹏，2014），客观上提出了生态水文学与传统岩土力学的结合。

应对气候变化的山区生态建设、经济社会发展和山地灾害防治，是山区可持续发展共同面临的三大关键任务，如何将灾害多发山区风险防范能力与管理能力提升、山区生态环境改善与山区经济发展协同是其核心问题。人类社会发展中对学科的需求一直是科学发展的原动力。山地灾害防治与风险调控的科学需求，推动生态水文学形成新的学科领域——生态岩土水力学和灾害生态水文学。在这两个新的学科交叉领域中，围绕山地灾害形成、发展与致灾全过程，都需要生态水文学相关理论与方法参与其中，如图 6-18 所示，学科层面的研究内容包括生态-水文-岩土耦合作用关系与岩土体破坏理论、山地灾害孕育与发展中生态水文与灾害动力演进过程的相互关系、致灾过程中灾害体与生态承灾体相互作用关系及其减灾和防灾效应等。同时，需要在这些理论指导下研发集山区致灾风险绿色调控、山区生态环境改善以及区域绿色特色产业发展等于一体的关键技术体系与模式，从而形成生态措施与工程措施协同、风险综合管理与可持续发展协同的山区绿色可持续发展路径，这是地质灾害活跃山区亟待解决的重大发展问题，也是山区生态文明建设与山区生态屏障保育的重大科学需求。因此，对于生态岩土水力学和灾害生态水文学这些新兴边缘学科而言，尽管尚缺乏系统性的实践积累，没有成熟的理论与方法支撑，但毫无疑问，在社会发展需求推动下，山地灾害与生态水文学科的交叉领域将迎来快速发展机遇，未来在我国山区发展中将具有十分重要的作用。

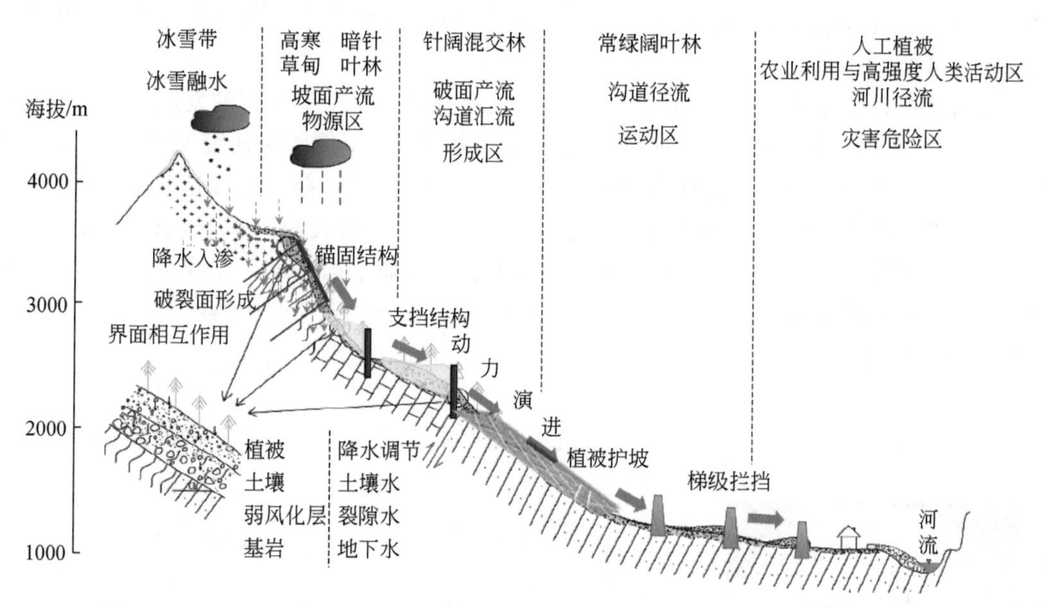

图 6-18　山区不同植被带生态水文与山地灾害不同阶段的相关性（崔鹏等，2017）

6.4.2　生态–水文–岩土耦合作用与岩土水力学性质变化

在大气–植被–土壤能量和水分传输过程中，土壤水分动态及其运动过程十分关键，并在很大程度上决定流域水循环过程。在具有植被覆盖的坡面上，植物根孔的存在是形成土壤大孔隙优先流通道的主要生物因素，可溶性物质的溶解、冻融的循环交替、壤中流造成的地下侵蚀等则是形成裂隙或大孔隙的重要物理过程。土壤中大孔隙的结构及其连通性与植物根系分布及季节性生长变化密切相关，是土壤水分下渗、侧向壤中流发生以及土壤水分动态等的决定性影响因素。尤其在森林土壤中，大孔隙所造成的快速入渗、壤中流和回归流是坡面产流、河道基流以及暴雨洪水过程的主要影响因素。在植被发育的斜坡上土壤优先流过程的强弱和形成机理决定了土体的饱和过程，由于植被根系和腐殖质的作用，强降水期间大孔隙中优先流的发生不仅使非饱和带呈现紊流、层流并存的格局，还使浸润锋面呈现不均匀甚至非连续的格局，并导致斜坡水分空间分布和地下水位对降水的响应行为高度异化（徐则民和黄润秋，2011）。

1. 根–土复合体大孔隙优先流

土壤大孔隙一般仅占土壤体积的 1% 左右，但是可以贡献土壤水分入渗量的 70% 以上，因此土壤大孔隙优先流问题始终是陆面径流形成理论和土壤水文学理论的核心。在具有植被覆盖的坡面上，植物根孔的存在是形成土壤大孔隙优先流通道的主要生物因素，可溶性物质的溶解、冻融的循环交替、壤中流造成的地下侵蚀等则是形成裂隙或大孔隙的重要物理过程。土壤中大孔隙的结构及其连通性与植物根系分布及季节性生长变化密切相关，是土壤水分下渗、侧向壤中流发生以及土壤水分动态等的决定性影响因素。尤其在森林土壤中，大孔隙造成的快速入渗、壤中流和回归流是坡面产流、河道基流以及暴雨洪水过程的主要影响因素。

土壤大孔隙的研究始于 19 世纪 60 年代，已经有了近 1 个半世纪的发展历史，并且我们逐渐认识到土壤的渗透速率并非完全受毛细管力控制。土壤水文研究又经过了 30 余年的发展，但是土壤物理学仍然认为 Darcy-Richards（达西–理查兹）方程是描述及模拟水分及溶质入渗的主要方法（图 6-19）。实际上，试验观测数据表明，基于 Darcy-Richards 方程的模型结果并不准确，原因是优先流是一种水分快速非平衡运动，传统达西定律的计算结果无法准确描述该过程。目前多采用双孔隙度和双渗透性来拟合土壤水文过程，但是计算精度仍不准确。

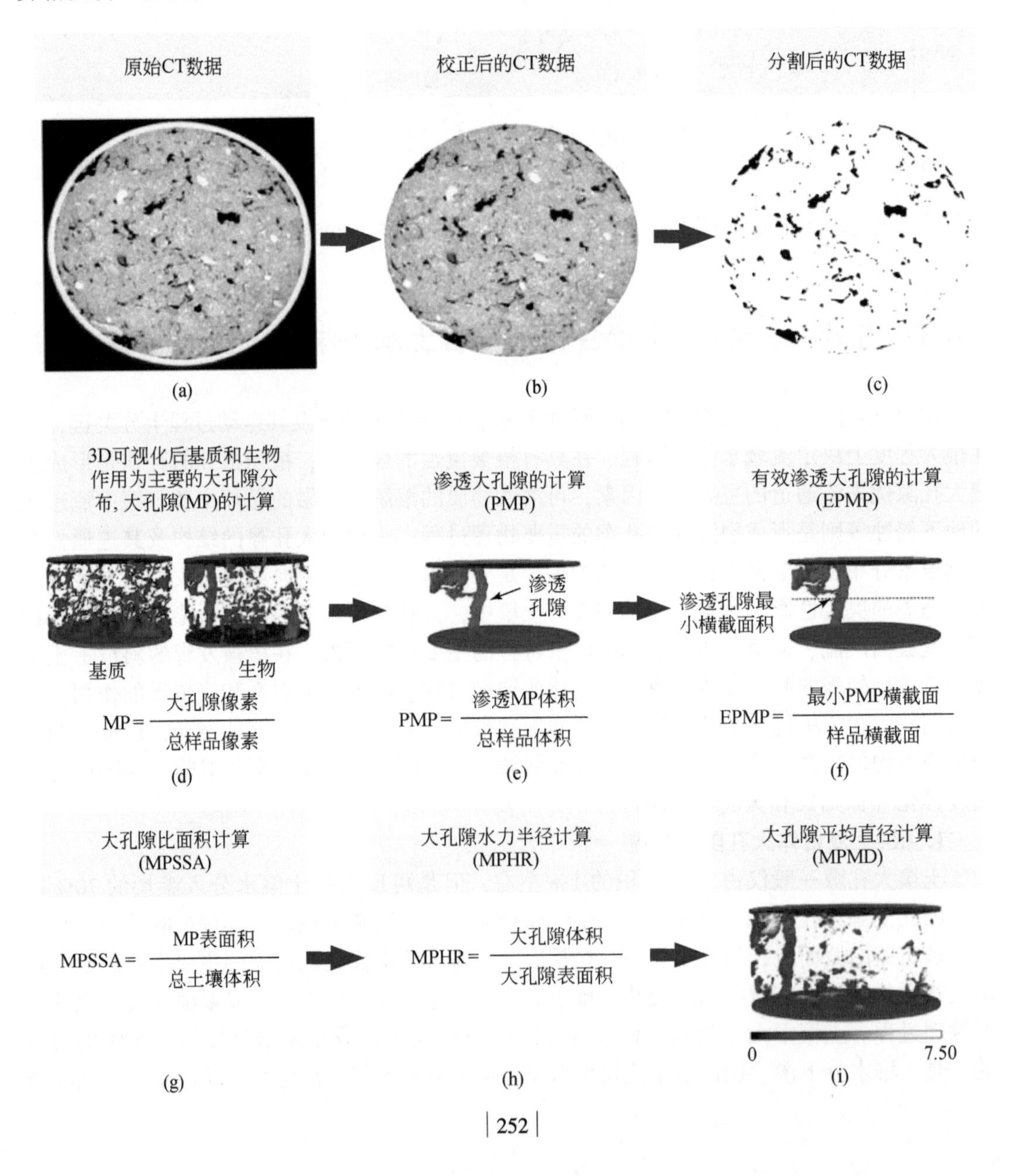

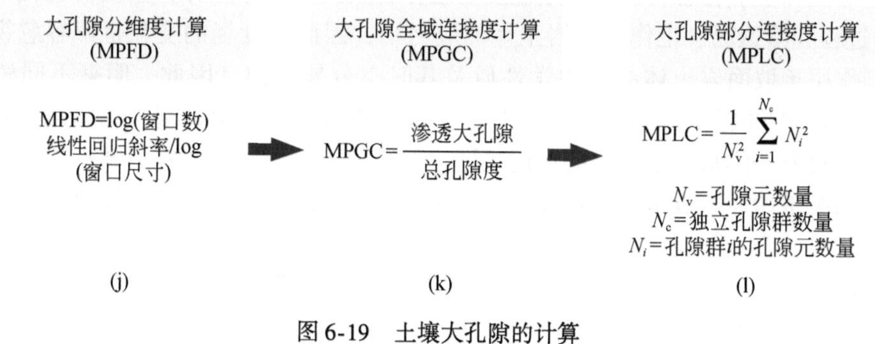

图 6-19　土壤大孔隙的计算

2. 生态-水文-岩土耦合作用的主要问题

长期以来，Richards 模型和动力波模型是坡面二维尺度描述土壤大孔隙优先流运动过程的最主要方法，但均建立在高度物理实体概化基础上，前者近似均质土壤的达西渗流，后者则近似为水道渐变不恒定的河道流。在大部分山区，特别是青藏高原东缘山区，基岩破碎、地表以粗颗粒坡积物为主，在植物根系特别是森林植被根系作用下包气带大孔隙十分发育且具有高度空间变异性，侧向壤中流和地下径流对河水径流的贡献量高达 70% 以上（程根伟等，2004），因此，传统的土壤水运动理论与模型存在较大局限性。系统认识根-土关系及其作用下的土壤水文特性和在山地垂直梯带上的时空变异规律，对于正确理解水循环与径流形成机制，从而发展符合山区水循环特性的水文模型至关重要。前已述及，根系以及植被形成的土壤腐殖质和有机质层等是改变土壤水分入渗、土壤水分分布（根系水力再分配）与土体导水性能的重要因素。因而，不同植被类型土壤的水力性质差异较大，特别是根系和腐殖质影响下土壤水分入渗过程与土体导水性质的变化以及优先流的发育，使得岩土的物理力学性质、岩土稳定性关系密切的浸润锋以及非饱和土体基质势等均发生较大变化，这些因素将直接驱动岩土体稳定性的破坏而形成灾害。这些问题是岩土水力学的范畴，需要探究生态水文过程及其变化对岩土水力学性质的影响。

为了系统解决不同植被分布区生态水文过程作用下的岩土水力学性质变化，需要解决以下两方面的问题（图 6-20）：①山地不同植被带生态-水文-岩土相互作用下的土壤水动力过程与时空动态特征。山地不同植被带土壤水动力过程既是生态-水文作用的直接结果和参与者，又是水文过程作用岩土的主要策动者和影响岩土体稳定性的主要驱动力源。由于坡面浅层地下水动态也在很大程度上受控于土壤水动力过程，系统揭示生态-水文过程作用下的土壤水动力响应特征、形成机制及其坡面分异规律，对于辨析大环境梯带植被覆盖下山地灾害形成机理十分关键。这一问题包含的科学内涵主要是不同植被带所具有的生态水文过程如何控制土壤水分分布和时空动态，不同植被带土壤大孔隙结构与季节动态如何作用于土壤水分入渗过程，从而形成异质性的土壤水动力特性，不同植被带土壤水动力参数及其时空变化规律。②山地不同植被带坡面生态-水文耦合过程对岩土体水力性质的影响及其作用机理。生态-水文过程以及根-土关系时空变化决定了岩土体渗流场存在较大的时空变异性；大孔隙流主导的土壤水动力过程变化不仅影响渗透场，也影响岩土体的应力场；随海拔和季节轮替，山地土壤温度场也存在较大的时空差异，温度场变化既影响生态-水文过程和渗透场，也作用于岩土体的应力场，因而温度场的变化也不容忽视。这些因素共同作用于坡面岩土体的水力学性质及其时空分异规律。因此，明晰不同植被带生态-水文过程主导下的岩土体水力学性质时空变化规律及其驱动机制，无疑是深入理解生态水文过程对岩土体水力学性质的作用机理、系统解析坡面岩土体水力学性质变化的多场耦合关系的关键途径，也是建立坡面岩土体水力学多场耦合定量模式的基础。

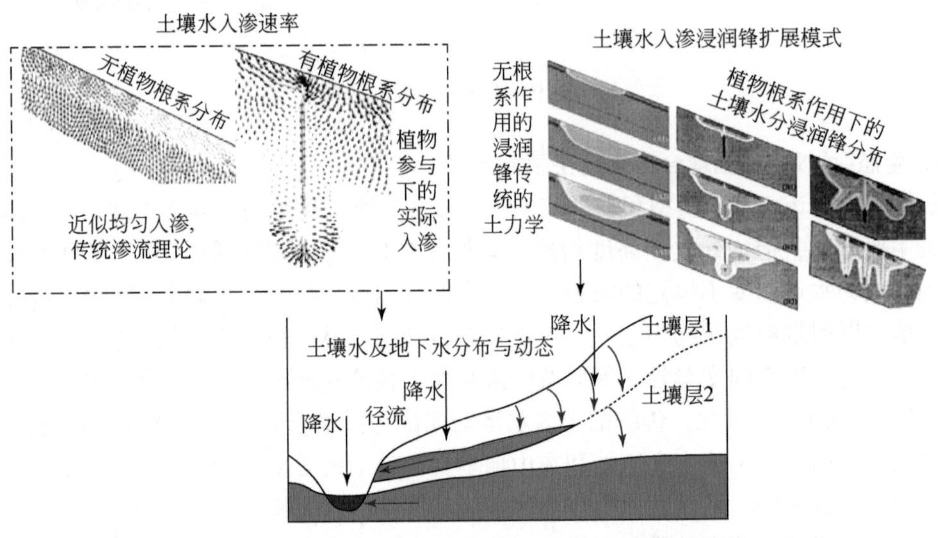

图 6-20　植物根系介导的土壤水力学变化及其对土壤水与地下水的影响

6.4.3　山地生态-水文-岩土耦合作用与岩土体失稳破坏判据

植物根系及其对坡面岩土体结构与水力学性质的改变显著影响着岩土体宏观的物理力学性质，进而影响着坡面岩土体的稳定性。一方面，植被阻滞坡面物质运动与根-土复合体的加固作用及生态固坡作用。植被对岩土体力学性质的影响主要包括根系吸水的负孔压效应，根系和腐殖质层导致岩土体结构、矿物成分及孔隙组成变化等，以及植物躯干对风荷载和水流荷载的传递等多种因素。另一方面，大量单根系对岩土力学性质的影响研究表明，根系主要通过根-土接触面的摩擦力把土体剪应力转换成根的拉应力，从而提高土体的抗剪强度。根系固土的力学基础在于根系分布与延伸对土体剪切强度的影响，根系能够弥补土体抗拉性能的不足，根-土峰值剪切强度随着根-土体积比的增强而增加。除根系数量外，根-土复合体抗剪强度与根长度、密度之间呈正相关关系，较大的根系长度和密度有助于土体稳定，且根系对土体黏聚力的影响比内摩擦角更大。因此，根-土复合体的强度模型不仅与土体和根系的材料特性、组织结构有关，还与复合体的根系数量和土壤含水量相关，因此有些研究将根系密度和土壤含水量作为边坡稳定性的指标。

针对不同区域植被类型及其生态水文过程对岩土体力学稳定性的影响，需要明确不同植被带生态水文过程与岩土水力学性质间的相互作用关系，分析植被根-土力学关系与生态-水文-岩土水力学关系协同作用对岩土体性质的影响规律；将植被、岩土体和水作为一个整体，研究在重力、降水与地下水/土壤水运动及地震等内外作用机制下这一体系的荷载传递、强度机制及变形破坏特征；解析生态-水文-岩土耦合作用下岩土体力学性质变化过程与驱动机制，确定岩土体失稳破坏的临界条件判据。另外，发展定量刻画岩土体力学性质变化的数值模型是这一领域发展的必由之路，一般需要开展以下几方面的数值分析工作：一是在掌握根系层土体物理力学性质与植被根系关系的基础上，建立不同类型植被根-土复合体强度模型，定量描述根系对土体的加固作用及荷载传递作用。二是建立植被根系及其他生物因素作用的岩土体大孔隙结构参数与水力学参数的定量关系，分析不同植被带生态-水文-岩土耦合作用关系与坡体变形破坏机制，确定岩土体失稳破坏的生态-水文临界阈值。三是需要系统分析滑坡起动、运动、灾种转化的条件与动力过程，开展振动离心模型试验参数优选，并在植根岩土体快速融合构建技术之上，建立振动离心模型试验模型；开展天然干密度和天然含水量、降水过程和饱和条件下的振动离心模型试验，分析地震作用下植根岩土体荷载传递规律和变形破坏特征以及植根岩土体强度的变化特征。四是在岩土水力模型和根-土复合体破坏判据的基础上，构建考虑坡体生态-水文-岩土综合作用的坡体稳定性分析模型，从而实现对生态-水文耦合过程作用下的岩土体失稳与灾变易发性进行定量模拟和预判。

6.4.4 生态措施与工程措施协同的绿色减灾和优化配置

长期以来，得益于岩土工程措施受天气与气候影响小、见效快，国内外山地灾害治理工程以岩土工程为主，如拦沙坝、排导槽、崩塌滚石耗能拦截结构、滑坡位移控制结构等。经过长期实践，在岩土工程措施优化方面初步形成了山区小流域系统的岩土工程优化配置方法，提出了基于沿程物质调控的泥石流防治原理，开展了人工阶梯-深潭消能结构在山区小流域防治中的应用研究，并取得了良好的实际运用效果。但是，由于岩土体性质的高度时空变异性及岩土工程设计理论和方法的不足，目前岩土工程措施时常出现设计参数优化不足，偏离实际情况较大等情况，从而造成工程易老化、功效不断丧失、防护措施失效等后果。同时，与生态工程措施相比，岩土工程防灾减灾措施的生态环境兼容性较差，往往造成生态与环境的二次破坏。生态工程防治山地灾害研究已有悠久的历史，在 20 世纪 60 年代，人们就已经明确了不同植被对降水再分配、地表径流、侵蚀及运移具有明显的调控作用。但因为生态工程受天气与气候影响大、见效缓慢，大多需要几年或十几年才能发挥防治功效，所以直到现在，生态工程防治仍然处于辅助地位，尤其在抢救性防灾减灾工程中并不能发挥即时效应。同时，生态工程防灾功效及减灾工程设计缺乏定量刻画方法，多处于经验统计分析，这也在很大程度上制约了生态工程的应用。

实际上，无论是山地灾害的形成、运动与成灾还是减灾环节，生态作用十分重要。植被退化导致松散堆积物不断累积、生态系统的降水调蓄功能持续不降，这将在很大程度上加剧泥石流等自然灾害发生的频率和强度。构建良好的植被生态系统，不仅能减少泥石流物源和地表径流强度，而且能加强地表岩土体的抗破坏能力，减缓滑坡、崩塌发生的频率。因此，如何有效地发挥生态的减灾功效，构建环境友好、生态健康维持的山地灾害防治工程体系，是未来亟待发展的领域。如图 6-21（a）所示，寻求自然的、人工的生态结构，与传统的岩土工程协同起来，将岩土工程掩藏于绿色之中，并与山区经济社会发展相统筹，构建近自然、可持续绿色发展的灾害防治体系，是未来山地灾害防治工程优先发展的途径。为了实现这一目的，就需要认知生态-山地灾害在不同发育阶段的相互关系，建立生态工程措施减灾定量评价模型，发展岩土措施与生态措施优化配置的理论和方法，实现减灾功效最大化［图 6-21（b）］。

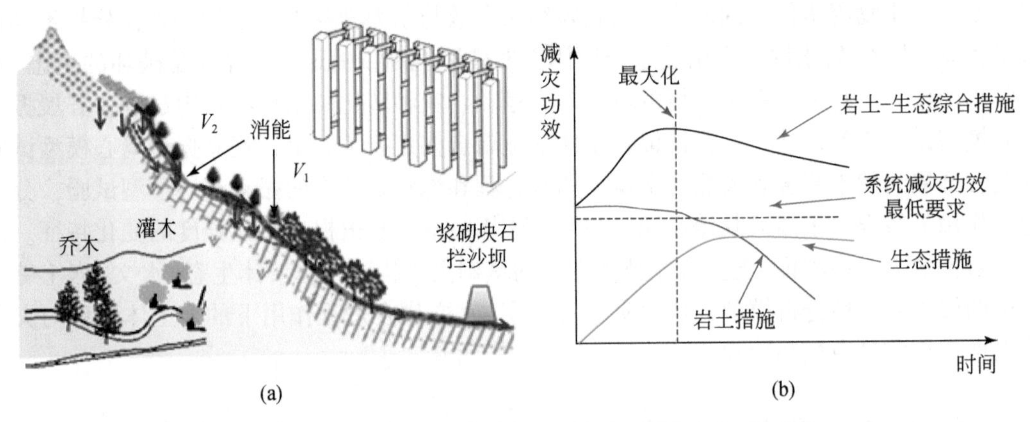

图 6-21　山地灾害防治中岩土工程与生态工程的协同和优化配置（崔鹏等，2017，2018）

上述山地灾害防治目标与未来发展路径为生态水文学提供了广阔的应用前景。在山地灾害的发源阶段或泥石流的物源区，基于生态系统的水分再分配原理，发挥生态措施调节径流、抑制地表岩土侵蚀产沙与松散土体向河道汇聚，减缓泥石流物源形成能力；充分利用生态固坡理论与方法，在生态-水文-岩土耦合作用关系和坡体变形破坏机制指导下，系统掌握不同植被类型对山地不同自然条件边坡的适应性及其固土护坡、降水截留效应，构建具有可持续发展能力的防灾减灾绿色边坡技术和生态化水土保持工程。在灾害体运动和流通区，消能减损是减缓灾害强度的重要任务，为此，需要研究生态措施和岩土措施控制沟道下切、灾害体动力强度的优化配置方案。例如，人工阶梯-深潭消能结构、拦沙坝以及谷坊等与合理的乔、灌、草立体防护生态体系相结合，实现高效的灾害物质运移的沿程调控。在成灾或致灾（承灾体受损）以及泥石流堆积区，构建生态廊道、减少人民生命与财产损失、保护社区以及重要资产或构筑物安全等是核心任务。需要在全面分析流域系统山地灾害动力过程能耗的空间分布规律基础上，探索生态-岩土措施协同调控的能量平衡机制，发展生态-岩土工程优化配置的原理与模式。总之，在生态-水文-岩土耦合作用关系和坡体破坏变形机制指导下，系统分析生态-岩土工程措施协同作用的物理机制、度量指标、量化方法及时空分布规律，构建生态措施调控灾害的效能-时间定量评价模型，发展生态-岩土协同的山地灾害防控理论体系，是山地灾害学与生态水文学相结合的新的应用场所，也是未来山地灾害防治高速发展的方向。

6.5 水环境变化与生态水文

天然水的基本化学成分和含量，是自然界中水在形成、分布和转化过程中与所处外部环境之间物质交换的结果，反映了它在不同自然环境循环过程中的原始物理化学性质，是判断水环境中元素存在、迁移和转化以及环境质量（或污染程度）与水质评价的基本依据。水环境既是构成人类环境的基本要素之一，也是人类社会赖以生存和发展的重要场所，更是受人类干扰和破坏最严重的领域。伴随人类社会不断发展，特别是城镇化进程的快速推进，源于工业废水、农业废水、生活污水排放进入水体的物质负荷超越水体可承受的范围，导致水体持续遭受污染。水环境的污染和破坏已成为当今世界主要的环境问题之一，因而在可持续发展作为人类社会共同目标的前提下，水污染防治是全世界的主要环境保护任务。

水环境保护可以分为围绕人类生产、生活污染物排放的防治和自然水环境演化的水质量控制两大方面。前者是主体，可以进一步分为污染物达标排放和海绵城市建设两个领域，污染物达标排放是水环境治理的关键环节，近年来构建生物治理技术体系成为这一关键环节发展最为迅速的方向，其中生态水文学发挥了十分重要的作用。海绵城市建设则更多地体现了城市生态水文学的理论与方法。因此，生态水文学理论和方法在水环境保护领域有着极其广阔的应用前景，且在水环境领域的应用实践中不断丰富和发展自身的理论体系。相关内容在本书的水域生态水文学、城市生态水文学中有涉及，为了避免内容的重复，本节重点介绍水污染生物学治理和自然水体生源要素循环等水环境问题中的生态水文学范式。

6.5.1 水域生源要素的迁移转化与影响因素

内陆水体包括水库和湖泊，它们是连接陆地与海洋生态系统的重要通道，是全球生物地球化学循环的活跃场所，在全球及区域碳氮循环中发挥着极为重要的作用。陆源碳氮在内陆水体中由于微生物的作用，部分以气体（CO_2、CH_4和 N_2O）的形式返回到大气中，成为大气温室气体的主要来源。内陆水体对碳的输运、排放及储存作用在全球及区域碳循环中扮演着主要角色。当水体溶解性 CO_2浓度高于大气中 CO_2浓度（410 ppm）时，会导致河流向大气排放 CO_2，这个过程叫作水-气界面 CO_2 释放，它是水体与大气碳交换的主要形式之一。类似地，当水体中 CH_4及 N_2O 浓度分别高于 2 ppm 和 0.3 ppm 时，水体会向大气释放 CH_4和 N_2O。国内外学者对内陆水域水-气界面 CO_2交换进行了研究，发现全球内陆水体约有 1.9 Pg C-CO_2/a 来自陆地，其中约有 0.8 Pg C-CO_2/a 释放到大气中去，表明水-气界面有巨大的碳排放潜力（Cole et al., 2007）。对河流、湖泊和湿地的碳排放潜力进行评估，结果表明，内陆水体向大气排放的碳量为 1.2 Pg C-CO_2/a 和 1.4 Pg C-CO_2/a，2013 年发表在 *Nature* 上的研究将内陆河流 CO_2排放量修正至 1.8 Pg C-CO_2/a，为湖泊和水库的 5.6 倍（Raymond et al., 2013），为以前河流 CO_2 通量评估的 3.2 ~ 7.8 倍

(Aufdenkampe et al., 2011)。表6-2给出了内陆水体碳通量的大尺度评估结果，野外观测数据的时空不均匀性导致碳排放评估存在较大差异，但总体表明，内陆水体是陆地碳循环极其重要的环节，水-气、陆-水和河-海界面的碳交换十分活跃且制约着全球碳平衡动态。

表6-2 内陆水域碳通量 (单位：Pg C-CO_2/a)

河-海界面	水-气界面	碳沉积	光合	陆-水界面	参考文献
0.90	0.75	0.23	0.3	1.1	Cole 等 (2007)
0.90	1.20	0.60	0.3	1.9	Battin 等 (2009)
0.90	1.40	0.60	0.3	2.1	Tranvik 等 (2009)
0.90	1.48	0.60	0.3	2.2	Bastviken 等 (2011)
0.95	1.20	0.60	0.3	2.5	Regnier 等 (2013)
0.95	2.18	0.60	0.3	3.4	Raymond 等 (2013)
0.95	2.78	0.60	0.3	4.0	Borges 等 (2015)
0.95	3.06	0.60	0.3	4.3	Holgerson 和 Raymond (2016)
0.95	3.88	0.60	0.3	5.1	Sawakuchi 等 (2017)

全球评估表明，内陆水体释放的CH_4为103.3 Tg CH_4/a，占全球自然（179～484 Tg CH_4/a）和人为（526～852 Tg CH_4/a）CH_4排放量的2%～56%和1%～19%（Upstill-Goddard et al., 2017）。全球河流向大气释放的N_2O为0.68～1.1 Tg N_2O/a，为全球人为N_2O源的10%～16%（Ivens et al., 2011）。与水体CO_2释放量评估一样，由于野外数据的时空不均匀性，水体CH_4和CO_2的定量也存在很大的不确定性。实际上，这种不确定性主要源于内陆水体溶解性温室气体产生及水-气界面释放的影响因素及驱动机制的复杂性，与水体的物理、化学及生物因子密切相关，包括有机质浓度和化学结构、水温、pH、养分、水文气象因子等因素密切相关（Li S Y et al., 2018）。因此不同水域生态系统、不同生态背景及人为活动下同一内陆水体生态系统由于受到各种物理过程和生化过程的影响，界面通量在时空尺度上呈现极大的异质性。此外，水体温室气体浓度及界面通量的准确性还受到监测方法的限制（Erkkilä et al., 2018）。

1. 水域温室气体产生过程及机制

(1) CO_2产生机制和消耗机制

内陆水体的碳氮输送途径及CO_2产生机制如图6-22所示。水体中溶存的CO_2存在无机碳动态平衡现象（CO_2——H_2O——$H_2CO_3^*$——$H^+ + HCO_3^-$——$2H^+ + CO_3^{2-}$），该平衡的移动主要受到水-气交换界面的CO_2交换、水生生物（微生物、藻类等浮游植物等）的光合作用和呼吸作用、碳酸盐的溶解与沉淀、水体及底泥中有机质的氧化分解等影响。此外，河流两岸陆地降水径流溶解和侵蚀的土壤有机碳及土壤呼吸产生的CO_2随径流的输送也对河流溶存的CO_2产生极大影响。

内陆水体的浮游生物利用光合作用将水体中溶解的无机碳转化为有机碳，降低水体中

溶存的 CO_2 浓度，减少界面 CO_2 排放强度或甚至成为大气 CO_2 的“汇”。河流的初级生产力过程需要摄取氮、磷等营养物质，降低水体碱度，减少 CO_2 浓度。而水体的呼吸及有机质的氧化则可增加 CO_2 浓度，如水体夜间有较高的 CO_2 释放通量（Xiao et al.，2013）、河流 CO_2 浓度和水体溶解性有机碳含量显著正相关等（Li S Y et al.，2018）。此外，有机质在沉积物中大量富集，表层沉积物在氧化还原作用下会产生大量的 CO_2，成为水体 CO_2 重要的来源（图 6-22）。

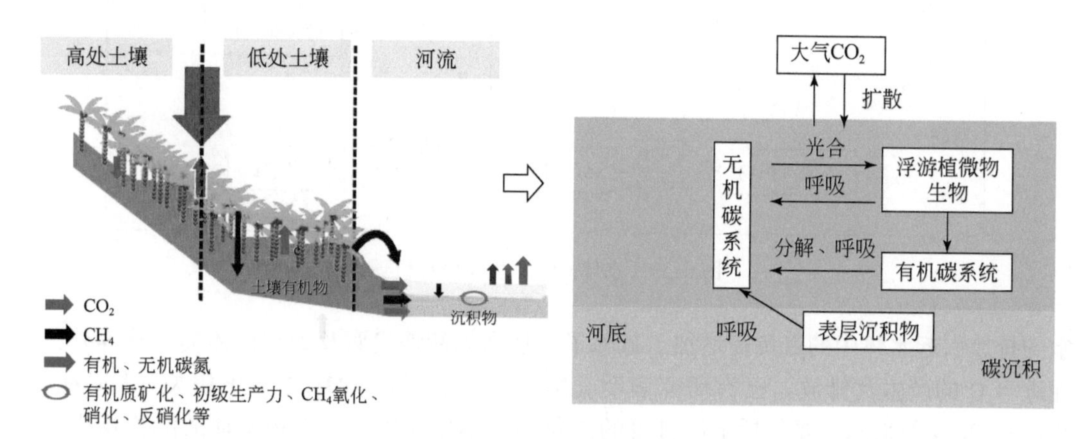

图 6-22　河流温室气体输送及 CO_2 产生

（2）CH_4 的产生和消耗机制

水体中 CH_4 大部分是沉积物在产甲烷菌作用下产生的（图 6-23），在厌氧环境中，产甲烷菌可以用乙酸或 H_2/CO_2、甲基等为底物生成 CH_4，其反应式为

$CH_3COOH \longrightarrow CH_4+CO_2$　醋酸盐营养（acetotrophs）

$CO_2+4H_2 \longrightarrow CH_4+2H_2O$　加 H_2 氧化；氢营养（hyrogenotrophs）

$4HCOOH \longrightarrow CH_4+3CO_2+2H_2O$　甲酸营养（formatotrophs）

$4CH_3OH \longrightarrow 3CH_4+CO_2+2H_2O$　甲基营养（methylotrophs）

产甲烷过程与氧化还原电位（Eh）、有机质丰富度、pH、温度、营养物质、微生物等密切相关。甲烷生成需要氧化还原电位小于-150mV 的极强的还原环境，此时，O_2、NO_3^-、SO_4^{2-} 等电子受体也能被还原，且硝酸还原菌、硫酸还原菌对 H_2、乙酸等产甲烷菌底物有更强的竞争力，导致硝酸盐及硫酸盐抑制 CH_4 的产生。厌氧环境中（特别是沉积物中）产生的 CH_4 在水中扩散时，会在表层沉积物或水柱中被甲烷氧化菌氧化，在传输过程中，CH_4 的氧化率可以高达 90%（Lofton et al.，2014）。在无氧环境中，CH_4 能与 NO_3^-、SO_4^{2-}、Mn^{4+}、Fe^{3+} 发生厌氧氧化反应，消耗部分 CH_4（Roland et al.，2018）。

（3）N_2O 的产生和消耗机制

水体 N_2O 是氮循环的氧化还原反应中的一个中间产物（图 6-24），主要是通过硝化、反硝化以及耦合的硝化和反硝化作用产生，NH_4^+ 厌氧氧化过程、NO_3^- 异化还原为 NH_4^+ 的过程以及藻类对氮素的吸收固定过程也能产生 N_2O（Roland et al.，2018）。因此，水体 N_2O 浓度和水体氮含量与微生物生态过程密切相关。受人为活动影响，农业面源污染及工业废

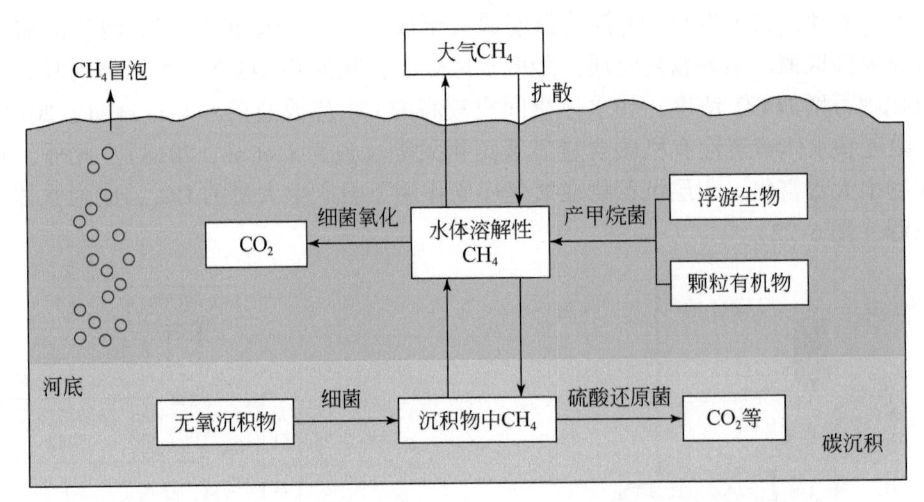

图 6-23　水体 CH_4 产生及消耗机理

水的排放引起水体中的氮负荷增加，氮除了参加水体新陈代谢及为有机体提供营养外，还促进 N_2O 的产生及排放。已有研究表明，N_2O 的释放量与 NO_3^- 浓度正相关（Lee et al., 2019）。N_2O 的来源主要包括水体自身的硝化和反硝化作用、微生物驱动的沉积物中 N_2O 的产生和释放、农田水和地下水的输入（Upstill-Goddard et al., 2017）。

硝化作用是 NH_4^+ 经硝化细菌氧化生成 NO_3^- 的过程（图 6-24），在 NH_4^+ 氧化为 NO_2^-、NO_2^- 氧化为 NO_3^- 的过程中均有 N_2O 产生。反硝化作用是反硝化细菌在氧含量极低的环境中，以 NO_3^- 为电子受体转化为 N_2 的过程。作为反硝化作用中间产物的 N_2O，在某些酶欠缺的情况下，成为反硝化作用的主要产物。例如，在美国河流和溪流的研究表明，反硝化作用在低含氧量的河流中产生的 N_2O 量可占总 N_2O 量的 92% 以上。反硝化作用产生的 N_2O 和水体 NO_3^- 浓度正相关，但只有不到 1% 的总氮在反硝化作用下生成了 N_2O（Beaulieu et al., 2011）。基于此，国外学者初步估算了微生物介导下的全球河流 N_2O 释放量，为 0.68 ~ 1.1 Tg N_2O/a（Beaulieu et al., 2011）。

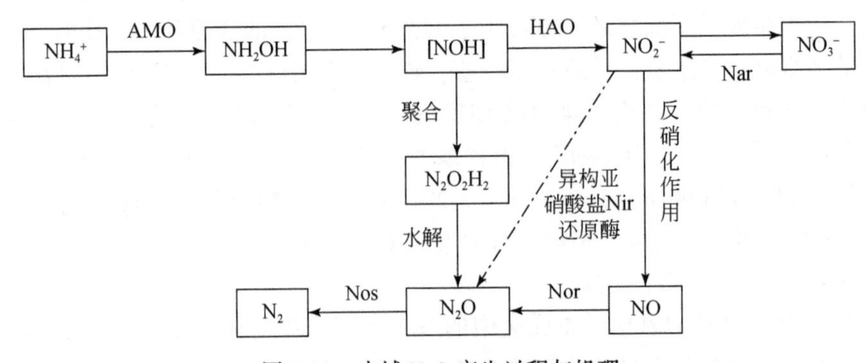

图 6-24　水域 N_2O 产生过程与机理

AMO 为氨单加氧酶；HAO 为羟胺氧化还原酶；Nar 为硝酸还原酶；Nir 为亚硝酸还原酶；Nor 为一氧化氮还原酶；Nos 为一氧化二氮还原酶

在水体 N_2O 的来源及形成机制方面，目前研究主要集中在反硝化作用上（Roland et al., 2018），但是硝化作用和反硝化作用对 N_2O 的相对贡献有可能发生变化，特别是梯级水库，不同水库的 N_2O 产生及释放机制可能有较大差异，其主导机理存在时间和空间的异质性（刘小龙等，2019）。

2. 水体温室气体关键影响因素

水体温室气体的产生是一个复杂的生物地球化学过程，影响气体产生过程的因素均可能导致水-气界面气体通量的变化。水体中温室气体浓度主要受到陆地气体的输送、陆源及内源有机质矿化、水体光合作用等影响，与水体生物地球化学过程密切相关。

（1）水文气象因子

1）水深：水深主要通过改变水体含氧量及温度影响水体生物地球化学过程，深水区的含氧量较小，甚至形成缺氧环境。细菌在缺氧的水中分解有机物产生 CH_4，浅水区底泥产生的 CH_4 很容易达到水面，而深水区产生的 CH_4 在输运途中容易被甲烷氧化菌氧化，水深强烈影响 CO_2 和 CH_4 的排放比，水库的库滨带和湖泊的湖滨带 CH_4 浓度是开阔水域的 30 ~ 70 倍（Li S Y et al., 2015）。

2）气温：气温变化引起水体及水体所在流域的环境参数发生相应变化，如水体和土壤的微生物活性将发生变化，导致水体温室气体产生的条件发生变化，引起温室气体的排放强度发生变化。水域温室气体的分压和通量呈现明显的季节变化，冬季由于气温低，水体表面结冰产生阻隔作用，释放到大气中的温室气体量会减少。而且冬季在水底可能形成一个厌氧环境，增加有机物厌氧分解的同时减少 CH_4 的氧化速率，导致 CH_4 大量积累（Li S Y et al., 2018）。

3）辐射：水体的新陈代谢过程和光辐射及温度密切相关，辐射的改变引起水体光合强度的改变，导致水-气界面通量呈现明显的日变化特征，一般是夜间的通量大于白天；在季节尺度上，温度高的夏季通量较大。

4）降水：降水对水体温室气体浓度的影响是复杂的，降水会促使大气中 CO_2 沉降到水体中，增加溶解的 CO_2 量，同时降水及适宜温度将会大大增加土壤 CO_2 和有机碳、有机氮向水体的输送，导致水-气界面温室气体的排放强度增加。此外，集中降水也会稀释水体中温室气体的浓度。随径流输入到水体的营养盐增加会促使水体中浮游植物生长旺盛，叶绿素含量高，进而减少 CO_2 的排放，但可能会增加 CH_4 和 N_2O 的排放量（Deemer et al., 2016）。

5）风速：风速通过风应力使水表面破碎，增加水-气界面的接触面积，改变表层水与大气间的 CO_2 浓度梯度，进而影响气体扩散的强度；风场能改变表层水体与大气中气体之间的浓度差，从而改变水体中气体的逸出强度。另外，风对水体的机械扰动加速沉积物层产生气泡，导致水-气界面排放通量增加，且风的扰动能促进水体的氧化作用，抑制产甲烷菌活动，减少 CH_4 的产生。同时风应力使水体表面变得破碎，增加了水-气界面的接触面积，导致气体的扩散排放通量增加。

（2）水环境因子

1）水温：水温是影响内陆水体生源物质生物地球化学过程的关键因子，也是影响水中气体溶解度的重要因素，同时通过影响微生物活性间接影响河流温室气体产生及释放。在水生生态系统中，水温越高，温室气体在水中的溶解度越低，水温还影响气泡的形成，水温较高的沉积物会导致 CH_4 的累积而形成气泡。升温会降低水体中溶解氧的含量，同时增强微生物活性，促进有机物的分解，导致 CO_2 的排放强度增加。在水生生态系统中，最适于硝化菌群发生反应的温度为 25 ~ 30 ℃，反硝化微生物的适宜温度为 5 ~ 75 ℃，当温度高于 30 ℃时（30 ~ 67 ℃），反硝化细菌的活性最强。总体上，反硝化速率随温度升高而增强，进而导致 N_2O 通量增加（Yang et al.，2012）。同时，水温对氧气溶解度的影响能改变硝化过程和反硝化过程的相对程度，反硝化需要厌氧环境，而硝化发生在有氧环境。

因为产甲烷菌对温度非常敏感，相较于 CO_2 和 N_2O，水体 CH_4 的产生和格局相应地对温度更加敏感，CH_4 的产生速率随温度升高而迅速增强。依据产甲烷菌对温度的适应性能力，产甲烷菌主要分为四类：嗜冷产甲烷菌、嗜温产甲烷菌、嗜热产甲烷菌、极端嗜热产甲烷菌。其中，嗜冷产甲烷菌的生存温度为 10 ~ 30 ℃，最适温度为 25 ℃，低温环境下，嗜冷产甲烷菌的主要代谢底物为 H_2/CO_2 或甲基类化合物；嗜温产甲烷菌最适宜的生存温度为 35 ~ 42 ℃，也是最有利于 CH_4 生成的环境温度，嗜温产甲烷菌的生长条件比较温和，也是目前研究最多的产甲烷菌种，其底物类型也多种多样，能以乙酸或乙酸盐为底物，也能以 H_2/CO_2、甲基类化学物为底物；嗜热产甲烷菌的生存温度为 40 ~ 75 ℃，最适温度为 65 ~ 70 ℃，其主要代谢底物为 H_2/CO_2 和甲基类化学物。总体来讲，大多数产甲烷菌是嗜温的，在 20 ~ 40℃ 能够产生 CH_4（Malyan et al.，2016）。

2）pH：pH 和水体碳酸盐体系（CO_2、CO_3^{2-} 和 HCO_3^-）的动态平衡密切相关，影响水体的源汇功能及水-气界面碳释放强度。当 pH 较高时，水中游离的 CO_2 易形成碳酸盐，使得 CO_2 浓度降低，有利于大气中 CO_2 进入水体中；反之，较低的 pH 会促进水体中 CO_2 释放到大气中。CO_2 浓度和 pH 的强相关关系通常用来确定水体 CO_2 源汇转化的阈值，有研究发现，当 pH>8.3 时，河流主要表现出对 CO_2 的吸收；反之，河流呈 CO_2 释放状态（Varol and Li，2017）。pH 对水体 N_2O 分布的影响主要是因为 pH 改变了硝化和反硝化过程的相对重要性，当 pH 在 7 ~ 9 时，水体中硝化和反硝化作用同时发生。反硝化作用发生的最佳 pH 为 7.0 ~ 8.5，且 N_2 为主要产物，当 pH 降低时，有利于 N_2O 的释放，pH 降低至 5.2 时，N_2O 为主要产物；对于硝化作用，当 pH 在 3.4 ~ 8.6 时，N_2O 产生和 pH 正相关。水体 pH 会影响产甲烷菌的活性，绝大多数产甲烷菌适宜的 pH 范围为 6 ~ 8，水体过于酸化或碱化通过直接影响产甲烷菌的活性而影响 CH_4 的产生。

3）溶解氧：水体溶解氧（DO）含量受物理扰动及生物活动影响，水体光合作用增加水体中 DO，但水体微生物呼吸作用及有机质矿化会消耗 DO。DO 浓度及分布情况决定着有机物降解的途径及产物，对水体生源要素碳氮循环起着重要影响。在有氧环境下主要生成 CO_2，在缺氧环境下以 CH_4 为主，O_2 也是影响硝化和反硝化过程的关键物质。水体溶解性 N_2O 浓度和 DO 浓度呈现负相关关系，水体在缺氧状态时，以反硝化过程为主，由于硝化细菌是好氧菌，高含氧量水体中，硝化过程是产生 N_2O 的主要来源。研究表明，当水体 DO 饱和度（DO%）在 5%~110% 时，N_2O 主要通过硝化反应产生，当 DO 饱和度在 0 ~ 5% 时，硝化、反硝化及硝酸盐异化还原等过程共同影响 N_2O 产生。在富氧区，硝化菌活性增强的同时，O_2 还会和 NO_3^- 竞争成为电子受体，阻止反硝化，但是过高的 DO 含量对硝化反应也不利，当水体 DO% 超过饱和时的 2～2.6 倍时，沉积物中的硝化速率下降 15%～25%。在低氧区，N_2O 的产生主要由反硝化作用控制，适合反硝化细菌进行厌氧呼吸的 DO 含量应该小于 320 μg/L（Ji et al., 2018）。在极度缺氧的区域，N_2O 会被进一步还原为 N_2。产甲烷古生菌主要发生在河流沉积物中，其 DO 含量直接和碳排放形式紧密相关，缺氧环境中以 CH_4产生为主，而在 DO 含量丰富的环境中，则以 CO_2产生为主。厌氧底泥环境中产生的 CH_4 在从底泥到水面的输送过程中，O_2作为电子受体，使 CH_4 氧化成 CO_2，CH_4氧化率最大可达到 90%（Lofton et al., 2014）。

4）营养元素及有机质：水体初级生产力和生物新陈代谢受到水体营养盐状况的影响，因此和水体温室气体浓度及格局密切相关。大量研究表明，水体 CH_4浓度与有机质含量、溶解性磷、水体生产力正相关（Deemer et al., 2016）；水体 CO_2浓度随有机质含量增加而增大，但和营养物质浓度的关系存在变异性（Li S Y et al., 2018）。总体上，城镇化引起的营养物质的增加使水体溶解性温室气体浓度及界面通量增加。溶解态有机碳（DOC）在内陆水体的生物地球化学过程中起着极为重要的作用，如微生物生长和呼吸的主要基质、影响营养盐的循环、影响金属元素的形态和毒性、影响可溶性有机物（DOM）的降解等。DOC 主要来源于陆源输入以及水体中生物残体，是水体中 CO_2和 CH_4产生与排放的直接碳源，对水–气界面温室气体释放具有重要影响。

5）初级生产力：叶绿素 a（Chl-a）是反映水体初级生产力的主要指标，Chl-a 高的富营养化水体可以通过光合作用固定 CO_2，减小界面 CO_2 排放通量。已有研究证实了水体 CO_2 浓度和 Chl-a 的负相关关系（Li S Y et al., 2018）。大量野外观测数据表明，水库消落区和湖滨带大量陆源有机质的输入是 CH_4及 N_2O 排放通量高的主要原因。

6.5.2 寒区河流碳氮迁移转化及影响因素

分布于高纬度及高海拔地区的多年冻土面积占全球土壤面积的 15%，但是其碳储量约是全球土壤碳储量的 60%，该储量（约 1700Pg）接近大气碳库的两倍。因此，冻土碳库的微小变化可能会对大气碳库及气候系统产生巨大影响。越来越多的研究发现，大量冻土碳也会随着冻土的退化释放到河流等水体中（Wild et al., 2019）。冻土碳库的径流损失会减少冻土区用于分解的土壤碳，增加水生生态系统碳输入，且河流本身也会转化和释放气态碳到大气中，从而深刻影响多年冻土区碳平衡和水体生物地球化学过程。一方面，增温引起的冻土退化使更多的活动层、消融冻土层以及地下水中的碳以溶解性和颗粒态碳随径流进入河流与湖泊，其中部分有机碳会分解转化为 CO_2。增温和冻土消融也会导致土壤呼吸作用增强，增加河流 CO_2的来源。另一方面，多年冻土地区的暖化使地表和地下径流过程之间的交互作用得到增强，地下径流增加，进而导致更多的 CO_2经地下径流进入河流。

1. 寒区河流碳输移特征

已有大量研究结果发现，环北极河流每年输送了 25～36Tg 溶解态有机碳（DOC），57Tg 溶解态无机碳（DIC）和 5.8Tg 颗粒态有机碳（POC）（McClelland et al., 2016）到北冰洋。在青藏高原冻土区，长江源区直门达水文站每年输送到下游的 DIC 和 DOC 通量分别为 485Gg 和 56Gg（Song et al.，2020）。河流碳的水平输送过程与水文过程密切关联。径流大小不仅代表着河流输送碳的能力，也影响着碳的转化过程，径流组分的不同则影响着河流碳的性质和年龄（Barnes et al.，2018）。在高径流时期，河流作为被动通道输送大量陆源碳到下游及河口地区。高径流带来更高的流速和水面湍流能量，可直接增加气体扩散速率，从而增加 CO_2 释放通量。而在低径流时期，河流本身又对陆源碳进行吸收利用、沉积存储、气态排放和氧化分解等过程。北极冻土河流径流年内分配特征是，在融雪季节（春季）达到全年最大径流，由此使得全年高达 60% 的河流碳通量在较短的融雪季节输出。不同的是，青藏高原地区冬季积雪较少导致春季融雪径流较小，夏季季风降水和融化的活动层带来的高径流使夏季碳输出通量较高（图 6-25）（Song et al.，2019）。

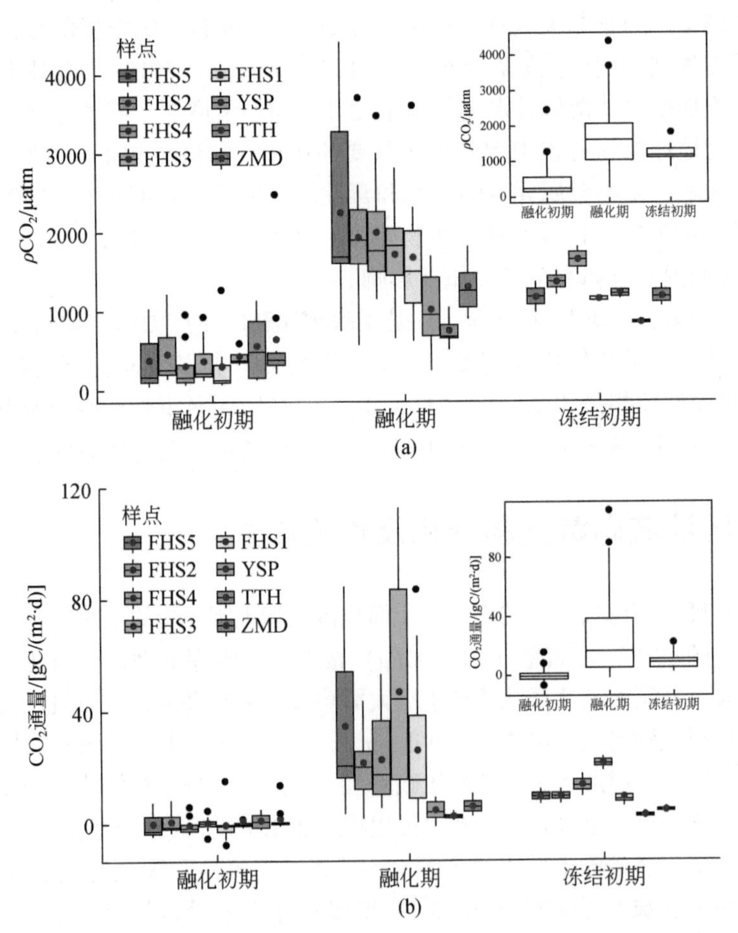

图 6-25　长江源区不同尺度河流 CO_2 分压和 CO_2 通量及其时空分异特征

在北极和青藏高原的研究发现，冻土区河流水体处于 CO_2 过饱和状态。在西伯利亚鄂毕（Ob）河流域，河流 CO_2 年释放通量达到有机碳水平年输送通量的两倍以上（Serikova et al.，2018）；对青藏高原河流的初步调查发现，平均 CO_2 日排放通量为 3.45g C/(m^2 · d)

(Qu et al., 2017),这些研究都证实了多年冻土区河流 CO_2 释放是一个重要的碳排放源(图6-25)。对于多年冻土区河流 CO_2 来说,冻土水文过程和径流组成的改变不仅可以通过影响 CO_2 来源来影响河流中 CO_2 分压大小,也会影响 CO_2 扩散速率,从而影响其排放通量。如图6-25所示,受冻土水文过程的季节性变化,春季 CO_2 通量较小,是多数河流吸收 CO_2 的时期;夏季 CO_2 通量逐渐升高,开始释放 CO_2,8月末9月初 CO_2 通量达到最高值,随后开始下降,在10月下降到和夏季初期相当的排放水平,全年整体上呈碳源状态。

通过与世界其他流域 CO_2 通量对比发现,长江源区的直门达、沱沱河以及雁石坪 CO_2 通量与育空河、密西西比河相当,低于世界平均排放速率;但风火山集水单元小流域的 CO_2 通量值高于世界平均排放速率,这可能与风火山五个小流域平均流域比降较大,河水流速也较快,扩散系数 k 值较高有关(Song et al., 2020)。长江源区河流碳输移和碳排放规律具有显著的从源头到下游的变化特征,一般而言,进入河流的陆源碳50%以上都会以 CO_2 的形式排放到大气中),在河流上游源头地带其比例会更高(Hotchkiss et al., 2015)。每单位水体面积来自陆地的碳输入从上游到下游呈下降的趋势,使得下游河流中的 CO_2 净排放量相对于上游源头区的小溪流不断减少(图6-26)。从上游到下游,CO_2 的来源组成也会发生改变,即由外部输入主导到内源生产主导。经测算,长江源区河流74.8%的碳以 CO_2 的形式排放到大气中,水平输送的通量仅占25%(图6-26)。由于长江源区无水库大坝等水利工程,河流连通性较好且泥沙截留指数较低,陆地碳在河床的沉积量在数十年时间尺度内可忽略不计,长江源区河流 CH_4 排放量也极少,连 CO_2 排放量的百分之一都不到,若不计 CH_4 通量,则长江源区河流每年从陆地生态系统获得的碳含量为水平输送和垂直碳排放量之和,即2.71Tg C/a,这占长江源区净初级生产力估算值的8%左右(Wang et al., 2018)。

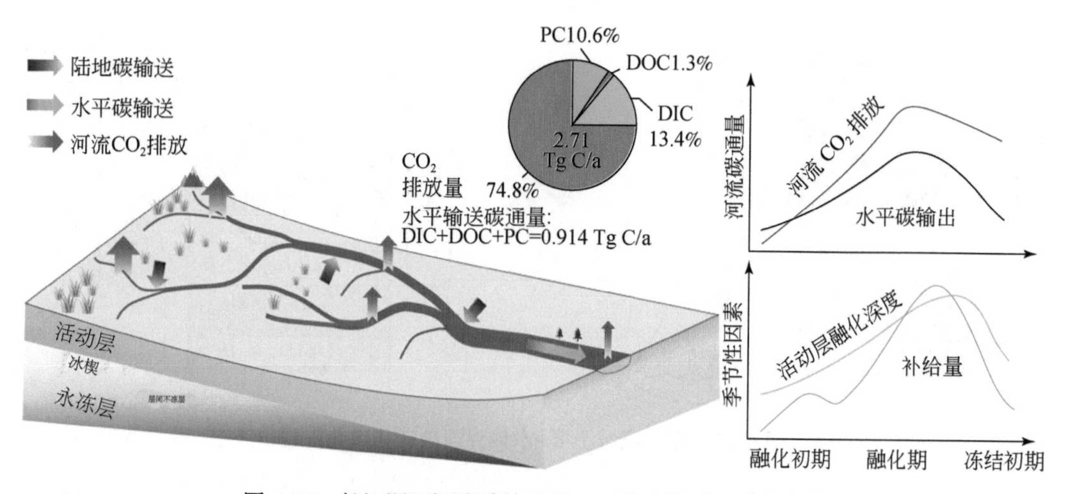

图6-26 长江源区河流碳输移和 CO_2 逸出的时空动态变化

从整个长江源区来看,河流碳垂直排放与水平输送的比值为2,这个比值与西西伯利亚冻土区域相当,高于全球平均值(Serikova et al., 2018),但是低于热带亚马孙流域。另外，长江源区进入河流的陆地碳以 DIC 和 POC 为主，并且大部分以 CO_2 的形式逸出，且以春季至夏季冻土融化期为主，活动层融化期排放了全年87%的气态碳（CO_2）和60%的河水碳（DIC+DOC+POC+PIC，PIC 指颗粒态无机态）。泥沙、颗粒态碳氮（POC、PON）输出多年变化及气候变化与植被覆盖变化有关。在冻土区域，气候变暖导致流程、径流量和土壤碳释放增加，从而增加 CO_2 排放。但是这种较高的 CO_2 排放速率随着冻土退化是否可持续尚需深入探究。有研究推测，随着冻土的持续消融和活动层加深，陆地碳对河流的输入可能会减少，从而减少河流 CO_2 的排放（Serikova et al.，2018）。

2. 土壤冻融过程对河流碳输移的影响

影响寒区河流生源要素输移与转化的主要因素除了前述其他地区的水文气象、水环境等共性因素外，还包括径流大小、地形条件以及植被覆盖等。寒区河流碳氮输移过程显著地受土壤冻融过程的控制，这是因为冻融过程同时影响着径流和水溶性土壤碳的释放。多年冻土的退化会使流程增加，使地表下水文过程更加活跃，这些影响会改变冻土流域的河流碳循环的生物地球化学过程。冻土退化及活动层融化过程将土层中的碳在水流的挟带下迅速转移到河流中来（图6-27）；同时，长期的冻土退化会改变冻土流域水文过程并导致老碳的输出。多年冻土层透水性差，水力传导性好，矿物质含量低，DOC 吸附能力低，加快了土壤可溶性物质从陆地向河流的转运速度。消融冻土中的 DOC 多不稳定，可通过呼吸转化为 DIC。如果从冻土中释放出来的 DOC 生物活性在时间尺度上小于水力传导时间，则 DOC 会通过呼吸转化为 CO_2。在泛北极多年冻土地区河流的研究发现，DOC 输出受到冻土覆盖和融化层厚度控制，高冻土覆盖地区 DOC 输出浓度高于低冻土覆盖地区（Frey and McClelland，2009）。在不同冻土类型的交错带，河流 CO_2 排放量较高（Serikova et al.，2018）。

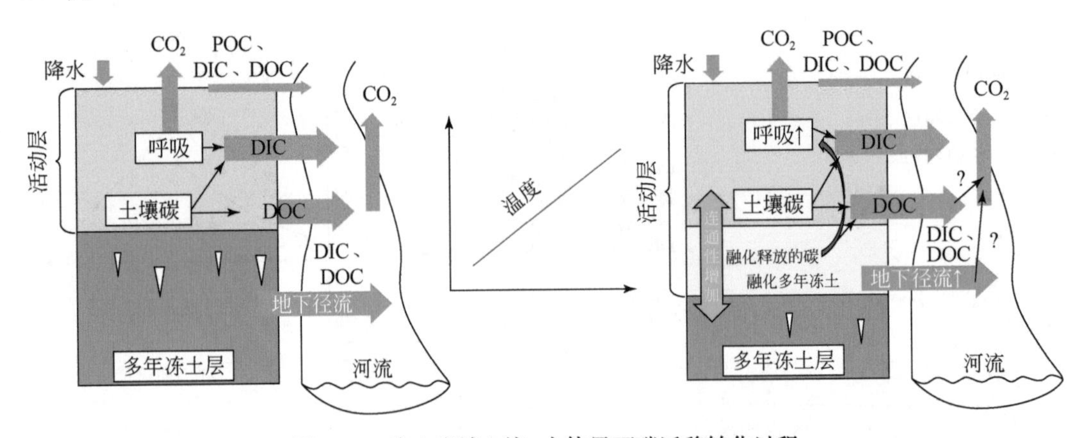

图6-27　冻土流域土壤-水体界面碳迁移转化过程

在青藏高原河源区的研究发现，活动层冻融过程对于河流 DIC、DOC 和 CO_2 浓度及通量均有显著影响，其中融化深度增加会使 DIC 和 CO_2 浓度及通量增加，对 DOC 浓度影响不显著，但会增加 DOC 通量。随着冻结深度增加，DIC 和 DOC 浓度增加而通量减少（Song et al.，2019）。河流溶解碳输出的季节性高度依赖活性层融化和冻结过程，其原因在于：第一，活动层融化和冻结过程控制着土壤碳从活动层中的沥出。如前所述，河流 DIC 和 DOC 浓度与活动层融化和冻结深度密切相关，融化后更多的土壤碳进入径流，土壤呼吸的 CO_2 也会参与径流的碳输出。第二，与河流碳密切相关的多年冻土河流基流主要受活动层融化冻结过程的调节，随着融化过程的进行，地下径流比例增加。第三，DIC 和 DOC 输出通量由径流量和河流碳浓度决定，而地表径流过程主要受活动层冻融循环控制，而非降水控制。同时，融化后的土壤微生物活动产生的 CO_2 和升高的温度以及增加的径流可能会促进化学风化活动（Raymond et al.，2013），从而增加 CO_2 消耗的同时也促进 DIC 的输出。此外，温度升高会增加水体温度，延长河水传输时间，从而促进含碳物质的降解，导致 CO_2 排放增加。但是在冻土退化后期，更深的流程反而会减少陆地碳的输移，这个效应可能会超过温度增加的作用，从而减少河流 CO_2 的排放（Serikova et al.，2018）。因此，多年冻土活动层的变化将不可避免地改变碳输出模式，多年冻土与河流碳输出之间的联系需要进行更深入的研究，这有助于我们更好地预测气候变化如何扰动储量巨大的多年冻土碳库。

6.5.3 水体面源污染的生态防控理论与方法

溶解的或固体的污染物从非特定的地点，在降水或融雪的冲刷作用下，通过径流过程而汇入受纳水体（包括河流、湖泊、水库和海湾等），并引起有机污染、水体富营养化或有毒有害等其他形式的污染，这被称为面源污染，是水污染分布最广泛、影响最大的水污染形式，一般将其分为城市和农业面源污染两大类。其中农业面源污染是指在农业生产活动中，农田中的泥沙、营养盐、农药及其他污染物，在降水或灌溉过程中，通过农田地表径流、壤中流、农田排水和地下渗漏，进入水体而形成的面源污染。农业面源污染是最为重要且分布最为广泛的污染，据不完全统计，面源污染约占总的水污染量的 2/3，其中农业面源污染占面源污染总量的 68%~83%。以长江上游面源污染较为突出的四川盆地紫色土低山丘陵区为例，农村、农业污染源（面源污染）占流域养分负荷的 50%~72%，其中农村（小城镇）居民点土地利用面积很小，但贡献了流域 30%~56% 的污染负荷，其次是坡耕地和园地，贡献了 35%~52% 的污染负荷（杨小林等，2013）。因此，如何防控农村与农业面源污染成为水污染治理的核心。

现阶段，有关农业、农村面源污染防治的研究十分广泛，也提出了很多效果十分显著的技术与方法，一般来说，农业面源污染包括农田、畜禽、水产养殖、农村径流和分散式生活污水在内的农业源，它们是面源污染的主要原因。此外，流域不适当的土地利用导致的水土流失也在许多地方成为农业面源污染的重要因素。综合国内外农业面源污染治理的理念和技术体系发展态势，基本可以归纳为控源—截污—末端治理—生态修复四个环节，即从污染物产生的源头开展污染物的减量化工程，在污染物迁移过程中开展污染物的拦截与阻断工程，在末端对面源污染物进行深度处理与再净化，在此基础上对农业生态系统进行环保修复（杨林章和吴永红，2018）。在长期农业面源污染防治研究和实践中，先后针对上述四个环节，在不同地区发展了众多行之有效的技术措施和管理制度等，如小流域水体面源污染修复拦截-种养控制体系、农村综合面源污染生态控制技术、控源-截污-资源化利用（BMPs）技术体系、微生物复合介质-沟-渠-塘生态控制技术体系等。从大量实践经验来看，上述技术措施一般体现在坡耕地土壤侵蚀减控、农田养分节肥增效以及生态清洁流域整体构建等方面。本节以长江上游水土流失和农业面源污染较为严重的四川盆地紫色土低山丘陵区开展的相关研究为例，简要阐述农业面源污染防治及其生态水文学理论的应用。

1. 面源污染源头生态减控

（1）坡耕地土壤侵蚀减控

坡耕地上细沟侵蚀一旦发生，坡面侵蚀量将增大几倍至几十倍，而单次暴雨中细沟侵蚀的发生总在坡耕地某特定坡长处，这是因细沟发生需要一定的坡长汇集径流，下切侵蚀形成细沟，这一坡长称为细沟侵蚀的临界坡长。若在坡地细沟侵蚀发生的临界坡长处采取相应措施控制，将降低坡面侵蚀量。基于以上认识，通过模拟降水试验与野外观测，确定不同坡地细沟侵蚀发生的临界坡长（图 6-28），按照细沟发生临界坡长划分地块（Yan et al., 2011），确定“生态地埂”间距和耕作制度，通过植物措施（植物篱）、耕作措施（边沟、背沟、横坡截流沟），并构建“大横坡、小顺坡”的坡地耕作模式，提高水土流失防治和抵御季节性旱涝灾害的能力（Zhou et al., 2016）（图 6-28）。

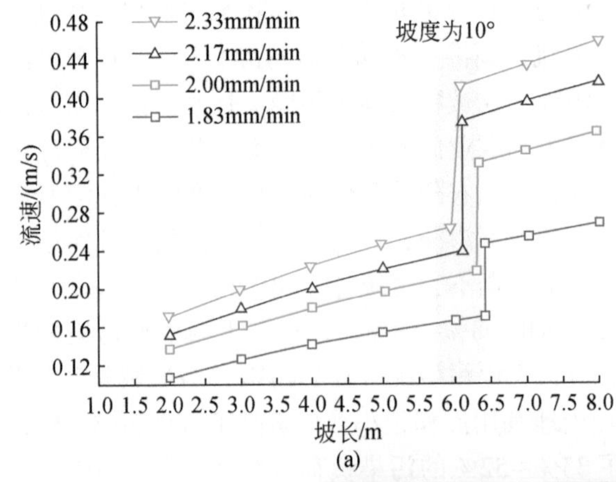

(a)

(b) 采用植物篱阻隔

(c) 采用大横坡+小顺坡耕作模式

图 6-28　基于坡地细沟侵蚀临界坡长理论的坡耕地土壤侵蚀减控方法

（2）农田养分节肥增效与面源污染源头减控

以长江上游四川盆地紫色土低山丘陵区坡耕地为例，研究发现，地表径流、泥沙损失氮和氨挥发、N_2O 排放之间没有显著相关关系，而氮淋失量（壤中流损失）与 N_2O 排放量之间存在显著的指数递减关系，表明氮淋失量与 N_2O 排放量呈显著消长关系［图 6-29(a)］，而这种气体排放与径流损失的响应关系机制源于土壤氮循环链式过程中对底物（NO_3^-）的竞争。通过 ^{15}N 培养和微生物-DNR 测定技术，发现紫色土 N_2O 排放、氮淋失主要受控于硝化作用，由此阐明了坡耕地水-土-气界面碳氮养分交换的相互关系及其作用机理。经过大量试验，发现紫色土硝化作用强、速率快，化学氮肥促进紫色土硝化作用，从而加剧氮淋失，秸秆还田可抑制硝化作用，降低氮淋失［图 6-29(b)］。以秸秆还田和有机肥替代化学氮肥可维持作物产量，协同减排氮淋失、温室气体排放和氨挥发损失，具有良好的生态经济效应。微生物学研究还揭示了秸秆还田与有机肥施用可“重建”农田土壤碳-氮耦联效应，促进微生物对外源氮的固持，阐明了土壤氮保持的微生物生态机制。这样就较为完整地构建了无机-有机施肥对土壤碳氮转化速率调控原理。在这些原理基础上，系统分析可持续集约农业框架下农田硝酸盐淋失和氧化亚氮排放等环境效应与作物产量综合效应（Zhou et al.，2017），从而实现坡耕地减肥增效和面源污染源头控制的目的。

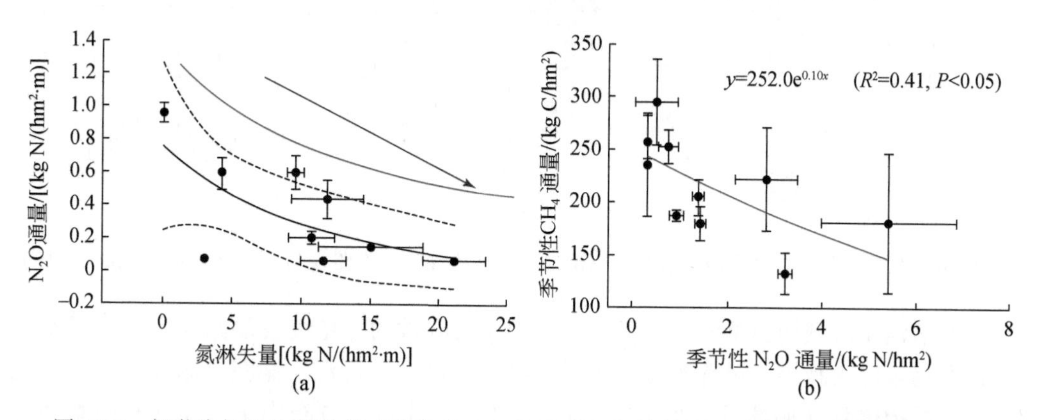

图 6-29　氮淋溶与 N_2O 排放的响应关系（a）以及有机肥施的农田土壤碳-氮耦联效应（b）

2. 生态清洁小流域建设模式

在充分利用河流的自然净化功能的基础上，发挥生态系统对污染物的拦截和吸收等作用。例如，山区河流自然跌落曝氧氧化、植物和沉积物的泥沙吸附、坑塘沉降稳定、植物拦截吸收等自然与生态净化功能强大、效率高，如能充分利用其生态净化机制并提升净化容量，将可能应用到高负荷村镇径流污染处理之中（Tang et al.，2015）。为此，通过筛选具有强化吸附特性和养分高富集的植物，并与山区自然跌落、凼坑、排水沟渠相结合，经过景观与净化功能强化，形成具有集汇流、分流、沉淀、拦截、吸收、氧化、稀释等功能的过程阻控生态净化系统，同时经过进一步优化，与高效脱氮除磷植物、微生物结合，依靠水陆两栖植物根系形成生物膜，构建跌落曝氧、干湿交替、水陆和挺水-沉水植物等组合及介质-水陆两栖植物-生物膜多层次生活污水塔式生态净化系统，用于小城镇生活污水和高负荷坡面径流污染治理处理，实现面源污染的过程阻控［图 6-30(a)］。在地势低洼或相对汇水区域，构建水田与塘堰系统，形成流域泥沙和氮磷的汇，泥沙、氮磷输出负荷最低。通过空间优化水稻田和塘堰配置格局，形成功能强大的面源末端截污系统［图 6-30(b)］。在流域尺度上，将生活污水生态净化技术、强化生态沟渠消纳技术，从源头控制居民点的高污染负荷生活污水（养殖废水）与径流污染，同时坡耕地利用水土保持耕作体系与秸秆还田节肥增效技术，从源头控制坡耕地泥沙与养分流失；同时，通过坡顶低效林改造，合理配置台地间的林地生态系统，与农地形成农林镶嵌的空间格局，并与水土保持生态沟渠、沟谷水田、塘库人工湿地及河滨生态缓冲带功能相结合，构建丘陵上部的农林复合系统、生态强化沟渠环绕、沟谷人工湿地和河流岸线生态缓冲带建设等技术有机融合的流域水土流失与面源污染全程控制技术体系，形成小流域“减源、增汇、截获、循环”的生态拦截阻控技术体系与生态清洁小流域建设优化模式［图 6-30(c)］。

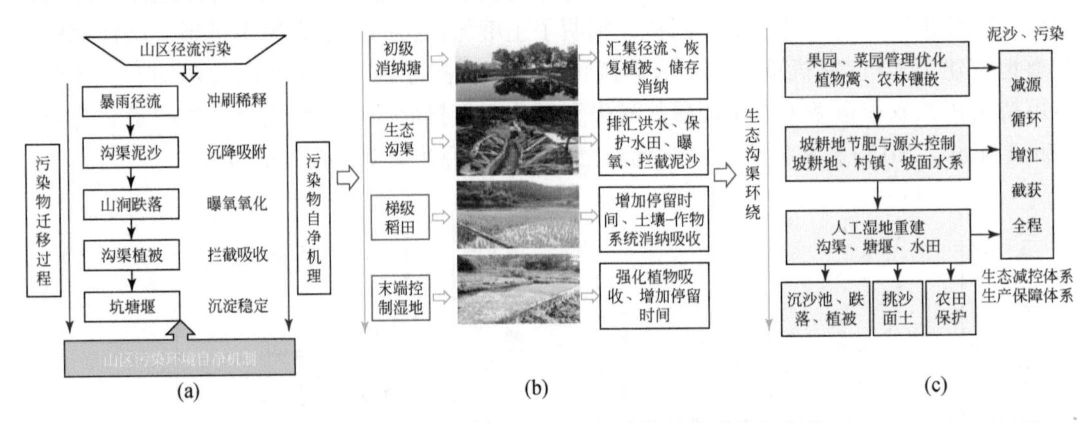

图 6-30　农业、农村面源污染防治的生态清洁小流域构建的基本路径与方法（Wang et al.，2019）

生态清洁小流域构建是农业面源污染防治十分有效的可持续发展路径，强调了水土流失与面源污染源头减控、过程阻截、末端消纳的“减源、增汇、截获、循环”融合的流域全程生态减控体系（柳林夏，2016）。2013 年 1 月，水利部颁布中华人民共和国水利行业标准——《生态清洁小流域建设技术导则》（SL 534—2013），定义生态清洁小流域是在传统小流域综合治理基础上，将水资源保护、面源污染防治、农村垃圾及污水处理等结合到一起的一种新型综合治理模式。其建设目标是沟道侵蚀得到控制、坡面侵蚀强度在轻度（含轻度）以下、水体清洁且非富营养化、行洪安全，生态系统良性循环的小流域。生态清洁小流域建设内容涉及水土流失综合治理、水资源保护、生态修复、小型河流整治、面源污染防治、村庄人居环境整治等。因此，涉及生态水文学相关的多个理论体系，包括土壤侵蚀过程及调控机制理论、小流域水循环生态调控理论、流域水资源合理配置与高效利用理论，以及流域生态经济、生态系统健康和流域水环境安全等（余新晓，2012）。需要立足生态水文学理论体系，不断完善生态修复区、生态治理区、生态保护区“三防线”建设的理论内涵和技术方法，综合应用多种治理措施进行生态建设、水土资源保护。

第 7 章　城市生态水文

城市生态系统是以人为中心的自然、社会和经济复合型开放生态系统。城市生态系统中消费者密集，自然生产者和分解者少，自然资源严重不足，须依靠外界物质和能量供给，才能维持其高速运转状态。城市土地利用方式快速变化导致城市生态系统具有强烈的空间异质性和时间变异性。而社会、经济和自然子系统之间错综复杂的关系使城市生态系统经常处于非平衡状态。城市生态系统的失衡和不稳定性给城市居民生存环境质量带来了严峻挑战。

城市生态系统外部的物质和能量输入/输出，土地利用/覆被、生产和生活方式、水资源开发利用等改变了城市生态水文过程，使城市生态水文过程的自然属性减弱，社会经济属性增强，呈现出“自然–社会”二元水循环特征。一方面，密集的城市居民通过高度人工化的城市基础设施取水、用水、排水，影响水源地和受纳水体的水量与水质，而后者水量与水质的变化也会反作用于城市居民的取水、用水、排水过程。另一方面，城市下垫面的改变和城市引水、蓄水、排水设施建设改变了城市蒸散、降水、产流、汇流与下渗等自然水循环过程，城市自然水循环过程改变造成的城市热岛、城市内涝、城市水环境污染和水生态退化等问题，反过来影响城市的总体规划和城市的引水、蓄水、排水设施建设。

自然水循环和社会水循环在城市生态系统内高度耦合，共同决定了水资源在城市生态系统内的流动、储存和利用方式。同时，以水资源为载体，城市生态系统的水循环系统也承载了其他物质（营养元素和重金属等）和能量的迁移、转化与循环。这些复杂的耦合关系既影响城市生态系统水资源及其他物质的利用效率，也影响水循环系统外部的环境质量和生态安全。因此，IAHS 水文科学十年计划（2013 ~ 2022 年）将“变化中的水文循环与社会系统”列为研究计划的主题。

7.1　城市生态系统

7.1.1　城市生态系统组成与结构

城市生态系统是以人为中心的复合人工生态系统，包含城市居民赖以生存的生物和非生物系统。城市居民作为生物系统的重要组成部分，也影响着城市生态系统的结构和功能。如图 7-1（a）所示，生物系统包括城市居民、家养生物和野生生物。非生物系统包括人工物质系统、环境资源系统和能源系统。

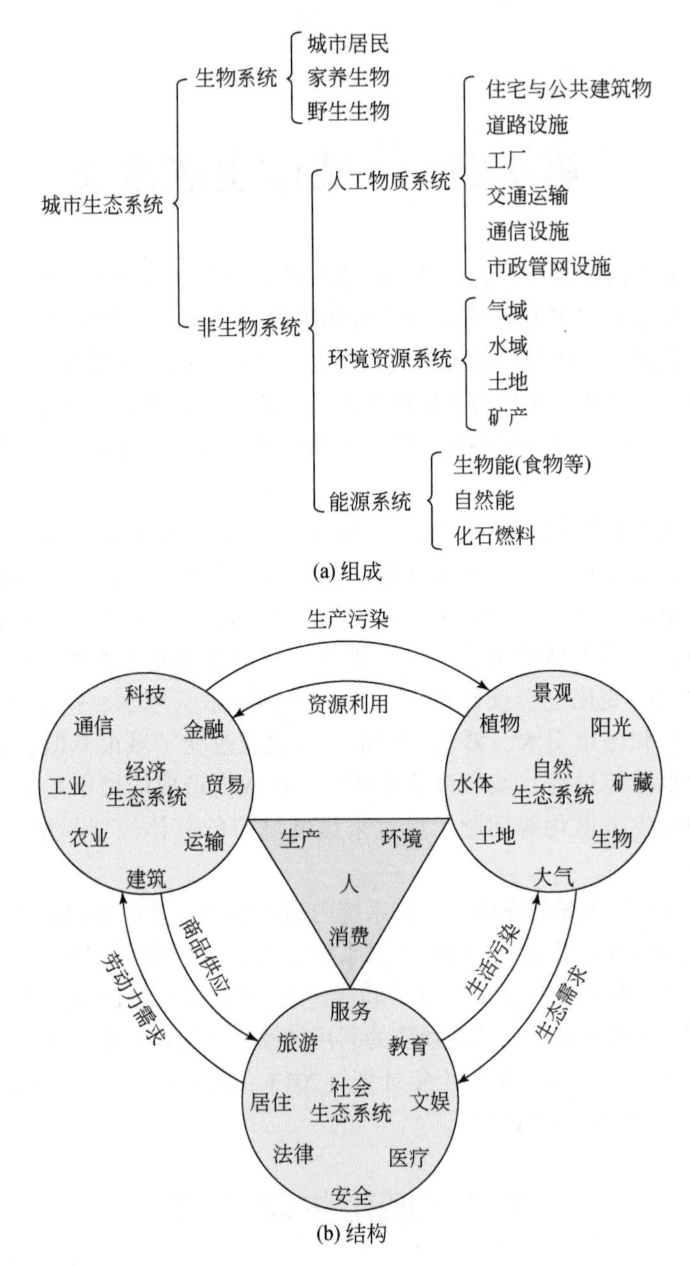

图 7-1　城市生态系统组成和结构（戴天兴和戴靓华，2013）

城市生态系统由自然、经济和社会三类异质性生态系统耦合而成［图 7-1（b）］。自然生态系统是城市居民赖以生存的基本物质和能量基础，它以资源环境为中心，以生物和环境的协调共生以及环境对城市生活的支持、容纳、缓冲和净化为主要特征。自然生态系统主要包含自然能源子系统、水环境子系统、大气气候子系统、土地子系统、动植物子系统、矿产子系统等。经济生态系统以生产问题为中心，涉及生产、分配、流通和消费等各个环节，很大程度上决定城市物质的运转和能量的集聚。经济生态系统包含工业生产子系统、农业生产子系统、交通运输子系统、建筑子系统、人工能源子系统等。社会生态系统以人口问题为中心，涉及城市居民及其物质生活和精神生活的诸多方面，以高密度的人口和高强度的消费为特征。社会生态系统主要包含人口子系统、住宅子系统、防灾减灾子系统、公共安全子系统、污染治理子系统等。

7.1.2 城市生态系统基本特征

城市生态系统是一个结构复杂、功能多样、开放的复合人工生态系统，与自然生态系统相比，具有鲜明的特征。①城市生态系统以人为主体，在城市生态系统中，人类的发展代替、限制或促进了其他生物的发展。②城市生态系统高度人工化，城市生态系统的环境，包括自然环境、社会环境、经济环境都受到人类的强烈干扰，许多环境因素本身是人类创造的。③城市生态系统是不完整的开放系统，在城市生态系统中，生产者、消费者和分解者比例失调，城市生态系统需要与周围其他生态系统进行大量的能量和物质交换，不能自我封闭的独立存在。④城市生态系统自我调节机能脆弱，城市生态系统不可能自给自足，物种多样性降低，能量流动和物质循环方式、途径都比较特殊，其稳定性在很大程度上取决于社会和经济系统的调控能力与水平。⑤城市生态系统是多层次的复杂系统，仅以人为中心，可以将城市生态系统划分为人-自然环境子系统、人-经济子系统、人-社会文化子系统，在每个子系统内都有自己的能量流、物质流和信息流，而各个层次之间又相互联系，构成不可分割的整体。

7.1.3 城市生态系统基本功能

城市生态系统的主要功能在于满足城市居民的生产和生活需求，该功能主要体现在生产、能量流动、物质循环和信息传递功能四个方面（郝俊国等，2012）。①城市生态系统的生产功能包括各类生物交换、生长、发育和繁殖过程，以及为满足城市居民的物质消费与精神需求的人类生产过程。②城市生态系统的能量流动反映了城市在维持生存、运转、发展过程中，各能源在城市内外部、各层次之间的传递、流通和耗散过程。③城市生态系统的物质循环是指维持人类生产、生活的各项资源、商品、人口、资金等在城市各个区域、各个系统、各个部分以及城市与外部生态系统之间反复作用过程，维持城市的生存、运行、生产功能，以及城市生态系统的生产、消费、分解和还原过程。④城市生态系统的信息传递既包含生命系统之间的物理信息、化学信息、营养信息和行为信息等，也包含人类社会经济系统的政治、经济和文化信息的传播。

7.1.4 城市生态系统空间异质性

空间异质性是影响各种规模生态系统结构和过程的最重要特征之一。空间异质性产生了物质和能量流动的障碍，从而影响了生态系统的物质循环和能量流动。生态系统中异质性的自然来源包括物理环境、生物因子以及干扰和压力过程。物理环境基本上由气候、地质、地貌和土壤等决定。气候和土壤是环境异质性最重要的来源之一，因为它们直接影响着生态系统的结构和功能。异质性的生物来源包括生物体的生长、相互作用和遗留物。自然扰动是一种物理力量对系统结构的突然破坏，是异质性的主要来源，如飓风、火灾和洪水等。生态学中的扰动是任何在空间和时间上相对离散的事件，它扰乱生态系统、群落或种群结构。在城市生态系统中，人类是异质性的主要来源，人类主要通过资源提取、新生物引入、地貌和排水网络改造、自然扰动因子控制或改造以及大规模基础设施建设，创造或改变生态系统中的物理异质性。

空间异质性如何影响城市生态系统的能量、物质、物种和信息流动功能，是城市生态学的重要研究内容之一。城市生态系统内部的空间异质性主要由不同的土地利用方式造成。林地、草地、水域、道路、广场、居住区及商业中心等性质各异，发挥的生态和社会功能也各不相同。植被、建筑和铺路材料以及城市景观的形态存在异质性，城市景观中较低的植被覆盖率改变了反射率、热容量和热导率，导致建筑和道路系统的气温比周围的绿地系统更高，造成温度的空间异质性。下垫面的变化、灰色不透水面积比例的增加，除了造成温度的空间差异外，也会引起城市区域蒸散和下渗过程空间变化。同时，城市核心区土地利用的异质性一般较低，而城市郊区作为城区与农村之间的过渡地带，其土地利用的异质性较高。

城市绿地系统以人工观赏植物及人工水面为主，主要由六大类绿地组成，包括公共绿地、居住区绿地、交通绿地、附属绿地、生产防护绿地、风景区绿地。此外，城市绿地系统中还有城市水面、道路广场以及其他性质用地中的绿地。由于植物种类不同，也形成了各具相貌的绿地异质性。城市道路系统是组织城市各类功能用地的“骨架”，是城市生产活动和生活活动的“动脉”。它们贯穿于整个城市景观，形成许多斑块。正是这些道路、街道网络增加了城市景观的破碎性及异质性。城市广场、商业区、居住区等作为城市斑块，其内部亦存在景观异质性，建筑以其不同的功能与其所处的区位形成景观异质性。

7.1.5 城市生态系统时间变异性

城市生态系统时间变异性主要体现在城市化进程中的城市区域扩展（图 7-2），而城市化进程具有与社会经济发展相对应的阶段性特征，如城市建设用地增长规模、速率与当地的经济发展、人口流动等密切相关。有学者将我国城市空间结构的演化过程划分为离散、极化、扩散和成熟 4 个阶段，依次对应于农业发展时期、工业迅速增长时期、工业结构高度化时期以及信息化时期（许学强等，1997）。目前，我国多数城市的空间扩展总体处于由极化阶段向扩散阶段过渡的时期，其中，位于东、中部社会经济发达的大都市已经步入了扩散阶段，表现为广大郊区地域建设空间的快速拓展。

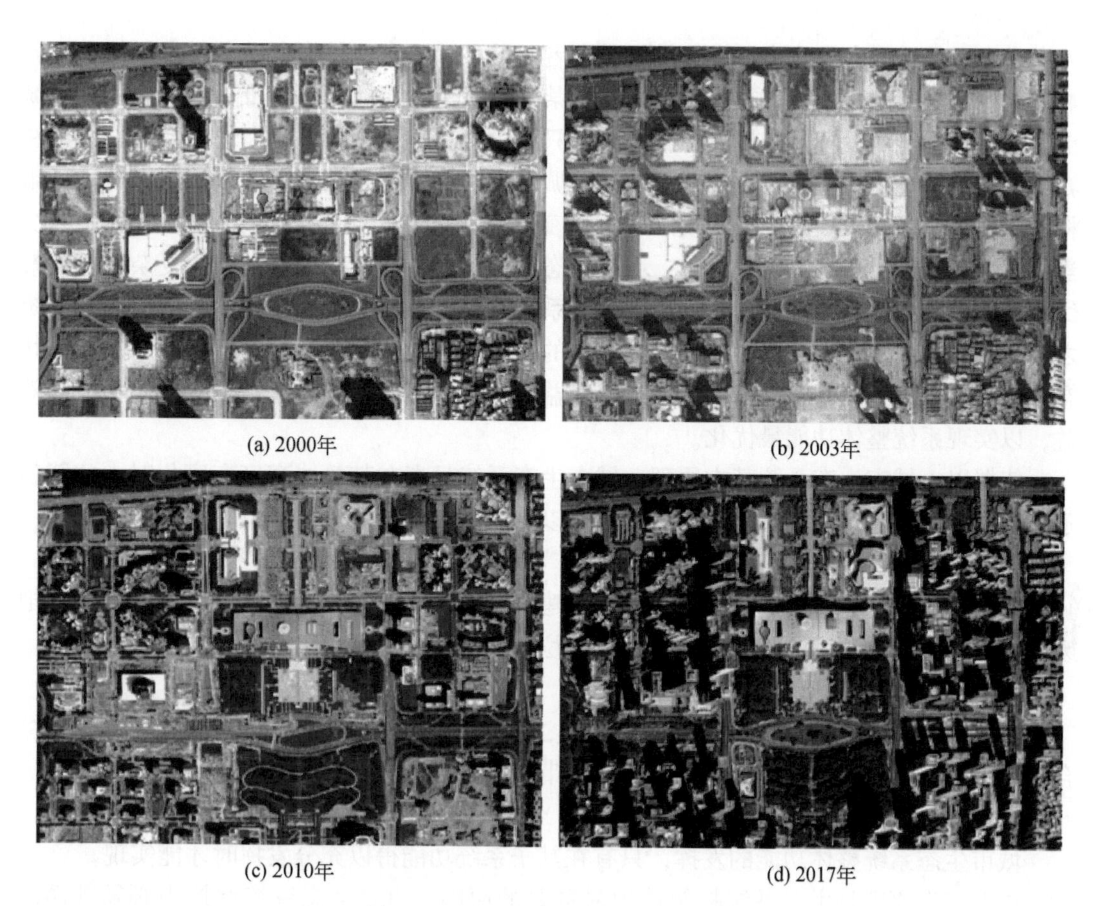

(a) 2000年 (b) 2003年

(c) 2010年 (d) 2017年

图 7-2 中国深圳市某区 Google 影像

7.1.6 城市生态系统平衡与调控

城市生态系统是一个多变量、多功能、大容量、高效率的开放系统。由于社会、经济和自然子系统之间的关系错综复杂，城市生态系统平衡是暂时的、相对的、有条件的和偶然的动态平衡。城市生态系统强烈的开放性和各要素之间非线性关系，使得城市生态系统可以在远离平衡的状态下，使系统出现稳定有序的结构，即耗散结构（戴天兴和戴靓华，2013）。

城市生态系统的失衡主要体现在城市化过程中土地利用的变化、资源能源消耗以及三废排放对自然生态系统的负面影响上，如地下水位下降、土壤污染、淡水短缺、城市水污染、热岛效应、大气污染和气候变化等。城市生态系统的调控目标是在有序、低耗、高效、和谐的基础上，为城市居民创造优良的自然环境、经济环境、社会环境，以满足人们美好生活质量的需求。

城市生态系统的调控应遵循以人为本、城市生态位、食物链、最小因子、环境承载力和系统整体功能最优化等原理。食物链原理表明，人类居于城市生态系统食物链的顶端，是城市各种产品的最终消费者。生存环境污染的后果最终会通过食物链的富集作用而影响人类自身，使人类自身成为污染的最终受害者。最小因子原理是指在城市生态系统中，影响其结构、功能行为的因素很多，但往往有某一个处于临界量（最小量）的生态因子对城市生态系统功能的发挥具有最大的影响力，只要改善其量值，就会大大增加系统功能。在城市发展的各个阶段，总存在着影响、制约城市发展的特定因素，当克服该因素时，城市将进入一个全新的发展阶段。环境承载力的变化会引起城市生态系统结构和功能的变化。当城市活动强度小于环境承载力时，城市生态系统就有条件、有可能向结构复杂、能量最优利用、生产力最高的方向演化。城市各子系统都具有自身的发展目标和趋势，各子系统之间与系统整体之间的关系不一定总是一致的，有时会出现相互牵制、相互制约的关系状态，对此应该以提高系统整体功能和综合效益为目标，局部功能与效益服从整体功能和效益，以实现系统整体功能最优化。

依据以上城市生态系统基本原理，城市生态系统只有在其整体高度有序化时，才能趋于动态平衡状态。调控城市生态系统应遵循以下原则（郝俊国等，2012）。

（1）循环再生原则

注重物质的综合利用，采用生态工艺、建立生态工厂和城市生态系统废物处理厂，把废物变成能够再次利用的资源，如再生纸、垃圾焚烧发电和污水净化回用等。

（2）协调共生原则

城市生态系统中各子系统之间、各元素之间在调控中要保证它们的共生关系，达到综合平衡。共生可以节约能源、资源和运输，带来更多的效益，如公共交通网的配置。

（3）持续自生原则

城市生态系统整体功能的发挥，只有在其子系统功能得以充分发挥时才能实现。

以上三个原则是生态系统控制论中最重要的原则，也是生态系统调控中必须遵循的原则。

7.2 城市生态水文特征

7.2.1 城市气温与降水

在城市化进程中，房屋、道路、广场等人工表面大量取代农田、植被、水域等自然表面。与自然表面相比，城市人工表面通常透水率低，光热传导和热容量性质也不同，导致城市形成了独特的地表能量平衡。城市化对地表能量平衡各分项的影响可概括为地表温度升高导致感热通量显著增加；由于植被覆盖率减少和不透水面增加，潜热通量随之减少，白天潜热通量明显小于感热通量；地表储热量特别是白天储热量显著增加，地表能量平衡存在不闭合现象。

城市独特的地表能量平衡造就了城市热岛效应（urban heat island，UHI）。城市热岛效应是指城市气温明显高于外围郊区及乡村的现象。城市热岛对大气边界层产生扰动，破坏大气层结稳定性，形成热岛环流，如图 7-3 所示。受城区热岛环流及近地大气逆温层的影响，在有外来气团作用时，城市热岛环流作用将有利于局地弱降水过程的产生，使城区发生短历时暴雨洪水的概率增大，即城市的“雨岛效应”，导致城市降水强度和频率高于郊区，易造成城市内涝。

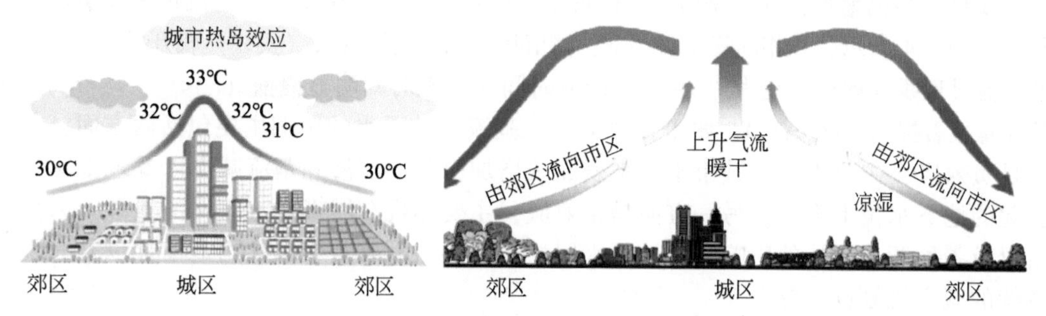

图 7-3 城市热岛效应及热岛环流（胡庆芳等，2018）

城市化影响降水的主要机制尚不完全清晰，现阶段认为可能包括以下四个方面：①由于城市热岛效应，热能促使城市大气层结构变得不稳定，容易形成对流性降水；②城市参差不齐的建筑物对气流有机械障碍、触发湍流和抬升作用，使云滴绝热升降凝结形成降水；③城市特殊的下垫面对天气系统的移动还有阻滞作用，增加城市降水持续时间；④城市空气污染，凝结核丰富，也有利于降水的形成。在上述各影响因子的共同作用下，城市降水多于郊区，但由于存在地区差异及季节差异，其影响程度也与其他因素有关，如城市地形、地理位置、气候类型等。城市化对降水的影响机制仍需进一步研究，深化对变化环境下的城市化降水效应机制的系统认知。

7.2.2 城市蒸散

蒸散是城市生态系统水循环过程中受城市下垫面状况影响最为直接的环节之一。蒸散的形成及蒸散速率大小受多种因素影响，主要包括以下 4 个方面：①辐射、气温、湿度、气压、风速等气象因素；②土壤含水率的大小及其分布；③植物生理特性；④土壤岩性、结构和潜水埋深等。

城市化过程中，原有的植被、土壤被道路、广场、建筑等人工表面替代，蒸发的性质也产生了改变。相对于土壤蒸发和植物蒸腾，人工表面的蒸发持续时间较短。另外，由于城市中的温度、风速、空气湿度等控制蒸发的因子有所改变，蒸发量也受到影响。城市不透水面积增加，地表下渗能力减弱，直接导致地下水补给量减少，地下径流及土壤含水量降低，进而造成蒸发量减小。城市地区建筑物密度增加，下垫面糙度显著增大，使城市市区风速比郊区低，无风日增加，这些都直接影响蒸发速率。

7.2.3 城市径流与下渗

天然地表具有良好的透水性，雨水降落时，一部分被植物截留蒸发，一部分降落地面填洼，一部分下渗补给地下水，一部分涵养在地下水位以上的土壤孔隙内，其余部分产生地表径流，汇入受纳水体。在城市生态系统中，植被被破坏、土地利用状况改变、不透水下垫面大量增加，使得城市地区的下渗过程受阻、雨水涵养能力降低，径流系数随不透水面积比例升高而增加，加之城市高效的排水管网和渠系，使得城市产汇流过程发生巨大变化。如图7-4所示，在相同降水条件下，城市化后的径流过程线（实线）较开发前自然系统的径流过程线（虚线）更为“尖瘦”，产流时间和峰现时间明显提前（t_{pu}<t_{pn}，t_{lu}<t_{ln}），洪峰流量显著提高（Q_{pu}>Q_{pn}）。城市化对下渗、基流和地下水的影响主要包括两方面：一方面是负效应，主要表现在城市不透水表面的增加引起的下渗和基流减少以及地下水开采引起的地下水位下降等；另一方面是正效应，主要体现在城市排水管网的渗漏、人为补给以及各种调控措施的影响，如地下水回灌、可渗路面改造、绿化用地增加以及其他可持续的城市规划设计等。

城市汇流路径的连通性（如不透水面的连通度）也是影响地表下渗和径流过程的重要因素。城市河网水系的萎缩、排水系统的管网化建设、城市河湖泵站以及蓄水池等多种水利设施建设，也会在一定程度上影响城市区域的产汇流特征（张建云等，2014）。

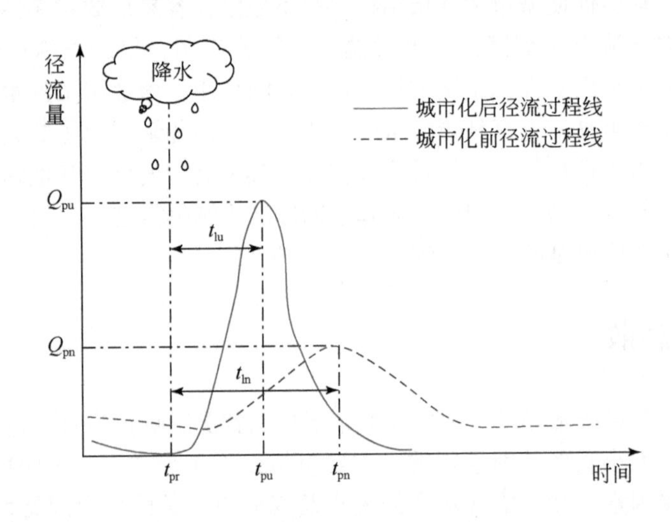

图7-4　城市化对径流过程影响示意

t_{pu}为城市化后峰现时间，t_{pn}为城市化前峰现时间，t_{lu}为城市化后滞留时间，t_{ln}为城市化前滞留时间，t_{pr}为城市化降水时间，Q_{pu}为城市化后洪峰流量，Q_{pn}为城市化前洪峰流量

7.2.4　城市河流与水系

城市土地利用变化改变了城市流域生态系统的物理、化学与生物特性，引发了城市河流的生态退化。城市化发展导致植被覆盖减少，对污染物的消解和拦截作用降低，从而导致沉淀物和污染物增多；改变了流域河网的形态，造成河道淤积或消失，河流缩窄变短、湖泊河网衰退消亡，降低河流蓄水排涝和纳污自净能力。城市人工生态系统对河流生态的

影响还表现在河道生物群落结构的变化方面。城市河道结构简单化和渠道化，加之城市给排水管网建设改变了自然状态下的水循环路线，也在一定程度上影响了城市水循环过程及水生生态系统。为此，近年来有研究者认为应该放弃最初“修复”河流的思想，重视城市水生生态系统设计，通过多种途径解决城市河流的生态问题（Grimm et al.，2008）。

7.2.5 城市二元水循环

人工控制对城市生态系统的存在和发展起着决定性的作用。城市人类活动加剧，如改变土地利用/覆被、兴建给排水工程等，打破了自然水循环系统原有的规律和平衡，极大地改变了降水、蒸发、入渗、产流和汇流等水循环各个过程（图 7-5），使原有的水循环系统由单一的受自然主导的循环过程转变成受自然和社会共同影响、共同作用的新水循环系统，王浩等（2006）将这种水循环系统称为“天然-人工”或“自然-社会”二元水循环系统。自然水循环受太阳辐射和重力等自然动力驱动。二元水循环除了受自然驱动力作用外，还受机械力、电能和热能等人工驱动力的影响。在这些人工驱动力的影响下，水不单纯在河道、湖泊中流动，在城市管网和渠系中也流动，水不再是仅依靠重力往低处流，而是可以通过人为提供的动力往高处流、往人需要的地方流，这样就在原有自然水循环的大格局内，形成社会水循环。

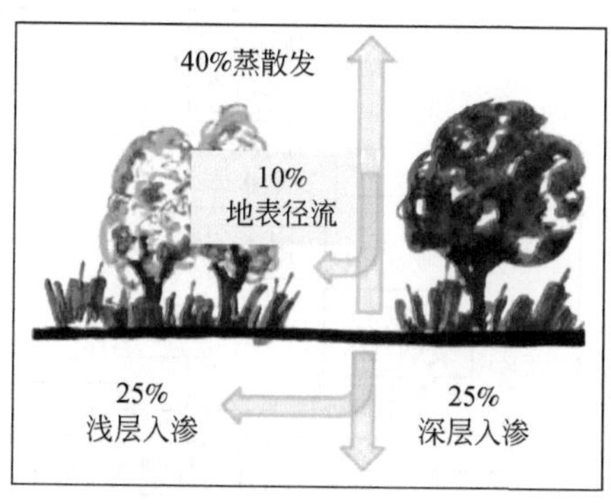

(a) 自然区域

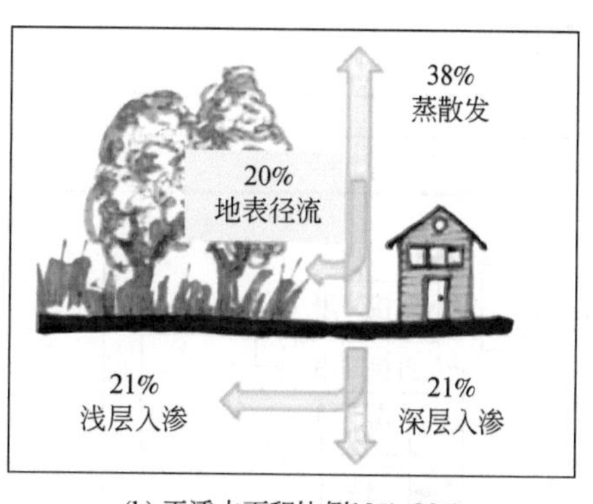

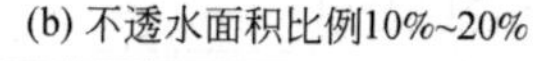

(b) 不透水面积比例10%~20%

35%蒸散发
30%
地表径流
20%
浅层入渗
15%
深层入渗

(c) 不透水面积比例35%~50%

30%蒸散发
55%
地表径流

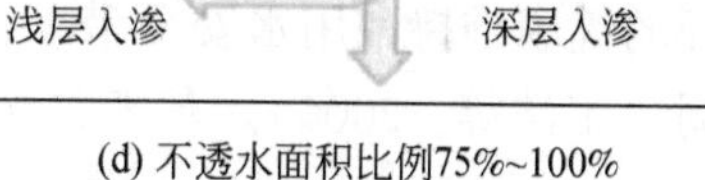

(d) 不透水面积比例75%~100%

图 7-5　不透水面积比例变化对城市水循环要素的影响

城市二元水循环具有复杂的系统结构。自然状态下，“降水—截留—下渗—蒸散—径流”五大过程形成自然水循环结构，产汇流过程是典型的由面到点和线的“汇集结构”。在城市生态系统中，社会水循环有“取水—给水—用水—排水—污水处理—再生回用”六大路径（图7-6），它是典型的由点到线和面的耗散结构。自然水循环过程与社会水循环的六大路径交叉耦合、相互作用，形成了二元水循环的复杂系统结构。城市二元水循环除了具有一定的生态功能，还要为城市社会经济的发展服务。因此，除生态属性外，二元水循环还同时具有经济、社会与资源属性，强调了用水的效率（经济属性）、用水的公平（社会属性）、水的有限性（资源属性）和水质与水生陆生生态系统的健康（环境属性）。

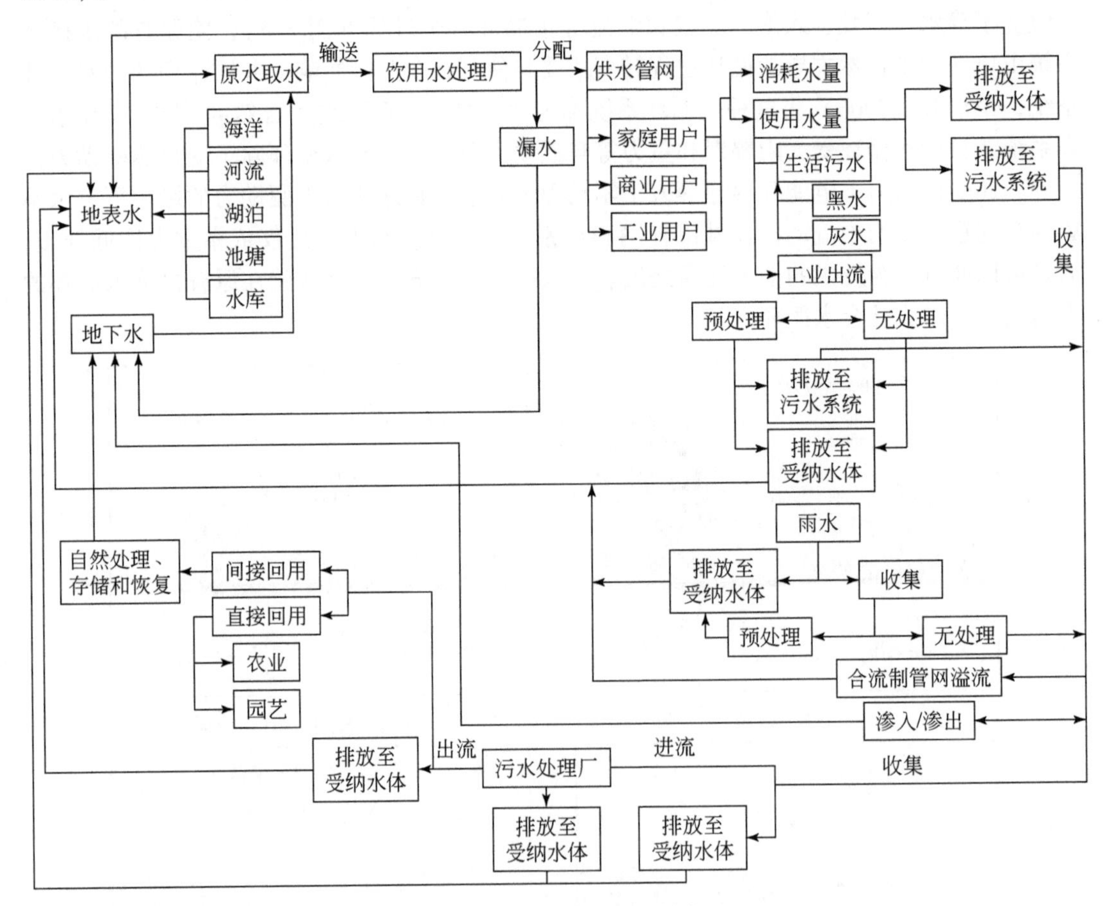

图7-6　城市社会水循环结构

自然水循环与社会水循环的相互影响有积极的一面，但社会水循环的急剧增强往往对自然水循环的健康维持和用水安全带来消极影响，使二元水循环复杂系统的脆弱性增大、恢复力减弱（王浩等，2006）。基于二元水循环模式，逐渐发展起来了一些流域水循环及其伴生过程综合模拟平台，如陈吉宁等（2014）构建的多尺度城市二元水循环系统数值模拟体系（图7-7），图中涉及的参数变量见表7-1。

表 7-1　城市水循环系统模型变量和参数含义（陈吉宁等，2014）

变量/参数	含义	变量/参数	含义
Q_{00}	城市降水量	α_2	配水管网损失系数
Q_{01}	城市雨水利用量	α_3	城市耗水系数
Q_{02}	城市雨水直接利用量	α_4	污水管网损失系数
Q_{10}	城市地表取水量	α_5	污水直接排放率
Q_{20}	城市地下取水量	α_6	污水处理后排放率
Q_1	城市总取水量	α_7	再生水管网损失系数
Q_2	城市供水量	α_8	再生水利用耗水系数
Q_3	城市污水排放量	α_9	雨水直接利用率
Q_4	城市污水处理量	α_{10}	雨水管网损失系数
Q_5	城市再生水利用量	α_{11}	雨水利用耗水系数
α_1	输水损失系数	β_3	雨水回灌地下水比例

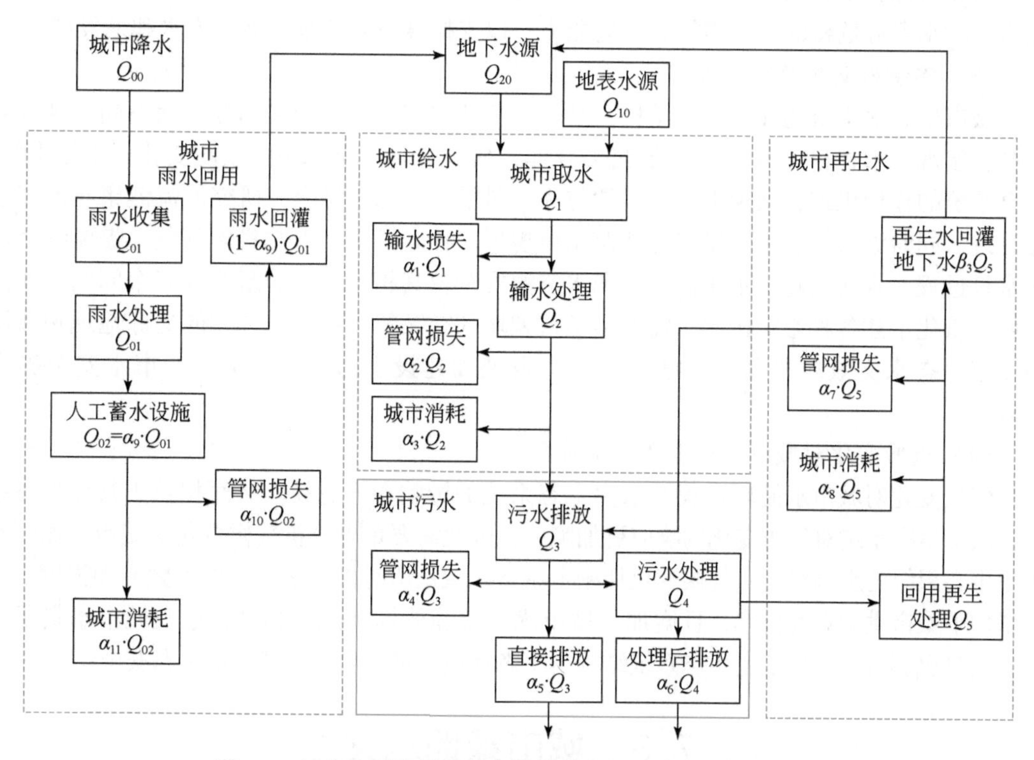

图 7-7　城市水系统划分和水量流动途径（陈吉宁等，2014）

尽管城市二元水循环理论和实践研究在揭示城市化生态水文效应机理方面已取得了长足的进步，但仍然存在多方面亟待深入破解的难题，如自然与社会水循环多过程耦合互馈机制、二元水循环的演化机理与水资源演变规律以及基于水循环全过程的水资源量-质-效转化机理等。从更加广义角度，城市生态水文研究需要关注以下几方面问题（刘家宏等，2014）。

(1) 城市生态水文效应机理与模型研究

诸多结果证实，城市化水文效应具有明显的区域特点，不同地区存在较大的差异，如何将研究成果归纳总结出规律性的结论是今后的重点方向。“自然侧”的降水-产汇流研究比较系统，“社会侧”的用水规律和需求预测以及城市人工取用水的耗水机理研究较少。现阶段城市水文机理研究相对缺乏且水文试验数据不足，虽然水文模型是城市水文学研究的主要手段，但特殊的城市水文机理如何在水文模型中体现以及水文模型不确定性问题仍是模型应用面临的主要挑战。

(2) 可持续水生态与水资源管理体系研究

探索城市水生态结构和响应关系，识别城市河流综合征的驱动机制及主要影响因素，分析不同地理气候条件、发展状态和政府发展策略等条件下城市化影响的水生生态系统演变规律，开展适当的管理策略应对和解决城市河流综合征。有效开展综合城市水资源管理策略研究，评估可持续发展状态下城市水资源的供需关系，建立有效的综合城市水资源管理体系和指标，全方位评估城市水资源安全与供需风险，结合区域和全局发展战略，探讨城市应对水资源危机的主要措施和适应能力，以支撑城市可持续发展及人水和谐发展。

(3) 多学科交叉及应用研究

城市生态水文研究涉及众多学科，是一个复杂的综合学科交叉问题。朝不同尺度方向发展，宏观上水文科学与大气科学交叉合作，研究区域“城市化-气候变化-水文过程”耦合系统的作用机理，微观上水文科学与环境科学、生态学结合，研究河流健康与流域生态系统。同时城市生态水文研究也涉及城市规划、社会科学、人文科学领域，需要综合考虑水量过程、水质变化、水生态演变和水资源安全及其相互之间的影响等多个问题，如何更好地量化上述各种影响机制，需要多学科领域的交叉及合作研究，才能更好地理解和认识城市生态水文效应机制，为城市可持续发展和建设生态城市、保障城市水安全提供基础。

(4) 气候变化对城市生态水文影响研究

气候变化对城市水循环过程及水生生态系统的影响不容忽视。然而相较于其他生态系统，城市生态系统对气候变化的响应更加脆弱，因此需要重点分析气候变化对城市水循环及水生生态系统的影响机制。气候变化加剧了城市区域短历时极端暴雨的发生频率和强度，进而增加了城市洪涝灾害概率，且增加了城市水资源脆弱性和风险程度，危及城市水资源安全。同时也影响了城市水生生态系统结构、生态环境，进而影响了城市水生态安全。

7.3 城市绿地水文

7.3.1 城市绿地特征

(1) 城市绿地类型与分布

城市绿地包括城市中所有类型的植物群落，如城市森林、公园、行道树以及闲置地上的植物群落。Detwyler 和 Marcus（1972）将城市绿地划分为间隙森林、公园和绿地、园林、草坪或间隙草地四类，而 Ohsawa 和 Dal（1988）将城市绿地划分为城市化前保留下来的自然残余群落、占据城市新生环境的杂草群落和人工栽植的绿色空间等八类。自然植被、半自然植被和人工植被是城市植被的主要类型，其中自然植被多存在于保护完好的寺庙、教堂、大学校园和私人宅邸中。城市中的半自然植被大部分是人类创造城市生境的伴人植物群落，是与城市人为干扰环境密切相关的一类植物。人工植被则可进一步划分为行道树、城市森林、公园和园林以及街头绿地等。

（2）城市绿地与自然植被条件的差异

在人类活动影响下，城市绿地具有以下特点：首先，城市绿地存在大量外来树种，混淆了城市植被本来的特征。虽然不同城市保存的本土植物群落能够反映地带性植被分布，但其优势树种也因环境污染及其他人为压力逐步被适应城市环境的种类淘汰，失去优势地位，因此，城市植被一般优势种不明显。其次，城市植被种类较同地区自然群落多，尤其是人口超过 50 万人的城市，可以看到植被种类数量出现明显上升趋势。在自然条件下，同种生境的物种面积曲线表明，植被种类数量随样地面积增大而增加，但当群落面积增大到一定程度时，植物种类不再增加，这一面积被称为"群落最小面积"。但在城市环境下，同种生境中，植物物种数与样地面积的关系呈线性正相关，植被覆盖面积越大，物种越多，并不表现出"群落最小面积"。

7.3.2 城市绿地植被蒸腾

由于人为管理和干扰、物种组成以及城市森林决策等多方面因素，城市植被的蒸腾与自然林分很可能存在诸多不同。然而，尽管城市植被对生态学、水文学、气象学和森林管理具有重要意义，城市植被的蒸腾速率基本不受控制。尤其对于一些半干旱地区，城市在自然条件下并无森林，但借由灌溉进行了人工绿化，植被群落中的树种组成非常独特，甚至会有来自世界各地的树种和品种。城市独特的生物和非生物条件使得基于已有研究对城市绿地植被群落蒸腾进行先验性的估计变得尤为困难。这也是制约城市森林管理、水管理和缺水地区城市规划的关键问题。

目前，对于城市植被的观测数据仍无法充分证明城市环境下生长的植被是否与自然条件下生长的植被在蒸腾方面存在系统性差异。McCarthy 和 Pataki（2010）比较了生长在城市和自然环境下的同一个悬铃木树种（*Platanus racemosa*）的液流通量，发现城市环境下液流通量速率高于自然环境，认为自然环境下较低的通量速率是由水分胁迫造成的，而城市行道树的土壤养分条件较好，造成行道树液流通量较高。在美国洛杉矶市区进行的城市树木液流研究表明，最外层 2cm 的边材和所有活跃边材界面上通过的液流密度比例与边材深度的关系并不存在种间差异，这种关系在环孔材和散孔材树种间也没有出现分异，这与自然条件下形成鲜明对比。许多研究发现，在自然条件下环孔材树种的液流会随着边材深度增加表现出明显的径向变化趋势（Clearwater et al.，1999）。

由于树体大小和密度以及树种组成的差异，样地尺度的冠层蒸腾会存在差异。在相同的饱和水汽压差条件下，行道树冠层蒸腾最高，而动物园和树木园中样地的蒸腾量较小。边材导水面积和液流通量是影响最终群落蒸腾量的重要因素，因此，在城市条件下，即使群落密度或者干基面积较大，但如果组成树种液流通量非常小，那么群落蒸腾依然会较低。相反，行道树虽然种植密度较低，但是树体较大，边材导水面积较大，最终冠层蒸腾量也会较大。

树木通过根部吸水将土壤中储存的水分通过蒸腾作用转移到大气中。这一过程取决于许多环境（即光、温度、湿度、风和土壤湿度）和结构（即物种、密度和叶面积）因素。通过对土壤水分的利用，树木释放了原本被水分占据的土壤孔隙空间，使随后的降水能够储存在空出的土壤孔隙中，从而增加土壤保持的雨水总量。在美国伊利诺伊州对梨属植物（*Pyrus callyerana*）进行的盆栽试验发现，停车场和草坪环境下的单位叶面积日蒸腾量分别为1.04mm和0.75mm（Kjelgren and Montague，1998）。在美国犹他州的后续调查中，Kjelgren和Montague（1998）发现，在停车场环境下，盆栽梣属植物美国红梣（*Fraxinus pennsylvanica*）的每单位叶面积日蒸腾量为0.75～2.60mm，而在有灌溉的草坪环境下为1.52～2.10mm。而挪威枫（*Acer platanoides*）在停车场和草坪环境中的单位叶面积日蒸腾量的范围分别为0.49～1.61mm和1.13～1.46mm。不同环境下蒸腾量差异的原因主要是树木叶片的长波辐射对蒸腾作用有显著影响，在干旱条件下，气孔关闭，而较温和环境下水分通量会增加。

7.3.3 城市绿地植被降水截留

植被的冠层（包括叶片和枝干）最先与雨滴发生接触，可以起到截留和促进截留蒸发的作用。植被冠层对降水的截留量取决于多个因素，包括降水强度、降水持续时长、气候条件（如光照强度、相对湿度、风速和环境温度），以及冠层结构。有研究发现，城市环境下，在降水量较大的地区，城市树木对降水截留低，为10%，但在降水量较小的地区，城市树木对降水截留偏高（Asadian，2010），但这些研究尚缺乏广泛证据。

（1）叶面积对冠层截留的影响

叶面积是影响降水截留的重要因素。城市环境和其他自然环境下类似，植被冠层的降水截留与叶面积成正比。例如，成年落叶榉树种在有叶期截留的总降水量要远大于落叶期；树体较小的常绿树种的降水截留量一般大于树体较大的落叶树种。与此类似，Livesley等（2014）发现在澳大利亚墨尔本，两种街道树种的叶面积和降水量之间存在正相关关系。其中，柳桉薄荷（*Eucalyptus nichollii*）（植物面积指数PAI=3.9）的年降水量截留率为44%，而柳叶桉（*Eucalyptus saligna*）（PAI=3.0）的年降水量截留率为29%。

（2）枝干部分在冠层截留中的作用

树枝和树干也能拦截并储存大量的降水。由于冠层结构差异，在城市环境下开放生长的树木与自然环境中森林树木相比具有不同的截留系数。与自然森林中的树木相比，城市树木通常树枝和树皮面积更大。由于不存在对阳光的直接竞争，开放生长的树木往往具有更大的树冠体积。例如，在比利时，开放生长的欧洲山毛榉（*Fagus sylvatica*）在落叶后的冬季降水截留率仍达10%（Staelens et al.，2008）。Xiao 和 McPherson（2016）研究发现在3.5～139.5mm 1h 降水条件下，20个城市街道落叶树种茎干样品的平均降水截留量为0.25mm（单位表面积的水量），为叶片截留量的25%。

7.3.4 城市绿地入渗

土壤的雨水储存能力远高于植被冠层。而城市发展需要夯实土地，提升建筑物和道路等的结构稳定性。由于土壤中大孔隙减少，压实的土壤降低储水和导水能力。城市绿地植物根系在土壤中的穿行生长能够增加水分在土壤中的下渗和土壤对暴雨径流的净化。Bartens 等（2008）实验研究表明，在压实的黏性土壤中生长的两种落叶树种的根能够穿透压实的土壤，与未种植对照相比，水分在土壤中的渗透率平均提高了153%。Zadeh 和 Sepaskhah（2016）研究也发现，城市林地土壤水分下渗率比裸地高69%～354%。

7.3.5 城市绿地径流

由于城市绿地的截留、入渗和蒸散等作用，城市绿地在相同降水条件下的产流量低于城市道路和广场等区域。城市绿地生态系统作为天然的“海绵体”，在对雨水的渗透、滞留和调蓄方面具有显著的作用，能够有效缓解城市地下管网的排水压力，防止城市内涝的发生。以海绵城市试点厦门市为例，分析多年城市绿地的雨洪减排效应，结果表明，2010年厦门市单位城市绿地削减的雨洪径流深为262.28mm，2015年单位城市绿地削减的雨洪径流深为335.77mm，城市绿地面积、降水量及其时程分配是影响城市绿地雨洪减排效应的关键因子（朱文彬等，2019）。城市绿地径流调蓄工程设施可以分为两类，一类是将雨水引入人工绿地或地下蓄水调节池，以集蓄利用为目的，可以结合水处理设施统一设计；另一类是利用绿地内的河湖水面、城市河道、水库等蓄水量较大的开阔水面，将雨水储存与景观建设相结合，依靠水体的自净能力或建设人工湿地系统来改善雨水水质并加以合理利用。

7.4 城市雨洪管理

城市不透水面（道路、房屋、广场等）比例高，这些不透水面阻断了大气与土壤的水、气交换，减少雨水下渗和地下水补给，增加地表径流，加之局部地区排水设施不健全，排水标准较低，导致城市内涝现象频发，这不仅造成了巨大的经济损失，更严重威胁了城市安全。为缓解城市内涝问题，传统城市雨洪管理强调“快速排水”，扩建排水管网，渠道化自然水系，提升排水效率，减少城市生态系统的水文响应时间，但却增加了城市及其下游区域的洪涝和土壤侵蚀风险。屋顶、道路、广场和绿地等附着的污染物质受到了雨水的强烈冲刷，这些尚未处理的含有污染物质（如颗粒物、营养元素、需氧物质、重金属和微生物等）的雨水经过城市排水系统排入溪流、江河、海湾等受纳水体，导致面源污染问题。传统的城市雨洪管理，偏重于防洪排涝控制和雨水的安全排放，不可避免地存在雨水径流非点源污染、暴雨和城市化双重作用引发严重的洪涝灾害、缺水和雨水资源的大量流失、地下水位下降、生物栖息地及多样性减少等生态环境恶化问题。

雨水既是城市内涝和污染物扩散的致灾因子，也是一种最根本和最直接的水资源。提高雨水利用是解决城市水资源紧缺与经济社会发展之间矛盾，缓解城市水危机，改善城市水环境的有效措施之一。在维持区域水生态平衡方面，可利用各类城市绿地滞留、下渗和净化雨水径流，也可以利用各种人工或自然水体、湿地、洼地对雨水径流实施调蓄、净化和利用，改善城市水生态环境，或通过自然渗透设施及各种人工强化土壤入渗设施，使雨水渗入地下补充地下水。加强雨洪管理，防治由径流雨水带来的水体污染、洪涝灾害，对于维持城市生态平衡具有重要意义。

7.4.1 国内外城市雨洪管理发展概况

随着城市化造成的生态和环境问题的凸显，以及人类对流域生态和流域综合治理认识的不断深入，不同国家和地区提出了多种创新性的城市雨水控制与利用体系（图 7-8），如美国的最佳管理措施（best management practices，BMPs）和低影响开发（low impact development，LID）、英国的可持续排水系统（sustatinable drainage system，SUDS）、澳大利亚的水敏感城市设计（water sensitive urban design，WSUD）等（Zhang and Guo，2014）。借鉴国外的创新性城市雨洪管理经验，我国提出并推广海绵城市建设理念。国内外雨洪管理体系发展主要有两点共性：①雨洪管理体系一般经历传统排水管理体系和生态排水管理体系两个过程，传统排水是以管道为主的排水方式，生态排水则以生态措施为主。②雨洪体系改革最终以相同的理念达到一个统一目标，以源头管理和生态处置技术为主，最大程度模仿自然、恢复自然为目的，最终实现整个环境、社会的可持续发展。

（1）最佳管理措施

最佳管理措施是由 1972 年美国联邦《清洁水法案》（The Clean Water Act）及其后来的修正案中提出以实现非点源污染控制为主要目标的管理措施和管道末端治理措施的统称。BMPs 通常可以分成工程性措施和非工程性措施两大类，工程性措施主要包括雨水池（塘）、雨水湿地、渗透设施、生物滞留和过滤设施等，非工程性措施则指污染源减量排放使用等各种管理措施（USEPA，1993）。BMPs 主要通过末端措施发挥作用，但单纯依靠这种相对集中的处理方式，并不能有效解决相应的水环境问题，也难以恢复良性水文循环，还存在投入大、效率低、实施困难等问题。

（2）低影响开发

低影响开发是 20 世纪 90 年代美国马里兰州乔治王子郡（Prince George's county，Maryland）提出的一种新型的暴雨管理方法。LID 是针对 BMPs 不足，旨在利用小型、分散措施从源头恢复场地开发前水文循环，更加经济、高效、稳定地解决径流减排、径流污染和合流制溢流污染等问题。LID 主要提倡模拟自然水循环，通过在源头利用一些微型分

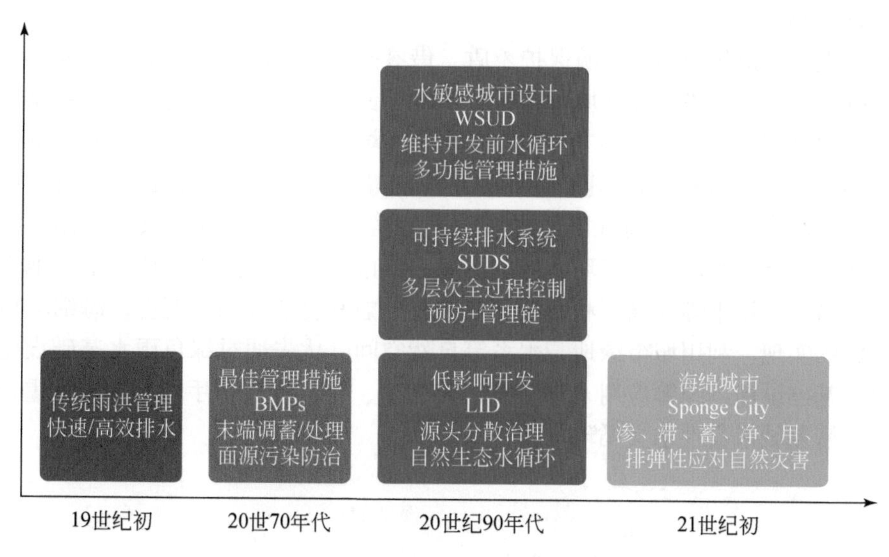

图 7-8　国内外雨洪管理理念发展历程

散式生态处理技术使得区域开发后的水文特性与开发前一致，进而保证将土地开发对生态环境造成的影响减到最小。最终目标是修复土地开发对生态系统造成的破坏，尽可能将其恢复到开发前的水平。

（3）可持续排水系统

可持续排水系统在 20 世纪后期起源于英国。英国为解决城市雨水问题，采用多层次全过程控制的对策，以建立可持续排水系统。SUDS 在设计中要求综合考虑土地利用、水质、水量、水资源保护、景观环境、生物多样性、社会经济因素等多方面问题，主要宗旨是国家可持续发展。其方法主要包括污染防治、源头控制、小区控制和区域控制四种。污染防治主要依靠污染源的管理和公众的参与。源头控制是通过减少不渗透区域面积或者建立就地雨水收集和处置设施，从而减少雨水排放。而小区控制和区域控制是在末端建立渗透系统、过滤系统、湿地系统等滞留系统以控制雨水径流污染，削减径流量（车伍等，2009）。

（4）水敏感城市设计

澳大利亚提出的水敏感城市设计，将水作为城市规划和设计的敏感性要素，目标是通过利用处置技术创造一个功能性较强的水文景观，以维持或模仿开发前的水循环，减少城市建设对自然水循环的负面影响，保护自然水生生态系统。WSUD 对于暴雨管理的关键原则包括：①保护自然生态系统；②通过改善因城镇开发而引起的暴雨径流水质来保护水体水质；③将径流处置措施融入景观中，最终实现其水质处理、野生植物栖息地、公共娱乐空间和增强视觉效果等多功能目标；④通过减小不透水面积并利用在线式暂时储存设施减小开发后的洪峰流量；⑤从景观、娱乐及生态等多种角度增加措施的长远价值进而达到减小建造费用的目的；⑥充分利用处置后的径流雨水来减轻饮用水的负担（车伍等，2009）。

（5）海绵城市

为解决快速城镇化与环境资源保护矛盾，借鉴国外城市雨洪管理成功经验，我国提出了海绵城市建设国家战略。海绵城市是指城市能够像海绵一样，在适应环境变化和应对自然灾害等方面具有良好的“弹性”，下雨时吸水、蓄水、渗水、净水，需要时将蓄存的水“释放”并加以利用。海绵城市建设遵循生态优先等原则，将自然途径与人工措施相结合，在确保城市排水防涝安全的前提下，最大限度地实现雨水在城市区域的积存、渗透和净化，促进雨水资源的利用和生态环境保护。海绵城市统筹自然降水、地表水和地下水的系统性，协调给水、排水等水循环利用各环节，并考虑其复杂性和长期性。海绵城市建设强调综合目标的实现，利用城市绿地、水系等自然空间，优先通过绿色雨水基础设施，并结合灰色雨水基础设施，统筹应用“滞、蓄、渗、净、用、排”等手段，实现多重径流雨水控制目标，恢复城市良性水文循环（图7-9）。

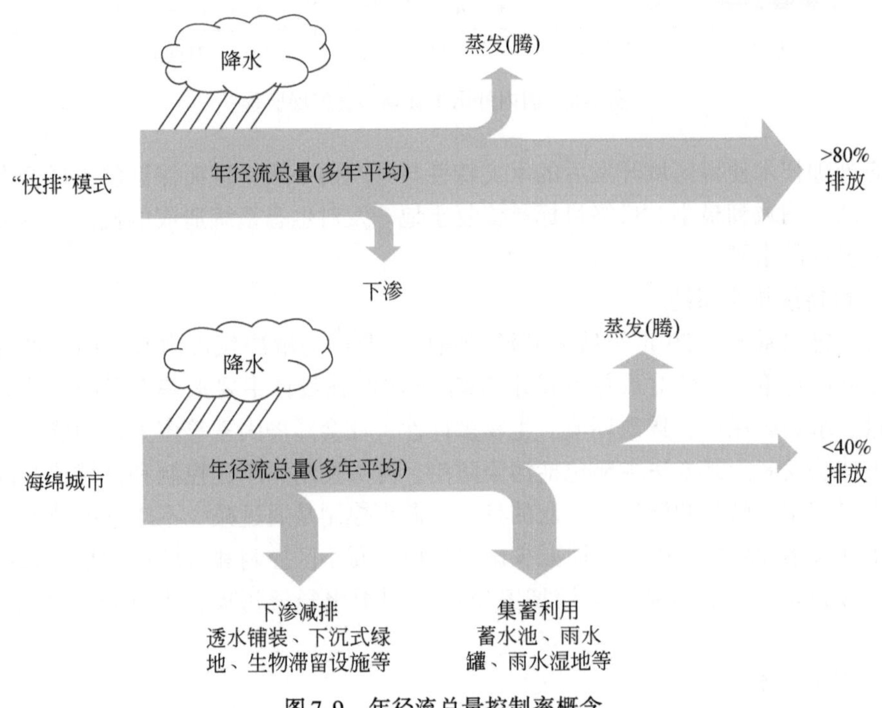

图7-9　年径流总量控制率概念

海绵城市的建设途径主要有以下几方面：一是对城市原有生态系统的保护。最大限度地保护原有的河流、湖泊、湿地、坑塘、沟渠等水生态敏感区，留有足够涵养水源、应对较大强度降水的林地、草地、湖泊、湿地，维持城市开发前的自然水文特征，这是海绵城市建设的基本要求。二是生态恢复和修复。对传统粗放式城市建设模式下已经受到破坏的水体和其他自然环境，运用生态的手段进行恢复和修复，并维持一定比例的生态空间。三是低影响开发。按照对城市生态环境影响最低的开发建设理念，合理控制开发强度，在城市中保留足够的生态用地，控制城市不透水面积比例，最大限度地减少对城市原有水生态环境的破坏，同时，根据需求适当开挖河湖沟渠、增加水域面积，促进雨水的积存、渗透和净化。

7.4.2 绿色屋顶

绿色屋顶（green roofs）也称种植屋面、屋顶绿化等，是城市雨洪管理的优势措施之一。根据种植基质深度和景观复杂程度，绿色屋顶又分为简单式绿色层顶（extensive green roofs）和花园式绿色层顶（intensive green roofs），基质深度根据植物需求及屋顶荷载确定，简单式绿色屋顶的基质深度一般不大于150mm，花园式绿色屋顶在种植乔木时基质深度可超过600mm（Berndtsson，2010）。简单式绿色屋顶对屋顶结构的承重能力要求、造价和养护成本都较低，较花园式绿色屋顶更为广泛地用于城市生态建设。相对于其他城市雨洪管理措施，绿色屋顶的优势在于其不仅具有调控径流，减少建筑热负荷，为野生动物提供栖息地，减少噪声和空气污染等生态功能，而且无需额外用地。因此，绿色屋顶在土地资源紧张且内涝积水严重、生态环境脆弱的城镇区域具有广泛的应用前景。

绿色屋顶的结构从上到下一般包括植被层、基质层、过滤层、排水层和阻根防水层等，如图7-10所示。植被层在绿色屋顶系统中具有不可替代的作用。植被可通过自身形态特征提供观赏价值，是绿色屋顶最重要的审美价值来源（章孙逊等，2019）。植被也可为无脊椎动物和鸟类群落提供栖息地，改善屋顶生态环境。相比普通屋顶，绿色屋顶植被能通过蒸散过程和高表层反射率起到良好的降温与热阻作用，缓解城市热岛效应。而屋顶干燥、光强、风大、夏季高温和冬季寒冷的环境条件，使大多数植物难以在此存活。景天科植物因为独特的景天酸代谢过程和叶肉储水功能，具有极强的适应能力，成为世界上使用最广泛的屋顶绿化植物。非肉质植物（如禾本科草本）则需要一定灌溉才能在屋顶生长。

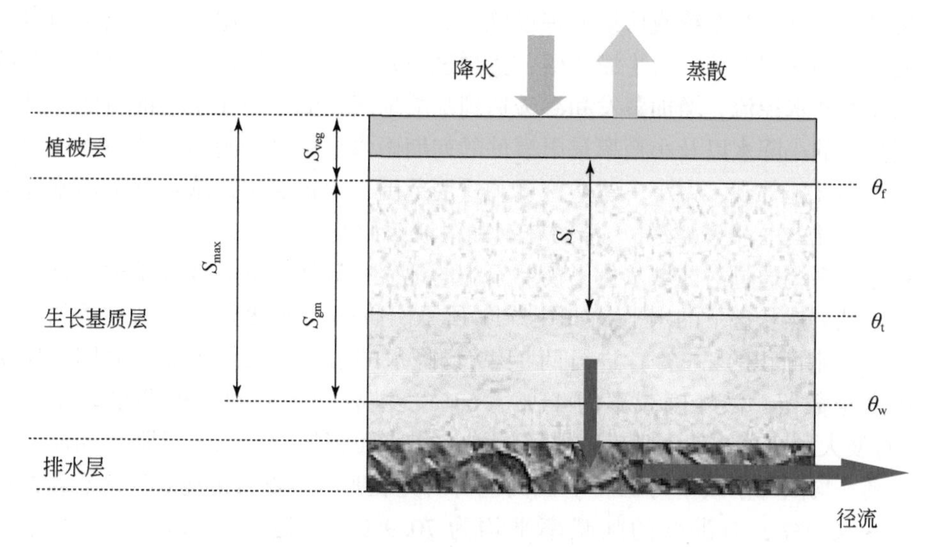

图7-10 绿色屋顶水量平衡示意

S_{max}、S_{veg}、S_{gm}和S_t分别为绿色屋顶最大、植被层、生长基质层和实时雨水滞留能力；

θ_f、θ_t和θ_w分别为生长基质层的田间持水量、实时含水量和凋萎含水量

绿色屋顶的径流调控功能主要通过滞留雨水来实现，其雨水滞留能力主要由植被层截留雨水和基质层吸持雨水而形成（Zhang and Guo，2013），如图 7-10 所示。基质层对雨水的吸持能力在绿色屋顶径流调控过程中起主要作用，其雨水的吸持能力主要受生长基质持水特性和厚度影响（葛德和张守红，2019）。基质层厚度是绿色屋顶径流调控能力最重要的影响因素，基质的组成也会对绿色屋顶的径流调控能力产生影响，不同粒径颗粒物组成的基质，其蓄水能力具有显著差异，小粒径颗粒物的含量越高，有机颗粒物的含量越高，其径流调控能力越好（Zhang and Guo，2013）。植被通过蒸散耗水可增强基质层的雨水吸持能力，进而显著提高绿色屋顶径流削减效益（葛德和张守红，2018）。植被的配置类型和覆盖度等特征决定了绿色屋顶植被层的雨水截留能力，因而也会影响绿色屋顶的径流调控效益。而在不同的植被类型、气候条件、基质类型和厚度等多种因素的影响下，植被对绿色屋顶径流调控过程的影响十分复杂，是目前绿色屋顶研究领域的国际前沿。

为评估绿色屋顶径流调控效益，国内外开发了多种绿色屋顶水文模型，如基于傅里叶变换开发了绿色屋顶线性水库水文模型（Zimmer and Geiger，1997）、基于 Green-Ampt 下渗公式构建了绿色屋顶物理过程模型（She and Pang，2010）、基于概率衍生理论（derived probability theory）构建了绿色屋顶概率解析水文模型（Guo et al.，2014）等。HYDRUS-1D、SWMS-2D、SWMM 等模型也被应用于绿色屋顶水文过程模拟。

7.4.3 生物滞留系统

生物滞留系统（bioretention system）作为一种典型的原位雨水径流控制技术措施，主要通过其植物-土壤-填料渗滤径流雨水，净化后的雨水渗透补充地下水或通过系统底部的穿孔收集管输送到市政系统或后续处理设施（Davis，2008）。生物滞留系统在国内也称生物滞留池、植物滞留系统、植生滞留槽、生物过滤系统、生物滤池等。生物滞留系统通过下凹表面滞留雨水径流，增加蒸发和渗透达到削减地表径流、净化雨水的目的，其主要用于处理高频率的小降水以及小概率暴雨事件的初期雨水，超过处理能力的雨水通过溢流系统排放。根据设施外观、大小、建造位置和适用范围，生物滞留设施可分为雨水花园、滞留带（也称生物沟、生态滤沟）、滞留花坛和树池四种类型。

生物滞留系统通过对区域水量平衡要素中的地表径流和土壤入渗补给进行调控，使其恢复到该区域天然状态下的水平，如图 7-11 所示。Davis（2008）对美国马里兰大学生物滞留设施（集水面积的 2.2%）进行两年 49 场降水的水量调控效果监测表明，18% 的小雨径流被完全截留，洪峰削减率为 44% ~63%，洪峰到达时间延迟两倍以上。Hatt 等（2009）对澳大利亚莫纳什大学生物滞留设施（集水面积的 1%）28 场降水径流的监测结果显示，其平均洪峰削减率为 80%。国内也有研究表明，生物滞留池对径流总量的削减率在 12.8% ~48.1%，对洪峰的削减率平均为 70.9%，延迟洪峰出现时间可达 26.6 ~ 31.7min（潘国艳等，2012）。

生物滞留系统对雨水径流中的悬浮颗粒物、重金属、油脂类及致病菌等污染物有较好的祛除效果且较为稳定，而对氮、磷等营养物质的去除效果则具有一定的波动性。雨水径

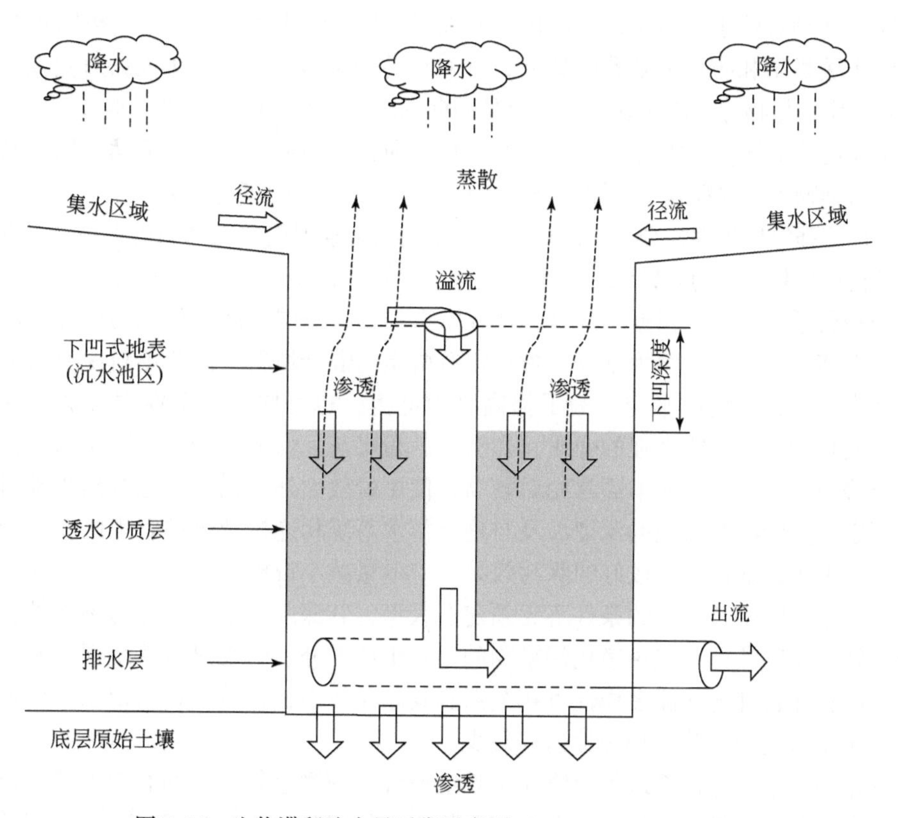

图 7-11　生物滞留池水量平衡示意图（Zhang and Guo，2014）

流流入生态滞留系统，水下渗到土壤中，悬浮物则被系统表面截留。运行稳定、成熟的生物滞留系统对悬浮颗粒物的去除非常有效，可达 80% 以上。大多数悬浮颗粒物在填料表层 20cm 内被去除，因此应每 1 ~ 2 年检查一次设施的堵塞情况，或定期更换表层填料（Siriwardene et al.，2007）。生物滞留系统对 Cu、Cd、Pb、Zn 4 种金属的去除率都很高，平均去除率在 60% 以上，颗粒态重金属通常被过滤截留，溶解态重金属则主要被吸附（Turer et al.，2001）。生物滞留系统对颗粒态重金属的去除效果较好，而对溶解态重金属的去除效果有时并不理想。生物滞留系统对油脂的去除主要是依靠填料的吸附作用和生物降解作用，对致病菌的去除主要是通过将其截留在填料中，并使其在干旱条件下逐渐自然死亡。生物滞留系统对氨氮的去除效果最好，去除率大多可达 70% 以上；对总氮和硝氮的去除率波动性较大，尤其是硝氮的去处状况最不稳定，总氮去除率在 33% ~66% 的范围内波动，硝氮的去除率可在-650% ~90% 的范围内波动（Dietz and Clausen，2006）。总磷的去除率也存在一定的波动，但相对总氮来说，总磷的去除率相对较为稳定，固态磷比溶解态磷更容易去除。

在生物滞留系统中，植物、填料、微生物是起截留及降解污染物的净化作用的三个主体。植物在生物滞留系统中发挥重要作用，首先，植物根系可直接吸收营养元素并促进有机物降解；其次，植物根系分泌物和庞大的比表面积为微生物生长提供了能源与附着场所，微生物活动有助于营养元素的转化，促进了植物的吸收利用；最后，植物根系的生长可以延缓土壤板结和防止土壤孔隙堵塞，这对维持土壤多孔性和排水能力有重要作用。生物滞留系统中的植物应选用四季型、能经受周期性的潮湿和短时间淹没浸泡且耐旱、耐污力强、根系发达的植物。生物滞留系统中植物修剪和收割的枝叶要及时清运，以防其残体腐烂，造成污染物质二次释放。已知对营养盐有较好去除效果的植物种类较少，且存在地域及气候适应性不强等局限性，今后尚需结合生态学及城市景观选取更多的适宜植物。此外，不同植物净化污染物效果的差异原因及不同植物之间的影响有待深入探讨（李家科等，2014）。

生物滞留系统填料应根据当地具体情况来选择，如美国、澳大利亚的设计手册中推荐使用渗透性能良好、以土壤为基底、含一定有机质的混合填料，混合填料中有机质、黏土含量应视当地的具体情况来定。为了提高吸附能力，也可向混合填料中添加一些渗透性好、比表面积大、吸附能力强的介质，如沸石、粉煤灰、煤渣、蛭石、石灰石等。混合填料中除土壤外的添加物的成本通常相对较高且使用量较大外，选择时应根据当地材料的供应能力而定。生物滞留系统的深度涉及与现有排水系统相连接及维护管理的要求等，如果在一定深度下可以取得相对较好的除污效果，应尽量减小设施的深度。研究表明，生物滞留设施在满足植物生长需求的条件下无须建造太深，其深度可根据目标污染物的类型来确定。微生物是生物滞留系统中净化污染物的重要组成部分。生物滞留系统根系和填料中微生物群落的代谢特性与功能多样性直接关系到其净化效率，目前生物滞留系统污染物净化效率与系统中微生物群落的相关性研究较少。

模型是指导生物滞留系统等生物滞留系统设计、预测运行结果的有效方式，近年来逐渐发展起来一些数值模型，如生物滞留带平均水力停留时间和颗粒沉降速度之间的经验指数关系式、模拟生物滞留系统长期雨水滞留效益的概率解析水文模型等（Zhang and Guo，2014）。另外一些机理模型也有较大发展，如一维模型 TRAVA 用于预测生物滞留带对泥沙的去除效果，该模型在假设植物未被水流淹没条件下预测径流的产生和泥沙的运移，采用 Green-Ampt 下渗公式模拟渗透，用运动波模型模拟地面漫流，该模型还能够预测出流沉积物的粒度分布（Deletic，2001）。

7.4.4 透水铺装系统

透水铺装（permeable pavement system）是一种典型的通过增大城市透水面积对城市雨水径流进行调控的雨洪管理措施。透水铺装在满足人们生活便利的同时，又具有良好的渗透性，减轻了雨水径流对城市水体的污染物输入，改善了城市水环境质量，能够在一定程度上缓解城市化过程中带来的负面影响（Zhang and Guo，2015）。透水铺装按照面层材料不同可分为透水砖铺装、透水水泥混凝土铺装和透水沥青混凝土铺装，嵌草砖、园林铺装中的鹅卵石、碎石铺装等也属于渗透铺装（李美玉等，2020）。

透水铺装一般由透水面层、找平层和储水底基层组成，在某些情况下，还包括透水土工布和排水管道，如图 7-12 所示。透水铺装的找平层通常由粒径为 2～5mm 的骨料聚集而成，储水底基层由粒径为 12～40mm 的碎石颗粒组成，其具体厚度须依据储水深度需求和当地底土特征而定，透水土工布一般选用孔隙大小在 70 ~ 380μm 的无纺土工布（Fassman and Blackbourn，2011）。考虑交通负荷、气候、自然底土、汇水区水文条件和土地利用情况等因素，每种透水铺装各结构层的厚度和孔隙度都不尽相同。当底土渗透性较差或降水和径流量超过底土层的渗透能力时，需安装排水管道来收集并排放超量的雨水径流，缓解透水层的水量负荷并减少地表径流。关于透水铺装系统是否应包含土工布层，目前研究仍存在争议。土工布层可有效提高透水铺装的污染物去除效果，但也可能因孔隙较小容易堵塞而削弱其渗透性能（Kayhanian et al.，2012）。

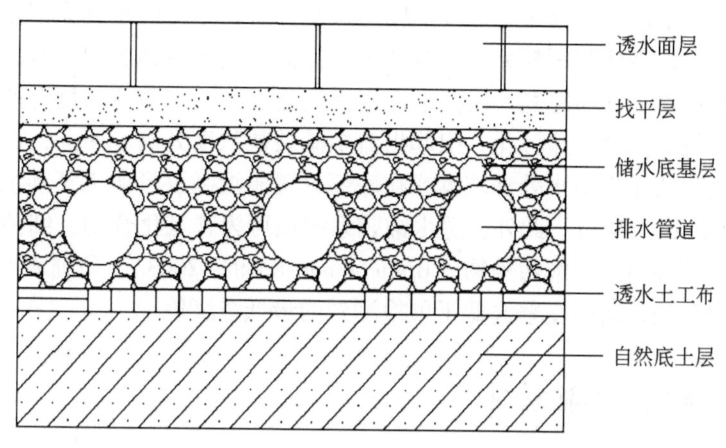

图 7-12　透水铺装系统典型断面结构（李美玉等，2018）

透水铺装主要通过以下几种途径调控地表径流：①透水铺装各结构层的孔隙可消纳吸收部分雨水；②雨水径流通过透水层的孔隙缓慢下渗至底土或流入排水管道；③部分雨水可以暂时滞留在储水底基层中，最终通过下渗过程进入底土或蒸散过程返回大气。通过以上几种调控方式，透水铺装可以有效削减径流总量和降低洪峰流量。此外，透水铺装的地表糙率较不透水面高，能够降低地表径流流速，延迟产流和峰现时间以实现地表径流错峰排放，缓解城市排水压力。降水结束后，还能延长径流消退时间，有助于维持城市排水沟道的生态基流。

在相同的土壤类型和气候条件下，透水铺装类型是决定径流削减效益的关键因素之一。前期土壤水分也会影响透水铺装的径流削减能力，前期土壤含水量越低，径流削减率越大。同等降水条件下，前期含水较低的透水铺装可以截留 55% 降水量，而前期湿润的透水铺装仅能截留 30% 降水量。透水铺装的径流削减效益还受底土性质和排水措施的影响，底土渗透性越好，雨水径流的下渗速度越快，地表径流量越少（Andersen et al.，1999）。有研究发现，储水层较深、底土为砂壤土且表面无细颗粒物的透水砖铺装截流效果最好，即使是在场降水量为 88mm 的条件下也无地表径流产生（Bean et al.，2007）。储水底基层中配置排水管道的透水铺装，其地表径流和洪峰削减率高于无排水措施的铺装系统。

透水铺装对雨水径流水质的影响主要通过以下途径实现。首先，透水铺装各结构层消纳吸收和滞留部分雨水径流，减小了径流总量，从而降低了污染物负荷量。其次，透水层内部复杂的孔隙结构可以吸附和过滤大量径流挟带的颗粒物，由此降低了雨水径流中的污染物浓度和负荷量。此外，透水铺装的土工布过滤层可为许多微生物、细菌的活动提供良好场所，促进生物膜形成和提高生物降解活性，发挥对油脂等污染物的生物溶解消耗功能。透水铺装对雨水径流中总固体悬浮物的去除效果非常显著，不同类型透水铺装的总固体悬浮物去除率大都在50%以上。在日平均交通负荷高于不透水面的情况下，透水沥青铺装出流的总固体悬浮物浓度比不透水面低91%（Berbee et al.，1999）。Roseen等（2009）在美国新罕布什尔州监测的27场降水发现，透水沥青路面的入流总固体悬浮物平均浓度为55.54mg/L时，出流总固体悬浮物浓度仅为2.22mg/L，总固体悬浮物去除率达96%。雨水径流挟带的高浓度营养物是造成或加剧地表水体富营养化的重要原因之一，透水铺装对营养物的去除效果变化范围较大。在氮磷去除方面，透水砖铺装的总磷、氨氮和凯氏氮去除效率高于不透水面，而总氮、磷酸根浓度无明显变化，硝酸盐浓度有所增加，原因是有氧条件促使了氨氮向硝酸盐转化，引起出流中硝酸盐浓度升高。因此，透水铺装的结构设计可增加反硝化的二次雨水处理装置或在底部设置淹没区以形成无氧环境，避免发生硝化反应（Bean et al.，2007）。此外，透水铺装系统还可为碳氢化合物、细菌和油脂等创造良好的微生物活动环境来降解污染物（Brattebo and Booth，2003）。研究表明，透水铺装出流中烃类有机物和油污的浓度普遍低于可检测到的最低浓度值。

7.4.5 城市雨水收集系统

城市雨水收集系统在降水过程中收集、处理和调蓄径流，滞留部分雨水并降低洪峰流量。根据水质状况，收集处理的雨水可在饮用、洗车、洗衣、冲厕、建筑供暖、绿地和街道浇洒等方面替代自来水，缓解城市水资源危机和供水压力（Zhang et al.，2019）。有研究表明，城市雨水收集系统可满足12%～87%的城镇居民用水量需求，减少3%～75%的地表径流量，洪峰削减率可达33%（Campisano et al.，2017）。

城市雨水收集系统的节水和径流调控功能受蓄水池容积、降水、集水区产流特征和用水情景等多因素影响而变化复杂（Zhang et al.，2020）。蓄水池容积越大，节水和径流调控功能越强。但当蓄水池容积增加到一定程度后，节水和径流调控功能不再随之变化，原因在于降水量是决定可收集雨水量的根本因素（Jing et al.，2017）。集水区的面积和降水径流转化效率也是影响可收集雨水量的重要因素之一。此外，集水区类型和周围环境还会影响径流水质与为保证收集雨水水质而弃流的初期雨水量。用于城市雨水收集的蓄水池规模一般较小，用水过程是其持续发挥节水和径流调控功能的主要驱动力。在降水和蓄水池容积一定的情况下，需水量越大，径流调控功能越强。

国内外研究者采用多种方法进行城市雨水收集系统模拟研究，如设计暴雨法、概率解析法、非线性元启发法、随机过程法和连续模拟法等（Zhang and Jing 2016；井雪儿和张守红，2017）。设计暴雨法是目前我国雨水利用工程国家和地方标准推荐的设计方法［如《建筑与小区雨水控制及利用工程技术规范》（GB 50400—2016）、《雨水控制与利用工程设计规范》（DB 11/685—2013）］。该方法虽然数据需求量小、计算简便，但无法对雨水收集系统的供水可靠性和经济可行性等进行综合评估，且所得的蓄水池设计容积较连续模拟法确定的最佳容积偏大。基于水量平衡的连续模拟法在国外关于城市雨水收集系统节水和径流调控功能研究中应用最为广泛（左建兵等，2009）。采用连续水文模拟法研究雨水收集系统时，首先需确定用水和溢流的先后顺序。基于“溢流优先”（yeild after spillage，YAS）算法的连续模拟会导致溢流量计算偏高，雨水收集量偏低，所得节水和径流调控效益较“用水优先”（yeild before spillage，YBS）算法更为保守（Jing et al.，2018；Zhang et al.，2020）。因此，多数研究者推荐使用 YAS 算法进行雨水收集系统的设计和评估。

7.4.6 城市雨洪模型

城市雨洪模型在城市雨洪管理、防洪排涝、雨洪利用、水污染控制和水生态修复等方面发挥了重要作用。城市的产汇流机制比天然流域更为复杂，且城市排水系统内具有多种水流状态，包括重力流、压力流、环流、回水、倒流和地面积水等（徐向阳等，2003）。因此，城市水文模拟需采用水文学和水力学相结合的途径，研制能够模拟复杂流态的城市排水系统的数学模型。根据预报的降水过程，利用研制的模型模拟和预测城市地面的积水过程，以满足城市防汛减灾工作对水情和涝情预测计算的要求。

城市雨洪模型主要起步于 20 世纪 70 年代，最初由部分政府机构（如美国国家环境保护局）组织开展模型研发工作，目前已经发展了多种城市雨洪模型，由简单的概念性模型到复杂的水动力学模型，由统计模型到确定性模型。一般而言，模型都包括降水径流模块、地表汇流模块和地下管网模块等。纵观城市雨洪模型的发展，模型大致可以分成三类（王静等，2010）：第一类将水文学方法和水力学方法相结合，分别用于模拟城市地面产汇流过程及雨水在排水管网中的运动，该方法的基本单元是水文概念上的集水区域，所以其计算结果仅能反映计算范围内关键位置或断面的洪涝过程。第二类采用一二维水动力学模型模拟城市内洪水的演进过程，该方法可以充分考虑城市地形和建筑物的分布特点，较好地模拟城区洪水的物理运动过程，并可详细提供洪水演进过程中各水力要素的变化情况。第三类利用 GIS 的数字地形技术分析洪水的扩散范围、流动路径，从而确定积水区域，该方法以水体由高向低运动的原理作为计算的基本依据，所提供的计算结果仅能反映城市洪水运动的最后状态，不能详细描述洪水的运动过程。

城市雨洪产汇流计算是城市雨洪模拟的关键和基础，主要包括城市雨洪产流计算、城市雨洪地表汇流计算和城市雨洪管网水流计算（胡伟贤等，2010）。城市区域不透水表面的空间分布以及不透水表面的连通性直接影响城市的产流特征。城市不透水面与透水面之间错综复杂的空间分布，加之对城市地区复杂下垫面产流规律认识不足和资料短缺，导致城市雨洪产流计算精度偏低。对于城市地表汇流计算，诸多结果证实，水动力学计算模型所需初始和边界条件复杂，计算烦琐，在应用方面较为困难，而水文学方法计算简单，但物理机制方面尚不明晰，如传统推理法可用于城市设计洪峰流量计算，但不能反映雨洪流量过程；单位线法对实测资料依赖性较大，不易于计算流量过程线；线性水库未考虑非线性特征，计算结果可靠性不足；非线性水库和等流时线法计算相对比较简单，应用方便且精度较高。针对两类方法的局限性，迫切需要开展城市水文-水动力耦合模型研究

(Li et al., 2009)。然而现有的研究并未给出一种合适或理想的紧密耦合方式以解决上述问题，需要经过长期深入的研究以求较好的途径完成上述目标。城市雨水管网汇流计算方面则相对成熟，包括简单的水文学方法和复杂的水动力学方法。根据已有研究成果分析，若精度要求较高，资料条件好，可采用动力波或扩散波进行模拟计算，反之则可采用马斯京根法进行计算。

城市雨洪模型发展至今已经形成了较为完善的概念框架和流程，如图7-13所示（宋晓猛等，2014）。总体上，城市雨洪模型框架主要包括数据收集与处理模块、城市雨洪计算分析模块、成果输出与综合可视化模块三大类，主要流程包括：①确定模型总体结构，一般含输入输出、模型运算和服务模块等；②确定模型微观结构，如降水径流模块的计算结构、管网系统模块的计算组成以及各模块的耦合问题等；③整理数据，结合模型结构，确定数据集或建立相适应的数据库；④确定模型参数及边界条件，进行参数率定和验证；⑤成果输出与展示，结合GIS空间分析处理功能，耦合城市雨洪模型，实现成果可视化展示。

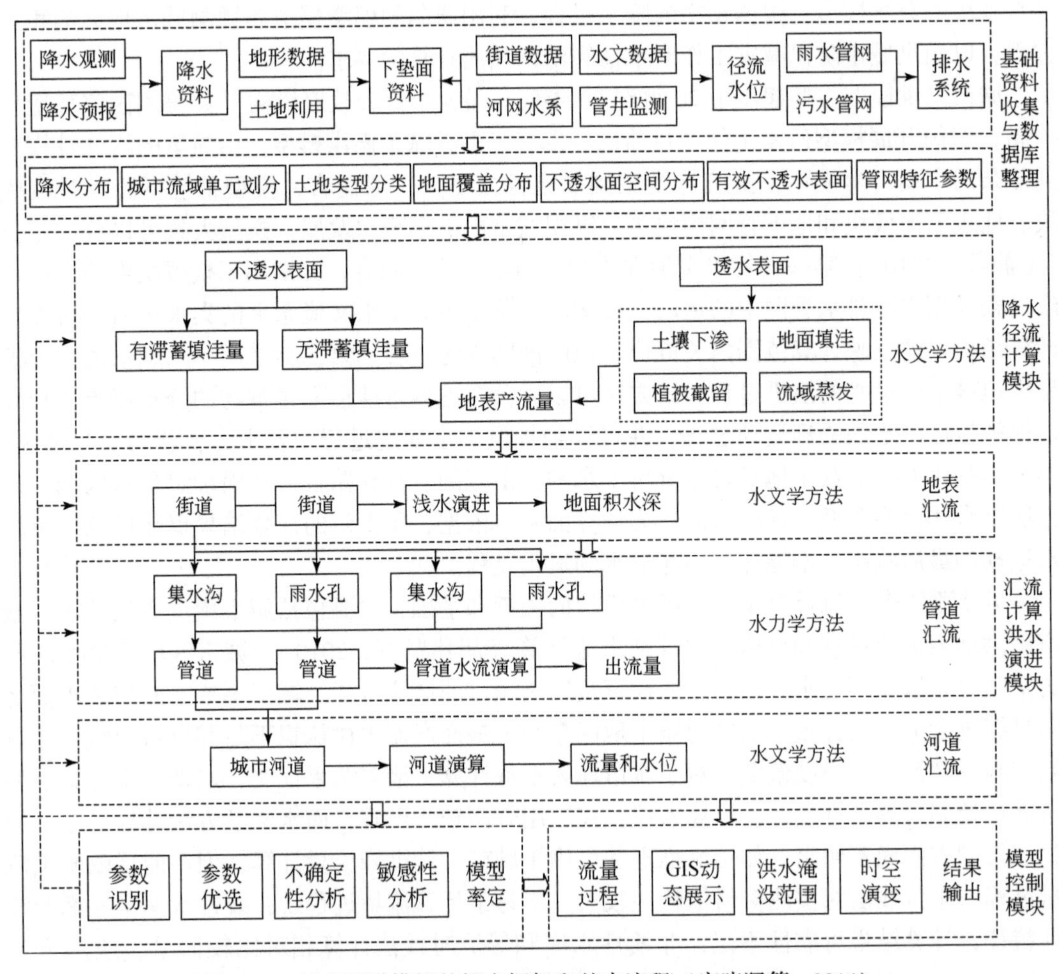

图7-13 城市雨洪模拟的概念框架和基本流程（宋晓猛等，2014）

雨水作为城市水循环系统中的重要环节，对调节地区水资源和改善生态环境极为关键，有效开展城市雨洪管理与利用一直是城市水文学研究的热点。一般认为城市雨洪管理可分为水量管理、水质管理、水生态管理和可持续管理。Fletcher 等（2013）总结了城市雨水管理的主要目标为：①以可持续的方式管理控制城市水循环过程；②尽可能地维持天然状态下的径流体制；③保护和修复水质环境；④保护和修复水体生态系统；⑤雨水资源化利用；⑥强化城市景观设计和基础设施建设。城市雨洪管理技术主要包括两种，一是建立雨水集蓄利用系统，通过雨水集蓄设备收集雨水经处理后用作杂用水；二是修建雨水地表入渗系统，由入渗池、入渗井、绿地和透水路面等组成的系统进行导渗，使地下水得到补给（Fletcher et al.，2013）。这些技术方案包括源头控制、中途控制和末端控制三类，其中源头控制是从雨水的源头上控制，如屋顶绿化、雨水花园、透水铺装和雨水收集器等；中途控制则主要围绕溢流污染控制和合流制改造等问题；末端控制包括河道末端集中储存处理技术、人工湿地、生态堤岸和雨水塘等（宋晓猛等，2014）。变化环境下城市雨洪科学管理，是城市绿色和可持续健康发展的核心问题之一，需要坚持以可持续性发展、接近自然状态和多功能的城市雨洪管理理念为基本原则，改变单独的排洪蓄涝模式，形成以防洪减灾、污染控制和预防、水生态系统修复和保护以及城市环境美化与水资源综合利用等多功能管理模式。根据城市综合发展规划，协调人口、经济、资源和生态环境之间的发展，综合考虑城市自然条件、土地利用、基础设施建设和经济发展水平等因素，因地制宜构建适合于不同自然环境特点城市的雨洪管理技术方案，以应对变化环境下的城市雨洪问题。

7.5 城市热岛效应及其生态水文调控

7.5.1 城市热岛效应及其影响

人类社会正在经历剧烈的城市化过程。1900 年，全球仅有 10% 的城市人口居住在城市，而 2018 年这一数字已经达到 55.3%，预计 2050 年将会增加到 68.4%（Grimm et al.，2008）；其中，中国的城市化进程尤其迅速，1978～2016 年，中国城市人口比例由 17.9% 增加至 57.4%。城市中大面积的不透水人工表面（水泥、沥青等）取代了透水、湿润的自然地表，从根本上改变了地表的物理属性，同时人类的生产生活活动进一步改变了城市区域的物质与能量循环，从而导致了以城市热岛为代表的热环境问题（刘家宏等，2014）。城市热岛效应是指城市区域温度高于其周边区域温度的现象，其使得城市人居生态环境以及城市可持续发展遭到严重威胁，极大地影响了社会和谐发展以及城市生活宜居性。

一方面，城市温度是影响城市气候最为重要的因素之一，城市热岛效应改变了城市热环境，影响了城市水文、空气质量和能量循环等，引发了一系列生态环境问题。城市热岛效应使城市地区形成有别于郊区的局部气候特征，包括较小的城区凝露量、结霜量、霜冻日数、下雪频率和积雪时间。城市热岛效应还改变着其他城市气象，如云和雾的发展、闪电的频率等。城市热岛效应能够改变云的形成和运动，并且对局地降水及降水机制产生影响，使城市区域水文特征发生变化。城市热岛还会增加城区的降水量，但增加的区域集中在市中心及其下风向范围。城市热岛效应使城市与郊区之间形成闭合环流圈，造成城郊之间污染物的恶性循环，引起人类生活环境的恶化。城市热岛效应还会增加城市的能源消耗，持续的高温会加速某些特定的大气化学循环，提高地面的臭氧浓度，危害城市居民的身体健康，甚至会引起人体不舒适乃至死亡率显著增加。

另一方面，城市环境温度上升所带来的城市局地小气候变化还会直接影响建筑能耗。夏季降温能耗的增加导致温室气体和空气污染物的排放增加，同时人为热排放增大，进一步恶化城市热环境。当气温超过20℃时，温度每升高1℃，峰值用电需求会增加2% ~4%（Lin et al.，2011）。例如，据美国能源部的报告，美国大城市市区的日常气温比周围郊区高3.3 ~4.4 ℃，仅在洛杉矶市，约15%的耗电量被用于抵消热岛效应所带来的市区升温，而美国全国每年为抵消热岛效应而产生的能源成本达 100 亿美元（Grimm et al.，2008）。又如，中国香港空调耗电量占全部居民用电的33%（Gou et al.，2017）；人居生态环境以及城市可持续发展遭到严重威胁，极大地影响了社会和谐发展以及城市生活宜居性。

“热环境恶化—能耗增加—热环境进一步恶化”的恶性循环，已成为城市发展过程中的一大难题。根据预测，未来70年高温事件对全球变暖的响应将更为突出，经常会达到人类难以忍受的水平，会严重影响到世界50%以上人口的正常生活和生存。伴随着日益强烈的城市热岛问题，另外一个值得关注的问题是全球升温和城市化带来的叠加效应。在全球气候变暖与快速城市化的双重影响下，全世界城市中都不同程度地存在城市热岛现象且有逐年增强的趋势。到目前为止，学术界和政府部门对这个话题的关注远远不够。据联合国专家估计，人口增加（城市化）和环境变化（全球升温）的叠加效应不仅会极大地影响人类在城市的生活舒适度，而且会对目前的城市公共卫生系统和健康管理系统产生挑战，极有可能导致人道主义和环境灾难，挑战人类的生存。

7.5.2 城市热岛效应调控措施

城市热岛效应的研究对于改善城市居民的舒适性具有重要意义，至今已有200年的研究历史。城市热环境的研究历史可分为三个阶段。第一阶段是1820 ~1920 年，以特定城市的典型代表点为研究对象，对单一气象因素，如温度、雾日数等进行观测和记录。第二阶段是1920 ~1960 年，使用气象站等工具对城市典型区域进行连续观测，观测指标包括城市大气状况、辐射、温度、风速、湿度及降水等多方面因素，奠定了城市气象气候研究的基础。第三阶段是1960 年至今，使用卫星遥感和航空测量等技术，从城市土地利用、土地覆盖类型等方面认识城市空间热场的分布特征。在此基础上，城市热环境模拟模型逐渐发展，如建筑物能量仿真模型（building energy simulation model）DEO-2 和计算机流体动力学模型（computational fluid dynamics，CFD），并被用于改善城市热环境的措施探究。基于以上研究手段，通过多年的研究，关于城市热岛现象的观测、热岛现象的特征、产生的原因及其主要影响因素等已经被清楚地了解。21 世纪的今天，我们面临的主要问题是如何减缓和调节城市热岛问题，尤其在全球升温的背景下，这个问题更为迫切。

城市能量收支是研究城市热岛问题的理论基础。由于城市化带来的土地利用/覆盖变化以及人为活动的热量排放，城市地区的能量平衡构成和过程发生了巨大改变，其过程也远比自然生态系统的能量收支复杂。Oke 在 1988 年给出了适合城市的能量平衡方程：

$$Q^* + Q_F = Q_H + Q_E + \Delta Q_S + \Delta Q_A \tag{7-1}$$

式中，Q^*为地表净辐射；Q_F为人为热排放；Q_H为显热通量；Q_E为潜热通量；ΔQ_S为储热通量变化；ΔQ_A为平流热通量变化。城市热岛效应的各个影响因子都是通过影响能量平衡方程中的各个分项来影响城市热岛强度。

关于城市热环境（热岛效应）的调控，其理论基础正是这个城市的能量收支方程式。从能量的收入项来看，城市中人类可以调控的因素有三项：增加潜热（蒸散）、减少太阳能收入（增加反射率）和减少人工热排放（汽车、空调、燃料燃烧）。从城市能量收支各项的数量级来看，收入项中数量级最大的是太阳辐射，支出项中数量级最大的是蒸散潜热。因此，在炎热季节和热浪期间如何减少太阳能的收入项与增加城市蒸散（潜热）的支出项是城市热岛效应调控的关键所在。虽然收入项中人工热排放也是非常重要的环节，但是其数量级远远低于蒸散。

减少城市能量（太阳辐射）收入最有效的办法是增加城市的反射率，把太阳的短波辐射能量反射回宇宙空间。常用的方法是用浅色的建筑和铺装材料，包括浅色屋顶、墙面和路面。Synnefa 等（2011）研究了不同颜色表面沥青砖的反射率特征及其对表面温度的影响，结果表明，白色沥青表面在可见光谱范围呈现的反射率达 0. 45，黑色沥青表面呈现的反射率仅为 0. 03，前者的表面温度比后者低了将近 12 °C，同时，黄色、米黄色、绿色和红色表面沥青砖在可见光光谱范围内的反射率分别为 0. 26、0. 31、0. 10、0. 11，它们的表面温度相比黑色沥青呈现的最高表面温度低了 9. 0℃、7. 0℃、5. 0℃、4. 0℃。

虽然这些技术在小范围试验场地、单体建筑等方面应用时的降温效果很好，但是目前还鲜有报道在城市整体或较大范围应用的研究。到目前为止，世界上通过增加城市反射率调节城市热岛效应的应用实例还很少。根据调查和分析，限制这些技术广泛应用的原因可能有以下几点：①由于城市地面和建筑形态的多样性和复杂性，反射的太阳能不一定能回到空间，而是被反射到城市的其他建筑物或地方，削弱了效果。②很多北方城市冬天反射率增加使供暖能量的需求增加。

相比之下，通过增加城市绿地面积来增加蒸散量的潜热被认为是最经济、最有效的调节城市热岛效应的方式。首先，城市绿地通过蒸散，以潜热形式消耗大量能量，从而降低气温、增加空气湿度，改善热环境。其次，绿化树木可以起到遮阴避阳的作用，减少太阳短波辐射直射地面以及地表热量蓄积和升温，进而降低地表面向大气的显热排放及其长波辐射，缓解城市升温（Oke，1988）。最后，城市植被可能影响气流运动及显热交换，在一定情形下可能促进热量交换，改善城市热环境。

世界不同地区的研究均表明，城市公园绿地可以有效降低环境温度，其中白天的降温效果平均可达 0.94 ℃。国内对深圳的研究发现，深圳城市中的草坪年平均降温效果可以达到 1.57 ℃，降温效果优于水体（图 7-14）（Qiu et al., 2017a）；在深圳的相关研究结果还表明（图 7-15），城市绿地的降温效果与植被盖度有一定的线性关系：植被盖度每增加 10%，夜间热岛强度可降低 0.16 ~ 0.55℃，日间热岛强度可降低 0.05 ~ 0.15℃（Yan et al.，2019）。

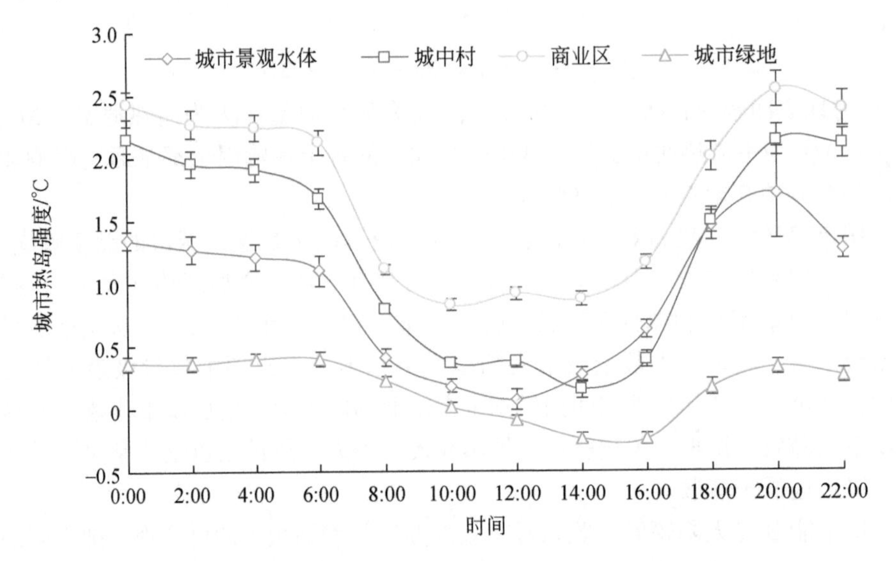

图 7-14　深圳夏季城市景观水体、城中村、商业区以及城市绿地降温效果比较（Qiu et al.，2017a）

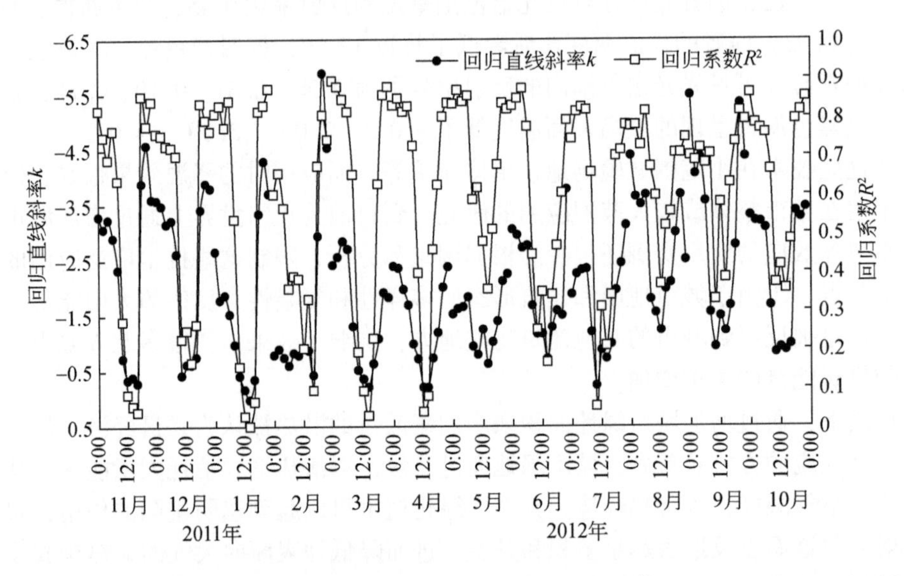

图 7-15　深圳城市热岛和绿地率线性关系的斜率和回归系数（Yan et al.，2019）

月均热岛强度与绿地率线性回归的斜率 k 与回归系数 R^2

由于乔木高度较高，较灌木和草本具有更好的绿量、阴影效应以及更多的蒸腾量，对周围环境的降温效果则更为直接和明显，科学界尤其关注树木和森林在改善与调控城市热环境中的作用。研究发现，无论是单株树木还是树丛，均有明显的降温效果，但受树种及其种植方式的影响。在深圳的研究表明，一株矮小的小叶榕（高5m，胸径20cm）的日蒸腾量就可达36~55kg，蒸腾耗热的制冷效果相当于一台1.6~2.4kW的空调连续工作24h（Qiu et al.，2015）。白天，城市森林覆盖的地区温度较非绿地区域的温度低，但树冠在夜晚可能阻碍热量扩散。

对于地表或屋顶低矮植被的热环境效应，科学界研究相对较少。草地上方的温度一般低于混凝土或沥青地表。对绿色屋顶的降温能力与效果的认识并不一致。部分研究表明，绿色屋顶可有效降温，减弱附近区域的热岛效应。但亦有学者发现，绿色屋顶的降温效果受诸多因素影响，有时反而呈增温效应。

如上所述，“城市绿地对城市热岛效应有明显的缓解和调节作用”这一事实已经得到学术界与社会的广泛认可。但是，无论是学术界还是产业界，目前的认识多停留在定性的水平上，即已明确城市植被增加可以缓解城市热岛效应，但是增加多少植被、如何配置、能达到什么程度的降温效果，还无法定量回答。如何量化城市植被对城市热岛效应的调节作用仍然是一个挑战，亟须发展合适的方法来量化城市植被的蒸散量。

7.5.3 城市蒸散过程模拟

城市蒸散是指城市区域不同下垫面向大气的水分散失，是联系城市水分与能量循环的纽带，因而成为城市水文学、城市气候学、生态学和城市规划等学科的共同话题。然而，历来的水文学和气候学等领域的研究者对城市蒸散的关注都较为有限。即使是近年来，城市蒸散依然是城市水量平衡研究中最为薄弱的环节。一方面，相比于城市蒸散，城市水文学者一般更为关注城市降水、径流和排水等城市水安全相关的领域。另一方面，人们曾经认为，在以建筑和道路为主的下垫面条件下，城市蒸散远小于郊区的蒸散，从而可忽略不计。更为重要的是，城市蒸散主要受到城市微气象条件的空间异质性、植被类型、土壤类型、土壤水分条件以及人为热源排放差异等多种因素的综合影响（Digiovanni-White et al.，2018）。由于城市区域植被多呈斑块分布，且景观类型多样（建筑、道路、植被、水体等），城市环境中各景观类型组成的复杂下垫面具有高度异质性，同时植株、地块、城市峡谷（urban canyon）、街区、居住区、土地利用区直至整个城市的不同尺度极具复杂性，城市地表过程变化剧烈，增加了地表温度、植被等参数反演的不确定性，城市蒸散的估算面临严峻挑战。城市复杂环境中微气象条件的空间异质性同样会对城市蒸散产生巨大影响，而且微气象条件的空间差异在城市环境中很难准确表征，这导致城市蒸散量更加难以准确测算（Digiovanni-White et al.，2018）。

然而，全球城市化进程的快速推进将一系列生态环境问题推到人们面前，其中大部分均与城市蒸散密切相关。在城市建设中，大面积不透水的人工表面（水泥、沥青等）取代了透水、湿润的自然地表，从根本上改变了地表的物理属性，同时人类的生产生活活动进一步改变了城市区域的物质与能量循环。这一方面影响地表热量平衡，导致以“城市热岛”为代表的热环境问题；另一方面影响城市水量平衡，造成“城市雨岛”“城市内涝”等城市水问题。作为联结城市能量平衡与水量平衡的关键因素，城市蒸散是解决相关问题不可回避的话题和核心。

近年来的研究表明，城市蒸散并非无足轻重，反而是城市水量平衡的重要组成部分。20 世纪 80 年代以前，人们普遍认为城市蒸散量很小，相关研究成果较少。随着全球气候变暖和城市化进程的推进，城市热岛效应、高温热浪、城市雨洪等城市生态水文问题日益突出，这些问题基本与城市蒸散密切相关，城市蒸散受到越来越多的关注。深圳城市草坪的年平均蒸散速度可以达到 2. 7mm/d，年蒸散量可以达到 986mm。蒸散量（ET）与同期降水（P）的比率（ET/P）在湿季可达 60%，即降水的 60% 都会以水汽的形式离开城市（而非径流的形式）；全年平均 ET/P 为 0. 84，即降水的 84% 都通过蒸散返回大气（Qiu et al.，2017b）。类似的实测研究一度停滞，直至 2010 年后相关研究逐渐增多，其中大部分都集中在尝试把其他生态系统中成熟的蒸散模型应用到城市，包括蒸渗仪法、涡度相关系统、树干液流法和大孔径闪烁仪等。除实测方法外，一些学者也尝试利用模型或遥感的方法来量化城市蒸散。近 10 年来，有关城市蒸散的观测与估算的研究已有诸多报道。但由于城市下垫面与城市微气象条件的高空间异质性，科学界对城市蒸散的研究才刚刚起步，城市蒸散的测量与估算方法仍处于初期的尝试、探索阶段，适用于城市复杂下垫面与微气象条件下的蒸散的测算方法仍亟待深入研究。

尽管目前国内外研究学者提出了一些兼顾城市微气象条件空间差异与尺度变化的基于城市能量/水量平衡的机理模型，但这些方法普遍缺乏地面观测数据验证。例如，Lemonsu 等（2012）通过改进城镇能量平衡模型，综合考虑城市绿地影响与当地小气候条件差异，对城市蒸散进行估算，但由于缺乏地面观测数据，无法评估模型的可靠性与适用性。此外，这些机理模型均涉及阻抗等大量参数的输入。例如，Chen 等（2014）通过集成 WRF 模型与城市模型，实现了对微小尺度（1 ~ 10m）的蒸散模拟，但是该模型面临的挑战之一是大量的参数需要具体量化，而城市区域高空间异质性的特定微气象输入很难用现有的有限气象站点数据进行参数化。因此，阻抗等大量参数的输入与计算，使城市蒸散模拟面临极大挑战，尤其是在空间异质性更强、微气候环境更加复杂的城市区域，需要提出机理性公式精确量化阻抗来改进相关模型或发展输入参数更少甚至不需要阻抗的新方法。

针对城市蒸散观测中存在的时空高度异质性问题，有研究者提出了适合城市蒸散的“三温模型+热红外遥感”方法，较系统刻画了城市草坪、灌丛、乔木、绿色屋顶、水体和景观的蒸散速率、变化规律与主要影响因素，并定量阐述了蒸散对城市热岛效应的调节机理和调节阈值（Qiu et al.，2017b）。

7. 5. 4 城市热岛效应的生态水文调控

由于全球升温和城市化的趋势不可逆转，地球上的大多数人类会生活在热岛效应越来越强的城市中。如何调控城市热岛效应，为人类提供安全和舒适的生存环境，是涉及人类未来生存的重要问题。另外，由于城市升温的速度远远高于全球升温的平均水平，城市热岛效应及其调控的研究可以作为对未来全球变暖的情景、影响及其适应对策的预研究。

生态水文学的一个重要特征是借助自然的力量来解决问题。因此，生态水文措施具有投入少、效果好的特点，备受推崇。其中，通过增加城市绿地和水体的蒸散（ET）来调节城市热岛效应，被认为是最有效、最经济的手段。有研究表明，绿色屋顶通过调控蒸腾速率来调控城市热岛效应效果显著，调控温度可达 4 ~5℃（图 7-16）。此外，城市蒸散也可以极大地调节和改善城市的能量收支，降低极端高温和城市整体温度，有效地调节和改善城市的水分收支，降低径流和洪涝灾旱风险。城市绿地和水体也可以有效去除水中的氮与磷，进一步改善水质。

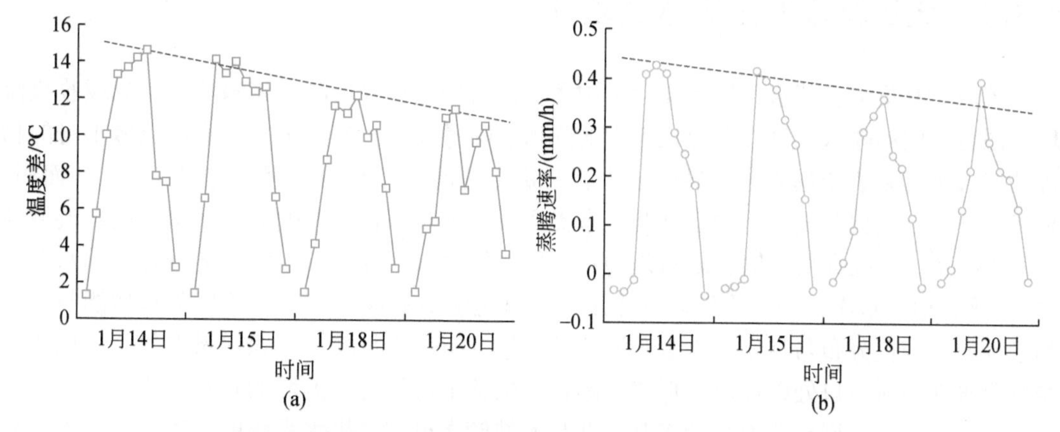

图 7-16　通过调控土壤水分来调控城市热岛效应的应用实例（于小惠等，2017）

（a）为绿色屋顶植被表面温度和 2m 高度的气温差；（b）为相应的蒸腾速率。在土壤水分逐步减少的情况下，蒸腾速率逐步降低，温度差逐步减少

目前，城市热岛效应的生态水文调控的研究刚起步，许多具体科学问题和实践问题急需深入研究。未来需要在以下几方面予以加强探索：①城市主要下垫面（草坪、灌木、乔木、混合绿地、绿色屋顶、水体与透水铺装）的蒸散观测方法。②城市绿地、绿色屋顶、垂直绿化与水体的蒸散特征及其温度调节效应。③城市主要下垫面（绿地、绿色屋顶、水体与透水铺装）的能量收支与水分收支特征。④基于蒸散的城市热岛效应的调控理论与技术（水分供给调控、LAI 调控、喷雾调控、空气流通性调控等）。⑤再生水用于城市景观灌溉的技术标准、关键技术及其生态环境效益。

第8章 流域生态水文过程与管理

8.1 流域生态水文过程

8.1.1 流域基本的生态水文功能

流域具有集水、蓄水、释水和化学物质转换与传递等水功能。集水功能指流域收集流域界限范围内的降水，将时空变化无常的降雨、降雪收集，或上游来水通过流域本身的物理功能（如蒸散、土壤入渗）转化成为相对稳定的河川径流的过程。流域特征，如面积、形状、坡度、土壤厚度、河网密度和生态类型及其分布等直接影响流域集水功能。流域通过植被截留、多孔介质土壤、岩石裂隙具有暂时储存大气降水，阻滞水离开各种储水单元（如土壤、地下水库）而流出流域的作用，这就是流域的蓄水功能。流域蓄水功能与土壤物理性质、植被分布与类型、蓄水单元所处流域空间位置与容量、含水量有关。流域将集结的降水在河流出口处以径流的形式不断输出的整个过程就是流域的释水。流域释水功能主要受地表和亚表层自然属性的控制，并与流域储水单元离排水系统的距离有关。水具有特殊的物理（高比热、中等黏性、高表面张力）和化学（水分子偏极性、高电导率、强氢离子键）性质，因此水是流域化学物质的主要载体，在从大气降水转化成径流最终流出河口的水循环过程中影响化学元素的输入（岩石风化）、淋洗、稀释、运移、沉积，同时对溶解气体（如二氧化碳）也有重要作用。具有偏极性的水分子通过各种途径改变了水的酸性，从而控制了岩石风华、侵蚀、溶解气体和矿物质在流域内部的再分布，以及其他生命过程，为生命体提供了栖息地。流域为生态系统重要组成部分的动植物提供了多种多样的栖息地，如局部多样化的水分和小气候条件，为环境变化提供了避难所（refugia）（Keppel et al.，2012）。流域从坡上到坡下，从源头到出口，从支流到干流由于受自然过程（如水循环、养分循环）及人为活动的影响形成了多种多样的生命栖息地和生态系统。当代社会人类干扰带来的一系列环境问题，如酸雨、臭氧层破坏、气候变化、水污染、泥沙淤积、河道中鱼类产卵区流失等直接影响水生环境的物理和生物过程。因此，流域具有极其重要的生源要素转换与传递功能和生命栖息地功能。

以上流域物理和生物功能综合反映了流域植被、土壤和岩石介质以及河道对降水的滞留作用和水生态系统对化学物质运移与转化的功能，也可以认为是流域自然所具备的生态水文功能。例如，泥沙和污染物过程线反映了在河流-流域系统内不同水生态系统中可溶性和悬浮物质溶解与传播的过程，体现了地球物质气态、液态、固态的相互转化与循环过程。总之，流域生态水文功能实际上综合体现了任何水生生境的基本特征，而流域管理对所有这些功能都会起到调节作用。由于水文过程和生态过程的差异性，每个流域都具有自身独特的生态水文特征；同时，流域不同生态水文功能之间存在密切的相互作用关系（图8-1），这种相互依赖和互馈关系造就了流域水文过程与生态过程，也是形成流域生态系统服务功能的基础。广义的流域生态水文过程主要包括水循环、养分循环和碳循环的过程以及上述五大功能系统。了解水循环占主导地位的生物地球化学过程对理解流域生态系统的功能有重要意义，是流域管理科学的基础（王根绪等，2001）。

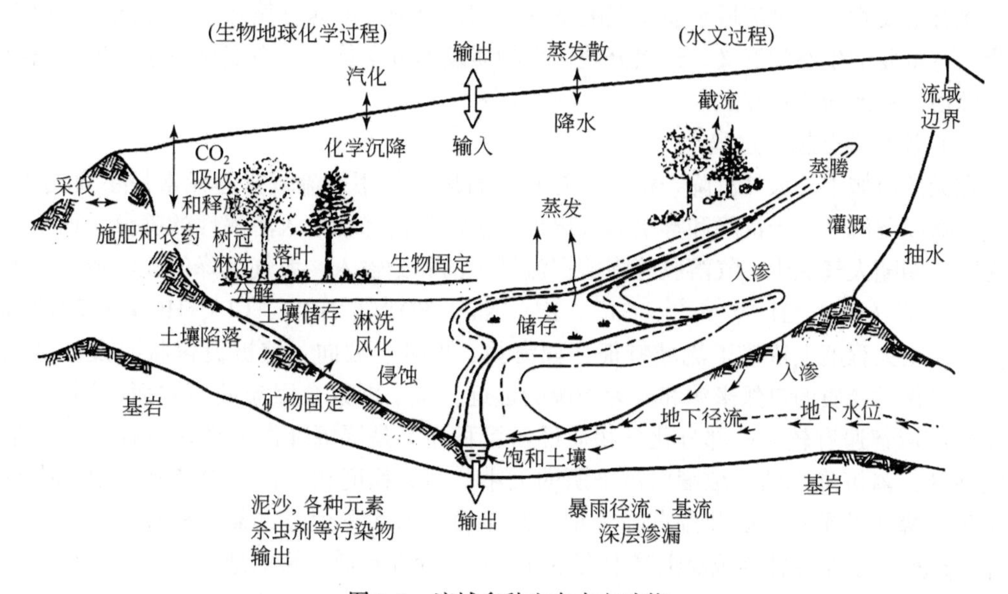

图8-1　流域多种生态水文功能

8.1.2　流域水质与养分循环

流域水质标准与水的用途有关，是流域生态水文重要特征之一。水质参数包括：①物理性质参数，如水温、颜色、悬移质、泥沙等。②化学性质参数，有总溶解固体含量、溶解氧含量和生物需氧量、有机和无机营养元素与化合物、有毒物质以及汞等重金属物质。另外，还有pH、长效有机污染物等指标。③生物学参数，包括细菌、病毒、真菌，由大肠杆菌数量来评价。④水生动物和植物。

了解流域生物地球化学循环以及养分循环对于确定水质标准，保护流域水生生态系统有重要意义。大气降水在流域中通过与植被、土壤、岩石相互作用，并参与整个生态系统地球化学循环过程后，其（流出流域的水）化学成分发生了本质变化。地球化学循环包括矿物质和有机物在生物圈、水圈和陆地内的整个运动过程。流域生物化学物质（包括植物养分）的循环过程受水循环的控制。了解养分的运动途径首先必须搞清楚水分的运动机理（于贵瑞等，2014）。

与水和碳一样，养分是所有生命存在的基础，是流域生态系统的重要组成部分。自工业革命以来，人类活动，如农业上大量施用化学肥料、燃烧化石燃料、砍伐森林等，已经大范围改变了养分元素的循环过程。土壤“氮饱和”、酸化、空气污染、酸雨、水体富营养化等污染和环境恶化现象都是生态系统养分平衡失调的重要标志。流域中土壤养分的多寡直接影响植物的光合能力，从而影响第一性生产力和整个流域的碳平衡。养分对植物生长的决定性作用，直接影响流域蒸散能力。而土壤养分随水分运动而移动，因此其在流域中的分布、通量和循环途径与水循环密不可分。了解流域养分循环规律对认识流域生态系统功能有重要意义，是流域水质管理的基础。探讨流域尺度养分循环过程在深入了解全球变化上有重要的生态学意义。天然流域化学物质及养分含量的年净变化很小，但是植物吸收、转换、释放的通量较大。

（1）流域养分输入过程

在天然流域中，大气沉降、植物固氮和岩石风化作用是流域营养元素最主要的来源。大气沉降以湿沉降、干沉降和雾水形式出现。湿沉降由降水输入溶解性的养分，而干沉降为无降水期随大气灰尘、气溶胶等降落在流域上的养分输入。大气沉降的化学成分，如酸或盐基离子（H^+、$NH_4{}^+$、Mg^{2+}、Ca^{2+}、K^+、Na^+、$SO_4{}^{2-}$、$NO_3{}^-$、Cl^-、HCO^-）对流域的净贡献在很大程度上依赖于流域特征，如海拔、坡度、坡向、植被覆盖状况及流域地点等。相对化学物质的自然来源和人为来源的远近，每个因素会因流域不同而不同。例如，高海拔流域普遍有较大一部分化学物质经云沉积而不是湿沉降作为输入途径。在污染严重的地区，氮沉降中的氮浓度由污染源的大小、污染程度和所在方向控制。湿沉降总量是浓度与降水的乘积，因此湿沉降总量与降水总量有关。气态二氧化硫往往以干沉降作为输入途径，且在森林流域硫沉降中占主导作用。而在远离污染的地区，SO_4^{2-} 湿沉降占主导地位。影响流域尺度大气沉降的因素十分复杂，受空间异质性影响，对个别流域的量化存在较大难度。

在自然条件下，土壤中固氮菌所固定的氮是生态系统氮的主要来源。生物固氮作用很大程度上是由固氮菌的特性（将 N_2 转化成 NH_4^+ 的过程）决定。固氮菌在自然界以各种形式存在，包括异养固氮菌（共生或非共生、自由生活）、光合营养菌和自由菌。固氮过程会消耗能量，每固定 1g 的氮，需要损失 4～10g 的碳。影响生态系统固氮量的主要因素包括固氮菌类型、生态系统第一性生产力、土壤肥力、土壤有机质含量等。多数自然生态系统生产力都受到氮元素的限制，而受人为干扰的流域，径流中氮的浓度受人为施肥影响往往超过水质标准，这成为流域水污染的主要原因。

岩石矿物风化是多数生态系统养分的重要来源。岩石矿物风化是除氮元素以外其他养分的最初来源。土壤母质决定了土壤最基本的肥力、质地、离子交换量和对酸雨的缓冲能力。按矿物风化过程可分为物理风化和化学风化两类。森林生态系统中 80%～100% 的 Ca、Mg、K、P 来自化学风化。物理风化和化学风化作用，以及生理和生化过程使基岩形成土壤，强烈改变了天然水体的化学组成。气候是控制岩石风化速率的决定性因子。热带森林化学风化速率比温带或寒带森林的要快；森林生态系统比草地和沙漠生态系统风化的速率要快。化学风化速率和养分释放还与岩石类型密切相关。

(2) 流域养分等化学成分流失过程

流域化学元素输出形式可归纳为三种：以气体释放，随径流流出，随土壤颗粒、泥沙形式流失。流域氮以径流形式水平输出，以挥发的形式垂直方向损失。流域氮以气体形式流失的主要方式为氨挥发、硝化和反硝化作用及火烧。这些过程以 NH_3、N_2O、NO_2、N_2O_3气态形式出现的氮通量主要受土壤环境特性（如土壤水文、氧化还原电位）决定的生物地球化学过程控制。氮也以硝态氮和溶解有机氮的形式随径流从流域输出。在无人为干扰的森林流域，溶解性有机氮输出量极少。流动性较大的硝态氮通常被植物和微生物吸收，只有少量能够穿过根系层，进入地下水和河流。然而剧烈的人为活动，如森林砍伐、大气污染形成的酸沉降、农田过量施肥，都会使河流中的氮浓度远远超出自然本底。水土流失是农地中包括氮在内的养分损失的主要动力，也是流域非点源污染的根源。水土保持措施通过降低土壤流失和径流量而减少养分损失。

小流域系统非常适用于研究影响风化和侵蚀的因素，以及人为扰动对这些过程的影响。人类活动及大量燃烧化石燃料所造成的污染（如二氧化硫和氮氧化物沉降可增加降水酸度与酸化氧化物）对风化和侵蚀影响深远。酸沉降大大增加了流域活性基岩岩石的化学风化速率，并造成水体和土壤酸化（Galloway et al.，2008）。农业、森林采伐，采矿和土地开发，可显著提高土壤侵蚀速率，增加流域养分元素损失。

8.1.3 流域碳循环

与水一样，碳是所有生命存在的基础，是流域生态系统的重要组成部分，还是影响水质好坏的因素之一。有机碳是自然界常见化合物形成的基本单元。碳原子与氧和氢紧密结合形成的二氧化碳、甲烷和一氧化碳是重要的温室气体。人类活动造成温室气体浓度升高，是全球变暖的主要原因，因此，了解流域碳循环规律对定量评价全球变化对流域生态系统功能的影响和生态系统-气候之间的相互作用更为重要。例如，人们试图通过人工造林提高生态系统吸收 CO_2的能力，增强碳汇能力，从而减缓温室效应。

与流域水循环相耦合，流域碳循环包括碳输入、碳输出和碳储存变化（碳固定、生态系统碳净交换）三部分（图 8-2）。流域碳输入的最根本来源是植物的光合作用。流域碳输出以植物呼吸，微生物、动物异养呼吸为主，但还包括随地上、地下径流流出流域边界的部分（即蓝碳）。流域碳蓄积量的变化（碳固定）则表现为动植物生物量的变化，包括地上和地下两部分。值得指出的是，这三个碳平衡分量相互影响、相互制约。

生态系统尺度上的光合作用常被称为总初级生产量（GPP 或 GEP），是叶面尺度上光合作用的总和。GPP 是流域碳的最主要输入项。另一较小输入项来自河流上游水生生态系统或地下水。影响 GPP 的因素可分为大尺度上的间接影响和小尺度上的直接影响两个方面。两类因素交互作用，共同控制流域总的碳输入量（GPP）。①大尺度长历时因素，包括由生物区和由干扰或演替而决定的植物功能类型、土壤母质、气候类型。②小尺度短历时因素，包括叶面积、植物叶氮含量、生长季长度、空气温度、土壤水分、光照、空气 CO_2浓度。因为不可能测定每片叶子光合作用的量，流域生态系统水平的 GPP 多由生态系

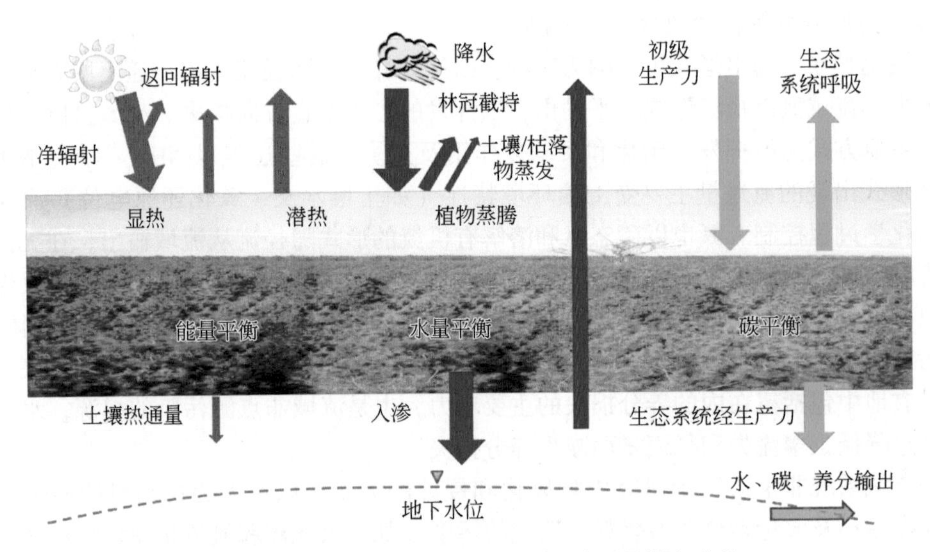

图 8-2　森林流域生态系统能量-水-碳通量耦合示意

统过程模型来模拟，或根据生态系统碳平衡由输出项估算得到。近年来发展起来的涡度相关法为估算生态系统陆地-大气碳和水净交换与 GPP 提供了有力工具。

流域碳输出包括呼吸、挥发、径流输送。流域中动植物、微生物为了生存需要大量消耗本身的碳储备。流域碳输出主要以植物呼吸和生态系统异养呼吸形式出现。植物通过呼吸，可将碳转换成能量，用于动植物吸收养分、生长发育、形成新组织或维护现有生物量。土壤呼吸是生物圈对大气贡献 CO_2 的主要途径，包括植物根系呼吸、微生物分解、菌根呼吸。不同生态系统之间土壤呼吸差异很大，受生物本身、外界气候环境（温度、水分）、土地利用历史（碳含量、养分）等因素的影响和控制。

流域碳输出还包括受外界干扰（如火烧）大气中释放的碳。另外，碳输出还应包括由径流、动物迁移、土壤侵蚀、采伐移出流域的碳成分。虽然以径流形式短时间内流失的碳总量不大，但对于水生生态系统意义重大，因为陆地上的碳是水生生态系统的能量来源。人类活动，如修建水库改变河流来水水质和水量，滨河带城市化和围海造田造成的红树林的砍伐与消失直接影响河岸及海岸带系统的蓝碳沉积和埋藏。气候变化引起的海平面上升也会影响近海陆架中蓝碳的循环，包括垂直和横向流动交换过程。

流域碳储量或固碳能力可由生态系统净初级生产力（NPP）和生态系统净生产力（NEP）或生态系统净交换（NEE）进行量化。NPP 包括植物地上和地下部分在一定时间内（常为年度）新增的生物量、根释放进入土壤中的溶解性有机物、少量从叶子中挥发到大气中的部分、由草食类动物移走的部分。影响 NPP 的因素：①生理因素。植物生长并非完全由光合作用碳吸收控制。植物本身能够对其生长资源（水分、养分）有主动反馈作用。植物所需资源越少，生长速度就会越低；生长速度降低，从而影响叶面积指数和植物光合能力。短时间内，光合作用对植物体内糖类数量和短历时的 NPP 有直接影响，而土壤资源对长历时（如年尺度）的 NPP 和碳积累起到主要控制作用。②环境因素。气候（降水、温度）是控制 NPP 的最主要环境因子。土壤水分、养分等地下因素对 NPP 也有调节作用。当 NEP 为正值时，生态系统的碳吸收高于碳损失，碳储量增加，该系统被称为碳汇；反之，当 NEP 为负值时，生态系统的碳储量在减少，该系统被称为碳源。

8.2 人类干扰对流域生态水文过程的影响

地球上完全未受人类干扰的流域已不多见。流域干扰的影响主要表现在：气候变化及一系列连锁反应（如海平面上升、冰川融化、森林火灾、病虫害）；以森林植被变化为主要形式的土地利用变化，如造林为主体的大规模生态恢复；人为过多抽取地下水造成地下水位下降、地下水资源枯竭；修建水库等水利工程改变河川径流；农业及城市化过程造成的点源和非点源水污染，降低了水资源的可利用量和水质。

探讨生态系统变化，尤其是植被变化，对流域生态水文（水量和水质）的影响必须从流域能量平衡、水量平衡和化学元素物质平衡着手，综合考虑自然（如气候变化）和人为扰动（如城市化、植树造林和再造林）对不同尺度降水的再分配和地球化学循环、水质影响的过程（图 8-3）。水量变化过程包括林冠和地被植物截流、植物蒸腾、降水入渗、土壤储水、地表水-地下水相互作用等。水质变化过程包括林冠和地被植物淋洗、植物对养分的吸收、分解（即养分内循环和外循环）、化学元素在沟道和水体中的运输过程。

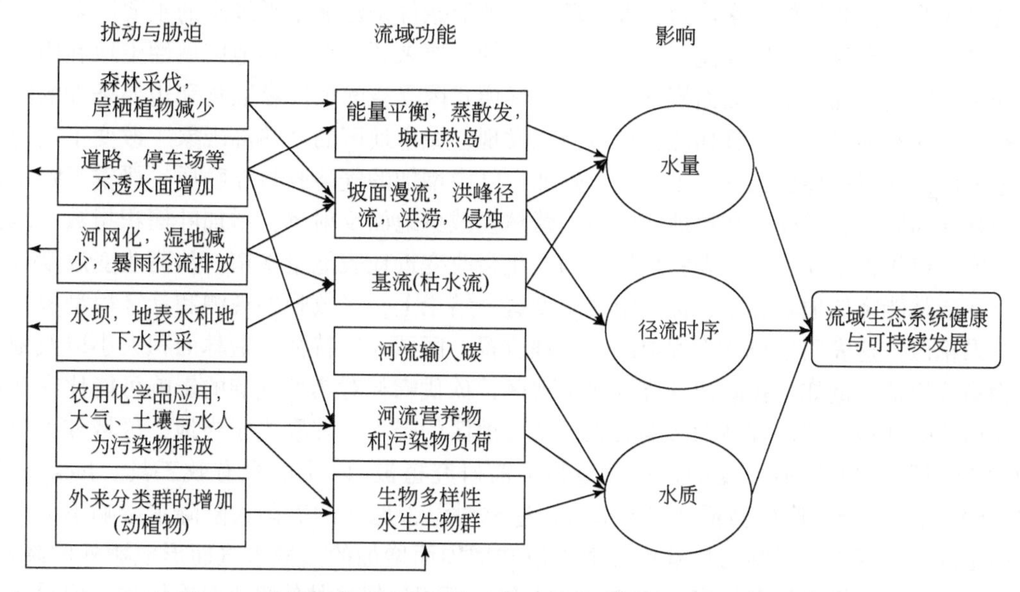

图 8-3　流域干扰对生态系统功能、流域健康和可持续发展的影响

从流域水量平衡原理（流域产水量 = 降水量 - 总蒸散 ± 流域储水量变化）可以看出，一个流域的产水量主要受降水量、蒸散和土壤含水量的变化控制。对于长时间尺度（年或者多年平均），由于土壤含水量的变化较小，可忽略不计，那么评价森林植被变化对流域水量的平均影响（ΔQ），就可近似地只需考虑其对降水（P）和蒸散（ET）的影响：$\Delta Q = \Delta P - \Delta \mathrm{ET}$。

8.2.1 流域干扰对流域降水的影响

研究森林植被变化对大气降水的影响是早期森林水文学要回答的问题之一。天然森林多分布在海拔较高、降水量较高、温度相对较低的区域。所有这些现象常造成一种假象：森林的存在能够增加大气降水；相反，减少森林会减少大气降水。

在历史上，科学界对森林能否增加降水有过激烈争论，如美国农业部早在1892年就对森林对气候和河川径流的影响展开了专门调查。当时，受工业化革命的冲击，美国森林破坏严重，原始林砍伐殆尽。20世纪上半叶，世界各地又有报道支持森林能够增加降水的观点。气象学家认为森林可能增加降水的主要原因包括：①森林植被能降低空气温度，使暖空气达到饱和点；②森林提高了迎风坡山峰的有效高度，从而促进了地形雨的形成；③林冠阻力降低了前期到达气团风速，使随后气团的垂直高度增加，并加强了空气对流，有利于干球直减降温，促成水汽凝结、降水形成；④森林蒸腾量大，为大气提供了大量水汽来源。然而，随着对降水机理认识的逐步深入，从20世纪70年代开始，人们逐渐对过去的观测结果产生怀疑。之后的多数研究认为，之所以林地和空旷地观测到不同的降水量，是因为下垫面条件不同而形成不同的环境（如林区风速较非林地低），从而造成雨量计观测误差。多数气候学家认为，大气环流和地形条件是影响水平降水的主要因素；森林的存在与否不会改变大气环流，不会成为水汽的主要来源。世界各地区域性土地利用覆盖对降水的影响研究均基于陆面模型，而其气候模式因受空间尺度参数化和边界条件的限制具有很大的不确定性。尽管如此，模拟研究发现，城市地区的“热岛现象”改变了当地的能量平衡，使得边界层也发生了变化，外加空气中增加的气溶胶悬浮物质，严重影响了降水的强度和频率。同样，在草地或农地上营林会减少地面反射率，增加叶面积指数、地面粗糙度、植物根系深度。地表物理性质的变化会改变近地表能量平衡，从而改变温度和湿度。在造林能降低地表温度、提高空气湿度这一结论上，多数野外观测和计算模型模拟研究结果相似，这表明植被的作用取决于地理位置、区域大气特征、造林面积大小以及地表生物物理特征。例如，在海洋环绕的热带地区，砍伐森林对热带气旋的影响可能比在离海洋较远的陆地地区清理森林的影响要大。某一地区的降水过程取决于当地、区域和大尺度的大气特征，因此区域尺度的模拟模型是当前研究植被-降水的最有效工具。Jackson等（2005）根据区域尺度模型预测结果指出，造林对温带地区的美国大陆降水影响不大，其原因是温带地区没有足够的热量抬升由于植被增加而增加的蒸散水汽而形成额外的降水。同样，中国一项模拟研究指出，1982～2011年大面积植树造林使降水虽有增加，但总体上不显著（Li Y et al.，2018）。

虽然植被对垂直降水影响颇有争议，但是多雾地区（fog forests）植被拦截水平降水的作用在世界各雨林多雾地区都有记录，且已成公认的事实，如美国西北太平洋温带雨林林区森林采伐使流域径流减少，其原因是横向雾截留减少。另外森林林冠截持作为蒸散的一部分，对降水再分布也有重要意义。

8.2.2 流域干扰对流域蒸散的影响

蒸散既是地表热量平衡的组成部分，又是水量平衡的组成部分，是水循环中最直接受植被覆盖、土地利用、气候变化影响的一项；反过来，蒸散又可减少辐射向感热的转化，对气候进行反馈（Hao et al.，2018）。流域干扰对径流影响主要是通过蒸散实现的。气候变化包括大气 CO_2浓度和人为活动引起的土地利用/覆被变化（如灌溉、造林和再造林、水土保持措施实施）直接或间接影响气象（降水、净辐射、温度、湿度）和植被特征（叶面积指数、气孔导度），最终影响蒸散（图 8-4）。

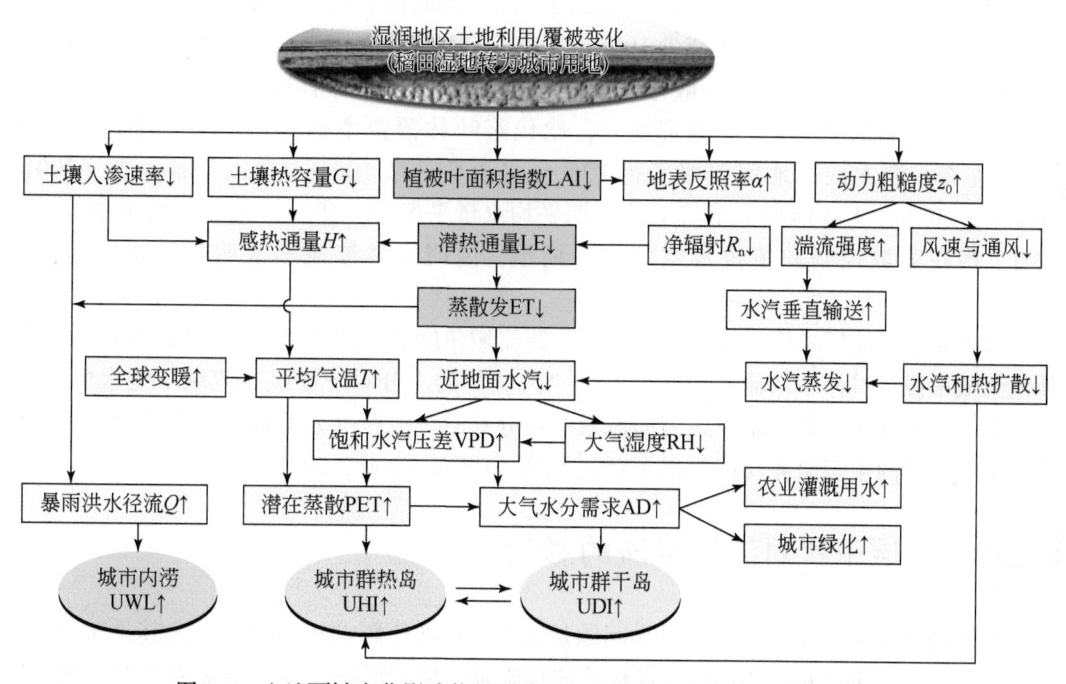

图 8-4　土地覆被变化影响能量再分配、小气候和生态水文的概念模型

图中箭头代表变化方向

量化森林植被变化对流域尺度蒸散影响多是间接进行的。由于受试验观测条件和流域内蒸散的空间异质性的限制，确定流域尺度蒸散的各种方法常存在着较大的误差。为确定土地利用和植被对流域蒸散的影响，森林水文学家很早就提出了配对流域试验法（Hewlett，1982）。配对流域是指位置相邻、面积大小相似（10 ~ 1000 hm^2）、植被相同、流域走向、地质地貌相似的两个流域。首先，对两个流域沟口的流量连续观测 3 ~ 5 年，建立两个流域在径流上的相关关系（月或者年尺度），即进行流域校核；其次，对其中一个流域植被进行处理，如皆伐、择伐、造林等植被经营，并连续观测流域径流量。该阶段被称为配对试验处理阶段。根据公式 $\Delta ET = \Delta P - \Delta Q$，可以计算出流域处理对蒸散的影响。因为两个流域相邻，ΔP 可忽略不计。$\Delta ET = -\Delta Q$ = 植被变化条件下的流量观测值（Q_2）-

由校核阶段模型预测假定无植被变化条件下的流量值（Q_1）。

流域配对试验法最早于20世纪初应用于美国科罗拉多的 Wheel Gap 杨树林试验流域。之后被世界各地森林水文研究广泛采用，是定量研究植被变化对流域水文和水量平衡影响的标准方法。事实上，当前森林水文学的主要研究结论都来自小流域配对试验。该方法的主要优点是在某种程度上消除了气象条件对植被-水文关系的影响，可直接确定植被和管理措施对流域径流的影响。主要不足是需要长期观测才能出成果，因此造价昂贵。为保证对照流域各方面相似、流域面积多限制在小于100hm^2 的较小流域（集水区），研究结果很难推广到大流域。另外，在整个研究过程中，控制流域特征不能有大的自然干扰（火灾、病虫害、飓风等）和植被特征（叶面积、树种组成）变化。

受气候、土壤、植被和流域试验方法的影响，流域蒸散对植被变化的相应幅度很大。例如，皆伐森林可造成年蒸散减少 100 ~ 700mm，森林被砍伐后，蒸散会降低，而随着森林生长，蒸散会逐步提高。一般来讲，在一个流域中，针叶林或桉树林覆盖率每降低10%，可减少蒸散 40mm；在温带地区，砍伐落叶林覆盖率每降低 10%，能减少蒸散25mm 左右；灌木或草地覆盖率变化 10%，可改变蒸散 10mm 左右。Zhang 等（2001）总结了分布在世界各地 257 个流域的长期平均水量平衡后，建立了流域平均蒸散与受降水量、潜在蒸散控制和植被参数的定量模型，说明森林流域蒸散明显高于草地流域蒸散。

蒸散对某个流域来说是个损失项，但从跨流域角度看，蒸散从一个流域输出的水汽对其他流域来说可看作水汽输入。处于上风“汽域”的水分对于下风“汽域”是水供给者。换句话，上风方向的蒸散是下风方向流域的水分补给。该理论为理解森林蒸散对区域水循环作用和植被的生态服务功能提出了新的思路（Ellison et al.，2012）。

8.2.3 流域干扰对流域径流的影响

传统森林水文学关注的主要科学问题是森林植被如何影响河川径流，尤其是对洪水的影响（Jones and Perkins，2010）。森林植被对流域水量的影响是森林植被变化对一段时间（年、月、天）内的总径流量、基流和洪峰流量的影响。这三种水文要素对不同水的使用者有不同的意义。例如，水资源供给部门（水库经营者）可能关心水的总量，而基流或低水径流对水生生态系统和水质至关重要，洪峰流量是水土保持和防洪部门的重点工作范畴。因为洪水和干旱常给社会带来较大经济损失，所以当这类极端水文事件发生时，探讨森林对其影响就更具有实际意义。例如，1981 年和 1998 年长江流域的水灾直接促进了森林水文的大讨论与以减缓洪水为目的的天然林保护工程的实施。同样，21 世纪初席卷欧洲的热浪造成的干旱和气候变化引起的洪水也使得欧洲水文学界开始重新认识森林恢复对水文的可能影响。近 10 年来，中国黄河断流和北方地区水资源缺乏也促进了生态水文的研究，重新审视了植被恢复与流域产水、供水的复杂关系。在气候变化环境下理清植被的水文学作用变得更加复杂。森林植被变化对河流径流的影响可从总径流、基流（低水径流）、洪峰流量（高水径流）三方面分析。

（1）总径流

总体来讲，国际上森林水文学界关于森林对流域总产水量的争议不大（Zhang M F et al.，2017）。砍伐森林，将林地改变成草地或农地，会降低流域蒸散，造成流域总的产水量增加（图 8-5）；而造林会增加蒸散，减少径流。例如，在降水和蒸散很高的热带（如智利）地区皆伐桉树人工林使流域年径流量超过 1000mm，但是皆伐美国南方某些湿地森林，流域年径流量变化不超过 200mm。目前流域试验研究多集中在森林砍伐对径流的影响，关于造林（原来是草地或农地）对径流的影响的研究相对较少。

（2）基流（低水径流）

森林植被变化对水文过程中基流或低水期间径流的影响不确定性较高，也是长期以来学术界和流域管理界一直争论的焦点。世界各地得出的经验观察是：破坏森林将使河流干枯。传统上，人们认为破坏森林会使泉水与河流干枯，其解释是森林使降水入渗至地下水，增加地下水量，减少地表径流，从而减少洪峰流量，消减洪水。但是，该经验观察后来被不断积累的科学研究否定（Brown et al.，2005）。北美流域对比试验表明，采伐森林会增加河流枯水径流（图 8-5），抬升地下水位。森林恢复从幼林至成熟林的过程中蒸散逐渐提高，使枯水径流流量减少。这些被绝大多数配对研究所证实的结果可以从水量平衡上得到解释。

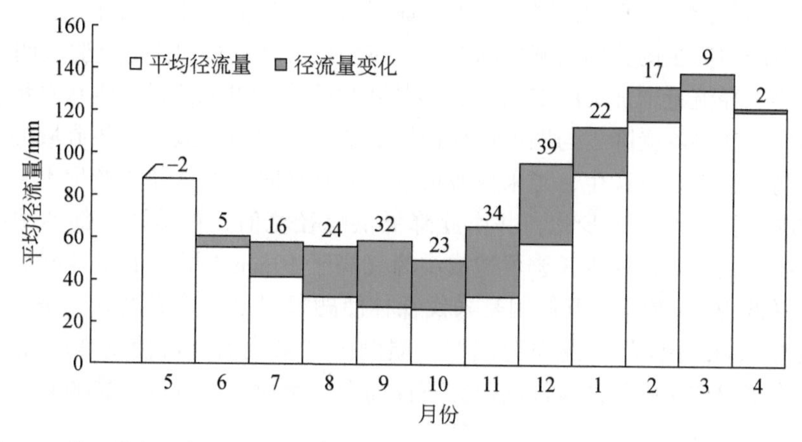

图 8-5　美国林务局南方试验站 Coweeta 小流域落叶硬木森林皆伐对月径流量的影响

图中显示 12 月径流量增加量最大为 39mm，而初春（4～5 月）径流变化不大

据变水源理论，森林流域的基流来自地下水，而地下水在非降水期间主要由非饱和土壤水补充。那么当砍伐森林时，尽管土壤蒸发大大增加了，但由于大大降低了树木蒸腾的水分消耗，减少了林冠截留，流域总的蒸散发将减少，土壤含水量提高，从而造成河流基流量的增加。事实上，流域总产水量的增加主要是通过增加河流基流量实现的。值得指出的是，多数森林采伐试验是在小流域进行的，虽有修建森林道路，但是流域内土壤扰动很少，与高强度毁林造成严重土壤侵蚀的流域有所不同。同时，严格的配对流域研究水土流失严重的流域上植树造林植被恢复对水文的影响很罕见。由于在困难立地上造林，森林植被蒸散和土壤入渗恢复需要较长时间，植被恢复的水文作用需要较长时间才能表现出来。

流域受干扰后，水文恢复的时间与气候、植被生长和干扰程度有关。

虽然绝大多数的研究都表明森林采伐会增加枯水径流，但仍有少数的研究结论相反。例如，在美国俄勒冈州的雾林，森林采伐使相当一部分由森林而截流的雾林丢失，从而使生态系统的降水输入减少，造成枯水径流减少。当部分热带森林被采伐后，由土壤、根系及枯枝落叶构成的“吸水海绵”可能丢失，从而导致枯水径流减少。另一个有趣的例子是枯水径流的时间变化规律，对西俄勒冈州的两个集水区进行研究，发现其中一个集水区枯水径流在采伐后的最初 8 年增加，然后减少，主要是由于需水量更高的河岸针叶林取代了阔叶林。类似的规律在美国西海岸加利福尼亚州也有出现，即夏季枯水径流量在前几年是增加的，但 10 年后呈现减少的趋势（魏晓华和孙阁，2009）。

（3）洪峰流量（高水径流）

森林植被与洪水的关系是森林水文学最初要回答的重要问题，对当前“基于自然解决方案”与流域管理以应对极端气候具有指导意义（Soulsby et al.，2017）。多数配对流域试验文献表明，砍伐森林会使洪峰流量和洪水总量的增加。但是，增加的洪水多为常见小洪水事件，如 5 年重现期洪水（Jones and Grant，1996）。一般来讲，尽管森林经营对当地流域水文会有影响，但对区域性的大洪水和极端干旱影响可能性不大。

森林对洪峰流量和洪水的影响比对总产水量的影响在时间上更有多样性，如不同的年份和季节的作用可能就会不同。降雪为主的地区与降水为主的地区森林对洪峰流量影响不同。例如，在降雪为主的美国落基山脉的科罗拉多试验站进行的流域试验表明，砍伐 40% 的森林会使年总径流量增加 50 ~ 170mm，多数年份会增加洪峰流量和洪水总量，但个别年份会减少峰值。在洪峰受降雪与融雪过程控制的地区，如加拿大，有些流域的最高洪峰径流由海拔较高的融雪径流产生，当采伐海拔较低的森林时，融雪径流产生更早，从而使整个集水区的融雪径流产生异步化，并由此降低洪峰径流值。在美国东部冬季有积雪的地区，掠夺性的采伐森林，在生长季可造成洪峰（高于 10mm）增加 15% ~60%，而在非生长季使洪峰降低 2% ~40%，其原因是采伐森林使融雪提早，造成洪峰平缓。美国林务局南方试验站 Coweeta 小流域试验研究表明，湿润山区采伐森林可使洪峰增加 7% ~30%。欧洲大陆的许多研究结果与北美洲的研究不谋而合（魏晓华和孙阁，2009）。

8.3 流域生态-水系统耦合模拟

人类对流域水资源利用最常见的方式是构建大型水库，在大型流域修建梯级开发水库群，形成典型的河-库系统，而不是自然的纯粹河流系统。河流由自然状态演变为河-库系统，其水文、水环境和水生态状态均发生较大改变，且具有相互依赖和互馈关系。河-库系统中，人们最为关注的是水文情势变化引起的水环境变化对流域水生生态系统的协同作用，并为了改善这种影响，保护水生生态系统，近年来在河-库系统水文-水环境-水生态耦合作用关系的定量模拟方面取得了一些进展，本节主要介绍这方面的内容。其中 8.3.1 ~8.3.3 节简略介绍了现阶段河流水库-河流系统多元耦合模型的发展情况，涉及变量较多，部分变量的含义及量纲见表 8-1。

表 8-1 本节涉及部分变量的含义及量纲

符号	含义及量纲	符号	含义及量纲
A	过水断面面积/m^2	T_a	气温/℃
B	河道宽度/m	T_s	水体表面温度/℃
C_p	水的比热容/［J/（kg℃）］	Z	水位/m
D_x	水平扩散系数/(m^2/s)	ρ	密度/(kg/m^3)
D_z	垂向扩散系数/(m^2/s)	v_t	紊动涡黏系数/(m^2/s)
H	水深/m	Φ	物质浓度/(g/m^3)
Q	流量/(m^3/s)	σ	Stefan-Boltaman 常数/无量纲
q	单宽流量/(m^2/s)	φ	单位面积热通量/(W/m^2)
S_a	藻类生物量变化率/s^{-1}	x	河流纵向方向
S_0	河床比降/无量纲	y	河流横向方向
S_f	河床摩阻系数/无量纲	z	河流垂向方向
T	水温/℃	t	时间
λ	热膨胀系数/无量纲	σ_T	普朗特数，取 0.9/无量纲
φ_z	穿过 z 平面的太阳辐射通量/(W/m^2)		

8.3.1 流域水库水动力-水质-生态耦合关系与模拟

水库区域蓄水运行后，河谷水面变宽、水深增加、水流变缓，水库及河道内的水动力条件相较于天然状态将会有较大的改变。水温作为水生生态系统中关键的基础环境因子，其时空分布规律受水动力过程和热力学过程的综合影响，并且对于具有较大水深的水库，水温的空间不均匀分布会引发密度流现象，进而会改变水库内的水动力过程。因此，需要构建流域水动力-水温耦合关系的定量模型来模拟和预测水库修建后的水动力场及水温分布格局与变化。

1. 水库立面二维水动力-水温耦合模型

一般考虑地形、入流、发电取水、泄水建筑物泄流、水位、太阳辐射、大气长波辐射、水体返回长波辐射、水面蒸发、传导、泄流孔口位置及尺寸等因素对水库纵垂向水温的影响，通过将水流连续方程、动量方程、能量方程、紊流模式方程等综合起来，实现对水库水温时空变化过程的模拟（邓云等，2009）。

水动力过程多采用水动力学方程和紊流方程联合模拟。水温模块方程为

$$\frac{\partial BT}{\partial t}+u\frac{\partial BT}{\partial x}+w\frac{\partial BT}{\partial z}=\frac{\partial}{\partial x}\left[B\left(\frac{\lambda}{\rho C_p}+\frac{v_t}{\sigma_T}\right)\frac{\partial T}{\partial x}\right]+\frac{\partial}{\partial z}\left[B\left(\frac{\lambda}{\rho C_p}+\frac{v_t}{\sigma_T}\right)\frac{\partial T}{\partial z}\right]+\frac{1}{\rho C_p}\frac{\partial B\varphi_z}{\partial z} \tag{8-1}$$

水库下泄水温，根据下游边界出水口对应各单元的流量进行加权平均计算得到，即

$$T_{\text{out}} = \frac{\sum_{1}^{\text{NI}} T_i A_i u_i}{\sum_{1}^{\text{NI}} A_i u_i} \tag{8-2}$$

式中，$i=1\cdots\text{NI}$ 为下游边界上出水口对应的垂向网格单元编号；A_i为出水口各单元过水断面面积；u_i为出水口各单元流速；T_i为出水口各单元水温。

水库表面的水-气界面热交换可计算长短波辐射、蒸发、传导对水库热量收支的影响，其中短波辐射根据不同水体中的衰减特性还将影响到水下的热量平衡。通过水面进入水体的热通量（φ_{n}）为

$$\varphi_{\text{n}} = \varphi_{\text{sn}} + \varphi_{\text{an}} - \varphi_{\text{br}} - \varphi_{\text{e}} - \varphi_{\text{c}} \tag{8-3}$$

水体表面净吸收的太阳短波辐射通量 φ_{sn}为

$$\varphi_{\text{sn}} = \beta_1 \varphi_{\text{s}} (1 - \gamma) \tag{8-4}$$

式中，φ_{s} 为到达地面的总太阳辐射量（W/m^2）; γ 为水面反射率，它与太阳角度和云层覆盖率相关; β_1 为太阳辐射的表面吸收系数。

大气长波辐射通量（φ_{an}）为

$$\varphi_{\text{an}} = \sigma \cdot \varepsilon_{\text{a}} \cdot (273 + T_{\text{a}})^4 \tag{8-5}$$

式中，σ 为 Stefan-Boltaman 常数；ε_{a} 为大气发射率；T_{a} 为水面上 2m 处的气温。

水体长波的返回辐射（φ_{br}）为

$$\varphi_{\text{br}} = \sigma \cdot \varepsilon_{\text{w}} \cdot (273 + T_{\text{s}})^4 \tag{8-6}$$

式中，T_{s} 为水体表面温度（℃）；ε_{w} 为水体的长波发射率。

水面蒸发热损失（φ_{e}）为

$$\varphi_{\text{e}} = f(W)(e_{\text{s}} - e_{\text{a}}) \tag{8-7}$$

式中，$f(W)$ 为风函数［$\text{W/(m}^2 \cdot \text{h} \cdot \text{Pa)}$］；$e_{\text{s}}$为紧靠水面的空气在水面处水温条件下所对应的饱和蒸发压力（h·Pa）；e_{a}为水面上空气的蒸发压力（h·Pa）。

热传导通量（φ_{c}）为

$$\varphi_{\text{c}} = f(W)(T_{\text{s}} - T_{\text{a}}) \tag{8-8}$$

采用上述方法模拟了金沙江下游溪洛渡水库单独运行时丰、平、枯水文年（上游受二滩影响）的库区水温分层情况及下泄水温过程。模型中主要参数取值：太阳辐射在水中的衰减系数 $\eta_{\text{w}}=0.5$，表层水体对太阳辐射的吸收系数 $\beta_{\text{w}}=0.65$。正常蓄水位下，溪洛渡库区离散为 530 个×85 个矩形网格，计算时间步长为 60s。其库区二维水温分布模拟结果如图 8-6 所示。研究表明，溪洛渡水库全年均不同程度地出现分层现象，在 3～7 月分层较强，在 9 月至次年 2 月分层相对较弱；溪洛渡建库运行后下泄水温较天然下坝址处河道水温会有一定的差异，3～6 月下泄水温较建坝前平均降低约 1.8℃，11 月至次年 1 月下泄水温较建坝前平均升高约 2.0℃。

2. 河-库系统水温及热状况的累积效应模拟

梯级开发后流域内呈现河道-水库交替存在的纵向格局。水库内的水温特性使得其下泄水温过程会显著区别于坝址处河道内的天然过程，从而持续影响下游河道。而在多级水库的开发运行后，对河道内水温及热通量过程的影响则会出现显著的累积效应。因此，在

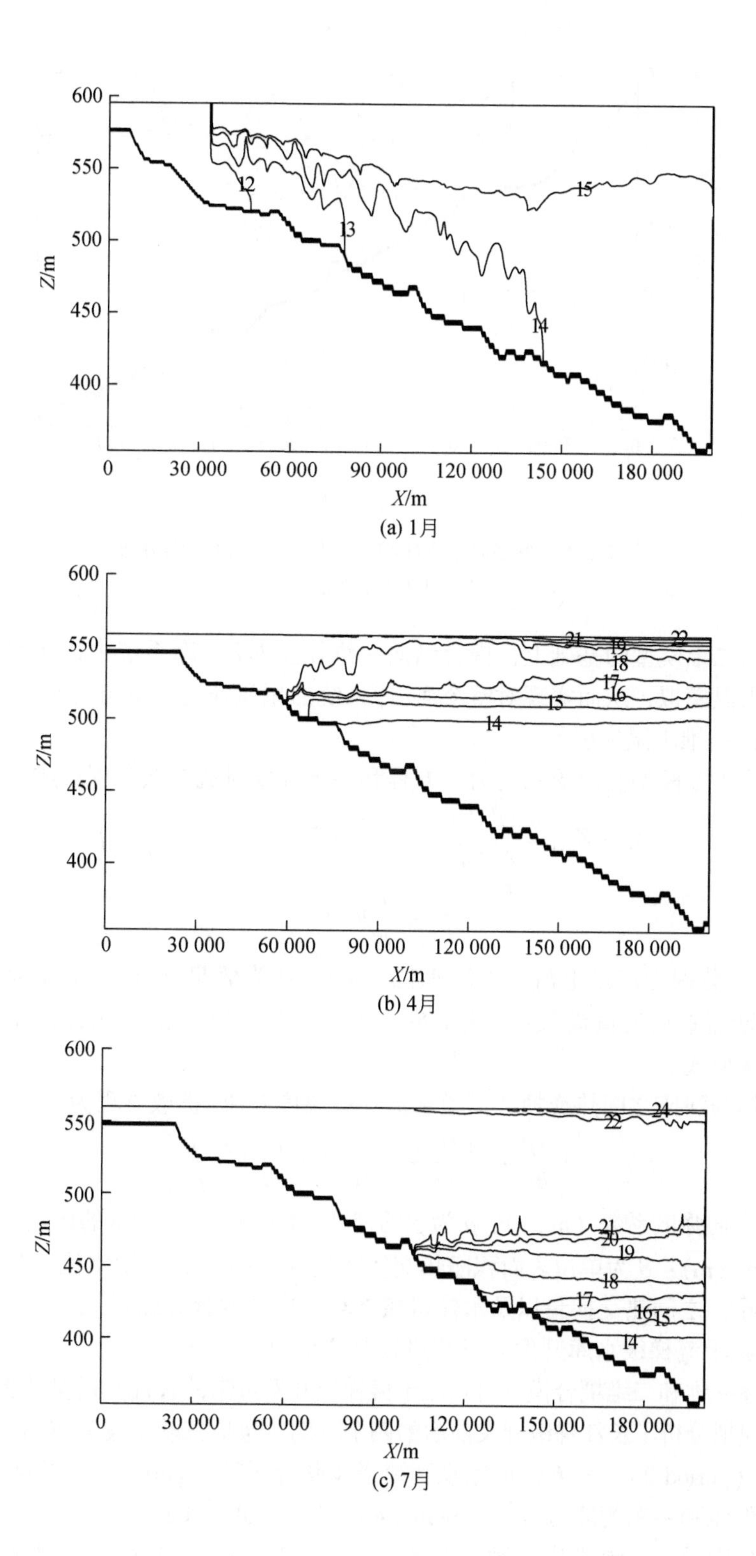
600
550
500
450
400
Z/m
0
30 000
60 000
90 000
120 000
150 000
180 000
X/m
12
13
14
15
(a) 1月
600
550
500
450
400
Z/m
0
30 000
60 000
90 000
120 000
150 000
180 000
X/m
21
19
22
18
17
16
15
14
(b) 4月
600
550
500
450
400
Z/m
0
30 000
60 000
90 000
120 000
150 000
180 000
X/m
24
22
21
20
19
18
17
16
15
14
(c) 7月

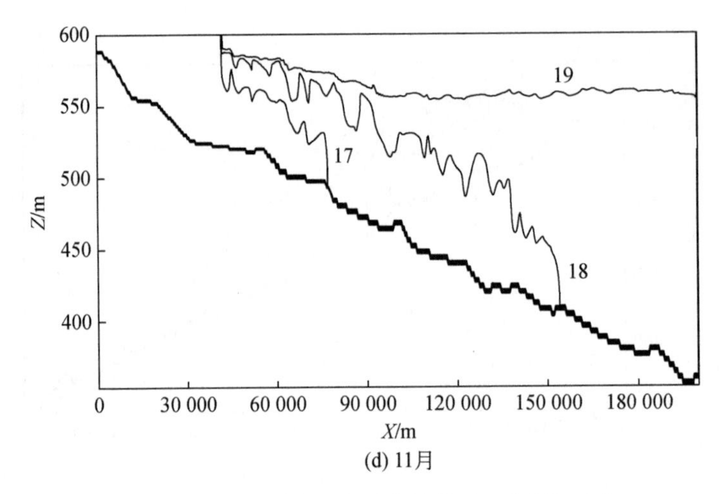

(d) 11月

图 8-6　溪洛渡平水年典型月份库区二维水温分布

图中数值表示水温（℃）

上述水库立面二维模型的基础上，耦合纵向一维模型对河-库系统中仍保留天然河流形态的河段进行水温模拟，从而实现对整个河-库系统的累积效应模拟与研究。

（1）纵向一维水温模型

纵向一维水温模型由河流水动力学方程和一维温度对流扩散方程组成。

$$Z_i - Z_{i+1} = \frac{Q^2}{2g}\left(\frac{1}{A_{i+1}^2} - \frac{1}{A_i^2}\right) + \frac{\Delta s \times Q^2}{2}\left(\frac{1}{K_i^2} + \frac{1}{K_{i+1}^2}\right)$$
$$K_i = \frac{1}{n}R_i^{\frac{2}{3}}A_i \tag{8-9}$$

式中，Z_i、Z_{i+1}分别为流段上游、下游水位（m）；Q 为流量（m^3/s）；A 为过水断面面积（m^2）；K 为断面平均流量模数；n 为糙率；R 为水力半径（m）。由河流水动力学方程计算得到河道水面线。

忽略水体与河床之间热交换的河道水流一维温度对流-扩散方程为

$$A\frac{\partial T}{\partial t} + \frac{\partial(QT)}{\partial x} = \frac{\partial}{\partial x}(AD_x\frac{\partial T}{\partial x}) + \frac{BS}{\rho C_p} \tag{8-10}$$

式中，D_x 为纵向弥散系数（m^2/s）；ρ 为水的密度（kg/m^3）；C_p为水的比热［J/(kg · ℃)］；B 为河面宽度（m）；S 为单位表面积净热交换通量（W/m^2），表示水流与外界（太阳、空气、河道边界）之间热交换量以及水体机械能转换内能的换算通量。

（2）长江干流梯级水库开发对下游热状况的影响

采用上述一维和二维耦合模型对长江干流梯级开发带来的长江热通量的影响进行了模拟研究，主要模拟分析了长江梯级开发前后的四个时期，包括三峡工程建成前（period 1），三峡单独运行（period 2），三峡、向家坝和溪洛渡联合运行（period 3）以及三峡、向家坝、溪洛渡、白鹤滩和乌东德联合运行（period 4）（He et al.，2020）。

如图 8-7 所示，三峡水库单独运行时（period 2）在 3 ~ 7 月的下泄水温低于建库前（period 1）。然而随着向家坝和溪洛渡的运行（period 3），三峡的入库流量 1 ~ 5 月增加，加速了三峡水库内的替换频率，在 3 月和 4 月，三峡水库的下泄水温分别较 period 2 时升高 0.6℃和 0.8℃，这使得原本低温水下泄现象较为严重的 3 月、4 月较三峡单独运行时减缓，5 ~7 月受上游向家坝、溪洛渡下泄低温水的影响，三峡下泄水温较三峡单独运行时进一步降低，均降低 0.3℃左右，3 ~7 月平均水温较三峡单独运行时提高了 0.2℃，对三峡下泄低温水影响的缓解有一定的积极作用。白鹤滩、乌东德运行以后（period 4）3 ~7 月平均水温进一步提高，较 period 3 时升高了 0.3℃，与天然水温平均温差减小至 1.5℃，受上游水库水温延迟作用的影响（白鹤滩、乌东德运行以后高温水影响至 3 月，较前一阶段延迟了一个月），3 ~5 月受来流高温水影响，三峡下泄水温较前一时期明显升高，分别升高了 0.5℃、1.3℃和 0.3℃，6 月受上游来流更低温水的影响，三峡下泄水温较前一时期降低 0.6℃，7 月水温基本没有变化。

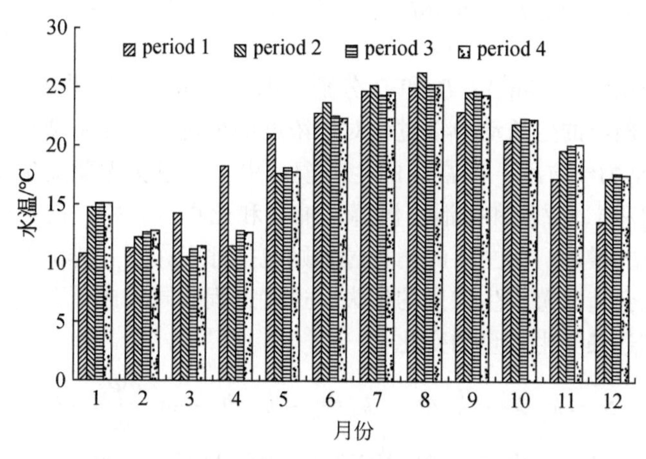

图 8-7　三峡坝址断面在不同时期的月均水温

3. 水动力-水质-藻类耦合的生态动力学模型与水库富营养化模拟

大型水库蓄水后，水位壅高倒灌进入支流形成支库。对于上游来流流量较小的支库，干流倒灌后的顶托现象较为明显，因而会在支库中形成相对较为封闭的水动力环境，容易造成表层水温升高、水体稳定度增强、营养盐扩散减弱等环境条件的改变，进而带来富营养化和水华的风险。针对大型水库蓄水后可能会发生的富营养化及水华问题，可采用水动力-水质-藻类耦合的生态动力学模型来模拟分析（梁俐等，2014）。

水库生态动力学模型反映的是生态系统中的各个动力过程的动态变化，在水生系统的研究中时常与水动力模型耦合使用，通过水动力模型提供水体物理运动背景，从而综合反映整个系统时空的演变规律。CE-QUAL-W2 是由美国陆军工程兵团水道实验站（WES）开发的宽度平均的立面二维水动力学和水质模型（Cole and Wells，2015），模型中耦合求解的子模块具体包括水动力模块、水温模块、水质输运模块和藻类生长动力学模块。

1）CE-QUAL-W2 中水动力模型的基本假设包括流体不可压缩和 Bossinesq 近似，由连续方程、动量方程构成。模型中，考虑水体的密度受水温（T）、水体总溶解性有机物

（TDS）和水体总无机悬浮物（ISS）三方面因子的影响，即水体密度等于水体在水温 T 时对应的密度加上水体中溶解性物质和悬浮物浓度的和，具体计算公式为

$$\rho = f(T,\ \Phi_{\mathrm{TDS}},\ \Phi_{\mathrm{ISS}}) = \rho_{\mathrm{T}} + \Delta\rho_{\mathrm{s}} \tag{8-11}$$

式中，ρ_{T} 为水体在水温 T 时对应的密度（$\mathrm{kg/m^3}$）；$\Delta\rho_{\mathrm{s}}$ 为水体内溶解性物质和悬浮物对水体密度产生的增量（$\mathrm{kg/m^3}$）。

水体温度的输移扩散均由输运方程控制，主要考虑水面的热收支，不考虑库底热源，热收支的具体考虑方式与水动力-水温耦合模型中的考虑一致。

水质输运模块中各类水质因子和藻类的物理输移扩散均由输运方程控制。具体计算公式为

$$\frac{\partial B\Phi}{\partial t} + \frac{\partial UB\Phi}{\partial x} + \frac{\partial WB\Phi}{\partial z} - \frac{\partial\left(BD_x\frac{\partial \Phi}{\partial x}\right)}{\partial x} - \frac{\partial\left(BD_z\frac{\partial \Phi}{\partial z}\right)}{\partial z} = S_{\Phi}B \tag{8-12}$$

式中，Φ 为各物质浓度（$\mathrm{g/m^3}$）；D_x 和 D_z 分别为纵向和垂向扩散系数（$\mathrm{m^2/s}$）；S_{Φ} 为各物质的源汇项，其中藻类的生长动力学过程对于浓度的影响通过此源项与模型耦合。

2）藻类生长动力学方程。在常用的生态模型中，普遍认为藻类生长的动力过程主要包括增长（光合过程）、呼吸和排泄、沉降、捕食和死亡。其中，藻类主要通过光合作用来实现自身生物量的增加，而主要的消耗过程则包括呼吸作用、排泄和死亡，另外，藻类的沉降和被捕食也会造成藻类生物量的损失，这些过程共同构成了藻类生物量的变化。采用如下基本方程描述藻类生物量的变化：

$$S_{\mathrm{a}} = k_{\mathrm{ag}}\Phi_{\mathrm{a}} - k_{\mathrm{ar}}\Phi_{\mathrm{a}} - k_{\mathrm{ae}}\Phi_{a} - k_{\mathrm{am}}\Phi_{\mathrm{a}} - \omega_{\mathrm{a}}\frac{\partial \Phi_{\mathrm{a}}}{\partial z} - G_{\mathrm{a}} \tag{8-13}$$

式中，S_{a} 为藻类生物量的变化率，对应输运方程中的源项；k_{ag} 为藻的生长率（$\mathrm{s^{-1}}$）；Φ_{a} 为所模拟的藻的生物量（$\mathrm{g/m^3}$）；k_{ar} 为藻的呼吸率（$\mathrm{s^{-1}}$）；k_{ae} 为藻的排泄率（$\mathrm{s^{-1}}$）；k_{am} 为藻的死亡率（$\mathrm{s^{-1}}$）；ω_{a} 为藻的沉降速率（m/s）；G_{a} 为藻类因被捕食而损耗生物量的速率（g/s）。上述各类生长参数中，藻类生长率是直接控制藻类生物量增长的因子。在实际情况中，藻类的生长速率并不是一个固定的值，而是随环境条件不断变化的。一般认为藻类的生长率受温度、光照和营养盐三个方面的影响，其中，营养物质通常考虑氮、磷和碳，如果研究对象为硅藻还应考虑硅。

8.3.2 基于河流生态服务功能的栖息地保护与修复

流域水资源开发利用，特别是大量水库和引水式水电开发，对水生生态系统产生较大影响，如何平衡人类对水资源开发利用与生态系统用水间的矛盾，维护水生生态系统的栖息地环境稳定或修复以损坏的栖息地，是近年来广泛关注的切入点。以长江上游岷江流域为例，近 20 年里持续大规模梯级水电开发，使得各电站坝下河段在齐口裂腹鱼（*Schizothorax prenanti*）产卵季节基本断流且日趋严重，对这一特有乡土鱼类的正常生息繁衍带来巨大冲击。齐口裂腹鱼是我国特有的重要冷水性经济鱼类，属鲤科裂腹鱼亚科

裂腹鱼属，俗称雅鱼、细甲鱼、齐口细鳞鱼等，是西南山区河流中较具代表性的优势鱼种，也是长江上游特有鱼类，而岷江是齐口裂腹鱼广泛分布的水域之一。因此，如何保障各水电站下泄生态流量是修复齐口裂腹鱼产卵场的首要条件。本节就以岷江流域上游姜射坝电站为例，介绍基于河流生态服务功能的栖息地保护与修复的研究方法和应用（Qin et al.，2016）。

1. 主要分析方法

（1）河流水生生态系统的生态需水量

国内外常用的河流生态需水量计算方法可分为四类：水文学法、水力学法、生境模拟法和整体分析法，此外我国学者也提出了确定大中型河流水生生物基流量的生态水力学法。IFIM 是一种应用比较广泛的生境模拟法，由美国鱼类及野生动植物管理局在 1974 年研发，用于河流规划、保护和管理等的决策支持系统。IFIM 本身并不产生河道内生态需水量，而是通过模拟流量和对象物种可利用栖息地之间的关系，为各方用水用户通过协商确定生态需水量提供参考依据，所以通常需要配合 RHABSIM、RHYHABSIM、EHVA 和 River2D 等栖息地物理模型使用。一般地，在 IFIM 框架下栖息地环境保护与修复分析主要包括以下几个环节：

1）准备工作，包括确定研究对象物种及其生命阶段，通常选择对栖息地变化最敏感的物种或选择有价值的鱼种；确定河段；生境要素数据采集等。

2）确定适宜度标准，对象物种栖息地适宜度标准是 IFIM 的生物学基础，其真实性和准确性对栖息地模拟至关重要。

3）水力模拟，PHABSIM 中水力计算以一维水力学公式为基础，模拟断面流速和水深。River2D 模型以二维深度平均的圣维南方程为基础，可模拟平面流速和水深分布特征。

4）栖息地模拟，基于以下假设，栖息地适宜度是流量的函数，且与物种数量之间存在一定的比例关系；水深、流速、基质和遮蔽物是影响物种数量与分布的重要生境因子，它们之间互相影响共同确定微生境，流量变化通过改变这些生境因子对物种的数量和分布带来影响；河床形状在模拟过程中不变。

（2）水力模拟方法

在 IFIM 框架下，栖息地的物理过程模拟，如水力条件等计算，通常需要使用第三方的数学模型来实现。River2D 模型为河流水动力学和鱼类生境的二维深度平均模型，是 2002 年加拿大阿尔伯塔大学研制开发的水力和鱼类栖息地模拟系统，该模型以二维深度平均的圣维南方程为基础，可模拟平面流速和水深分布特征。模型主要基于三个假定：垂向压强符合静水压强分布；水深方向的水平流速为常数；忽略了科氏力和风应力。模型主要的控制方程为

连续方程：

$$\frac{\partial H}{\partial t}+\frac{\partial q_x}{\partial x}+\frac{\partial q_y}{\partial y}=0 \tag{8-14}$$

动量方程：

$$\frac{\partial q_x}{\partial t}+\frac{\partial}{\partial x}(Uq_x)+\frac{\partial}{\partial y}(Vq_x)+\frac{g}{2}\frac{\partial}{\partial x}H^2$$

$$= gH(S_{0x} - S_{fx}) + \frac{1}{\rho}\left[\frac{\partial}{\partial x}(H\tau_{xx})\right] + \frac{1}{\rho}\left[\frac{\partial}{\partial y}(H\tau_{xy})\right] \tag{8-15}$$

$$\frac{\partial q_y}{\partial t} + \frac{\partial}{\partial x}(Uq_y) + \frac{\partial}{\partial y}(Vq_y) + \frac{g}{2}\frac{\partial}{\partial y}H^2$$

$$= gH(S_{0y} - S_{fy}) + \frac{1}{\rho}\left[\frac{\partial}{\partial x}(H\tau_{yx})\right] + \frac{1}{\rho}\left[\frac{\partial}{\partial y}(H\tau_{yy})\right] \tag{8-16}$$

式中，H 为水流平均深度；U、V 分别为 x、y 方向平均速度；q_x、q_y分别为 x、y 方向单位宽度的流量；S_{0x}、S_{0y} 分别为 x、y 方向河床坡度；S_{fx}、S_{fy} 分别为相应的摩擦阻力；τ_{xx}、τ_{yy}、τ_{xy}、τ_{yx}分别为相应的水平剪切应力。

河床阻力模型：河床阻力由河床剪力决定，而河床剪力与水深方向的平均流速有关。x 和 y 方向的河床阻力计算公式为

$$S_{fx} = \frac{\tau_{bx}}{\rho g H} = \frac{\sqrt{U^2 + V^2}}{gHC_s^2}U \tag{8-17}$$

$$S_{fy} = \frac{\tau_{by}}{\rho g H} = \frac{\sqrt{U^2 + V^2}}{gHC_s^2}V \tag{8-18}$$

式中，τ_{bx}、τ_{by}为 x、y 方向的床面切应力；C_s与边界的有效粗糙高度 K_s和水深有关，表达式如下：

$$C_s = 5.75\log\left(12\frac{H}{K_s}\right) \tag{8-19}$$

K_s与糙率的表达式为

$$K_s = \frac{12H}{e^m}, \quad m = \frac{H^{1/6}}{2.5n\sqrt{g}} \tag{8-20}$$

水平剪切应力模型：水深方向平均的横向紊动剪切力表达式为

$$\tau_{xy} = \gamma_t\left(\frac{\partial U}{\partial y} + \frac{\partial V}{\partial x}\right) \tag{8-21}$$

式中，γ_t 是涡黏系数，由常数、河床剪力产生项及横向剪力产生项组成。

2. 基于 Vague 集的水力生境相似度模型

Vague 集由真假隶属函数定义，体现了元素对模糊概念的属于、不属于以及中立的程度。设论域 $X = \{x_1, x_2, \cdots, x_n\}$，$X$ 上一个 Vague 集 A 由真隶属函数 t_A和假隶属函数f_A所描述：t_A：$X \to [0, 1]$，f_A：$X \to [0, 1]$。其中，$t_A(x_i)$ 是由支持 x_i的证据所导出的肯定隶属度的下界，$f_A(x_i)$ 则是由反对 x_i的证据所导出的否定隶属度的下界，且 $t_A(x_i) + f_A(x_i) \leq 1$（肯定隶属度与否定隶属度之和小于或等于 1）。

元素 x_i在 Vague 集 A 中的隶属度被区间 $[0, 1]$ 的一个子区间 $[t_A(x_i), 1 - f_A(x_i)]$ 所界定，称该区间为 x_i在 A 中的 Vague 值，记为 $v_A(x_i)$。

可知，Vague 集为

$$[t_A(x), 1 - f_A(x)]$$

代入 x_i，得到 x_i在 Vague 集 A 中的粗糙值：

$$v_A(x_i) = [t_A(x_i), 1 - f_A(x_i)]。$$

对 Vague 集 A，当 X 离散时，记为

$$A = \sum_{i=1}^{n} [t_A(x_i), 1 - f_A(x_i)]/x_i, \quad x_i \in X$$

当 X 连续时，记为

$$A = \int_X [t_A(x), 1 - f_A(x)]/x, \quad x \in X$$

任一 $x \in X$，称

$$\pi_A(x) = 1 - t_A(x) - f_A(x)$$

为 x 相对于 Vague 集 A 的 Vague 度（粗糙度），它刻画了 x 相对于 Vague 集 A 的踌躇程度，是 x 相对于 A 的未知信息的一种度量。

$\pi_A(x)$ 值越大，表明 x 相对于 A 的未知信息越多。显然，$0 \leqslant \pi_A(x) \leqslant 1$，由上可知，$x$ 相对于 A 的隶属情况应具有三维表示 $[t_A(x), f_A(x), \pi_A(x)]$，即真隶属函数、假隶属函数、粗糙度。

Vague 集 A 和 B 的相似度采用李凡和徐章艳（2001）提出的相似度量公式：

$$T(A, B) = 1 - \frac{|t_A - t_B - (f_A - f_B)|}{4} - \frac{|t_A - t_B| + |f_A - f_B|}{4} \tag{8-22}$$

式中，$T(A, B) \in [0, 1]$，$T(A, B)$ 值越大，表示 Vague 集 A 和 B 越相似。

3. 产卵场水力生境相似度评价模型

齐口裂腹鱼修复产卵场水力生境可用指标集 $U = \{u_1, u_2, u_3, u_4, u_5, u_6\}$ 表达，其中 u_1 代表水深，u_2 代表流速，u_3 代表流速梯度，u_4 代表动能梯度，u_5 代表弗劳德（Froude）数，u_6 代表平面平均涡量。设指标 u_i 的临界区间为 A，指标 u_i 在 A 中的 Vague 集及踌躇度表示如下：

$$v_A(u_i) = \{(u_i, [t_A(u_i), 1 - f_A(u_i)])\} \tag{8-23}$$

$$\pi_A(u_i) = 1 - t_A(u_i) - f_A(u_i) \tag{8-24}$$

式中，t_i 表示支持 u_i 属于临界区间 A 的隶属度；f_i 表示反对 u_i 属于临界区间 A 的隶属度；$1 - t_i - f_i$ 则反映的是既不支持也不反对的踌躇程度，是对未知信息的反映。

天然产卵场水力生境可用指标集 $U^* = \{u_1^*, u_2^*, u_3^*, u_4^*, u_5^*, u_6^*\}$ 表达，指标 u_i^* 在 A 中的 Vague 集及踌躇度表示如下：

$$v_A(u_i^*) = \{(u_i^*, [t_A(u_i^*), 1 - f_A(u_i^*)])\} \tag{8-25}$$

$$\pi_A(u_i^*) = 1 - t_A(u_i^*) - f_A(u_i^*) \tag{8-26}$$

修复产卵场水力生境指标 u_i 的 Vague 值与天然产卵场水力生境指标 u_i^* 的 Vague 值的 Vague 集相似度即产卵场水力生境相似度（CI），表达式如下：

$$\mathrm{CI}_i = T_i(u_i, u_i^*), \ i = 1, 2, \cdots, 6 \tag{8-27}$$

$T_i(u_i, u_i^*)$ 的表达式如下：

$$T_i(u_i, u_i^*) = 1 - \frac{|t_A(u_i) - t_A(u_i^*) - [f_A(u_i) - f_A(u_i^*)]|}{4} - \frac{|t_A(u_i) - t_A(u_i^*)| + |f_A(u_i) - f_A(u_i^*)|}{4} \tag{8-28}$$

齐口裂腹鱼产卵场水力生境指标由水深、流速、弗劳德数、流速梯度、动能梯度和平面平均涡量六个水力学指标组成，在进行产卵场水力生境综合相似度比较时，可采用式（8-29）来计算水力生境综合相似度。可以看出，式（8-29）考虑了各指标的平均值与最小值，结果偏保守。

$$S = \sqrt{\frac{(T_i)_{\min}^2 + (T_i)_{\text{AVG}}^2}{2}} \tag{8-29}$$

综合相似度 S 值越大，表示修复产卵场和天然产卵场水力生境越相似。

4. 姜射坝电站下游产卵场生态需水计算及效果评估

根据齐口裂腹鱼产卵期水深、流速适宜度曲线，对姜射坝电站坝址处多年平均流量的5%～100%流量条件下修复河段水深、流速适宜性及加权可利用面积进行模拟，并采用不同的栖息地适宜度模型计算产卵场的加权可利用面积。结果表明，姜射坝坝下河段修复齐口裂腹鱼产卵场所需的生态流量为50.8m³/s，为姜射坝坝址处多年平均流量的25%。该流量下河道内的河段流速、水深分布分布如图8-8所示。三个典型断面代表不同流速水平，其中 *G-G* 断面代表中流速水平，*H-H* 断面代表低流速水平，*I-I* 断面代表高流速水平。该流量下姜射坝坝下修复产卵场河段断面平均水深范围为0.7～1.3m；断面平均流速范围为0.9～1.3m/s；断面平均流速梯度范围为0.07～0.12m/s；断面平均动能梯度范围为0.05～0.15J/(kg·m)；弗劳德数范围为0.2～0.4；平面平均涡量为0.12m/s。

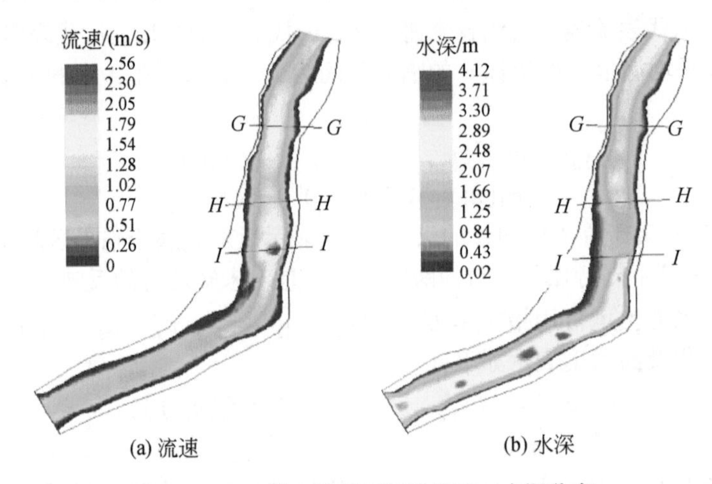

图8-8　50.8m³/s流量下河段流速、水深分布

5. 基于水力生境相似度的修复程度评估

基于Vague集的相似度量模型，对确定的生态流量下修复产卵场河段的水力生境与天然产卵场（渭门乡产卵场）水力生境的相似度进行度量，以此评价所确定的生态需水量对产卵场生境的修复程度。

根据计算所得的50.8m³/s流量下修复产卵场河段典型断面水力生境指标，基于各指标的Vague集隶属度函数来计算Vague值，计算结果见表8-2。

表 8-2 姜射坝坝下修复产卵场水力生境指标 Vague 值（$Q=50.8\text{m}^3/\text{s}$）

水力生境指标	*G-G*	*H-H*	*I-I*
平均水深	[0.70, 0.95]	[0.72, 0.93]	[0.42, 0.64]
平均流速	[0.30, 0.52]	[0.23, 0.39]	[0.53, 0.91]
平均流速梯度	[0.33, 0.98]	[0.18, 0.75]	[0.47, 0.96]
平均动能梯度	[0.22, 0.84]	[0.13, 0.5]	[0.45, 0.93]
平均弗劳德数	[0.39, 0.83]	[0.32, 0.67]	[0.79, 0.87]
平面平均涡量	[0.47, 0.98]		

此时，天然产卵场水力生境指标的 Vague 值 v_A（u_i^*）=（1，1）（$i=1$，2，…，n）。根据 Vague 值相似度量式（8-27）和式（8-28），计算 $50.8\text{m}^3/\text{s}$ 流量下姜射坝坝下修复产卵场河段各水力生境指标与天然产卵场的相似度，结果见表 8-3。参照 Wheaton 等（2004）提出的产卵场修复标准，齐口裂腹鱼产卵场水力生境相似度评价标准可以确定为：S 计算值 0～0.1、0.1～0.4、0.4～0.7、0.7～1.0 分别对应水力生境综合相似度极低、低、一般、高水平。由式（8-29）计算得到 $50.8\text{m}^3/\text{s}$ 流量下姜射坝坝下修复产卵场河段与天然产卵场生境综合相似度 $S=0.70$。根据齐口裂腹鱼产卵场水力生境相似度评价标准可知，IFIM 确定的生态流量下姜射坝坝下修复产卵场河段水力生境与渭门乡产卵场的相似度为高水平，现阶段水力生境条件尚可维持正常的齐口裂腹鱼产卵。

表 8-3 姜射坝坝下修复产卵场水力生境相似度计算结果（$Q=50.8\text{m}^3/\text{s}$）

指标	平均水深	平均流速	平均流速梯度	平均动能梯度	平均弗劳德数	平面平均涡量
相似度	0.81	0.68	0.66	0.63	0.75	0.73

8.3.3 流域生态系统结构功能整体模型框架

近年来，河流生态水文领域提出了流域生态系统结构功能整体模型的概念框架，其核心组分是河流水生生态系统，并以食物网、生境要素、物种组成及交互作用、生物多样性和生活史等为变量。模型主要选择了水文情势、水力条件和河流地貌三大类为生境要素，模型主要分析生境要素与生物间的相关关系，同时考虑人类大规模活动对河流生态系统的影响（孙东亚等，2010）。河流生态系统结构功能整体性概念模型由以下四个子模型构成：河流四维连续体子模型（4DRCM）；水文情势与河流生态过程耦合子模型（coupling model of hydrological regime and ecological process，CMHE）；水力条件生物生活史特征适宜性子模型（suitability model of hydraulic conditions and life history traits of biology，SMHB）；地貌景观空间异质性生物群落多样性关联子模型（associated model of spatial heterogeneity of geomorphology and the diversity of biocenose，AMGB）。如图 8-9 所示，展现了河流水文、水力和地貌等自然过程与生物过程的相关关系，标出了四个子模型在总体格局中所处的位置及相关领域所对应的学科。

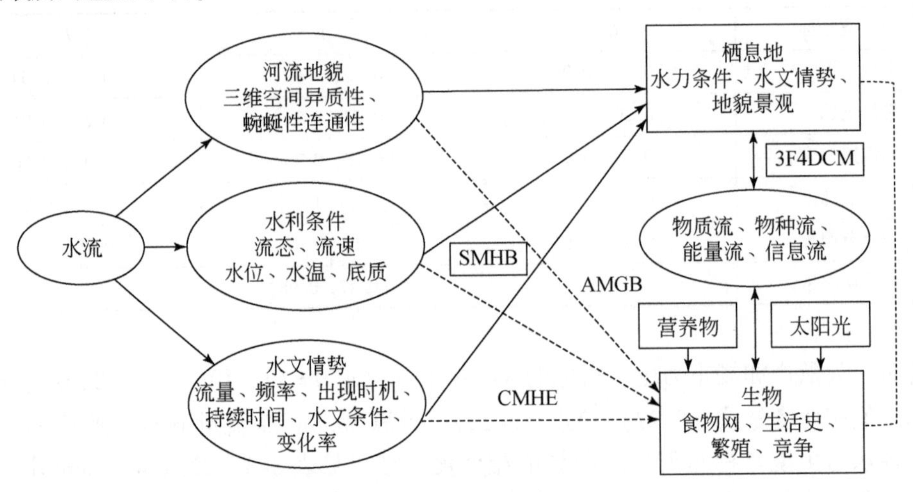

图 8-9　整体性概念模型结构

（1）河湖水系三流四维生态连通子模型（3F4DCM）

3F4DCM 反映了生物群落与河流水文、水力学条件的依存关系，描述了与水流沿河流三维的连续性相伴随的生物群落连续性以及生态系统结构功能的连续性，把原有的河流内有机物输移连续性扩展为物质流、物种流和信息流的三维连续性，并设定时间作为第四维度，反映河流生态系统的动态特征，如图 8-10 所示。3F4DCM 包含以下四个概念：①物质流、物种流和信息流的三维连续性；②生物群落结构三维连续性；③河流生态系统结构和功能的动态性；④人类活动对河流连续性的影响。

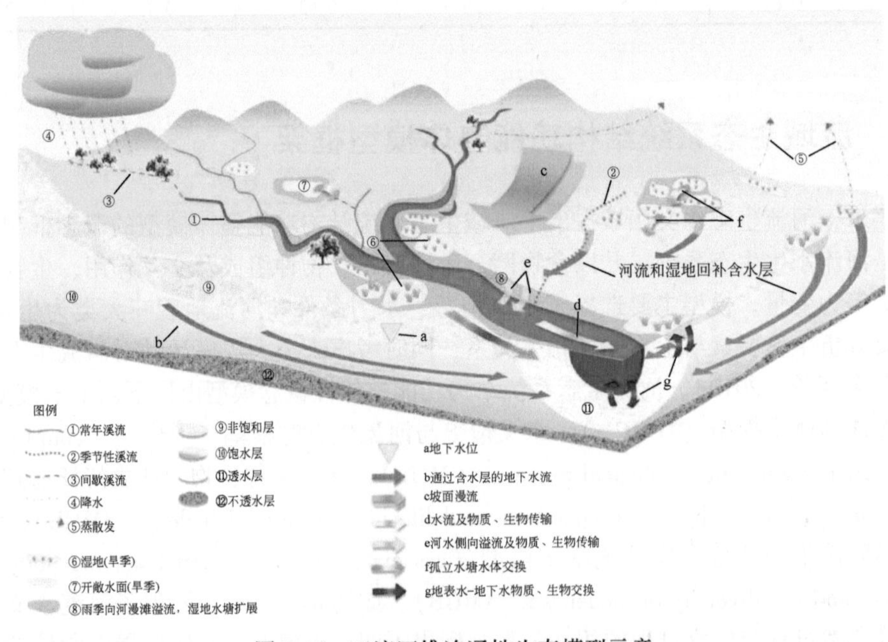

图 8-10　三流四维连通性生态模型示意

1）在河湖水系生态系统中，水文过程驱动下的物质流 M_i、物种流 S_i 和信息流 I_i 在三维空间（$i=x, y, z$）所引起的生态响应 E_i 是 M_i、S_i 和 I_i 的函数。生态响应 E_i 随时间的变化 ΔE_i 是 M_i、S_i 和 I_i 变化 ΔM_i、ΔS_i 和 ΔI_i 的函数。定义中的三维空间是指用以描述河流纵向 y 的上下游连通性；河流侧向 x 的河道与河漫滩连通性；河流垂向 z 的地表水与地下水连通性。数学表达式为

$$E_i = f(M_i, S_i, I_i) \quad (i = x, y, z) \tag{8-30}$$

$$\Delta E_i = f(\Delta M_i, \Delta S_i, \Delta I_i) \quad (i = x, y, z) \tag{8-31}$$

$$\Delta M_i = M_{i, t_2} - M_{i, t_1} \quad (i = x, y, z)$$

$$\Delta S_i = S_{i, t_2} - S_{i, t_1} \quad (i = x, y, z)$$

$$\Delta I_i = I_{i, t_2} - I_{i, t_1} \quad (i = x, y, z)$$

式中，E_i为生态响应，其特征值见表 8-4；ΔE_i为 E_i随时间的变化量；M_i、S_i、I_i分别为物质流、物种流、信息流；ΔM_i为物质流变化量；ΔS_i为物种流变化量；ΔI_i为信息流变化量；M_{i,t_2}、M_{i,t_1}为在 t_2和 t_1时刻的物质流 M_i；S_{i,t_2}、S_{i,t_1}为在 t_2和 t_1时刻的物种流 S_i；I_{i,t_2}、I_{i,t_1}为在 t_2和 t_1时刻的信息流 I_i。如果 t_1是反映自然状况的参照系统发生时刻，t_2为当前时刻，则 ΔE_i为相对自然状况生态状况的变化。

2）模型主要用于两方面，河湖水系连通性评估、对连通的生态过程进行仿真模拟计算。

表 8-4　三流四维连通性生态模型特征值、参数、变量和判据

特征值		x	y	z
连通性	含义	河流侧向 x 连通性是指河流与河漫滩之间的连通性；形成河流河漫滩有机物高效利用系统	河流纵向连通性是指河流从河源至下游的上下游连通性，也包括干流与流域内支流的连通性以及最终与河口及海洋生态系统的连通性；诸多物种生存的基本条件；保证了营养物质的输移，鱼类洄游和其他水生生物的迁徙以及鱼卵和树种漂流传播	河流垂向连通性是指地表水与地下水之间的连通性；维持地表水与地下水的交换条件；促进了溶解物质和有机物的交换
物质流	变量/参数	水文（流量、水位、频率），河流河滩物质交换与输移，闸坝运行规则	水文（流量、频率、延时、时机、变化率），水库径流调节，水质指标，水温，含沙量，物理障碍物（水坝、闸、堰）数量和规模	水文（流量、频率），地下水位，土壤/裂隙岩体渗透系数，不透水衬砌护坡比例，降水入渗率
	生态响应特征值	洪水脉冲效应，河漫滩湿地数量，河漫滩植被盖度；河漫滩物种多样性指数、丰度	鱼类和大型无脊椎动物的物种多样性指数、丰度；鱼类洄游方式/距离、漂浮性鱼卵传播距离；鱼类产卵场、越冬场、索饵场数量；鱼类产卵时机；河滨带植被；水体富营养化	底栖动物和土壤动物物种多样性和丰度
	状态判据	漫滩水位/流量	河湖关系（注入/流出）、水网河道（往复流向）、常年连通/间歇连通的水文判据	地表水与地下水相对水位，降水入渗率

续表

特征值		x	y	z
物种流	变量/参数	漫滩水位、流量、频率、闸坝运行规则	水文（流量、频率、时机、变化率），水质指标，水温，物理障碍物（水坝、闸、堰）数量	地表渗透性能，地表水与地下水相对水位，降水入渗率
	生态响应特征值	河川洄游鱼类物种多样性，鱼类庇护所数量	海河洄游鱼类物种多样性，洄游方式/距离，漂浮性鱼卵传播距离，汛期树种漂流传播距离	底栖动物和土壤动物物种多样性、丰度
	状态判据	漫滩水位/流量	有无鱼道，生态基流满足状况	
信息流	变量/参数	水位消涨；洪水脉冲效应，堤防影响	洪水脉冲效应（流量、频率、时机、变化率、持续时间），水质指标，水温，水库径流调节与自然水流偏差率，单位距离筑坝数量	
	生态响应特征值	河漫滩湿地数量，河漫滩植被盖度；河漫滩物种多样性指数、丰度	下游鱼类产卵数量变化，鸟类迁徙、鱼类洄游、涉禽陆生无脊椎动物繁殖	
	状态判据	漫滩水位、流量		

（2）水文情势与河流生态过程耦合子模型（CMHE）

CMHE 描述了水文情势对于河流生态系统的驱动力作用，反映了生态过程对于水文情势变化的动态响应，体现了水文过程和生态过程相互影响、相互调节的耦合关系。水文情势是河流生物群落重要的生境条件之一，影响生物群落结构以及生物种群之间的相互作用。同时生态过程也调节着水文过程，包括流域尺度植被分布状况改变着蒸散发和产汇流过程，从而影响着水文循环过程。CHME 主要包含以下四个方面。

1）水文情势要素的生物响应。水生生物群落对于流量过程、频率、出现时机、持续时间和水文条件变化率都产生明显的生物响应，这涉及物种的存活、鱼类产卵期与水文事件时机的契合、鱼类避难、鱼卵漂浮、种子扩散、植物对于淹没的耐受能力、土著物种存活、生物入侵等一系列生物过程，图 8-11 为河流水文过程与鱼类、鸟类生活史及树种扩散的关系。

2）洪水脉冲的生态效应。洪水脉冲成为物种生命节律信号的生态效应主要表现：①洪水期河道内水体侧向漫溢到河漫滩产生的营养物质循环和能量传递的生态过程；②洪水脉冲具有抑制河口咸潮入侵，为河口和近海岸带输送营养物质，维持河口湿地和近海生物生存的功能；③洪水脉冲具有信息流功能，指洪水水位涨落引发不同的行为特点（behavioral trait）。

3）水文情势塑造动态栖息地。河流年内周期性的丰枯变化，造成河流河漫滩系统呈现干涸—枯水—涨水—侧向漫溢—河滩淹没的时空变化特征，形成了丰富的栖息地类型。

4）人类活动影响。兴建大坝水库的目的是通过调节天然径流在时间上丰枯不均，以

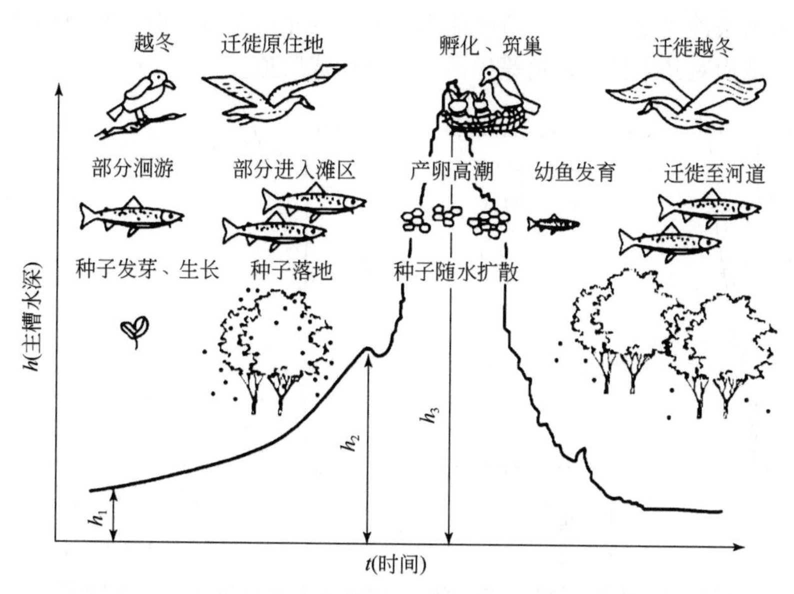

图 8-11　河流水文过程与鱼类、鸟类生活史及树种扩散的关系

h_1 为枯水位；h_2 为漫滩水位；h_3 为洪峰水位

满足防洪和兴利的需要，导致河流自然水文情势的改变。主要表现在以下两方面：①人工径流调节使水文过程均一化，洪水脉冲效应明显削弱，改变了河流生物群落的生长条件和规律。②超量取水引起大坝下泄流量大幅度下降，造成下游河段季节性干涸、断流，无法满足下游生物群落的基本需求，导致包括河滨植被退化和底栖生物大量死亡。

（3）水力条件生物生活史特征适宜性子模型（SMHB）

SMHB 描述了水力条件与生物生活史特征之间的适宜性。水力条件可用流态、流速、水位、水温等指标度量。河流流态类型可分为缓流、急流、湍流、静水、回流等类型。生物生活史特征指的是生物年龄、生长和繁殖等发育阶段及其历时所反映的生物生活特点。流态、流速、水位和水温等水力学条件指标对生物生活史特征产生综合影响的同时，生物生活史特征又具有对水力条件的适应性。

SMHB 主要基于以下基本准则：①生物不同生活史特征的栖息地需求可根据水力学变量进行衡量；②对于一定类型水力学条件的偏好能够用适宜性指标进行表述；③生物物种在生活史的不同阶段通过选择水力学条件变量更适宜的区域来对环境变化做出响应，适宜性较低的区域的利用频率降低。

模型的核心是建立不同生物生活史特征与水力条件之间的相关关系，可以表达为偏好曲线（preference curve）。图 8-12 为鲑鱼、鳟鱼稚鱼期的适宜性指标与流速和水深的偏好曲线，适宜性指标表示对象生物与水力学参数之间的适宜程度。通常情况下，偏好曲线主要通过对生物的生活史特征进行现场观察或通过资料分析建立。利用在不同水力条件下观察到的生物出现频率，就可以绘出对应不同水力学变量的偏好曲线。这种方法的难点是所收集到的数据局限于进行调查时的水力学变量变化范围，最适宜目标物种的水力条件可能没有出现或者仅仅部分出现。因此需要通过合理的数据调查及处理方法解决这个问题。尽管生物对于水力条件变化有一定的适应能力，但当变化过于剧烈时，生物将不能进行有效的自我调节，从而对其生长、繁殖等生活史特征构成胁迫。

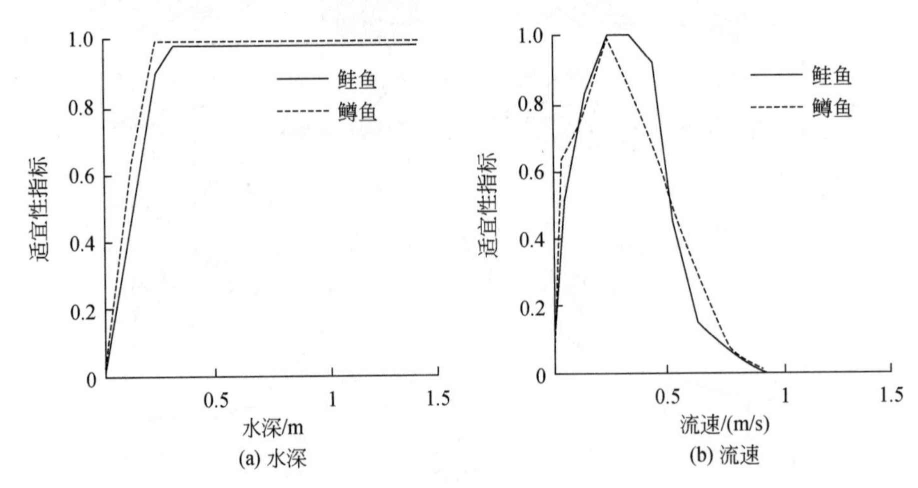

图 8-12　鲑鱼、鳟鱼稚鱼期的适宜性指标与水深和流速的偏好曲线

(4) 地貌景观空间异质性生物群落多样性关联子模型

AMGB 描述了河流地貌格局与生物群落多样性的相关关系，说明了河流地貌格局异质性对于栖息地结构的重要意义，反映了人类活动影响使地貌景观格局发生了不同程度的变化，自然河流的栖息地结构也会被破坏。AMGB 主要包含以下两个概念。

1) 地貌景观空间异质性与栖息地有效性。河流地貌空间异质性表现为：①河型多样性和形态蜿蜒性；②河流横断面地貌单元多样性；③河流纵坡比降变化规律。河流形态的多样性决定了沿河栖息地的有效性、总量以及栖息地复杂性。一个区域的生境空间异质性和复杂性越高，就意味着创造了允许更多的物种共存的多样小生境。河流的生物群落多样性与栖息地异质性存在着正相关关系，反映了生命系统与非生命系统之间的依存与耦合关系。栖息地格局直接或间接地影响着水域食物网、多度以及土著物种与外来物种的分布格局。

栖息地有效性与河流流量及地貌特征的关系，可表示为以下一般性函数：

$$S = F(Q,\ K_i)(i = 1,\ 2,\ 3,\ \cdots) \tag{8-32}$$

式中，S 为栖息地有效性指数；Q 为流量；K_i为河道地貌特征参数。

2) 河流廊道的景观格局与生物群落多样性。景观格局指空间结构特征，包括景观组成的多样性和空间配置，可用斑块、基底和廊道的空间分布特征表示。

物种丰度与景观格局特征可以表示为以下一般性函数：

$$G = F(k_1,\ k_2,\ k_3,\ k_4,\ k_5,\ k_6) \tag{8-33}$$

式中，G 为物种丰度；k_1 为生境多样性指数；k_2 为斑块面积；k_3 为演替阶段；k_4 为基底特征；k_5 为斑块间隔程度；k_6 为干扰。

在河流廊道尺度的景观格局包括两个方面：一是水文和水力学因子时空分布及其变异性；二是地貌学意义上各种成分的空间配置及其复杂性。

河流水文情势、水力条件和地貌景观是相互关联、不可分割的，三者之间的相关性具体表现为：①河流的动力学作用，包括泥沙输移、淤积以及侵蚀作用，改变着河流地貌景观；②水文情势的年周期变化，一方面使水力条件出现时间周期性变化特征，另一方面使河流地貌景观在空间上呈现淹没-干燥、动水-静水的空间异质性特征；③河流地貌是河流水力学过程的边界条件。因此，通过整合上述四个子模型作为一个整体综合应用，一方面明确了水文情势、水力条件以及河流地貌景观三大要素间的相互密切关联性，体现了生态系统的完整性；另一方面按照描述河流生态功能的物质流、物种流和信息流的河流连续体内涵，可量化反映河流地貌景观格局复杂性与生物群落多样性的作用关系和人类活动的干扰作用。

8.4 流域生态水文调控与综合管理

8.4.1 流域综合管理的概念与内涵

流域是完整的自然地理单元，由水、土、气、生等自然要素和人口、社会、经济等人文要素相互关联、相互作用而共同构成的一个完整的“自然-社会-经济”复合系统（章光新等，2019）。流域综合管理是系统解决流域水、生态与环境问题的重要手段。目前国内外已有很多关于流域综合管理的描述及定义。例如，世界卫生组织（World Health Organization，WHO）认为，流域综合管理是为了实现经济和社会福利最大化，在采取公平的方式和不危及生命延续所必需的生态系统的可持续性的前提下，促进水、土和相关资源协调开发与管理的过程。联合国开发计划署（United Nations Development Programme，UNDP）认为，流域综合管理是统筹考虑水的不同用途，在实现社会、经济和环境目标的背景下，可持续地开发、分配和监测水资源使用的系统过程。美国国际开发署（United States Agency for International Development，USAID）认为，流域综合管理是一个共同参与的规划和执行过程，在维持基本的生态服务和经济利益的前提下，促使利益相关者依靠科学，共同决定如何去满足社会对水和沿岸资源的长期需要。陈宜瑜（2005）认为，流域综合管理是指在流域尺度上，通过跨部门与跨地区的协调管理，开发、利用和保护水、土、生物等资源，最大限度地适应自然规律，充分利用生态系统功能，实现流域的经济、社会和环境福利的最大化，确保江河健康和流域的可持续发展。流域综合管理提供了一个能将经济发展、社会福利和生态环境的可持续性整合到决策过程中的制度与政策框架。它不是原有水资源、水环境、水土流失等要素管理的简单加和，而是基于生态系统方法和利益相关方的广泛参与，打破部门管理和行政管理的界限，通过综合性措施重建生命之河的系统综合管理。

实施流域综合管理的一般性目标是：①统一管理流域的水资源、水污染、水生态和水灾害，为国民经济各部门和城镇居民生活提供数量充足、质量优良的供水与多样化的生态服务；②统筹城镇供水、水电、渔业、航运、水上娱乐、水处理等各项涉水产业发展，有效预防和调解跨行政区与跨部门的利益冲突；③维护河流生态系统的水文、生物和地球化学循环的自然过程，使人类活动强度与河流的承载能力相适应；④保障主要江河的防洪安全，减少水旱灾害损失，提高应对气候变化的适应能力和各类应急处理能力；⑤指导和协调流域环境保护与生态建设工作，维护健康河流，实现人与自然的和谐共处及流域可持续发展。虽然流域综合管理和水资源综合管理（IWRM）在概念上有一定的区别，但是与可持续发展和基于自然的解决方案的理念都是一脉相承的，都为水资源管理提供了很好的参考借鉴和典型范式，都可以应用于流域管理的研究中来。目前普遍接受全球水伙伴（GWP，2000）关于水资源综合管理的定义："在不损害重要生态系统可持续性的条件下，以公平的方式促进水、土地及相关资源的协调开发和管理，以使经济和社会福利最大化"，该定义已逐渐被联合国相关机构和学术界认同。由于认识问题的视角和所处的客观环境不同，对流域综合管理和水资源综合管理的理解也会存在差异，但它们的核心理念和根本方法基本是一致的，都可以用于指导流域管理实践（庞靖鹏等，2009）。

流域管理的基本原则包括：①尊重流域生态具有动态平衡。流域出口的径流由一系列强有力相互作用、相互牵制的力量形成。任何一种因素的变化都会打破流域的动态平衡。②综合考虑影响径流因素的反作用。每个流域都具有独特的径流格局和河流行为，反映了影响流域所有水文因素之间的相互作用和反作用。影响径流的因素主要包括大气-气候、地质-地貌、土壤-植被和径流-沟道。③重视水圈中水资源分布极端不均性和不对称原理。水文循环中不起眼的微小过程有时更有影响力。例如，干旱区径流量只在年内有限的几天时间产生。再如，树干茎流只有大气降水的1%左右，但这部分降水抵达地下水位比例要远高于1%。人类活动（如城市化）对水文的影响也有类似的效果，如城市化、修路，影响流域面积不大，但水文影响显著。

8.4.2 流域生态水文调控原理与方法

长期以来，盛行着两种不同的水文和生态调控方法：一是水文学家和水利工程师专注于利用水利工程来控制与调配水资源，以满足社会经济需水和防治水旱灾害，即水利调度；二是生态学家致力于因水利调度和土地利用/覆被变化而受损或丧失的自然生态系统的恢复与重建工作，旨在恢复生态系统的原貌，即生态修复。然而，水利调度恰恰是导致自然生态系统退化和某些流域洪水频次、强度增加的主要原因（Munoz et al.，2018）；并且由于流域大部分景观及其驱动的水文循环已被彻底改造，生态修复仅能在极为有限的范围内奏效。两种方法失败的共同原因在于将流域生态水文这个不断进化的多尺度和多维度的系统割裂开来，分而治之。因此，必须对流域生态水文过程进行综合调控，才能实现流域综合管理与可持续发展。

1. 流域生态水文调控的目标

生态水文学的系统论、过程导向和双向调节机制共同奠定了流域生态水文调控的理论基础。流域生态水文调控的目标就是充分利用生态水文相互作用的双向调节机制，通过工程或非工程措施，增加可利用水量和改善水质、维护和恢复生物多样性、提升生态系统服务功能、增强生态系统对变化环境的抵抗力和恢复力（water-biodiversity-services-resilience，

WBSR）（Zalewski，2015），从而提高流域用水效率和效益以及生态系统的承载能力（图8-13），确保流域水安全和生态安全，支撑流域水资源-生态环境-社会经济系统协调可持续发展。

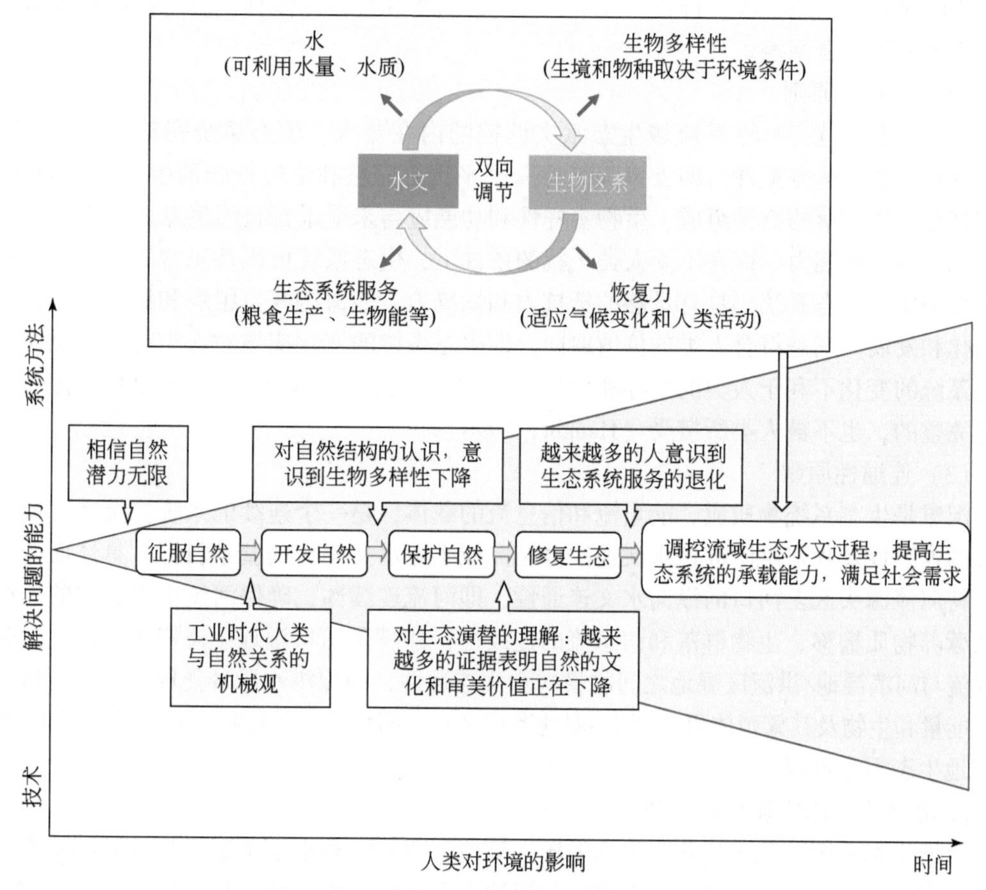

图8-13　流域生态水文调控框架（Zalewski，2015）

2. 流域生态水文调控的原则

流域是由山水林田湖草等相互作用、相互依存的生态要素共同构成的有机整体。流域生态水文调控总体原则是强调流域山水林田湖草生命共同体的系统性以及各要素之间的关联性、各类型生态系统的完整性和河流生态系统及其与毗邻湿地生态系统的水文连通性，目标实现流域生态水文系统与社会经济系统协调、健康可持续发展，终极目标达到“人-水-自然”和谐共生。

（1）系统性原则

系统性原则贯穿于流域生态水文调控的对象、目标、主体、环节和方法等各方面。从调控对象来看，应以整体性和系统性为导向，统筹考虑流域各生态要素、上下游、左右岸和干支流，进行系统保护、宏观管控和综合治理；从调控目标来看，应以流域系统总目标为准则，将流域各子系统（包括水资源系统、生态系统和社会经济系统等）目标放到系统整体中去权衡，从而制定各子系统的分目标；从调控主体来看，应发挥流域水资源管理机构、相关行业及部门和利益相关者的群策群力，实现各方面协同；从调控环节来看，实施流域生态水文全过程调控，切实提高用水效率与效益和充分发挥生态系统的服务功能；从调控方法来看，运用工程、行政、技术、经济、法律和宣传等多种手段与措施对流域生态水文系统进行综合调控。

（2）完整性原则

恢复生态系统完整性是流域生态水文调控的内在要求。生态系统完整性具有三层含义：一是生物群落完整性，即支撑和维持一个平衡、完整和适应性强的生物群落的能力，调控恢复生物群落的物种组成、生物多样性和功能应与未受干扰自然栖息地的生物群落相近。二是自组织能力，即在不受人类干扰的条件下，生态系统可维持正常的功能，即便受到人类干扰，生态系统仍具有足够的抵抗力和恢复力，能保持其自组织和稳定状态，并继续演化和发展。三是符合人类的价值取向，即生态系统的变化应该对人类有利；反之，若生态系统的变化不利于人类的生存和发展（如热带雨林演变为沙漠），即便其结构和功能均是完整的，也不被人类所接受（Haught，1996）。

（3）连通性原则

河流是生态系统物质流、能量流和信息流的载体，是一个连续的系统。维持河流生态系统的连续性及其与洪泛湿地水文连通性是流域生态水文调控的基本目标。具体而言，一是维持河流源头区至河口的纵向水文连通性，即河流连续性，确保河流水文过程的连续性以及营养物质输移、生物群落和信息流的连续性，并满足河口湿地生态需水要求；二是维持河流与河滨湿地/洪泛区湿地之间的横向水文连通性，确保洪水脉冲能够到达洪泛区，物质、能量和生物及其繁殖体可在河流-湿地系统之间周期性流转与迁移，满足河滨湿地/洪泛区湿地生态需水过程。

3. 流域生态水文调控的方法

流域生态系统一般包括陆生生态系统、湿地生态系统和水生生态系统。流域生态水文调控一方面是通过对流域陆生生态系统和湿地生态系统的生态恢复与重建等生态调控来影响水文过程及服务，发挥其水文调节、水土保持和水质净化等服务功能。另一方面是通过对流域水量、水质和水文情势等水文调控来影响生态系统的生态过程（章光新等，2019）。

（1）通过改变水文过程来调节生物区系过程

此类方法为采取工程或非工程措施，通过改变流域水文过程（径流、水位、输沙、水质等水文要素在时间上持续变化或周期变化的动态过程）来调节生物群落的分布、结构、功能和动态，维护生态系统的健康。可进一步细分为生态调度和湿地水文连通两种方式。

1）生态调度。生态调度基于水利设施，是一种降低水库大坝运行对自然生态系统负面影响的措施。通过合理运行水库大坝，部分恢复自然水文情势，修复库区、下游河道及其毗邻湿地生态系统的结构和功能。包括：①生态需水调度。基于河流及其毗邻湿地生态需水过程，通过改变水库的下泄流量、下泄方式及下泄时间，周期性人为制造洪峰，维持下游河道最小生态流量，恢复河滨湿地/洪泛区湿地和河口湿地的适宜水深与水面面积，满足下游河道、河滨湿地/洪泛区湿地和河口湿地生物（尤其是濒危洄游鱼类和珍稀迁徙鸟类）的生态需水。2003 年，美国陆军工程兵团在瑟蒙德大坝释放高流量脉冲，以便鱼类产卵和进入低洼洪泛区（Richter and Thomas，2007）；2011 年至今，长江防汛抗旱总指挥部多次实施三峡水库生态需水调度，为“四大家鱼”和铜鱼产卵繁殖创造水力学条件。②泥沙调度。泥沙淤积不仅导致水库有效库容减小、功能下降和寿命缩短，而且危害库区和河道生境。泥沙调度是防止水库和河道淤积的有效途径，包括“调水调沙”“蓄清排浑”“季节性运营”等多种方式。其中，“调水调沙”为利用自然洪峰或人造洪峰对水库及下游进行水沙调节，力求以最少的水量输送最多的泥沙；“蓄清排浑”是指汛期将水库水位降低至防洪限值水位，使高含沙量的洪水能够顺畅地排至下游，并在汛后将水位抬高至正常蓄水位；“季节性运营”是指在汛期的前若干个月将水库闸门完全打开，利用洪水冲刷泥沙，并在汛期中途将水库闸门关闭，开始蓄水。我国台湾尖山埤水库、黄河小浪底水库和长江三峡水库分别采取了“季节性运营”“调水调沙”“蓄清排浑”泥沙调度方式（Kondolf et al.，2014）。③水质调度。基于控制水库富营养化、改善河道水质和抵御河口咸潮等目标的生态调度。通过降低坝前水位来提高库区流速，破坏库区水体富营养化形成的条件；通过增加枯水期下泄流量，提高下游河道自净能力，缓解河道富营养化；通过曝气，提高水库下泄水流的溶解氧浓度等。2005 年以来，我国水利部珠江水利委员会多次实施珠江压咸补淡应急生态调水。④水温调度。根据水库水温垂直分层特点，结合鱼类习性，通过分层取水，提高出库水温，满足下游鱼类产卵对水温的需求。2017 年以来，金沙江溪洛渡水库利用叠梁门取上中层水，实施水温调度，以促进达氏鲟、胭脂鱼等产黏沉性卵鱼类的产卵繁殖。⑤综合调度。同时包含上述两项或两项以上调度方式的综合生态调度。1991 ~ 1996 年，美国田纳西河流域管理局对其管理的 20 个水库的调度方式进行调整，通过实行最小流量和溶解氧目标管理制度，提高了下泄流量及溶解氧浓度，增加了生物多样性（Bednarek and Hart，2005）。

2）湿地水文连通。湿地水文连通为通过改造或拆除水库大坝和防洪堤坝等阻碍水文连通的水利设施，或通过新建水文连通工程，修复和优化河流、湖泊、沼泽等湿地的水文连通格局，进而提高水资源配置能力，维持湿地合理的水文情势、安全的水质和良好的生态服务功能。包括：①改造/拆除水利设施。通过拆除/改造堰/床槛/坡道等障碍物来恢复河流上游-下游纵向水文连通；通过拆除/降低防洪堤坝来恢复河流-河滨湿地/洪泛区湿地横向水文连通；通过拆除/降低/重建急流控制设施/堰/坡道来实现泥沙调度（Muhar et al.，2018）。20 世纪 90 年代以来，奥地利通过对多瑙河采取降低/拆除堤坝、建造穿堤涵洞/可调堰、将断开的支流/牛轭湖与干流重新连通等措施，已成功将多瑙河水质恢复为Ⅱ类水，珍稀野生动植物的生境条件得到改善，生物多样性也得以恢复。②新建水文连通工程。通过新建河河连通、河湖连通、河库连通、河湿连通、河渠连通、组合连通等水文连通工程，恢复湿地水文情势和生物多样性（夏军等，2012）。例如，吉林省西部河湖连通工程是目前我国最大的面向湿地保护修复的生态水利工程，通过依托已有的“引嫩入白工程”“哈达山水利枢纽工程”“引洮分洪入向工程”，并增建必要的引蓄水和排水等工程，合理调配洪水、农田退水和常规水资源等水源，为向海、莫莫格、查干湖和波罗湖四大核心生态区的203个湿地补水，将同时解决吉林省西部湿地“水少”“水多”“水脏”问题（章光新等，2017）。

（2）通过塑造生物区系来调节水文过程

通过实施生态工程来塑造生物区系，发挥生物区系对水文过程的调节作用，包括构建人工湿地、构建生态护岸、构建生态浮岛和构建人工防护林等方法。

1）构建人工湿地。植被是人工湿地的核心部分，其选择需要综合考虑耐污与净污能力、对当地环境的适应能力、根系的发达程度、观赏性和经济价值等因素。可供选择的植物包括芦苇、宽叶香蒲、灯心草、凤眼莲、黑三棱、水葱、香根草、茭白、薹草、大米草、小叶浮萍、池杉、水仙和美人蕉等。此外，人工湿地的面积、形状和位置等因素对其功能的发挥也具有重要影响。人工湿地调节流域水文过程的机理主要体现在：①通过蓄滞常规水资源、洪水资源和农田退水来增加流域水资源的可利用量；②通过底泥、植被和微生物的吸附、吸收、离子交换、氧化还原、富集、分解和同化作用，将径流中的沉积物、有机物、营养物和污染物截留、吸收或降解，减少其向下游水域运输，从而改善流域水质（郗敏等，2006）；③在汛期削减洪峰、在旱期维持基流，从而降低流域洪水和干旱灾害风险。Tournebize等（2017）分析了法国不同面积（46 hm^2、355 hm^2和4000 hm^2）人工湿地对以地下排水为主的农田退水中污染物的去除效果，结果显示，农药和硝酸盐的平均去除率分别为20%～90%和40%～90%，经分析发现，水力停留时间是影响农药和硝酸盐去除率的关键因素，并建议人工湿地设计面积为上游排水面积的1%，最大水深为0.8m。

2）构建生态护岸。生态护岸位于河岸水陆缓冲带，具备防坍塌和防洪功能，并具有一定的景观价值，是对传统混凝土、浆砌石硬质护岸的改进。生态护岸通过维持河道与河岸带的水文连通、提高河流系统的自净能力来调控流域水文过程。生态护岸可分为自然生态型护岸和人工生态型护岸两种类型。自然生态型护岸是指以最小限度的人为干扰来保护原生态岸坡的自然属性，或将人为改造的岸坡恢复到近自然的生态状态；而人工生态型护岸是利用工程措施，采用植物与天然或人工材料结合，形成一个有别于河段所在区域河床和岸带基质类型，并拥有较强的抗冲刷能力和类似自然河岸的生态功能（陈丙法等，2018）。其中，人工生态型护岸又可分为净水石笼护岸、三维土工网垫护岸、土工格栅石垫、介质筛护岸、生态混凝土护岸、链锁式生态砖块护岸、自嵌式生态砖植被护岸、固化技术护岸、净水箱护岸、生态袋护岸、种植槽护岸、传统型护岸改造成生态型护岸等类型（陈丙法等，2018）。生态护岸对流域水文的调控作用受植被类型、护岸面积、形状、坡度和材质等因素的影响。目前，欧洲国家为增强河道与河滨湿地/洪泛区湿地之间的水文连通性，已在多瑙河、莱茵河和埃布罗河等流域大规模使用自然生态型护岸与人工生态型护岸；而国内也在京杭大运河、永定河、浑河和通榆河等流域的部分河段建造了人工生态型护岸。

3）构建生态浮岛。生态浮岛，又称人工浮床、生态浮床。生态浮岛可分为普通型和组合型两种类型。普通型生态浮岛以水生植物为主体，运用无土栽培技术，以高分子材料为载体和基质，应用物种间的共生关系，充分利用水体空间生态位和营养生态位，建立高效的人工生态系统，主要通过植物的富集作用来削减河流、湖泊等水体中的有机物和营养物，提高水体透明度，抑制藻类生长，修复富营养化水体；组合型生态浮岛在普通型基础上增加滤食性水生动物和微生物，旨在增强生态浮岛对富营养化水体的修复能力。王国芳等（2012）构建了以水生植物单元（空心菜）、水生动物单元（滤食性贝类三角帆蚌）、微生物强化单元（人工介质）为主体的组合型生态浮岛，结果表明，组合型生态浮岛中水生动物单元 Chl-a 的去除贡献率达到 79.1%，微生物强化单元对总氮、总磷、COD_{Mn}去除的贡献率分别为 48.5%、46.7%和 49.9%，均高于水生植物单元。

4）构建人工防护林。人工防护林对流域水文过程的调控机理：①植被通过循环机制（Eltahir and Bras，1996）或通过对粗糙度、反照率和土壤湿度的影响以及表面能量通量的相关变化来增强流域降水（Bonan，2002）；②通过蒸发蒸腾作用来促进流域水循环；③通过减少地表径流、增加下渗来涵养水源和维持基流；④通过减少水土流失来改善流域水质。1978 年，我国开始在西北、华北北部、东北西部水土流失严重流域和沙地，建设带、片、网相结合的防护林，取得了显著的水土保持效益。

8.4.3 面向生态-社会协调可持续的流域水资源管理

以流域为单元进行的水资源综合管理是实现资源、环境与经济社会协调发展的最佳途径，这一观点已经成为学术界和各国政府的共识。国际上水资源流域管理经历了单目标、多目标和综合管理与可持续发展的管理模式的演变，从单纯的水量配置研究发展到水量水质统一配置研究，从追求流域经济效益最优的目标发展到追求流域整体效益最优为目标的合理配置研究，更加重视生态环境与社会经济的协调发展。水资源管理的目标也从 20 世纪早期的追求流域经济发展转化为当前的生态和经济的和谐双赢与可持续发展（Johnson et al.，2001；GWP，2004）。近几十年来，我国人口剧增和经济社会高速发展，导致经济社会用水的快速增长及其对生态用水的严重挤占，致使流域水资源短缺和生态退化。因此，解决面向生态和经济的水资源合理配置与调控研究兴起，把生态需水作为水资源配置需水结构中重要的组成部分，协调和解决流域生态系统与社会经济系统之间以及流域上下游之间的竞争性用水关系和矛盾，发展流域水资源多维调控模式（王浩等，2004；冯夏清和章光新，2012），并在西北地区内陆河流域尤其以黑河和塔里木河流域水资源管理进行了成功的应用实践。

流域以水为纽带，将上下游、左右岸、地上与地下连接为一个不可分割的整体，包括以水文循环为基础的自然生态系统和以水资源为纽带将不同地区、不同产业、不同经济活动联系在一起的社会经济系统，是生态保护和水资源管理的基本单元。面向生态-社会协调可持续的流域水资源管理是以流域为单元，以生态保护为目标，以生态水文学理论和基于自然的水资源解决方案理念为指导，在深入理解变化环境下流域生态水文过程及水资源时空分布特征的基础上，充分发挥生态水文的“双向调节”功能，精细化计算生态需水量和社会经济需水量，科学调配和高效利用水资源，以满足人类社会和生态系统对水资源的各种需求，促进流域水资源系统、社会经济系统和生态环境系统协调可持续发展，实现流域水资源的生态效益、经济效益与社会效益综合最大化。

面向生态-社会协调可持续的流域水资源管理采用系统、综合的方法，注重水土资源开发、地表水与地下水利用和保护、经济社会与生态环境用水、流域上下游用水等相互联系因素的统筹协调。在资源观方面是对传统水资源概念的拓宽，不但包括传统水资源的降水、地表水、地下水，还包括土壤水；在价值观上需权衡生态价值与经济价值；在系统观上是研究水资源-生态-经济-社会复合系统；在方法论上要从集总式描述向分布式描述转变；在微观上要求研究水与生态相互作用机理及互馈机制；在宏观上要求经济用水与生态用水的统一配置，需要发展流域水资源多维调控模式。由于水资源同时具有自然、社会、经济和生态属性，其合理配置问题涉及国家与地方等多个决策层次，部门与地区等多个决策主体，近期与远期等多个决策时段，社会、经济、环境等多个决策目标，以及水文、生态、工程、环境、市场、资金等多类风险，是一个高度复杂的多阶段、多层次、多目标、多决策主体的风险决策问题（王浩等，2002）。因此，需要对水资源配置中的水资源-经济社会-生态环境之间关系的权衡和优化的决策方法进行创新。

流域水循环和生态水文过程是面向生态的水资源配置的科学基础。把流域水循环及生态水文过程调控和水资源优化配置结合起来，以提高各转化环节的水分利用效率，在水资源有限条件下实现单位水分消耗所产生的生产力及提供的生态服务达到最大（粟晓玲和康绍忠，2005）。在国家层面，制定水资源政策；在地方层面，制定水资源开发利用的行动方案，都应考虑“水资源-经济社会-生态环境”的相互联系，考虑流域山水林田湖草生命共同体各要素的关联性和相互影响。在不同层面，结合经济社会发展和生态环境保护目标与优先领域，制定水资源政策及相关行动方案，保障水资源与经济社会、生态环境要素的协调（李原园等，2018）。

面向生态-社会协调可持续的流域水资源管理的核心是协调流域水资源在社会经济系统与生态系统竞争用水关系，合理调配和高效利用水资源，实现流域“人-水-自然”和谐和公共福利最大化。其实施的原则包括经济高效性、社会公平性和生态可持续性。经济高效性是指高效利用与配置水资源，以获取最大的水资源经济效益；社会公平性是指满足不同区域间和社会各阶层间的各方利益进行水资源的合理分配为目标；生态可持续性是指保护水资源的水量和水质以及相应的水生生态系统，不损害后代对水资源的利用，助力解决全球流域性水与生态问题，也可提升流域整体应对气候变化的能力。面向生态-社会协调可持续的流域水资源管理研究思路包括五个部分。

1）流域生态水文过程监测与模拟。通过对流域生态水文格局、结构与过程的调查和监测，认识和理解流域水循环机理及流域生态过程与水文过程之间的动态耦合关系，构建流域生态水文模型，模拟揭示流域生态水文相互作用的过程机理与反馈机制，定量评估流域生态水文双向调节功能。

2）流域生态保护目标及生态水量核算。流域生态系统既是“供水户”又是“用水户”。针对流域水与生态环境问题，在认识流域生态水文过程-结构-功能的基础上，并结合社会经济发展和生态文明建设的切实需求，科学制定生态保护目标，选择合适的方法核算生态水量（流量）及其阈值。

3）流域水资源利用目标制定。综合应用自然、生态、工程和管理科学理论和方法，确定水资源利用的社会、经济和生态目标，保护生态安全，促进经济发展，保障社会平等进步。

4）流域水资源供需分析与动态配置。构建流域水资源供需平衡分析与预测模型和流域水-生态-社会耦合系统协调发展模型，统筹兼顾流域左右岸与上下游生态系统和社会经济系统各种用水户对水资源的多种需求，提出面向生态-社会协调可持续的流域水资源动态配置与综合调控方案，满足流域生态保护与社会经济发展的双重目标。

5）流域水资源多维调控与协调决策。以“人-水-自然”和谐共生为总目标，充分发挥流域生态水文双向调节功能，建立流域水资源管理机构，实施有公众参与、监督、评价和反馈的水资源决策机制，综合利用政策制度、法律法规、水权水市场、生态工程和水利工程等举措，对水资源分配进行多维调控，协调社会经济系统与生态环境系统之间的竞争用水关系，实现流域水-生态-社会耦合系统协调可持续发展。

参考文献

白岩，2020. 黑河下游荒漠河岸林对水分胁迫响应过程模拟与机制探讨研究. 北京：北京师范大学.

曹丽娟，刘晶淼，2005. 陆面水文过程研究进展. 气象科技，33（2）：97-103.

曹同，高谦，傅星，1994. 长白山苔藓储水量及其对森林生态系统水循环的影响. 森林生态系统研究，7：73-79.

车伍，吕放放，李俊奇，等，2009. 发达国家典型雨洪管理体系及启示. 中国给水排水，25（20）：12-17.

陈丙法，黄蔚，陈开宁，等，2018. 河道生态护岸的研究进展. 环境工程，36（3）：74-77，168.

陈吉宁，曾思育，杜鹏飞，等，2014. 城市二元水循环系统演化与安全高用水机制. 北京：科学出版社.

陈喜，张志才，容丽，等，2014. 西南喀斯特地区水循环过程及其水文生态效应. 北京：科学出版社.

陈亚宁，2015. 新疆塔里木河流域生态保护与可持续管理. 北京：科学出版社.

陈宜瑜，2005. 推进流域综合管理 保护长江生命之河. 中国水利，（8）：10-12.

陈永柏，廖文根，彭期冬，等，2009. 四大家鱼产卵水文水动力特性研究综述. 水生态学杂志，30（2）：130-133.

程根伟，余新晓，赵玉涛，2004. 山地森林生态系统水文循环与数学模拟. 北京：科学出版社.

程国栋，肖洪浪，傅伯杰，等，2014. 黑河流域生态-水文过程集成研究进展. 地球科学进展，29（4）：431-437.

崔鹏，2014. 中国山地灾害研究进展与未来应关注的科学问题. 地理科学进展，33（2）：145-152.

崔鹏，贾洋，苏凤环，等，2017. 青藏高原自然灾害发育现状与未来关注的科学问题 . 中国科学院院刊，32（9）：985-992.

崔鹏，胡凯衡，陈华勇，等，2018. 丝绸之路经济带自然灾害与重大工程风险 . 科学通报，63（11）：989-997.

代捷，2018. 秋茄幼苗对潮汐水淹的适应机制. 上海：华东师范大学.

戴天兴，戴靓华，2013. 城市环境生态学. 北京：中国水利水电出版社.

党宏忠，却晓娥，冯金超，等，2019. 晋西黄土区苹果树边材液流速率对环境驱动的响应. 应用生态学报，30（3）：823-831.

邓吉河，2019. 浅谈水温与鱼类的关系. 黑龙江水产，（1）：25-27.

邓艳，2018. 西南典型峰丛洼地岩溶关键带植被-表层岩溶水的耦合过程. 武汉：中国地质大学.

邓云，李嘉，等，2009. 金沙江下游梯级水电站水温累积影响及其对策措施研究. 成都：水力学与山区河流开发保护国家重点实验室.

杜晓铮，赵祥，王昊宇，等，2018. 陆地生态系统水分利用效率对气候变化的响应研究进展. 生态学报，38（23）：8296-8305.

段学花，王兆印，程东升，2007. 典型河床底质组成中底栖动物群落及多样性. 生态学报，27（4）：1664-1672.

方精云，王襄平，沈泽昊，等，2009. 植物群落清查的主要内容、方法和技术规范. 生物多样性，17（6）：533-548.

冯杰，解河海，黄国如，等，2012. 土壤大孔隙流机理及产汇流模型. 北京：科学出版社.

冯文娟，徐力刚，王晓龙，等，2016. 鄱阳湖洲滩湿地地下水位对灰化薹草种群的影响. 生态学报，36（16）：5109-5115.

冯夏清，章光新，2012. 基于水循环模拟的流域湿地水资源合理配置初探. 湿地科学，10（4）：459-466.

傅抱璞，1981. 论陆面蒸发的计算. 大气科学，5（1）：23-31.

傅伯杰，陈利顶，1996. 景观多样性的类型及其生态意义. 地理学报，5：454-462.

富广强，2014. 荒漠绿洲复合体土壤盐渍化生态过程研究：以叶尔羌河和玛纳斯河流域为例. 兰州：兰州大学.

富砚昭，韩成伟，许士国，2019. 近岸海域赤潮发生机制及其控制途径研究进展. 海洋环境科学，38（1）：146-152.

高海东，李占斌，李鹏，等，2012. 梯田建设和淤地坝淤积对土壤侵蚀影响的定量分析. 地理学报，67（5）：599-608.

高圻烽，何国建，方红卫，等，2017. 三峡库区支流中水体的垂向掺混对于藻类生长的影响. 水利学报，48（1）：96-103.

高学杰，张冬峰，陈仲新，等，2007. 中国当代土地利用对区域气候影响的数值模拟. 中国科学（D 辑：地球科学），（3）：397-404.

戈峰，2005. 现代生态学. 北京：科学出版社.

葛德，张守红，2018. 不同降雨条件下植被对绿色屋顶径流调控效益影响. 环境科学，39（11）：5015-5023.

葛德，张守红，2019. 基质类型及厚度对绿色屋顶径流调控效益的影响. 中国水土保持科学，17（3）：31-38.

苟思，刘超，贺宇欣，等，2018. 植物水分来源季节性变化对区域蒸散发模拟的影响. 工程科学与技术，50（4）：63-70.

顾文婷，董喜存，李文建，等，2014. 盐渍化土壤改良的研究进展. 安徽农业科学，42（6）：1620-1623.

顾燕飞，王俊，王洁，等，2017. 不同水深条件下沉水植物苦草（*Vallisneria natans*）的形态响应和生长策略. 湖泊科学，29（3）：654-661.

郭书英，2010. 加强规划计划管理　推进海河水利事业发展. 海河水利，（2）：4-7，11.

国家林业和草原局，2018-12-14. 中国岩溶地区石漠化状况公报（简版）. 人民日报，第 012 版.

韩其飞，罗格平，李超凡，等，2014. 基于 Biome-BGC 模型的天山北坡森林生态系统碳动态模拟. 干旱区研究，31（3）：375-382.

郝俊国，李相昆，袁一星，等，2012. 城市水环境规划治理理论与技术. 哈尔滨：哈尔滨工业大学出版社.

何诚，冯仲科，袁进军，等，2012. 高光谱遥感技术在生物多样性保护中的应用研究进展. 光谱学与光谱分析，32（6）：1628-1632.

何玉琼，2012. 植被发育斜坡的稳定性研究. 昆明：昆明理工大学.

胡庆芳，张建云，王银堂，等，2018. 城市化对降水影响的研究综述. 水科学进展，29（1）：138-150.

胡伟贤，何文华，黄国如，等，2010. 城市雨洪模拟技术研究进展. 水科学进展，21（1）：137-144.

胡中民，于贵瑞，王秋凤，等，2009. 生态系统水分利用效率研究进展. 生态学报，29（3）：1498-1507.

黄荣珍，朱丽琴，王赫，等，2017. 红壤退化地森林恢复后土壤有机碳对土壤水库库容的影响. 生态学报，37（1）：238-248.

蒋万祥，陈静，王红妹，等，2018. 新薛河典型生境底栖动物功能性状及其多样性. 生态学报，38（6）：2007-2016.

蒋忠诚，罗为群，邓艳，等，2014. 岩溶峰丛洼地水土漏失及防治研究. 地球学报，35（5）：535-542.
金鹰，王传宽，周正虎，2016. 木本植物木质部栓塞修复机制：研究进展与问题. 植物生态学报，40（8）：834-846.
井雪儿，张守红，2017. 北京市雨水收集利用蓄水池容积计算与分析. 水资源保护，33（5）：91-97.
康绍忠，1993. 土壤-植物-大气连续体水分传输动力学及其应用. 力学与实践，15（1）：11-19.
康绍忠，刘晓明，熊运章，1994. 土壤-植物-大气连续体水分传输理论及其应用. 北京：水利水电出版社.
李爱农，尹高飞，张正健，等，2018. 基于站点的生物多样性星空地一体化遥感监测. 生物多样性，26（8）：819-827.
李春杰，2013. 多年冻土活动层土壤-植被系统水循环过程实验研究. 北京：中国科学院大学.
李凡，徐章艳，2001. Vague集之间的相似度量. 软件学报，1（26）：922-927.
李家科，刘增超，黄宁俊，等，2014. 低影响开发（LID）生物滞留技术研究进展. 干旱区研究，31（3）：431-439.
李建华，袁利，于兴修，等，2012. 生态清洁小流域建设现状与研究展望. 中国水土保持，（6）：11-13.
李晋鹏，赵爱东，董世魁，2019. 澜沧江梯级水电开发对漫湾库区大型底栖动物群落及重金属沉积的影响. 生态环境学报，28（1）：117-127.
李美玉，张守红，王玉杰，等，2018. 透水铺装径流调控效益研究进展. 环境科学与技术，41（12）：105-112，130.
李美玉，张守红，王云琦，等，2020. 不同清理方式对北京市透水砖铺装渗透率衰减过程影响 . 北京林业大学学报，41（1）：1-8.
李瑞环，2010. 海南东部近海地区营养盐动力学的研究. 青岛：中国海洋大学.
李胜男，王根绪，邓伟，2008. 湿地景观格局与水文过程研究进展. 生态学杂志，27（6）：1012-1020.
李小雁，2011. 干旱地区土壤-植被-水文耦合、响应与适应机制. 中国科学：地球科学，41（12）：1721-1730.
李小雁，2012. 水文土壤学面临的机遇与挑战. 地球科学进展，27（5）：557-562.
李秀梅，2015. 海州湾及其邻近海域四种经济鱼类卵子大小时空变化的初步研究. 青岛：中国海洋大学.
李亚芳，陈心胜，项文化，等，2016. 不同高程短尖苔草对水位变化的生长及繁殖响应. 生态学报，36：1959-1966.
李永刚，胡庆杰，曲疆奇，等，2018. 北京密云水库底栖动物群落结构及其时空变化. 水生态学杂志，39（5）：31-38.
李原园，曹建廷，黄火键，等，2018. 国际上水资源综合管理进展. 水科学进展，29（1）：127-137.
李志华，2011. 季节性冻融期盐渍土水热盐耦合关系研究. 兰州：兰州大学.
梁俐，邓云，郑美芳，等，2014. 基于CE-QUAL-W2模型的龙川江支库富营养化预测. 长江流域资源与环境，23（Z1）：103-111.
梁培瑜，王烜，马芳冰，2013. 水动力条件对水体富营养化的影响. 湖泊科学，25（4）：455-462.
林波，刘庆，吴彦，2002. 川西人工林下苔藓和凋落物持水特性研究. 应用与环境生物学报，8（3）：234-238.
林欢，许秀丽，张奇，2017. 鄱阳湖典型洲滩湿地水分补排关系. 湖泊科学，29（1）：160-175.
刘昌明，1999. 土壤–作物–大气界面水分过程与节水调控. 北京：科学出版社.
刘畅，2018. 基于SWAT模型的湖南津市毛里湖白衣庵溪的生态需水量研究. 长沙：中南林业科技大学.
刘家宏，王浩，高学睿，等，2014. 城市水文学研究综述. 科学通报，59（36）：3581-3590.

刘梅先，徐宪立，2018. 气候变化及人为活动驱动下的西南喀斯特生态水文研究评述. 农业现代化研究，39（6）：930-936.
刘宁，孙鹏森，刘世荣，2012. 陆地水-碳耦合模拟研究进展. 应用生态学报，23（11）：3187-3196.
刘小龙，刘丛强，李思亮，等，2009. 猫跳河流域梯级水库夏季 N_2O 的产生与释放机理. 长江流域资源与环境，18（4）：373-378.
柳林夏，2016. 新常态下生态清洁小流域建设与思考. 中国水土保持，(3)：28-31.
卢永飞，喻理飞，勾伟，2014. 喀斯特高原峡谷区不同植被恢复阶段小气候变化特征. 林业实用技术，(7)：14-17.
陆健健，2006. 湿地与城市健康. 森林与人类，(2)：6-7.
罗文泊，谢永宏，宋凤斌，2007. 洪水条件下湿地植物的生存策略. 生态学杂志，(9)：1478-1485.
罗毅，于强，欧阳竹，等，2001. SPAC 系统中的水热 CO_2 通量与光合作用的综合模型（Ⅰ）模型建立. 水利学报，32（2）：90-97.
马克平，1993. 试论生物多样性的概念. 生物多样性，1（1）：20-22.
马雪华，1993. 森林水文学. 北京：中国林业出版社：70-73.
毛战坡，王雨春，彭文启，等，2005. 筑坝对河流生态系统影响研究进展. 水科学进展，(1)：134-140.
孟婷婷，倪健，王国宏，2007. 植物功能性状与环境和生态系统功能. 植物生态学报，(1)：150-165.
孟阳阳，刘冰，刘婵，2019. 荒漠绿洲湿地土壤水热盐动态过程及其影响机制. 中国沙漠，39（1）：149-160.
穆宏强，夏军，胡玉惠，2000. 陆面过程参数化方案研究综述. 人民长江，31（7）：10-12，48.
宁军号，秦宇博，胡伦超，等，2017. 水温骤降和缓降胁迫对褐篮子鱼血液生理生化指标的影响. 大连海洋大学学报，32（3）：294-301.
牛存洋，2017. 长白山不同类群植物水力结构特征研究. 北京：中国科学院大学.
牛国跃，洪钟祥，孙菽芬，1997. 陆面过程研究的现状与发展趋势. 地球科学进展，12（1）：21-26.
潘国艳，夏军，张翔，等，2012. 生物滞留池水文效应的模拟试验研究. 水电能源科学，30（5）：13-15.
潘瑞炽，2001. 植物生理学（第四版）. 北京：高等教育出版社.
潘瑛，谢永宏，陈心胜，2011. 湿地植物对泥沙淤积的适应. 生态学杂志，30：155-161.
庞靖鹏，张旺，王海锋，2009. 对流域综合管理和水资源综合管理概念的探讨. 中国水利，(15)：21-23，7.
裴仪岱，2018. 石灰岩山地不同植物对土壤水源涵养功能的影响. 贵阳：贵州大学.
冉大川，赵力仪，王宏，等，2005. 黄河中游地区梯田减洪减沙作用分析. 人民黄河，27（1）：51-53.
容丽，2006. 喀斯特石漠化区植物水分适应机制的稳定同位素研究. 北京：中国科学院研究生院（地球化学研究所）.
芮孝芳，2004. 水文学原理. 北京：中国水利水电出版社.
尚玉昌，2001. 普通生态学. 北京：北京大学出版社.
邵立威，孙宏勇，陈素英，等，2011. 根土系统中的根系水力提升研究综述. 中国生态农业学报，19（5）：1080-1085.
邵明安，SIMMONDS L P，1992. 土壤-植物系统中的水容研究. 水利学报，(6)：1-8.
邵明安，王全九，黄明斌，2006. 土壤物理学. 北京：高等教育出版社：126-156.
宋芬，2011. 海河流域浮游植物生物多样性研究. 武汉：华中农业大学.
宋晓猛，张建云，王国庆，等，2014. 变化环境下城市水文学的发展与挑战：II. 城市雨洪模拟与管理.

水科学进展，25（5）：752-764.
苏凤阁，郝振纯，2001. 陆面水文过程研究综述. 地球科学进展，16（6）：795-801.
粟晓玲，康绍忠，2005. 干旱区面向生态的水资源合理配置研究进展与关键问题. 农业工程学报，21（1）：167-172.
孙东亚，赵进勇，张晶，2010. 河流生态系统结构功能整体性概念模型. 水科学进展，21（4）：550-559.
孙守家，孟平，张劲松，等，2014. 太行山南麓山区栓皮栎-扁担杆生态系统水分利用策略. 生态学报，34（21）：6317-6325.
孙菽芬，2002. 陆面过程研究的进展. 新疆气象，（6）：1-6.
孙燕瓷，马友鑫，曹坤芳，等，2017. 基于Biome-BGC模型的西双版纳橡胶林碳收支模拟. 生态学报，37（17）：5732-5741.
汤显辉，陈永乐，李芳，等，2020. 水同位素分析与生态系统过程示踪：技术、应用以及未来挑战. 植物生态学报，44：350-359.
唐明英，黄德林，黄立章，等，1989. 草、青、鲢、鳙鱼卵水力学特性试验及其在三峡库区孵化条件初步预测. 水利渔业，（4）：26-30.
田旺，张化永，王中玉，等，2017. 南四湖浮游植物多样性与群落生物量、时间序列稳定性关系. 中国环境科学，37（01）：319-327.
王根绪，钱鞠，程国栋，2001. 生态水文科学研究的现状与展望. 地球科学进展，16（3）：314-323.
王根绪，刘桂民，常娟，2005. 流域尺度生态水文研究评述. 生态学报，25（4）：892-903.
王国芳，汪祥静，吴磊，等，2012. 组合型生态浮床中各生物单元对污染物去除的贡献及净化机理. 土木建筑与环境工程，34（4）：136-141.
王国华，2015. 河西荒漠绿洲边缘固沙植被演变研究. 北京：中国科学院大学.
王国强，夏继刚，2019. 恒温与变温对不同生活史阶段斑马鱼热耐受性的影响. 生态学杂志，38（7）：2133-2137.
王浩，秦大庸，王建华，2002. 流域水资源规划的系统观与方法论. 水利学报，33（8）：1-6.
王浩，王建华，秦大庸，2004. 流域水资源合理配置的研究进展与发展方向. 水科学进展，15（1）：123-128.
王浩，王建华，秦大庸，等，2006. 基于二元水循环模式的水资源评价理论方法. 水利学报，37（12）：1496-1502.
王季震，刘培斌，陆建红，2002. SPAC系统中氮平衡及其模拟模型. 天津大学学报，35（5）：665-668.
王静，李娜，程晓陶，2010. 城市洪涝仿真模型的改进与应用. 水利学报，41（12）：1393-1400.
王克林，岳跃民，马祖陆，等，2016. 喀斯特峰丛洼地石漠化治理与生态服务提升技术研究. 生态学报，36（22）：7098-7102.
王奎，2014. 长江口营养盐与初级生产关系及其对营养状态的指示. 杭州：浙江大学.
王玲玲，戴会超，蔡庆华，2009. 河道型水库支流库湾富营养化数值模拟研究. 四川大学学报（工程科学版），41（2）：18-23.
王曼华，陈为峰，宋希亮，等，2017. 秸秆双层覆盖对盐碱地水盐运动影响初步研究. 土壤学报，54（6）：1395-1403.
王涛，陈广庭，赵哈林，等，2006. 中国北方沙漠化过程及其防治研究的新进展. 中国沙漠，（4）：507-516.
王新平，康尔泗，张景光，等，2004. 荒漠地区主要固沙灌木的降水截留特征. 冰川冻土，（1）：89-94.

尉永平，张志强，2017．社会水文学理论、方法与应用．北京：科学出版社．
魏晓华，孙阁，2009．流域生态系统过程与管理．北京：高等教育出版社．
温远光，刘世荣，1995．我国主要森林生态系统类型降水截留规律的数量分析．林业科学，31（4）：289-298．
吴大千，徐飞，郭卫华，等，2007．中国北方城市常见绿化植物夏季气孔导度影响因素及模型比较．生态学报，27（10）：4141-4148．
吴乃成，唐涛，周淑婵，等，2007．香溪河小水电的梯级开发对浮游藻类的影响．应用生态学报，18（5）：1091-1096．
吴擎龙，雷志栋，杨诗秀，1996．求解SPAC系统水热输移的耦合迭代计算方法．水利学报，2：1-10．
吴淑芳，吴普特，2010．水土保持及土壤侵蚀动态机制研究现状及存在问题．水土保持研究，17（2）：37-40．
吴文强，李萍，孙向阳，等，2013．北京西山油松、栓皮栎及其混交林降雨分配特征．东北林业大学学报，41（9）：26-29．
郗敏，刘红玉，吕宪国，2006．流域湿地水质净化功能研究进展．水科学进展，17（4）：566-573．
夏军，高扬，左其亭，等，2012．河湖水系连通特征及其利弊．地理科学进展，31（1）：26-31．
夏军，张翔，韦芳良，等，2018．流域水系统理论及其在我国的实践．南水北调与水利科技，16（1）：1-7，13．
鲜骏仁，张远彬，胡庭兴，等，2008．四川王朗自然保护区地被物水源涵养能力评价．水土保持学报，22（3）：47-51．
项文化，黄志宏，闫文德，等，2006．森林生态系统碳氮循环功能耦合研究综述．生态学报，26（7）：2365-2372．
邢会敏，徐新刚，冯海宽，等，2016．基于AquaCrop模型的北京地区冬小麦水分利用效率．中国农业科学，49（23）：4507-4519．
熊康宁，李晋，龙明忠，2012．典型喀斯特石漠化治理区水土流失特征与关键问题．地理学报，67（7）：878-888．
徐天科，2016．浅谈水环境对鱼类养殖的影响．农业与技术，36（6）：92．
徐向阳，刘俊，郝庆庆，等，2003．城市暴雨积水过程的模拟．水科学进展，14（2）：193-196．
徐则民，黄润秋，2011．山区流域高盖度斜坡对极端降雨事件的地下水响应．地球科学进展，26（6）：598-607．
徐宗学，赵捷，2016．生态水文模型开发和应用：回顾与展望．水利学报，47（3）：346-354．
许学强，周一星，宁越敏，1997．城市地理学．北京：高等教育出版社．
杨春霞，姚文艺，肖培青，等，2019．植被覆盖结构对坡面产流产沙的影响及调控机制分析．水利学报，50（9）：1078-1085．
杨大文，丛振涛，雷志栋，2008．生态水文学：植被形态与功能的达尔文表达．冰川冻土，30（5）：903-905．
杨凯杰，吕昌河，2018．SWAT模型应用与不确定性综述．水土保持学报，32（1）：17-24，31．
杨林章，吴永红，2018．农业面源污染防控与水环境保护．中国科学院院刊，33（2）：168-176．
杨少辉，季静，王罡宋，2006．盐胁迫对植物影响的研究进展．分子植物育种，4（3）：139-142．
杨小林，朱波，董玉龙，等，2013．紫色土丘陵区小流域非点源氮迁移特征研究．水利学报，44（3）：276-283．
杨鑫光，牛得草，傅华，2008．植物根-土界面水分再分配研究方法与影响因素．生态学杂志，27（10）：

1779-1784.
杨兴国，牛生杰，郑有飞，2003. 陆面过程观测试验研究进展. 干旱气象，21（3）：83-89.
杨雅君，2016. 城市不同下垫面热环境效应对比研究. 北京：北京大学.
杨运航，文广超，谢洪波，等，2020. 柴达木盆地典型地貌单元归一化植被指数变化特征. 水土保持通报，40（4）：133-139.
杨振冰，刘园园，何蕊廷，等，2018. 三峡库区不同水文类型支流大型底栖动物对蓄水的响应. 生态学报，38（20）：7231-7241.
杨志鹏，李小雁，孙永亮，等，2008. 毛乌素沙地沙柳灌丛降雨截留与树干茎流特征. 水科学进展，19（5）：693-698.
于贵瑞，何洪林，黎建辉，2009. 中国陆地生态系统碳收支集成研究的 e-Science 环境建设探讨. 科研信息化技术与应用，（2）：21-31.
于贵瑞，高扬，王秋凤，等，2013. 陆地生态系统碳氮水循环的关键耦合过程及其生物调控机制探讨. 中国生态农业学报，21（1）：1-13.
于贵瑞，王秋凤，方华军，2014. 陆地生态系统碳-氮-水耦合循环的基本科学问题、理论框架与研究方法. 第四纪研究，34（4）：682-698.
于强，谢贤群，孙菽芬，等，1999. 植物光合生产力与冠层蒸散模拟研究进展. 生态学报，19（5）：3-5.
于小惠，杨雅君，谭圣林，等，2017. 绿色屋顶蒸散发及其降温效果. 环境工程学报，11（9）：5333-5340.
余新晓，2012. 小流域综合治理的几个理论问题探讨. 中国水土保持科学，10（4）：22-29.
袁兴中，陆健健，2001. 长江口岛屿湿地的底栖动物资源研究. 自然资源学报，16（1）：37-41.
曾欢欢，刘文杰，吴骏恩，等，2018. 西双版纳地区丛林式橡胶林内植物的水分利用策略. 生态学杂志，38（2）：394-403.
曾文广，蒋德安，2000. 植物生理学. 北京：中国农业科技出版社.
张光辉，2017. 退耕驱动的近地表特性变化对土壤侵蚀的潜在影响. 中国水土保持科学，15（4）：143-154.
张建云，宋晓猛，王国庆，等，2014. 变化环境下城市水文学的发展与挑战：I. 城市水文效应. 水科学进展，25（4）：594-605.
张静，严武科，吕少梁，等，2018. 2015 年防城港近岸海域浮游桡足类群落结构的季节变化. 广东海洋大学学报，38（6）：18-28.
张良侠，胡中民，樊江文，等，2014. 区域尺度生态系统水分利用效率的时空变异特征研究进展. 地球科学进展，29（6）：691-699.
张敏，蔡庆华，孙志禹，等，2015. 三峡水库水位波动对支流库湾底栖动物群落的影响及其时滞性. 应用与环境生物学报，21（1）：101-107.
张信宝，王世杰，曹建华，等，2010. 西南喀斯特山地水土流失特点及有关石漠化的几个科学问题. 中国岩溶，29（3）：274-279.
张志强，王盛萍，孙阁，等，2006. 流域径流泥沙对多尺度植被变化响应研究进展. 生态学报，26（7）：2356-2364.
章光新，2012. 水文情势与盐分变化对湿地植被的影响研究综述. 生态学报，32（13）：4254-4260.
章光新，尹雄锐，冯夏清，2008. 湿地水文研究的若干热点问题. 湿地科学，6（2）：105-115.
章光新，张蕾，冯夏清，等，2014. 湿地生态水文与水资源管理. 北京：科学出版社.

章光新，张蕾，侯光雷，等，2017. 吉林省西部河湖水系连通若干关键问题探讨. 湿地科学，（5）：641-650.

章光新，陈月庆，吴燕锋，2019. 基于生态水文调控的流域综合管理研究综述. 地理科学，39（7）：1191-1198.

章孙逊，张守红，张英，等，2019. 植被对绿色屋顶径流量和水质影响. 环境科学，40（8）：3618-3625.

赵风华，于贵瑞，2008. 陆地生态系统碳-水耦合机制初探. 地理科学进展，27（1）：32-38.

赵平，2010. 树木储存水对水力限制的补偿研究进展. 应用生态学报，21（6）：1565-1572.

赵天杰，2018. 被动微波反演土壤水分的L波段新发展及未来展望. 地理科学进展，37（2）：198-213.

赵文智，杨荣，刘冰，等，2016. 中国绿洲化及其研究进展. 中国沙漠，36（1）：1-5.

赵奕，南卓铜，李祥飞，等，2019. 分布式水文模型DHSVM在西北高寒山区流域的适用性研究. 冰川冻土，41（1）：147-157.

郑颖，2017. 河西走廊绿洲边缘梭梭人工固沙植被自组织过程研究. 北京：中国科学院大学.

周川，2016. 三峡库区支流澎溪河浮游生物生长与水文、水质的关系研究. 重庆：西南大学.

朱仟，2017. 气候变化下降水输入和水文模型参数对水文模拟的影响. 杭州：浙江大学.

朱文彬，孙倩莹，李付杰，等，2019. 厦门市城市绿地雨洪减排效应评价. 环境科学研究，32（1）：74-84.

左继超，胡建民，王凌云，等，2017. 侵蚀程度对红壤团聚体分布及养分含量的影响. 水土保持通报，37（1）：112-117.

左建兵，刘昌明，郑红星，2009. 北京市城市雨水利用的成本效益分析. 资源科学，31（8）：1295-1302.

ABBOTT M B，BATHURST J C，CUNGE J A，et al.，1986. An introduction to the European hydrological system-system Hydrologique Europeen，“SHE”，2：structure of a physically-based，distributed modelling system. Journal of Hydrology，87（1/2）：61-77.

ADAMS H D，ZEPPEL M J B，ANDEREGG W R L，et al.，2017. A multi-species synthesis of physiological mechanisms in drought-induced tree mortality. Nature Ecology and Evolution 1：1285-1291.

ADDINGTON R N，MITCHELL R J，OREN R，et al.，2004. Stomatal sensitivity to vapor pressure deficit and its relationship to hydraulic conductance in Pinus palustris. Tree Physiology，24（5）：561-569.

AHMED M A，KROENER E，HOLZ M，et al.，2014. Mucilage exudation facilitates root water uptake in dry soils. Functional Plant Biology 41：1129-1137.

ALEMU T，BAHRNDORFF S，ALEMAYEHU E，et al.，2017. Agricultural sediment reduction using natural herbaceous buffer strips：a case study of the east African highland. Water and Environment Journal，31（4）：522-527.

ALMEIDA B A，GREEN A J，SEBASTIAN-GONZALEZ E，et al.，2018. Comparing species richness，functional diversity and functional composition of waterbird communities along environmental gradients in the neotropics. Plos One，13：1-18.

ALVARENGA L A，DE MELLO C R，COLOMBO A，et al.，2016. Assessment of land cover change on the hydrology of a Brazilian headwater watershed using the Distributed Hydrology-Soil-Vegetation Model. CATENA，143：7-17.

AMENU G G，KUMAR P，2008. A model for hydraulic redistribution incorporating coupled soil-root moisture transport. Hydrology and Earth System Sciences Discussions，4（5）：55-74.

ANDEREGG W R L, TRUGMAN A T, BADGLEY G, et al. , 2020. Climate-driven risks to the climate mitigation potential of forests. Science, 368 (6497): 1327.

ANDERSEN C T, FOSTER I D L, PRATT C J, 1999. The role of urban surfaces (permeable pavements) in regulating drainage and evaporation: development of a laboratory simulation experiment. Hydrological Processes, 13 (4): 597-609.

ANDERSON R G, GOULDEN M L, 2011. Relationships between climate, vegetation, and energy exchange across a montane gradient. Journal of Geophysical Research Atmospheres, 116 (G1): G01026.

ANDERSON-TEIXEIRA K J, DELONG J P, FOXA M, et al., 2011. Differential responses of production and respiration to temperature and moisture drive the carbon balance across a climatic gradient in New Mexico. Global Change Biology, 17 (1): 410-424.

ANFODILLO T, PETIT G, CRIVELLARO A, 2013. Axial conduit widening in woody species: a still neglected anatomical pattern. Iawa Journal, 34 (4): 352-364.

AOYAGUIA S M, ANDERSON B, CLAUDIA C, 2004. Rotifers in different environments of the Upper Paranά River floodplain (Brazil): richness, abundance and the relationship with connectivity. Hydrobiologia, 522: 281-290.

ARNAU-ROSALÉN E, CALVO-CASES A, BOIX-FAYOS C, et al., 2008. Analysis of soil surface component patterns affecting runoff generation. An example of methods applied to Mediterranean hillslopes in Alicante (Spain). Geomorphology, 101 (4): 595-606.

ARNETH A, LLOYD J, ŠANTRŮČ KOVÁ H, et al., 2002. Response of central Siberian Scots pine to soil water deficit and long-term trends in atmospheric CO_2 concentration. Global Biogeochemical Cycles, 16 (1): 5-1-5-13.

ARNOLD J G, FOHRER N, 2005. SWAT2000: current capabilities and research opportunities in applied watershed modelling. Hydrological Processes, 19 (3): 563-572.

ASADIAN Y, 2010. Rainfall interception in an urban environment. Columbia: University of British Columbia.

AUFDENKAMPE A K, MAYORGA E, RAYMOND P A, et al., 2011. Riverine coupling of biogeochemical cycles between land, oceans, and atmosphere. Frontiers in Ecology and the Environment, 9 (1): 53-60.

AVENDAÑO SALAS C, SANZ MONTERO E, GÓMEZ MONTAÑA J L, 1997. Sediment yield at Spanish Reservoirs and its Relationship with the Drainage Basin Area, Dixneuvième Congrès des Grands Barrages. Commission Internationale De Grands Barrages, Florence: 863-874.

ÅGREN G I, KATTGE J, 2017. Nitrogen productivity and allocation responses of 12 important tree species to increased CO_2. Trees, 31 (2): 617-621.

BADO V, 2018. Integrated Management of Soil Fertility and Land Resources in Sub-Saharan Africa: Involving Local Communities. Advances in Agronomy, 150: 1-33.

BAIRD A J, WILBY R L, 1999. Eco-hydrology. Plants and Water in Terrestrial and Aquatic Environments. London: Routledge UK.

BAJOCCO S, SMIRAGLIA D, SCAGLIONE M, et al., 2018. Exploring the role of land degradation on agricultural land use change dynamics. Science of the Total Environment, 636: 1373-1381.

BALL J T, WOODROW I E, BERRY J A, 1987. A model predicting stomatal conductance and its contribution to the control of photosynthesis under different environmental conditions. Progress in photosynthesis research. Dordrecht: Springer Netherlands: 221-224.

BAND L E, PATTERSON P, NEMANI R, et al., 1993. Forest ecosystem processes at the watershed scale: incorporating hillslope hydrology. Agricultural and Forest Meteorology, 63 (1/2): 93-126.

BARIGAH T S, CHARRIER O, DOURIS M, et al., 2013. Water stress-induced xylem hydraulic failure is a causal factor of tree mortality in beech and poplar. Annals of Botany, 112 (7): 1431-1437.

BARNES R T, BUTMAN D E, WILSON H F, et al., 2018. Riverine export of aged carbon driven by flow path depth and residence time. Environmental Science and Technology, 52 (3): 1028-1035.

BARTENS J, DAY S D, HARRIS J R, et al., 2008. Can urban tree roots improve infiltration through compacted subsoils for stormwater management? Journal of Environmental Quality, 37 (6): 2048-2057.

BASKAN O, DENGIZ O, DEMIRAG Ī T, 2017. The land productivity dynamics trend as a tool for land degradation assessment in a dryland ecosystem. Environmental Monitoring and Assessment, 189 (5): 1-21.

BASTVIKEN D, TRANVIK L J, DOWNING J A, et al., 2011. Freshwater methane emissions offset the continental carbon sink. Science, 331 (6013): 50.

BATTAGLIA M, SANDS P, 1997. Modelling site productivity of eucalyptus globulus in response to climatic and site factors. Functional Plant Biology, 24 (6): 831.

BATTIN T J, LUYSSAERT S, KAPLAN L A, et al., 2009. The boundless carbon cycle. Nature Geoscience, 2 (9): 598.

BAUER G A, BAZZAZ F A, MINOCHA R, et al., 2004. Effects of chronic N additions on tissue chemistry, photosynthetic capacity, and carbon sequestration potential of a red pine (Pinus resinosa Ait.) stand in the NE United States. Forest Ecology and Management, 196 (1): 173-186.

BAZIHIZINA N, VENEKLAAS E J, BARRETT-LENNARD E G, et al., 2017. Hydraulic redistribution: limitations for plants in saline soils. Plant, Cell and Environment, 40 (10): 2437-2446.

BEAN E Z, HUNT W F, BIDELSPACH D, 2007. Evaluation of four permeable pavement sites in easternnorth Carolina for runoff reduction and water quality impacts. Journal of Irrigation and Drainage Engineering-asce, 133 (6): 583-592.

BEAULIEU J J, TANK J L, HAMILTON S K, et al., 2011. Nitrous oxide emission from denitrification in stream and river networks. PNAS, 108 (1): 214-219.

BEDNAREK A T, HART D D, 2005. Modifying dam operations to restore rivers: ecological responses to Tennesseeriver dam mitigation. Ecological Applications, 15 (3): 997-1008.

BEER C, REICHSTEIN M, CIAIS P, et al., 2007. Mean annual GPP of Europe derived from its water balance. Geophysical Research Letters, 34 (5): L05401.

BERBEE R, RIJS G, DE BROUWER R, et al., 1999. Characterization and treatment of runoff from highways in the Netherlands paved with impervious and pervious asphalt. Water Environment Research, 71 (2): 183-190.

BERINGER J, HUTLEY L B, ABRAMSON D, et al., 2015. Fire in Australian savannas: from leaf to landscape. Global Change Biology, 21 (1): 62-81.

BERK A, BERNSTEIN L S, ANDERSON G P, et al., 1998. MODTRAN cloud and multiple scattering upgrade with application to AVIRIS. Remote Sense Environment, 65: 367-375.

BERNDTSSON J, 2010. Green roof performance towards management of runoff water quantity and quality: A review. Ecological Engineering, 36 (4): 351-360.

BERNER L T, BECK P S A, LORANTY M M, et al., 2012. Cajander larch (Larix cajanderi) biomass distribution, fire regime and post-fire recovery in northeastern Siberia. Biogeosciences, 9 (10): 3943-3959.

BERRY Z C, EMERY N C, GOTSCH S G, et al., 2019. Foliar water uptake: Processes, pathways, and integration into plant water budgets. Plant, Celland Environment, 42 (2): 410-423.

BERTANI G, WAGNER F H, ANDERSON L O, et al. , 2017. Chlorophyll Fluorescence Data Reveals Climate-Related Photosynthesis Seasonality in Amazonian Forests. Remote Sensing, 9 (12): 1275.

BEYER M, KÜHNHAMMER K, DUBBERT M, 2020. In situ measurements of soil and plant water isotopes: a review of approaches, practical considerations and a vision for the future. Hydrol. Earth Syst. Sci., 24: 4413-4440.

BITTENCOURT P R L, PEREIRA L, OLIVEIRA R S, 2016. On xylem hydraulic efficiencies, wood space-use and the safety-efficiency tradeoff. New Phytologist, 211 (4): 1152-1155.

BOERNER R E J, BRINKMAN J A, SMITH A, 2015. Seasonal variations in enzyme activity and organic carbon in soil of a burned and unburned hardwood forest. Soil Biology and Biochemistry, 37 (8), 1419-1426.

BOIX-FAYOS C, MARTÍNEZ-MENA M, ARNAU-ROSALÉN E, et al., 2006. Measuring soil erosion by field plots: Understanding the sources of variation. Earth-Science Reviews, 78 (3/4): 267-285.

BOLDUC P, BERTOLO A, PINEL-ALLOUL B, 2016. Does submerged aquatic vegetation shape zooplankton community structure and functional diversity? A test with a shallow fluvial lake system. Hydrobiologia, 778 (1): 151-165.

BONAN G, 2002. Ecological Climatology . Cambridge: Cambridge University Press.

BONNESOEURA V, LOCATELLIA B, GUARIGUATA M R, et al., 2019. Impacts of forests and forestation on hydrological services in the Andes: A systematic review. Forest Ecology and Management, 433: 569-584.

BORGES A V, ABRIL G, DARCHAMBEAU F, et al., 2015. Divergent biophysical controls of aquatic CO_2 and CH_4 in the World's two largest rivers. Scientific Reports, 5: 15614.

BOUCHET R J, 1963. Evapotranspiration réelle et potentielle, signification climatique. IAHS Publication, 62: 134-142.

BOVEE K D, 1986. Development and evaluation of habitat suitability criteria for use in the instream flow incremental methodology, Instream Flow Information Paper No. 21, US Fish and Wildlife Service, Biological Report 86 (7), Washington, D. C.

BRATTEBO B O, BOOTH D B, 2003. Long-term stormwater quantity and quality performance of permeable pavement systems. Water Research, 37 (18): 4369-4376.

BRODRIBB T J, 2017. Progressing from 'functional' to mechanistic traits. New Phytologist, 215 (1): 9-11.

BROOKS J R, BARNARD H R, COULOMBE R, et al., 2010. Ecohydrologic separation of water between trees and streams in a Mediterranean climate. Nature Geoscience, 3 (2): 100.

BROWN H R, 2013. The theory of the rise of Sap in trees: some historical and conceptual remarks. Physics in Perspective, 15 (3): 320-358.

BROWN J F, WARDLOW B D, TADESSE T, et al. , 2008. The Vegetation Drought Response Index (VegDRI): A new integrated approach for monitoring drought stress in vegetation. Giscience and Remote Sensing, 45 (1): 16-46.

BROWNA E, ZHANG L, MCMAHON T A, et al., 2005. A review of paired catchment studies for determining changes in water yield resulting from alterations in vegetation. Journal of Hydrology, 310 (1/2/3/4): 28-61.

BRUTSAERT W, 2015. A generalized complementary principle with physical constraints for land- surface evaporation. Water Resources Research, 51 (10): 8087-8093.

BRUTSAERT W, 2017. Nonlinear advection-aridity method for landscape evaporation and its application during the growing season in the southern Loess Plateau of the Yellow River basin. Water Resources Research, 53

(1): 270-282.

BRUTSAERT W, STRICKER H, 1979. An advection-aridity approach to estimate actual regional evapotranspiration. Water Resources Research, 15 (2): 443-450.

BRUTSAERT W, PARLANGE M B, 1998. Hydrologic cycle explains the evaporation paradox. Nature, 396 (6706): 30.

BUCKLEY T N, TURNBULL T L, PFAUTSCH S, et al., 2011. Nocturnal water loss in mature subalpine Eucalyptus delegatensis tall open forests and adjacent E. pauciflora woodlands. Ecology and Evolution, 1 (3): 435-450.

BUDYKO M I, 1974. Climate and Life. Translated from Russian by Miller D H, Academic, San Diego, Calif.

BUNCE J A, 2006. How do leaf hydraulics limit stomatal conductance at high water vapour pressure deficits?. Plant, Cell and Environment, 29 (8): 1644-1650.

BURGESS S S O, ADAMS M A, TURNER N C, et al., 1998. The redistribution of soil water by tree root systems. Oecologia, 115 (3): 306-311.

BURTON A, PREGITZER K, RUESS R, et al., 2002. Root respiration in North American forests: effects of nitrogen concentration and temperature across biomes. Oecologia, 131 (4): 559-568.

CAI X T, YANG Z L, DAVID C H, et al., 2014. Hydrological evaluation of the Noah - MP land surface model for the Mississippi River Basin. Journal of Geophysical Research: Atmosphere, 119: 23-38.

CALDER I R, 1996. Dependence of rainfall interception on drop size: 1. Development of the two- layer stochastic model. Journal of Hydrology, 185: 363-378.

CALDWELL M M, DAWSON T E, RICHARDS J H, 1998. Hydraulic lift: consequences of water efflux from the roots of plants. Oecologia, 113 (2): 151-161.

CALVO-CASES A, HARVEY A M, PAYA-SERRANO J, et al., 1991. Response of badland surfaces in South East Spain to simulated rainfall. Cuaternario y Geomorfología, 5: 3-14.

CALVO-CASES A, BOIX-FAYOS C, IMESON A C, 2003. Runoff generation, sediment movement and soil water behaviour on calcareous (limestone) slopes of some Mediterranean environments in southeast Spain. Geomorphology, 50 (1/2/3): 269-291.

CAMMERAAT E L H, 2002. A review of two strongly contrasting geomorphological systems within the context of scale. Earth Surface Processes and Landforms, 27 (11): 1201-1222.

CAMMERAAT E L H, BEEK R, KOOIJMAN A, 2005. Vegetation succession and its consequences for slope stability in SE Spain. Plant and Soil, 278 (1/2): 135-147.

CAMPISANO A, BUTLER D, WARD S, et al., 2017. Urban rainwater harvesting systems: Research, implementation and future perspectives. Water Research, 115: 195-209.

CAMPRUBI A, ZÁRATE I A, ADHOLEYA A, et al., 2015. Field performance and essential oil production of mycorrhizal rosemary in restoration low-nutrient soils. Land Degradation and Development, 26 (8): 793-799.

CANTÓN Y, DOMINGO F, SOLÉ-BENET A, et al., 2001. Hydrological and erosion response of a badlands system in semiarid SE Spain. Journal of Hydrology, 252 (1/2/3/4): 65-84.

CANTÓN Y, DOMINGO F, SOLÉ-BENET A, et al., 2002. Influence of soil-surface types on the overall runoff of the Tabernas badlands (south-east Spain): field data and model approaches. Hydrological Processes, 16 (13): 2621-2643.

CANTÓN Y, SOLÉ-BENET A, DE VENTE J, et al., 2011. A review of runoff generation and soil erosion across scales in semiarid south-eastern Spain. Journal of Arid Environments, 75 (12): 1254-1261.

CAO M, WOODWARD F, 1998. Dynamic responses of terrestrial ecosystem carbon cycling to global climate change. Nature, 393 (6682): 249.

CARAVACA F, LOZANO Z, RODRÍGUEZ- CABALLERO G, et al., 2017. Spatial shifts in soil microbial activity and degradation of pasture cover caused by prolonged exposure to cement dust. Land Degradation and Development, 28 (4): 1329-1335.

CARMINATI A, VETTERLEIN D, KOEBERNICK N, et al., 2013. Do roots mind the gap? Plant and Soil, 367 (1/2): 651-661.

CASTELLINI M, VENTRELLA D, 2012. Impact of conventional and minimum tillage on soil hydraulic conductivity in typical cropping system in Southern Italy. Soil and Tillage Research, 124: 47-56.

CHAVES M M, PEREIRA J S, MAROCO J, et al., 2002. How plants cope with water stress in the field? photosynthesis and growth. Annals of Botany, 89 (7): 907-916.

CHAWLA I, KARTHIKEYAN L, MISHRA A K, 2020. A Review of Remote Sensing Applications for Water Security: Quantity, Quality, and Extremes. Journal of Hydrology, 585: 124826.

CHEN B, LIU Z, FANG L, 2019. Forest recovery after wildfire disturbance in Great Xing´an Mountains by Multiple Endmember Spectral Mixture Analysis. Acta Ecologica Sinica, 39 (22): 8630-8638.

CHEN B, 2016. Assessment of foliage clumping effects on evapotranspiration estimates in forested ecosystems. Agricultural and Forest Meteorology, 216: 82-92.

CHEN D, WEI W, CHEN L D, 2017. Effects of terracing practices on water erosion control in China: a meta-analysis. Earth-Science Reviews, 173: 109-121.

CHEN F, YANG X C, ZHU W P, 2014. WRF simulations of urban heat island under hot-weather synoptic conditions: The case study of Hangzhou City, China. Atmospheric Research, 138: 364-377.

CHEN J M, CHEN X Y, JU W M, et al., 2005. Distributed hydrological model for mapping evapotranspiration using remote sensing inputs. Journal of Hydrology, 305 (1/2/3/4): 15-39.

CHEN X S, XIE Y H, DENG Z M, et al., 2011. A change from phalanx to guerrilla growth form is an effective strategy to acclimate to sedimentation in a wetland sedge species *Carex brevicuspis* (*Cyperaceae*). Flora, 206: 347-350.

CHENG X L, AN S Q, LI B, et al., 2006. Summer rain pulse size and rainwater uptake by three dominant desert plants in a desertified grassland ecosystem in northwestern China. Plant Ecology, 184 (1): 1-12.

CHMARA R, SZMEJA J, BANAS K, 2018. The relationships between structural and functional diversity within and among macrophyte communities in lakes. Journal of Limnology, 77: 100-108.

CHOAT B, BRODRIBB T J, BRODERSEN C R, et al., 2018. Triggers of tree mortality under drought. Nature, 558 (7711): 531.

CHOUDHURY B, 1999. Evaluation of an empirical equation for annual evaporation using field observations and results from a biophysical model. Journal of Hydrology, 216 (1/2): 99-110.

CLEARWATER M J, MEINZER F C, ANDRADE J L, et al., 1999. Potential errors in measurement of nonuniform Sap flow using heat dissipation probes. Tree Physiology, 19 (10): 681-687.

CLEVERLY J, EAMUS D, RESTREPO COUPE N, et al., 2016. Soil moisture controls on phenology and productivity in a semi-arid critical zone. Science of the Total Environment, 568: 1227-1237.

COHEN J L, FURTADO J C, BARLOW M, et al. , 2012. Asymmetric seasonal temperature trends. Geophysical Research Letters, 39: L04705.

COLE J J, PRAIRIE Y T, CARACO N F, et al., 2007. Plumbing the global carbon cycle: integrating inland waters into the terrestrial carbon budget. Ecosystems, 10 (1): 172-185.

COLE T M, WELLS S A, 2015. CE-QUAL-W2: A Two-Dimensional, Laterally Averaged, Hydrodynamic and Water Quality Model, User Manual. Portland: Portland State University.

COLLIER M, WEBB R H, SCHMIDT J C, 1996. Dams and Rivers: A Primer on the Downstream Effects of Dams. Virginia: USGS: 94.

CONTRERAS S, CANTÓN Y, SOLÉ-BENET A, 2008. Sieving crusts and macrofaunal activity control soil water repellency in semiarid environments: Evidences from SE Spain. Geoderma, 145 (3/4): 252-258.

CORNELISSEN J H C, LAVOREL S, GARNIER E, et al., 2003. A handbook of protocols for standardised and easy measurement of plant functional traits worldwide. Australian Journal of Botany, 51 (4): 335-380.

CORREIA I, ALMEIDA M H, AGUIAR A, et al., 2008. Variations in growth, survival and carbon isotope composition (delta (13) C) among Pinus pinaster populations of different geographic origins. Register analysis in translation description. Beijing: Social Sciences Academic Press.

COVICH A, 1993. Water and ecosystems// Gleick P H. Water in crisis: A guide to the world' s fresh water resources. New York: Oxford University Press.

COWAN I R, 1982. Regulation of water use in relation to carbon gain in higher plants//Lange O L, Nobel P S, Osmand C B, et al. Physiological Plant Ecology Ⅱ (water Relations and Carbon Assimilation). New York: Springer-Verlag Berlin Heidelberg: 589-613.

COWAN I R, FARQUHAR G D, 1977. Stomatal function in relation to leaf metabolism and environment. Symposia of the Society for Experimental Biology, 31: 471-505.

CREED I F, SPARGO A T, JONES J A, et al., 2014. Changing forest water yields in response to climate warming: results from long-term experimental watershed sites across North America. Global Change Biology, 20 (10): 3191-3208.

CROFT H, CHEN J M, LUO X Z, et al., 2017. Leaf chlorophyll content as a proxy for leaf photosynthetic capacity. Global Change Biology, 23 (9): 3513-3524.

CRUIZIAT P, COCHARD H, AMEGLIO T, 2002. Hydraulic architecture of trees: main concepts and results. Annals of Forest Science, 59 (7): 723-752.

DADKHAH M, GIFFORD G F, 1980. Influence of vegetation, rock cover, and trampling on infiltration rates and sediment PRODUCTION1. JAWRA Journal of the American Water Resources Association, 16 (6): 979-986.

DAVIS A P, 2008. Field performance of bioretention: hydrology impacts. Journal of Hydrologic Engineering, 13 (2): 90-95.

DAVIS S D, SPERRY J S, HACKE U G, 1999. The relationship between xylem conduit diameter and cavitation caused by freezing. American Journal of Botany, 86 (10): 1367-1372.

DAWSON T E, EHLERINGER J R, 1991. Streamside trees that do not use stream water. Nature, 350 (6316): 335.

DE BIE T, DE MEESTER L, BRENDONCK L, et al., 2012. Body size and dispersal mode as key traits determining metacommunity structure of aquatic organisms. Ecology Letters, 15: 740-747.

DE KAUWE M G, KALA J, LIN Y S, et al., 2015. A test of an optimal stomatal conductance scheme within the CABLE land surface model. Geoscientific Model Development, 8: 431-452.

DE KAUWE M G, MEDLYN B E, ZAEHLE S, et al., 2013. Forest water use and water use efficiency at elevated CO_2: a model-data intercomparison at two contrasting temperate forest FACE sites. Global Change

Biology, 19 (6): 1759-1779.

DE VENTE J, POESEN J, ARABKHEDRI M, et al., 2007. The sediment delivery problem revisited. Progress in Physical Geography, 31 (2): 155-178.

DE VENTE J, POESEN J, VERSTRAETEN G, et al., 2008. Spatially distributed modelling of soil erosion and sediment yield at regional scales in Spain. Global and Planetary Change, 60 (3/4): 393-415.

DEEMER B R, HARRISON J A, LI S Y, et al., 2016. Greenhouse gas emissions from reservoir water surfaces: a new global synthesis. BioScience, 66 (11): 949-964.

DELETIC A, 2001. Modelling of water and sediment transport over grassed areas. Journal of Hydrology, 248 (1/2/3/4): 168-182.

DESCHEEMAEKER K, NYSSEN J, POESEN J, et al., 2006b. Soil and water conservation through forest restoration in exclosures of the Tigray Highlands. Journal of the Drylands, 1: 118-134.

DESCHEEMAEKER K, NYSSEN J, ROSSI J, et al., 2006a. Sediment deposition and pedogenesis in exclosures in the Tigray Highlands, Ethiopia. Geoderma, 132 (3/4): 291-314.

DETWYLER T, MARCUS M, 1972. Urbanization and environment: the physical geography of the city, Brooks/Cole.

DEVRIES P, FETHERSTON K L, VITALE A, et al., 2012. Emulating riverine landscape controls of beaver in stream restoration. Fisheries, 37 (6): 246-255.

DIETZ M E, CLAUSEN J C, 2006. Saturation to improve pollutant retention in a rain garden. Environmental Science and Technology, 40 (4): 1335-1340.

DIGIACOMO A E, BIRD C N, PAN V G, et al., 2020. Modeling Salt Marsh Vegetation Height Using Unoccupied Aircraft Systems and Structure from Motion. Remote Sensing, 12 (14): 2333.

DIGIOVANNI-WHITE K, MONTALTO F, GAFFIN S, 2018. A comparative analysis of micrometeorological determinants of evapotranspiration rates within a heterogeneous urban environment. Journal of Hydrology, 562: 223-243.

DOLINAR N, REGVAR M, ABRAM D, et al., 2016. Water- level fluctuations as a driver of Phragmites australis primary productivity, litter decomposition, and fungal root colonisation in an intermittent wetland. Hydrobiologia, 774 (1): 69-80.

DONG X Y, LI B, HE F Z, et al., 2016. Flow directionality, mountain barriers and functional traits determine diatom metacommunity structuring of high mountain streams. Scientific Reports, 6 (1): 24711.

DONGMANN G, NÜRNBERG H, FÖRSTEL H, et al., 1974. On the enrichment of $H_2^{18}O$ in the leaves of transpiring plants. Radiation and environmental biophysics, 11: 41-52.

DREWNIAK B, SONG J, PRELL J, et al., 2013. Modeling agriculture in the community land model. Geoscientific Model Development, 6 (2): 495-515.

DU Z G, WENG E S, JIANG L F, et al., 2018. Carbon-nitrogen couplingunder three schemes of model representation: a traceability analysis. Geoscientific Model Development, 11 (11): 4399-4416.

DUNNE T, DIETRICH W, BRUNENGO M, 1978. Recent and past erosion rates in semi- arid Kenya. Zeitschrift Für Geomorphologie. Supplementband Stuttgart, (29): 130-140.

EAGLESON P S, 2002. Ecohydrology: Darwinian Expression of Vegetation Form and Function. Cambridge: Cambridge University Press.

EHLERINGER J R, DAWSON T E, 1992. Water uptake by plants: perspectives from stable isotope composition. Plant, Cell and Environment, 15 (9): 1073-1082.

ELLISON D, FUTTER M N, BISHOP K, 2012. On the forest cover - water yield debate: from demand- to supply-side thinking. Global Change Biology, 18 (3): 806-820.

ELTAHIR E A B, BRAS R L, 1996. Precipitation recycling. Reviews of Geophysics, 34 (3): 367-378.

ELWELL H A, 1980. Design of safe rotational systems, Department of conservation and Extension. Harare: Zimbabwe: 50.

ELWELL H A, STOCKING M A, 1974. Rainfall parameters and a cover model to predict runoff and soil loss from grazing trials in the Rhodesian sandveld. Proceedings of the Annual Congresses of the Grassland Society of Southern Africa, 9 (1): 157-164.

ELWELL H A, STOCKING M A, 1976. Vegetal cover to estimate soil erosion hazard in Rhodesia. Geoderma, 15 (1): 61-70.

ERKKILÄ K M, OJALA A, BASTVIKEN D, et al., 2018. Methane and carbon dioxide fluxes over a lake: comparison between eddy covariance, floating Chambers and boundary layer method. Biogeosciences, 15 (2): 429-445.

EVARISTO J, MCDONNELL J J, SCHOLL M A, et al., 2016. Insights into plant water uptake from xylem-water isotope measurements in two tropical catchments with contrasting moisture conditions. Hydrological Processes, 30 (18): 3210-3227.

FARQUHAR G D, CAEMMERER S, BERRY J A, 1980. A biochemical model of photosynthetic CO_2 assimilation in leaves of C3 species. Planta, 149 (1): 78-90.

FARQUHAR G D, CERNUSAK L A, 2005. On the isotopic composition of leaf water in the non-steady state. Functional Plant Biology, 32 (4): 293-303.

FARQUHAR G D, EHLERINGER J R, HUBICK K T, 1989. Carbon isotope discrimination and photosynthesis. Annual Review of Plant Physiology and Plant Molecular Biology, 40 (1): 503-537.

FASSMAN E A, BLACKBOURN S D, 2011. Road runoff water-quality mitigation by permeable modular concrete pavers. Journal of Irrigation and Drainage Engineering-asce, 137 (11): 720-729.

FENG X, FU B, PIAO S, et al., 2016. Revegetation in China's Loess Plateau is approaching sustainable water resource limits. Nature Climate Change, 6 (11): 1019.

FERREIRA J G, ANDERSEN J H, BORJA A, et al., 2011. Overview of eutrophication indicators to assess environmental status within the European Marine Strategy Framework Directive. Estuarine, Coastal and Shelf Science, 93 (2): 117-131.

FISHER J B, BALDOCCHI D D, MISSON L, et al., 2007. What the towers don't see at night: nocturnal Sap flow in trees and shrubs at two AmeriFlux sites in California. Tree Physiology, 27 (4): 597-610.

FLETCHER T D, ANDRIEU H, HAMEL P, 2013. Understanding, management and modelling of urban hydrology and its consequences for receiving waters: a state of the art. Advances in Water Resources, 51: 261-279.

FORD C R, LASETER S H, SWANK W T, et al., 2011. Can forest management be used to sustain water-based ecosystem services in the face of climate change? Ecological Applications, 21 (6): 2049-2067.

FRANCIS C F, THORNES J B, 1990. Runoff hydrographs from three Mediterranean vegetation cover types// Thornes J B. Vegetation and Erosion, Processes and Environments. UK: Wiley, Chichester: 363-384.

FREY K E, MCCLELLAND J W, 2009. Impacts of permafrost degradation on arctic river biogeochemistry. Hydrological Processes, 23 (1): 169-182.

FU Y H, PIAO S, MAARTEN O D B, et al., 2015. Recent spring phenology shifts in western Central Europe based on multiscale observations. Global Ecology and Biogeography, 23 (11): 1255-1263.

GALLOWAY J N, TOWNSENDA R, ERISMAN J W, et al., 2008. Transformation of the nitrogen cycle: recent trends, questions, and potential solutions. Science, 320 (5878): 889-892.

GAMNITZER U, MOYES A B, BOWLING D R, et al., 2011. Measuring and modelling the isotopic composition of soil respiration: insights from a grassland tracer experiment. Biogeosciences, 8 (5): 1333-1350.

GAO Q, ZHAO P, ZENG X, et al., 2002. A model of stomatal conductance to quantify the relationship between leaf transpiration, microclimate and soil water stress. Plant, Cell and Environment, 25 (11): 1373-1381.

GAO X, ZENG Y, WANG J W, et al., 2010. Immediate impacts of the second impoundment on fish communities in the Three Gorges Reservoir. Environmental Biology of Fishes, 87 (2): 163-173.

GASH J H C, LLOYD C R, LACHAUD G, 1995. Estimating sparse forest rainfall interception with an analytical model. Journal of Hydrology, 170: 79-86.

GE Q S, ZHANG X Z, ZHENG J Y, 2014. Simulated effects of vegetation increase/decrease on temperature changes from 1982 to 2000 across the Eastern China. International Journal of Climatology, 34 (1): 187-196.

GERIS J, TETZLAFF D, MCDONNELL J, et al., 2015. Ecohydrological separation in wet, low energy northern environments? A preliminary assessment using different soil water extraction techniques. Hydrological Processes, 29 (25): 5139-5152.

GERIS J, TETZLAFF D, MCDONNELL J J, et al., 2017. Spatial and temporal patterns of soil water storage and vegetation water use in humid northern catchments. Science of the Total Environment, 595: 486-493.

GLEASON S M, WESTOBY M, JANSEN S, et al., 2016. Weak tradeoff between xylem safety and xylem-specific hydraulic efficiency across the world's woody plant species. New Phytologist, 209 (1): 123-136.

GLOBAL WATER PARTNERSHIP (GWP), 2004. Catalyzing Change: A handbook for developing integrated water resources management (IWRM) and water efficiency strategies. New York: Elanders.

GOU Z H, LAU S Y S, LIN P Y, 2017. Understanding domestic air-conditioning use behaviours: Disciplined body and frugal life. Habitat International, 60: 50-57.

GRANGER R J, 1989. A complementary relationship approch for evaporation from nonsaturated surfaces. Journal of Hydrology, 111 (1-4): 31-38.

GRANGER R J, GRAY D M, 1989. Evaporation from natural nonsaturated surfaces. Journal of Hydrology, 111 (1-4): 21-29.

GREAVER T L, CLARK C M, COMPTON J E, et al., 2016. Key ecological responses to nitrogen are altered by climate change. Nature Climate Change, 6 (9): 836.

GRIMALDI S, LI Y, PAUWELS V R, et al. , 2016. Remote sensing-derived water extent and level to constrain hydraulic flood forecasting models: Opportunities and challenges. Surveys Geophysics, 37: 977-1034.

GRIMM N B, FAETH S H, GOLUBIEWSKI N E, et al., 2008. Global change and the ecology of cities. Science, 319 (5864): 756-760.

GU C J, MU X M, GAO P, et al., 2020. Distinguishing the effects of vegetation restoration on runoff and sediment generation on simulated rainfall on the hillslopes of the loess plateau of China. Plant and Soil, 447: 393-412.

GUAN H, WILSON J L, 2009. A hybrid dual- source model for potential evaporation and transpiration partitioning. Journal of Hydrology, 377 (3/4): 405-416.

GUMMULURU S, HOBBS S L A, JANA S, 1998. Physiological responses of drought tolerant and drought susceptible durum wheat genotypes. Photosynthetica, 23 (4): 479-485.

GUO C Y, MA L N, YUAN S, et al., 2017. Morphological, physiological and anatomical traits of plant functional types in temperate grasslands along a large-scale aridity gradient in northeastern China. Scientific Reports, 7 (1): 40900.

GUO Y P, ZHANG S H, LIU S G, 2014. Runoff reduction capabilities and irrigation requirements of green roofs. Water Resources Management, 28 (5): 1363-1378.

GWP, 2000. Integrated Water Resources Management. Stockholm: Global Water Partnership.

HABETS F, NOILHAN J, GOLAZ C, et al., 1999. The ISBA surface scheme in a macroscale hydrological model applied to the Hapex-Mobilhy area: Part II: Simulation of streamflows and annual water budget. Journal of Hydrology, 217 (1/2): 97-118.

HACKE U G, SPERRY J S, WHEELER J K, et al., 2006. Scaling of angiosperm xylem structure with safety and efficiency. Tree Physiology, 26 (6): 689-701.

HACKE U G, SPICER R, SCHREIBER S G, et al., 2017. An ecophysiological and developmental perspective on variation in vessel diameter. Plant, Cell and Environment, 40 (6): 831-845.

HAN S, HU H, TIAN F, 2012. A nonlinear function approach for the normalized complementary relationship e-vaporation model. Hydrological Processes, 26 (26): 3973-3981.

HAN S, TIAN F, 2018. Derivation of a Sigmoid Generalized Complementary Function for Evaporation With Physical Constraints. Water Resources Research, 54 (7): 5050-5068.

HAN S, TIAN F, HU H, 2014a. Positive or negative correlation between actual and potential evaporation? Evaluating using a nonlinear complementary relationship model. Water Resources Research, 50 (2): 1322-1336.

HAN S, XU D, WANG S, YANG Z, 2014b. Similarities and differences of two evapotranspiration models with routinely measured meteorological variables: application to a cropland and grassland in northeast China. Theoretical and Applied Climatology, 117 (3-4): 501-510.

HAN W X, FANG J Y, REICH P B, et al., 2011. Biogeography and variability of eleven mineral elements in plant leaves across gradients of climate, soil and plant functional type in China. Ecology Letters, 14 (8): 788-796.

HANNAH D M, SADLER J P, WOOD P J, 2007. Hydroecology and ecohydrology: a potential route forward? Hydrological Processes, 21 (24): 3385-3390.

HAO G Y, LUCERO M E, SANDERSON S C, et al., 2013. Polyploidy enhances the occupation of heterogeneous environments through hydraulic related trade-offs in Atriplex canescens (Chenopodiaceae). New Phytologist, 197 (3): 970-978.

HAO L, HUANG X L, QIN M S, et al., 2018. Ecohydrological processes explain urban dry island effects in a wet region, Southern China. Water Resources Research, 54 (9): 6757-6771.

HART B T, BAILEY P, EDWARDS R, et al., 1991. A review of the salt sensitivity of the Australian freshwater biota. Hydrobiologia, 210 (1-2): 105-144.

HATT B E, FLETCHER T D, DELETIC A, 2009. Hydrologic and pollutant removal performance of stormwater biofiltration systems at the field scale. Journal of Hydrology, 365 (3/4): 310-321.

HATTON T J, SALVUCCI G D, WU H I, 1997. Eagleson's optimality theory of an ecohydrological equilibrium: quo vadis? Functional Ecology, 11 (6): 665-674.

HAUGHT P A, 1996. Ecosystem Integrity and Its Value for Environmental Ethics. Denton: University of North

Texas.

HE T F, DENG Y, TUO Y C, et al., 2020. Impact of the dam construction on the downstream thermal conditions of the Yangtze River. International Journal of Environmental Research and Public Health, 17 (8): 2973.

HEIMANN M, REICHSTEIN M, 2008. Terrestrial ecosystem carbon dynamics and climate feedbacks. Nature, 451 (7176): 289.

HEINO J, MELO A S, SIQUEIRA T, et al., 2015. Metacommunity organisation, spatial extent and dispersal in aquatic systems: patterns, processes and prospects. Freshwater Biology, 60 (5): 845-869.

HEINSELMAN M L, 1970. Landscape evolution, peatland types, and the environment in the lake Agassiz peatlands natural area, Minnesota. Ecological Monographs, 40 (2): 235-261.

HENDRICKX M H, MARKUS F, 2001. Uniform and preferential flow mechanisms in the vadose zone// Hsieh P A. Conceptual Models of Flow and Transport in the Fractured Vadose Zone. Washington: National Academy Press: 149-198.

HERBST M, MUND M, TAMRAKAR R, et al., 2015. Differences in carbon uptake and water use between a managed and an unmanaged beech forest in central Germany. Forest Ecology and Management, 355: 101-108.

HEWLETT JD, 1982. Principles of Forest Hydrology. Athens: University of Georgia Press.

HOCHBERG U, ROCKWELL F E, HOLBROOK N M, et al., 2018. Iso/anisohydry: a plant- environment interaction rather than a simple hydraulic trait. Trends in Plant Science, 23 (2): 112-120.

HOLDRIDGE L R, 1967. Life Zone Ecology. San Jose, Costa Rice: Trop ical Science Center.

HOLGERSON M A, RAYMOND P A, 2016. Large contribution to inland water CO_2 and CH_4 emissions from very small ponds. Nature Geoscience, 9 (3): 222.

HOMOLOVÁ L, MALENOVSKY Z, CLEVERS J G P, et al. , 2013. Review of optical-based remote sensing for plant trait mapping. Ecological Complexity, 15: 1-16.

HORNBECK J W, ADAMS M B, CORBETT E S, et al., 1993. Long-term impacts of forest treatments on water yield: a summary for northeastern USA. Journal of Hydrology, 150 (2/3/4): 323-344.

HOTCHKISS E R, HALL R O, SPONSELLER R A, et al., 2015. Sources of and processes controlling CO_2 emissions change with the size of streams and rivers. Nature Geoscience, 8 (9): 696-699.

HU Z M, WEN X F, SUN X M, et al., 2014. Partitioning of evapotranspiration through oxygen isotopic measurements of water pools and fluxes in a temperate grassland. Journal of Geophysical Research, 119: 358-372.

HU Z M, YU G R, FAN J W, et al., 2010. Precipitation- use efficiency along a 4500- km grasslandtransect. Global Ecology and Biogeography, 19 (6): 842-851.

HU Z, WANG G, SUN X, et al., 2018. Spatial- Temporal Patterns of Evapotranspiration Along an Elevation Gradient on Mount Gongga, Southwest China. Water Resources Research, 54 (6): 4180-4192.

HUANG C Y, ANDEREGG W R L, ASNER G P, 2019. Remote sensing of forest die- off in the Anthropocene: From plant ecophysiology to canopy structure. Remote Sensing of Environment, 231: 111233.

HYNES H B N, 1970. The Ecology of Running Water. Canada: Univ Toronto Ontario.

IHP (UNESCO-IHP), 1998. Work Shop on Eco-hydrology. Lodz Poland.

INFANTE J M, DAMESIN C, RAMBAL S, et al., 1999. Modelling leaf gas exchange in holm- oak trees in southern Spain. Agricultural and Forest Meteorology, 95 (4): 203-223.

INGRAM H A P, 1967. Problems of hydrology and plant distribution in mires. Journal of Ecology, 55 (3): 711.

INGRAM H A P, 1987. Ecohydrology of Scottish peatlands. Transactions of the Royal Society of Edinburgh: Earth Sciences, 78 (4): 287-296.

IPBES, 2018. The IPBES assessment report on land degradation and restoration//Montanarella L, Scholes R, Brainich A. Bonn Germany: Secretariat of the Intergovernmental Science-Policy Platform on Biodiversity and Ecosystem Services. https: //www. ipbes. net/outcomesacessed26/04/2108 [2020-10-08].

IVENS W P, TYSMANS D J, KROEZE C, et al., 2011. Modeling global N_2O emissions from aquatic systems. Current Opinion in Environmental Sustainability, 3 (5): 350-358.

JACKSON R B, JOBBÁGY E G, AVISSAR R, et al., 2005. Trading water for carbon with biological carbon sequestration. Science, 310 (5756): 1944-1947.

JARVIS P G, 1976. The interpretation of the variations in leaf water potential and stomatal conductance found in canopies in the field. Philosophical Transactions of the Royal Society B, 273 (927): 593-610.

JEONG S J, HO C H, GIM H J, et al., 2011. Phenology shifts at start vs. end of growing season in temperate vegetation over the Northern Hemisphere for the period 1982- 2008. Global Change Biology, 17 (7): 2385-2399.

JESPERSEN R G, LEFFLER A J, OBERBAUER S F, et al., 2018. Arctic plant ecophysiology and water source utilization in response to altered snow: isotopic ($\delta^{18}O$ and $\delta^{2}H$) evidence for meltwater subsidies to deciduous shrubs. Oecologia, 187 (4): 1009-1023.

JI J J, HU Y, 1989. A simple land surface process model for use in climate study. Acta Metetrological Sinica 3: 344-353.

JI Q X, BUITENHUIS E, SUNTHARALINGAM P, et al., 2018. Global nitrous oxide production determined by oxygen sensitivity of nitrification and denitrification. Global Biogeochemical Cycles, 32 (12): 1790-1802.

JI S, TONG L, KANG S, et al., 2017. A modified optimal stomatal conductance model under water- stressed condition. International Journal of Plant Production, 11 (2): 295-314.

JIAO J Y, TZANOPOULOS J, XOFIS P, et al., 2007. Can the study of natural vegetation succession assist in the control of soil erosion on abandoned croplands on the loess plateau, China? Restoration Ecology, 15 (3): 391-399.

JING X E, ZHANG S H, ZHANG J J, et al., 2017. Assessing efficiency and economic viability of rainwater harvesting systems for meeting non- potable water demands in four climatic zones of China. Resources, Conservation and Recycling, 126: 74-85.

JING X E, ZHANG S H, ZHANG J J, et al., 2018. Analysis and modelling of stormwater volume control performance of rainwater harvesting systems in four climatic zones of China. Water Resources Management, 32 (8): 2649-2664.

JOHNSON N, REVENGA C, ECHEVERRIA J, 2001. Ecology. Managing water for people and nature. Science, 292 (5519): 1071-1072.

JONES J A, GRANT G E, 1996. Peak flow responses to clear- cutting and roads in small and large basins, western cascades, Oregon. Water Resources Research, 32 (4): 959-974.

JONES J A, PERKINS R M, 2010. Extreme flood sensitivity to snow and forest harvest, western Cascades, Oregon, United States. Water Resources Research, 46 (12): W12512.

JULKOWSKA M M, TESTERINK C, 2015. Tuning plant signaling and growth to survive salt. Trends in Plant Science, 20: 586-594.

KABEYA N, KATSUYAMA M, KAWASAKI M, et al., 2007. Estimation of mean residence times of subsurface waters using seasonal variation in deuterium excess in a small headwater catchment in Japan. Hydrological Processes, 21 (3): 308-322.

KAINZ M, 1989. Runoff, erosion and sugar beet yields in conventional and mulched cultivation results of the 1988 experiment, Soil Technol. Series, 1: 103-114.

KALA J, DECKER M, EXBRAYAT J, et al., 2014. Influence of leaf area index prescriptions on simulations of heat, moisture, and carbon fluxes. Journal of Hydrometeorology, 15 (1): 489-503.

KARTHIKEYAN L, PAN M, WANDERS N, et al. , 2017. Four decades of microwave satellite soil moisture observations: Part 1. A review of retrieval algorithms. Advance Water Research, 109: 106-120.

KATERJI N, PERRIER A, 1983. A model of actural evapo-transpiration for a field of lucerne - The role of a crop coefficient. Agronomie, 3 (6): 513-521.

KATUL G G, PALMROTH S, OREN R, 2009. Leaf stomatal responses to vapour pressure deficit under current and CO_2-enriched atmosphere explained by the economics of gas exchange. Plant, Cell and Environment, 32 (8): 968-979.

KAYHANIAN M, ANDERSON D, HARVEY J T, et al., 2012. Permeability measurement and scan imaging to assess clogging of pervious concrete pavements in parking lots. Journal of Environmental Management, 95 (1): 114-123.

KEENAN T F, HOLLINGER D Y, BOHRER G, et al., 2013. Increase in forest water-use efficiency as atmospheric carbon dioxide concentrations rise. Nature, 499 (7458): 324.

KENNETH K, 1990. Agricultural Salinity Assessment and Managemen. New York: American Society of Civil Engineers.

KEPPEL G, VAN NIEL K P, WARDELL-JOHNSON G W, et al., 2012. Refugia: identifying and understanding safe havens for biodiversity under climate change. Global Ecology and Biogeography, 21 (4): 393-404.

KHANDAY S A, YOUSUF A R, RESHI Z A, et al., 2017. Management of Nymphoides peltatum using water level fluctuations in freshwater lakes of Kashmir Himalaya. Limnology, 18 (2): 219-231.

KIESEL J, GUSE B, PFANNERSTILL M, et al., 2017. Improving hydrological model optimization for riverine species. Ecological Indicators, 80: 376-385.

KINIRY J R, MACDONALD J D, KEMANIAN A R, et al., 2008. Plant growth simulation for landscape-scale hydrological modelling. Hydrological Sciences Journal, 53 (5): 1030-1042.

KIRKBY M, BRACKEN L, REANEY S, 2002. The influence of land use, soils and topography on the delivery of hillslope runoff to channels in SE Spain. Earth Surface Processes and Landforms, 27 (13): 1459-1473.

KJELGREN R, MONTAGUE T, 1998. Urban tree transpiration over turf and asphalt surfaces. Atmospheric Environment, 32 (1): 35-41.

KLOSTERMAN S, MELAAS E, WANG J, et al. , 2018. Fine-scale perspectives on landscape phenology from unmanned aerial vehicle (UAV) photography. Agricultural and Forest Meteorology, 248: 397-407.

KNIGHT D H, FAHEY T J, RUNNING S W, 1985. Water and nutrient outflow from contrasting lodgepole pine forests in Wyoming. Ecological Monographs, 55 (1): 29-48.

KOGAN F N, 1995. Application of vegetation index and brightness temperature for drought detection//SINGH R P, FURRER R. Natural Hazards: Monitoring and Assessment Using Remote Sensing Technique. Advances in Space Research: 91-100.

KOLB T E, HART S C, AMUNDSON R, 1997. Boxelder water sources and physiology at perennial and ephemeral stream sites in Arizona. Tree Physiology, 17 (3): 151-160.

KONDOLF G M, GAO Y X, ANNANDALE G W, et al., 2014. Sustainable sediment management in reservoirs and regulated rivers: Experiences from five continents. Earth's Future, 2 (5): 256-280.

KORHONEN J J, SOININEN J, HILLEBRAND H, 2010. A quantitative analysis of temporal turnover in aquatic species assemblages across ecosystems. Ecology, 91 (2): 508-517.

KOROL R L, RUNNING S W, MILNER K S, et al, 1999. Testing a mechanistic carbon balance model against observed tree growth. Canadian Journal of Forest Research, 21: 1098-1105.

KOSAKA Y, XIE S P, 2013. Recent global-warming hiatus tied to equatorial Pacific surface cooling. Nature, 501 (7467): 403.

KRAY J A, COOPER D J, SANDERSON J S, 2012. Groundwater use by native plants in response to changes in precipitation in an intermountain basin. Journal of Arid Environments, 83: 25-34.

KUEMMERLEN M, SCHMALZ B, CAI Q H, et al., 2015. An attack on two fronts: predicting how changes in land use and climate affect the distribution of stream macroinvertebrates. Freshwater Biology, 60 (7): 1443-1458.

KUSTAS W P, 1990. Estimates of evapotranspiration with a one- and two-layer model of heat transfer over partial canopy cover. Journal of Applied Meteorology, 29 (8): 704-715.

LAFLEUR P M, ROUSE W R, 1990. Application of an energy combination model for evaporation from sparse canopies. Agricultural and Forest Meteorology, 49 (2): 135-153.

LANCASTER J, BELYEA L R, 2010. Defining the limits to local density: alternative views of abundance - environment relationships. Freshwater Biology, 51: 783-796.

LANDWEHR J, COPLEN T, 2006. Line-conditioned excess: a new method for characterizing stable hydrogen and oxygen isotope ratios in hydrologic systems. Paper presented at the International conference on isotopes in environmental studies.

LANG R D, 1990. The Effect of Ground Cover on Runoff and Erosion Plots at Scone, New South Wales, MSc Thesis. Sydney: Macquarie University.

LANGE K, LIESS A, PIGGOTT J J, et al., 2011. Light, nutrients and grazing interact to determine stream diatom community composition and functional group structure. Freshwater Biology, 56 (2): 264-278.

LEBAUER D S, TRESEDER K K, 2008. Nitrogen limitation of net primary productivity in terrestrial ecosystems is globally distributed. Ecology, 89 (2): 371-379.

LEE Y Y, CHOI H, CHO K S, 2019. Effects of carbon source, C/N ratio, nitrate, temperature, and pH on N_2O emission and functional denitrifying genes during heterotrophic denitrification. Journal of Environmental Science and Health, Part A, 54 (1): 16-29.

LEIBOLD M A, HOLYOAK M, MOUQUET N, et al., 2004. The metacommunity concept: a framework for multi-scale community ecology. Ecology Letters, 7 (7): 601-613.

LEMONSU A, MASSON V, SHASHUA-BAR L, et al., 2012. Inclusion of vegetation in the Town Energy Balance model for modelling urban green areas. Geoscientific Model Development, 5 (6): 1377-1393.

LESSCHEN J P, CAMMERAAT L H, NIEMAN T, 2008. Erosion and terrace failure due to agricultural land abandonment in a semi-arid environment. Earth Surface Processes and Landforms, 33 (10): 1574-1584.

LEUNG L R, HUANG M Y, QIAN Y, et al., 2011. Climate-soil-vegetation control on groundwater table dynamics and its feedbacks in a climate model. Climate Dynamics, 36 (1/2): 57-81.

LEUNING R, 1995. A critical appraisal of a combined stomatal-photosynthesis model for C3 plants. Plant, Cell and Environment, 18 (4): 339-355.

LEVINE J M, 2016. A trail map for trait-based studies. Nature, 529 (7585): 163.

LHOMME J P, MONTENY B, AMADOU M, 1994. Estimating sensible heat flux from radiometric temperature over sparse millet. Agricultural and Forest Meteorology, 68 (1/2): 77-91.

LI F Q, CAI Q H, JIANG W X, et al., 2012. Flow-related disturbances in forested and agricultural rivers: influences on benthic macroinvertebrates. International Review of Hydrobiology, 97 (3): 215-232.

LI M, YAO W Y, SHEN Z Z, et al., 2016. Erosion rates of different land uses and sediment sources in a watershed using the 137Cs tracing method: field studies in the Loess Plateau of China. Environmental Earth Sciences, 75 (7): 1-10.

LI S Y, BUSH R T, SANTOS I R, et al., 2018. Large greenhouse gases emissions from China's lakes and reservoirs. Water Research, 147: 13-24.

LI S Y, ZHANG Q F, BUSH R T, et al., 2015. Methane and CO_2 emissions from China's hydroelectric reservoirs: a new quantitative synthesis. Environmental Science and Pollution Research, 22 (7): 5325-5339.

LI W, CHEN Q, MAO J, 2009. Development of 1-D and 2-D coupled model to simulate urban inundation: An application to Beijing Olympic Village. Chinese Science Bulletin, 54 (9): 1613-1621.

LI X R, ZHANG Z S, HUANG L, et al., 2013. Review of the ecohydrological processes and feedback mechanisms controlling sand- binding vegetation systems in sandy desert regions of China. Chinese Science Bulletin, 58 (13): 1-14.

LI Y, PIAO S L, LI L Z X, et al., 2018. Divergent hydrological response to large- scale afforestation and vegetation greening in China. Science Advances, 4 (5): 4182.

LI Y, WANG C, ZHANG W L, et al., 2015. Modeling the effects of hydrodynamic regimes on microbial communities within fluvial biofilms: combining deterministic and stochastic processes. Environmental Science and Technology, 49 (21): 12869-12878.

LI Z W, XU X L, ZHU J X, et al., 2019. Sediment yield is closely related to lithology and landscape properties in heterogeneous karst watersheds. Journal of Hydrology, 568: 437-446.

LIANG X, LETTENMAIER D P, WOOD E F, et al., 1994. A simple hydrologically based model of land surface water and energy fluxes for general circulation models. Journal of Geophysical Research: Atmospheres, 99 (D7): 14415-14428.

LIKENS G E, BORMANN F H, 1995. Biogeochemistry of a Forested Ecosystem. New York: Springer.

LIN H, DROHAN P, GREEN T R, 2015. Hydropedology: the last decade and the next decade. Soil Science Society of America Journal, 79 (2): 357-361.

LIN W Q, WU T H, ZHANG C G, et al., 2011. Carbon savings resulting from the cooling effect of green areas: a case study in Beijing. Environmental Pollution, 159 (8/9): 2148-2154.

LIN Y M, CUI P, GE Y G, et al., 2014. The succession characteristics of soil erosion during different vegetation succession stages in dry-hot river valley of Jinsha River, upper reaches of Yangtze River. Ecological Engineering, 62: 13-26.

LIN Y S, MEDLYN B E, DUURSMA R A, et al., 2015. Optimal stomatal behaviour around the world. Nature Climate Change, 5 (5): 459.

LINHOSS A C, SIEGERT C M, 2020. Calibration reveals limitations in modeling rainfall interception at the storm scale. Journal of Hydrology, 584: 124624.

LIU D, YU C L, 2017. Effects of climate change on the distribution of main vegetation types in Northeast China. Acta Ecologica Sinica, 37 (19): 492-512.

LIU Q, FU Y S H, LIU Y W, et al., 2018. Simulating the onset of spring vegetation growth across the Northern Hemisphere. Global Change Biology, 24 (3): 1342-1356.

LIU X Q, WANG H Z, 2018. Effects of loss of lateral hydrological connectivity on fish functional diversity. Conservation Biology, 32 (6): 1336-1345.

LIU Y B, XIAO J F, JU W M, et al., 2016. Recent trends in vegetation greenness in China significantly altered annual evapotranspiration and water yield. Environmental Research Letters, 11 (9): 094010.

LIU Z Q, JIA G D, YU X X, et al., 2018. Water use by broadleaved tree species in response to changes in precipitation in a mountainous area of Beijing. Agriculture, Ecosystems and Environment, 251: 132-140.

LIVESLEY S J, BAUDINETTE B, GLOVER D, 2014. Rainfall interception and stem flow by eucalypt street trees-The impacts of canopy density and bark type. Urban Forestryand Urban Greening, 13 (1): 192-197.

LOFTON D D, WHALEN S C, HERSHEYA E, 2014. Effect of temperature on methane dynamics and evaluation of methane oxidation kinetics in shallow Arctic Alaskan lakes. Hydrobiologia, 721 (1): 209-222.

LOPES P M, BINI L M, DECLERCK S A, et al., 2014. Correlates of zooplankton beta diversity in tropical lake systems. PLoS One, 9: e109581.

LUO X, CROFT H, CHEN J M, et al., 2019. Improved estimates of global terrestrial photosynthesis using information on leaf chlorophyll content. Global Change Biology, 25 (7): 2499-2514.

LUO Y Q, Gerten D, LE MAIRE G, et al., 2008. Modeled interactive effects of precipitation, temperature, and [CO_2] on ecosystem carbon and water dynamics in different climatic zones. Global Change Biology, 14 (9): 1986-1999.

MA N, SZILAGYI J, ZHANG Y, et al., 2019. Complementary-relationship-based modeling of terrestrial evapotranspiration across China during 1982-2012: Validations and spatiotemporal analyses. Journal of Geophysical Research-Atmospheres, 124 (8): 4326-4351.

MA S, ZHOU Y, GOWDA P H, et al., 2019. Application of the water-related spectral reflectance indices: A review. Ecology Indicate, 98: 68-79.

MACKAY D S, BAND L E, 1997. Forest ecosystem processes at the watershed scale: dynamic coupling of distributed hydrology and canopy growth. Hydrological Processes, 11 (9): 1197-1217.

MAESTRE F T, BOWKER M A, CANTÓN Y, et al., 2011. Ecology and functional roles of biological soil crusts in semi-arid ecosystems of Spain. Journal of Arid Environments, 75 (12): 1282-1291.

MALYAN S K, BHATIA A, KUMAR A, et al., 2016. Methane production, oxidation and mitigation: a mechanistic understanding and comprehensive evaluation of influencing factors. Science of the Total Environment, 572: 874-896.

MARIAM A, LINDSAY S, ALEXANDER E, et al., 2017. Unpacking the concept of land degradation neutrality and addressing its operation through the rio conventions. Journal of Environmental Management, 195: 4-15.

MARTÍNEZ-VILALTA J, POYATOS R, AGUADÉ D, et al., 2014. A new look at water transport regulation in plants. New Phytologist, 204 (1): 105-115.

MASSMAN W J, 1983. The derivation and validation of a new model for the interception of rainfall by forest. Agricultural Meteorology, 28: 261-286.

MASSMAN W J, 1992. A surface energy balance method for partitioning evapotranspiration data into plant and soil components for a surface with partial canopy cover. Water Resources Research, 28 (6): 1723-1732.

MAYBECK M, 1998. Surface water quality: global assessment and perspectives// Zebidi H. UNESCO IHP - V Technical Documents in Hydrology, 18: 173-186.

MAYOR Á G, BAUTISTA S, BELLOT J, 2009. Factors and interactions controlling infiltration, runoff, and soil loss at the microscale in a patchy Mediterranean semiarid landscape. Earth Surface Processes and Landforms, 34 (12): 1702-1711.

MCCARTHY H R, PATAKI D E, 2010. Drivers of variability in water use of native and non-native urban trees in the greater Los Angeles area. Urban Ecosystems, 13 (4): 393-414.

MCCLELLAND J W, HOLMES R M, PETERSON B J, et al., 2016. Particulate organic carbon and nitrogen export from major Arctic rivers. Glob. Biogeochem. Cycle, 30: 629-643.

MCDONNELL J J, 2014. The two waterworlds hypothesis: ecohydrological separation of water between streams and trees? Wiley Interdisciplinary Reviews: Water, 1 (4): 323-329.

MCDOWELL N G, ALLEN C D, 2015. Darcy's law predicts widespread forest mortality under climate warming. Nature Climate Change, 5 (7): 669-672.

MCDOWELL N, POCKMAN W T, ALLEN C D, et al., 2008. Mechanisms of plant survival and mortality during drought: why do some plants survive while others succumb to drought? New Phytologist, 178 (4): 719-739.

MCFEETERS S K, 1996. The use of the Normalized Difference Water Index (NDWI) in the delineation of open water features. International Journal of Remote Senses, 17: 1425-1432.

MCLEOD S D, RUNNING S W, 1988. Comparing site quality indices and productivity in ponderosa pine stands of western Montana. Canadian Journal of Forest Research, 18 (3): 346-352.

MEDLYN B E, DUURSMA R A, EAMUS D, et al., 2011. Reconciling the optimal and empirical approaches to modelling stomatal conductance. Global Change Biology, 17 (6): 2134-2144.

MEDLYN B E, DUURSMA R A, DE KAUWE M G, et al., 2013. The optimal stomatal response to atmospheric CO_2 concentration: Alternative solutions, alternative interpretations. Agricultural and Forest Meteorology, 182/183: 200-203.

MEINZER F C, 2003. Functional convergence in plant responses to the environment. Oecologia, 134 (1): 1-11.

MEINZER F C, BROOKS J R, DOMEC J C, et al., 2006. Dynamics of water transport and storage in conifers studied with deuterium and heat tracing techniques. Plant, Cell and Environment, 29 (1): 105-114.

MEINZER F C, WOODRUFF D R, EISSENSTAT D M, et al., 2013. Above- and belowground controls on water use by trees of different wood types in an eastern US deciduous forest. Tree Physiology, 33 (4): 345-356.

MEZENTSEV V S, 1955. More on the calculation of average total evaporation, Meteorol. Gidrol., 5: 24-26.

MICHELOT A, EGLIN T, DUFRÊNE E, et al., 2011. Comparison of seasonal variations in water-use efficiency calculated from the carbon isotope composition of tree rings and flux data in a temperate forest. Plant, Cell and Environment, 34 (2): 230-244.

MIELKE M S, OLIVA M A, DE BARROS N F, et al., 2000. Leaf gas exchange in a clonal eucalypt plantation as related to soil moisture, leaf water potential and microclimate variables. Trees, 14 (5): 263-270.

MILLER N A, PAGANINI A W, STILLMAN J H, 2013. Differential thermal tolerance and energetic trajectories during ontogeny in porcelain crabs, genus Petrolisthes. Journal of Thermal Biology, 38: 79-85.

MONTANARI A, YOUNG G, SAVENIJE H H G, et al., 2013. "panta rhei: everything flows": change in hydrology and society: the IAHS scientific decade 2013 - 2022. Hydrological Sciences Journal, 58 (6):

1256-1275.

MOORE J W, SEMMENS B X, 2008. Incorporating uncertainty and prior information into stable isotope mixing models. Ecology Letters, 11 (5): 470-480.

MOORE T R, THOMAS D B, BARBER R G, 1979. The influence of grass cover on runoff and soil erosion from soils in the Machakos area, Kenya, Trop. Agr., 56: 339-344.

MORTON F I, 1983. Operational estimates of areal evapotranspiration and their significance to the science and practice of hydrology. Journal of Hydrology, 66 (1-4): 1-76.

MOTZO R, PRUNEDDU G, GIUNTAF, 2013. The role of stomatal conductance for water and radiation use efficiency of durum wheat and triticale in a Mediterranean environment. European Journal of Agronomy, 44: 87-97.

MUHAR S, SENDZIMIR J, JUNGWIRTH M, et al., 2018. Restoration in integrated river basin management// Riverine Ecosystem Management. Cham: Springer International Publishing: 273-299.

MUNNS R, 1993. Physiological processes limiting plant growth in saline soils: some dogmas and hypotheses. Plant Cell Environ, 16: 15-24.

MUNOZ S E, GIOSAN L, THERRELL M D, et al., 2018. Climatic control of Mississippi River flood hazard amplified by river engineering. Nature, 556 (7699): 95.

MUZYLO A, LLORENS P, VALENTE F, et al., 2009. A review of rainfall interception modelling. Journal of Hydrology, 370 (1): 191-206.

NAKAJI T, FUKAMI M, DOKIYA Y, et al., 2001. Effects of high nitrogen load on growth, photosynthesis and nutrient status of Cryptomeria japonica and Pinus densiflora seedlings. Trees, 15 (8): 453-461.

NEMANI R R, RUNNING S W, 1989. Testing a theoretical climate- soil- leaf area hydrologic equilibrium of forests using satellite data and ecosystem simulation. Agricultural and Forest Meteorology, 44 (3/4): 245-260.

NEUMANN R B, CARDON Z G, 2012. The magnitude of hydraulic redistribution by plant roots: a review and synthesis of empirical and modeling studies. New Phytologist, 194 (2): 337-352.

NICOLAU J M, SOLÉ-BENET A, PUIGDEFÁBREGAS J, et al., 1996. Effects of soil and vegetation on runoff along a catena in semi-arid Spain. Geomorphology, 14 (4): 297-309.

NIU C Y, MEINZER F C, HAO G Y, 2017. Divergence in strategies for coping with winter embolism among co-occurring temperate tree species: the role of positive xylem pressure, wood type and tree stature. Functional E-cology, 31 (8): 1550-1560.

NIU G Y, YANG Z L, DICKINSON R E, et al., 2005. A simple TOPMODEL-based runoff parameterization (SIMTOP) for use in global climate models. Journal of Geophysical Research: Atmospheres, 110 (D21): D21106.

NORMAN J M, DANIEL L C, DIAK G R, et al. , 2000. Satellite estimates of evapotranspiration on the 100-m pixel scale. Geoscience and Remote Sensing Symposium, 2000. Proceedings. IGARSS 2000. IEEE 2000 International.

NÁVAR J, 2019. Modeling rainfall interception components of forests: Extending drip equations. Agricultural and Forest Meteorology, 279: 107704.

NÁVAR J, 2020. Modeling rainfall interception loss components of forests. Journal of Hydrology 584: 124449.

OHSAWA M, DAL J, 1988. Integrated studies in urban ecosystems as the basis of urban planning (Ⅲ). Chiba: Chiba University.

OKE T R, 1988. The urban energy balance. Progress in Physical Geography: Earth and Environment, 12 (4): 471-508.

OLIOSO A, CARLSON T N, BRISSON N, 1996. Simulation of diurnal transpiration and photosynthesis of a water stressed soybean crop. Agricultural and Forest Meteorology, 81 (1/2): 41-59.

OL'DEKOP E M, 1911. On evaporation from the surface of river basins, Trans. Meteorol. Obs. Univ. Tartu, 4: 200.

OSBORNE C P, SACK L, 2012. Evolution of C4 plants: a new hypothesis for an interaction of CO_2 and water relations mediated by plant hydraulics. Philosophical Transactions of the Royal Society B: Biological Sciences, 367 (1588): 583-600.

OSBORNE C P, MITCHELL P L, SHEEHY J E, et al., 2010. Modelling the recent historical impacts of atmospheric CO_2 and climate change on Mediterranean vegetation. Global Change Biology, 6 (4): 445-458.

PACHECO F A L, SANCHES FERNANDES L F, VALLE R F J R, et al., 2018. Land degradation: Multiple environmental consequences and routes to neutrality. Current Opinion in Environmental Scienceand Health, 5: 79-86.

PALMER M A, MENNINGER H L, BERNHARDT E, 2010. River restoration, habitat heterogeneity and biodiversity: a failure of theory or practice? Freshwater Biology, 55: 205-222.

PALMER M A, HONDULA K L, KOCH B J, 2014. Ecological restoration of streams and rivers: shifting strategies and shifting goals. Annual Review of Ecology, Evolution, and Systematics, 45 (1): 247-269.

PAN T, HOU S, WU S, et al., 2017. Variation of soil hydraulic properties with alpine grassland degradation in the Eastern Tibetan Plateau. Hydrology and Earth System Sciences, 21 (4): 2249-2261.

PANTIN F, SIMONNEAU T, MULLER B, 2012. Coming of leaf age: control of growth by hydraulics and metabolics during leaf ontogeny. New Phytologist, 196 (2): 349-366.

PASCHALIS A, KATUL G G, FATICHI S, et al., 2017. On the variability of the ecosystem response to elevated atmospheric CO_2 across spatial and temporal scales at the Duke Forest FACE experiment. Agricultural and Forest Meteorology, 232: 367-383.

PAUFERRO N, GUIMARÂES A P, JANTALIA C P, et al., 2010. ^{15}N natural abundance of biologically fixed N2 in soybean is controlled more by the Bradyrhizobium strain than by the variety of the host plant. Soil Biology and Biochemistry, 42 (10): 1694-1700.

PENG T, WANG S J, 2012. Effects of land use, land cover and rainfall regimes on the surface runoff and soil loss on karst slopes in southwest China. CATENA, 90: 53-62.

PENMAN H L, 1948. Natural evaporation from open water, bare soil and grass. Proceedings of the Royal Society of London Series A Mathematical and Physical Sciences, 193 (1032): 120-145.

PENMAN H L, 1963. Vegetation and Hydrology. Commonwealth Agricultural Bureaux, Farnham Royal.

PEREIRA H M, FERRIER S, WALTERS M, et al., 2013. Essential biodiversity variables. Science, 339 (6117): 277-278.

PERSSON J, FINK P, GOTO A, et al., 2010. To be or not to be whatYou eat: regulation of stoichiometric homeostasis among autotrophs and heterotrophs. Oikos, 119 (5): 741-751.

PETIT G, PFAUTSCH S, ANFODILLO T, et al., 2010. The challenge of tree height in Eucalyptus regnans: when xylem tapering overcomes hydraulic resistance. New Phytologist, 187 (4): 1146-1153.

PHILIP J R, 1966. Plant water relations: some physical aspects. Annual Review of Plant Physiology, 17 (1): 245-268.

PIAO S, WANG X, CIAIS P, et al. , 2011. Changes in satellite-derived vegetation growth trend in temperate and boreal Eurasia from 1982 to 2006. Global Change Biology, 17: 3228-3239.

PIAO S, LIU Q, CHEN A, et al. , 2019. Plant phenology and global climate change: Current progresses and challenges. Global Change Biology, 25 (6): 1922-1940.

PIERI L D, BITTELLI M, WU J Q, et al., 2007. Using the Water Erosion Prediction Project (WEPP) model to simulate field-observed runoff and erosion in the Apennines mountain range, Italy. Journal of Hydrology, 336 (1/2): 84-97.

PIKE J G, 1964. The estimation of annual Run-off from meteorological data in a tropical climate. Journal of Hydrology, 2 (2): 116-123.

POESEN J W, VAN WESEMAEL B, BUNTE K, et al., 1998. Variation of rock fragment cover and size along semiarid hillslopes: a case-study from southeast Spain. Geomorphology, 23 (2/3/4): 323-335.

POLLEY H, WAYNE J, DANIEL M, et al. , 2018. Projected drought effects on the demography of Ashe juniper populations inferred from remote measurements of tree canopies. Plant Ecology, 219 (10): 1259-1267.

PRENDIN A L, MAYR S, BEIKIRCHER B, et al., 2018. Xylem anatomical adjustments prioritize hydraulic efficiency over safety as Norway spruce trees grow taller. Tree Physiology, 38 (8): 1088-1097.

PRICE J C, 1983. Estimating surface temperatures from satellite thermal infrared data. A simple formulation for the atmospheric effect. Remote Sense Environment, 13: 353-361.

PUIGDEFÁBREGAS J, SOLE A, GUTIERREZ L, et al., 1999. Scales and processes of water and sediment redistribution in drylands: results from the Rambla Honda field site in Southeast Spain. Earth-Science Reviews, 48 (1/2): 39-70.

QIN L L, LI K F, LI Y, et al., 2016. A habitat similarity model based on vague sets to assess Schizothorax prenanti spawning habitat. Ecological Engineering, 96: 86-93.

QIU G Y, SHI P J, WANG L M, 2006. Theoretical analysis of a soil evaporation transfer coefficient. Remote Sensing of Environment, 101 (3): 390-398.

QIU G Y, TAN S L, GUO Q, et al., 2015. Cooling effect of evapotranspiration (ET) and ET measurement by thermal remote sensing in urban. 2015 AGU Fall meeting, Dec. 14-18, San Francisco, California, USA. Paper Number: 58528.

QIU G Y, ZOU Z D, LI X Z, et al., 2017a. Experimental studies on the effects of green space and evapotranspiration on urban heat island in a subtropical megacity in China. Habitat International, 68: 30-42.

QIU G Y, TAN S L, WANG Y, et al., 2017b. Characteristics of evapotranspiration of urban lawns in a subtropical megacity and its measurement by the 'three temperature model + infrared remote sensing' method. Remote Sensing, 9 (5): 502.

QU B, AHO K S, LI C, et al., 2017. Greenhouse gases emissions in rivers of the Tibetan Plateau. Scientific Reports, 7 (1): 16573.

QUINTON J N, EDWARDS G M, MORGAN R P C, 1997. The influence of vegetation species and plant properties on runoff and soil erosion: results from a rainfall simulation study in south east Spain. Soil Use and Management, 13 (3): 143-148.

QUINTON J N, GOVERS G, VAN OOST K, et al., 2010. The impact of agricultural soil erosion on biogeochemical cycling. Nature Geoscience, 3 (5): 311.

RAYMOND P A, HARTMANN J, LAUERWALD R, et al., 2013. Global carbon dioxide emissions from inland waters. Nature, 503 (7476): 355.

REGNIER P, FRIEDLINGSTEIN P, CIAIS P, et al., 2013. Anthropogenic perturbation of the carbon fluxes from land to ocean. Nature Geoscience, 6 (8): 597.

REICH P B, OLEKSYN J, WRIGHT I J, et al., 2010. Evidence of a general 2/3-power law of scaling leaf nitrogen to phosphorus among major plant groups and biomes. Proceedings. Biological Sciences, 277 (1683): 877-883.

REICH P B, LUO Y, BRADFORD J B, et al., 2014. Temperature drives global patterns in forest biomass distribution in leaves, stems, and roots. PNAS, 111 (38): 13721-13726.

REID M A, THOMS M C, 2008. Surface flow types, near-bed hydraulics and the distribution of stream macroinvertebrates. Biogeosciences, 5 (4): 1043-1055.

REWALD B, EPHRATH J E, RACHMILEVITCH S, 2011. A root is a root is a root? Water uptake rates of Citrus root orders. Plant, Celland Environment, 34 (1): 33-42.

REYNOLDS J F, 2013. Desertification//Encyclopedia of Biodiversity. Amsterdam: Elsevier: 479-494.

RICHARDS J H, CALDWELL M M, 1987. Hydraulic lift: Substantial nocturnal water transport between soil layers by Artemisia tridentata roots. Oecologia, 73 (4): 486-489.

RICHTER B D, THOMAS G, 2007. Restoring environmental flows by modifying dam operations. Ecology and Society, 12 (1): 12.

RICKSON R J, MORGAN R P C, 1988. Approaches to modelling the effects of vegetation on soil erosion by water//Morgan R P C, Rickson R J. Agriculture: erosion assessment and modelling, Office for Official Publications of the European Communities, Luxembourg.

RODRIGUEZ-ITURBE I, 2000. Ecohydrology: a hydrologic perspective of climate-soil-vegetation dynamies. Water Resources Research, 36 (1): 3-9.

ROLAND F A E, DARCHAMBEAU F, BORGES A V, et al., 2018. Denitrification, anaerobic ammonium oxidation, and dissimilatory nitrate reduction to ammonium in an East African Great Lake (Lake Kivu). Limnology and Oceanography, 63 (2): 687-701.

ROSEEN R M, BALLESTERO T P, HOULE J J, et al., 2009. Seasonal performance variations for storm-water management systems in cold climate conditions. Journal of Environmental Engineering, 135 (3): 128-137.

ROSGEN D L, 1998. Applied Stream Geomorphology. Pagoda Springs, CO: Widland Hydrol.

ROSGEN D L, 2013. Natural channel design: fundamental concepts, assumptions, and methods//Stream Restoration in Dynamic Fluvial Systems. Washington, DC: American Geophysical Union: 69-93.

RUNNING S W, 1994. Testing forest-BGC ecosystem process simulations across a climatic gradient in Oregon. Ecological Applications, 4 (2): 238-247.

RUNNING S W, COUGHLAN J C, 1988. A general model of forest ecosystem processes for regional applications I. Hydrologic balance, canopy gas exchange and primary production processes. Ecological Modelling, 42 (2): 125-154.

RUTTER A J, KERSHAW K A, ROBINS P C, et al., 1971. A predictive model of rainfall interception in forest. I. Derivation of the model from observation in a plantation of Corsican pine. Agricultural Meteorology, 9: 367-384.

RYAN M G, PHILLIPS N, BOND B J, 2006. The hydraulic limitation hypothesis revisited. Plant, Celland Environment, 29 (3): 367-381.

RYEL R, CALDWELL M, YODER C, et al., 2002. Hydraulic redistribution in a stand of Artemisia tridentata: evaluation of benefits to transpiration assessed with a simulation model. Oecologia, 130 (2): 173-184.

SALA O E, CHAPIN F S, ARMESTO J J, et al., 2000. Global biodiversity scenarios for the year 2100. Science, 287 (5459): 1770-1774.

SAWAKUCHI H O, NEU V, WARD N D, et al., 2017. Carbon dioxide emissions along the lower Amazonriver. Frontiers in Marine Science, 4: 76.

SCHELLENBERGER-COSTA D, GERSCHLAUER F, PABST H, et al., 2017. Community-weighted means and functional dispersion of plant functional traits along environmental gradients on Mount Kilimanjaro. Journal of Vegetation Science, 28 (4): 684-695.

SCHMERA D, PODANI J, HEINO J, et al., 2015. A proposed unified terminology of species traits in stream ecology. Freshwater Science, 34 (3): 823-830.

SCHNEIDER S C, PETRIN Z, 2017. Effects of flow regime on benthic algae and macroinvertebrates - A comparison between regulated and unregulated rivers. Science of the Total Environment, 579: 1059-1072.

SCHOLZ F G, BUCCI S J, GOLDSTEIN G, et al., 2002. Hydraulic redistribution of soil water by neotropical savanna trees. Tree Physiology, 22 (9): 603-612.

SCHOLZ F G, BUCCI S J, GOLDSTEIN G, et al., 2007. Biophysical properties and functional significance of stem water storage tissues in Neotropical savanna trees. Plant, Cell and Environment, 30 (2): 236-248.

SCHUMACHER J, ROSCHER C, 2009. Differential effects of functional traits on aboveground biomass in semi-natural grasslands. Oikos, 118 (11): 1659-1668.

SCHYMANSKI S J, SIVAPALAN M, RODERICK M L, et al., 2008. An optimality-based model of the coupled soil moisture and root dynamics. Hydrology and Earth System Sciences, 12 (3): 913-932.

SELLERS P J, LOCKWOOD J G, 1981. A computer simulation of the effects of differing crop types on the water balance of small catchments over long time periods. Quarterly Journal of the Royal Meteorological Society, 107: 395-414.

SERIKOVA S, POKROVSKY O S, ALA-AHO P, et al., 2018. High riverine CO_2 emissions at the permafrost boundary of Western Siberia. Nature Geoscience, 11 (11): 825-829.

SHE N, PANG J, 2010. Physically based green roof model. Journal of Hydrologic Engineering, 15 (6), 458-464.

SHUTTLEWORTH W J, WALLACE J S, 1985. Evaporation from sparse crops- an energy combination theory. Quarterly Journal of the Royal Meteorological Society, 111 (469): 839-855.

SINGH J S, 2002. The biodiversity crisis: A multifaceted review. Current Science, 82 (6): 638-647.

SIQUEIRA M, KATUL G, PORPORATO A, 2008. Onset of water stress, hysteresis in plant conductance, and hydraulic lift: Scaling soil water dynamics from millimeters to meters. Water Resources Research, 44 (1): W01432.

SIRIWARDENE N R, DELETIC A, FLETCHER T D, 2007. Clogging of stormwater gravel infiltration systems and filters: Insights from a laboratory study. Water Research, 41 (7): 1433-1440.

SIVAKUMAR M V K, STEFANSKI R, 2007. Climate and land degradation: an overview. Climate and Land Degradation: 105-135.

SKELTON R P, BRODRIBB T J, CHOAT B, 2017. Casting light on xylem vulnerability in an herbaceous species reveals a lack of segmentation. New Phytologist, 214 (2): 561-569.

SKLASH M G, FARVOLDEN R N, FRITZ P, 1976. A conceptual model of watershed response to rainfall, developed through the use of oxygen- 18 as a natural tracer. Canadian Journal of Earth Ences, 63 (2): 1016-1020.

SNELDER D J, BRYAN R B, 1995. The use of rainfall simulation tests to assess the influence of vegetation density on soil loss on degraded rangelands in the Baringo District, Kenya. CATENA, 25 (1/2/3/4): 105-116.

SONG C L, WANG G X, MAO T X, et al., 2020. Spatiotemporal variability and sources of DIC in permafrost catchments of the Yangtze River source region: insights from stable carbon isotope and water chemistry. Water Resources Research, 56 (1).

SONG C, WANG G, MAO T, et al., 2019. Importance of active layer freeze-thaw cycles on the riverine dissolved carbon export on the Qinghai-Tibet Plateau permafrost region. PeerJ, 7: e7146.

SONG M H, DUAN D Y, CHEN H, et al., 2008. Leaf δ^{13}C reflects ecosystem patterns and responses of alpine plants to the environments on the Tibetan Plateau. Ecography, 31 (4): 499-508.

SOULSBY C, DICK J, SCHELIGA B, et al., 2017. Taming the flood: How far can we go with trees?. Hydrological Processes, 31 (17): 3122-3126.

SPERRY J S, WANG Y J, WOLFE B T, et al., 2016. Pragmatic hydraulic theory predicts stomatal responses to climatic water deficits. New Phytologist, 212 (3): 577-589.

STAELENS J, DE SCHRIJVER A, VERHEYEN K, et al., 2008. Rainfall partitioning into throughfall, stemflow, and interception within a single beech (Fagus sylvatica L.) canopy: influence of foliation, rain event characteristics, and meteorology. Hydrological Processes, 22 (1): 33-45.

STANNARD D I, 1993. Comparison of penman-monteith, Shuttleworth-Wallace, and modified Priestley-Taylor evapotranspiration models for wildland vegetation in semiarid rangeland. Water Resources Research, 29 (5): 1379-1392.

STEARNS S, 1992. The Evolution of Life Histories. New York: Oxford University Press.

STEDUTO P, ALBRIZIO R, 2005. Resource use efficiency of field - grown sunflower, sorghum, wheat and chickpea. II. Water use efficiency and comparison with radiation use efficiency. Agriculture and Forest Meteorology, 130: 269-281.

STEPPE K, DE PAUW D J W, LEMEUR R, et al., 2006. A mathematical model linking tree Sap flow dynamics to daily stem diameter fluctuations and radial stem growth. Tree Physiology, 26 (3): 257-273.

STERNER R W, ELSER J J, 2002. Ecological Stoichiometry. Princeton: Princeton University Press.

STREHMEL A, JEWETT A, SCHULDT R, et al., 2016. Field data-based implementation of land management and terraces on the catchment scale for an eco-hydrological modelling approach in the Three Gorges Region, China. Agricultural Water Management, 175: 43-60.

SUO L Z, HUANG M B, DUAN L X, et al., 2017. Zonal pattern of soil moisture and its influencing factors under different land use types on the Loess Plateau. Acta Ecologica Sinica, 37 (6): 2045-2053.

SYNNEFA A, KARLESSI T, GAITANI N, et al., 2011. Experimental testing of cool colored thin layer asphalt and estimation of its potential to improve the urban microclimate. Building and Environment, 46 (1): 38-44.

TAIZE L, ZEIGER E, 2006. Plant Physiology, Fourth Edition. Sinauer Associates, Inc.: 705.

TAN L, ZENG Y, ZHENG Z, 2016. An adaptability analysis of remote sensing indices in evaluating fire severity. Remote Sensing for Land and Resources, 28 (2): 84-90.

TANG J L, WANG T, ZHU B, et al., 2015. Tempo-spatial analysis of water quality in tributary bays of the Three Gorges Reservoir region (China). Environmental Science and Pollution Research, 22 (21): 16709-16720.

TANG J W, KÖRNER C, MURAOKA H, et al., 2016. Emerging opportunities and challenges in phenology: a review. Ecosphere, 7: e01436.

TANG Q, BAO Y H, HE X B, et al., 2016. Flow regulation manipulates contemporary seasonal sedimentary dynamics in the reservoir fluctuation zone of the Three Gorges Reservoir, China. Science of the Total Environment, 548/549: 410-420.

TEDESCO P A, HUGUENY B, OBERDORFF T, et al., 2008. River hydrological seasonality influences life history strategies of tropical riverine fishes. Oecologia, 156 (3): 691-702.

TIAN F, LÜ Y H, FU B J, et al., 2016. Effects of ecological engineering on water balance under two different vegetation scenarios in the Qilian Mountain, northwestern China. Journal of Hydrology: Regional Studies, 5: 324-335.

TIAN H Q, LU C Q, CHEN G S, et al., 2011. Climate and land use controls over terrestrial water use efficiency in monsoon Asia. Ecohydrology, 4 (2): 322-340.

TOURNEBIZE J, CHAUMONT C, MANDERÜ, 2017. Implications for constructed wetlands to mitigate nitrate and pesticide pollution in agricultural drained watersheds. Ecological Engineering, 103: 415-425.

TRANVIK L J, DOWNING J A, COTNER J B, et al., 2009. Lakes and reservoirs as regulators of carbon cycling and climate. Limnology and Oceanography, 54 (6part2): 2298-2314.

TSAMIR M, GOTTLIEB S, PREISLER Y, et al., 2019. Stand density effects on carbon and water fluxes in a semi-arid forest, from leaf to stand-scale. Forest Ecology and Management, 453: 117573.

TURER D, MAYNARD J B, SANSALONE J J, 2001. Heavy metal contamination in soils of urban highways comparison between runoff and soil concentrations at Cincinnati, Ohio. Water, Air, and Soil Pollution, 132 (3/4): 293-314.

TYREE M T, SINCLAIR B, LU P, et al., 1993. Whole shoot hydraulic resistance in Quercus species measured with a new high-pressure flowmeter. Annales Des Sciences Forestières, 50 (5): 417-423.

UKKOLA A M, COLIN PRENTICE I, KEENAN T F, et al., 2016. Reduced streamflow in water- stressed climates consistent with CO_2 effects on vegetation. Nature Climate Change, 6 (1): 75.

UNEP- IETC, 2003. Guidelines for the Integrated Management of the Watershed- Phytotechnology and Ecohydrology, Newsletter and Technical Publications, Freshwater Management Series No. 5.

UNESCO, 2000. Ecohydrology, Advanced Study Course. IHP-V, theme 2, Paris.

UPSTILL-GODDARD R C, SALTER M E, MANN P J, et al., 2017. The riverine source of CH_4 and N_2O from the Republic of Congo, western Congo Basin. Biogeosciences, 14 (9): 2267-2281.

USEPA, 1993. Guidance Manual for Developing Best Management Practices. Office of Water, EPA 833- B-93-004.

VALENTE F, DAVID J, GASH J, 1997. Modelling interception loss for two sparse eucalypt and pine forests in central Portugal using reformulated Rutter and Gash analytical models. Journal of Hydrology, 190 (1-2): 141-162.

VAN DIJK A I J M, BRUIJNZEEL L A, 2001. Modelling rainfall interception by vegetation of variable density using an adapted analytical model, part 1. Model description. Journal of Hydrology 247: 230-238.

VAN DIJK A I J M, GASH J H C, VAN GORSEL E, et al., 2015. Rainfall interception and the coupled surface water and energy balance. Agricultural and Forest Meteorology, 214-215: 402-415.

VAROL M, LI S Y, 2017. Biotic and abiotic controls on CO_2 partial pressure and CO_2 emission in the Tigris River, Turkey. Chemical Geology, 449: 182-193.

VEREECKEN H, SCHNEPF A, HOPMANS J W, et al., 2016. Modeling soil processes: Review, key challenges, and new perspectives. Vadose Zone Journal, 15 (5): 1-57.

VICENTE M J, CONESA E, ÁLVAREZ-ROGEL J, et al., 2007. Effects of various salts on the germination of three perennial salt marsh species. Aquatic Botany, 87: 167-170.

VICO G, MANZONI S, PALMROTH S, et al., 2013. A perspective on optimal leaf stomatal conductance under CO_2 and light co-limitations. Agricultural and Forest Meteorology, 182/183: 191-199.

VIOLLE C, REICH P B, PACALA S W, et al., 2014. The emergence and promise of functional biogeography. PNAS, 111 (38): 13690-13696.

VOISIN N, LI H, WARD D L, et al., 2013. On an improved sub-regional water resources management representation for integration into earth system models. Hydrology and Earth System Sciences, 17 (9): 3605-3622.

VOSE J M, MINIAT C F, LUCE C H, et al., 2016. Ecohydrological implications of drought for forests in the United States. Forest Ecology and Management, 380: 335-345.

WAGENHOFF A, LIESS A, PASTOR A, et al., 2017. Thresholds in ecosystem structural and functional responses to agricultural stressors can inform limit setting in streams. Freshwater Science, 36 (1): 178-194.

WALKER A P, 2014. The relationship of leaf photosynthetic traits - V_{cmax} and J_{max}- to leaf nitrogen, leaf phosphorus, and specific leaf area: A meta-analysis and modeling study. Ecology and Evolution, 4 (16): 3218-3235.

WANG C, SUN Q Y, WANG P F, et al., 2013. An optimization approach to runoff regulation for potential estuarine eutrophication control: Model development and a case study of Yangtze Estuary, China. Ecological Modelling, 251: 199-210.

WANG G, LIN S, HU Z, et al., 2020. Improving Actual Evapotranspiration Estimation Integrating Energy Consumption for Ice Phase Change Across the Tibetan Plateau. Journal of Geophysical Research Atmospheres, 125 (3).

WANG H L, TETZLAFF D, DICK J J, et al., 2017. Assessing the environmental controls on Scots pine transpiration and the implications for water partitioning in a boreal headwater catchment. Agricultural and Forest Meteorology, 240/241: 58-66.

WANG H, WANG X K, ZHAO P, et al., 2012. Transpiration rates of urban trees, Aesculus chinensis. Journal of Environmental Sciences, 24 (7): 1278-1287.

WANG P, YAMANAKA T, LI X Y, et al., 2015. Partitioning evapotranspiration in a temperate grassland ecosystem: Numerical modeling with isotopic tracers. Agricultural and Forest Meteorology, 208: 16-31.

WANG S, LI Y, JU W, et al. 2020. Estimation of Leaf Photosynthetic Capacity From Leaf Chlorophyll Content and Leaf Age in a Subtropical Evergreen Coniferous Plantation. Journal of Geophysical Research: Biogeosciences, 125 (2).

WANG T, ZHU B, ZHOU M H, 2019. Ecological ditch system for nutrient removal of rural domestic sewage in the hilly area of the central Sichuan Basin, China. Journal of Hydrology, 570: 839-849.

WANG X, PIAO S, XU X, et al. , 2015. Has the advancing onset of spring vegetation green-up slowed down or changed abruptly over the last three decades? Global Ecology and Biogeography, 24 (6): 621-631.

WANG Y H, SPENCER R G M, PODGORSKI D C, et al., 2018. Spatiotemporal transformation of Dissolved organic matter along an alpine stream flow path on the Qinghai - Tibet Plateau: importance of source and permafrost degradation. Biogeosciences, 15 (21): 6637-6648.

WARD J V, STANFORD J A, 1983. The serial discontinuity concept of lotic ecosystem//Fontaine T D, Bartell

S M. Dynamics of Lotic Ecosystems. Michigan: Ann Arbor Science: 29-42.

WARREN C R, MCGRATH J F, ADAMS M A, 2001. Water availability and carbon isotope discrimination in conifers. Oecologia, 127 (4): 476-486.

WARREN J M, MEINZER F C, BROOKS J R, et al., 2007. Hydraulic redistribution of soil water in two old-growth coniferous forests: quantifying patterns and controls. New Phytologist, 173 (4): 753-765.

WARREN J M, HANSON P J, IVERSEN C M, et al., 2015. Root structural and functional dynamics in terrestrial biosphere models - evaluation and recommendations. New Phytologist, 205 (1): 59-78.

WASON J W, HUGGETT B A, BRODERSEN C R, 2017. MicroCT imaging as a tool to study vessel endings in situ. American Journal of Botany, 104 (9): 1424-1430.

WEI J, LIU W G, CHENG J M, et al., 2015. $\delta^{13}C$ values of plants as indicators of soil water content in modern ecosystems of the Chinese Loess Plateau. Ecological Engineering, 77: 51-59.

WEI Z W, YOSHIMURA K, OKAZAKI A, et al., 2015. Partitioning of evapotranspiration using high-frequency water vapor isotopic measurement over a rice paddy field. Water Resources Research, 51 (5): 3716-3729.

WHEATON J M, PASTERNACK G B, MERZ J E, 2004. Spawning habitat rehabilitation - I. Conceptual approach and methods. International Journal of River Basin Management, 2 (1): 3-20.

WHITTAKER R H, 1975. Communities and Ecosystems, 2nd Edition. New York: Macmillan.

WIGMOSTA M S, VAIL L W, LETTENMAIER D P, 1994. A distributed hydrology- vegetation model for complex terrain. Water Resources Research, 30 (6): 1665-1679.

WIGNERON J P, SCHMUGGE T, CHANZY A, et al. , 1998. Use of passive microwave remote sensing to moritor soil monitor. Agronomy, 18: 27-43.

WILCOX C S, FERGUSON J W, FERNANDEZ G C J, et al., 2004. Fine root growth dynamics of four Mojave Desert shrubs as related to soil moisture and microsite. Journal of Arid Environments, 56 (1): 129-148.

WILD B, ANDERSSON A, BRÖDER L, et al., 2019. Rivers across the Siberian Arctic unearth the patterns of carbon release from thawing permafrost. Proceedings of the National Academy of Sciences of the United States of America, 116 (21): 10280-10285.

WINEMILLER K O, ROSE K A, 1992. Patterns of life- history diversification innorth American fishes: implications for population regulation. Canadian Journal of Fisheries and Aquatic Sciences, 49 (10): 2196-2218.

WINGATE L, OGÉE J, CREMONESE E, et al. , 2015. Interpreting canopy development and physiology using a European phenology camera network at flux sites. Biogeosciences, 12 (20): 5995-6015.

WOHL E, LANE S N, WILCOX A C, 2015. The science and practice of river restoration. Water Resources Research, 51 (8): 5974-5997.

WOOD P J, HANNAH D M, SADLER J P, 2007. Hydroecology and Ecohydrology: Past, Present and Future. John Wiley and Sons Ltd.

WRIGHT I J, REICH P B, CORNELISSEN J H C, et al., 2005. Modulation of leaf economic traits and trait relationships by climate. Global Ecology and Biogeography, 14 (5): 411-421.

WU N C, DONG X H, LIU Y, et al., 2017. Using river microalgae as indicators for freshwater biomonitoring: Review of published research and future directions. Ecological Indicators, 81: 124-131.

WU N C, QU Y M, GUSE B, et al., 2018. Hydrological and environmental variables outperform spatial factors in structuring species, trait composition, and beta diversity of pelagic algae. Ecology and Evolution, 8 (5): 2947-2961.

WU N C, THODSEN H, ANDERSEN H E, et al., 2019. Flow regimes filter species traits of benthic diatom communities and modify the functional features of lowland streams - a nationwide scale study. Science of the Total Environment, 651: 357-366.

WU N, TANG T, FU X, et al., 2010. Impacts of cascade Run-of-river dams on benthic diatoms in the Xiangxi River, China. Aquatic Sciences, 72 (1): 117-125.

WU Z B, LIU A F, ZHANG S Y, et al., 2008. Short-term effects of drawing water for connectivity of rivers and lakes on zooplankton community structure. Journal of Environmental Sciences, 20 (4): 419-423.

WULLSCHLEGER S D, HANSON P J, TODD D E, 2001. Transpiration from a multi-species deciduous forest as estimated by xylem Sap flow techniques. Forest Ecology and Management, 143 (1/2/3): 205-213.

XIA J, 2002. A system approach to real-time hydrologic forecast in watersheds. Water International, 27 (1): 87-97.

XIAO Q F, MCPHERSON E G, 2016. Surface water storage capacity of twenty tree species in Davis, California. Journal of Environmental Quality, 45 (1): 188-198.

XIAO Q F E, MCPERSON G, USTIN S L, et al., 2000. A new approach to modeling tree rainfall interception. Journal of Geophysical Research, 105: 173-188.

XIAO S B, WANG Y C, LIU D F, et al., 2013. Diel and seasonal variation of methane and carbon dioxide fluxes at Site Guojiaba, the Three Gorges Reservoir. Journal of Environmental Sciences, 25 (10): 2065-2071.

XU X L, LIU W, SCANLON B R, et al., 2013. Local and global factors controlling water-energy balances within the Budyko framework. Geophysical Research Letters, 40 (23): 6123-6129.

XUE B L, GUO Q H, OTTO A, et al., 2015. Global patterns, trends, and drivers of water use efficiency from 2000 to 2013. Ecosphere, 6 (10): 1-18.

XUE D W, ZHANG X Q, LU X L, et al., 2017. Molecular and evolutionary mechanisms of cuticular wax for plant drought tolerance. Frontiers in Plant Science, 8: 621.

YAN C H, GUO Q P, LI H Y, et al., 2019. Quantifying the cooling effect of urban vegetation by mobile traverse method: a local-scale urban heat island study in a subtropical megacity. Building and Environment, 169: 106541.

YAN D C, WEN A B, HE X B, et al., 2011. A Preliminary study on traditional level-trench method to prevent rill initiation in the Three Gorges region, China. Journal of Mountain Science, 8 (6): 876-881.

YANG D W, SHAO W W, YEH P J F, et al., 2009. Impact of vegetation coverage on regional water balance in the nonhumid regions of China. Water Resources Research, 45 (7): W00A14.

YANG L M, HAN M, ZHOU G S, et al., 2007. The changes in water-use efficiency and stoma density of Leymus chinensis along Northeast China Transect. Acta Ecologica Sinica, 27 (1): 16-23.

YANG Y H, FANG J Y, FAY P A, et al., 2010. Rain use efficiency across a precipitation gradient on the Tibetan Plateau. Geophysical Research Letters, 37 (15): L15702.

YANG Y, GUAN H, BATELAAN O, et al., 2016. Contrasting responses of water use efficiency to drought across global terrestrial ecosystems. Scientific Reports, 6 (1): 23284.

YANG Z F, ZHAO Y, XIA X H, 2012. Nitrous oxide emissions from Phragmites australis-dominated zones in a shallow lake. Environmental Pollution, 166: 116-124.

YU G R, NAKAYAMA K, MATSUOKA N, et al., 1998. A combination model for estimating stomatal conductance of maize (Zea mays L.) leaves over a long term. Agricultural and Forest Meteorology, 92 (1):

9-28.

YU O, GOUDRIAAN J, WANG T D, 2001. Modelling diurnal courses of photosynthesis and transpiration of leaves on the basis of stomatal and non-stomatal responses, including photoinhibition. Photosynthetica, 39 (1): 43-51.

YU Q, ELSER J J, HE N P, et al., 2011. Stoichiometric homeostasis of vascular plants in the Inner Mongolia grassland. Oecologia, 166 (1): 1-10.

ZADEH K M, SEPASKHAH A R, 2016. Effect of tree roots on water infiltration rate into the soil. Iran Agricultural Research, 35 (1): 13-20.

ZALEWSKI M, 2003. Guidelines for integrated management of the watershed: phytotechnology and ecohydrology. Freshwater Management, 85 (5): 3-16.

ZALEWSKI M, 2015. Ecohydrology and Hydrologic Engineering: Regulation of Hydrology-Biota Interactions for Sustainability. Journal of Hydrologic Engineering, 20 (1): A4014012.

ZALEWSKI M, JANAUER G A, et al, 1997. Ecohydrology: A new paradigm for the sustainable use of aquatic resources. Paris. UNESCO: 1-56.

ZENG X M, ZHAO M, SU B K, et al., 2003. Simulations of a hydrological model as coupled to a regional climate model. Advances in Atmospheric Sciences, 20 (2): 227-236.

ZEPPEL M J B, YUNUSA I A M, EAMUS D, 2006. Daily, seasonal and annual patterns of transpiration from a stand of remnant vegetation dominated by a coniferous Callitris species and a broad-leaved Eucalyptus species. Physiologia Plantarum, 127 (3): 413-422.

ZEPPEL M J B, MACINNIS-NG C M O, FORD C R, et al., 2008. The response of Sap flow to pulses of rain in a temperate Australian woodland. Plant and Soil, 305 (1/2): 121-130.

ZHANG K, KIMBALL J S, RUNNING S W, 2016. A review of remote sensing based actual evapotranspiration estimation. Wiley Interdisciplinary Reviews: Water, 3 (6): 834-853.

ZHANG L, CHENG L, BRUTSAERT W, 2017. Estimation of land surface evaporation using a generalized nonlinear complementary relationship. Journal of Geophysical Research-Atmospheres, 122 (3): 1475-1487.

ZHANG L, DAWES W R, WALKER G R, 2001. Response of mean annual evapotranspiration to vegetation changes at catchment scale. Water Resources Research, 37 (3): 701-708.

ZHANG M F, LIU N, HARPER R, et al., 2017. A global review on hydrological responses to forest change across multiple spatial scales: Importance of scale, climate, forest type and hydrological regime. Journal of Hydrology, 546: 44-59.

ZHANG S H, GUO Y P, 2015. SWMM simulation of the storm water volume control performance of permeable pavement systems. Journal of Hydrologic Engineering, 20 (8): 06014010.

ZHANG S H, ZHANG J J, YUE T J, et al., 2019. Impacts of climate change on urban rainwater harvesting systems. Science of the Total Environment, 665: 262-274.

ZHANG S L, YANG Y T, MCVICAR T R, et al., 2018. An analytical solution for the impact of vegetation changes on hydrological partitioning within the budyko framework. Water Resources Research, 54 (1): 519-537.

ZHANG S, GUO Y, 2013. Analytical Probabilistic Model for Evaluating the Hydrologic Performance of Green Roofs. Journal of Hydrologic Engineering, 18 (1): 19-28.

ZHANG S, GUO Y, 2014. Stormwater Capture Efficiency of Bioretention Systems. Water Resources Management, 28 (1): 149-168.

ZHANG S, JING X, 2016. Hydrologic design and economic benefit analysis of rainwater harvesting systems in Shanghai, China. Proceedings of the International Low Impact Development Conference, ASCE: 381-389.

ZHANG S, JING X, YUE T, et al., 2020. Performance assessment of rainwater harvesting systems: Influence of operating algorithm, length and temporal scale of rainfall time series. Journal of Cleaner Production, 253: 120044.

ZHANG W W, SONG J, WANG M, et al., 2017. Divergences in hydraulic architecture form an important basis for niche differentiation between diploid and polyploid Betula species in NE China. Tree Physiology, 37 (5): 604-616.

ZHANG Y J, ROCKWELL F E, GRAHAM A C, et al., 2016. Reversible leaf xylem collapse: a potential "circuit breaker" against cavitation. Plant Physiology, 172 (4): 2261-2274.

ZHANG Y X, MALMQVIST B, ENGLUND G, 1998. Ecological processes affecting community structure of blackfly larvae in regulated and unregulated rivers: a regional study. Journal of Applied Ecology, 35 (5): 673-686.

ZHANG Z Y, SHENG L T, YANG J, et al., 2015. Effects of land use and slope gradient on soil erosion in a red soil hilly watershed of Southern China. Sustainability, 7 (10): 1-17.

ZHAO P, LIU H, SUN G C, 2007. Interspecies variations in stomatal sensitivity to vapor pressure deficit in four plant species. Acta Scientiarum Naturalium Uniersitatis Sunyatseni, 46 (4): 63-68.

ZHAO P, TANG X Y, ZHAO P, et al., 2018. Temporal partitioning of water between plants and hillslope flow in a subtropical climate. CATENA, 165: 133-144.

ZHOU G, WEI X, CHEN X, et al., 2015. Global pattern for the effect of climate and land cover on water yield. Nature Communications, 6 (1): 5918.

ZHOU H, ZHAO W Z, HE Z B, et al., 2018. Stable isotopes reveal varying water sources of Caragana microphylla in a desert-oasis ecotone near the Badain Jaran Desert. Sciences in Cold and Arid Regions, 10 (6): 458-467.

ZHOU M H, ZHU B, WANG X G, et al., 2017. Long-term field measurements of annual methane and nitrous oxide emissions from a Chinese subtropical wheat-rice rotation system. Soil Biology and Biochemistry, 115: 21-34.

ZHOU P, ZHUANG W H, WEN A B, et al., 2016. Fractal features of soil particle redistribution along sloping landscapes with hedge berms in the Three Gorges Reservoir Region of China. Soil Use and Management, 32 (4): 594-602.

ZHU W Q, TIAN H Q, XU X F, et al., 2012. Extension of the growing season due to delayed autumn over mid and high latitudes in North America during 1982-2006. Global Ecology and Biogeography, 21 (2): 260-271.

ZIMMER U, GEIGER W F, 1997. Model for the design of multilayered infiltration systems. Water Science and Technology, 36 (8/9): 301-306.

ZUAZO V H D, PLEGUEZUELO C R R, 2008. Soil-erosion and runoff prevention by plant covers. A review. Agronomy for Sustainable Development, 28 (1): 65-86.

ZWEIFEL R, STEPPE K, STERCK F J, 2007. Stomatal regulation by microclimate and tree water relations: interpreting ecophysiological field data with a hydraulic plant model. Journal of Experimental Botany, 58 (8): 2113-2131.